普通高等教育“十四五”规划教材

材料制备技术

主　编　胡　平　冯　庆　罗　雷　康轩齐
副主编　王　力　冯　锐　华兴江　王　华

北　京
冶　金　工　业　出　版　社
2024

内 容 提 要

本教材共分 8 章，以材料的制备技术为重点，阐述单晶、非晶、薄膜和复合材料等经典材料，以及纳米材料、新能源材料、高熵合金、多孔材料等先进材料的制备技术，并系统介绍相关材料的基本性能及应用展望。

本书可作为金属材料工程、材料成形及控制工程、材料科学与工程等材料类专业教材，也可供从事材料制备的研发、技术、生产人员参考。

图书在版编目(CIP)数据

材料制备技术/胡平等主编.—北京：冶金工业出版社，2024.3
普通高等教育“十四五”规划教材
ISBN 978-7-5024-9683-8

Ⅰ.①材… Ⅱ.①胡… Ⅲ.①工程材料—结构性能—高等学校—教材
Ⅳ.①TB303

中国国家版本馆 CIP 数据核字(2023)第 232841 号

材料制备技术

出版发行 冶金工业出版社　　**电　话** (010)64027926
地　址 北京市东城区嵩祝院北巷 39 号　　**邮　编** 100009
网　址 www.mip1953.com　　**电子信箱** service@mip1953.com

责任编辑 曾 媛 赵缘园 美术编辑 吕欣童 版式设计 郑小利
责任校对 石 静 责任印制 窦 唯
三河市双峰印刷装订有限公司印刷
2024 年 3 月第 1 版，2024 年 3 月第 1 次印刷
787mm×1092mm 1/16；21.5 印张；520 千字；332 页
定价 65.00 元

投稿电话 (010)64027932 投稿信箱 tougao@cnmip.com.cn
营销中心电话 (010)64044283
冶金工业出版社天猫旗舰店 yjgycbs.tmall.com
(本书如有印装质量问题，本社营销中心负责退换)

前　言

材料是人类赖以生存和发展的物质基础。20 世纪 70 年代，人们把信息、材料和能源作为社会文明的支柱；80 年代，随着高新技术的兴起，人们又把新材料与信息技术、生物技术并列作为新技术革命的重要标志。现代社会，材料已成为国民经济建设、国防建设和人民生活的重要组成部分。新材料与新材料制备技术的研究、开发与应用，反映着一个国家的科学技术与工业化水平，几乎所有高新技术的发展与进步，都以新材料与新材料制备技术的发展及突破为前提。

材料制备技术是发展材料的基础。传统材料可以通过改进制备技术提高产品质量、劳动生产率以及降低成本，新材料的发展与制备技术的关系更为密切。材料制备技术是一门涉及材料、物理、化学、力学、机械、电子、信息等多学科交叉的课程，各学科间的渗透和交叉也越来越多。随着新材料及其高端制备技术的创新发展，以介绍传统材料制备技术为主的教材已不适应近年来材料学科和技术的发展需求。为了拓宽学生的知识面，促进学生对新材料及其制备技术的了解，以适应我国高等教育发展和教学改革的需求，根据“新工科”背景下人才培养模式的新变化及近年来各高校材料专业教学改革实践经验，作者参考了大量相关资料编写本书。

本书共分 8 章，分别介绍了单晶材料、非晶材料、薄膜材料、纳米材料、复合材料、新能源材料、高熵合金、多孔材料等的制备技术。全部章节均从材料概述、材料制备技术、材料制备工艺及设备、应用展望等多个方面进行详细阐述，学生通过学习相关制备技术，可以更好地了解本专业的理论知识，熟悉材料制备方法及设备。

本书以材料的制备技术为重点，力图系统、连贯、简洁，使学生在了解和熟悉单晶、非晶、薄膜和复合材料等经典材料制备技术的基础上，学习纳米材料、新能源材料等先进材料的各种制备技术，最后介绍了高熵合金和多孔材料的制备技术。本书可作为金属材料工程、材料成形及控制工程和材料科学与工程等材料类专业教材，也可供从事材料制备技术研究的企业研发人员参考。

本书由胡平、冯庆、罗雷、康轩齐任主编，王力、冯锐、华兴江、王华任副主编，具体的编写分工如下：第1章由西安建筑科技大学罗雷教授编写，第2章由西安建筑科技大学胡平教授编写，第3章由西安建筑科技大学王力副教授和西安泰金新能科技股份有限公司总经理康轩齐高工编写，第4章由西安建筑科技大学罗雷教授和西部鑫兴稀贵金属有限公司副总经理冯锐先生编写，第5章由西安建筑科技大学罗雷教授和王华老师编写，第6章由西安泰金新能科技股份有限公司董事长冯庆教授编写，第7章由西安建筑科技大学华兴江博士编写，第8章由西安建筑科技大学王力副教授编写。全书由胡平教授统稿审定。

由于材料学科发展迅速，材料制备新技术日新月异，为了适应这一现实状况，本书将在今后的使用过程中不断改进和完善。由于作者水平所限，书中不妥之处在所难免，恳切希望广大师生和读者多提宝贵意见与建议。

编　者

2023年5月

目　录

1 单晶材料制备技术

【本章提要与学习重点】

本章讲述了单晶材料的基本概念和单晶材料的特性，重点介绍了单晶材料生长技术中常见的生长方法、生长工艺和设备，以及各种生长方法的优缺点，并对单晶材料的应用进行了展望。通过本章学习，使学生了解单晶合金，掌握单晶合金常用制备方法，熟悉单晶合金的应用领域与未来发展方向。

1.1 单晶材料概述

单晶是由结构基元（原子、原子团、离子等）在三维空间内按长程有序排列而成的固态物质，或者说是由结构基元在三维空间内呈周期性排列而成的固态物质，如大家所熟悉的水晶、金刚石和宝石等。单晶有序排列的结构决定了它们的特性，单晶体的基本性质为：

（1）均匀性，即同一单晶不同部位的宏观性质相同。

（2）各向异性，即在单晶的不同方向上一般有不同的物理性质。

（3）自限性，即单晶在可能的情况下，有自发地形成一定规则几何多面体的趋势。

（4）对称性，即单晶在某些特定的方向上其外形及物理性质是相同的。这种特性是任何其他状态的物质（如液态或固相非晶态）不具备或不完全具备的。

（5）最小内能和最大稳定性，即物质的非晶态一般能够自发地向晶态转变。

随着生产和科学技术的发展，各种产业都产生了对单晶材料的大量需求，天然单晶已经不能满足人们的需要，如钟表业对红宝石的需求、机械加工业对金刚石的需求等。由于多晶体含有晶粒间界，人们利用多晶体来研究材料性能时，在很多情况下得到的不是材料本身的性能，而是晶界的性能，所以有的性能必须用单晶来进行研究。在生产和科研的推动下，人工生长单晶的技术获得了日趋广泛的重视。晶体生长是一种技术，也是一门正在迅速发展的学科，于是单晶材料就进入了人工制备的阶段。

单晶材料的制备或简称晶体生长，是将物质的非晶态、多晶态或能够形成该物质的反应物，通过一定的物理或化学手段转变为单晶状态的过程。由于晶体生长学科理论和实践的快速发展，晶体生长的方法也日新月异。就生长块状单晶材料而言，通常是首先将结晶物质通过熔化或溶解的方式转变成熔体或溶液，然后控制其热力学条件使晶相生成并长大。相应的晶体生长方法有熔体法、常温溶液法、高温溶液法及其他相关方法。

采用什么方法生长晶体是由结晶物质的性质决定的。例如，结晶物质只有分解温度而无熔点，就不能采用熔体法，而应选择水溶液或高温溶液法生长其晶体，这样可以大大降低其生长温度。又如在水中难溶的晶体就不能用常温水溶液法，而需要采用其他溶剂或高温溶液法生长其晶体。有些晶体可用不同方法生长，这就要根据需要和实验条件加以选择。一般来说，如果能够用熔体法生长晶体，就不用溶液法生长。单晶体经常表现出电、磁、光、热等方面的优异性能，广泛用于现代工业的诸多领域，如单晶硅、单晶锗，以及砷化锌、红宝石、钇铝石榴石、石英的单晶等。人工晶体品种繁多，不同晶体根据技术要求可采用一种或几种不同的方法生长，这就造成人工晶体生长方法的多样性及生长设备和生长技术的复杂性。下面介绍现代晶体生长技术中经常使用的几种主要方法和生长工艺。

1.2 气相生长法

1.2.1 气相生长的方法和原理

在晶体生长方法中，从气相中生长单晶材料是最基本和常用的方法之一。由于这种方法包含有大量变量使生长过程较难控制，所以用气相法来生长大块单晶通常仅适用于那些难以从液相或熔体生长的材料。例如，Ⅱ-Ⅵ族化合物和碳化硅等。

气相生长的方法大致可以分为以下三类。

1.2.1.1 升华法

升华法是将固体在高温区升华，蒸气在温度梯度的作用下向低温区输运结晶的一种生长晶体的方法。有些材料具有如图 1-1 所示的相图，在常压或低压下，只要温度改变就能使它们直接从固相或液相变成气相，并能还原成固相，此即升华。一些硫属化物和卤化物，例如，CdS、ZnS 和 CdI_2、HgI_2 等可以采用这种方法生长。

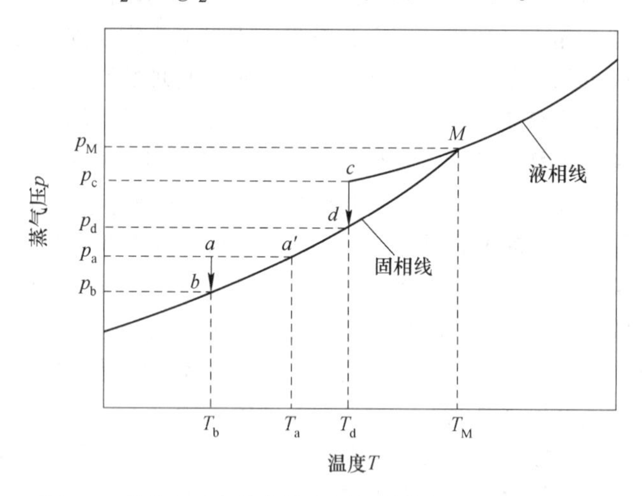

图 1-1 从液相或气相凝结成固相的蒸气压-温度关系图

1.2.1.2 蒸气输运法

蒸气输运法是在一定的环境（如真空）下，利用运载气体生长晶体的方法，通常用卤族元素来帮助源的挥发和原料的输运，可以促进晶体的生长。有人在极低的氯气压力下观察钨的输运情况，发现在两根邻近的被加热的钨丝中，钨从较冷的一根转移到较热的一根上。又如，当有 WCl_6 存在时，用电阻加热直径不均匀的钨丝时，钨丝会变得均匀，即钨从钨丝较粗的（较冷的）一端输运到较细的（较热的）一端，其反应为：

$$W + 3Cl_2 \xlongequal{} WCl_6 \tag{1-1}$$

许多硫属化物（如氧化物、硫化物和碲化物）以及某些磷属化物（如氮化物、磷化物、砷化物和锑化物）可以用卤素输运剂从热端输运到冷端，从而生长出适合单晶研究用的小晶体。在上述蒸气输运中，所用的反应通式为：

$$(MX)_{固} + I_2 \rightleftharpoons (MI)_{气} + X_{气} \tag{1-2}$$

需要指出的是，蒸气输运并不局限于二元化合物，碘输运法也能生长出 $ZnIn_2S_4$、$HgGa_2S_4$ 和 $ZnSiP_2$ 等三元化合物小晶体。

1.2.1.3 气相反应法

气相反应法即利用气体之间的直接混合反应生成晶体的方法。例如，GaAs 薄膜就是用气相反应来生长的。目前，气相反应法已发展成为工业上生产半导体外延晶体的重要方法之一。

气相生长的基本原理可概括成：对于某个假设的晶体模型，气相原子或分子运动到晶体表面，在一定的条件（压力、温度等）下被晶体吸收，形成稳定的二维晶核。在晶面上产生台阶，再俘获表面上进行扩散的吸附原子，台阶运动、蔓延横贯整个表面，晶体便生长一层原子高度，如此循环往复即能长出块状或薄膜状晶体。

1.2.2 气相生长中的输运过程

气相生长中的输运过程是很复杂的，涉及的因素很多，在此只能就一些主要因素加以考虑。

气相生长中原料的输运主要靠扩散和对流来实现，实现对流和扩散的方式虽然较多，但主要还是取决于系统中的温度梯度和蒸气压力或蒸气密度。

假设气相输运中的反应为：

$$aA + bB + \cdots \rightleftharpoons gG(固) + hH + \cdots \tag{1-3}$$

式中 G——希望生成的结晶物，其他反应物是气体。平衡常数为：

$$K = \frac{[G]^g_{平衡}[H]^h_{平衡}\cdots}{[A]^a_{平衡}[B]^b_{平衡}\cdots} \tag{1-4}$$

式中 $[P]_{平衡}$——平衡活度。

固体 G 的活度可以取为 1，且可以用压力作为气相系统中活度的近似值，所以：

$$K \approx \frac{[p_H]^h_{平衡}\cdots}{[p_A]^a_{平衡}[p_B]^b_{平衡}\cdots} \tag{1-5}$$

这里，p_A、p_B、p_H 分别是反应物和生成物的平衡压力。通常，希望挥发物的浓度适当高些，以便使物质向生长端输运比较快些，这就要求 K 值要小。然而，人们为了生长单晶，常需要在系统的一部分使 G 挥发，而在另一部分让它结晶。为此，常借助于温度或反应物浓度的不同而使平衡改变。为使 G 易挥发，希望 A 和 B 的平衡浓度大，这便要求 K 值要小。为了获得一个易于可逆的反应，要求 K 值应接近于 1。这样，由于自由能的变化（驱动力）：

$$\Delta G^{\ominus} = -RT\ln K \tag{1-6}$$

又：

$$\Delta G = \Delta G^{\ominus} + RT\ln Q \tag{1-7}$$

式中，$Q = [a]_{实际}^{-1}$，$[a]_{实际}$ 为 A 在过饱和状态活度下的实际活度。因为压力是活度很好的近似，所以对于气相生长，式（1-7）的反应是成立的，其中 Q 还可由下式定义：

$$Q = \frac{[G]_{实际}^{g}[H]_{实际}^{h}\cdots}{[A]_{实际}^{a}[B]_{实际}^{b}\cdots} \tag{1-8}$$

式中　$[P]_{实际}$ ——实际活度。

式（1-8）可以近似表示为：

$$Q = \frac{[p_H]_{实际}^{h}\cdots}{[p_A]_{实际}^{a}[p_B]_{实际}^{b}\cdots} \tag{1-9}$$

这里，p_i 是实际压力。因此，在反应过程中晶体生长的驱动力可表示为

$$\Delta G = -RT\ln\frac{K}{Q} \tag{1-10}$$

其中，K/Q 相当于相对饱和度或过饱和度。如果 $\Delta H>0$（吸热反应），可在系统的热区进行挥发而在冷区结晶。如果 $\Delta H<0$，反应自冷区输运至热区。ΔH 的大小决定 K 值随温度的变化，并且决定生长所需的挥发区与生长区之间的温度差。对于小的 $|\Delta H|$ 值，采用大的温差可以得到可观的速度；但是，如果 $|\Delta H|$ 太大，只有用很小的温差才能防止成核过剩，结果使温度控制很困难；如果 K 值相当大，生长反应基本上是不可逆的，输运过程是不现实的。总体说来，如果满足下列条件，输运过程就比较理想：

（1）反应产生的所有化合物都是挥发性的。

（2）有一个在指定温度范围内和所选择的气体种类分压内，所希望的相是唯一稳定的固体产生的化学反应。

（3）自由能的变化接近于零，反应容易成为可逆的，并保证在平衡时反应物和生成物有足够的量；如果反应物和生成物的浓度太低，将很难造成材料从原料区到结晶区适当的流量。在通常所用的闭管系统内尤为如此，因为该系统中输运的推动力是扩散和对流。在很多情况下，还伴随有多组分生长的问题，如组分过冷、小晶面效应和枝晶现象。

（4）ΔH 不等于零。这样，在生长区，平衡朝着晶体的方向移动，而在蒸发区，由于两个区域之间的温度差，平衡被倒转。因而，ΔH 就决定了温度差 ΔT。ΔT 不可过小，否则温度控制比较困难；但也不能太大，太大了虽有利于对流输运，但动力学过程将受到妨碍，影响晶体的质量。因此，需要选择一个合适的 ΔT。

（5）控制成核，要求有在合理的时间内足以长成优质晶体的快速动力学条件。适当选择输运剂，输运剂与输运元素的分压应与化合物所需要的理想配比的比率接近。

在气相系统中，通过可逆反应生长时，输运可以分成三个阶段：

（1）在原料固体上的复相反应。

（2）气体中挥发物的输运。

（3）在晶体形成处的复相逆向反应。

气体输运过程因其内部压力不同而主要有三种可能的方式：

（1）当压力小于 10^2 Pa 时，气相中原子的平均自由程接近或者大于典型设备的尺寸，

那么原子或分子的碰撞可以忽略不计，输运速度主要决定于原子的速度，根据气体分子运动论，原子的速度为：

$$\mu = \sqrt{\frac{3RT}{M}} \tag{1-11}$$

式中　μ——方均根速度；

R——气体常数；

T——热力学绝对温度；

M——分子量。

输运过程可以是限制速度的。如果输运过程是限制速度的，实现这种情况的理想方案是如图 1-2 所示的装置。由于在低气压下可假定气体遵从理想气体定律，因而输运速度 $\tilde{R}$（以每秒通过单位管横截面上的原子数计算）由下式给出：

$$\tilde{R} = \frac{p\mu}{RT} \tag{1-12}$$

式中　p——压力。

把式（1-11）代入式（1-12）可得：

$$\tilde{R} = p\sqrt{\frac{3}{RTM}} \tag{1-13}$$

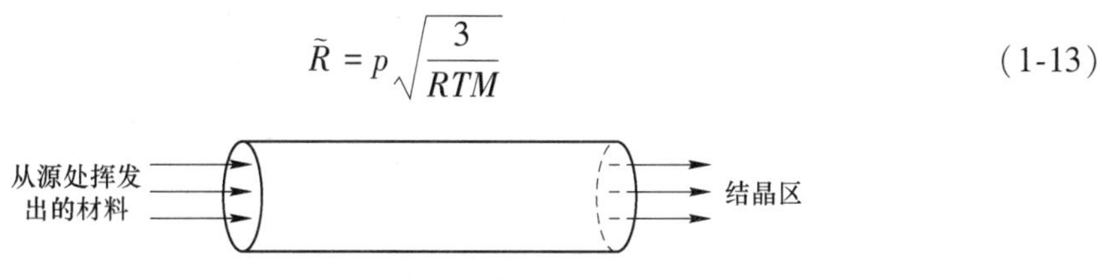

图 1-2　输运限制速度的晶体生长示意图

根据式（1-13）可以用来产生晶体生长的准直分子束。

（2）如果在 $10^2 \sim 3\times10^5$ Pa 之间的压力范围内操作，分子运动主要由扩散确定，菲克（Fick）定律可描写这种情况。若浓度梯度不变，扩散系数随总压力的增加而减小。

（3）当压力大于 3×10^5 Pa 时，热对流对确定气体运动极其重要。正如 H-谢菲尔指出的，由扩散控制的输运过程到由对流控制的输运过程的转变范围常常决定于设备的结构细节。

在大多数的实际气相晶体生长中，输运过程由扩散机制决定，而输运过程又限制着生长速度。因此，若假定输运采取扩散形式，并且和真的输运速度进行比较，那么计算得到的输运速度常被用来检验一个系统的行为是否正确。

1.2.3　α-碘化汞单晶体的生长

α-碘化汞（α-HgI_2）晶体是 20 世纪 70 年代初开始发展起来的一种性能优异的室温核辐射探测器材料，它具有组元原子序数高，禁带宽度大，体电阻大，暗电流小，击穿电压高和密度大的特点，具有优良的电子输运特性，在室温下对 X 射线和 γ 射线的探测效率高于 Si、Ge 和 CdTe，能量分辨率优于 CdTe，所以是制作室温核辐射探测器的极好材料。α-HgI_2晶体在 127 ℃时存在一个可逆的破坏性相变点，127 ℃以上为黄色正交结构（β-HgI_2）。β-HgI_2 晶体不具有探测器材料的性质。

α-HgI_2 晶体可以采用溶液法和气相法生长。α-HgI_2 在常温下不溶于水，但溶于某些有机溶剂，例如，二甲亚砜和四氢呋喃，因此，可以用温差法或蒸发法生长单晶，不过生长的晶体尺寸小，易含溶剂夹杂物，电子输运特性较差，不适合用来制作探测器件。通常，采用气相法来生长 α-HgI_2 单晶体，可分为静态和动态升华法、强迫流动法、温度振荡法（TOM）和气相定点成核法四种。气相定点成核法是近年来我国自行研究出的一种碘化汞单晶体生长方法，它具有设备简单、易于操作、便于成核和稳定生长、长出的晶体应力小、容易获得完整性好的适用于探测器制作的优质 α-HgI_2 单晶体等特点。

气相定点成核法生长装置如图 1-3 所示，由玻璃安瓿瓶、加热器和温度控制器组成。加热器由罩在安瓿周围的纵向加热器和设置在安部底部的横向加热器组成，各自与一台数字精密温度控制器相连，可按要求调节形成一个纵向和横向的温度分布。安瓿底部中心有一个基座，支撑在一个导热良好的金属转轴上，转轴由电动机带动旋转。整个系统用钟罩罩住，构成一台立式炉。

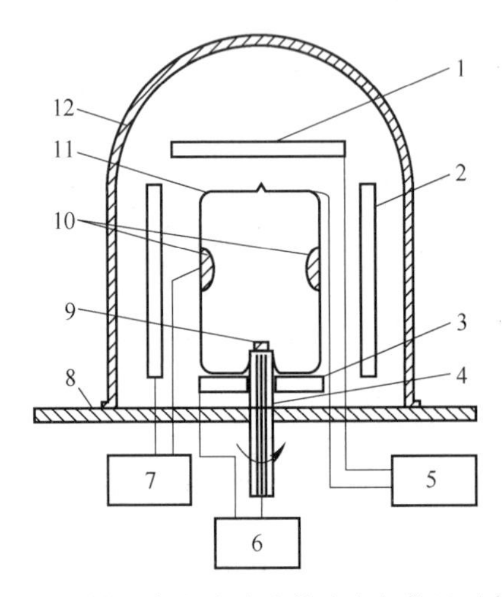

图 1-3　碘化汞气相定点成核法生长装置示意图

1~3—加热器；4—转轴；5~7—温度控制器；8—平台；9—晶体；10—生长源；11—生长安瓿；12—钟罩

生长晶体时，先将 200~300 g 纯化后的碘化汞原料装入 ϕ20 cm×25 cm 的玻璃生长安瓿中，抽空至 10^{-3} Pa 封结，然后置于立式生长炉中的转轴上，安瓿以 3~5 r/min 的速率旋转。开启加热器，将原料蒸发到安瓿的侧壁上稳定聚集。缓慢降低安瓿底部温度，使基座中心温度接近晶体生长温度 $T_c = 112$ ℃，保持源与基座表面之间有 2~5 ℃的温差以利于蒸气分子的扩散。当碘化汞蒸气分子运动到基座上温度最低点时，自发形成一个 c 轴平行于基座表面的红色条状晶核。逐渐有规律地降低安瓿底部温度或升高源的温度，晶体便继续长大。用这种方法可以生长出几百克的碘化汞单晶体。

1.2.4　气相生长晶体的质量

对于气相生长，如果系统的温场设计比较合理，生长条件掌握比较好，仪器控制比较灵敏精确的话，长出的晶体质量是很好的，外形比较完美，内部缺陷也比较少，是制作器件的好材料。但是如果生长条件选择不合适，温场设计不理想等，生长出的晶体就不完美，内部缺陷如位错、枝晶、裂纹等就会增多，甚至长不成单晶，而是多晶。因此，严格选择和控制生长条件是气相生长晶体的关键。

1.3 水溶液生长法

从溶液中生长晶体的历史最为悠久，应用也很广泛。这种方法的基本原理是将原料（溶质）溶解在溶剂中，采取适当的措施使溶液达到过饱和状态，使晶体在其中生长。

溶液法生长范畴包括水溶液、有机溶剂和其他无机溶剂的溶液、熔盐（高温溶液）以及水热溶液等。本节主要讨论从水溶液中生长晶体的方法。

1.3.1 溶解度、溶解度曲线和晶相

1.3.1.1 溶液和熔体

由两种或两种以上物质所组成的均匀混合体系称为溶液。广义的溶液包括气体溶液、液体溶液和固体溶液，溶液由溶质和溶剂组成。溶质和溶剂没有严格的定义，但通常把溶液中含量较多的那个组分称为溶剂。本节中所涉及的溶液是指溶剂为液体、溶质为固体的溶液。

许多物质在常温下是固体，但温度升到熔点以上时就熔化为液体。这种常温下是固态的纯物质的液相称为熔体。但在一般的应用中，通常把两种或两种以上在冷却时凝固的均匀液态混合物也称为熔体。例如，液态的α-萘酚（熔点 96 ℃）是熔体，α-萘酚和β-萘酚（熔点 122 ℃）的均匀液态混合物也称为熔体，但α-萘酚、萘酚和乙醇的液体混合物却不能称为熔体，而应称为溶液。

溶液和熔体、溶解和熔化、溶质和溶剂有时是很难严格区分的。例如，KNO_3 在少量水的存在下，在远低于其熔点的温度下可化为液体，这样形成的液体就很难判断是溶液还是熔体，因为如果把它看成 KNO_3 溶于水的溶液时，则溶剂又太少，如若称为水在 KNO_3 中的溶液时又不符合习惯的叫法。在这种情况下，通常把该体系看作熔体，即 KNO_3 “熔化”在少量的水中。

由此可见，熔体和溶液是连续的，所以熔化和溶解在本质上是一样的。可以把熔化看成是被溶解所液化的特殊情况。当水是溶液的一个组分时，一般总是看成溶质（盐类）溶在一定温度的水中，而不是从水的存在使盐的熔点降低这个角度来看问题。习惯上把水多时称为溶解，而水很少时看成熔化。

1.3.1.2 溶解度

溶解度是从溶液中生长晶体的最基本参数，溶解度可以用在一定条件（温度、压力）下饱和溶液的浓度来表示。溶质在溶液中的浓度（溶液成分）有下列几种表示方法：

（1）体积摩尔浓度（n）：1 L 溶液中所含溶质的摩尔数。

（2）当量浓度（N）：1 L 溶液中所含溶质的当量数。

（3）质量摩尔浓度（μ）：1000 g 溶剂中所含溶质的摩尔数。

（4）摩尔分数（X）：溶质摩尔数与溶液总摩尔数之比。

（5）质量分数：100 g 或 1000 g 溶液中所含溶质的克数。

（6）质量比：100 g 或 1000 g 溶剂中所含溶质的克数。

不同的浓度表示方法适合于不同的场合。在实验中使用（1）、（2）两种表示方式是

很方便的，但是由于其和溶液体积有关，易受温度影响（某一给定的 n 和 N 随温度的升高而减小），因此，在溶解度数据中，经常使用其他浓度表示法。最常用的表示方法是质量比（f）和摩尔分数（X），后者特别适合表示多组分混合物的成分。

在多种物质组成的溶液中，某一组分的摩尔分数可表示为：

$$X_i = \frac{W_i/M_i}{W_1/M_1 + W_2/M_2 + W_3/M_3 + \cdots} \tag{1-14}$$

式中 W——组分的质量；

M——其摩尔质量。

任何混合物中所有成分的摩尔分数的总和等于1，即：

$$X_1 + X_2 + X_3 + \cdots + X_i = 1 \tag{1-15}$$

各种浓度表示法可以互相换算，对 n 和 N，在换算时还需知道溶液的密度。在水溶液中，当溶质含有水合物和无水物两种形式时，其质量分数和质量比的换算公式如下：

$$C_1 = \frac{100C_2}{100 - C_2} = \frac{100C_3}{100R - C_3} = \frac{100C_4}{100R - C_4(R - 1)} \tag{1-16}$$

式中 C_1——100 g 水中所含无水物的克数；

C_2——100 g 溶液中所含无水物的克数；

C_3——100 g 溶液中所含水合物的克数；

C_4——100 g 水中所含水合物的克数。

R = 水合物分子量/无水物分子量

1.3.1.3 溶解度曲线

表示温度与浓度关系的曲线称为溶解度曲线。图1-4给出了一些水溶性晶体的溶解度曲线。溶解度曲线是选择从溶液中生长晶体的方法和生长温度区间的重要依据。对于溶解度温度系数为正且较大（溶解度随温度的升高而增大）的物质，采用降温法生长比较理想；

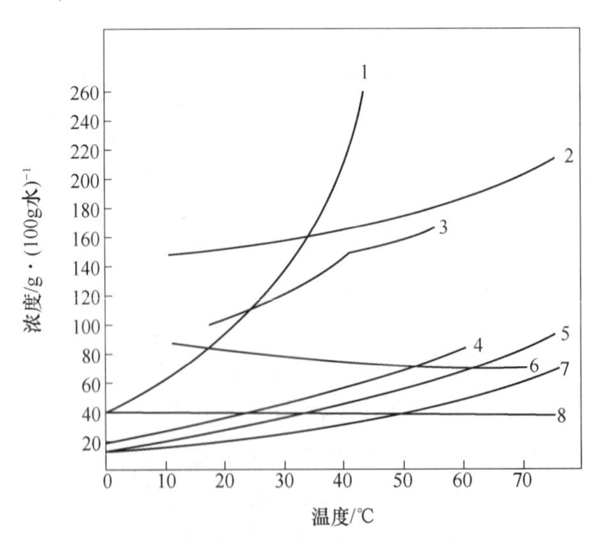

图1-4 一些水溶性晶体的溶解度曲线

1—酒石酸钾钠（OKNT）；2—酒石酸钾（DKT）；3—酒石酸乙二铵（EDT）；4—磷酸二氢铵（ADP）；5—硫酸甘氨酸（TGS）；6—碘酸锂（LI）；7—磷酸二氢钾（KDP）；8—硫酸锂（LS）

对于溶解度温度系数比较小或为负（溶解度随温度的升高而减小）的物质，则宜采用蒸发法生长，例如，碘酸锂（$LiIO_3$）晶体的生长。对于有些在不同条件下有不同相的物质，则要求选择稳定的温度区间进行生长。

温度对溶解度的影响可以用下列方程（Vant Hoff equation）表示：

$$\frac{\mathrm{d}\ln X}{\mathrm{d}T} = -\frac{\Delta H}{RT^2} \tag{1-17}$$

式中 X——溶质的摩尔分数；

ΔH——固体的摩尔溶解热（焓）；

T——绝对温度；

R——普适气体常数。

在理想情况下，式（1-17）可化为：

$$\lg X = -\frac{\Delta H}{2.303R}\left(\frac{1}{T} - \frac{1}{T_0}\right) = -\frac{\Delta H(T_0 - T)}{4.579T_0T} \tag{1-18}$$

式中 T_0——晶体的熔点。

从式（1-18）可以看出：

（1）对于大多数的晶体，溶解过程是吸热过程，ΔH 为正，温度升高，溶解度增大；如果溶解过程是放热过程，则 ΔH 为负，温度升高，溶解度减小。

（2）在一定温度下，高熔点晶体的溶解度小于低熔点晶体的溶解度。

式（1-18）还可以写成如下形式：

$$\lg X = -\frac{a}{T} + b \tag{1-19}$$

式中 a，b——常数。

温度对溶解度的影响，也可以表示为：

$$C = a + bt + ct^2 + \cdots \tag{1-20}$$

式中 C——一定量溶剂中溶质的质量；

a，b，c——和溶液体系（溶质-溶剂）有关的常数。

式（1-19）和式（1-20）是表示温度对溶解度影响的最常用表达式。

表 1-1 和表 1-2 给出了一些常见材料的溶解度及其温度系数。

表 1-1 一些溶解度高和温度系数大的材料在 40 ℃时的溶解度及其温度系数

材料名称	溶解度/g·(kg 溶液)$^{-1}$	温度系数/g·(kg·℃)$^{-1}$
明矾（$K_2SO_4 \cdot Al_2(SO_4)_3 \cdot 2H_2O$）	240	+9.0
ADP（$NH_4H_2PO_4$）	360	+4.9
TGS（硫酸三甘酞）	300	+4.6
KDP（KH_2PO_4）	250	+3.5
EDT（乙二胺酒石酸）	598	+2.1

表 1-2 几种具有高溶解度和低温度系数的材料在 60 ℃时的溶解度及其温度系数

材料名称	溶解度/g·(kg 溶液)$^{-1}$	温度系数/g·(kg·℃)$^{-1}$
K_2HPO_4	720	+0.1
$Li_2SO_4H_2O$	244	-0.36
$LiIO_3$	431	-0.2

1.3.1.4 晶相

在水溶液中，溶解度高的材料会形成几种不同成分或结构的相，这些相具有界限分明的热力学稳定区域。根据相律可知，对于两种组元和三个相的系统，只有一个自由度。假如压力固定，系统就不变，因此，两种固相能与溶液平衡共存的温度只有一个。当处于任何其他温度时，一定有一个固相是不稳定的，它将转变成另一个固相。但是，由于反应速度慢，一种相的成核会受到抑制，于是晶体可以在其热力学不稳定的区域内生长。当然在这样的区域内生长时，晶体的质量可能不会好，因为任何人为的因素都会引起相转变。

通过测量饱和温度与成分关系的曲线可以得到不同相的稳定边界线，如图 1-5 所示。从图中可以看出，饱和曲线进入亚稳区转变点两边可各达几度（较可溶相是亚稳定的）。图 1-6 表明，K_2HPO_4 的温度系数是较低的，因此，它不能用降温法生长；但是对三水合物却具有大的正温度系数，所以容易生长；而六水合物的溶解度曲线显示异常的特征，即从正温度系数变到负温度系数时，没有溶解度极大值，因为它发生在亚稳区。

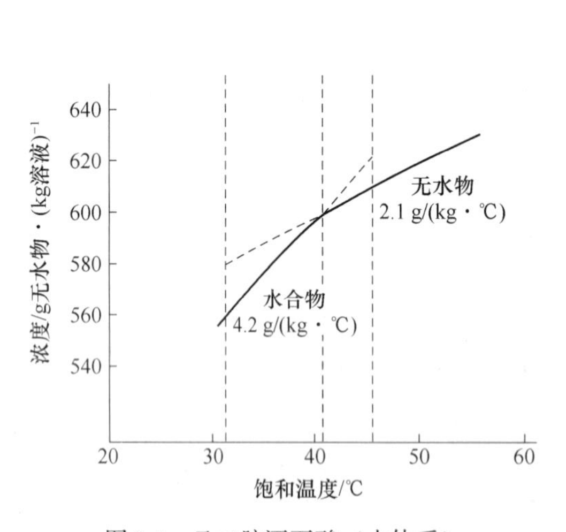

图 1-5 乙二胺酒石酸（水体系）

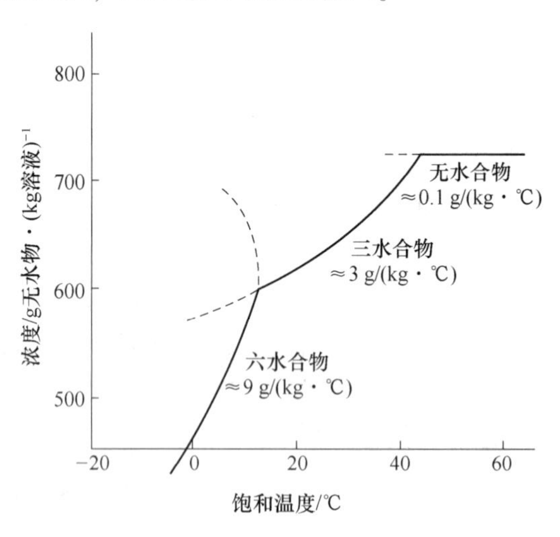

图 1-6 KH_2PO_4（水体系）

气化的磷酸二氢钾 $K(D/H)_2PO_4$ 能以两种晶相存在，即具有相同组元的单斜和四方晶体结构。这里，存在具有两个自由度的三种相和三种组元。但是，当压力和温度固定时，系统就成为不变的，这时只有一种成分（氘化比）可变，在该成分下有两种固相可与溶液平衡共存。假如两种晶型以任何其他成分存在，那么正如通常所观察到的那样，一种晶型将溶解，而另一种则长大。

当然，这并不排除在非常接近边界的某个成分处生长亚稳态晶体的可能性，因为晶体生长实际就是一种非平衡态过程，两种晶型都可能生长，只不过是以不同的饱和度生长而已。

1.3.2　从溶液中生长晶体的方法

从溶液中生长晶体的最关键因素是控制溶液的过饱和度。使溶液达到过饱和状态，并在晶体生长过程中始终维持其过饱和度的途径有：

(1) 根据溶解度曲线，改变温度。

(2) 采取各种方法（如蒸发、电解等）减少溶剂，改变溶液成分。

(3) 通过化学反应来控制过饱和度。由于化学反应的速度和晶体生长的速度差别很大，因此，要做到这点是很困难的，需要采取一些特殊的方式，如用凝胶扩散使反应缓慢进行等。

(4) 用亚稳相来控制过饱和度。即利用某些物质的稳定相和亚稳相的溶解度差别，控制一定的温度，使亚稳相不断溶解，稳定相不断生长。

根据晶体的溶解度与温度的关系，从溶液中生长晶体的具体方法主要有以下几种。

1.3.2.1　降温法

降温法是从溶液中生长晶体的一种最常用的方法。这种方法适用于溶解度和温度系数都较大的物质，并需要一定的温度区间。这一温度区间是有限的，温度上限由于蒸发量过大而不宜过高，温度下限太低，对晶体生长也不利。一般来说，比较合适的起始温度是50~60 ℃，降温区间以15~20 ℃为宜，典型的生长速率为每天1~10 mm/d，生长周期1~2个月。

降温法的基本原理是利用物质较大的正溶解度温度系数，在晶体生长的过程中逐渐降低温度，使析出的溶质不断在晶体上生长。用这种方法生长的物质溶解度温度系数最好不低于1.5 g/(kg·℃)。

表1-1和表1-2中给出了一些物质的溶解度温度系数数据。

降温法生长晶体的装置有多种，不过基本原理都是一样的，所以在此只介绍其中一种装置，如图1-7所示。

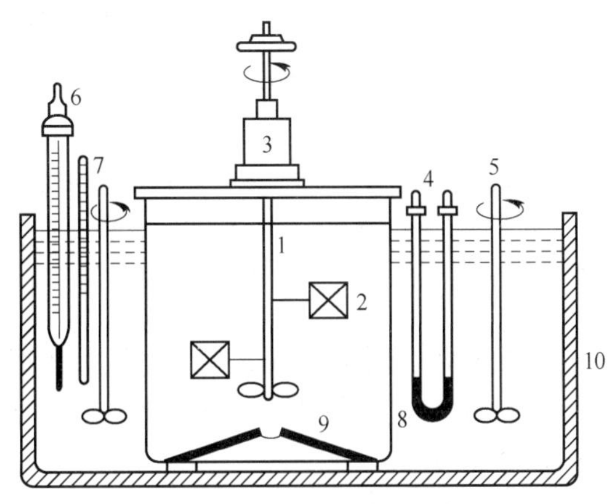

图1-7　水浴育晶装置示意图

1—籽晶杆；2—晶体；3—密封装置；4—加热器；5—搅拌器；6—控制器；7—温度计；8—育晶器；9—有孔隔板；10—水槽

不管哪种装置，都必须严格控制温度，按一定程序降温。实验证明，微小的温度波动都会造成某些不均匀区域，影响晶体的质量。目前，温度控制精度已达±0.001 ℃。另外，在降温法生长晶体过程中，由于不再补充溶液或溶质，因此，要求育晶器必须严格密封，以防溶剂蒸发和外界污染，同时还要充分搅拌，以减少温度波动。

1.3.2.2　流动法（温差法）

流动法生长晶体的装置如图 1-8 所示，由生长槽 A、溶解槽 B 和过热槽 C 组成。三槽之间的温度是槽 C 高于槽 B，槽 B 又高于槽 A。原料在溶解槽 B 中溶解后经过滤器进入过热槽 C，过热槽温度一般高于生长槽温度约 5~10 ℃，可以充分溶解从槽 B 中流入的微晶，提高溶液的稳定性。经过热后的溶液用泵打入生长槽 A，此时溶液处于过饱和状态，析出溶质使晶体生长。析晶后变稀的溶液从生长槽 A 溢流入槽 B，重新溶解原料至溶液饱和，再进入过热槽，溶液如此循环流动，晶体便不断生长。流动法晶体生长的速度受溶液流动速度和 B、A 两槽温差的控制。此法的优点是生长温度和过饱和度都固定，使晶体始终在最有利的温度和最合适的过饱和度下生长，避免了因生长温度和过饱和度变化而产生的杂质分凝不均和生长带等缺陷，使晶体完整性更好。此法的另一个突出优点是能够培养大单晶。已用该法生长出重达 20 kg 的 ADP（$NH_4H_2PO_4$）优质单晶。此外，这种装置还用来进行晶体生长动力学研究。流动法的缺点是设备比较复杂，调节三槽之间的温度梯度和溶液流速之间的关系需要有一定的经验。

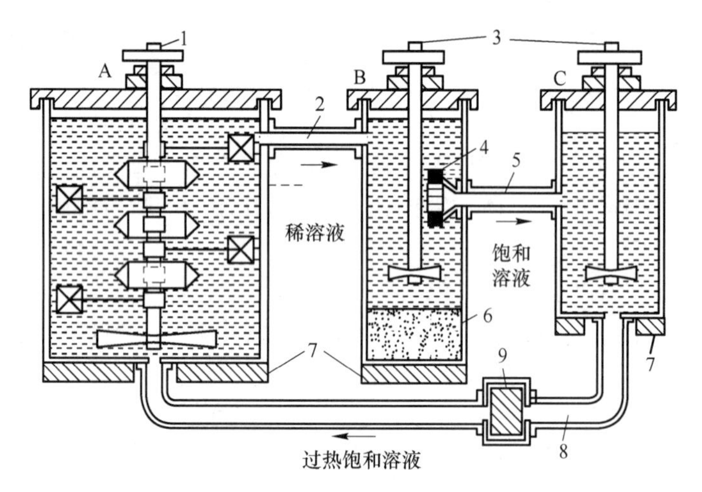

图 1-8　流动法示意图

A—生长槽；B—溶解槽；C—过热槽；1—籽晶杆；2，5，8—连接管；3—搅拌器；4—过滤器；6—原料；7—底座；9—循环泵

1.3.2.3　蒸发法

蒸发法生长晶体的基本原理是将溶剂不断蒸发减少，从而使溶液保持在过饱和状态，晶体便不断生长。这种方法比较适合于溶解度较大而溶解度温度系数很小或为负值的物质。蒸发法生长晶体是在恒温下进行的。

蒸发法的装置和降温法的装置基本相同，不同的是在降温法中，育晶器中蒸发的冷凝水全部回流（因为是严格密封的），而在蒸发法中则是部分回流，有一部分被取走了。降温法是通过控制降温来保持溶液的过饱和度，而蒸发法则是通过控制溶剂的蒸发量来保持溶液的过饱和度。

蒸发法生长晶体的装置有许多种，图 1-9 所示是一种比较简单的装置。

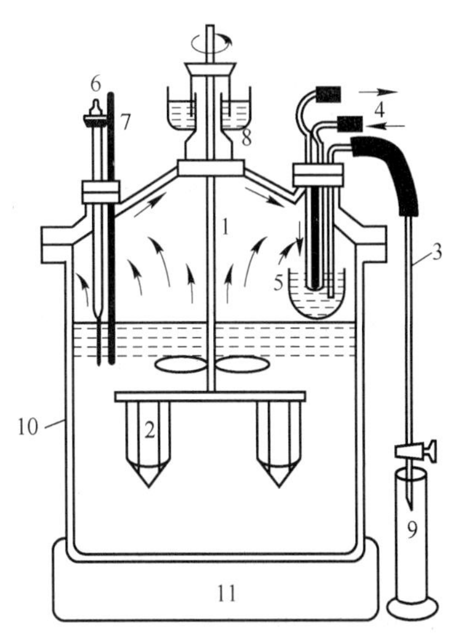

图 1-9 蒸发法育晶装置图

1—籽晶杆；2—晶体；3—虹吸管；4—冷却水管；5—冷凝器；6—控制器；7—温度计；8—水封装置；9—量筒；10—育晶缸；11—加热器

对于降温法和蒸发法生长，除了注意上面所讲到的一些原理和措施以外，在生长过程中还应注意下面几点：

(1) 晶体在溶液中最好能做到既能自转，也能公转，以避免晶体发育不良。

(2) 正确调整溶液的酸碱度（pH 值），使晶体发展完美。

(3) 生长速度不能过大，随时防止除晶体以外其他地方的成核现象。

1.3.2.4 凝胶法

凝胶法是以凝胶（常用的是硅胶）作为扩散和支持介质，使一些在溶液中进行的化学反应通过凝胶扩散缓慢进行，从而使溶解度较小的反应物在凝胶中逐渐形成晶体的方法。所以，凝胶法也就是通过扩散进行的溶液反应法，该法适用于生长溶解度十分小的难溶物质的晶体。由于凝胶生长是在室温条件下进行的，所以此法也适用于生长对热很敏感（如分解温度低或在熔点下有相变）的物质的晶体。表 1-3 列出了在硅酸凝胶中生长的一些晶体。图 1-10 是凝胶法生长晶体的简单装置图。

表 1-3 在硅酸凝胶中生长的一些晶体

晶 体	体 系	生长时间	晶体尺寸/mm
酒石酸钙（$CaC_4H_4O_6$）	$H_2C_4H_4O_6$+CaCl	—	8~11
方解石（$CaCO_3$）	$(NH_4)_2CO_3$+CaCl	6~8 周	6
碘化铅（PbI_2）	KI+$Pb(Ac)_2$	3 周	8
氯化亚铜（CuCl）	CuCl+HCl(稀)	1 月	8
高氯酸钾（$KClO_4$）	KCl+$NaClO_4$	—	20×10×6

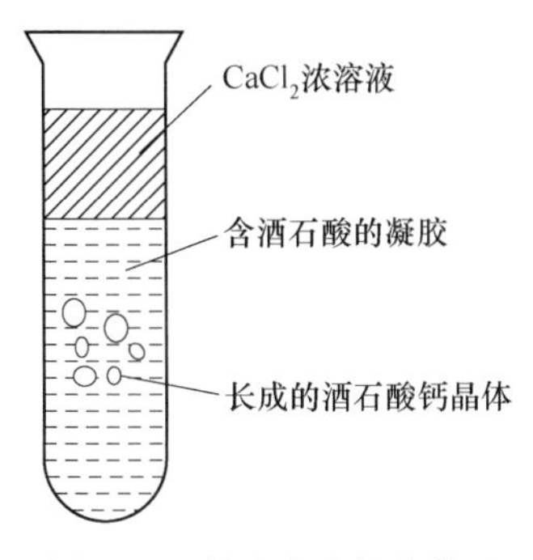

图 1-10 凝胶法生长的装置

凝胶法生长的基本原理可以从酒石酸钙的生长中看出。当 $CaCl_2$ 溶液进入含有酒石酸的凝胶时，发生的化学反应为：

$$CaCl_2 + H_2C_4H_4O_6 + 4H_2O \longrightarrow CaC_4H_4O_6 \cdot 4H_2O \downarrow + 2HCl \quad (1\text{-}21)$$

这种反应属于复分解反应，除此之外还可以利用氧化还原反应来生长金属单晶，如 CuCl、AgI 等。

凝胶法生长的优点在于方法和操作都简单，在室温下生长，能生长一些难溶的或对热敏感的晶体。生长的晶体一般具有规则的外形，而且可以直接观察晶体生长过程和宏观缺陷的形成，还可以掺杂，便于对晶体生长的研究和新品种的探索。其缺点是生长速度小、周期长、晶体的尺寸小、难以获得大块晶体。但是，由于这个方法和化学、矿物学联系较密切，因此，在今天仍有不可忽视的实用价值。

1.3.3 α-碘酸锂单晶体生长

α-碘酸锂（α-$LiIO_3$）利用亚稳相和稳定相溶解度的差别通过浓差自然对流进行生长，生长装置如图 1-11 所示。两个连通的玻璃槽 A 和 B，槽 B 中装有 β-$LiIO_3$ 原料，为原料槽，槽 A 为生长槽。由于在 20~30 ℃时，β-$LiIO_3$ 的溶解度比 α-$LiIO_3$ 大 1%~2%，浓度较大的 α-$LiIO_3$ 溶液靠自然对流进入生长槽 A，槽 A 的下部设置加热器，将溶液温度保持在 40 ℃，造成对 α-$LiIO_3$ 的过饱和，析出的溶质便在 α-$LiIO_3$ 籽晶上生长。释放溶质后的稀溶液上升流回原料槽 B，重新溶解 α-$LiIO_3$，槽 B 靠空气冷却稳定在 20~30 ℃。

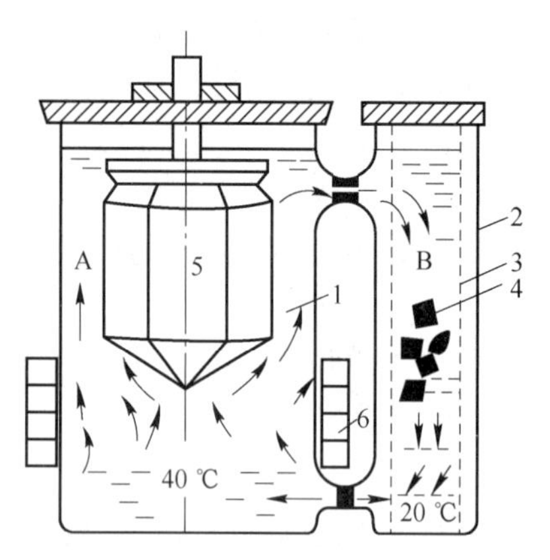

图 1-11　α-$LiIO_3$ 晶体浓差对流法装置
A—生长槽；B—原料槽；
1—育晶器；2—溶解槽；3—带孔玻璃；
4—β-$LiIO_3$ 原料；5—α-$LiIO_3$ 晶体；
6—加热器

1.3.4 溶液法生长晶体的优缺点

溶液法生长具有以下优点：

（1）晶体可在远低于其熔点的温度下生长。有许多晶体不到熔点就分解或发生不希望有的晶型转变，有的在熔化时有很高的蒸气压，溶液使这些晶体可以在较低的温度下生长，从而避免了上述问题。此外，在低温下使晶体生长的热源和生长容器也较易选择。

（2）降低黏度。有些晶体在熔化状态时黏度很大，冷却时不能形成晶体而成为玻璃体，溶液法采用低黏度的溶剂则可避免这一问题。

（3）容易长成大块的、均匀性良好的晶体，并且有较完整的外形。

（4）在多数情况下，可以直接观察晶体生长过程，便于对晶体生长动力学进行研究。

溶液法生长的缺点是组分多，影响晶体生长因素比较复杂，生长速度慢，周期长（一般需要数十天乃至一年以上）。另外，溶液法生长晶体对控温精度要求较高，在一定的温度（T）下，温度波动（ΔT）对晶体生长的影响取决于 $\Delta T/T$，若维持于 $\Delta T/T$ 数值不变，则在低温下 ΔT 应当小。经验表明，为培养高质量的晶体，温度波动一般不宜超过百分之几度，甚至是千分之几度。

1.4 水热生长法

1.4.1 温差水热结晶法

晶体的水热生长法，是一种在高温高压下的过饱和水溶液中进行结晶的方法。此种方法的历史比较悠久，但至今仍然广泛采用。现在用水热法可以合成水晶、刚玉、方解石、氧化锌以及一系列的硅酸盐、酸盐和石榴石等上百种晶体。

目前，较普遍采用的是温差水热结晶法。结晶或生长是在特别的高压釜内进行的，其装置如图1-12所示，原料放在高压釜底部的溶解区，籽晶悬挂在温度较低的上部生长区。在生长区和溶解区之间，放入一块有合适开口面积的金属挡板，以获得均匀的生长区域。高压釜外面有加热炉，加热炉提供所需要的工作温度和温度梯度。可用高压釜周围保温层的不同厚度来调节温度梯度，或用一台具有合适的绕组分布或绕组可分别加热的管式炉来提供所要求的温度梯度。晶体生长时，由于容器内部上、下部分溶液之间的温差而产生对流，将高温的饱和溶液带至籽晶区，形成过饱和溶液而结晶。过饱和度的大小取决于溶解区与生长区之间的温差以及结晶矿物的溶解度温度系数，而高压釜内过饱和度的分布则取决于最后的热流。通过冷却析出部分溶质后的溶液又流向下部溶解培养料，如此循环往复，使籽晶得以连续不断地生长。

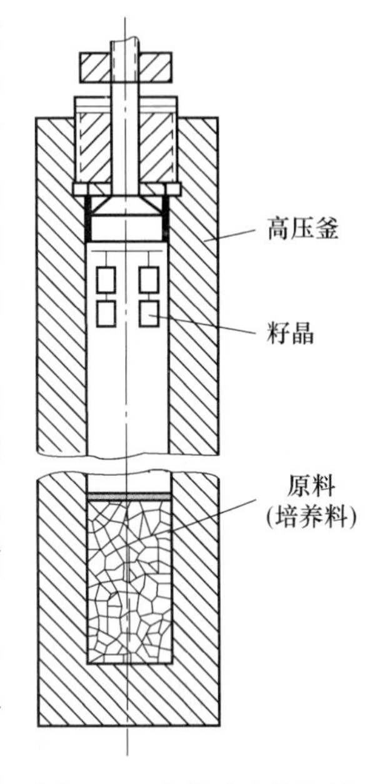

图1-12　水热法生长装置

在高压釜中，除了原料和籽晶外，还有按一定的“充满度”放入的矿化剂溶液。实验证明，矿化剂的选取对晶体生长是非常重要的。因为它不仅可以增大原料的溶解度和溶解度温度系数，而且还影响着晶体的结晶习性和生长速度。另外，当加入某种添加剂时，对晶体的生长速率和性能也能产生影响，可以提高晶体的结晶速率。

1.4.2　水热法的生长装置——高压釜

高压釜是水热法生长单晶体的关键设备，既要在高温高压下工作，又要耐酸碱腐蚀，所以要求制作高压釜的材料的机械性能、化学稳定性、结构密封性等都要良好、可靠。具体地说，对高压釜的要求应满足下列条件：

（1）制作材料，要求在高温高压下有很高的强度，在温度为200~1100 ℃范围内，能耐压（2~100）×10^7 Pa，耐腐蚀，化学稳定性好，当温度高于400 ℃时，还应考虑蠕变和持久强度。

（2）釜壁的厚度按理论公式计算：

$$K_d = \frac{D_w}{D_n} = \sqrt{\frac{[\sigma]}{[\sigma] - 2p}} \tag{1-22}$$

式中　K_d——直径比；

D_w——容器的外径，cm；

D_n——容器的内径，cm；

p——工作压力，kg/cm²；

$[\sigma]$——许用应力，kg/cm，$[\sigma] = \frac{\sigma'_s}{\eta_s}$，$\sigma'_s$为设计壁温下材料的屈服极限，kg/cm²，$\eta_s$为安全系数。

（3）密封结构良好。高压釜的密封结构可分为自紧式和非自紧式两大类。

（4）高压釜的直径与高度比。一般对于内径为100~200 mm的高压釜来说，内径与高度之比为1∶16左右。内径增加，上述比例也相应增大。作为溶解度试验用的高压釜，其内径与高比取1∶5就可以了。

（5）耐腐蚀，特别是耐酸碱腐蚀。一般采用惰性材料制成的内衬管来防腐蚀。

1.4.3 α-水晶（α-SiO_2）的水热生长

1.4.3.1 水热法生长条件

水晶在水热条件下的溶解度已经测定过。水晶在纯水、碳酸钠溶液、氢氧化钠溶液中的溶解度如图 1-13 所示。从图 1-13 中可以看出，水晶在碱溶液中的溶解度比在纯水中的溶解度大一个数量级，而且溶解度随温度和充满度（或压力）的增加而增加。水热法生长水晶的过程是水晶在高压釜内进行水热溶解反应，形成络合物，通过温度对流从溶解区传递至生长区，把生长所需的溶质供给籽晶。用氢氧化钠溶液生长，水晶生长条件大致是：

培养料温度	400 ℃
籽晶温度	360 ℃
充满度	80%
压力	1.5×10^8 Pa

培养料温度和籽晶温度均为釜外测定的温度。在同样条件下，氢氧化钠溶液所要求的温度梯度比碳酸钠溶液大得多。

温度和压力的选择，是为了使之具有足够的溶解度并能以适当的速度进行质量良好的生长，而对高压釜又没有过高的要求。在工作温度下，充满度必须产生出所要求的压力。通常根据肯尼迪提出的水的 *p-V-T* 曲线来确定，图 1-14 是不同充满度下水的 *p-T* 曲线。但是劳迪斯等人对 SiO_2-Na_2O_2-H_2O 溶液的测量表明，该体系的压力大大低于同样条件下水的压力。正确调节培养区和籽晶区之间的温差，可以得到所要求的生长速率。在生长溶液中，还应加入一些矿化剂。实验证明，矿化剂的选取对晶体生长是非常重要的，因为它不仅可以增大原料的溶解度和溶解度温度系数，而且还影响着晶体的结晶习性和生长速度。对于 α-SiO_2 晶体的生长，多采用 NaOH 溶液作矿化剂。另外，当加入某种添加剂时，对晶体的生长速率和性能也能产生影响，在 α-SiO_2 生长时，加入少量的 LiF，可以提高晶体的

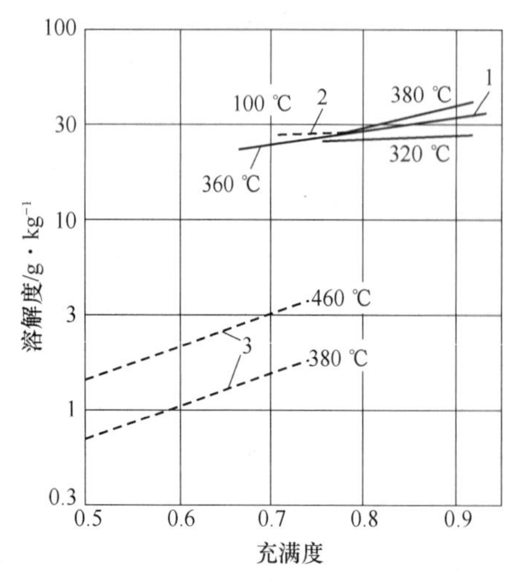

图 1-13 水晶在不同溶解液中的溶解度

1—0.5 mol/L 的 NaOH 溶液；

2—5%的 $NaCO_3$ 溶液；3—纯水

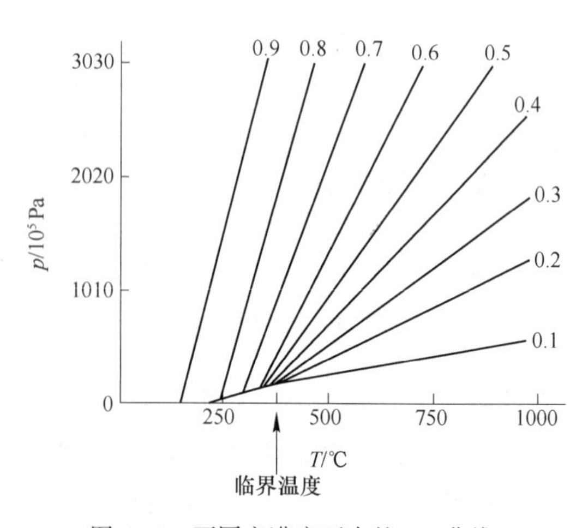

图 1-14 不同充满度下水的 *p-T* 曲线

结晶速率。此外，α-SiO_2水晶的生长必须在低于石英的 α-β 相变温度下进行，以防止晶体出现孪晶和破裂。

1.4.3.2 水晶的生长技术

籽晶片通常从基面（0001）（即垂直于光轴）切得，或平行于小菱面（$1\bar{1}0\bar{1}$）切割，或按与 y 轴夹角约15°方向切割，籽晶片厚度一般为2~5 mm。进行快速生长要求的过饱和度，在基面上应比在平行于任何一个自然面所切割的籽晶上要低，而较低的过饱和度可以减少釜壁上自发成核形成微晶。只要生长速率限制在 1 mm/d 左右，水晶基面上的生长就具有良好的质量。优质水晶完美性的标志是它在 X 射线照射下不发黑。

水晶的水热法生长已经工业化，表 1-4 给出了水热法生长若干晶体的典型条件。

表 1-4 水热法生长晶体的典型条件

晶 体	溶剂（水溶液）	籽晶温度/℃	培养料处高出的温度/℃	充满度或压力
SiO_2	1 mol/L NaOH 或 Na_2CO_3	360	40	0.8
Al_2O_3	1 mol/L Na_2CO_3	405	30	0.8
Fe_3O_4	0.5 mol/L NH_4Cl	515	15	0.5
$NiFeO_4$①	0.5 mol/L NH_4Cl	475		0.7
ZnO ZnS	1.0 mol/L NaOH	400	10	0.8
ZnSe，ZnTe CdSe，CdTe	1.2 mol/L NaOH	350	40	0.8
CdS PbS HgS	1.0 mol/L Na_2S 或 $(NH_4)_2Sn$	350		0.6
CdS PbS HgS	HCl 或 HBr	430	20	2.4×10^8 Pa
$AlAsO_4$	11 mol/L H_3AsO_4	254	-20	低
$Y_3Fe_5O_{12}$	50%NaOH（质量分数）	370	50	2.0×10^7 Pa
$Y_3Ca_5O_{12}$	1 mol/L Na_2CO_3	360	40	1.5×10^8 Pa

①表示在卧式高压釜的各端都放上小颗粒 NiO 和 Fe_2O_3。

1.4.4 水热法生长晶体的优缺点

通常，水溶液中水热生长晶体的典型条件是温度为 300~700 ℃，压力为（5.05~30.3）×10^7 Pa。一般说来，水热法的温度介于大气压下从水溶液中生长晶体与熔体法生长晶体或从熔盐法生长晶体的温度之间。

与后几种方法比较，水热法的优点是：

（1）由于存在相变（如 α-石英），可能形成玻璃体（如由于高黏滞度而结晶很慢的那些硅酸盐）；在熔点时，不稳定的结晶相可以用水热法生长。

（2）可以用来生长在接近熔点时蒸气压高的材料（如 ZnO）或要分解的材料（如

VO_2）等。

（3）适用于要求比熔体生长的晶体有较高完美性的优质大晶体或在理想配比困难时，要更好地控制成分的材料生长。

（4）生长出的晶体热应力小，宏观缺陷少，均匀性和纯度也较高。

主要缺点是：

（1）需要特殊的高压釜和安全保护措施。

（2）需要适当大小的优质籽晶，虽然质量在以后的生长中能够得到改善。

（3）整个生长过程不能观察；生长一定尺寸的晶体，时间较长。

1.5 熔盐生长法

所谓熔盐生长法，又称助熔剂法或高温溶液法，简称熔盐法，是在高温下从熔融盐溶剂中生长晶体的方法。熔盐法是一种生长晶体的古老经典方法，发展至今已有 100 多年的历史。熔盐法生长晶体的过程与自然界中矿物晶体在岩浆中的结晶过程十分相似，所以矿物学家们对熔盐法生长晶体有很浓厚的兴趣。随着生长技术的不断改进，用熔盐法不仅能够生长出金红石、祖母绿等宝石晶体，而且能够生长出大块优质的 YIG、KTP、BBO、KN、$BaTiO_3$ 等一系列重要的技术晶体，从而使这种方法更加令人瞩目。

熔盐法的适用范围很广泛，因为对于任何材料原则上说都能找到一种溶剂，但是在实际生长中要找到合适的溶剂却是熔盐法生长的一个既困难又很关键的问题。

1.5.1 生长机理

熔盐法生长晶体的过程与从水溶液中生长晶体相类似，并且在所有情况下都将应用同样的理论。在没有籽晶的加助熔剂熔体中生长晶体的过程，仍然是在较高的过饱和度下先成核，晶核长大，随着生长的进行，溶质的消耗，过饱和度就降低，达到平衡时，晶体稳定生长。溶质粒子的微观扩散过程和分子扩散过程一样。根据 BCF 理论处理，晶体的线生长速率 v 与相对过饱和度 σ 的关系可表示为：

$$v = \frac{C\sigma^2}{\sigma_1}\tanh\frac{\sigma_1}{\sigma} \tag{1-23}$$

式中，C 为常数；σ_1 为临界过饱和度。当 $\sigma \ll \sigma_1$ 时，式（1-23）可以近似为：

$$v = \frac{C\sigma^2}{\sigma_1} \tag{1-24}$$

当 $\sigma \gg \sigma_1$ 时，式（1-23）可近似为：

$$v = C\sigma \tag{1-25}$$

由于 C 和 σ_1 的复杂性，二者都包含有难以估算的因素，即使是数量级大小也难以估计，所以目前要验证上述公式对熔盐法生长的正确性只能依靠经验数据。

1.5.2 助熔剂的选择

能用的助熔剂种类非常多，对一种给定的材料生长挑选，最合适助熔剂的详细理论还未建立。由于缺乏相图数据和诸如黏度和蒸气压这样一类重要参量的数据，所以对能够使用的助熔剂的挑选变得更加困难。

选择助熔剂时必须首先考虑助熔剂的物理和化学性质。理想的助熔剂应具备下述的物理化学特性：

（1）对晶体材料必须具有足够大的溶解度。一般应为10%~50%（质量分数）。同时，在生长温度范围内，还应有适度的溶解度的温度系数。该系数太大时，生长速率不易控制，温度稍有变化则会引起大量的结晶物质析出，这样不但会造成生长速率的较大变化，还常常会引起大量的自发成核，不利于大块优质单晶的生长。该系数太小时，则生长速率很小。一般而言，在10%（质量分数）左右的范围内较为合适。

（2）在尽可能大的温度、压力等条件范围内，晶体材料与溶质的作用应是可逆的，不会形成稳定的其他化合物，而所要的晶体是唯一稳定的物相，这就要求助熔剂与参与结晶的成分最好不要形成多种稳定的化合物。但经验表明，只有二者组分之间能够形成某种化合物时，溶液才具有较高的溶解度。

（3）助熔剂在晶体中的固溶度应尽可能小。为避免助熔剂作为杂质进入晶体，应选用那些与晶体不易形成固溶体的化合物作助熔剂，还应尽可能使用与生长晶体具有相同原子的助熔剂，而不使用性质与晶体成分相近原子构成的化合物。

（4）具有尽可能小的黏滞性，以利于溶质和能量的输运，从而有利于溶质的扩散和结晶潜热的释放，这对于生长高完整性的单晶极为重要。

（5）有尽可能低的熔点，尽可能高的沸点。这样，才有较宽的生长温度范围可供选择。

（6）具有很小的挥发性和毒性。由于挥发会引起溶剂的减少和溶液浓度的增加，从而使体系的过饱和度增大，生长难以控制。此外，助熔剂多少都有些毒性，挥发性大的助熔剂会对环境造成污染，对人体造成损害。

（7）对铂或其他坩埚材料的腐蚀性要小。否则，助熔剂不仅会对坩埚造成损坏，而且还会对溶液造成污染。

（8）易溶于对晶体无腐蚀作用的某种液体溶剂中，如水、酸或碱性溶液等，以便于生长结束时晶体与母液的分离。

（9）在熔融态时，助熔剂的密度应与结晶材料相近，否则上下浓度不易均一。

当然，实际上很难找到一种能同时满足上述条件要求的助熔剂。在实际使用中，一般采用复合助熔剂来尽量满足这些要求，因为复合溶剂成分可以变化，可以进行协调，例如，在溶解度和挥发性之间进行协调。倘若所需要的材料要结晶成稳定相，最合适的选择常常是低共熔成分。但复合助熔剂的组分过多，又常常使得溶液体系的物相关系复杂化，扰乱待长晶体的稳定范围。因此，对复合助熔剂的使用也必须慎重考虑。为一些新材料选择熔剂时，一方面是根据上述原则并参考已发表的相图，挑选出适当的成分；另一方面，则是查阅已经成功地使用在与所需要的化合物相类似的化合物生长的助熔剂文献。实际上已有几种助熔剂被用在多种材料的生长上。如生长YAG，使用的助熔剂为PbO/PbF_2，熔点494 ℃，溶质是$Y_3Al_5O_{12}$。目前，使用最广泛的是以PbO和PbF_2为主的助熔剂。表1-5给出了一些常用的助熔剂和生长的晶体。

表 1-5　常用的助熔剂和生长的晶体

助熔剂	熔点（低共熔点）/℃	室温时的溶剂	溶质的例子
BaO/B_2O_3	870	HNO_3	$Ba_2Zn_2Fe_{12}O_{22}$，YIG
$BaO/Bi_2O_3/B_2O_3$	600	HNO_3	$NiFe_2O_4$，$ZnFe_2O_4$
$Bi_6Y_3O_{17}$	约 900	HNO_3	Cr_2O_3，Fe_2O_3
Li_2O/MoO_3	532	H_2O	BaO，$ZnSiO_4$
$Na_2B_4O_7$	741	HNO_3	$NiFe_2O_4$，Fe_2O_3
$Na_2W_2O_7$	620	H_2O	$CaWO_4$，CoV_2O_4
PbF_2	840	HNO_3	Al_2O_3，$MgAl_2O_4$
PbO/B_2O_3	500	HNO_3	In_2O_3，$YFeO_3$
PbO/PbF_2	494	HNO_3	$GdAlO_3$，Y_3FeO_3
$PbO/PbF_2/B_2O_3$	约 494	HNO_3	Al_2O_3，$Y_3Al_5O_{12}$
$Pb_2P_2O_7$	824	HNO_3	Fe_2O_3，$GaPO_4$
$Pb_2V_2O_7$	720	HNO_3	Fe_2TiO_5，YVO_4

1.5.3　设备及操作方法

熔盐法生长的炉子一般是长方形或立式圆柱形的马弗炉，设计比较简单。发热元件是碳化硅一类的导电陶瓷材料。炉子设计的主要标准是保温好、坩埚进出方便、对助熔剂蒸气侵蚀发热元件有防护作用等。图 1-15 为熔盐法生长装置示意图。

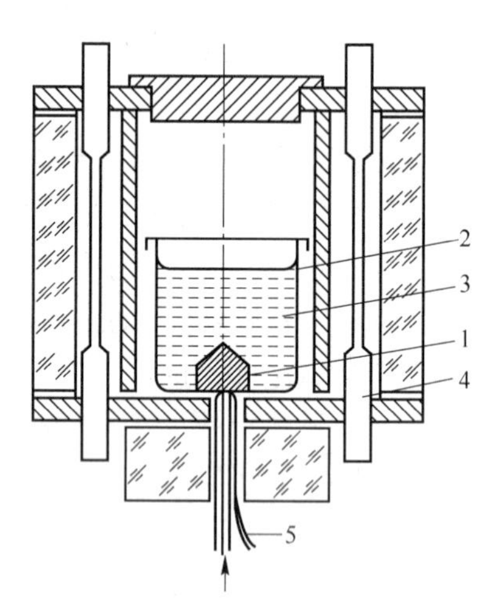

图 1-15　熔盐法生长装置示意图
1—晶体；2—坩埚；3—高温溶液；4—加热器；5—热电偶

坩埚材料比较满意的是铂。铂的寿命在氧化性气氛下比较长，但是要特别注意避免一定量的金属铅、铋、铁的影响，它们会与铂生成低共熔物。当使用铅基助熔剂时，加入少量 PbO_2 可以增加坩埚的寿命。

熔盐法生长中精确控制温度是稳定生长所必需的条件。

熔盐法生长晶体，在停止生长后，如何把晶体与残余物的溶液分离开，是个值得注意的问题。一般采用的方法是：如果晶体生长在坩埚壁上，就在固化前把过量的溶液倾倒出来，留下晶体再立刻放回炉中慢慢降至室温；再有一种方法是把晶体和溶液连同坩埚一起冷却到室温，然后将溶剂溶解在某些含水的试剂中，而晶体在这些试剂中是不溶解的，这种溶解过程可能要几星期，特别是对于大坩埚。以上两种方法都会使晶体产生应力，因此有人就采用在坩埚底部开孔，让溶液自动流出而不将坩埚从炉子中取出的方法。还有的采用将坩埚密封倒转过来的方法，如图 1-16 所示。这两种方法的操作比较复杂，而且是趁热操作，应特别细心。还有采用倾斜坩埚法使晶体与余液分离，如图 1-17 所示。

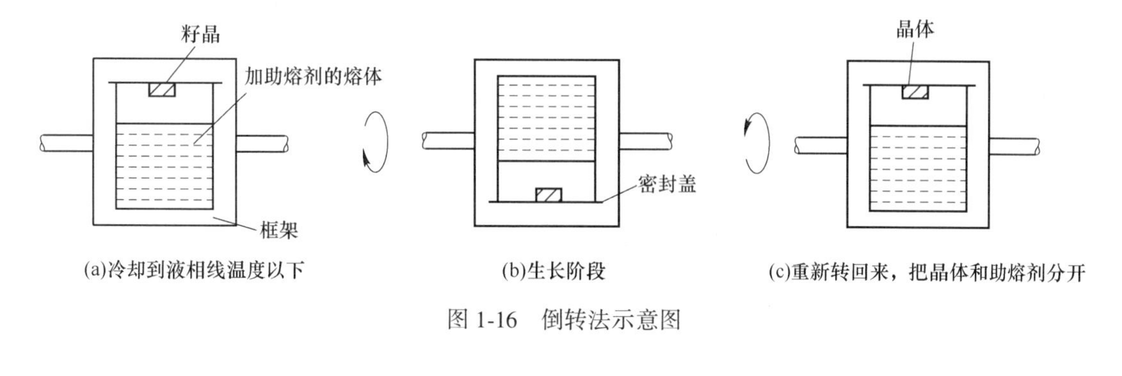

图 1-16 倒转法示意图

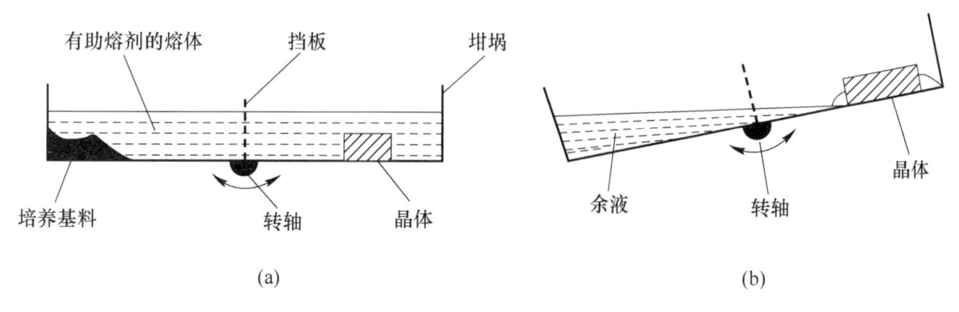

图 1-17 坩埚倾斜法示意图

1.5.4 钛酸钡晶体的生长

BaO-TiO_2 相图如图 1-18 所示。很明显，$BaTiO_3$ 是一个同成分熔化的化合物，但在其熔点以下要存在多个相变过程。

如果需要生长立方相 $BaTiO_3$，可加 TiO_2，作为助熔剂进行无籽晶缓慢冷却法生长。一般 TiO_2，成分可选为 64%~67%，生长温度为 1330~1450 ℃，这样就可避开 1460 ℃的相变点，生长出立方相的 $BaTiO_3$。$BaTiO_3$ 也可以采用非组成成分进行熔盐法生长，如用 KF、$BaCl_2$ 和 BaF_2 等作为助熔剂，也能成功地生长出立方相 $BaTiO_3$。

1.5.5 熔盐法生长的优缺点

熔盐法生长的主要优点在于可以借助高温溶剂，使溶质在远低于其熔点的温度下进行生长。熔盐法至今还备受瞩目，被人们广泛采用，其原因在于它有以下几方面的优点：

（1）可以生长熔点很高而现有设备达不到要求的材料。

（2）适用于生长不同成分熔化、或会在某一较低温度下出现相变，引起严重应力或破裂的材料。

（3）适用于生长由于一种或几种组分有高蒸气压，使材料在熔化时成为非理想配比的材料。

（4）生长出的晶体质量好，不仅能够培育小晶体，而且也能够生长优质的大晶体。熔盐法生长的缺点是生长过程不能直接观察，精确控温比较困难，有腐蚀性蒸气排出，对设备和环境有一定影响。

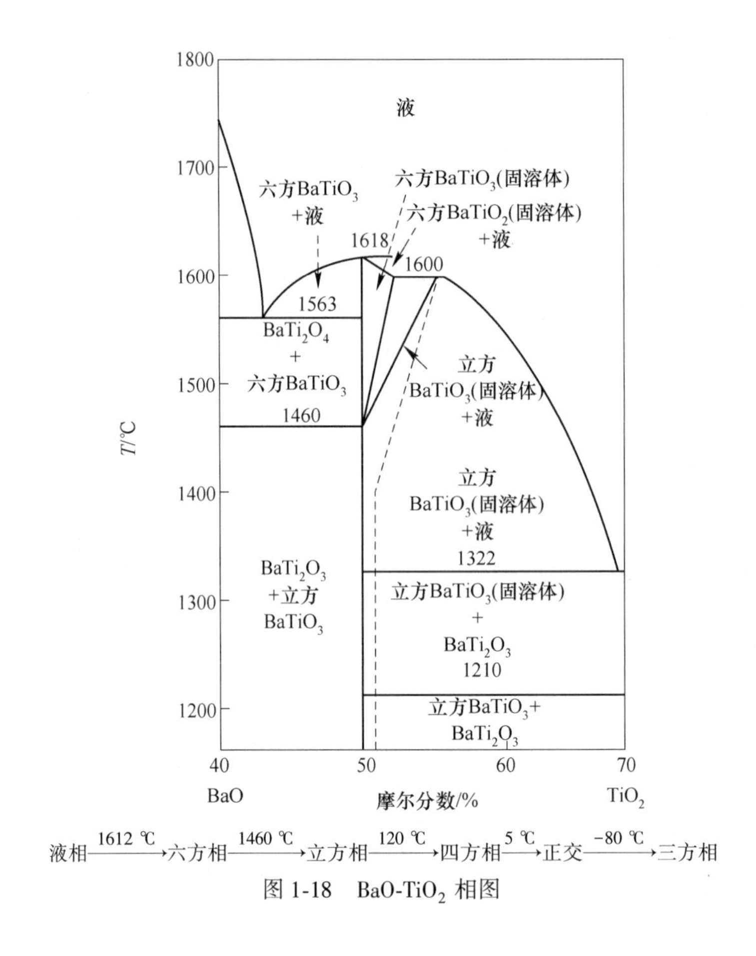

图 1-18 BaO-TiO_2 相图

1.6 熔体生长法

从熔体中生长晶体的历史已经很久了，但目前仍然是制备大单晶体和特定形状晶体的最常用和最重要的一种方法。电子学、光学等现代技术应用中所需要的单晶材料，大部分是用熔体生长方法制备的，如 Si、Ge、GaAs、GaP、$LiNbO_3$、Nd：YAG、Cr：Al_2O_3、$LaAlO_3$，以及一些碱金属和碱土金属的卤化物等。与其他一些方法（如气相生长、溶液生长等）相比，熔体生长具有生长快、晶体的纯度高、完整性好等优点。生长的高质量单晶不仅限于高技术应用方面，而且还是基础理论研究的极好样品。

目前，熔体生长的工艺和技术已发展到相当成熟的程度，不少晶体品种早已实现工业化规模的生产。熔体生长所涉及的内容极其丰富，本节仅就熔体生长的一般特点和方法作一简单介绍，侧重介绍提拉法和坩埚下降法。

1.6.1 熔体生长的特点

通常，熔体生长过程只涉及固-液相变过程，这是熔体在受控制条件下的定向凝固过程。在该过程中，原子（或分子）随机堆积的阵列直接转变为有序阵列，这种从无对称性结构到有对称性结构的转变不是一个整体效应，而是通过固-液界面的移动而逐渐完成的。

在熔体生长过程中，热量的传输对晶体的生长起着支配作用。在晶体生长中，首先要形成一个单晶核，然后在晶核和熔体的交界面上不断进行原子或分子的重新排列而形成单晶体。只有当晶核附近熔体的温度低于凝固点时，晶核才能继续发展。因此，要求生长着的界面必须处于过冷状态。然而，为了避免出现新的晶核和避免生长界面的不稳定性，过冷区必须集中在界面附近狭小的范围内，而熔体的其余部分则应处于过热状态。在这种情况下，结晶过程中释放出来的潜热不可能通过熔体导走，而必须通过生长着的晶体导走。通常，使生长着的晶体处于较冷的环境之中，由晶体的传导和表面辐射导走热量。随着界面向熔体发展，界面附近的过冷度将逐渐趋近于零，为了保持一定的过冷度，生长界面必须向着低温方向不断离开凝固点等温面，只有这样，生长过程才能继续进行下去。另外，为使熔体保持适当的温度，还必须由加热器不断供应热量。上述的热传输过程在生长系统中建立起一定的温场，并决定了固-液界面的形状。因此，在熔体生长过程中，热量的传输对晶体的生长起着支配作用。此外，对于那些掺杂的或非同成分熔化的化合物，在界面上会出现溶质分凝问题。分凝问题由界面附近溶质的浓度所支配，而后者又取决于熔体中溶质的扩散和对流传输过程。因此，溶质的传输问题也是熔体生长过程中的一个重要问题。

从熔体中生长晶体，一般有两种类型。一种是晶体与熔体有相同的成分，纯元素和同成分熔化的化合物属于此类。这类材料实际上是单元体系，在生长过程中，晶体和熔体的成分均保持恒定，熔点也不变。这类材料容易得到高质量晶体，如 Si、Ge、Al_2O_3、YAG 等，也允许有较高的生长率。第二种是晶体与熔体成分不同，掺杂的元素或化合物以及不同成分熔化的化合物属于这一类。这类材料实际上是二元或多元体系，在生长过程中晶体和熔体的成分均在不断变化，熔点（或凝固点）也在随成分的变化而变化。熔点和凝固点不再是一个确定的值，而是由一条固相线和一条液相线所表示。这类材料要得到均匀的单晶就困难得多。有些可以形成连续固溶体，但多数只形成有限固溶体，一旦超过固溶度，就将会出现第二相沉淀物，甚至出现共晶或包晶反应，使单晶生长受到破坏。

此外，熔体生长过程中不仅存在着固-液平衡问题，还存在着固-气平衡和液-气平衡问题。那些蒸气压或离解压较高的材料（如 GGG、GaAs），在高温下某种组分的挥发将使熔体偏离所需要的成分，而过剩的其他组分将成为有害杂质，生长这类材料将增加技术上的困难。

还有，晶体生长完毕后，必须由高温降至室温。有些材料在这一温度范围内有固态相变（包括脱溶沉淀和共析反应），这也将给晶体生长带来很大困难。

因此，只有那些没有破坏性相变，又有较低的蒸气压或离解压的同成分熔化的化合物（包括纯元素）才是熔体生长的理想材料，可以获得高质量的单晶体。

不能满足上述条件的材料，虽然难以生长，但随着生长技术和理论的发展，有许多品种也已获得了优质晶体。

1.6.2 熔体生长方法

从熔体中生长单晶体的典型方法大致有以下几种。

1.6.2.1 正常凝固法

正常凝固法的特点是在晶体开始生长时，全部材料处于熔融态（引入的籽晶除外）。

在生长过程中，材料体系由晶体和熔体两部分组成，生长时不向熔体添加材料，而是以晶体的长大和熔体的减少而告终。属于此类的方法有晶体提拉法、坩埚下降法、晶体泡生法、弧熔法。

A　晶体提拉法

晶体提拉法是熔体生长中最常用的一种方法，许多重要的实用晶体都是用这种方法制备的。近年来又有重大改进，能顺利生长某些易挥发的化合物，如 GaP 和一些特定形状的晶体，如管状宝石和带状硅单晶等。

提拉法的创始人是 J. Czochralski。提拉法的生长装置如图 1-19 所示，材料在一个坩埚中被加热到熔点以上。坩埚上方有一根可以旋转和升降的提拉杆，杆的下端有一个夹头，其上装有一根籽晶。降低提拉杆，使籽晶插入熔体中，只要熔体的温度适中，籽晶既不熔解，也不长大，然后缓慢向上提拉和转动籽晶杆，同时缓慢降低加热功率，籽晶逐渐长粗。小心地调节加热功率，就能得到所需直径的晶体。整个生长装置安放在一个外罩里，以保证生长环境有所需要的气体和压力。通过外罩的窗口可以观察到生长的状况。用这种方法已成功地生长出了半导体、氧化物和其他绝缘体等大晶体。

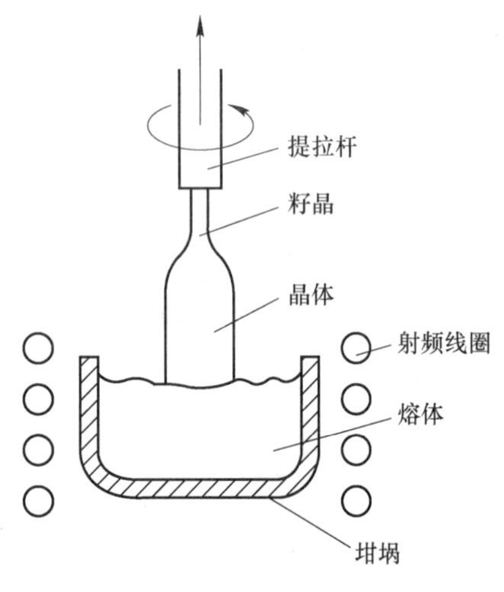

图 1-19　提拉法生长装置示意图

a　提拉法生长晶体的有关工艺及参数控制

（1）加热方式。提拉法生长晶体的加热方法一般采用电阻加热和高频感应加热，在无坩埚生长时可采用激光加热、电子束加热、等离子体加热和弧光成像加热等加热方式。电阻加热的优点是成本低，可使用大电流、低电压的电源，并可以制成各种形状的加热器。对电阻加热来说，当温度高于 1500 ℃时，通常采用圆筒石墨或钨加热器，它们需要保护气氛。当工作温度较低时，可以采用电阻丝、硅碳棒或管作为加热器，可以不要保护气氛。高频加热可以提供较干净的环境，时间响应快，但成本高。高频加热中，坩埚本身常常就是加热器，在高温时多采用铱金坩埚，在 1500 ℃以下时常采用铂金坩埚，加热频率为几百千赫。

（2）晶体直径的控制。

1）直径的惯性。在提拉法生长晶体过程中，温度起伏会引起晶体直径的起伏，其间的关系可以表示为：

$$\Delta T = C^* \Delta d \tag{1-26}$$

同样的温度起伏对不同的生长系统引起的直径起伏是不同的，C^* 越大，直径起伏 Δd 就越小，将 C^* 称为直径惯性，它是反映生长系统综合性能的一个物理量。

2）温度边界层。在固液界面以下一定深度 δT 之下，熔体的温度恒为平均温度 T_{BL}，而在此深度 δT 之内，温度逐渐降到临界温度 T_m，这个深度 δT 称为温度边界层。如图 1-20 所示。如果晶体的转速为 ω，可以推出温度边界层厚度的近似表达式为：

$$\delta T \sim \omega^{-1/2} \tag{1-27}$$

3）直径控制方程。假设：

K_S 为晶体的导热系数；

K_L 为熔体的导热系数；

ρ_S 为晶体的密度；

L 为晶体的相变潜热；

$\frac{\partial T_S}{\partial Z}$ 为固液界面处晶体中的轴向温梯；

$\frac{\partial T_L}{\partial Z}$ 为固液界面处熔体中的轴向温梯；

v 为晶体生长的速度。

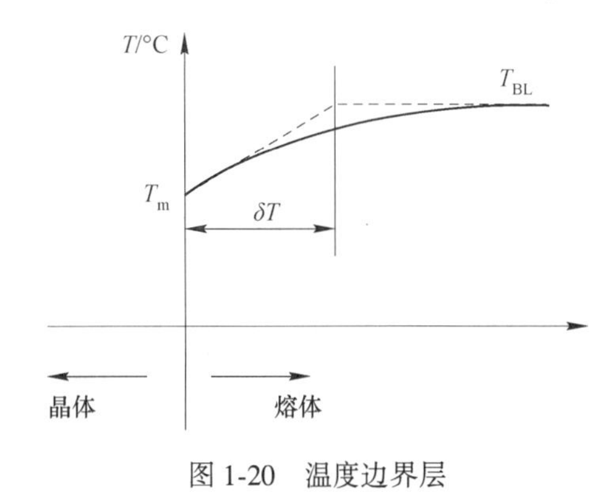

图 1-20　温度边界层

则通过固液面处的能量连续性方程为：

$$v\rho_S L = K_S \frac{\partial T_S}{\partial Z} - K_L \frac{\partial T_L}{\partial Z} \tag{1-28}$$

可以得出晶体的直径控制方程：

$$\Delta T_{BL} = \frac{2K_S^{\frac{1}{2}}\varepsilon^{\frac{1}{2}}\theta_m \delta T}{K_L d^{\frac{2}{3}}}\Delta d = C^* \Delta d \tag{1-29}$$

式中，$\theta_m = T_m - T_0$，T_0 为炉膛的环境气氛的温度；ε 为热交换系数。

可以看出，直径惯性 C^* 越大，对同样的温度系统，直径的变化 Δd 就越小，这正是生长阶段所要求的。

4）直径的控制方法。提拉法生长晶体直径的控制方法很多，有人工直接用眼睛观察进行控制，也有自动控制。自动控制的方法目前一般有利用弯月面的光反射、晶体外形成像法、称重法等。这些方法的具体原理和操作过程在此就不详述了，需要时请参考有关资料。

b　提拉法改进技术

近年来，提拉法至少取得了以下几项重大改进：

（1）晶体直径的自动控制技术——ADC 技术。这种技术不仅使生长过程的控制实现了自动化，而且提高了晶体的质量和成品率。

（2）液相封盖技术和高压单晶炉——LEC 技术。用这种技术可以生长那些具有较高蒸气压或高离解压的材料。

（3）磁场提拉法——MCZ 技术。在提拉法中加一磁场，可以使单晶中氧的含量和电阻率分布得到控制和趋于均匀，这项技术已由 H. Hirata 等人成功用于硅单晶的生长。

（4）导模法——EFG 技术。用这种技术可以按照所需要的形状和尺寸来生长晶体，晶体的均匀性也得到了改善。

c　提拉法生长晶体的主要设备

提拉法生长晶体的主要设备有单晶炉、加热器、控制器和坩埚等。

关于单晶炉，目前国内生产的型号较多，可以根据需要选择。加热器有石墨和硅碳棒、硅碳管等。控制器主要为精密数字控温仪，如欧陆表，REX、FP 控温仪等。坩埚材料对熔体生长关系重大，坩埚材料的选择应遵从如下原则：

（1）坩埚材料不溶或仅仅微溶于熔体。

（2）尽可能地不含有能输运到熔体中去的杂质。

（3）容易清洗，使任何表面杂质都能除去。

（4）在正常使用条件下，必须有高的强度和物理稳定性。

（5）有低的孔隙率以利于排气。

（6）有易于加工或制成所需形状的坩埚。

最常用的坩埚材料有石英、铂、铱、钼和石墨。石英除了与镁、钙、钡、锶、铝、硅稀土元素和氟化物以外，对许多元素和化合物来说是惰性的。石墨除了与硅、硼、铝和铁会形成碳化物而外，对大多数金属来说是惰性的。清洗石墨坩埚的最好方法是在真空中焙烧 1500~2000 ℃。铂、铱对大多数物质来说是很稳定的。生长 YAG 晶体用钼或铱坩埚。如果没有合适的坩埚装熔体，则应采用无坩埚技术。表 1-6 是一些常用的坩埚材料及其最高工作温度。

表 1-6 一些常用的坩埚材料及其最高工作温度

材 料	最高工作温度/℃	材 料	最高工作温度/℃
钨	3000	铑	1800
氧化钍	2800	铂，10%铱	1700
钽	2700	氮化硼	1700
石墨	2600	铂	1600
氧化镁	2600	氮化硅	1500
钼	2400	镍	1300
氧化铍	2300	石英	1250
氧化铝	1900	派热克斯玻璃	500
玻璃态碳	1800		

d 提拉法生长晶体的优缺点

提拉法生长晶体的主要优点是：

（1）在生长过程中，可以直接观察晶体的生长状况，这为控制晶体外形提供了有利条件。

（2）晶体在熔体的自由表面处生长，而不与坩埚相接触，能够显著减小晶体的应力，并防止坩埚壁上的寄生成核。

（3）可以方便地使用定向籽晶的和“缩颈”工艺，得到不同取向的单晶体，降低晶体中的位错密度，减少镶嵌结构，提高晶体的完整性。

提拉法的最大优点在于能够以较快的速率生长较高质量的晶体。例如，提拉法生长的红宝石与焰熔法生长的红宝石相比，具有较低的位错密度，较高的光学均匀性，也没有嵌镶结构。

提拉法的缺点是：

（1）一般要用坩埚作容器，导致熔体有不同程度的污染。

（2）当熔体中含有易挥发物时，则存在控制组分的困难。

（3）适用范围有一定的限制。例如，它不适于生长冷却过程中存在固态相变的材料，也不适于生长反应性较强或熔点极高的材料，因为难以找到合适的坩埚来盛装它们。

总之，提拉法生长的晶体完整性很高，而其生长速率和晶体尺寸也是令人满意的。设计合理的生长系统、精确而稳定的温度控制、熟练的操作技术是获得高质量晶体的重要前提条件。

B 坩埚下降法

该方法的创始人是 P. W. Bridgman。D. C. Stockbarger 曾对这种方法的发展作出了重要的推动，因此这种方法也可以叫作布里奇曼–斯托克巴杰方法，简称 B-S 方法。该方法的特点是使熔体在坩埚中冷却而凝固。坩埚可以垂直放置，也可以水平放置（使用“舟”形坩埚），如图 1-21 所示。生长时，将原料放入具有特殊形状的坩埚里，加热使之熔化。通过下降装置使坩埚在具有一定温度梯度的结晶炉内缓缓下降，经过温度梯度最大的区域时，熔体便会在坩埚内自下而上地结晶为整块晶体。这个过程坩埚可以不动，结晶炉沿着坩埚上升，或坩埚和结晶炉都不动，而是通过缓慢降温来实现生长。生长装置中尖底坩埚可以成功地得到单晶，也可以在坩埚底部放置籽晶。对于挥发性材料要使用密封坩埚。为防止晶体黏附于坩埚壁上，可以使用石墨衬里或涂层。

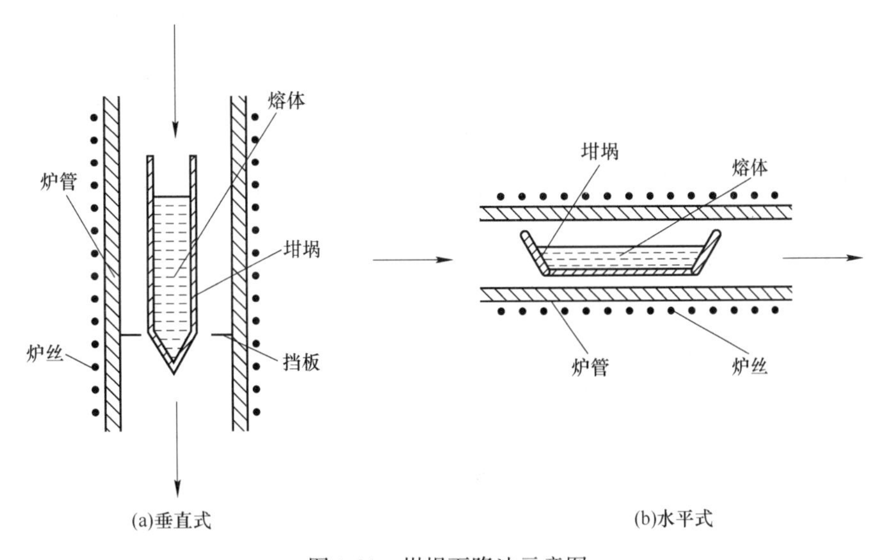

图 1-21 坩埚下降法示意图

B-S 法所使用的结晶炉通常由上、下两部分组成，上炉为高温区，原料在高温区中充分熔化，下炉为低温区。为造成上、下炉之间有较大的温度梯度，上、下两炉一般分别独立控温，还可以在上、下炉之间加一块散热板。炉体设计合理，是保证得到足够的温度梯度以满足晶体生长需要的关键。

采用坩埚下降法进行晶体生长的情况较为复杂，只能在简化模型的基础上加以讨论。为简便起见，假设晶体的生长速度可以近似看成是热量在一维空间上的传导，则由热传导连续方程可以推导得出：

$$v = \frac{\Delta T(K_S - K_F)}{\rho_m L} \tag{1-30}$$

式中 ΔT——固液界面处的温度梯度；

K_S，K_F——晶体和熔体的热导率；

ρ_m——熔点附近熔体的密度；

L——生长单位质量的晶体所释放出的结晶潜热。

由式（1-30）可以看出，温度梯度 ΔT 越大，生长速度 v 也就越大。从经济省时的角度出发，v 越大越好，但若要考虑晶体的质量，情况就较为复杂了。可以作如下简单分析：固-液界面处的温度梯度 ΔT 是由高温区和低温区之间的温差造成的，若要增加温度梯度，要么提高高温区的温度，要么降低低温区的温度。而过高地提高高温区的温度，会导致熔体的剧烈挥发、分解和污染影响生长出晶体的质量；把低温区的温度降得过低，生长的晶体在短短的距离内会经受很大的温差，由此会造成比较大的热应力。若坩埚的热膨胀系数比晶体大，冷却时坩埚的收缩也比晶体大，坩埚就要挤压晶体，使晶体产生比较大的压应力。低温区温度越低，这种压应力就越大，甚至引起晶体炸裂。所以，斯托克巴杰认为下降法生长晶体，理想的轴向温度分布应满足以下几点要求：

（1）高温区的温度应高于熔体的熔点，但也不要太高，以避免熔体的剧烈挥发。

（2）低温区的温度应低于晶体的熔点，但不要太低，以避免晶体炸裂。

（3）熔体结晶应在高温区和低温区之间温度梯度大的那段区间内进行，即在散热板附近。

（4）高温区和低温区内部要求有不大的温度梯度。这样既避免了在熔体上部结晶，又避免了在低温区晶体内会产生较大的内应力。

下降法一般采用自发成核生长晶体，其获得单晶体的依据就是晶体生长中的几何淘汰规律原理，如图 1-22 所示。在一管状容器底部有三个方位不同的晶核 A、B、C，其生长速度因方位不同而不同。假设晶核 B 的最大生长速度方向与管壁平行，晶核 A 和 C 则与管壁斜交。由图 1-22 中可以看到，在生长过程中，A 核和 C 核的成长空间因受到 B 核的排挤而不断缩小，在成长一段时间以后，终于完全被 B 核所湮没，最终只剩下取向良好的 B 核占据整个熔体而发展成单晶体，这一现象即为几何淘汰规律。

为了充分利用几何淘汰规律，提高成品率，人们设计了各种各样的坩埚。如图 1-23 所示。其目的是让坩埚底部通过温度梯度最大的区域时，在底部形成尽可能少的几个晶核，

图 1-22 几何淘汰规律

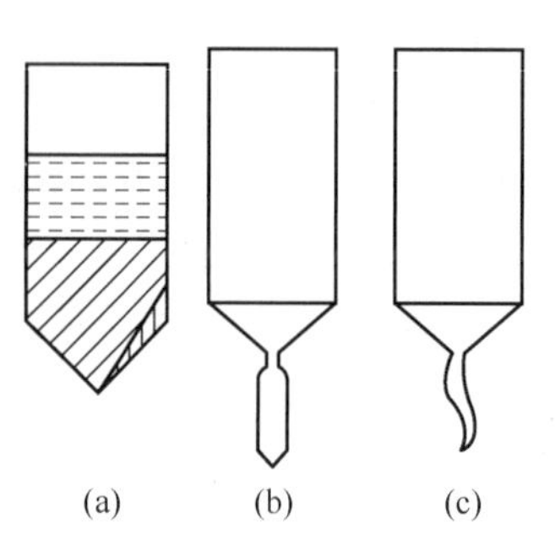

图 1-23 各种形状的生长安瓿

而这几个晶核再经过几何淘汰，剩下只有取向优异的单核发展成晶体。经验表明，坩埚底部的形状也因晶体类型不同而有所差异。

下降法生长晶体的优点是：

（1）由于可以把原料密封在坩埚里，减少了挥发造成的泄漏和污染，使晶体的成分容易控制。

（2）操作简单，可以生长大尺寸的晶体，可生长的晶体品种也很多，且易实现程序化生长。

（3）由于每一个坩埚中的熔体都可以单独成核，这样可以在一个结晶炉中同时放入若干个坩埚，或者在一个大坩埚里放入一个多孔的柱形坩埚，每个孔都可以生长一块晶体，而它们则共用一个圆锥底部进行几何淘汰，这样可以大大提高成品率和工作效率。

下降法生长晶体的缺点是：

（1）不适宜生长在冷却时体积增大的晶体（具有负膨胀系数的材料）。

（2）由于晶体在整个生长过程中直接与坩埚接触，往往会在晶体中引入较大的内应力和较多的杂质。

（3）在晶体生长过程中难于直接观察，生长周期也比较长。

（4）若在下降法中采用籽晶法生长，如何使籽晶在高温区既不完全熔融，又必须使它有部分熔融以进行完全生长，是一个比较难控制的技术问题。

总之，B-S 法的最大优点是能够制造大直径的晶体（直径达 200 mm），其主要缺点是晶体和坩埚壁接触容易产生应力或寄生成核。它主要用于生长碱金属和碱土金属的卤族化合物（如 CaF_2、LiF、NaI 等）以及一些半导体化合物（如 $AgGaSe_2$、$AgGaS_2$、CdZnTe 等）晶体。

C　晶体泡生法

该方法的创始人是 S. Kyropoulos。这种方法是将一根冷的籽晶与熔体接触，如果界面温度低于凝固点，则籽晶开始生长。为了使晶体不断长大，就需要逐渐降低熔体的温度，同时旋转晶体以改善熔体的温度分布。也可以缓慢地（或分阶段的）上提晶体，以扩大散热面。晶体在生长过程中或结束时均不与坩埚壁接触，这就大大减少了晶体的应力。不过，当晶体与剩余熔体脱离时，通常会产生较大的热冲击。生长装置如图 1-24 所示。

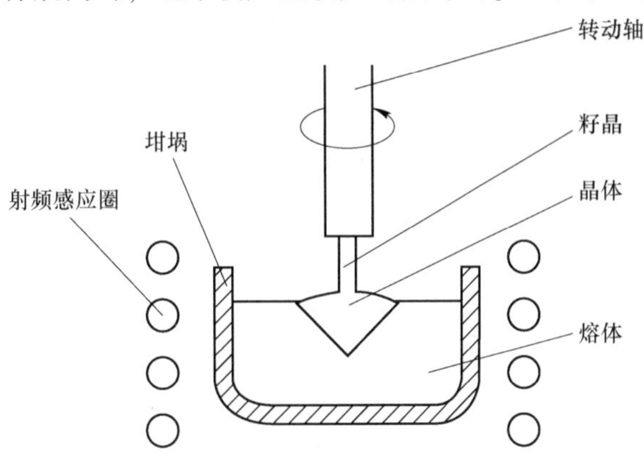

图 1-24　晶体泡生法生长装置示意图

D 弧熔法

这是一种很少采用的生长方法。该方法是将压结的粉末状原料装入耐火砖槽内，插入料块中的石墨电极放电，使料块中心部分熔化，熔体由周围未熔化的料块支持。然后，降低加热功率，晶体自发成核并长大。显然，这也是一种无坩埚技术，唯一的污染源来自电极。该方法的优点是可以生长熔点很高的氧化物晶体（如 MgO 晶体，熔点 2800 ℃），而且生长方法比较简单、迅速。该方法的缺点是投料多，晶体完整性差，生长过程也难以控制。生长装置如图 1-25 所示。

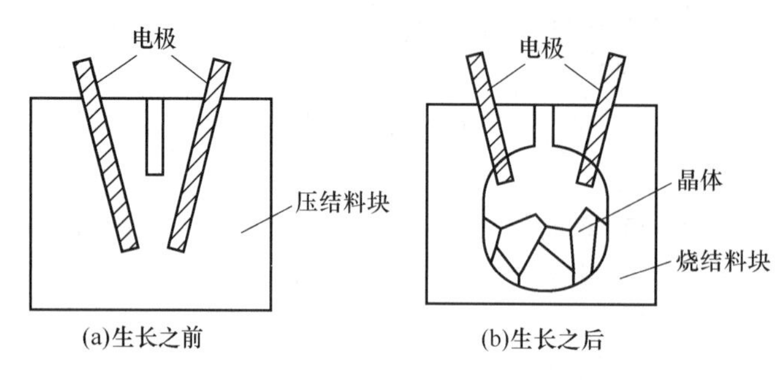

图 1-25 弧熔法生长装置示意图

1.6.2.2 逐区熔化法

逐区熔化法的特点是固体材料中只有一段区域处于熔融态，材料体系由晶体、熔体和多晶原料三部分所组成。体系中存在着两个固-液界面，一个界面上发生结晶过程，而另一个界面上发生多晶原料的熔化过程，熔区向多晶原料方向移动。尽管熔区的体积不变，实际上是不断地向熔区中添加材料。生长过程将以晶体的长大和多晶原料的耗尽而告终。

A 水平区熔法

水平区熔法的创始人是 W. G. Pfann，论文发表于 1952 年。这种方法主要用于材料的物理提纯，但也常用来生长晶体。该方法与水平 B-S 加热器方法大体相同，不过熔区是被限制在一段狭窄的范围内，而绝大部分材料处于固态。随着熔区沿着料锭由一端向另一端缓慢移动，晶体的生长过程也就逐渐完成。这种方法与正常凝固法相比，优点是减小了坩埚对熔体的污染（减少了接触面积），并降低了加热功率。另外，这种区熔过程可以反复进行，从而可以提高晶体的纯度或使掺杂均匀化。生长装置如图 1-26 所示。

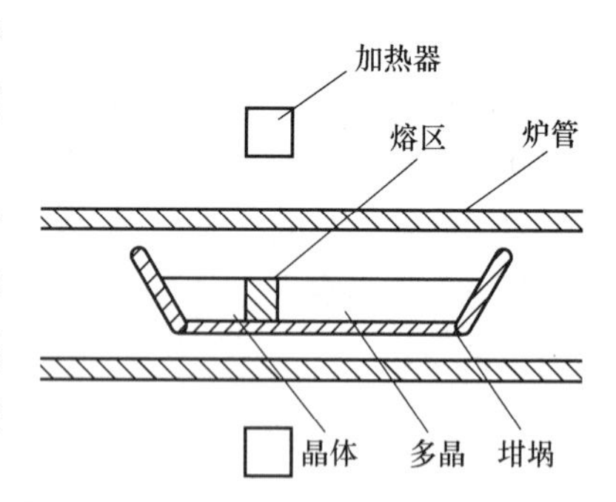

图 1-26 水平区熔法生长装置示意图

B 浮区法

浮区法也可以说是一种垂直的区熔法。该方法是由 P. H. Keek 和 M. J. E. Golay 于 1953 年创立的。生长装置如图 1-27 所示。在生长的晶体和多晶原料棒之间有一段熔区，该熔区由表面张力所支持。通常，熔区自上而下移动，以完成结晶过程。该方法的主要优点是不需要坩埚，从而避免了坩埚造成的污染，常用于生长半导体材料（如 Si）。此外，由于加热温度不受坩埚熔点的限制，因此可以生长熔点极高的材料（如 W 单晶，熔点 3400 ℃）。

熔区的稳定是靠表面张力与重力的平衡来保持，因此材料要有较大的表面张力和较低的熔态密度。这种方法对加热技术和机械传动装置的要求比较严格。

C 基座法

基座法与浮区法基本相同。熔区仍由晶体和多晶原料来支持，不同的是多晶原料棒的直径远大于晶体的直径。生长装置如图 1-28 所示。将一个大直径多晶材料的上部熔化，降低籽晶使其接触这部分熔体，然后向上提拉籽晶以生长晶体。这也是一种无坩埚技术，用这种方法曾成功地生长了无氧硅单晶（通常使用 SiO_2 坩埚时，Si 熔体将受到氧的污染）。

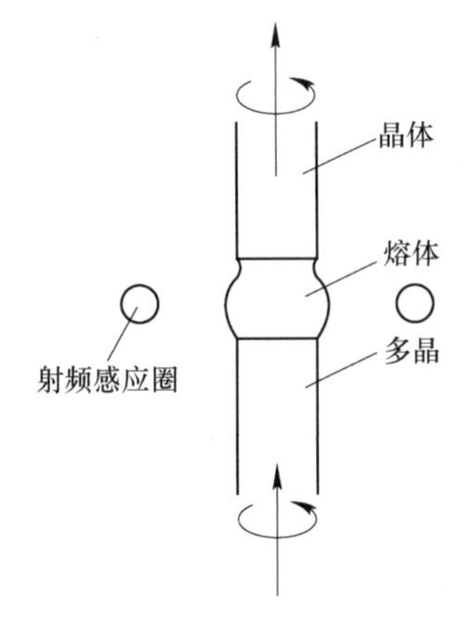

图 1-27 浮区法生长装置示意图

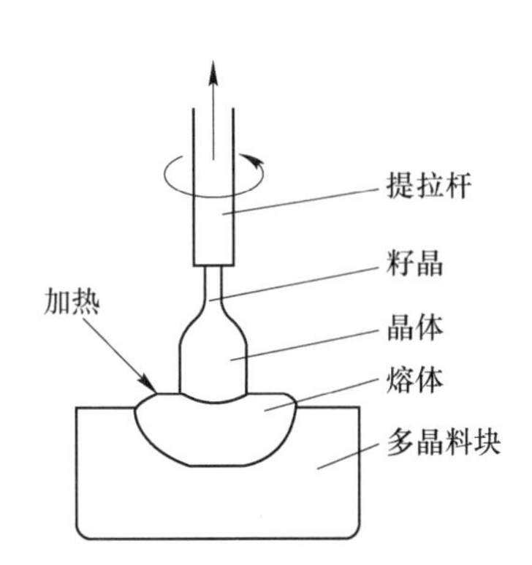

图 1-28 基座法生长装置示意图

D 焰熔法

焰熔法的创始人是 A. Verneuil。这是一种最简便的无坩埚生长方法，主要用于宝石的工业生产。振动器使粉末原料以一定的速率自上而下通过高温区，熔化以后落在籽晶上部，形成液层，籽晶向下移动使液层凝固，其凝固速率与供料速率保持平衡。传统的加热方法是使用氢氧焰，20 世纪 60 年代以后也曾发展了其他多种加热方法。

1.6.2.3 掺钕钇铝石榴石（Nd:YAG）晶体的提拉生长

Nd:YAG 晶体是制作中、小型固体激光器的主要材料，它具有阈值低、效率高、性能稳定的特点，用其制作的激光器广泛应用于军事、工业、医院和科研等领域。

Nd:YAG 晶体采用熔体提拉法生长，其生长装置如图 1-29 所示。采用 200 kHz 的高频感应加热，感应圈为矩形紫铜管绕成的双层圈，内圈比外圈高出 1 圈，坩埚盖的高度处于第一圈和第二圈之间，可以使生长界面附近有较大的温度梯度。生长过程中晶体提拉速度约为 1.2~1.6 mm/h，晶体转速约为 40~50 r/min，较低的提拉速度有助于改善晶体质量。采用大直径、小高度的铱坩埚可以减小液面下降引起的生长条件变化，减小对流引起的温度波动，并增大温度梯度，减小坩埚对熔体的污染。掺钕浓度一般认为 5%（原子百分比）比较合适。

1.6.2.4 硒镓银（$AgGaSe_2$）晶体的 B-S 法生长

$AgGaSe_2$ 晶体是一种具有优异的红外非线性光学性能的Ⅰ-Ⅲ-Ⅵ族三元化合物半导体、黄铜矿结构，$\bar{4}2m$ 点群，常温下呈深灰色，红外透明范围 0.73~21 μm。$AgGaSe_2$ 晶体具

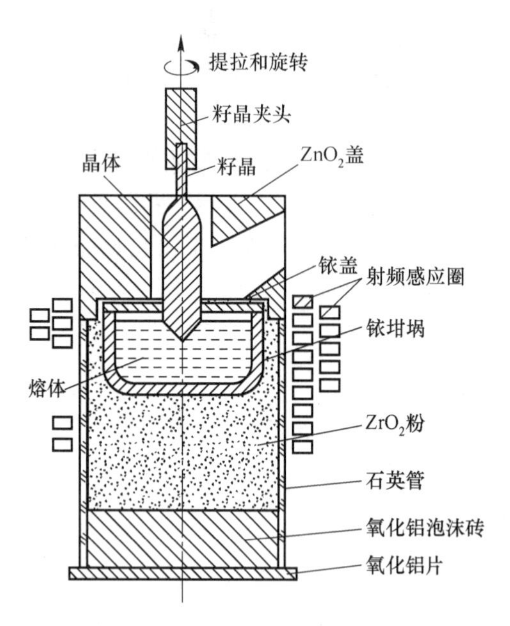

图 1-29 Nd:YAG 生长装置示意图

有吸收小、非线性系数大、适宜的双折射等特点，可用于制作倍频，混频和宽带可调红外参量振荡器等，在 3~18 μm 红外范围提供多种频率的光源，而且在相当宽的范围内连续可调，这在激光通信、激光制导、激光化学和环境科学等方面有广泛用途，近年来引起了人们的注意。

$AgGaSe_2$ 单晶体采用改进的 B-S 法生长，生长装置及其温场分布图如图 1-30 所示，为一台竖直两温区坩埚旋转下降单晶生长炉，该生长炉上、下两个温区分别用一组炉丝加热，两区域中间的空隙宽度可调。实验中通过调整上、下两区域的温度差以及中间空隙的高度，可控制中间结晶区域的温度梯度。采用精密数字控温仪可以进行控温程序设计。

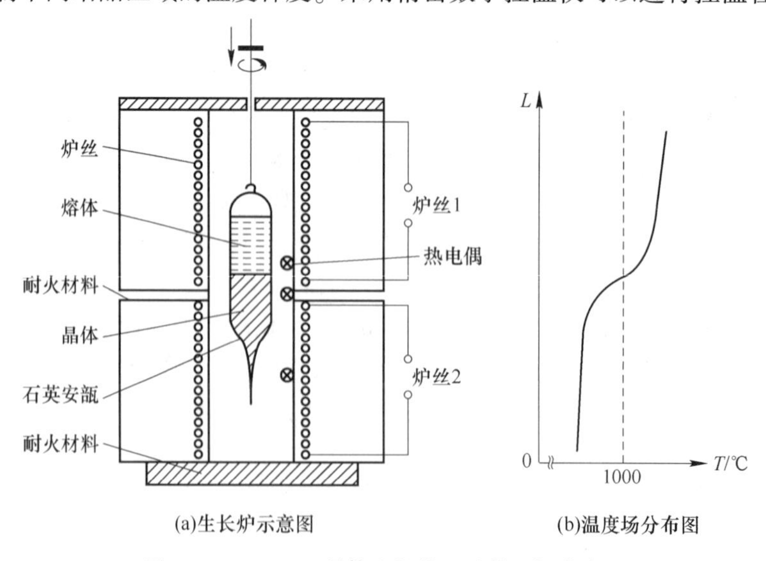

图 1-30 $AgGaSe_2$ 晶体生长装置及其温场分布图

将 $AgGaSe_2$ 多晶粉末装入经镀碳处理过的石英生长安瓿内，抽空封结后放入生长炉内，缓慢升温至 950~1050 ℃，开启旋转系统，保温后开始下降，生长中保持固液界面附近温度梯度为 30~40 ℃/cm，下降速率为 0.5~1.0 mm/h。经过大约两周时间，便可生长出外观完整的 $AgGaSe_2$ 单晶锭。

1.7　单晶材料的应用与展望

晶体生长作为一门学科是伴随着以微电子为核心的高技术产业的发展逐渐得以确立的。每一种新晶体的研制成功，都得益于生长技术的创新或提升。Si 单晶之于提拉法，GaAs 之于水平布里奇曼法，水晶之于水热法，卤化物晶体之于下降法。当这些生长技术日益成熟并逐渐被固定下来之后，人们才发现，这些传统方法能够生长的有价值的晶体越来越少，在过去的 20 多年里，体单晶生长技术鲜有创新，而诸如液相外延（LPE）、化学气相沉积（CVD）、分子束外延（MBE）、溅射法、溶胶-凝胶法等薄膜生长工艺的发展如雨后春笋，层出不穷。这些先进的膜制备方法正是为了满足上述诸多晶体材料的生长而创造出来并不断完善的。因此，膜技术在某种程度上可以看作是传统晶体生长技术的延伸。

但是，这并不意味着传统生长技术的终结。膜和体单晶毕竟不同。首先，很多应用需要块体材料，而且块体材料加工成的晶片已被广泛用于微电子工业，而大多数膜制备技术对设备的要求极高，并非在成本方面占据绝对优势。其次，膜的质量还有待提高。即使所谓的单晶膜，其质量也未必能够达到体单晶的完整性。最后，体单晶生长是研究熔体析晶特性等基础科学问题不可缺少的手段之一。因此，尽管外延等膜技术吸引着更多研究者的关注，体单晶研究仍然有巨大的应用需求和独特的科学价值。一方面，通过不断改进和完善传统生长工艺，可以生长很多新晶体；另一方面，体单晶生长方法也需要接受挑战，不断创新。

习　题

1. 单晶生长的方法如何分类，它们各自的特点是什么？
2. 阐述气相生长晶体的基本原理及其方法。
3. 溶液法生长晶体的方法可以分为哪几种，它们各自的原理是什么？
4. 何为晶体水热生长法？试阐述 α-水晶生长的基本工艺和生长参数。
5. 水热法生长单晶体的关键设备高压釜在设计和制作上应满足哪些基本要求？
6. 熔体法生长晶体的特点是什么，主要有哪些方法？
7. 试述提拉法生长晶体的改进技术。

2 非晶材料制备技术

【本章提要与学习重点】

本章主要针对非晶材料概述、大块非晶形成准则与理论、非晶合金制备方法、非晶合金应用与展望展开论述。通过本章学习，使学生了解非晶合金，掌握非晶合金的基本理论，熟悉非晶合金的研究现状。同时，清楚非晶合金常用制备方法，最终了解非晶合金的应用领域与未来发展方向。

2.1 非晶合金概述

非晶合金是指固态合金中原子的三维空间呈拓扑无序排列，并在一定温度范围内保持这种状态相对稳定的合金。在微观结构上，它具有液体的无序原子结构，就像是一种非常黏稠的液体（和液体的差别主要是液体的黏度很小，液体的原子或者分子没有承受剪切应力的能力，很容易流动），在宏观上它又具有固体的刚性。和其他非晶态物质一样，非晶态合金是一种亚稳态材料。由于体系的自由能比相应的晶态要高，在适当的条件下，会发生结构转变，并向稳定的晶态过渡。但是由于晶态相形核和长大的势垒比通常情况下高得多，因此，非晶态能够长期地保持而不发生改变。非晶态合金材料与晶态材料相比有两个最基本的区别，就是原子排列不具有周期性，且属于热力学的亚稳相。非晶态材料在性能上与晶态材料相比具有很高的强度、硬度、韧性、耐磨性、耐蚀性及优良的软磁性、超导性、低磁损耗等特点，并且已在电子、机械、化工等行业得到广泛的应用。随着对非晶态材料的进一步研究，其应用领域会不断的扩大。

1960 年美国加利福尼亚工业大学的杜威兹（Duiwez）教授等发现，当某些液态贵金属合金（如金硅合金）被人们以极快的速率急剧冷却时，可以获得非晶态合金，这些非晶态金属具有类似玻璃的某些结构特征，故又称为“金属玻璃”。玻璃从液态到固态是连续变动的，没有明确的分界线，即没有固定凝固点。也就是说金属是一种典型的晶体材料，它的许多特性是由其内部晶体结构决定的；而玻璃却是一种非晶体材料，固态玻璃和液态玻璃内部原子呈无序混乱排列。非晶合金是短程有序、长程无序的，也就是说它只有在一定的大小范围内，原子才形成一定的几何图形排列，近邻的原子间距、键长才具有一定的规律性。一般的非晶合金，在 1.5~2.0 nm 范围内，它们的原子排列成四面体的结构，每个原子占据了四面体棱柱的交点上，但是大于 2.0 nm 范围内，原子成为各种无规则的堆积，不能形成有规则的几何排列。非晶态合金研究的进展，不仅突破了长期以来金属合金只能以结晶态凝固这一传统认识，丰富了合金凝固相变理论，而且在合金的非晶形成能力、非晶态合金的结构及相演化过程、非晶态合金的性能等方面的研究都取得了大量成果。

2.1.1 非晶态的形成

液态金属冷却的过程中在低于理论熔点的温度将产生凝固结晶，这个过程可分为形核和长大两个基本阶段。随温度的降低，结晶开始和终了的时间与温度的关系可以用一个C形曲线来表示，如图2-1所示。由图2-1可知，如果液态金属以高于图中的临界冷却速率冷却时，以完全阻止晶体的形成，从而把液态金属“冻结”到低温，形成非晶态的固体金属。从理论上说，任何液体都可通过快速冷却获得非晶态固体材料，只不过不同的材料需要不同的冷却速率，对于硅酸盐（玻璃）和有机聚合物而言，其C形曲线的最短时间也有几小时或几天，因此，在正常的冷却速率下均得到非晶固体。但是对于纯金属而言，其最短时间约为10^{-6} s，这意味着纯金属必须以大约10^{10} K/s的速率冷却时才可能获得非晶态。对于合金而言，获得非晶态的临界冷速与合金的成分、合金中原子间的键合特性、电子结构、组元的原子尺寸差异以及相应的晶态相的结构等因素有关，获得非晶态金属合金主要有以下两种途径：

（1）研究具有低的临界冷却速率的合金系统，以便得到形成非晶态的较为便利的条件；

（2）发展快速冷却的技术，以满足获得非晶态金属的技术需要。

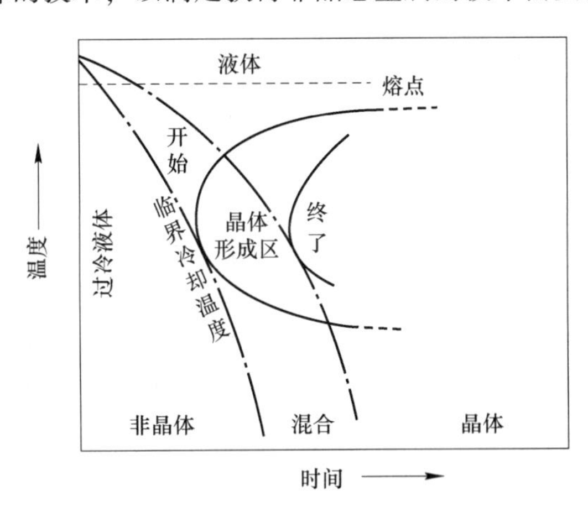

图2-1　液态金属结晶开始时间与过冷度的关系

2.1.2 非晶态的结构特性

2.1.2.1 结构的长程无序性和短程有序性

非晶结构不同于晶体结构，它既不能取一个晶胞为代表，且其周围环境也是变化的，故测定和描述非晶结构均属难题，只能统计地表示之。常用的非晶结构分析方法是利用X射线或中子散射方法得出的散射强度谱，求出其径向分布函数，用它来描述材料中的原子分布。如图2-2所示，即为气体、固体、液体的原子分布函数，图中$g(r)$相当于取某一原子为原点，在距原点为r处找到另一原子的概率。可以看出，非晶态的图形与液态很相似但略有不同，而和完全无序的气态及有序的晶态则有着明显的区别。

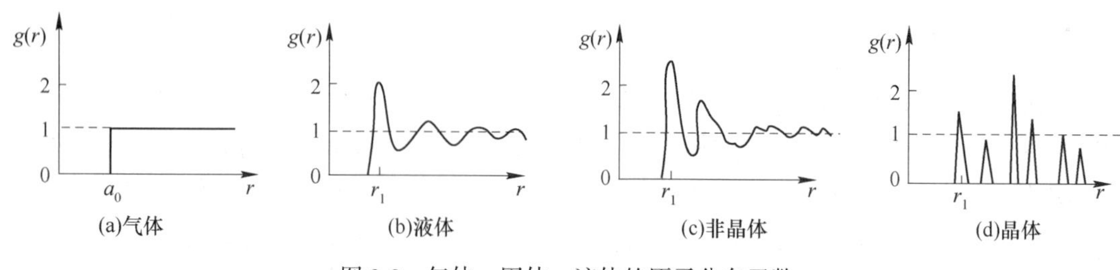

图 2-2 气体、固体、液体的原子分布函数

2.1.2.2 热力学的亚稳定性

热力学的亚稳定是非晶态结构的另一个基本特征，一方面它有继续释放能量，向平衡状态转变的趋势；另一方面，从动力学来看，要实现这一转变首先必须克服一定能垒，这在一般情况下实际上是无法实现的，因而非晶态材料又是相对稳定的。这种亚稳态区别于晶体的稳定态，只有在一定温度（400~500 ℃）下发生晶化而失去非晶态结构，所以非晶态结构具有相对稳定性。

因此，在一定的条件下（玻璃化温度附近）会发生稳定化的转变即向晶态转变，称为晶化。非晶态金属的晶化过程也是一个形核和长大的过程，由于是在固态、较低的温度下进行的，要受原子在固相中扩散的支配，晶化速率不可能像凝固结晶时那样快。但是由于非晶态金属在微区域中的结构更接近于晶态，且晶核形成的固相中的界面能也比液固界面能小，因而晶化时形核率很高，晶化后可以得到晶粒十分细小的多晶体。非晶态合金的晶化过程是很复杂的过程，不同成分的合金可有不同的方式，并且在许多情况下，晶化过程中还会形成过渡的结构。

非晶态合金中没有位错、相界、晶界和第二相，因此，可以说是无晶体缺陷的固体，结构上具有高度的均匀性而且没有各向异性，但是原子的排列又是不规则的。非晶态合金原则上可以得到任意成分的均质合金相，其中许多在平衡条件下是不可能存在的，这是一个非常重要的特点。从这个角度来说，非晶态合金大大开阔了合金材料的范围，并可获得晶态合金所不能得到的优越性能。

2.1.3 非晶态合金的性能

由于非晶态合金在成分、结构上都与晶态合金有较大的差异，所以非晶态合金在许多方面表现了其独特的性能。

2.1.3.1 优异的力学性能

非晶态合金的重要特征是具有高的强度和硬度。例如，非晶态铝合金的抗拉强度是超硬铝的两倍，如表 2-1 所示。由于非晶态合金中原子间的键合比一般晶态合金中强得多，而且非晶态合金中不会由于位错的运动而产生滑移，因此，某些非晶材料具有极高的强度，甚至比超高强度钢高出 1~2 倍。例如，4340 超高强度钢的抗拉强度为 1.6 GPa，而 $Fe_{80}B_{20}$非晶态合金为 3.63 GPa，$Fe_{60}Cr_6Mo_6B_{28}$达到 4.5 GPa。对于晶态合金来说，超高强度钢已达到相当高的水准，要想继续提高强度，是比较困难的，而非晶态材料使金属的强度成倍的增长，这是晶态材料中难以想象的事。

表 2-1 铝基非晶合金和其他合金的抗拉强度、比强度

材料类型	抗拉强度 σ_b/MPa	比强度/10^6 · cm^{-1}	材料类型	抗拉强度 σ_b/MPa	比强度/10^6 · cm^{-1}
非晶态合金	1140	3.8	马氏体钢	1890	2.4
超硬铝	520	1.9	钛合金	1100	2.4

非晶态合金在具有高强度的同时，还常具有很好的塑性和韧性，尽管其伸长率低但并不脆，这与非晶态的玻璃完全不同，也是晶态金属所不可及的。非晶态合金在压缩、剪切、弯曲状态下还具有延展性，非晶薄带折叠 180°也不会出现断裂。图 2-3 展示出了晶体与非晶体在变形机理上的区别，晶体在受到剪切应力作用时，以位错为媒介在特定晶面上移动；而非晶体中原子排列是无序的，有很高的自由体积，在剪切应力作用下，可重新排列成另一稳定的组态，因而是整体屈服而不是晶体中的局部屈服。

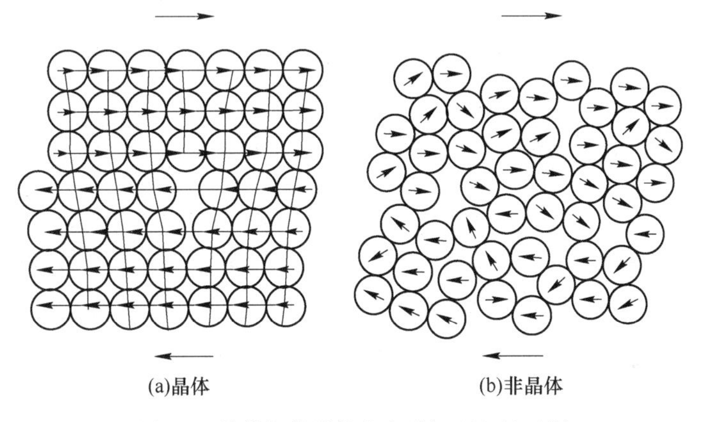

图 2-3 晶体与非晶体在变形机理上的区别

2.1.3.2 特殊的物理性能

非晶态合金因其结构是长程无序结构，故在物理性能上与晶态合金不同，显示出异常情况。非晶合金一般具有高的电阻率和小的电阻温度系数，有些非晶合金如 Nb-Si、Mo-Si-B、Ti-Ni-S 等，在低于其临界转变温度，可具有超导电性。目前非晶合金最令人瞩目的是其优良的磁学性能，包括软磁性能和硬磁性能。一些非晶合金在外磁场作用下很容易磁化，当外磁场移去后又很快失去磁性，且涡流损失少，是极佳的软磁材料，这种性质称为高磁导，其中具有代表性的是 Fe-B-Si 合金。此外，使非晶合金部分晶化后可获得 10~20 mm尺度的极细晶粒，因而细化磁畴，产生更好的高频软磁性能。有些非晶合金具有很好的硬磁性能，其磁化强度、剩磁、矫顽力、磁能积都很高，例如，Nd-Fe-B 非晶合金经部分晶化处理后（14~50 nm 尺寸晶粒）达到目前永磁合金的最高磁能积值，是重要的永磁材料。

2.1.3.3 优良的耐腐蚀性

许多非晶态合金具有极佳的抗腐蚀性，这是由于其结构的均匀性，不存在晶界、位错、沉淀相，以及在凝固结晶过程产生的成分偏析等能导致局部电化学腐蚀的因素。图 2-4 是 304 不锈钢（多晶）与非晶态 $Fe_{70}Cr_{10}P_{13}C_7$ 合金在 30 ℃的 HCl 溶液中腐蚀速率的比较。可见，304 不锈钢晶体与非晶合金在 30 ℃的 HCl 溶液中，不锈钢的腐蚀速率明显高

于非晶合金，且随 HCl 浓度的提高而进一步增大，而非晶合金即使在强酸中也是抗蚀的。其中 Cr 的主要作用是形成富 Cr 的钝化膜，而 P 能促进钝化膜的形成，像这样成分的均质合金相，在晶体材料中是无论如何也得不到的。

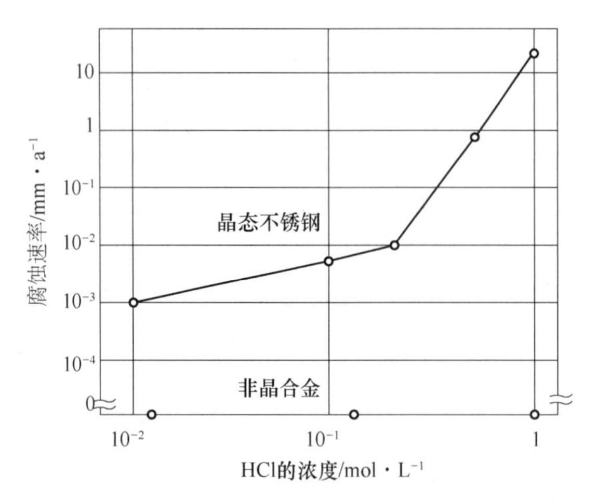

图 2-4 晶体与非晶合金在 30 ℃的 HCl 溶液中腐蚀速率

非晶合金的成分不受限制，因此，可以得到平衡条件下在晶态不可能存在的含有多种合金元素配比的均质材料，在腐蚀介质中形成极为坚固的钝化膜，特别有利于发展新的耐蚀材料。例如，在 $FeCl_3$ 溶液中，钢完全不耐腐蚀，而 Fe-Cr 非晶态合金基本上不腐蚀，在 H_2SO_4 溶液中 Fe-Cr 非晶态合金的腐蚀率是不锈钢的 1/1000 左右。

2.2 大块非晶合金形成的经验准则

2.2.1 混乱原则

在 1993 年提出的块体非晶形成体系的“混乱”原则，即多组元体系原则。该原则认为，体系中涉及的元素种类越多，合金能选择生成晶体结构的机会也就越小，玻璃态形成的能力也就越大，并提出最“混乱”元素也就是原子在尺寸方面差异很大。“混乱”原则提出后，Inoue 根据大量的实验数据，总结了三条经验准则。

2.2.2 Inoue 三条经验准则

为了提高过冷液体的稳定性，控制冷却速率，在不同的冷却速率下得到不同临界尺寸的大块非晶合金，Inoue 等人在长期的研究工作中总结出形成大块非晶合金的三条经验准则：（1）多组元体系组成应该超过三种元素；（2）主要组元元素在原子的尺寸方面应该有明显的不同（大于 12%）；（3）主要成分元素具有负的混合热。

在多成分合金体系中，满足 Inoue 三个经验准则：（1）原子构造具有高的随机堆垛密度；（2）新型的局域原子结构与相应晶相的原子结构不同；（3）在长程方面具有多成分均匀的原子结构后，原子的随机堆垛密度将会增加，从而形成了新型的原子构造液体。在短程范围内，液体的主要成分之间的化学相互作用将变得非常强烈，一方面提高了液固界面能，抑制了晶体的形核；另一方面，原子扩散能力降低和黏性增加使原子重组变得异常困难，也就提高了玻璃化温度，再有是抑制了晶化所需的长程重组的排列，从而抑制了晶相的生长。总之，在抑制了晶相的形核及生长和提高了玻璃化温度后，降低了合金体系的熔点，提高了约化玻璃化温度。大块非晶合金的形成能力也就相应得到提高。

2.2.3　二元深共晶点计算法

二元深共晶点计算法主要由沈军等人最先使用，从影响约化玻璃化温度的角度去考虑玻璃化温度。如果作为内聚能的标度，将和成分有依赖关系，就要求为获得玻璃态的约化过冷将至少是在共晶成分，在二元共晶体系中，玻璃形成的趋势在共晶成分附近将是最大的，根据深共晶理论，液体从高温降到低温，深共晶是最容易的；在热力学上深共晶成分液相线温度最低，具有更好的热稳定性和无序性；在动力学上共晶相的形核及生长相对困难，需要多类原子的同时扩散才能完成。因此，深共晶成分通常具有较强的玻璃形成能力。从非晶形成的机理看，这种适当的比例关系应使体系的竞争结晶相之间相互抑制彼此的析出，从二元相图上可以知道深共晶成分，再结合 Inoue 经验准则，就可以找到最理想的玻璃形成成分。

2.3　非晶合金形成理论

对非晶合金的形成过程的认识需要从结构、热力学和动力学等方面考虑。在非晶合金的发展历程中，Turnbull 的连续形核理论（CNT）在解释玻璃形成动力学和阐述玻璃转变的特征方面发挥了重要作用。根据 CNT 理论，Uhlmann 首先引入玻璃形成的相变理论。此后，Davis 将这些理论用于玻璃体系，估算了玻璃形成的临界温度。20 世纪 80 年代末，随着块体非晶合金的出现，玻璃形成理论又有了新的发展，主要有以 Greer 为代表的“混乱”法则和 Inoue 的三个经验规律。

非晶合金研究的核心问题是如何预测和评价合金的玻璃形成能力，从而科学地选择合金组元的种类，并限定各组元的数量。首先从凝固过程本身来看，在金属凝固时，当冷却速率足够高、过冷液相区域足够大时，熔体连续地和整体地凝固成非晶合金。而结晶凝固时，晶体的形成经历了形核和长大两个阶段，并且通过固液界面的运动从局部到整体逐步凝固结晶。其次，从凝固过程中某些热力学量发生的变化来看，金属玻璃形成前后熵是连续变化的，而作为系统吉布斯自由能 G，二阶偏导数的比定压热容 c_p 在凝固前后却不连续变化。相比之下，晶体在凝固前后比定压热容 c_p 是连续变化的，而作为 G 的一阶偏导数的熵 S 却不连续变化。所以在结晶凝固时熔体要释放熔化潜热 ΔH_m。由此可知，金属玻璃的凝固属于二级相变，而晶体的凝固则属于一级相变。新型块体非晶合金须满足结构因素、热力学条件及动力学条件来获得非晶态合金。

2.3.1　熔体结构与玻璃形成能力

当合金熔液冷到熔点以下时，就存在结晶驱动力。但是结晶是通过形核与晶核长大这两个过程来完成的，它们都需要合金组元按晶体相对化学及拓扑的要求进行长程输运和重排。合金组元的长程输运和重排需要一定的时间，如果冷却速率足够快，那么就可以使组元的长程输运和重排来不及进行，从而抑制晶体相的析出，使合金熔液被过冷到很低的温度。过冷熔液的黏度随温度的降低不断增大，当黏度达到10^{13}~10^{15} Pa·s时，就形成了保留有液体原子结构的非晶态固体。

影响合金玻璃的形成能力（glass-forming ability，GFA）。理论上，只要冷却速率足够快，所有的合金都能形成非晶态合金。另外，如果合金熔液中组元的长程输运和重排的阻力较大，那么较低的冷却速率也能使合金形成非晶态合金。不同的合金系在形成非晶态合金时所需的临界冷却速率是相差很大的，其根本原因是它们的熔液结构及其演化行为存在很大差异。实际上，液态合金中的原子虽然不存在长程有序排列，但是，由于原子之间存在相互作用力，因此，它们一般会形成短程有序原子团簇，其尺寸在0.2~0.5 nm之间。短程有序团簇中，原子是通过范德华力、氢键、共价键或离子键这些方式结合在一起的。有些短程有序是以化合物的形式结合存在的，具有一定的原子比例，如$A_mB_nC_u$这类短程序称为化学短程序。对于成分较复杂的多组元合金，除了存在化学短程序外，还会由于不同组元的原子尺寸差别，通过原子的随机密堆垛方式形成几何短程序（或拓扑短程序）。如果这些短程序团簇中的原子排列方式与平衡结晶相中的原子排列方式相差较大，并且短程序中原子间结合力较强，那么这些短程序团簇在合金从液态向固态的快速冷却过程中，不论是单原子还是原子团的重排都变得相当困难，导致凝固时结构重排和组分调整的动力学过程变得极其困难，使合金原子无法按照平衡晶体相对化学及拓扑的要求进行长程重排，进而能够抑制晶体相的形核和长大。人们将三维尺寸都能达到毫米级的非晶制品称为“块体金属玻璃”或“块体非晶合金”（bulk metallic glasses，BMGS）。

2.3.2 非晶态合金形成热力学

2.3.2.1 热力学驱动力

早期的制备玻璃大都来自于自然界，但是研究者目前通过适当选择合金成分可以使制备非晶态合金的冷却速率降到1~100 K/s。临界冷却速率不断降低意味着可以制备大尺寸非晶，过冷液态熔体形成玻璃的能力就等价于在过冷熔体中抑制结晶。假设是稳态形核，形核速率就由热力学和动力学因素共同决定。

$$I = N_v^0 \nu D \exp\left(\frac{\Delta G^*}{kT}\right) \tag{2-1}$$

式中 I——形核速率；

N_v^0——单位体积的单原子数目；

ν——频率因子；

k——玻耳兹曼常数；

T——绝对温度；

D——有效扩散系数；

ΔG^*——晶胚必须克服的激活能。

根据经典形核理论，形核功表达式为：

$$\Delta G^* = \frac{16\pi}{3} \times \frac{\Delta G_{l\text{-}S}^2}{\delta^3} \tag{2-2}$$

式中 δ——晶核与熔体间的界面能；

$\Delta G_{\text{I-S}}$ ——液固相自由能差，即结晶驱动力。

频率因子由 Stokes-Einstein 方程表示：

$$\nu = \frac{kT}{3\pi a_0^3 \eta} \tag{2-3}$$

式中　a_0——扩散跳跃的平均原子或离子半径；

η——黏度，可以通过 Volgel-Fulcher 方程进行计算。

可见驱动力（热力学因素）、扩散和黏度（动力学因素）及构形（结构因素）是理解多组元合金玻璃形成的关键。从热力学角度考虑，块体非晶合金在过冷液态中呈现出低结晶驱动力。低驱动力则导致低的形核速率，因而，玻璃形成能力高。

利用热分析可以确定过冷液体和结晶固体间的 Gibbs 自由能，这可以通过对比热容差 $\Delta G_{\text{I-S}}$ 进行积分得到：

$$\Delta G_{\text{I-S}}(T) = \Delta H_{\text{f}} - \Delta S_{\text{f}} T_0 - \int_T^{T_0} \Delta c_p^{\text{I-S}}(T)\,\text{d}T + \int_{\text{T}}^{T_0} \frac{\Delta c_p^{\text{I-S}}(T)}{T}\text{d}T \tag{2-4}$$

式中　ΔH_{f} ——T_0 温度下的熔化焓；

ΔS_{f} ——T_0 温度下的熔化熵；

T_0——液相与晶体相平衡的温度；

$\Delta c_p^{\text{I-S}}$ ——比定压热容。

由式（2-4）可见，要得到小的驱动力需要熔化焓小，而熔化熵则要尽量大。由于 ΔS_{f} 与微观状态数成比例，所以大的熔化熵应该与多组元合金相联系。多组元体系中不同大小的原子的合理匹配则会引起紧密随机排列程度的增加。

2.3.2.2　影响非晶形成能力的热力学因素

（1）构形熵。构形熵 S_{c} 对非晶态的形成与稳定非常重要，形成非晶态的液体每摩尔的平均协同转变概率为：

$$\omega(t) = A\exp\left(-\frac{\Delta\mu S_{\text{c}}^*}{KTS_{\text{c}}}\right) \tag{2-5}$$

式中　A ——与温度无关的频率因子；

$\Delta\mu$ ——每个原子的势垒高度；

S_{c}^* ——发生反应所需的临界构形熵；

T——温度；

K——常数。

由于黏度 $\eta \propto 1/\omega(t)$，由式（2-4）可知：η 可正比于 $\Delta\mu/S_{\text{c}}$。根据平衡理论和硬球无规密堆模型计算可知：在 T_{g} 温度时，S_{c} 已被冻结而成为常量，此时对 η 起主要作用的是 $\Delta\mu$，而 $\Delta\mu$ 与内聚能（包括原子间吸引与排斥势）有关，同时也与形成玻璃时液体中的短程序有关。由此表明：阻碍原子结合与重排的势垒 $\Delta\mu$ 对形成大的 GFA 有重大影响。

（2）原子尺寸效应。原子尺寸的差别是影响玻璃形成能力的又一重要因素。应用自由体积模型流体流动性 ϕ 可表示为：

$$\phi = A\exp\left(-\frac{k}{V_{\text{f}}}\right) \tag{2-6}$$

式中 A——常数；

k——常数；

V_f——自由体积。

ϕ 与自扩散系数 D_0 大体上呈正比例关系。不同组元组成的合金系由于原子价或负电性差别使熔液中小原子避免相互作用为最近邻，大小原子的无序堆积密度增加，将导致自由体积 V_f 的下降，由式（2-6）可知：V_f 的减小将导致 ϕ 与自扩散系数 D_0 的减小，使 η 增加。因此，组元越复杂，原子尺寸差别越大的合金系，越有利于提高合金系的 GFA。

（3）组元原子间的相互作用。过渡金属元素 TM 和类金属元素 M 形成的非晶态合金，不管它们处于熔融态还是化合物状态，当相应的纯组元形成非晶态合金时，始终显示出负的混合热。这意味着合金内的原子之间存在很强的相互作用，使熔融态或固态合金中存在很强的短程序。实验证明：随类金属原子的增加，合金系的 GFA 增加，这是由于原子间强的相互作用引起的。

影响合金系的 GFA 还有其他的一些因素。比如合金化效应、化学键能等，这些因素的作用也是很重要的。

2.3.3 非晶形成动力学

熔体只要冷到足够低的温度不发生结晶，就会形成非晶态。形成的晶体在液体中呈无规分布，可以把10^{-6}作为刚能觉察到的结晶相的体积分数值。当结晶相的体积结晶分数值 x 很小时，它与形核率 I 、生长速率 U 及时间 t 的关系可用下面的方程表示：

$$x=\frac{1}{3}\pi IU^3t^4 \tag{2-7}$$

均匀成核率 I 与生长率 U 可表示为：

$$I=\frac{N_v kT}{3\pi a_0^3\eta}\exp\left[-\frac{16\pi}{3}\alpha^3\beta\frac{1}{T_r(\Delta T_r)^2}\right] \tag{2-8}$$

$$U=\frac{fkT}{3\pi a_0^3}\left[1-\exp\left(-\beta\frac{\Delta T_r}{T_r}\right)\right] \tag{2-9}$$

式中 k——玻耳兹曼常数；

a_0——平均原子直径；

N_v——Avogadro 常数；

f——界面上原子优先附着或者移去的位置分数。

$$T_r=T/T_m,\ \Delta T_r=1-T_r \tag{2-10}$$

$$\alpha=\frac{(N_v)^{\frac{1}{3}}\sigma}{\Delta H_m} \tag{2-11}$$

式中 T_m——熔点温度；

ΔH_m——摩尔熔化焓。

$$\beta=\frac{\Delta H_m}{RT_m} \tag{2-12}$$

式中 R——气体常数。

对于非晶来说，一般采用下列方程计算其黏度：

$$\eta = 10^{-3.3}\exp\left(\frac{3.34T_m}{T - T_g}\right) \tag{2-13}$$

Turnball 等人认为，在简化条件下，$\alpha = \alpha_m T_r$，其中 α_m 为常数，是 $T = T_m$ 时的 α 值，取 $\alpha_m = 0.86$，此时均匀形核率 I 也可简化为：

$$I = \frac{K_n}{\eta}\exp\left[-\frac{16\pi}{3}\alpha_m^3\beta\left(\frac{T_r}{\Delta T_r}\right)^2\right] \tag{2-14}$$

式中　K_n——形核率系数。

这样，将式（2-8）、式（2-12）代入式（2-7）就可以计算得到达到 $x = 10^{-6}$ 所需要的时间 t 为：

$$t = \frac{9.32\eta}{kT} \times \frac{a_0^9 x}{f^3 N_v} \times \frac{\exp\left(\frac{1.024}{T_r^3 \Delta T_r^2}\right)}{\left[1 - \exp\left(\frac{-\Delta H_m \Delta T_r}{RT}\right)\right]^3} \tag{2-15}$$

根据式（2-15），取 $x = 10^{-6}$，可以绘制出时间-温度-相转变曲线，即 TTT 曲线。这样形成玻璃的临界冷却速率 R_c 就可以根据 TTT 曲线由下式进行计算：

$$R_c \approx \frac{T_m - T_n}{t_n} \tag{2-16}$$

式中　T_m——合金的熔点；

T_n——TTT 曲线极值点所对应的温度；

t_n——TTT 曲线极值点所对应的时间。

由式（2-15）可知，ΔH_m 越小或 η 越大，x 达到 10^{-6} 所需要的时间就越长，也就是说 TTT 曲线越向右移，临界冷却速率越低。符合 Inoue 三个经验规则的合金，其熔液中的原子容易形成结合力很强的、堆积密度很低的紧密随机堆垛团簇，而这些团簇的存在会使 ΔH_m 减小，使 η 增大，从而使临界冷却速率降低。

2.3.4 合金的玻璃形成能力判据

不同的合金体系在凝固过程中被过冷到玻璃化温度以下的难易程度是不同的，也就是说不同合金系的玻璃形成能力（GFA）是不同的。GFA 在本质上是由合金内在物理性质所决定的，在开发研制新型 BMGs 时，如果能用一个合适的参数对所研究的合金 GFA 进行正确评估，无疑会大大减少实验工作量。

从冶金物理角度来说，金属液在凝固过程中能够避免晶体相析出，而将液态的无定形结构保留到室温所需要的最低冷却速率，即临界冷却速率 R_c，R_c 是评价合金 GFA 的最直接参数。合金的 R_c 越小，意味着该合金的 GFA 越大。但是，通过实验来测定 R_c 是非常困难的，因此，实际合金的 GFA 很少用 R_c 评价。合金 GFA 的大小也可以用临界直径 D_{max} 来衡量，临界直径是指在一定的制备条件下可以获得的具有完全非晶态组织样品的最大直径。由于在同样的制备条件下，样品的直径越大，其实际冷却速率越小，所以 D_{max} 越大的合金所需的 R_c 越小，也就是说它的玻璃形成能力越强。但是，合金的 D_{max} 的具体数值与制备方法有很大的关系，例如，采用低压铜模铸造法制备 $La_{55}Al_{25}Ni_{20}$ 合金可以得到 ϕ3 mm 的非晶圆棒，而采用水淬法只能制得 ϕ1.2 mm 的非晶圆棒。因此，用 D_{max} 这个指标来比较不同合金的 GFA 大小时，应该使用相同实验条件下（制备方法和试样形状都相同）所得到的数据。尽管从实验角度来说，D_{max} 比 R_c 容易得到，但对于一个具体的合金，仍然需要大量的、高成本的、反复的制备和表征等实验过程才能最终确定的 D_{max} 数值。基于上述原因，人们在研究便于使用、简单可靠的 GFA 表征参数方面做了大量工作，提出了各种各样的 GFA 表征参数或判据。

2.3.4.1 基于合金组元基本性质的玻璃形成能力判据

这类判据是利用合金组元的一些基本物理或化学性质来计算出表征合金 GFA 的参数值，然后利用这些参数值来预测合金 GFA 的大小，这样可以使人们在实际配制合金之前，对该合金的 GFA 有一个初步判断，大大减少实验的盲目性。判据公式中所用到的组元基本性质包括原子尺寸、原子量、混合焓、电负性、价电子密度、熔化焓，混合熵以及熔点等。这类判据中的一些典型代表如下。

（1）Fang 参数。Fang 等人提出了两个分别由组元原子半径和电负性组成的参数 δ 和 Δx，以便反映组元原子尺寸和电负性的差别对合金 GFA 的影响。δ 和 Δx 的计算公式为：

$$\delta = \sqrt{\sum_{i=1}^{n} C_i \left(1 - \frac{r_i}{\bar{r}}\right)^2} \tag{2-17}$$

其中

$$\bar{r} = \sum_{i=1}^{n} C_i x_i$$

$$\Delta x = \sqrt{\sum_{i=1}^{n} C_i (x_i - \bar{x})^2} \tag{2-18}$$

其中

$$\bar{x} = \sum_{i=1}^{n} C_i x_i$$

式中　n ——合金的组元数；

C_i ——第 i 组元的摩尔百分数；

r_i ——第 i 组元的共价原子半径；

x_i ——第 i 组元的 Pauing 电负性。

Fang 等人发现 Mg 基 BMGs 的过冷液相区宽度 ΔT_x 与参数 δ 和 Δx 之间存在良好的函数关系。后来，Fang 等人在 δ 参数和 Δx 的基础上，又引入一个反映共价电子数对 GFA 影响的参数 Δn，并且发现 Fe 基 BMGs 的 ΔT_x 与 δ、Δx 及 Δn 之间存在良好的函数关系。Δn 的计算公式如下：

$$\Delta n^{\frac{1}{3}} = \sum_{i=1}^{n} C_i \left(e_i^{\frac{1}{3}} - e^{-\frac{1}{3}}\right) \tag{2-19}$$

其中

$$\bar{e} = \sum_{i=1}^{n} C_i e_i$$

式中　e_i ——第 i 组元元素的价电子数。

对于过渡族金属，e_i 等于 s 电子与 d 电子之和；对于含有 p 电子的元素，e_i 等于 s 电子与 p 电子之和。

Fang 等人没有分析能够直接反映合金 GFA 大小的临界冷却速率或临界直径与 δ 、Δx 及 Δn 这三个参数之间的联系，因而，其研究不够充分。另外，他们只分析了这些参数与 Mg基和Fe基合金GFA的关系，其普适性未得到证明。

（2）Liu 参数。Liu 等人在 Fang 的研究基础上，提出合金的 GFA 大小是由合金的 7 个参数所决定的。这 7 个参数分别为：

$$L = \sum_{i=1}^{n} C_i \left| x_i - \bar{x} \right| \tag{2-20}$$

$$L^* = \sum_{i=1}^{n} C_i \left| 1 - \frac{x_i}{x} \right| \tag{2-21}$$

$$W = \sum_{i=1}^{n} C_i \left| r_i - \bar{r} \right| \tag{2-22}$$

$$W^* = \sum_{i=1}^{n} C_i \left| 1 - \frac{r_i}{\bar{r}} \right| \tag{2-23}$$

$$\lambda_n = \sum_{i=1}^{n} C_i \left| 1 - \left(\frac{r_i}{\bar{r}} \right)^3 \right| \tag{2-24}$$

$$Y = \sum_{i=1}^{n} C_i \left| e_i^{\frac{1}{3}} - \bar{e}^{\frac{1}{3}} \right| \tag{2-25}$$

其中
$$\bar{e} = \sum_{i=1}^{n} C_i e_i$$

$$T_{\mathrm{m}} = \sum_{i=1}^{n} C_i \left| 1 - \frac{T_{\mathrm{m}}^i}{\overline{T}_{\mathrm{m}}} \right| \tag{2-26}$$

其中
$$\overline{T}_{\mathrm{m}} = \sum C_i T_{\mathrm{m}}^i$$

式中，T_{m}^i 为第 i 组元的熔点；其余符号的意义同前。

通过对 Cu 基、Mg 基、Zr 基等 100 多个 BMGs 的数据进行统计分析，Liu 等人发现，BMGs 的临界直径 $D_{\max}$ 及临界冷却速率 R_{c} 与上述的 7 个参数之间存在以下关系：

$$\ln D_{\max} = -1.5 + 27.84L - 36.43L^* + T_{\mathrm{rm}}(-19995.35W + 475.55W^* - 25.15\lambda_n) + 11.1Y \tag{2-27}$$

$$\ln R_{\mathrm{c}} = 10.81 - 136.15L + 177.69L^* + T_{\mathrm{rm}}(-333.76W + 288.21W^* - 48.64\lambda_n) - 17.38Y \tag{2-28}$$

分别由式（2-27）和式（2-28）计算出的某特定合金的理论临界直径及理论临界冷却速率与该合金的实际临界直径及实际临界冷却速率之间分别存在着很好的线性对应关系。

2.3.4.2　基于合金熔液性质的玻璃形成能力判据

这类判据中的参数最初是为了研究合金熔液的特性而提出来的。参数值的计算要用到液态合金的一些性质，比如黏度、比热容、形成玻璃相或晶体相的激活能以及熔点等。这类判据中的一些典型代表如下。

（1）Angell 脆性参数。不同的合金熔液在冷却过程中黏度随温度的变化行为是不相同的。如果合金熔液的黏度随温度降低增加得越快，那么过冷熔液中组元原子的活动能力就下降得越快，这导致熔液的液态结构随温度降低而发生变化的难度增大，因而，具有这种过冷液体行为的合金往往具有较强的 GFA。

Angell 将合金熔液划分为刚性（strong）熔液和脆性（pragile）熔液两种类型。所谓刚性熔液，就是它的过冷液体行为呈现出近 Arrhenius 特征，在 Angell 图（纵坐标为 $\lg\eta$，横坐标为 T_g/T）上近似一条直线；所谓脆性熔液，就是它的液体行为符合 VFT 方程，在 Angell 图上呈现一条曲线。曲线偏离直线的程度越大，表明熔液的脆性越大。

Angell 图上，$T_g/T=1$ 处的曲线斜率被定义为衡量熔液脆性的 Angell 脆性参数 m，即：

$$m=\left.\frac{\mathrm{d}\lg\eta}{\mathrm{d}\left(\dfrac{T_g}{T}\right)}\right|_{T_g=T} \tag{2-29}$$

式中　η——熔液在温度 T 时的黏度；

T_g——熔液的玻璃化温度。

m 值越小，表示熔液的刚性越大，也就是说在 T_g 温度附近熔液的黏度变化越小。由于不同成分的合金熔液在 T_g 温度处发生玻璃化转变以后，其黏度均为$10^{12}\sim10^{13}$ Pa·s，所以合金的 m 值小，意味着它的过冷熔液的黏度高，因而具有较高的 GFA。

由于块体非晶合金在熔点 T_m 至玻璃化温度 T_g 这个温度区间内能保持较高的稳定性而不发生结晶，这为人们采用各种方法来测定深过冷金属液的黏度提供了实验时间窗口。Buch 等人对一些典型块体非晶合金过冷熔液的黏度变化行为进行了研究，结果发现块体非晶合金熔液接近于刚性熔液。它们的熔化黏度一般为 2~5 Pa·s，比纯金属的高 3 个数量级。等温结晶实验证明传统非晶合金的 *TTT* 曲线鼻尖处的温度坐标一般为$10^{-4}\sim10^{-2}$ s，而多组元块体非晶合金 *TTT* 曲线鼻尖处的温度坐标一般为 100~1000 s。

（2）过热熔液脆性参数 M 及 M^*。并不是所有的合金都能提供足够的实验时间窗口以便测定过冷合金熔液的黏度变化行为，因而，Angell 脆性参数有时无法通过实验获得。为此，边秀房等人提出一个用来表示过热熔液脆性的参数 M，并且指出合金的 M 值越小它的 GFA 越强，M 的定义如下：

$$M=\left|\frac{\partial\eta(T)/\eta(T_L)}{\partial T/T_L}\right|_{T=T_L} \tag{2-30}$$

式中　$\eta(T)$——温度 T 时的熔液黏度；

$\eta(T_L)$——液相线温度 T_L 时的熔液黏度。

Meng 等人对式（2-30）进行了仔细分析，认为过热熔液的黏度与温度的关系应符合 Arrhenius 方程。

$$\eta=A_0\exp\left(\frac{E_v}{k_BT}\right) \tag{2-31}$$

其中

$$A_0=\frac{h}{V_m}$$

式中　A_0——指前因子，与合金种类有关；

V_m——流动单元体积；

k_B——玻耳兹曼常数；

h——Planck 常数；

E_v ——流动单元在熔液中从一个平衡位置移动到另一个平衡位置时所需要克服的激活能。

根据式（2-31），Meng 等人将式（2-30）简化为：

$$M = \frac{E_v}{k_B T_L} \tag{2-32}$$

后来，Meng 等人认为式（2-32）没有反映出不同合金系在液相线温度时的黏度 η 对熔液结晶的强烈影响。因而，他们在式（2-32）的基础上提出一个改进的过热熔液脆性参数 M^*。

$$M^* = \frac{E_v \delta_x}{k_B T_L} \tag{2-33}$$

其中
$$\delta_x = \left(\frac{10n}{\sum_{i=1}^{n} \eta_{Li}} \right)^4$$

式中 x ——合金系的种类；

n ——同一合金系中所研究的具体合金数目；

η_{Li} ——第 i 个合金在液相线温度时的黏度，mPa · s。

通过对一些 Al-Co-Ce 系合金以及 Al-稀土合金的测试及计算，Meng 等人发现，M^* 值越小，合金 GFA 越大。与 M 比，M^* 更能准确反映合金的实际 GFA。

2.3.4.3 基于合金特征温度的玻璃形成能力判据

A 约化玻璃化温度准则

处于熔点的熔体是内平衡的，当冷到熔点以下，就存在结晶驱动力，驱动力的大小随过冷度大小而变。起初，结构弛豫时间与冷却速率相比可能很短，过冷液体可以保持内平衡。但是，如果冷却速率快，熔体黏度迅速增加，这时原子运动迟缓，可以避免结构弛豫，但会出现材料随着温度下降将保持非平衡状态的情况，即发生所谓的玻璃化转变。因此，玻璃化温度并不是一个固定的数值，它随着冷却速率的增加而增加。根据玻璃化转变的特点，不难理解，玻璃化温度越高，玻璃就越容易形成。因此，Turnbull 提出了约化玻璃化温度准则，即：

$$T_{rg} = \frac{T_g}{T_m} \tag{2-34}$$

式中 T_g ——合金的玻璃化温度；

T_m ——合金的固相线温度。

Turnbull 指出当合金的 T_{rg} 大于 2/3 时，合金熔体中的最大均质形核速率将变得足够小，合金凝固过程中的结晶会被大大地阻滞，过冷熔液将变得十分稳定，人们可以很容易地用较低的冷却速率将其凝固成非晶态的固体。如果 $T_{rg} = 1$，则在 T_m 温度时，非晶相就是平衡态，不论停留多长时间熔体都不会转变为晶态。到目前为止，Turnbull 教授关于抑制过冷熔体结晶的思想及其 T_{rg} 参数在开发新的 BMGs 方面仍然起着至关重要的作用。

关于 T_{rg} 的计算，有人主张用 T_g/T_L 来表示更为合适，这里 T_L 代表合金的液相线温度。对于具有理想深共晶点的合金来说，T_m 和 T_L 非常接近，因此，两者差别不大。但是，大多数具有强 GFA 的合金，其成分并不位于深共晶点，并且在冷却过程中，共晶成分也会产生偏移，这样 T_m 和 T_L 就不一致，在有的体系中两者之间的差值达到几十甚至上百开。所以用 T_g/T_m 和 T_g/T_L 来表示的 T_{rg} 往往产生较大的差别。Lu 等对此进行了研究，发现用 T_g/T_L 表示的 T_{rg} 较 T_g/T_m 表示的 T_{rg} 更能准确反映合金的 GFA 大小。

B　过冷液相区宽度 ΔT_x

过冷液相区宽度 ΔT_x，被定义为起始晶化温度 T_x，与玻璃化温度 T_g 的差，即：

$$\Delta T_x = T_x - T_g \tag{2-35}$$

ΔT_x 本身反映了非晶合金热稳定性的大小，即非晶合金被加热到 T_g 以上温度时抵抗晶化的能力大小。ΔT_x 大的块体非晶合金可以在较宽的温度区间保持稳定而不发生晶化。Drexhage 等人和 Cooper 等人的研究认为，ΔT_x 可以用于表示合金的 GFA，ΔT_x 越大，合金的 GFA 越强。从总体上说，宽的过冷液相区容易导致高的玻璃形成能力，但是，ΔT_x 与合金的 GFA 之间的关系目前还存在争议，有待于进一步研究。有观点认为 ΔT_x 反映的是非晶结构的热稳定性，而 GFA 表示的是合金过冷熔液在熔点至玻璃化温度区间的热稳定性，即不发生结晶从而形成非晶结构的难易程度。这两种热稳定性是相似的、有联系的，但又是不完全相同的两种性质。例如，Zr-Al-Ni-Cu-Pd 系的 ΔT_x 远大于 Pd-Ni-Cu-P 合金，但是所得到的最大厚度却不及 Pd-Ni-Cu-P 合金。

C　ϕ 参数

Fan 等人根据合金熔液的脆性理论，结合形核与核长大理论模型，提出一个表征合金的 GFA 的最新参数 ϕ，其数学表达式为：

$$\phi = T_{rg}\left(\frac{T_x - T_g}{T_g}\right)^{0.143} \tag{2-36}$$

从式（2-36）可以看出，参数 ϕ 包括了参数 T_{rg} 和 ΔT_x，因而能比这两个单独参数更好地反映合金的 GFA。另外，参数 ϕ 不仅适用于金属玻璃，而且也同样适用于氧化物玻璃和高分子玻璃。但是对于不同的玻璃体系，式（2-36）右边的指数要发生变化。

D　γ 参数

ΔT_x 可以作为表征玻璃形成能力的一个参数，为了便于比较，用 ΔT_x 除以 T_g，则得到一个新的无量纲参数。

$$\frac{T_x - T_g}{T_g} = \frac{T_x}{T_g} - 1 \tag{2-37}$$

因此，玻璃形成能力就与 T_x/T_g 成比例。T_x/T_L 比值随着过冷液相黏度、熔化熵、黏性流动激活能和加热速率的提高及液相线温度的降低而升高，这些变化规律与临界冷却速率的变化十分相似，因此，按照过冷熔体中的结晶理论，T_x/T_L 比值是玻璃形成能力的一个指标。

由以上可见，如果从熔体冷却过程中的结晶和过冷熔体在加热时的晶化两个方面考虑，玻璃形成能力与 T_x/T_g 和 T_x/T_L 两个参数相关，即：

$$\mathrm{GFA} \propto \left(\frac{T_g}{T_x}, \frac{T_L}{T_x}\right)^{-1} \tag{2-38}$$

为了简化，取 T_g/T_x 和 T_L/T_x 两个参数的平均值，则得到：

$$GFA \propto \frac{T_x}{T_g + T_L} \tag{2-39}$$

因此，Lu 定义一个新参数 γ 来表征 GFA，即：

$$\gamma = \frac{T_x}{T_g + T_L} \tag{2-40}$$

统计分析表明，目前所发现的 BMGs 的临界冷却速率 R_c 及临界直径 D_{max} 值与其 γ 值分别存在以下统计关系：

$$R_c = 5.1 \times 10^{21} \exp(-117.19\gamma) \tag{2-41}$$

$$D_{max} = 2.08 \times 10^{-7} \exp(41.70\gamma) \tag{2-42}$$

因此，γ 参数是一个简单的、可靠程度较高的 GFA 表征参数。与 T_{rg} 和 ΔT_x 相比，γ 可以更正确地反应合金 GFA 的大小。

2.4 非晶合金的制备方法

20 世纪 30 年代克拉默尔（Kramer）用气相沉积法获得了非晶态合金，1963 年，美国加州理工学院杜威兹教授首先采用急冷技术（冷却速率 10^6 ℃/s）从金属熔滴得到了非晶态 Au-Si 合金。1967 年，他又把离心急冷技术应用于非晶态合金的制造中，后经 Bedell、陈鹤寿和米勒（Miller）等不断改进而完善，开创了应用的道路，非晶态合金得到了迅速发展。

能否形成非晶态合金，首先与材料的非晶态形成能力有密切关系，这是形成非晶态合金的内因。此外，从金属熔体形成非晶态合金的必要条件是要有足够快的冷却速率，以致使熔体在达到凝固温度时，其内部原子还未来得及结晶（形核、长大）就被冻结在液态时所处位置附近，从而形成无定形结构的固体，这是形成非晶态合金的外因。不同成分的熔体形成非晶固体所需冷却速率不同，就一般金属材料而言，实验表明，合金比纯金属容易形成非晶态，在合金中过渡金属-类金属合金，冷却速率为 10^6 ℃/s 左右，而有的纯金属要求冷却速率高达 10^{10} ℃/s，这是目前工业水平难以达到的。

目前制备非晶合金主要采用以下技术：熔剂包覆法、金属模冷却法、水淬法、电弧加热法、电弧熔炼吸铸法和定向凝固法等。

2.4.1 熔剂包覆法

熔剂包覆法是早期制备块体非晶合金所采用的抑制非均质形核技术，根据经典形核理论，要降低结晶形核必须抑制非均质形核，即控制容器壁或其他外来相的非均质形核作用，降低均质形核的速率，达到最大的过冷度，从而提高玻璃形成能力。具体技术措施可通过熔炼时提高过热温度（如达到熔点温度以上 250 K）、采用电磁悬浮熔化、无容器壁冷凝的落管技术、以 B_2O_3 熔剂包裹吸收熔体表面乃至内部的杂质使合金纯化以控制非自发形核的发生。多年来研究较为充分的是 $Pd_{40}Ni_{40}P_{20}$的合金，利用上述技术已获得直径为 10 mm 的玻璃锭子。运用抑制非均质形核方法制备大块非晶态合金时，要求合金具有较高的玻璃形成能力，同时要求原材料纯度很高，因为杂质元素 O、C、N 的含量将大大影响熔体的结晶，临界冷却速率随它的含量增加而增大。同时要求洁净的设备环境、高质量的真空系统、合理的加热保温与冷却规范。

2.4.2　金属模冷却法

将母合金碎料放入底端带有 0.5~1.5 mm 小孔（或漏斗形）的石英玻璃管内，在真空度为 10^{-2}~10^{-3} Pa 的真空炉中经感应加热、熔化，采用不同方法将熔融的合金液由石英玻璃管注入金属模中冷却，获得大块非晶合金。

2.4.2.1　喷射成形法

合金熔化后将装有熔融合金的石英玻璃管下降到金属模具的浇口附近，然后向石英玻璃管中通入一定压力的惰性气体，将合金液射入金属模腔内获得大块非晶合金，如图 2-5 所示为两种不同注入方式制备大块非晶合金的示意图。

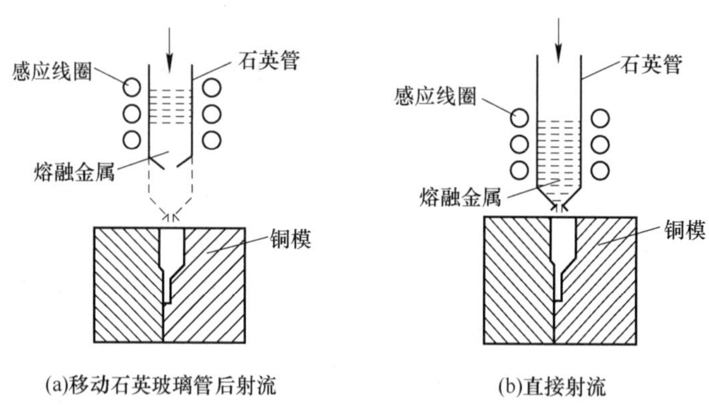

图 2-5　喷射成形法制备大块非晶合金示意图

2.4.2.2　模具移动法

模具移动法的工作原理如图 2-6 所示，母合金被感应加热熔化后，向石英管内通入一定压力的惰性气体，使熔融的合金被连续注入以一定速率移动的水冷铜模表面的凹槽中，快速凝固形成非晶合金棒材，若水冷钢模的移动方式为旋转式，则可连续制备出一定直径（毫米级）的非晶合金线材。

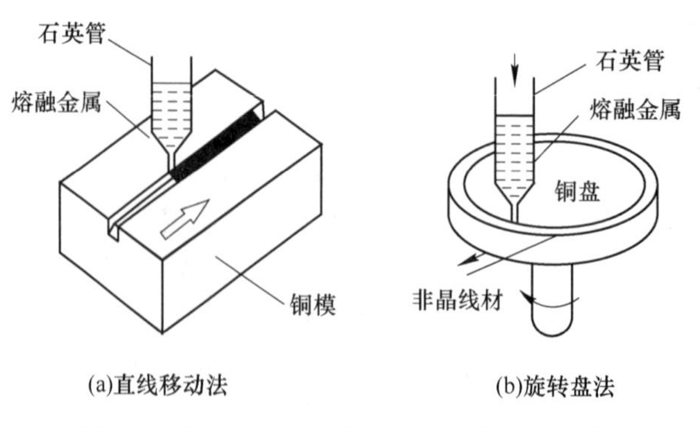

图 2-6　模具移动法制备大块非晶合金示意图

2.4.2.3 压力铸造法

压力铸造法制备大块非晶合金的工作原理如图2-7所示，母合金在惰性气体保护下经感应加热熔化后，启动液压装置推动柱塞将熔融合金注入金属型模腔。由于该制备方法的充型过程在毫秒内即可完成，使得熔融合金与金属模之间的充填更紧密，合金通过金属模获得的冷却速率更大。同时压力对晶体成核和晶核长大所必需的原子长程扩散具有抑制作用，因而提高了合金的非晶形成能力，可以实现高质量复杂形状非晶合金的精密铸造。

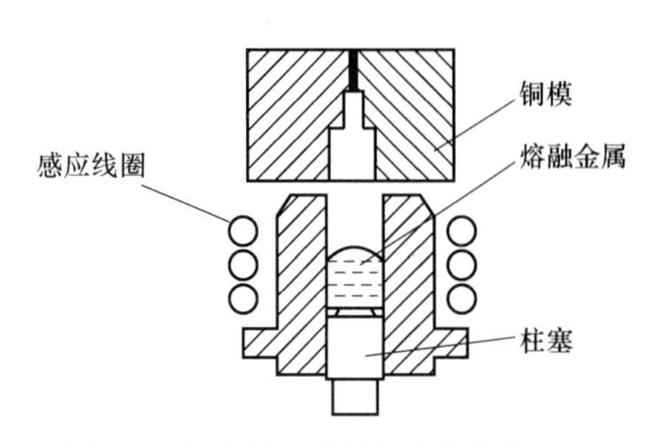

图2-7 压力铸造法制备大块非晶合金示意图

2.4.2.4 金属（铜）模铸造法

金属（铜）模铸造法是将液态金属直接浇入金属（铜）模中，利用金属（铜）模导热快实现快速冷却以获得块状非晶合金。工艺过程比较简单，也易于操作，但由于金属（铜）模的冷速有限，所能够制备的非晶合金的尺寸也有限，金属（铜）模可以是有水冷和无水冷两种，水冷的目的主要是保证在合金熔化期间，模具不被坩埚加热而尽可能保持最低温度；型腔的形状则根据需要可以是楔形、阶梯形、圆柱形或片状等；金属（铜）模的体积应该足够大，以保证在短暂的熔体充型时间内提供足够的吸热源。

楔形铜模具有在单个铸锭中得到一系列不同的冷速、将合金的快冷与慢冷组织连接起来的优点。如图2-8所示是水冷楔形铜模和试样的示意图，测得（$Mg_{0.98}Al_{0.02}$）$_{60}Cu_{30}Y_{10}$合金试样的t_{max}为2 mm。如图2-9所示是制备（$Mg_{0.98}Al_{0.02}$）$_{60}Cu_{30}Y_{10}$合金试样时，测得的楔形铜模型腔中不同位置的冷速变化曲线。可以看出随型腔厚度的变化，合金的冷却行为有明显的差别，即6.5 mm厚度处的冷却曲线由前10 s内的熔体快冷阶段、晶化放热平台及晶体相生成后的慢冷三个阶段组成（见嵌入的小图）。3.0 mm厚度处的冷却曲线一直到室温都显示出了大得多的冷速，对此的解释是：块体非晶合金不发生一级相变而带来的体积收缩，非晶相对于液体仅有0.2%的体积收缩，因而它们与模型的表面有良好的接触，

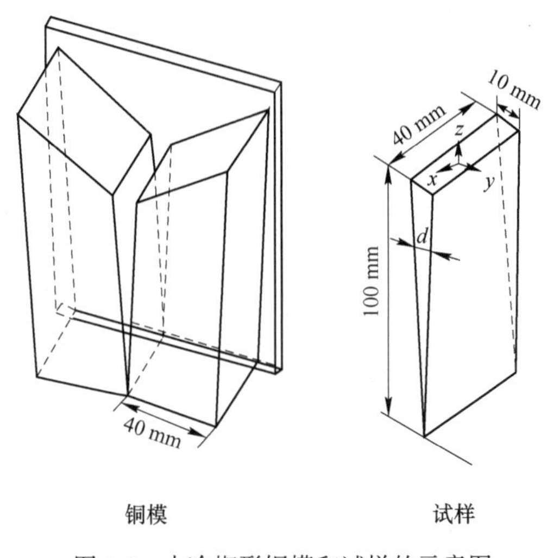

图2-8 水冷楔形铜模和试样的示意图

导致大的热传递因子（HTC）；而晶化产生的大体积收缩，会使试样与模型的表面分离，这种分离留下的缝隙则导致HTC强烈下降。实际的观测证实了这种解释，即从模型中取出试样时，在模型底部玻璃形成位置的表面上留下了明显的印痕；而在模型的上部，试样被晶化的位置却没有发现这种印痕。

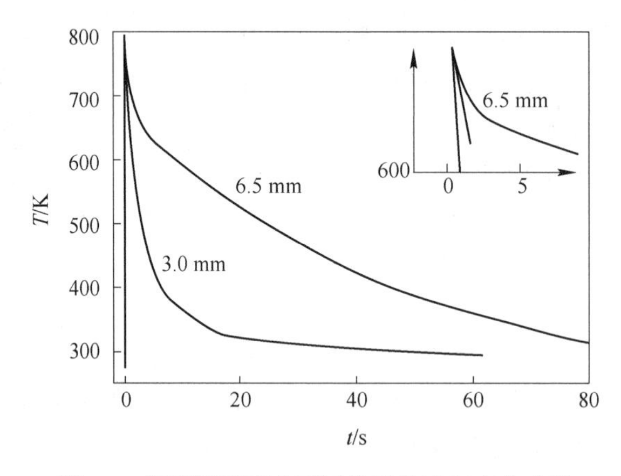

图2-9 楔形铜模型中不同位置的冷却变化曲线

2.4.2.5 喷铸-吸铸法

喷铸-吸铸法是制备块体玻璃最常用的、也是最方便的一种方法。这种方法在制备高熔点的块体玻璃方面具有其他方法所不能比拟的独特优势，利用铜模优良的导热性能和高压水流强烈的散热效果，以及汲取吸铸、压铸的特点，可以制备出各种体系块体非晶合金，这种技术的原理很简单，设备共分为六个部分：（1）高空系统；（2）压力系统；（3）感应电源加热系统；（4）感应加热及喷射系统；（5）测温系统；（6）模具成形系统。各系统的连接及工作状态如图2-10所示。将母合金置于底部具有一定直径小孔的坩埚中，铜模置于坩埚下面，铜模的下端始终与真空系统相连。采用高频或中频感应加热熔化母合金，整个装置放在一个密闭的真空系统中。利用金属模铸的方法制备Zr基块体玻璃其冷却

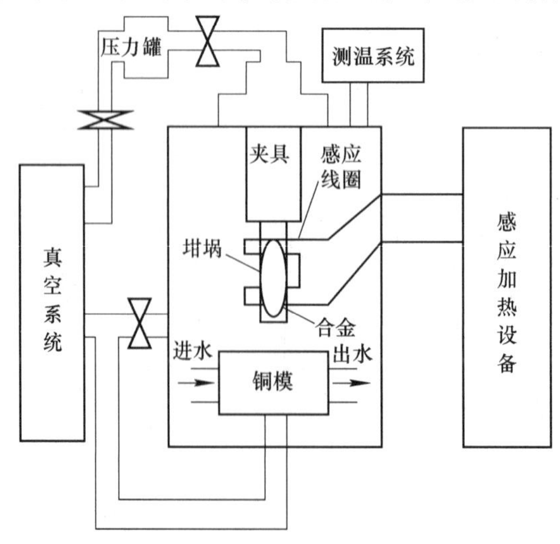

图2-10 喷铸-吸铸法制备块体玻璃设备工艺简图

速率随样品厚度的变化而变化，当圆柱状样品的直径为 1 mm 时，其冷却速率为 400 K/s；而当圆柱状样品的直径为 3 mm 时，其冷却速率为 120 K/s，这说明冷却速率对样品的尺寸或者厚度的变化非常敏感。Inoue 等人制备的目前为止最大直径 30 mm Zr-Al-Ni-Cu 合金系的玻璃棒，即采用此方法。

喷铸-吸铸技术的优点是，采用高频或中频感应加热，合金熔化速率快，电磁搅拌作用使合金成分更加均匀，同时，熔炼的合金量可以从几克到几千克，适合大尺寸玻璃样品的制备。同时采用喷铸-吸铸，可以保证熔体充型速率快，提高玻璃形成能力。

2.4.3 水淬法

水淬法由于其设备简单，工艺容易控制，是制备块体玻璃的最常用的方法之一。其基本的工作原理是：将母合金置入一个石英管中，将合金熔化后连同石英管一起淬入流动的水中，以实现快速冷却，从而形成大体积玻璃。这个过程可以在封闭的保护气氛系统中进行，也可将合金放在石英管中，将其抽成高真空（10^{-3} Pa）并密封；利用高频感应装置或者中频感应装置将石英管中的母合金熔化；熔化的母合金和石英管一起快速置于水中急冷，从而形成块体非晶合金。这种方法由于冷却速率较低，因而适合玻璃形成能力特别大的合金体系。目前一般在制备 PdNiCuP 块体非晶合金时采用这种方法。图 2-11 显示了其工作原理示意图。

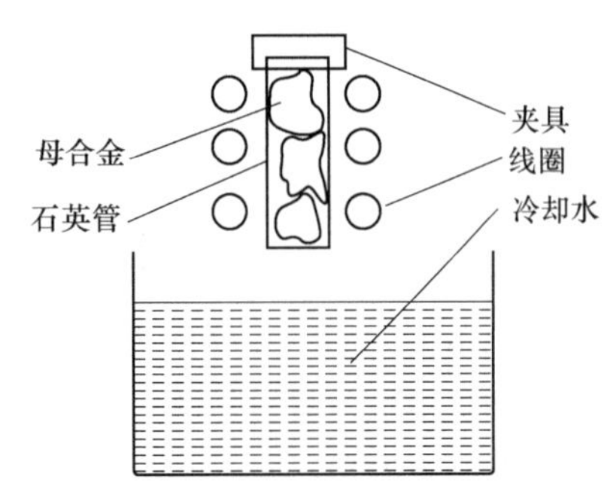

图 2-11 水淬法制备块体玻璃的工作原理示意图

2.4.4 电弧加热法

2.4.4.1 金属（铜）模吸铸法

将完成熔炼后的母合金碎料置于底部连接金属模型腔或直接带有型腔的水冷铜坩埚内，在真空系统中经无损电极产生的电弧加热熔化后，启动金属模型腔底部另置的抽真空系统，在差压作用下熔融合金由水冷铜坩埚直接吸入金属模型腔，获得大块非晶合金。电弧加热金属模吸铸法制备大块非晶合金的工作原理如图 2-12 所示。

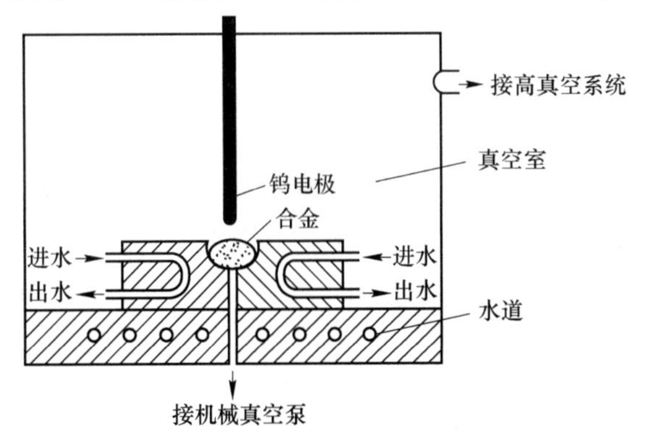

图 2-12 电弧加热金属模吸铸法制备大块非晶合金的示意图

2.4.4.2 模压铸造法

将母合金置于水冷铜模（下模）内，在有惰性气体保护的真空炉中进行电弧加热，合金熔化后将下模移至与铜制上模对应的位置，对上模加压，利用合金在过冷液相区内良好的加工性能将合金压制成一定形状的大块非晶合金，其工作原理如图 2-13 所示。

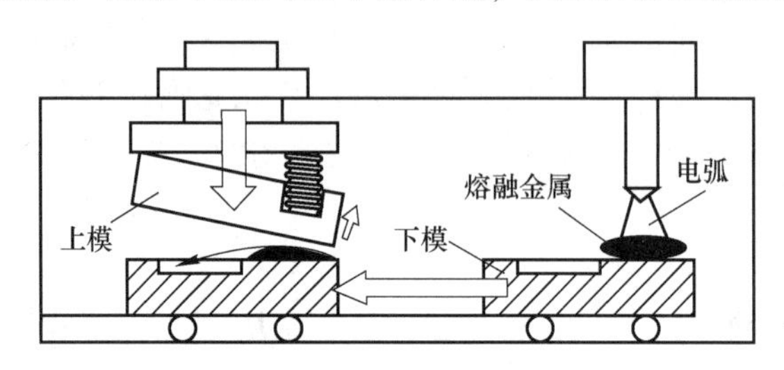

图 2-13 模压铸造法制备大块非晶合金示意图

2.4.5 电弧熔炼吸铸法

电弧熔炼吸铸法是将电弧熔炼合金技术与铜模铸造技术融为一体。既利用电弧熔炼合金的无污染、均匀性好的优点，又利用了吸铸技术熔体充型好、铜模冷却快的长处。特别是这种技术使合金的熔炼、充型、凝固过程在真空腔内通过一次抽真空来完成，属于一种短流程制备方法。

电弧熔炼吸铸设备的基本构造是将电弧熔炼用的水冷铜盘下连续铸造玻璃棒材的水冷铜模，电弧熔炼铜盘附近放置电磁搅拌线圈，从而保证合金充分混合均匀，合金在电弧熔炼过程中靠毛细管和电磁悬浮的共同作用保持在熔炼铜盘中，待合金熔炼完成后，关闭电源，打开吸铸阀门，合金液体在重力和负压的共同作用下，快速充型。

由以上可以看出，此方法的优点是合金从熔炼到充型过程中避免了接触空气和外界污染，制备效率高，但是在铜坩埚的底部易发生合金的非均匀形核，因此，难以获得完整的非晶态合金。由于目前电弧熔炼的能力相对比较低，所以制备的样品尺寸较小，适合在实验室内进行研究用。目前国内许多大学和研究单位都配备了这种块体非晶合金制备设备。

2.4.6 定向凝固法

定向凝固法是一种可以连续获得大体积玻璃的方法，定向凝固法有两个主要的控制参数，即定向凝固速率 v 和固液界面前沿液相温度梯度 G，定向凝固法所能够达到的冷却速率可以用下面的方程计算出来，即 $R_c = Gv$。可见温度梯度 G 越大，定向凝固速率 v 越快，冷却速率就越快，可以制备的非晶态合金的直径就越大。然而，温度梯度的大小主要受定向凝固设备限制，一般在 10~100 K/mm 范围内。增大定向凝固速率受设备的熔化速率限制，例如，熔区定向凝固必须保证在样品相对下移过程中熔区固相能够完全熔化，并达到一定的过热度，因此，定向凝固速率也不可能太快。综合上述的因素，当样品的直径在 20 mm以下时，取 $G = 100$ K/mm，$v = 1$ mm/s，则 $R_c = 100$ K/s，这个冷却速率对于制备具有较强的玻璃形成能力的合金，比如 Zr 基合金完全是可行的。

定向凝固法制备块体非晶合金所用设备为电弧炉，在电弧炉中有一个钨阴极电极和一个水冷铜炉，采用电弧作为热源，通过控制钨阴极电极的移动速率，可以连续生产尺寸较长的非晶态合金棒，此方法的冷却速率足以抑制 Zr 基合金中的非均匀形核，使其在较大的尺寸时完全形成玻璃相，Inoue 等人用此方法制备大块的 $Zr_{60}Al_{10}Ni_{10}Cu_{15}Pd_5$ 合金，其尺寸厚达 10 mm、宽 12 mm、长 170 mm，为连续制备块体非晶合金提供了一种可行的方法。

近年来，利用定向凝固技术研究凝固条件与合金凝固组织和性能的关系在 La 系块体非晶合金中取得了很大成功。系统研究了 La-Al-Ni、La-Al-Cu、La-Al-Ni-Cu、La-Al-Ni-Co 合金系玻璃形成能力与成分的关系，通过控制凝固条件分别获得了全非晶态、玻璃加初生 α-La 枝晶相复合体。弄清了该合金系最大玻璃形成能力成分范围，发现在该合金系，最大玻璃形成能力并不在共晶点，而是在偏离共晶点的位置。对力学性能测试结果分析证明，全非晶态较纯晶态组织的强度性能显著提高，但是没有压缩塑性，通过初生 α-La 枝晶相的析出可以使非晶基复合体的压缩塑性提高到 3.8%。

2.5 非晶合金的应用与展望

利用非晶态合金的高强度、高硬度和高韧度，可用以制作轮胎、传送带、水泥制品及高压管道的增强纤维，刀具材料如保安刀片已投放市场，压力传感器的敏感元件。非晶态合金在电磁性材料方面的应用主要是作为变压器材料、磁头材料、磁屏蔽材料、磁伸缩材料及高、中、低温钎焊焊料等。非晶态合金的耐蚀性（中性盐溶液、酸性溶液等）明显优于不锈钢，用其造耐腐蚀管道、电池的电极、海底电缆屏蔽、磁分离介质及化工用的催化剂，污水处理系统的零件等都已达实用阶段。表 2-2 列举了非晶态合金的主要特性及其应用。

表 2-2 非晶态合金的主要特性及其应用

性质	特性举例	应用举例
强韧性	屈服点 E/30~E/50；硬度 500~1400 HV	刀具材料、复合材料、弹簧材料、变形检测材料等
耐腐蚀性	耐酸性、中性、碱性、点腐蚀、晶间腐蚀	过滤器材料、电极材料、混纺材料等
软磁性	高磁导率、低铁损、饱和磁感应强度约 1.98 T	磁屏蔽材料、磁头材料、热传感器、变压器材料、磁分离材料等
磁致伸缩	饱和磁致伸缩约 60×10^{-6}，高电力机械结合系数约 0.7	振子材料、延迟材料等

非晶态材料的种类很多，除了传统的硅酸盐玻璃外，还包括现今已广泛应用的非晶态聚合物、新近迅速发展的非晶态半导体和金属玻璃，以及非晶态离子导体、非晶态超导体等。非晶态材料涉及金属、无机材料和高聚物材料的整个材料领域。

非晶态材料已应用于日常生活以及各尖端技术领域，可以说，没有玻璃就没有电灯；没有橡胶轮胎，就不可能发展汽车工业和航空工业；没有绝缘材料，各种电器及无线电装置都难以实现。非晶硅太阳能电池的光转换效率虽不及单晶硅器件，但它具有较高的光吸收系数和光电导率，便于大面积薄膜工艺生产，成本低廉，已成为单晶硅太阳能电池强有力的竞争对手。以下举例说明其具体应用。

2.5.1 太阳能电池

虽然利用晶态硅制作太阳能电池早已得到应用，但因晶态硅制备工艺复杂、成本高，晶态硅的面积不可能太大，因此，至今未能广泛用来转换太阳能。

利用非晶材料的光生伏特效应可制作太阳能电池，这是一种典型的光电池。所谓光生伏特效应就是当以适当波长的光（如太阳光）照射半导体的p-n结时，通过光吸收在结的两边产生电子-空穴对，产生电动势（光生电压）。如果将p-n结短路，则会出现光电流，有些非晶态半导体的重要特性之一就是具有光生伏特效应，如非晶硅。因此，非晶硅可制作太阳能电池，将太阳能直接转变为电能。

对非晶硅太阳能电池的研究和应用始于1975年成功地利用辉光放电法制备掺杂的氢化非晶硅。1976年首次制备出了p-n型的非晶硅太阳能电池，其能量转换效率达5.5%，到1982年非晶硅太阳能电池的转换效率已达10%。目前好的非晶硅太阳能电池的能量转换效率已达12.7%，尽管非晶硅电池的转换效率比晶态硅电池（最高已达20%）的低，但非晶硅光吸收系数高（厚度为1 μm的氢化非晶硅就可以吸收入射太阳光的90%以上，而厚度为1 μm的单晶硅只能吸收太阳光的80%左右）。在非晶硅太阳能电池中，所用非晶硅材料为微米级薄膜，易大面积制作，价格比晶态硅便宜得多。用非晶态硅制成太阳能电池瓦，每块瓦能产生2 W电，使用2000块太阳能电池瓦就可发电4 kW。日本大阪市首次建成了一座太阳能发电站，发电量达4 kW，美国也已有数百万瓦的家用太阳能电站投入使用。地球表面一年从太阳接收的能量约为6×10^{17} kW·h，是全世界总用能量的一万倍，而且没有任何污染。开发和利用好太阳能也是21世纪可持续发展的重要途径，因此，非晶硅太阳能电池有着广阔的发展前景。

利用非晶硅的光生伏特效应，除了制作太阳能电池外，还可用来制作光传感器。目前已制备出的传感器有全可见光传感器、多层膜金属非晶硅X射线传感器和非晶硅紫外线传感器等，且发展十分迅速。

2.5.2 复印机中的光感受器

复印机中的核心部件即用于静电成像的器件——硒鼓，就是由非晶态硒制成的。光导电效应是指材料在光的照射下电导率增大的一种现象，复印机就是利用半导体的光电导效应工作的。

静电复印机的心脏是静电成像器件——光感受器。它的主要构成是在金属基片上覆盖一层具有较低暗电导和很高光电导的高阻光电导薄膜，目前常用的就是非晶硒薄膜。

复印机光感受器利用成像原理完成复印工作。首先利用晕光放电等方法，对非晶薄膜充电，使薄膜表面电荷分布均匀。其次，在复印时，通过光学装置将要复印的图文像照射到非晶薄膜上。由于薄膜具有较低暗电导和很高光电导，没有图文的地方受光照射，电导率提高，表面电荷迅速减少，而有图文的部分无光线照射，电荷保留，从而在非晶薄膜表面产生潜像。最后通过电吸引墨粉成像，并转移到纸面上经高温将图文像固定下来。

为满足办公自动化迅速发展的需要，最近人们又研制出了耐久性、可靠性和灵敏性更好的氢化非晶硅光感受器，并已进入实用阶段。

2.5.3　非晶态材料在光盘中的应用

很多人接触过计算机软件光盘、激光唱盘和VCD视盘，这些都是光盘。光盘以存储容量大、操作简便、成本低廉、好的信息质量受到人们的青睐。

光盘按其功能可分为只读光盘、一次写入光盘和可擦除光盘三类。目前市场上出售的激光唱盘、VCD视盘和计算机软件光盘多为只读光盘。这种光盘是在工厂将信息以凹凸形式记录在盘片上，用户只能读出已记录的信息。

光盘从记录介质的存储机理来讲，可分为两大类：一类是磁光型，就像在薄膜材料中介绍的；另一类是相变型。相变型光盘就是利用非晶态薄膜材料的非晶态-晶态相变特性来制作的。

非晶态材料的非晶结构只是在一定温度范围内是稳定的，当其加热到晶化温度时转变为晶态材料，即在一定条件下非晶态又可以向晶态转变，非晶态材料的反射率比晶态材料小，利用这一特性，人们制作出可擦除的光盘。也可以利用聚焦到直径小于1 μm的激光束，加热改变非晶态材料局部组织和形状，制作出不可擦除的光盘。

利用非晶态半导体和非晶态合金均可制作只读光盘和一次写入光盘（统称不可擦除光盘）。其中非晶氢化硅是在低功率激光束作用下形成气泡区，高功率激光束作用下烧蚀成孔，而非晶锗是在激光束作用下形成海绵状多孔区实现“0”和“1”写入的。

非晶半导体材料用得较多和比较成功的是作为可擦除光盘的记录材料。其原理是利用半导体材料的非晶态与晶态之间的可逆相变来完成信息的写入和擦除。信息的写入是靠圆形高功率密度激光照射，骤冷，使晶态半导体材料局部转变为非晶态来完成的。信息的读出是通过聚焦的圆形低功率密度激光的照射，用光探测器测出其反射率的变化来实现的（非晶态半导体反射率低）。如果想擦除光盘上的信息，用长椭圆形低功率密度激光照射，使薄膜加热到超过非晶态晶化温度后缓慢冷却而转变为晶态即可。

然而光盘存储（记录）材料是能记录各种信号的介质，它通常是以薄膜的形式出现的，则支撑这种光记录（存储）材料的盘基或盘片是衬底材料。衬底材料主要是聚甲基丙烯酸甲酯、聚碳酸酯以及新发展的聚烯类非晶材料。作为光盘基片材料，要求具有很高的透光率和光学纯度，有尺寸稳定性和热变形温度，有较好的力学性能和加工性能，有较低的双折射率和成本等。目前已经上市的聚合物光盘基片主要是用聚碳酸酯制成的。

当然，光盘并不仅仅是一层光记录材料。为了保护光盘上的记录层，许多光盘都是多层薄膜结构，一般来说，在光盘的盘基上都先镀一层电解质膜，如氧化硅、硫化锌、氮化铝等，厚度为10~60 mm；再镀上信息记录层（光记录材料），厚度为20~30 mm；然后再镀增透层，使激光透过率增加，厚度为10~60 nm；最后在表面再镀一层金属反射膜，如铝膜，厚度为30 nm左右，起保护膜作用。由于采取了多层膜，充分利用了光干涉效应，从而增加了存储记录层对入射激光的吸收，降低了表面的反射。

习　　题

1. 何谓非晶态合金，非晶态合金的结构特点如何，它与晶态合金相比具有什么特点？

2. 获得非晶态合金的主要途径有哪些?
3. 影响非晶态合金形成能力的热力学因素有哪些?
4. 简述基于合金组元基本性质的玻璃形成能力判据。
5. 简述非晶态合金的制备方法及其特点。
6. 简述非晶态合金的应用。

3 薄膜材料制备技术

【本章提要与学习重点】

本章主要针对薄膜材料概述、薄膜材料的形成与生长、薄膜材料制备方法、薄膜材料表征方法及薄膜材料应用与展望展开论述。通过本章学习，使学生了解薄膜材料的基本属性，掌握薄膜材料的形成理论及生长原理。同时，熟悉薄膜材料的物理及化学制备方法，最终了解薄膜材料的应用领域与未来发展方向。

3.1 薄膜材料概述

3.1.1 薄膜的定义

能源、材料和信息科学是当前新技术革命的先导和支柱，作为特殊形态材料的薄膜科学，已成为微电子、信息、传感探测器、光学及太阳能电池等技术的基础。当今薄膜科学与技术已经发展成为一门跨多个领域的综合性学科，涉及物理、化学、材料科学、真空技术和等离子体技术等领域。近年来薄膜产业的规模正日益发展壮大，比如在卷镀薄膜、塑料金属薄膜、建筑薄膜、光学薄膜、集成电路薄膜、太阳能电池薄膜、液晶显示薄膜、刀具硬化薄膜、光盘和磁盘等方面都具有相当大的生产规模和研究价值。

当材料的一维线性尺度远远小于它的其他二维尺度，往往为纳米至微米量级，我们将这样的材料称为薄膜（thin film），通常薄膜的划分具有一定的随意性，一般分为厚度大于1 μm的厚膜及小于1 μm的薄膜，而本章所指的薄膜材料主要是后者。薄膜材料的研究具有悠久的历史。最古老的薄膜制备可追溯到三千多年前的商朝时期给陶瓷上“釉”。进入17年纪，人们已能从银溶液中析出银，在玻璃容器表面形成银薄膜。此后不久，出现了用机械加工方式制备的金箔。1650年，R. Boye等观察到在液体表面上薄膜产生的相干彩色花纹，随后各种制备薄膜的方法和手段相继诞生。真正从科学或物理学的角度研究薄膜是从18世纪以后才开始的。而固体薄膜的制造技术初步形成是在19世纪，伴随电解法、真空蒸镀法以及化学反应法等现代薄膜制备技术的问世，人们开始系统地研究薄膜技术。进入20世纪以来，伴随溅射镀膜技术的诞生，随着电子工业和信息产业的兴起，尤其是在印刷线路的大规模制备和集成电路的微型化方面，薄膜材料与薄膜技术更是显示出其独有的巨大优势。当前，薄膜材料与技术已渗透到现代科技和国民经济的各个重要领域，更在高新技术产业占有重要的一席之地，正在向综合型、智能型、复合型、环境友好型、节能长寿型以及纳米化方向发展，必将为整个材料科学的发展起到推动和促进作用。

薄膜材料主要还是一种人造材料，薄膜材料的制备方法和形成过程完全不同于块体材料，这些差别使它具有完全不同于块体材料的许多独特的性质。下面将介绍薄膜材料在性质和结构上的特点。

3.1.2 薄膜的特性

薄膜材料的制备方法和形成过程完全不同于块体材料，使其具有与块体材料迥异的许多独特性质。通常认为三维块体材料内部的物理量是连续的，因而其某种物理特性与其体积无关。但是当材料的厚度变成微米或纳米量级时，有些物理量便会在表面处中断，表面的能态与内部的能态则截然不同，导致表面粒子所受到的力不同于体内粒子，产生明显的非对称性。虽然物质的种类还未改变，但是物质的性质可能已经发生了巨大的变化，表现出许多奇异的物理化学性质，使它的力学性质、载流子输运机理、超电导、磁性、光学和热力学性质发生巨大的变化，这些奇异的特性都是由薄膜的尺寸效应所引起的。下面举几个例子。

3.1.2.1 熔点降低

考虑一个半径为 r 的固体球，熔解时与外侧相液体之间的界面能为 ε，固体的熔解热和密度分别为 L 和 ρ，熔解过程中熵变为 ΔS，比较块体材料熔点 T_m 与上述球熔点 T_s 之间的关系。当质量为 dm 的固体熔化成液体，球的表面积产生 dA 的变化，其热力学平衡关系式如下：

$$L\mathrm{d}m - T_s\Delta S\mathrm{d}m - \varepsilon\mathrm{d}A = 0 \tag{3-1}$$

对块体材料，则：

$$L\mathrm{d}m - T_m\Delta S\mathrm{d}m = 0 \tag{3-2}$$

将 $\Delta S = L/T_m$ 和 $\mathrm{d}A/\mathrm{d}m = 2/\rho r$ 代入式(3-1) 和式(3-2) 中，得：

$$\frac{T_m - T_s}{T_m} = \frac{2\varepsilon}{\rho L r} > 0 \tag{3-3}$$

由此可见，$T_m > T_s$，即小球的熔点低于块材的熔点，并且随着小球半径 r 的减小，其熔点降得更低。以 Pb 为例，纳米铅的熔点要比块材铅低 150 ℃。

3.1.2.2 表面散射

根据 Sondheimer 理论，在和表面相碰撞的电子中，发生弹性碰撞的概率为 $P(0 \leqslant P \leqslant 1)$，发生非弹性碰撞的概率为 $1 - P$。取沿薄膜表面的电场方向为 x 方向，与膜表面垂直的方向为 z 方向，分布函数为 $f(z, v_x)$，其中，v_x 是速度在 x 方向的分量。沿 x 方向的电流密度 j_x 与分布函数之间的关系如下式：

$$j_x = -2e\left(\frac{m}{h}\right)^3\int_v v_x f\mathrm{d}V \tag{3-4}$$

式中 e，m——电子电荷和质量；

h——普朗克常量。

可根据 $j_x(z)$ 在膜厚方向的平均值 j 与电场的关系近似求得薄膜电导率 σ 为：

$$\frac{\sigma}{\sigma_\infty} = 1 - \frac{3(1-P)L_\infty}{8d} \tag{3-5}$$

式中 d——膜厚；

L_∞，σ_∞——膜厚为∞的块材时，电子平均自由程和电导率。

由上式可以看出，σ 和 $1/d$ 之间可用直线关系近似，即薄膜的电导率 σ 将明显地随着

薄膜厚度 d 的减小而降低。薄膜表面的散射效应还会影响其电阻温度系数、霍尔系数、热电系数、电流磁场效应等。

3.1.2.3 表面能级

在固体的表面，原子周期性排列的连续性发生中断，电子波函数的周期性当然也要受到影响，Tamm 和 Shockley 等已计算出把表面考虑在内的电子波函数。一般在固体内部是周期性的电子波函数，而在固体外侧，电子波函数则呈指数衰减，而使二者平滑连接所得到的函数即为表面电子态波函数。这时对该波函数就会产生新的约束条件，按照周期性条件求解所产生的能隙中会出现几个电子态能级，称为表面态能级。在表面电子波函数的计算中，用紧束缚近似法得到的表面能级称为 Tamm 能级；而 Shockley 能级则是采用自由电子近似得到的。薄膜材料具有非常大的比表面积，因而受表面影响巨大，而表面态的数目和表面原子的数目具有同一数量级，因此，表面能级数量会影响到薄膜内的电子输运状况，特别是在半导体等载流子少的物质中将产生更为严重的影响。

薄膜的尺寸效应还包括薄膜的干涉效应、量子尺寸效应以及平面磁化单轴磁各向异性等众多奇异的物理特性。

3.1.3 薄膜的结构与缺陷

要了解薄膜的奇异物性，只有从研究薄膜结构入手，才能找到制备工艺对薄膜结构的影响和薄膜结构与薄膜性质的关系。而薄膜的制备工艺条件如气压、温度、功率等影响因素非常多，因而薄膜的结构和缺陷与块材相比，存在很大的不同，情况更为复杂。薄膜的结构一般包括薄膜的晶体结构、薄膜的微观结构及表面结构等。下面将逐一介绍薄膜的晶体结构、微观及表面结构、薄膜的缺陷、薄膜的异常结构和非理想化学计量比等。

3.1.3.1 薄膜的晶体结构

一般来说，足够厚的薄膜的晶格结构与块材相同，只有在超薄膜中其晶格常数才与块材时明显不同，晶格常数的增加或减小分别取决于各自表面能的正或负。薄膜的晶体结构沉积与吸附原子的迁移率有关，它可以从完全无序即无定形的非晶薄膜过渡到高度有序的单晶薄膜。即薄膜的晶体结构包括单晶态结构、非晶态结构和多晶态结构。

A 单晶态结构

在理想情况下，较高的衬底温度和较低的沉积速率有利于形成高度完整性的薄膜，将导致单晶薄膜的生长。在实际的单晶薄膜生长中，还采用高度完整的单晶基片作为薄膜生长的衬底。如果对单晶基片、衬底温度和沉积速率等进行恰当的控制，薄膜可沿单晶基片的结晶轴方向呈单晶生长，称为外延（epitaxy）。根据衬底与被沉积薄膜是否属于同种物质，单晶外延又可分为同质外延和异质外延。外延生长在半导体器件和集成电路中具有极其重要的作用。实现外延生长必须满足三个基本条件。第一个条件是吸附原子必须有高的迁移率。因而基片温度和沉积速率是相当关键的，单晶薄膜一般都在高温低速区域。第二个条件是基片与薄膜材料的结晶相容性。对异质外延来讲，衬底材料和薄膜之间晶格一般不匹配。在点阵常数差别不大时，晶界两侧的晶体点阵将出现应变；而差别较大时，单靠引入点阵应变已不能完成点阵之间的连续过渡，因而在界面上将出现平行于界面的刃位错。假设基片材料的晶格常数为 a，薄膜材料的晶格常数为 b，在基片上外延生长薄膜的晶格失配度为 m，$m = (b - a)/a$ ，m 值越小，二者晶格结构越相似，外延生长就越容易实现，第三个条件是要求基片干净、光滑、化学性质稳定。

B 非晶态结构

非晶态结构有时也称无定形或玻璃态结构，非晶薄膜是高无序态的无定形薄膜，形成无定形薄膜的条件是低的表面迁移率。在制备薄膜的时候，比较容易得到非晶态结构，这是因为制备方法可以比较容易地实现获得非晶态结构的外界条件，即较高的过冷度和低的原子扩散能力。采用较高的沉积速率和较低的衬底温度，可以显著提高薄膜的成核率，提高相变过程的过冷度，抑制原子扩散，从而形成非晶薄膜。而降低吸附原子表面迁移率的方法有三种。第一种是降低基片温度。对硫化物和卤化物等在温度低于 77 K 的基片上可形成无定形薄膜，少数氧化物（如 TiO_2、ZrO_2、Al_2O_3 等），即使在室温下也有生长成无定形结构的趋势。第二种是引进反应气体。例如，在 10^{-3} ~ 10^{-2} Pa 氧分压中，蒸发铝、镓、铟和锡等超导薄膜，由于氧化层阻碍了晶粒生长而形成了无定形薄膜。第三种是掺杂，掺杂薄膜由于两种沉积原子的尺寸不同，也可形成无定形薄膜。

C 多晶态结构

介于单晶和非晶薄膜之间的多晶薄膜的制备最为简单。用真空蒸发或溅射制成的薄膜，都是通过岛状结构生长起来的，因而必然产生许多晶界，形成多晶态结构。多晶薄膜的晶粒可以按照一定的取向排列起来形成不同的结构，如纤维状结构薄膜就是晶粒具有择优取向生长的薄膜结构。在玻璃基片上生长的 ZnO 压电薄膜是纤维结构薄膜的典型代表，这种薄膜具有优良的压电特性，就是其沿垂直于基片表面的 c 轴择优取向生长。在多晶薄膜中，常常出现块材中未曾发现的介稳结构。造成介稳结构的原因可能是沉积条件，也可能是由基片、杂质、电场、磁场等引起的。例如，块材 ZnS 在常温下是立方相闪锌矿结构，高温相为六方相纤锌矿结构。但在薄膜中，高温的六方相能介稳于低温的立方相之中。而介稳结构在退火条件下可转变成稳定的正常结构。

3.1.3.2 薄膜的微观结构及表面结构

Pearson 根据电子显微照片最早观察到多层薄膜微观结构，并且得出三条结论：（1）薄膜呈现柱状+空穴结构；（2）柱状几乎垂直于基片表面生长，而且上下端尺寸几乎相同；（3）层与层之间有明显的界线，上层柱体与下层柱体并不完全连续。现在已经非常清楚地知道，所有加热蒸发的薄膜无一例外地都是一种柱状结构，因为决定薄膜结构的重要参数是基片温度与蒸发物熔点温度之比——T_s/T_m（T_s 为衬底温度，T_m 为沉积物质熔点），该值几乎总是低于 0.45，所以其结构总是明显的柱状结构。图 3-1 显示出了不同基片温度形成的薄膜微观结构的模型。薄膜微观结构包括两个方面：一是薄膜表面和横断面的形貌；二是薄膜内部的结晶构造。借助于电子显微镜，可成功地进行薄膜微观结构分析。电子显微镜有两种，即扫描电子显微镜（SEM）和透射电子显微镜（TEM）。前者的主要优点是扫描范围大；后者主要是分辨率高，主要缺点是电子的穿透本领低（<100 nm），因此，需将样品减薄来观察。为了使总能量达到最低值，薄膜应该具有最小的表面积，实际上无法得到这种理想的平面状态薄膜。由于原子在表面上的扩散，将占据表面上的一些空位，导致薄膜表面积缩小，表面能降低。同时，前期到达表面的原子在表面的吸附和堆积，会影响到后期原子在表面的扩散，容易形成阴影效应。原子在表面的扩散运动的能量大小与基片温度相关。基片温度较高时，表面迁移率增加，凝结优先发生在表面凹陷处，或沿某些

晶面择优生长，同时为了降低表面能，薄膜倾向于使表面光滑生长；当基片温度较低时，原子迁移率低，表面将比较粗糙，且表面积较大，容易形成多孔结构。

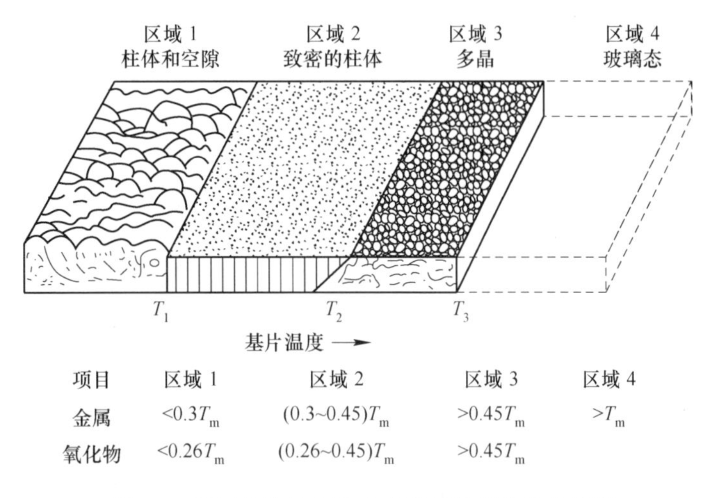

项目	区域 1	区域 2	区域 3	区域 4
金属	$<0.3T_m$	$(0.3\sim0.45)T_m$	$>0.45T_m$	$>T_m$
氧化物	$<0.26T_m$	$(0.26\sim0.45)T_m$	$>0.45T_m$	

图 3-1　不同基片温度形成的薄膜微观结构的模型

3.1.3.3　薄膜的缺陷

薄膜生长过程中会产生空位、位错，吸附杂质会产生点缺陷、线缺陷、台阶及晶界等。一般来说，薄膜中的缺陷密度往往高于相应的块体材料。当薄膜生成时的基片温度越低，薄膜中的点缺陷，特别是空位的密度就越大，有的达到 0.1%（原子分数)，加上由于杂质和应变的存在，因而薄膜内空位的产生、消失、移动等状态就不一定是确定的。空位的存在和薄膜物性的不稳定性密切相关，例如，有些薄膜的电导率会随着时间而发生变化。点缺陷的另一个实例就是杂质。特别是在溅射镀膜中，放电气体混入膜层的量非常大，甚至达到 10%（原子分数)，不过在高温下，大部分会通过扩散越过薄膜的表面而释放掉。薄膜中的位错就更容易观察，可以发现如下规律：薄膜中产生位错的最大源出现在岛状膜的凝结过程；最大位错密度在 10^{10} cm^{-2}左右；位错容易相互缠绕；位错穿过表面的部分，在表面上很难运动，从而处于钉扎（pinning）状态，因而薄膜位错难以通过退火来消除。在单晶薄膜中还有面缺陷，主要有孪晶界和堆垛层错。对多晶薄膜而言，还有一类重要的面缺陷——晶界。在较高的温度之下，晶粒的大小都会发生变化，大的晶粒逐步吞噬小的晶粒，具体表现为晶界的移动。在固态的相变过程中，晶界往往是新相成核之处。原子可以比较容易地沿晶界扩散，所以外来原子可以渗入并分布在晶界处，内部的杂质原子也往往集中在晶界处，因此晶界具有非常复杂的性质。

3.1.3.4　薄膜的异常结构和非理想化学计量比

大多数薄膜的制法属于非平衡态的制取过程，因此，薄膜的结构不一定与相图相符合，我们这里规定，把与相图不相符合的结构称为异常结构。异常结构是一种准稳态结构，通过加热或长时间的放置还会慢慢变成稳态结构。而薄膜技术就是制取非晶态异常结构材料的有力手段之一。在 300~400 ℃以下生成的非晶态Ⅳ族元素薄膜就是一种异常结构，除了具有优良的耐腐蚀性之外，强度还非常高，摩擦性能好，同时具有普通晶态结构所无法比拟的电、热、光、磁性能。一般只要基片的温度足够低，许多物质都可以实现非晶态。例如，当基片温度为4 K时，蒸镀出的非晶态Bi薄膜具有超导特性，而如果对薄膜加热，在10~15 K就会发生晶化，超导性消失。多组元化合物薄膜的成分往往偏离其理想化学计量比，属于非化学计量化合物。如Si在O_2中蒸镀或溅射，所得到的SiO_x（$0<x\leqslant 2$）的计量比可以是任意的。

3.1.4 薄膜和基片

薄膜一般都是在基片之上生长的，薄膜与衬底通常属于不同的材料，在薄膜与衬底之间，可能存在物理吸附或化学键合等作用。薄膜材料的应用涉及薄膜和基片构成的一个复合体系，因此，薄膜的附着力与内应力这两个问题就成为制约薄膜材料实际应用的关键所在。如果薄膜与基片的附着力不强，或者膜中内应力过大，都会造成薄膜材料在使用过程中起皮、脱落。只有薄膜和基片之间有了良好的附着特性，研究薄膜的其他物性才成为可能。薄膜的附着力和内应力均与材料的种类及制备的工艺条件密切相关，也是薄膜材料的一种固有特征。

薄膜和基片属于不同物质，二者之间的相互作用能就是附着能，它可看成界面能的一种。附着能对薄膜与基片之间的间距微分，微分最大值就是附着力。薄膜的附着力的产生与不同物质之间的范德华力、静电力以及扩散引起的混合化合物的凝聚能等有关，附着力具有以下明显规律：第一，在金属薄膜-玻璃基片系统中，Au薄膜的附着力最弱；第二，易氧化元素的薄膜附着力较大；第三，对薄膜加热会使附着力增加；第四，基片表面能较小，经离子照射、清洗、腐蚀、机械研磨等手段使得表面活化，以提高表面能，从而附着力增加。氧化物还具有过渡胶黏层的作用。一般金属都不能牢固地附着在塑料等基片之上，但氧化物薄膜却能比较牢固地附着，因而经常在沉积金属薄膜之前，先沉积氧化物过渡层，再沉积金属薄膜，这样可以获得非常大的附着力。

薄膜往往是沉积在非常薄的基片之上的，即使在没有任何外力作用之下，薄膜中也总存在应力。由于薄膜和基片物质之间线膨胀系数和弹性模量的差异，薄膜可能成为弯曲面的内侧，这种内应力称为拉应力；相反，弯曲情况之下的内应力称为压应力。依据薄膜应力产生的根源，可以把薄膜应力分为热应力和生长应力。由于薄膜和衬底材料的线膨胀系数不同和温度变化引起的薄膜应力称为热应力。而在薄膜与衬底材料、沉积温度与室温均差别较大的情况下，单纯的热应力也可能导致薄膜的破坏。再有，薄膜材料的制备方法往往涉及一些非平衡的过程，比如高能离子的轰击、杂质原子的掺杂、大量缺陷和孔洞的存在、低温薄膜的沉积、较大的温度梯度、亚稳相或非晶态相的产生等，都会造成薄膜材料的组织状态偏离平衡态，并且在薄膜中留下应力，我们把这部分由于薄膜沉积过程中所造成的应力称为生长应力。热应力与生长应力总是同时存在的，生长应力总是在测量的总应力中减去热应力部分而求出的。

3.1.5 典型薄膜材料简介

薄膜材料所涉及的领域极为广泛，包括耐磨及表面防护涂层薄膜材料，发光薄膜材料，光电薄膜材料，介电、铁电、压电薄膜材料，磁性及巨磁阻薄膜材料，集成电路、光学器件及能带工程薄膜材料，磁记录和光存储薄膜材料，形状记忆智能薄膜材料等。前面几节中已经介绍了薄膜材料的特征、生长过程、制备及表征方法等内容，下面我们将介绍几种典型的薄膜材料来反映薄膜材料科学发展的状况。

3.1.5.1 金刚石薄膜材料

金刚石是自然界中最硬的物质，而且在力学、电学、热学及光学等方面也具有一系列优异的性质，因而长期以来人们一直在尝试采用人工方法合成金刚石。通过热力学计算表明，只有在高温高压下才能合成金刚石，但经过科学家的不懈努力，已能在低温低压条件下采用各种 CVD 方法制备金刚石薄膜。CVD 金刚石的许多潜在应用是非常诱人的，因为它在纯度和性质上和高温高压下生长的金刚石以及天然金刚石可以相比拟。利用金刚石的硬度及 CVD 薄膜的均匀性，可以用来制造刀具涂层，当前用切割的金刚石薄膜做的刀具在市场上销售，成功用于切削有色金属、稀有金属、石墨及复合材料。金刚石摩擦系数低、散热快，可作为宇航高速旋转的特殊轴承以及军用导弹的整流罩材料。金刚石具有低的密度和高的弹性模量，声音传播速度快，可作为高保真扬声器高音单元的振膜，是高档音响扬声器的优选材料。在金刚石薄膜的应用领域中最为重要的就是其作为半导体材料在高频、大功率和高温电子器件上的应用，多晶金刚石薄膜在室温下的热导率大约是铜的 5 倍，可以作为高温、大功率半导体器件的热沉。金刚石由于具有高的透过率，是大功率红外激光器和探测器的理想窗口材料。由于其折射率高，可作为太阳能电池的防反射膜。由于其化学惰性且无毒，可用作心脏瓣膜等。金刚石薄膜集众多优异性能于一身，用于扬声器、磁盘、光盘、工具、刀具、激光器、光学涂层及保护涂层等方面，其产值已超过千亿美元，正在成为 21 世纪最有发展前途的新型薄膜材料之一。

由于世界范围内激发的 CVD 金刚石研究热潮，各国的科学家和工程师们开发了许多制备金刚石的 CVD 方法，目前用于 CVD 金刚石合成的方法主要有热丝 CVD、微波等离子体 CVD、直流电弧等离子体喷射 CVD、燃烧火焰 CVD 等，下面将进行简单介绍。

A 热丝 CVD（HFCVD）

金刚石薄膜的热丝 CVD 法目前已经发展成沉积金刚石薄膜较为成熟的方法之一，而且也是大众化的方法。1982 年，Matsumoto 等将难熔金属灯丝加热至 2000 ℃以上，在此温度下通过灯丝的 H_2 很容易产生原子氢，这种方法的基本原理便是通过在衬底上方设置金属热丝，高温加热分解含碳的气体，形成活性的粒子，在原子氢的作用下而形成金刚石，在碳氢化合物热解过程中，原子氢的产生可以增大金刚石的沉积速率，金刚石被择优沉积，而石墨的形成则被抑制，结果金刚石的沉积速率增加到 mm/h 数量级，对工业生产具有实用价值。图 3-2 为沉积金刚石薄膜的热丝 CVD 装置。热丝 CVD 法系统简单，成本及运行费用相对较低，其已成为工业上使用最普遍的方法。热丝 CVD 法可以使用各种碳源，如甲烷、乙烷、丙烷及其他碳氢化合物，甚至含有氧的一些碳氢化合物，如甲醇、乙醇和丙酮等，含氧基团的加入使金刚石沉积的温度范围大大变宽。热丝 CVD 法也存在缺点，金属丝的高温蒸发会将杂质引入金刚石薄膜中，因此，该方法不能制备高纯度的金刚石薄膜。最近发展的等离子体辅助热丝 CVD 法，不仅获得远比一般热丝 CVD 法更高的沉积速率，而且金刚石薄膜的质量也得到显著提高。

B 微波等离子体 CVD（MWPCVD）

早在 20 世纪 70 年代，科学家就发现利用直流等离子体可以增加原子氢的浓度，将 H_2 分解为原子氢，激活碳基原子团以促进金刚石形成。除了直流等离子体外，微波等离子体

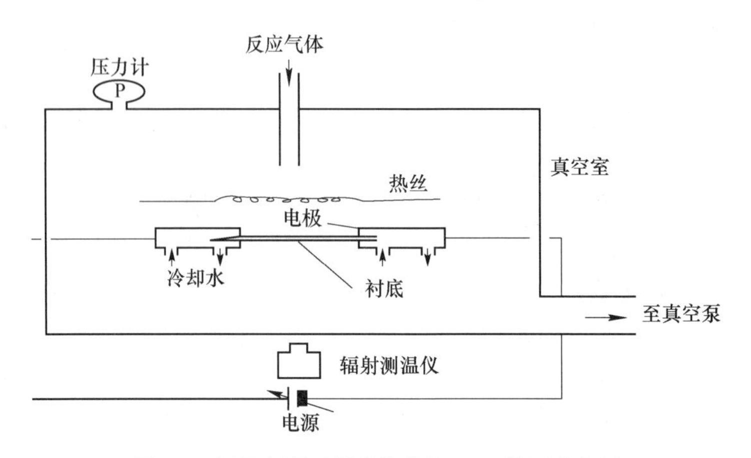

图 3-2 沉积金刚石薄膜的热丝 CVD 装置示意图

和射频等离子体也被人们使用，此外，还包括电子回旋共振微波等离子体等。微波法是利用微波的能量激发等离子体，具有能量利用效率高的优点。同时由于无电极放电、等离子体纯净等优点，是目前高质量、高速率、大面积制备金刚石薄膜的首选方法。这种方法按反应室装置来分类，可以分为石英管式、石英钟罩式和带有微波耦合窗口的金属腔式。按微波等离子体耦合方式分类，有直接耦合式、表面波耦合式和天线耦合式。该方法近年来得到快速发展的原因之一是可大面积沉积高质量的金刚石薄膜。最近国外新研制的高气压下工作的高功率微波等离子体 CVD 装置可达到更高的沉积速率，同时能制备强结构的金刚石薄膜。美国 Astex 公司研制的 75 kW 级微波等离子体 CVD 系统沉积速率非常高，但设备太昂贵。我国也成功地研制了 5 kW 级 MWPCVD 装置等离子体炬，利用电弧放电产生等离子体，制备出了高质量的金刚石薄膜。

C 直流电弧等离子体喷射 CVD

直流电弧等离子体喷射 CVD 法的装置由等离子体炬、电源系统、真空系统及水冷系统构成，利用直流电弧放电所产生的高温等离子体喷射流（温度达 3000~4000 ℃），使得碳源气体和氢气离解，形成沉积金刚石薄膜所需要的气相环境。由于等离子体炬工作压力一般低于大气压力，因此，得到的是一种偏离平衡状态的低温热等离子体，因为原子氢、甲基原子团和其他活性原子团的密度很高，所以金刚石的生长速率非常高。Kurihara 等设计了一种直流等离子体喷射设备 DIA-JET，使用一个注射喷嘴，喷嘴由一个阴极棒和环绕阴极的阳极管所组成，这一系统所得到的典型金刚石沉积速率为 80 mm/h。我国北京科技大学近年来开发出具有我国自主知识产权的磁控/流体动力学控制大口径长通道等离子体炬技术，建造了 100 kW 级高功率直流电弧等离子体喷射 CVD 金刚石薄膜沉积系统，成功制备了高光学质量（光学级透明）大面积金刚石自支撑薄膜。

D 燃烧火焰 CVD

Hirose 等第一次使用燃烧火焰 CVD 法沉积金刚石薄膜。在焊接吹管的喷烧点处使 C_2H_2 和 O_2 混合气体氧化，在内燃点接触基片的明亮点处形成金刚石晶体。燃烧法较传统 CVD 方法具有设备简单、成本低、效率高等优点，可在大面积和弯曲表面沉积金刚石。但由于沉积很难控制，因此，薄膜在显微结构和成分上都是不均匀的。焊接吹管在基片表面上形成温度梯度，在大面积基片上合成金刚石薄膜会引起基片弯曲或断裂。目前在提高燃烧法制备金刚石薄膜的质量、增大沉积面积方面已取得很大进展，预计这一技术将在制备应用于摩擦领域的金刚石方面获得推广。

以CVD方法制备金刚石薄膜的机理目前还没有完全了解，但原子氢在金刚石薄膜生长过程中起着重要的作用这一点已经得到确认。原子氢能稳定具有金刚石结构的碳，而将石墨结构的碳刻蚀掉。只要C、H、O三者比例在一定的范围区域内，在合适的沉积条件下，即使是不同的反应先驱物，都能得到金刚石薄膜。调节不同的沉积参数，可以有选择性地生长出不同单晶体形状的金刚石薄膜，满足不同应用领域对金刚石的需要。目前，金刚石薄膜异质外延生长的机理、低温沉积金刚石薄膜、提高金刚石的生长速率、降低生产成本、控制生长条件、减小晶界和缺陷密度、实现均匀的金刚石薄膜定向异质外延等均是当前CVD方法生长金刚石薄膜的课题中急需解决的问题。

3.1.5.2 氧化锌薄膜材料

在半导体材料的发展中，一般将Si、Ge称为第一代电子材料；将GaAs、InP、GaP、InAs、AlAs等称为第二代电子材料；而将宽带隙高温半导体ZnO、SiC、GaN、AlN、金刚石等称为第三代半导体材料。第三代半导体材料的兴起，是以GaN材料p型掺杂的突破为起点，以高亮度蓝光发光二极管（LED）和蓝光激光器（LD）的研制成功为标志，包括GaN、SiC和ZnO等宽禁带材料。ZnO是继GaN、SiC之后出现的又一种第三代宽禁带半导体，它在晶格常数和禁带宽度等方面均与GaN很相近，但在某些方面具有比GaN更加优越的性能，比如更高的熔点和激子束缚能、更高的激子增益、更低的制备成本以及更好的光电集成特性等，使得ZnO成为低阈值紫外激光器的一种全新的候选材料。

ZnO的三种结构如图3-3所示，属于ⅡB-ⅥA族二元化合物半导体材料，晶体结构可以分为岩盐结构（B1）、闪锌矿结构（B3）和纤锌矿结构（B4）。ZnO具有独特的电学及光学特性，在众多领域具有重要的应用价值。理想化学配比的ZnO由于带隙较宽而为绝缘体，但是由于存在氧空位、锌填隙等施主缺陷，使之成为极性半导体。由于形成氧空位所需的能量比形成锌空位所需的能量小，因此，在室温下ZnO材料通常是氧空位，而不是锌空位，当在ZnO的晶体中氧空位占主导时，表现出n型导电。ZnO的发光性质及其跃迁过程对未来制备ZnO基光电子器件是非常重要的。由于ZnO的禁带宽度在室温下为3.37 eV，可见光照射不能产生激发，对可见光是透明的。ZnO在400~800 nm之间的透过率一般在80%以上，ZnO对于紫外线强烈地吸收，是ZnO的本征吸收。ZnO是一种应用广泛的功能材料，在透明电极、表面声波器件、压敏电阻、湿敏传感器、气敏传感器和太阳能电池等领域有广泛的应用。近年来，随着短波长光电子器件应用的扩展，ZnO的研究受到了人们的重视。

获得高质量的ZnO薄膜是研究ZnO特性以及开发ZnO基器件的前提。制备ZnO薄膜的方法有很多种，各有优缺点。不同的制备方法和工艺条件对薄膜结构特性和光电性质有着很大的影响。高质量ZnO薄膜的生长技术在不断提高，主要制备方法有金属有机化学气相沉积、分子束外延、溅射、脉冲激光沉积以及溶胶-凝胶等，其中分子束外延、脉冲激光沉积、金属有机化学气相沉积技术生长的薄膜质量较好。

A 金属有机化学气相沉积

金属有机化学气相沉积（MOCVD）是生长高质量ZnO薄膜的主要技术之一。图3-4

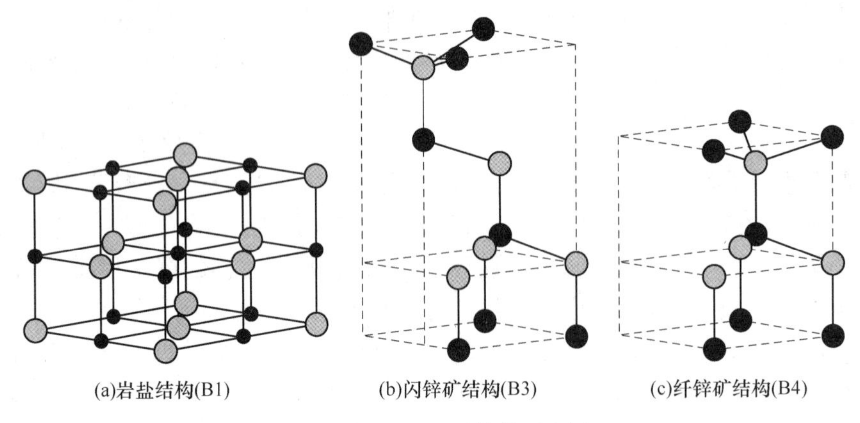

图 3-3 ZnO 的三种结构示意图

所示为 MOCVD 装置。MOCVD 技术生长 ZnO 薄膜的锌源有二乙基锌、二甲基锌；CO_2、N_2O、H_2O 等是常用的氧源。MOCVD 经过 30 多年的发展，已经成为半导体外延生长的一种重要技术，尤其是适合于大规模生产的特点，使其成为在生产中应用最广的外延技术。Gruber 等利用 MOCVD 方法以 ZnO 为衬底，在衬底温度 380 ℃、反应气压 4×10^4 Pa 的条件下生长出了单晶 ZnO 薄膜，其双晶摇摆曲线半高宽仅为 100 arcsec，并且观察到了低温下的带边发光和声子伴线，带边发光半高宽仅为 5 meV。

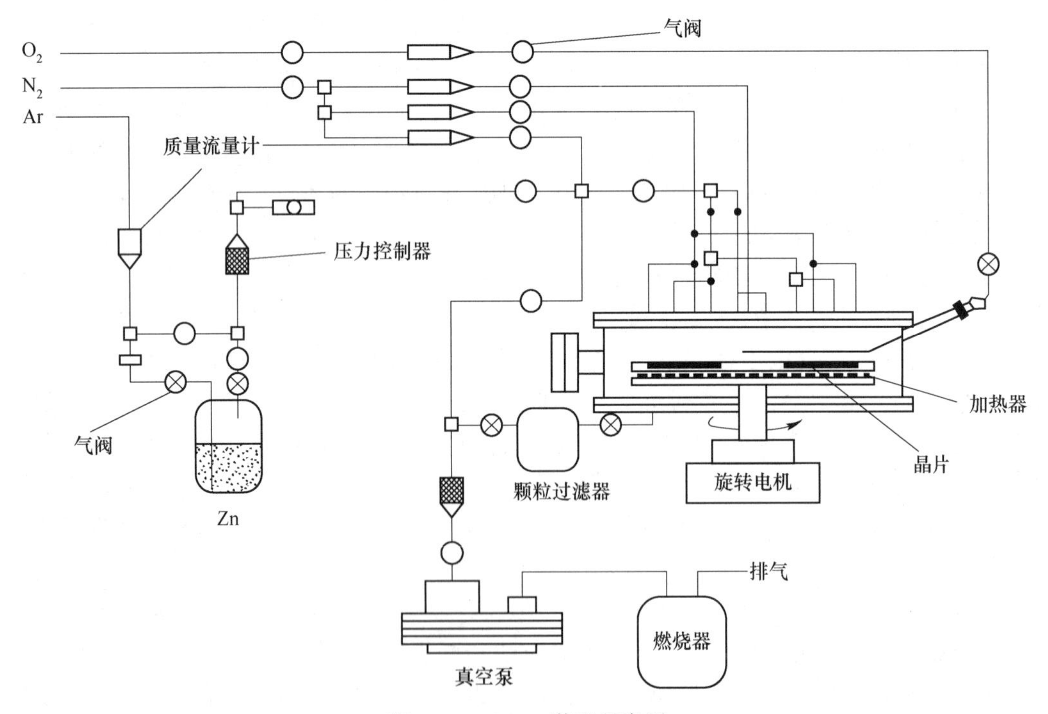

图 3-4 MOCVD 装置示意图

B 分子束外延

分子束外延（MBE）也是一种有效的 ZnO 薄膜生长技术，易于控制组分和高浓度掺杂，可进行原子操作，而且衬底温度也较低。但设备需要超高真空，生长速率也较慢。MBE 主要有激光增强 MBE 和微波增强 MBE 两种。激光增强 MBE 典型工艺为：KrF 激光器（248 nm，0.6 J/cm^2，10 Hz）烧蚀高纯 ZnO 靶，在蓝宝石衬底 α-Al_2O_3 上沉积，氧分压为 1×10^{-4} Pa，生长温度为 500 ℃。微波增强 MBE 一般也采用蓝宝石衬底，微波功率为 120 W，氧分压为 1×10^{-2} Pa，反应温度为 500 ℃，可观察到 400 nm 附近的光泵浦紫外受激辐射。T. Makino 等还利用激光增强 MBE 在 $ScAlMgO_4$ 衬底上（与 ZnO 晶格失配度仅为 0.09%）沉积得到优质 ZnO 薄膜，并且在透射谱上观测到 A、B 激子分裂开来，能量差为 8 meV。

C 溅射

ZnO 薄膜的溅射制备法是研究最多、最成熟和应用最广泛的方法。此法适用于各种压电、气敏和透明导体用优质 ZnO 薄膜的制备。该方法采用 Zn 或 ZnO 作靶材，以 Ar 与 O_2 的混合气体作为反应气体。在溅射镀膜的过程中，使放电气体 Ar 电离成高能粒子束轰击靶材，产生的溅射原子到达衬底上与 O_2 进行反应，从而形成 ZnO 薄膜。溅射包括电子束溅射、磁控溅射、射频溅射、直流溅射等。由于溅射原子的能量较高，因而可制备出结构较为致密、均一、近似单晶的 ZnO 薄膜。据文献记载，人们用此方法制备出 ZnO 薄膜，观测到 ZnO 薄膜蓝-绿光、红光及紫外线发射的现象。

D 脉冲激光沉积

脉冲激光沉积（PLD）工艺是近年来发展起来的真空物理沉积工艺，是一种很有竞争力的新工艺。与其他工艺相比，具有可精确控制化学计量、合成与沉积同时完成、对靶的形状与表面质量无要求的优点，所以可对固体材料进行表面加工而不影响材料本体。脉冲激光沉积的方法是高功率的脉冲激光束经过聚焦之后通过窗口进入真空室照射靶材，激光束在短时间内使靶表面产生很高的温度，并且使其气化，产生等离子体，其中所包含的中性原子、离子、原子团等以一定的动能到达衬底，从而实现薄膜的沉积。据文献报道，研究人员利用脉冲激光沉积的方法在不同的沉积条件下制备出 ZnO 薄膜，观察到 ZnO 薄膜发射黄-绿光、紫光和紫外线的现象。

E 溶胶-凝胶

溶胶-凝胶法（sol-gol）是采用提拉或甩胶法将含锌盐类的有机溶胶均匀涂于基片上以制取 ZnO 薄膜的工艺。溶胶的制备主要是利用锌的可溶性无机盐或有机盐如$Zn(NO_3)_2$、$Zn(CHCOO)_2$ 等，在催化剂冰醋酸及稳定剂乙醇胺等作用下，溶解于乙二醇甲醚等有机溶剂中而形成。涂胶一般在提拉设备或匀胶机上进行。每涂完一层后，即置于 200~450 ℃下预烧，并且反复多次，直至达到所需厚度。最后在 500~800 ℃下进行退火处理，即得 ZnO 薄膜。此法的合成温度较低（约 300 ℃），材料均匀性好，与 CVD 及溅射法相比，有望提高生产效率，已受到电子材料行业的重视。另外，此法还可在分子水平控制掺杂，尤其适合于制备掺杂水平要求精确的薄膜。

F 喷射热分解

喷射热分解法（spray pyrolysis）是由制备太阳能电池用透明电极而发展起来的一种方法，由于用溅射法制备大面积电极易损伤衬底，故喷射热分解法得以发展。此法无须高真空设备，因而工艺简单、经济。此法一般以溶解在醇类中的乙酸锌为前驱体，可获得电学性能极好的薄膜。Van Heerden 考察了此法各工艺参数对生长结果的影响，得出以生长温度 420 ℃、溶液浓度 0.05 mol/L 为最佳值，生成后在真空、空气、氢气及氮气中退火对薄膜结构几乎无影响的结论。掺杂 In 被用来提高 ZnO 薄膜的导电性能，但在喷射热分解法中，一般以氯盐作掺杂剂，这会造成薄膜的氯污染。为克服这一缺点，Gomez 用三种不同的 In 掺杂剂以不同的 [In]/[Zn] 比值进行了实验，结果在用乙酸铟为掺杂剂、[In]/[Zn] 为 2%时获得最低电阻率 2×10^{-3} Ω · cm。一些文献报道了应用超声喷射热分解法在衬底温度 450 ℃、溶液浓度 0.03 mol/L 时制成了具有高度择优生长取向的 ZnO 薄膜，装置如图 3-5 所示。

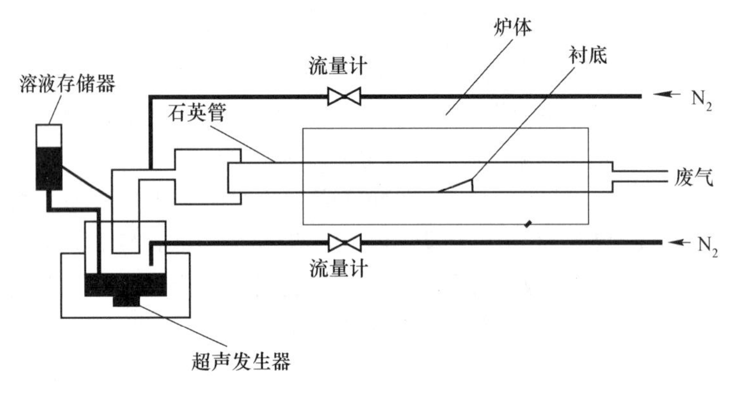

图 3-5 超声喷射热分解装置示意图

3.1.5.3 铜铟镓硒薄膜材料

太阳能电池多为半导体材料制造，发展至今已经种类繁多。在薄膜太阳能电池中，CIGS 电池转换效率最高，接近多晶硅的水平。同时还具有吸收率高、带隙可调、品质高、成本低、性能稳定、可选用柔性基材、弱光性好等优点。因此被日本 NEDO 的太阳能发电首席科学家东京工业大学的小长井诚教授认为是第三代太阳能电池的首选，并且是单位质量输出功率最高的太阳能电池，其优异性能被国际上称为下一代的廉价太阳能电池，吸引了众多机构及专家进行研究开发。

CIGS 薄膜太阳能电池是一种以 CIGS 为吸收层的高效率薄膜太阳能电池，CIGS 是 $CuInSe_2$ 和 $CuGaSe_2$ 的无限固溶混晶半导体，都属于 Ⅰ-Ⅲ-$Ⅵ_2$ 族化合物，在室温下具有黄铜矿结构。CIGS 薄膜是电池的核心材料，原子的晶格配比及结晶状况对其电学和光学性能影响很大，因而其制备方法显得尤为重要。目前，已报道的制备方法大致可归为真空工艺和非真空工艺两类。真空工艺主要有多源共蒸法、溅射后硒化法、混合溅射法、脉冲激光沉积、分子束外延技术、近空间蒸气输运、化学气相沉积等；而非真空工艺包括电沉积、旋转涂布、喷涂热解及丝网印刷等方法。下面主要介绍真空蒸发法、溅射后硒化法和部分低成本非真空工艺。

A 真空蒸发法

真空蒸发法按照蒸发热源数目的多少可分为单源蒸发、双源蒸发和三源及多源蒸发。所谓单源蒸发就是利用单一热源加热 CIS 合金，使之蒸发沉积到玻璃基片上，获得 CIS 薄膜；双源蒸发即利用两个热源分别使 Cu_2Se 和 In_2Se_3 蒸发后沉积在基片上，获得单相薄膜；三源及多源蒸发即利用三个以上热源使 Cu、In、Ga、Se 分别蒸发后共同沉积到基片上。目前在小面积高效率 CIGS 电池的制备方面，美国可再生能源实验室（NREL）开发的三段蒸发法最好。图 3-6 展示出了 CIGS 薄膜的多源共蒸和三源蒸发法。在整个过程中保持 Se 足量的情况下，首先在较低的温度衬底（300 ℃左右）上蒸镀 In、Ga 元素，形成了 $(In,Ga)_2Se_3$ 化合物；接着在较高温度的衬底上蒸镀 Cu；最后再一次蒸镀 In 和 Ga，以满足组分的计量比。三源蒸发法得到的薄膜形貌非常光滑、晶格缺陷少、晶粒巨大，这主要与第二段中 Cu_2Se 的液相烧结有关。在沉积过程中控制 Ga/In 比例，还可以形成梯度带隙结构，因而三源蒸发法能得到较高的转换效率。德国巴登符腾堡太阳能和氢能源研究中心（ZSW）的 Jackson 等近期已研制出 22.6%的超高效率小面积 CIGS 薄膜太阳能电池；德国 Manz 生产的 CIGS 光伏组件效率已突破 16%。蒸发法制备 CIGS 薄膜的成分不仅和源物质的成分有关，还受衬底温度、蒸发速率和蒸发质量等因素的影响，如何精确控制蒸发过程是决定元素配比和晶相结构的关键。虽然三源蒸发法在小面积高效率电池方面取得了成功，但其工艺复杂、无法精确控制元素比例、重复性差、材料利用率不高、成本较高、很难实现大面积均匀稳定成膜，因而限制了大规模工业化生产中的应用。

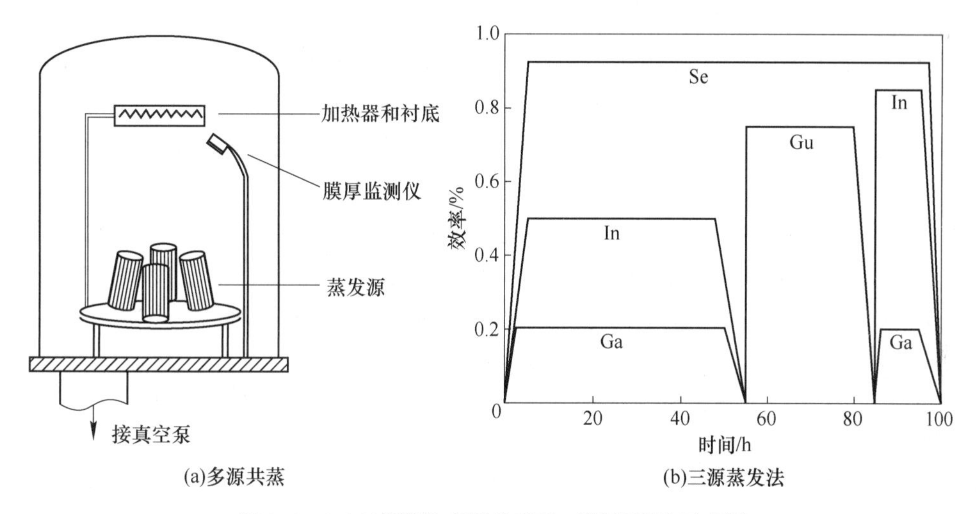

图 3-6　CIGS 薄膜的多源共蒸和三源蒸发法示意图

B　溅射后硒化法

低成本、高效率、大面积、规模化等指标是检验 CIGS 电池技术开发成功与否的关键。溅射后硒化法作为大规模工业化生产技术，使用商业半导体薄膜沉积设备，易于放大，同时能保证大面积均匀成膜。Grindle 等最早采用溅射后硒化工艺在 H_2S 中制备 $CuInS_2$，Chu 等最先采用这种工艺制备 $CuInSe_2$ 薄膜。德国 Avancis 和日本 SolarFrontier 已研发出效率超过 17%的 300 mm×300 mm 小型模组。溅射后硒化法实际上就是预先溅射沉积 Cu/In/Ga 等金属前驱体，然后利用 Se 容易与金属反应的特性，在 H_2Se 或 Se 的气氛中硒化，从而制备出 CIGS 薄膜。按硒源是固体还是气体的不同，分为固态硒化法和气态硒化法。H_2Se 硒化能在常压下操作，可精确控制反应过程，加之其活性较高，因而得到的薄膜质量较好，目前生产线上均采用 H_2Se 硒化。但 H_2Se 是剧毒气体，且易燃，造价高，对保存、操作的要求非常严格，因此，其应用受到一定限制。采用固态源硒化成本低、设备简单、操作安全，但在工艺可控性、重复性和硒化效果方面有一定差距，仅处在实验室研究阶段。溅射后硒化工艺虽然组分易控制、能大面积均匀成膜，但也存在形成 $MoSe_2$ 增大串联电阻和薄膜的附着力下降的问题，同时在硒化过程中 Ga 易向 Mo 层迁移堆积而很难实现梯度带隙，需要额外增加硫化工艺以提高带隙等硒化工艺问题。总之，溅射后硒化工艺正成为当前 CIGS 电池研究的重点和难点，已成为当前工业化生产的主流技术路线。

C　电沉积法

电沉积法分为一步法和分步法两大类。目前电沉积单一金属元素已经比较成熟，但是，对于四元化合物 CIGS 的共沉积则相当困难。Cu、In、Ga、Se 的沉积电位相差很大，而 In、Ga 由于其标准电位值相对较负，因此比较难还原。通常需要通过优化溶液条件（pH 值、浓度、络合剂、电位等），使几种元素的电极电位尽可能相近，以保证几种元素以接近 CIGS 分子式的化学计量比析出，才能得到很好的电镀层薄膜。

a　一步法

一步法虽然在原理上比较简单，但在电化学方面变得很复杂，因为除了沉积出 CIGS 外，还有可能沉积出单一元素或者其他二元杂相。1983 年，NREL 的 Bhattacharya 首先在含有 Cu、In、Se 三种元素的溶液中一步电沉积 CIS 前驱体薄膜。为控制溶液中各化学物质的比例，Guillen 通过添加络合剂，调节溶液中各离子的浓度。1997 年，Bhattacharya 使用脉冲电镀法首次把 Ga 添加到氯化物电解溶液中，成功地一步电沉积出 CIGS 薄膜。香港理工大学 Yang 等采用两电极法电沉积 CIGS 薄膜，取得了初步的成果。

b　分步法

采用分步法电沉积 CIS 或 CIGS 薄膜，先沉积 CuIn 或 CuInGa 合金薄膜，然后在 H_2Se 或 Se 气氛中硒化。Guillen 等在 Cu/In-Se 的基础上进行硒化过程，研究了硒化过程的反应机理。Bhatachary 等通过调整 In/Ga 比例，使在真空下经高温热处理后的电沉积 CIGS 薄膜所得产品的转化效率高达 15.4%。此外，还有报道在非水溶液（如己二胺、乙二醇、氨基乙酸）中电沉积 CIGS 光电薄膜。非真空电沉积法制备 CIGS 薄膜具有成本低、方法简单、沉积温度低、速率高、安全环保、材料回收成本低等优点，但其沉积的薄膜质量和附着力较差，同时工艺的精确控制和重复性还有待加强。

D　旋涂印刷等非真空工艺

采用设备简单，原料利用率高，生长速率快，可大面积均匀制膜，也更方便采用卷绕技术（roll-to-roll）的非真空工艺，正逐渐成为当前 CIGS 电池研究的热点。CIGS 薄膜制备的非真空工艺就是先配制出一定黏度的、符合化学计量比的前驱体料浆、墨水或有机溶剂，然后通过旋涂、涂布、喷雾热解或印刷等非真空成膜工艺制备出前驱体薄膜，再经过还原、硒化和退火等后处理工艺转变成 CIGS 薄膜。该类非真空工艺一般可分为纳米颗粒前驱体法和溶液法两类。

a　纳米颗粒前驱体法

如美国 Nanosolar 研发出的非真空低成本纳米墨水印刷制备 CIGS 工艺，有望与传统化石燃料发电相媲美。Basol 采用 Cu-In 合金粉末作为前驱体，沉积完后在 H_2Se 的气氛下烧结硒化，得到了转化效率为 10%的 CIS 器件，吸收层薄膜呈多孔性。Kapur 等采用金属氧化物作为前驱体，在高温下以 H_2 还原，并在 H_2Se 气氛中硒化得到 CIS 薄膜器件，其光电转换效率达到 13.6%。但高温还原硒化过程不利于降低成本，而且涉及 H_2Se 的毒性和易燃易爆的安全性等一系列问题。Guo 等采用热注入法制备出纳米晶，再在 Se 气氛中退火得到12%的CIGS电池。Agrawal等已将效率进一步提高到15%。

b 溶液法

如Kaelin研究了非氧化物前驱体$Cu(NO_3)_2$、$InCl_3$和$Ga(NO_3)_3$：溶解于甲醇中，添加乙基纤维素流延成膜，最后改用Se气氛来代替H_2Se硒化得到CIGS薄膜，制备的电池效率达到6.7%。但也存在薄膜表面粗糙、薄膜附着力差及残留碳层等问题。为减少碳的引入，Mitzi、Yang等采用联氨N_2H_4作为溶剂溶解粉体，形成溶液进行旋涂，进而制备出15%以上的高效器件。但联氨的毒性限制了该技术的推广应用。总之，旋涂印刷等非真空工艺的最大优势就是成本低、适合大面积生产，但技术尚处于研发阶段。

3.2 薄膜的形成与生长

3.2.1 薄膜生长过程概述

薄膜的成核长大过程相当复杂，它包括一系列热力学和动力学过程。薄膜通常是通过材料的气态原子凝聚而成，在薄膜形成的早期，原子凝聚是以三维成核形式开始的，然后通过扩散过程核长大形成连续膜。薄膜形成的方式和过程都是非常独特的，薄膜的生长过程直接影响到薄膜的结构及其最终的性能，与材料的相变问题一样，可把薄膜的生长过程大致划分为新相形核与薄膜生长两个阶段。

薄膜的生长模式可归纳为三种形式：岛状生长（volmer-weber）模式、层状生长（frank-van der merwe）模式和层岛复合生长（stranski-krastanov）模式。图3-7为三种不同的薄膜生长模式。岛状生长模式是指被沉积物质的原子或分子更倾向于自己相互键合起来，而避免与衬底原子键合，这主要是由于沉积物质与衬底之间的浸润性较差。当二者之间浸润性较好时，被沉积物质的原子或分子更倾向于与衬底原子或分子键合，薄膜从形核阶段即为二维扩展模式生长，这便是层状生长模式。而层岛复合生长模式是在最开始一两个原子层厚度以层状生长之后，转化为岛状模式生长。

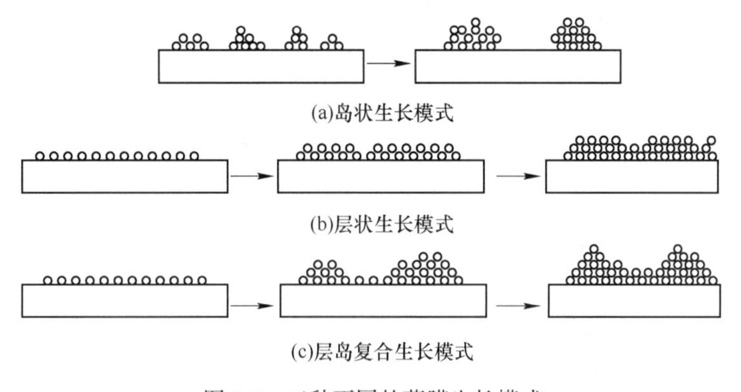

图3-7 三种不同的薄膜生长模式

3.2.2 薄膜的形核理论

薄膜的新相形核过程可以被分为自发形核和非自发形核两种类型。所谓自发形核过程完全是在相变自由能 ΔG 的推动下进行的；而非自发形核则指除了有相变自由能作为推动力之外，还有其他的因素起到帮助新相核心生成的作用。

首先考虑自发形核的例子，考虑从过饱和气相中凝结出一个球形核的成核过程。在新核的形成过程之中，系统的自由能变化除了体积变化引起的相变自由能之外，还将伴随新的固-气相界面的生成，导致相应界面能的增加。于是得到系统自由能变化为：

$$\Delta G = \frac{4}{3}\pi r^3 \Delta G_V + 4\pi r^2 \gamma \tag{3-6}$$

式中　ΔG_V——单位体积的相变自由能，是薄膜形核的驱动力；

γ——单位面积的界面能。

将式（3-6）对 r 微分，求出使得自由能为零的条件临界核心半径 r^* 为：

$$r^* = -\frac{2\gamma}{\Delta G_V} \tag{3-7}$$

判定能否导致新相核心形成的关键就是临界核心半径 r^*，即能够平衡存在的最小的固相核心半径。当新相核心的半径 $r < r^*$ 时，在热涨落过程中形成的这个新相核心将处于不稳定状态，可能再次消失。而当 $r > r^*$ 时，新相核心处于可以继续稳定生长的状态，并且生长过程将使得自由能下降。将式（3-7）代入式（3-6），即可求出形成临界核心的临界自由能变化：

$$\Delta G^* = \frac{16\pi\gamma^3}{3\Delta G_V^2} \tag{3-8}$$

而形成临界核心的临界自由能变化 ΔG^* 实际上就是形核过程中的势垒。热激活过程提供的能量起伏将使某些原子具备了 ΔG^* 大小的自由能涨落，从而导致了新相核心的形成。新相形核过程中自由能变化随核心半径的变化趋势如图 3-8 所示。

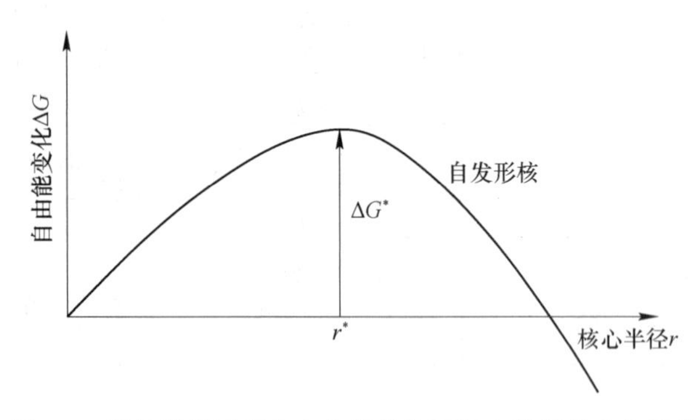

图 3-8　新相形核过程中自由能变化随核心半径的变化趋势

在实际的固体相变过程中，所涉及的形核过程大多数都是非自发形核过程，自发形核过程一般只发生在一些精心控制的特殊情况之下。我们首先来考察非自发形核过程的热力学过程。图 3-9 所示为薄膜非自发形核核心。考察一个原子团在衬底上形成初期的自由能变化为：

$$\Delta G = a_3 r^3 \Delta G_V + a_1 r^2 \gamma_{vf} + a_2 r^2 \gamma_{fs} - a_2 r^2 \gamma_{sv} \tag{3-9}$$

式中　a_1，a_2，a_3——与冠状核心具体形状有关的几个常数；

γ_{sv}，γ_{fs}，γ_{vf}——气相、衬底和薄膜三者之间的界面能。

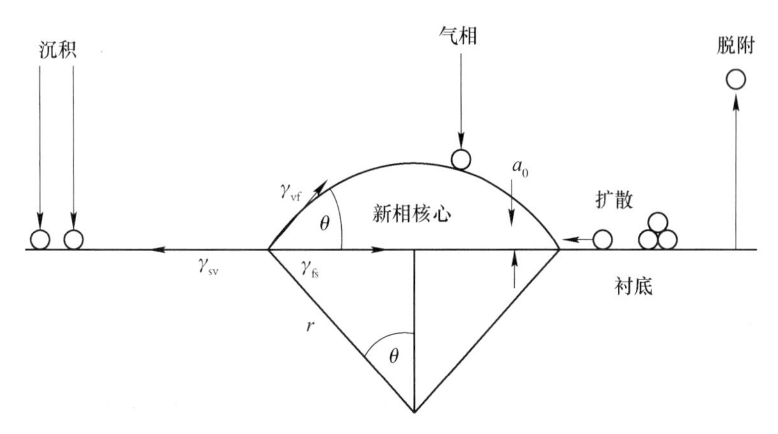

图 3-9 薄膜非自发形核核心示意图

由杨氏方程给出接触角 θ 与各个界面能的关系为：

$$\gamma_{vf}\cos\theta = \gamma_{sv} - \gamma_{fs} \tag{3-10}$$

接触角 θ 只取决于各界面能之间的数量关系，当 $\theta > 0°$，为岛状生长模式；当 $\theta = 0°$，为层状或层岛生长模式。对原子团半径 r 微分，求出使得自由能为零的条件为：

$$r^* = \frac{2\gamma_{vf}}{\Delta G_V} \tag{3-11}$$

可见非自发形核与自发形核所对应的临界核心半径相同，而非自发形核过程自由能变化随核心半径的变化趋势也与前面自发形核的相同，其临界自由能变化为：

$$\Delta G^* = \frac{16\pi\gamma_{vf}^3}{3\Delta G_V^2} \times \frac{2 - 3\cos\theta + \cos^3\theta}{4} \tag{3-12}$$

即是在自发形核过程的临界自由能变化之上加上了能量势垒的降低因子，薄膜与沉积的浸润性越好，θ 越小，则势垒降低越多，非自发形核倾向也越大。

3.2.3 薄膜的成核率及连续薄膜的形成

薄膜的成核率也与临界自由能密切相关，ΔG^* 的降低、高的脱附能及低的扩散激活能都有利于提高成核率。衬底温度与沉积速率也是影响薄膜生长的两个重要因素。一般温度越高，需要形成的临界核心的尺寸越大，临界自由能势垒也越高，易形成粗大的岛状组织结构；相反温度降低，则形成的核心数目增加，有利于形成晶粒细小而连续的薄膜结构。而沉积速率的增加将导致临界核心尺寸减小，将使薄膜的晶粒细化，所以一般要想得到粗大的类似单晶结构的薄膜，应尽量提高衬底的温度，同时降低沉积的速率。

成核初期形成的岛状核心将逐渐长大，除了吸收单个气相原子之外，还包括核心之间的相互吞并联合过程，从而形成连续的薄膜。主要可能存在奥斯瓦尔多吞并过程、熔结过程和原子团的迁移三种机制。所谓奥斯瓦尔多吞并过程是指当两个大小不同的核心相邻时，尺寸较小的核心中的原子有自蒸发倾向，而较大的核心则因其平衡蒸气压较低而吸收蒸发来的原子，导致较大核心吞并较小核心而长大。熔结过程是指两个相互接触的核心由于表面自由能的降低而引起原子的表面扩散，进而相互吞并的过程。原子团的迁移则是由热激活过程所引起的，一般激活能越低，原子团越小，原子团迁移也就越容易，最终原子团的运动导致其相互碰撞与合并。

在电子显微镜的观测实验中，人们对薄膜的成核和生长已有了较为透彻的了解。在薄膜成核以后，薄膜的生长过程可归结为四个主要阶段：岛状阶段、聚结阶段、沟渠阶段和连续阶段。

3.2.4　薄膜生长的晶带模型

在介绍完薄膜沉积初期的形核及核心合并过程之后，我们最后来讨论薄膜生长过程的晶带模型。在原子的沉积过程中包含了三个过程，即气相原子的沉积或吸附、表面扩散以及体扩散过程。这些过程均受到激活能的控制，因此，薄膜结构的形成将与衬底相对温度 T_s/T_m 以及沉积原子自身的能量密切相关。下面以溅射方法制备的薄膜结构为例，讨论沉积条件对薄膜组织的影响。溅射方法制备的薄膜组织可依沉积条件不同而出现如图 3-10（a）所示的四种形态。衬底相对温度和溅射气压对薄膜组织的影响如图 3-10（b）所示。在低温高压下，入射粒子的能量较低，原子的表面扩散能力有限，薄膜的临界核心尺寸很小，不断产生新的核心，形成的薄膜组织为晶带 1 型的组织。加上沉积阴影效应的影响，沉积组织呈现细纤维状形态，晶粒内缺陷密度很高，晶粒边界处的组织疏松，细纤维状组织由孔洞所包围，力学性能很差。晶带 T 型的组织是过渡型组织。沉积过程中原子已开始具有一定的表面扩散能力，因而虽然组织仍保持了细纤维状的特征，但晶粒边界明显地较为致密，机械强度提高，孔洞消失。晶带 2 型的组织是表面扩散过程控制的生长组织。这时，表面扩散能力已经很高，因而沉积阴影效应的影响下降。组织形态为各个晶粒分别外延而形成均匀的柱状晶组织，晶粒内缺陷密度低，晶粒边界致密性好，力学性能高。晶带 3 型的

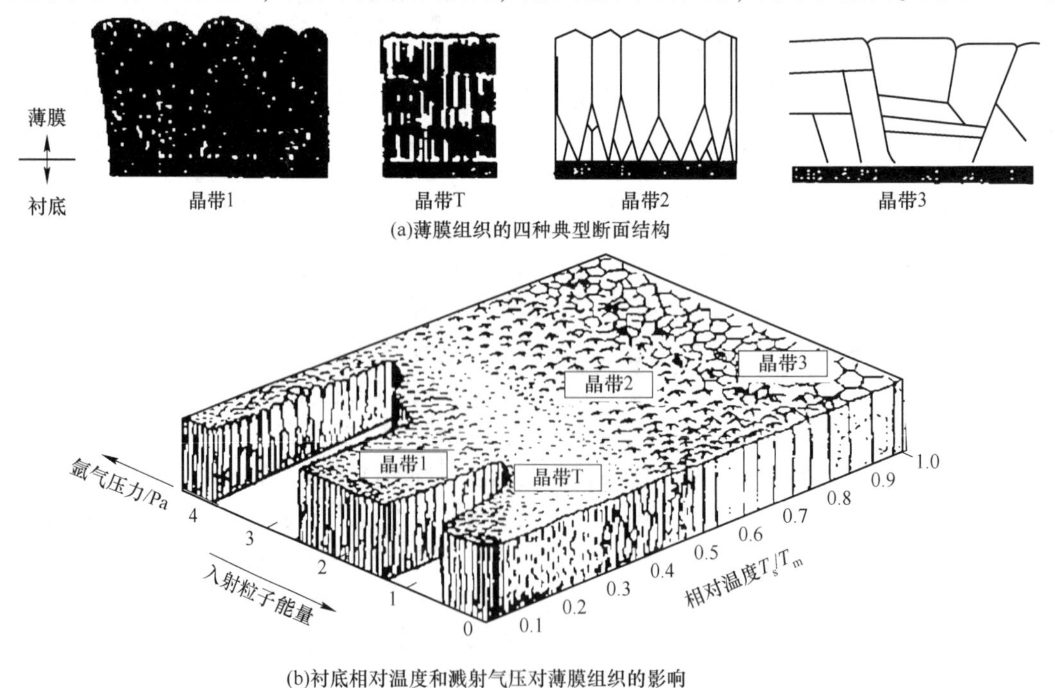

图 3-10　薄膜组织的四种典型断面结构及衬底相对温度和溅射气压对薄膜组织的影响

薄膜组织是体扩散开始发挥重要作用的结果，随着温度的进一步升高，晶粒开始迅速长大，直至超过薄膜厚度，晶粒内缺陷密度很低。一般在温度较低时，晶带 1 型和晶带 T 型生长过程中原子的扩散能力不足，因而这两类生长又被称为抑制型生长；而晶带 2 型和晶带 3 型的生长则被称为热激活型生长。

3.3 薄膜的物理制备方法

薄膜的物理制备方法主要以气相沉积方法为主，物理气相沉积（PVD）是指利用某种物理过程，如物质的加热蒸发或在受到粒子轰击时物质表面原子的溅射等现象，实现原子从源物质到薄膜的可控转移的过程。并且具有以下特点：需要使用固态的或者熔融态的物质作为薄膜沉积的源物质；源物质经过物理过程而进入环境（真空腔）；需要相对较低的气体压力环境；在气相中及在衬底表面并不发生化学反应。

物理气相沉积过程可概括为三个阶段：从源物质中发射出粒子；粒子输运到基板；粒子在基板上凝结、成核、长大、成膜。

由于粒子发射方式可以采用多种不同的手段，因此，物理气相沉积方法包括真空蒸镀、溅射沉积、离子镀和离子束沉积等，下面将逐一进行简单介绍。

3.3.1 真空蒸镀

真空蒸发和溅射是物理气相沉积的两种基本方法，蒸发更是常见的物理现象，利用蒸发沉积薄膜已成为常用的镀膜技术。下面将从蒸发的基本原理、物质的蒸发过程和真空蒸发技术类型等方面进行说明。

3.3.1.1 蒸发的基本原理

真空蒸发镀膜是在真空腔体之中，加热蒸发器中待形成薄膜的材料，使其原子或分子从表面气化逸出形成蒸气流，入射到基片表面，凝固形成固态薄膜的方法。图 3-11 为真空蒸发镀膜原理。真空蒸发镀膜具有操作简单、快速成膜、较高的真空度以及由此导致的较高薄膜质量等优点，是薄膜制备中应用最广的技术之一。但蒸镀也存在一些缺点，比如薄膜与基片附着力差、工艺重复性不佳、很难大面积均匀成膜等。

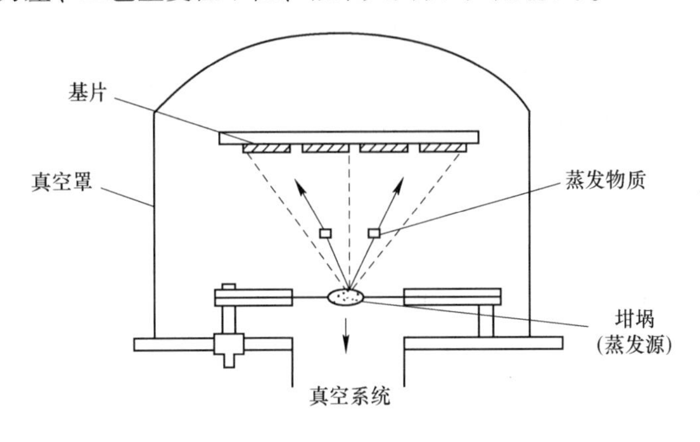

图 3-11 真空蒸发镀膜原理

3.3.1.2 物质的蒸发过程

物质的蒸发过程涉及物质的蒸气压、蒸发速率、化合物与合金的蒸发、薄膜的厚度均匀性和纯度等问题，是一个相对比较复杂的过程。

A 物质的蒸气压

物质的饱和蒸气压就是指在一定温度下，真空腔内蒸发物质的气相与凝聚相（液相或固相）动态平衡过程中所表现出的压强。饱和蒸气压随温度的升高而增加。例如，在常温下，水和乙醇等的饱和蒸气压比较大，蒸发很快；而菜油、金属等饱和蒸气压很小，基本上不蒸发。而蒸发温度是指规定物质在饱和蒸气压为 1.3 Pa 时的温度，称为该物质的蒸发温度。饱和蒸气压 p_v 与温度 T 的关系可以用克拉珀龙-克劳修斯（Clapeyron-Clausius）方程来表示：

$$\frac{dp_v}{dT} = \frac{H_v}{T(V_g - V_s)} \tag{3-13}$$

式中 H_v——摩尔汽化热或蒸发热，J/mol；

V_g，V_s——气相和固相（凝聚相）的摩尔体积，L/mol。

因为 $V_g \gg V_s$，低压气体符合理想气体状态方程，则有：

$$\frac{dp_v}{dT} = \frac{p_v H_v}{RT^2} \tag{3-14}$$

因此，饱和蒸气压与温度的关系可以近似表示为：

$$\ln p_v = C - \frac{H_v}{RT} \tag{3-15}$$

也即：

$$\ln p_v = A - \frac{B}{T} \tag{3-16}$$

在描述物质的平衡蒸气压随温度变化的图中，$\ln p$ 与 $1/T$ 两者之间基本上呈现为线性关系。饱和蒸气压与温度的关系曲线对于薄膜制作技术有重要意义，它可以帮助我们合理选择蒸发材料和确定蒸发条件。

B 物质的蒸发速率

物质的蒸发速率也是一个关键因素。在一定的温度下，每种液体或固体物质都具有特定的平衡蒸气压。只有当环境中被蒸发物质的分压降低到了它的平衡蒸气压以下时，才可能有物质的净蒸发。由气体分子运动论，可求出单位源物质表面上物质的净蒸发速率应为：

$$J_e = \frac{a_e N_A (p_v - p_h)}{\sqrt{2\pi MRT}} \tag{3-17}$$

式中 a_e——蒸发系数，介于 0~1 之间；

N_A——阿伏伽德罗常数，取 $6.023 \times 10^{23}\ mol^{-1}$；

M——摩尔质量；

p_h——液体静压强。

当 $a_e = 1$、$p_h = 0$ 时，得到最大蒸发速率为：

$$J_{\mathrm{m}}=\frac{N_{\mathrm{A}}p_{\mathrm{v}}}{\sqrt{2\pi MRT}} \tag{3-18}$$

由于物质的平衡蒸气压随着温度的上升增加很快，因此，对物质蒸发速率影响最大的因素是蒸发源的温度。在蒸发温度以上进行蒸发时，蒸发源温度的微小变化可以引起蒸发速率发生很大的变化，蒸发源 1%的温度变化会引起铝薄膜蒸发速率发生 19%的变化。

C 化合物与合金的蒸发

化合物与合金的蒸发也是必须考虑的问题。在化合物的蒸发过程中，蒸发出来的蒸气可能具有完全不同于其固态或液态的成分。另外，在气相状态下，还可能发生化合物各组元间的化合与分解过程。上述现象的一个直接后果是沉积后的薄膜成分可能偏离化合物正确的化学组成。合金在蒸发的过程中也会发生成分偏差，但合金的蒸发过程与化合物有所区别。这是因为合金中原子间的结合力小于在化合物中不同原子间的结合力，因而合金中各组元原子的蒸发过程实际上可以被看成是各自相互独立的过程，就像它们在纯组元蒸发时的情况一样。合金的蒸发可看成一种理想溶液，结合理想溶液的拉乌尔（Raoult）定律，可得出合金组元 A、B 的蒸发速率之比为：

$$\frac{\phi_{\mathrm{A}}}{\phi_{\mathrm{B}}}=\frac{\gamma_{\mathrm{A}}x_{\mathrm{A}}p_{\mathrm{A}}(0)}{\gamma_{\mathrm{B}}x_{\mathrm{B}}p_{\mathrm{B}}(0)}\sqrt{\frac{M_{\mathrm{B}}}{M_{\mathrm{A}}}} \tag{3-19}$$

式中 γ——活度系数；

x——组元在合金中的摩尔分数；

$p(0)$——纯组元的蒸气压；

M——摩尔质量。

因此，由上式就可以确定所需要使用的合金蒸发源的成分。比如，已知在 1350 K 的温度下，Al 的蒸气压高于 Cu，因而为了获得 Al-2%Cu（质量分数）成分的薄膜，需要使用的蒸发源的大致成分应该是 Al-13. 6%Cu（质量分数）。但对于初始成分确定的蒸发源来说，物质蒸发速率之比将随着时间变化而发生变化。这是因为，易于蒸发组元的优先蒸发将造成该组元的不断贫化，进而造成该组元蒸发速率的不断下降。解决这一问题的办法如下：其一是使用较多的蒸发物质作为蒸发源；其二是采用向蒸发容器中每次只加入少量被蒸发物质，使其瞬间同步蒸发；其三是利用双源或多源蒸发，分别控制和调节每一组元的蒸发速率。

D 薄膜的厚度均匀性和纯度

蒸发过程还涉及薄膜的厚度均匀性和纯度问题。薄膜的沉积方向受到蒸发源及阴影效应的影响也较大。例如，点蒸发源和使用克努森（Knudsen）盒的面蒸发源都将影响到薄膜沉积的厚度均匀性。而阴影效应就是指蒸发出来的物质被障碍物阻挡而未能沉积到衬底之上，在不平的衬底上将会破坏薄膜沉积的均匀性。同时为了有效利用阴影效应，可使用掩膜进行薄膜的选择性沉积。蒸发沉积薄膜的纯度取决于蒸发源的纯度、加热装置及坩埚的污染和真空中的残留气体等。特别是后者必须从改善真空条件入手，蒸发沉积都是在一定的真空环境中进行的，但腔体中的残余气体会对薄膜的形成、结构产生重要的影响。要获得高纯的薄膜，就必须要求残余气体的压强非常低。只有分子的平均自由程远大于源-基距离时，才能有效地减少蒸发分子在输运中的碰撞现象。而分子的平均自由程取决于气体压强，因此，提高真空度是减少蒸发分子在输运过程中碰撞损失的关键。另外，需要提高物质的蒸发速率及薄膜的沉积速率。例如，真空度低于 10^{-6} Pa，沉积速率为 100 nm/s，就可以制备出纯度极高的薄膜材料。

3.3.1.3　真空蒸发技术类型

根据加热源设备及其技术的不同，真空蒸发方法主要包括电阻加热蒸发、电子束加热蒸发、激光加热蒸发、分子束外延、电弧加热蒸发及射频加热蒸发等。下面将逐一进行简单介绍。

A　电阻加热蒸发

电阻加热蒸发是采用高熔点金属或陶瓷做成适当形状的蒸发器，利用蒸发器的电阻通过电流加热而蒸发物质。电阻加热蒸发是应用较多的一种蒸发加热方法，对于电阻材料来讲，必须满足的条件包括熔点高、饱和蒸气压低、化学性质稳定、与被蒸发物质不发生化学反应及无放气现象和其他污染等。常用的材料为 W、Mo、Ta、耐高温的氧化物、陶瓷及石墨坩埚等。图 3-12 为各种形状的电阻加热蒸发源。

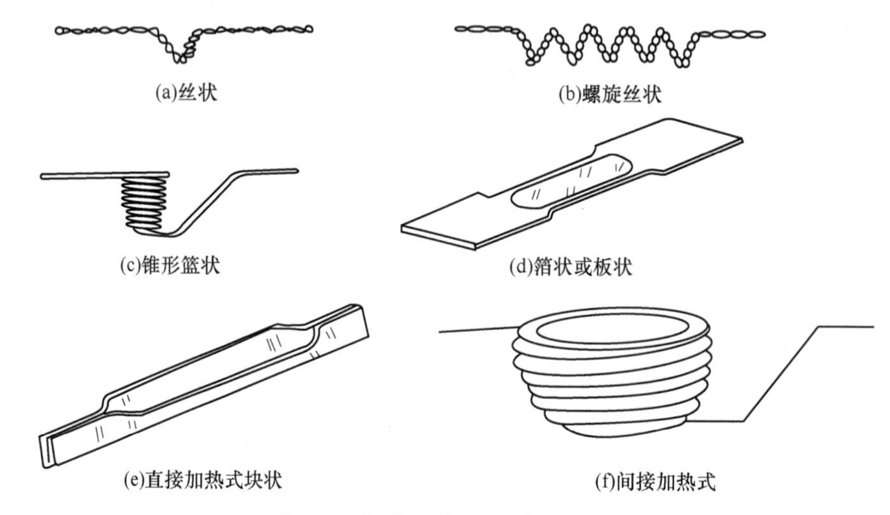

图 3-12　各种形状的电阻加热蒸发源

B　电子束加热蒸发

由于电阻加热蒸发源不能满足蒸镀某些高熔点金属和氧化物材料的需要，特别是制备高纯薄膜。电子束加热蒸发克服了电阻加热蒸发的许多缺点，得到广泛应用。其工作原理为：可聚焦的电子束能局部加热待蒸发材料，高能量电子束能使高熔点材料达到足够高温以产生适量的蒸气压。电子束加热的优点包括：电子束的束流密度高，能获得远比电阻加热蒸发源更大的能量密度，能蒸发高熔点材料；被蒸发材料置于水冷坩埚内，避免了容器材料的蒸发以及容器材料与被蒸发材料的反应，提高了薄膜的纯度。但同时也存在结构复杂、价格昂贵等问题。电子束加热蒸发源可分为直枪、E 形枪等几种结构。直枪是一种轴对称的直线加速电子枪，电子光斑在材料表面的扫描易于控制，但体积较大，存在灯丝污染等。E 形枪是应用较多的电子束加热蒸发源，其装置结构如图 3-13 所示。加热的灯丝发射出的电子束受到数千伏的偏置电压的加速，经过横向布置的磁场线圈偏转 270°后到达被轰击的坩埚处。这样可以避免灯丝材料对于沉积过程可能存在的污染。但电子束能量的绝大部分要被坩埚的水冷系统所带走，因而热效率较低。

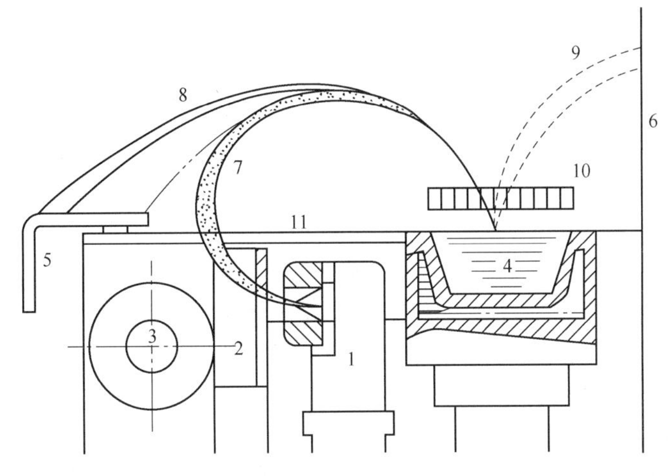

图 3-13 E 形电子束加热装置结构

1—发射体；2—阳极；3—电磁线圈；4—水冷坩埚；5—收集极；6—吸收极；7—电子轨迹；
8—正离子轨迹；9—散射电子轨迹；10—等离子体；11—屏蔽板

C 激光加热蒸发

激光加热蒸发的工作原理如图 3-14 所示。激光光源采用大功率准分子激光器，高能量的激光束透过窗口进入真空室中，经聚焦后可得到 10^{-6} W/cm^2 高功率密度，靶材表面吸收激光束能量以后被烧蚀，使之汽化蒸发，形成具有高度取向的羽辉，在基片上凝聚而形成薄膜。目前在脉冲激光沉积（PLD）技术中采用的激光器主要是固态 Nd^{3+}:YAG（1064 nm）激光器和气体准分子 ArF（193 nm）、KrF（248 nm）及 XeCl（308 nm）激光器，另外还有连续波长 CO_2 激光器、脉冲红宝石激光器等。棱镜或凸透镜等窗口材料必须尽量透过可见光和紫外线，经常采用 MgF_2、CaF_2 和 UV 石英等材料。激光加热蒸发属于高真空制膜技术，具有许多优点：

（1）高能激光光子将能量直接转移到被蒸发的原子上，因此，激光加热温度比其他的蒸发法温度高，可蒸发绝大多数高熔点材料，且蒸发速率很高。

（2）激光加热能对化合物或合金起到“闪蒸”的效果，因而其最大的优点就是薄膜成分能做到与靶材一致，不易出现分馏现象。

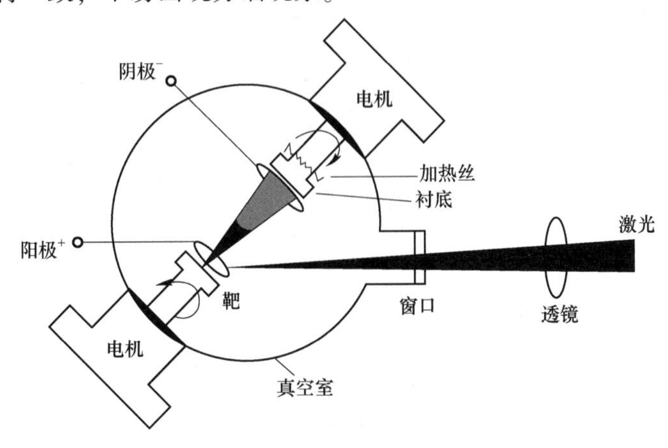

图 3-14 激光加热蒸发的工作原理

（3）激光器在真空室外，可避免污染，有利于制备高纯薄膜，同时还可调节真空室内的反应气氛等。

因此，激光加热蒸发技术非常适合那些高熔点、成分复杂的化合物或合金的制备，比如近年研究较多的高温超导材料 $YBa_2Cu_3O_7$，也非常适合陶瓷材料的制备。但激光加热蒸发设备昂贵，离子化颗粒飞溅，薄膜均匀性存在问题。

D 分子束外延

分子束外延是在超高真空条件下精确控制原材料的中性分子束强度，在加热的基片上进行外延生长的一种薄膜制备技术。图 3-15 为分子束外延装置原理。从本质上来讲，分子束外延也属于一种真空蒸发技术，但具有超高真空、原位监测和分析系统，能够获得高质量的单晶薄膜。近十几年来半导体物理学和材料科学中的一个重大突破就是采用分子束外延技术制备半导体超晶格和量子阱材料。分子束外延技术已广泛应用于固态微波器件、光电器件、超大规模集成电路、光通信和制备超晶格材料等领域。分子束外延技术具有如下特点：

（1）分子束外延可以严格控制薄膜生长过程和生长速率。分子束外延虽然也是以气体分子论为基础的蒸发过程，但它并不以蒸发温度为控制参数，而是以四极质谱仪、原子吸收光谱仪等近代分析仪器精密控制分子束的种类和强度。在超高真空条件下，可以利用多种表面分析仪器实时进行成分、结构及生长过程等监测和分析。

（2）分子束外延是一个超高真空的物理沉积过程，既不需要中间化学反应，又不受质量输运的影响，利用快门可对生长和中断进行瞬时控制。薄膜组成和掺杂浓度可以随源的变化作迅速调整。

（3）分子束外延的衬底温度低，降低了界面上热膨胀引入的晶格失配效应和衬底杂质对外延层自掺杂扩散的影响。

（4）分子束外延是一个动力学过程，而且生长速率低。入射的中性粒子（原子或分子）一个一个堆积在衬底上进行生长，而不是一个热力学过程，所以它可以生长普通热平衡生长难以生长的薄膜。同时生长速率低，相当于每秒生长一个单原子层，有利于精确控制薄膜厚度、结构和成分，形成陡峭的异质结结构，并且特别适合生长超晶格材料。

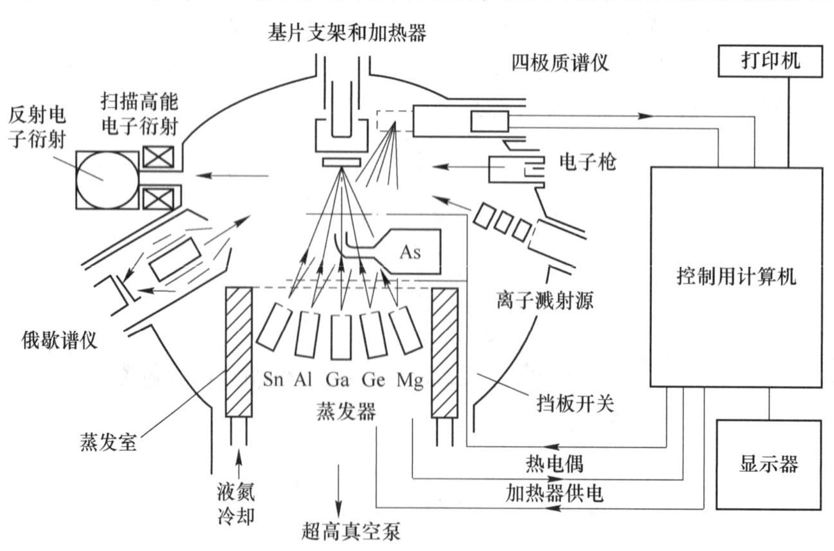

图 3-15 分子束外延装置原理

分子束外延生长方法也存在设备昂贵、维护费用高、生长时间长、不易大规模生产等问题。

E 其他加热蒸发简介

常见的蒸发技术除了上述几种加热蒸发方法之外，还有电弧加热蒸发及高频感应蒸发等。电弧加热蒸发设备简单，是一种较为廉价的蒸发技术。与电子束加热蒸发方式相类似，它也具有可以避免加热丝或坩埚材料污染、加热温度较高的特点，特别适用于高熔点且具有一定导电性的难熔金属的蒸发。在这种方法中，使用欲蒸发的材料作为放电电极，依靠调节真空室内电极间距的方法来点燃电弧，瞬间的高温电弧将使电极端部产生蒸发，从而实现薄膜的沉积。这种方法的缺点和激光加热蒸发相似，即在放电过程中容易产生微米量级大小的颗粒飞溅，影响薄膜的均匀性。而高频感应加热蒸发就是将坩埚放在一个螺旋线圈中，利用高频电源通过电磁场感应加热使原材料加热蒸发。此方法蒸发速率高，但温度精确控制较难，高频设备笨重而昂贵，同时被蒸发物质要具有一定的导电性，因此，仅应用于一些高熔点金属及合金薄膜的制备。

3.3.2 溅射沉积

所谓的溅射就是指物质受到适当的高能离子轰击、表面的原子通过碰撞获得足够的能量而逃逸、将原子从表面发射出去的一种方式。1852 年，Grove 在研究辉光放电时首次发现了这一现象。Thomson 将其形象地类比为水花飞溅现象，称为“Sputtering”。溅射法具有附着力好、重复性佳、多元合金薄膜成分容易控制、可在大面积基片上获得均匀薄膜等优点，因此已广泛应用于各种薄膜的制备之中，如金属、合金、半导体、氧化物、氮化物、超导薄膜等。相比真空蒸发法，也存在沉积速率较低、基片与薄膜受等离子体的辐射、薄膜纯度不及真空蒸发法等缺点。下面将对溅射的基本原理和常见的溅射装置进行简单的介绍。

3.3.2.1 溅射的基本原理

用带有几十电子伏以上动能的离子轰击固体表面，表面原子获得入射离子所带的部分能量而在真空中放出，在这一溅射过程中，离子的产生与等离子体的产生或气体的辉光放电过程密切相关。因此，我们必须首先对气体放电现象有所了解，同时对于溅射特性的了解对理解溅射沉积过程非常重要。

A 辉光放电

下面首先以直流辉光放电进行说明。图 3-16 为直流溅射沉积装置。以靶材作为阴极，阳极衬底加载数千伏的电压，在对系统抽真空之后，充入适当压力的惰性气体，辉光放电一般是在真空度 0.1~10 Pa 的 Ar 气体中，两个电极之间在一定电压下产生的一种气体放电现象。在高压作用之下，Ar 气体电离，带正电的 Ar^+在高压电场的加速作用下高速轰击阴极靶材，使大量靶材原子脱离束缚而飞向衬底。在这一溅射过程中，还伴随二次电子、离子及光子等从阴极的发射。因此，溅射过程比蒸发过程要复杂得多，定量描述较为困难。而气体放电时，两电极之间的电压与电流的关系也非常复杂，不能用欧姆定律描述。图 3-17 为直流辉光放电伏安特性曲线。根据电流、电压不同及气体放电的特点，气体的放电可大致划分为无光放电、汤森放电、正常辉光放电、非正常（异常）辉光放电和弧光放电等。

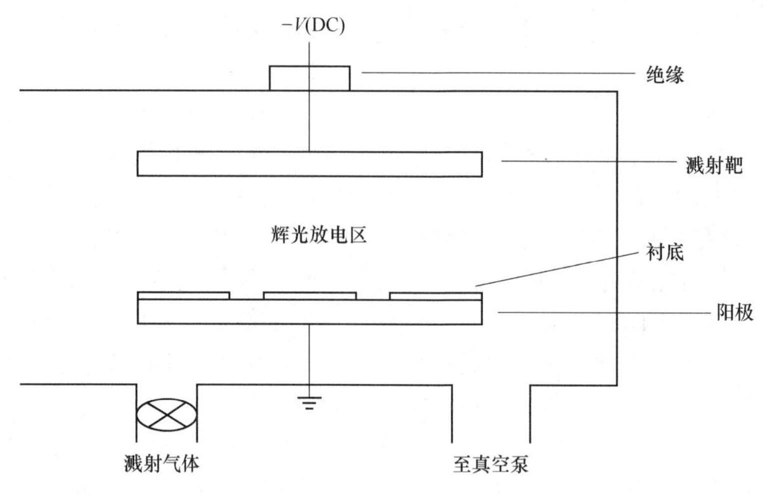

图 3-16 直流溅射沉积装置示意图

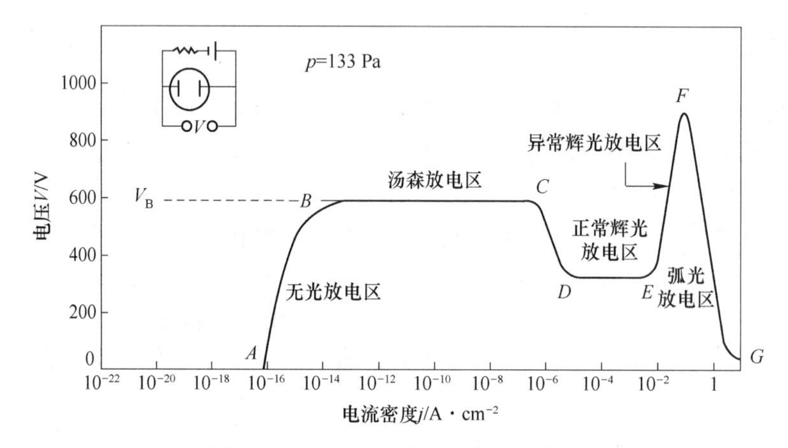

图 3-17 直流辉光放电伏安特性曲线

（1）无光放电区。在开始逐渐提高两个电极之间电压时，电极之间几乎没有电流流过，这时气体原子大多处于中性状态，只是由于宇宙射线产生的游离离子和电子在直流电压作用下运动形成微弱的电流，一般为 $10^{-16}\sim10^{-14}$ A，自然游离的离子和电子是有限的，所以随电压增加，电流变化很小。如图 3-17 中曲线 *AB* 所示。

（2）汤森放电区。随电压升高，电子运动速度逐渐加快，由于频繁地碰撞而使气体分子开始产生电离，同时离子对阴极的碰撞也将产生二次电子反射，上述碰撞过程导致离子和电子数目呈雪崩式增加。这时随着放电电流的迅速增加，电压变化却不大，于是在伏安特性曲线 *BC* 区间出现汤森放电区。在汤森放电后期，放电进入电晕放电阶段，如曲线 *CD* 所示，在电场强度较高的电极尖端部位出现一些跳跃的电晕光斑。无光放电与汤森放电都以自然电离源为前提，且导电而不发光，称为非自持放电。

（3）正常辉光放电区。在上述放电阶段之后，气体突然发生放电击穿现象，电流大幅度增加，放电电压显著下降。被击穿气体的内阻随电离度的增加而显著下降，放电区由原来只集中于阴极边缘和不规则处而扩展至整个电极，会产生明显的辉光。辉光放电属于自持放电，电流密度范围在 2~3 个数量级，电流与电压无关，而与辉光覆盖面积有关，同时电流密度恒定，与阴极材料、气体压强和种类有关，但溅射功率不高，如曲线 *DE* 所示。

（4）异常辉光放电区。当离子轰击覆盖住整个阴极表面之后，进一步增加功率，放电电压和电流同时增加，电流的增加将使得辉光区域扩展到整个放电长度上，辉光亮度提高，进入非正常辉光放电区，如曲线 *EF* 所示。异常辉光放电一般是溅射方法常采用的气体放电形式。此时若要提高电流密度，必须增加阴极压降，形成更多的正离子轰击阴极，产生更多的二次电子。

（5）弧光放电区。随着电流的继续增加，放电电压将再次突然大幅度下降，电流剧烈增加，放电进入弧光放电区，如曲线 *FG* 所示。弧光放电比较危险，此时极间电压陡降，电流突然增大，相当于极间短路，容易损坏电源，放电集中在阴极局部，常使阴极烧毁。

直流辉光放电区域的划分如图 3-18 所示。从阴极至阳极的整个放电区域可被划分为阿斯顿暗区、阴极辉光区、阴极暗区、负辉光区、法拉第暗区、阳极柱区、阳极暗区和阳极辉光区八个发光强度不同的区域。其中的暗区相当于离子和电子从电场获得能量的加速区；而辉光区相当于不同粒子发生碰撞、电离、复合的区域、冷阴极发射的电子约 1 eV，很少发生电离和激活，所以在阴极附近形成阿斯顿暗区。在阴极附近有一个明亮的辉光区，加速电子与气体分子碰撞后，激发态分子退激以及进入该区的二次电子与正离子复合形成中性原子，形成阴极辉光区。穿过阴极辉光区的二次电子，不易与正离子复合，形成阴极暗区，成为其主要加速区。随着电子速度增大，于是离开阴极暗区后与气体发生碰撞，使大量气体电离。正离子移动速度慢而产生积聚，电位升高，与阴极之间的电位差成为阴极压降，同时电子在高浓度正离子积聚区经过碰撞而速度降低，复合概率增加而形成明亮的负辉光区。少数电子穿过负辉光区，形成法拉第暗区。法拉第暗区过后，少数电子逐渐加速，并且使气体电离，由于电子较少，产生的正离子不会形成密集的空间电荷，此区域电压降很小，类似一个良导体，称为阳极柱区。上述放电区的划分只是一种比较典型的情况，实际上还与容器的尺寸、气体的种类、气压、电极的种类及布置情况等相关。其中主要涉及与溅射相关的问题有以下几个：第一，在阴极暗区周围形成的正离子轰击阴极靶材；第二，电压不变而改变电极间距时，主要发生变化的是阳极光柱的长度，而从阴极到负辉光区的距离几乎不变；第三，在溅射镀膜装置中，阴极和阳极之间距离至少要大于阴极与负辉光区的距离。

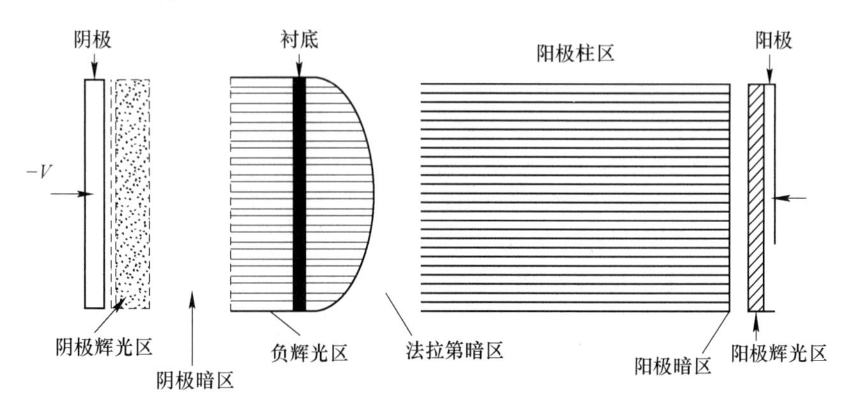

图 3-18 直流辉光放电区域的划分

（此图中无阿斯顿暗区）

B 溅射特性

离子与固体表面相互作用的关系及各种溅射产物如图 3-19 所示。离子与固体表面发生复杂的一系列物理过程，其中每种物理过程的相对重要性取决于入射离子的能量。了解溅射特性同样对于理解溅射沉积过程非常重要。

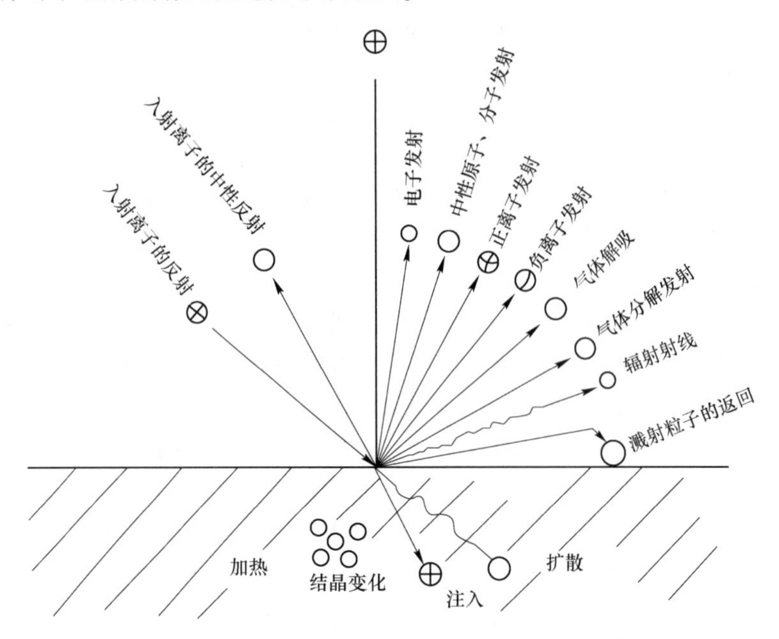

图 3-19 离子与固体表面相互作用的关系及各种溅射产物

表征溅射特性的参量主要有溅射阈值和溅射产额。

溅射阈值是指将靶材原子溅射出来所需的入射离子最小能量值。当入射离子能量低于溅射阈值时，不会产生溅射现象。溅射阈值与靶材有很大关系，随靶材原子序数增加而减小，对大多数金属来说，溅射阈值为 20~40 eV。

溅射产额又称溅射系数或溅射率，是指被溅射出来的原子数与入射离子数之比，是描述溅射特性的一个重要参数。溅射产额与入射离子的种类、能量、角度以及靶材的类型、表面状态及溅射压强等因素均有关系。

C 合金的溅射和沉积

溅射法易于保证所制备薄膜的化学成分与靶材基本一致，蒸发法却是很难做到的，原因可以归纳为以下两点。

（1）不同成分之间的平衡蒸气压差别太大，而溅射产额之间的差别则较小。比如在 1500 K 时，易于蒸发的硫属物质的蒸气压比难熔金属的蒸气压高出 10 个数量级以上，而它们在溅射产额方面的差别则要小得多。

（2）在蒸发的情况下，被蒸发物质多处于熔融状态，造成被蒸发物质的表面成分持续变动。而溅射过程中靶材物质扩散能力较弱，由于溅射产额差别造成的靶材表面成分的偏离，很快就会使靶材表面成分趋于某一平衡成分，从而在随后的溅射过程中实现一种成分的自动补偿效应。即溅射产额高的物质已经贫化，溅射速率下降；而溅射产额低的物质得到了富集，溅射速率上升。其最终的结果是，尽管靶材表面的化学成分已经改变，但溅射出来的物质成分却与靶材的原始成分相同。所以一般合金靶材需要经过一定的溅射时间，使其表面成分达到平衡后，再开始正式的溅射过程，预溅射层的深度一般需要达到几百个原子层左右。

3.3.2.2 溅射装置

溅射装置种类繁多，主要的溅射方法可分为以下四种：直流溅射、射频溅射、磁控溅射和反应溅射。直流溅射一般只能用于靶材为良导体材料的溅射；射频溅射则适用于导体、半导体及绝缘体等任何材质的靶材溅射；磁控溅射通过施加磁场束缚和延长电子的运动轨迹，进而提高溅射效率，同时沉积温度低；而反应溅射则是在溅射过程中引入反应气体，使之与靶材溅射出来的物质发生化学反应，从而生成与靶材不同的薄膜材料。

A 直流溅射

直流溅射又称二极溅射或阴极溅射，使用直流电源，将靶材放在阴极而衬底放在接地的阳极之上，就构成了直流溅射系统，如图 3-16 所示。工作时，先将真空室预抽到高真空，然后充入氩气，压强在 1~10 Pa 范围内，然后给电极加上高压，便会开始产生异常辉光放电。气体电离成等离子体，带正电的 Ar^+受到电场加速轰击阴极靶材，溅射出靶材原子，沉积到衬底之上，从而实现溅射成膜。一般直流溅射的功率为 0.5~1 kW，额定电流为 1 A，电压可调范围为 0~1 kV。直流溅射装置结构简单，可以大面积均匀成膜。但存在一些缺点，如靶材必须是导体、溅射参数不易独立控制、溅射气压较高、残留气体将影响薄膜纯度、基片温度升高、沉积速率较低等。

B 射频溅射

当用交流电源代替直流电源之后，由于交流电源的频率在射频段（一般为 13.56 MHz），所以就构成射频溅射系统。射频溅射是适用于各种金属和非金属材料的一种溅射沉积方法。图 3-20 为射频溅射装置。电源由射频发生器和匹配网络所组成。匹配网络用来调节输入阻抗，使其与射频电源的输出阻抗相匹配，达到最大输出功率。直流溅射中如果是使用绝缘靶，那么正离子就会在靶材上积累，从而提高阴极电位，导致辉光熄灭。当采用交流电源时，由于其正负极性发生周期性交替，当溅射靶处于正半周时，电子流向靶面中和其表面积累的正电荷并积累电子而呈负偏压，导致在负半周时吸引正离子轰击靶材，从而实现连续溅射。在射频溅射装置中，等离子体中的电子容易在射频场中吸收能量并在电场

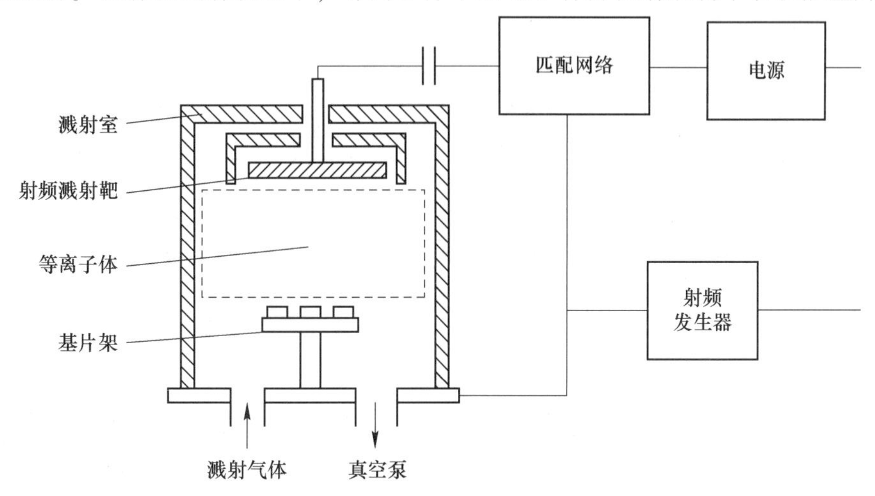

图 3-20 射频溅射装置示意图

中振荡，因此，电子与工作气体分子碰撞概率非常大，故使得击穿电压、放电电压和工作气压显著降低。

C　磁控溅射

磁控溅射是20世纪70年代发展起来的一种高速溅射技术。因为直流溅射沉积方法具有两个显著缺点，一是溅射方法沉积薄膜的沉积速率较低，二是溅射所需的工作气压较高，这两者的综合效果使气体分子对薄膜产生污染的可能性提高。而磁控溅射技术作为一种沉积速率较高、工作气压低的溅射技术，其具有独特的优越性，通过在阴极靶材表面引入磁场，利用磁场对带电粒子的束缚来提高等离子体密度，使气体电离从0.3%～0.5%提高到5%～6%，以增加溅射率。磁控溅射的工作原理如图3-21所示。电子在电场作用下，在飞向衬底的过程中与Ar原子发生碰撞，使其电离出Ar^+和新的电子，Ar^+在电场作用下加速轰击靶材，发生溅射。溅射中产生的二次电子会受到电场和磁场作用，若为环形磁场，则电子就近似摆线形式在靶表面做圆周运动，运动路径很长，而且被束缚在靠近靶表面的等离子体区域内，并且在该区域电离出大量的Ar^+轰击靶材，从而提高沉积速率。随着碰撞次数的增加，二次电子能量消耗殆尽，逐步远离靶材，在电场作用下最终沉积到衬底之上，由于能量已经很小了，因此，基片的温度上升有限。磁控溅射的特点可以概括为：在阴极靶的表面形成一个正交的电磁场；由于电子一般经过大约上百米的飞行才能到达阳极，碰撞频率约为$10^{-7}\ s^{-1}$，因而电离效率高；可以在低真空10^{-1} Pa、溅射电压数百伏、靶流可达到几十毫安每平方米条件下实现低温、高速溅射。磁控溅射源可分为柱状磁控溅射源、平面磁控溅射源和S枪磁控溅射源等，特别是后者在溅射功率密度、靶材利用率、膜厚均匀性等方面都优于普通的磁控溅射。但是磁控溅射也存在两个问题：第一，难以溅射磁性靶材，因为磁通被磁性靶材短路；第二，靶材的溅射刻蚀不均匀，利用率较低。

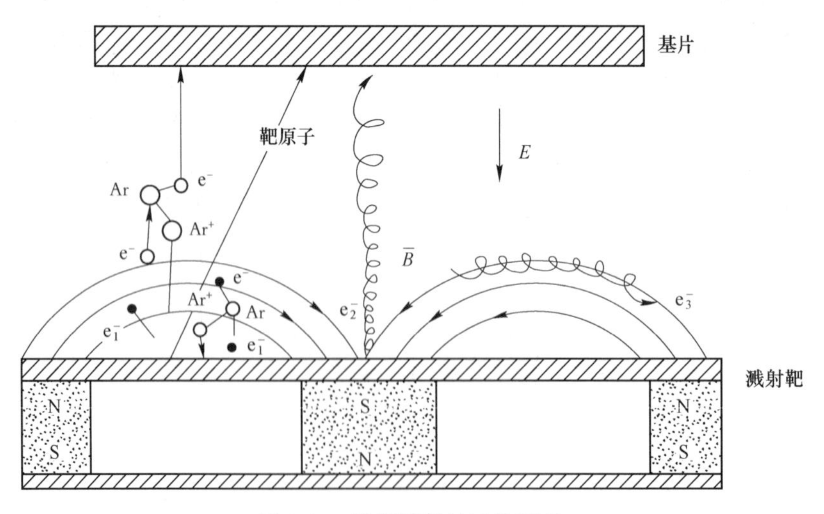

图3-21　磁控溅射的工作原理

D　反应溅射

与反应蒸发相类似，在溅射过程中引入反应气体，就可以控制生成薄膜的组成和特性，称为反应溅射。图3-22为反应溅射过程。利用化合物直接作为靶材也可以实现溅射，但在有些情况下，化合物的溅射过程中也会发生气态或固态的分解过程，沉积得到的物质往往与靶材的化学组成有很大的差别。因此，可采用纯金属作为溅射靶材，在工作气体 Ar 中混入适量的活性气体，如 O_2、N_2、NH_3、CH_4、H_2S 等，使其在溅射沉积的同时生成特定的化合物，从而一步完成从溅射、反应到沉积多个步骤。利用这种方法可以沉积的化合物包括各种氧化物、碳化物、氮化物、硫化物以及其他各种复合化合物等。显然，通过控制反应溅射过程中活性气体的压力，得到的沉积产物可以是有一定固溶度的合金固溶体，也可以是化合物，甚至还可以是上述两相的混合物。一般来说，提高等离子体中活性气体的分压将有利于化合物的形成。

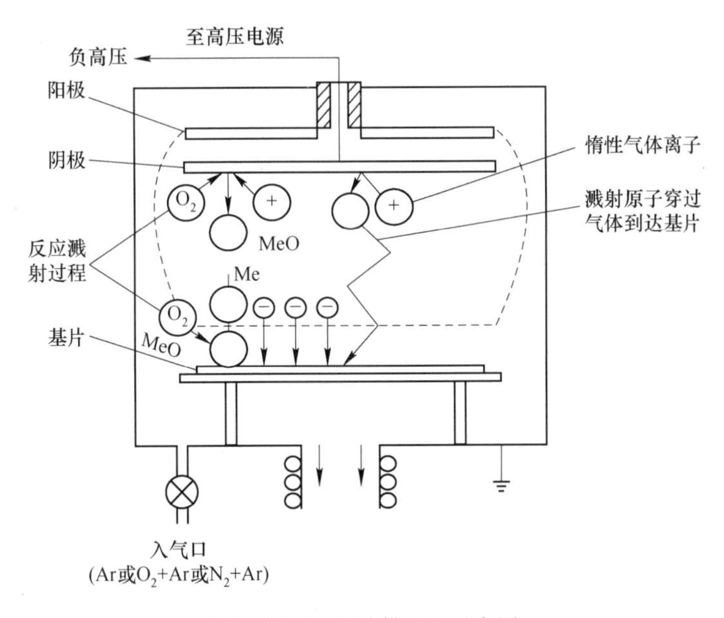

图 3-22 反应溅射过程示意图

其实溅射的种类还很多，比如偏压溅射、三极或四极溅射、对向靶溅射、非对称交流溅射及吸气溅射等。溅射技术已广泛应用于现代电子工业、塑料工业、太阳能利用、机械及化学应用等领域，与真空蒸发法一起成为物理气相沉积中最常见的两种沉积技术，而且为了充分利用这两种方法各自的特点，还开发了一些介于上述两种方法之间的新的薄膜物理气相沉积技术。

3.3.3 离子镀和离子束沉积

为了充分利用溅射和蒸发两种方法的各自特点，在真空蒸发和真空溅射技术基础上开发了一种新型的薄膜沉积技术——离子镀和离子束沉积。

3.3.3.1 离子镀

离子镀是在真空条件下，利用气体放电使气体或被蒸发物质部分离化，在气体离子或被蒸发物质离子轰击作用的同时，把蒸发物或其反应物沉积在基片上。离子镀把气体的辉光放电、等离子体技术与真空蒸发镀膜技术结合在一起，不仅明显地提高了镀层的各种性能，而且大大扩充了镀膜技术的应用范围。近年来在国内外都得到迅速发展。离子镀的典型结构如图 3-23 所示。基片为阴极，蒸发源为阳极，蒸发源气体被电离形成离子，蒸发沉积和溅射同时进行。因此，离子镀的一个必备条件就是造成一个气体放电的空间，将镀料原子引进放电空间，使其部分离化。离子镀的类型很多，按材料气化方式可分为电阻加热、电子束加热、高频感应加热、阴极弧光放电加热等；按原子电离或激活方式又可分为辉光放电型、电子束型、热电子型、电弧放电型以及各种离子源等。在一般情况下，离子镀膜设备主要由真空室、蒸发源（或气源、溅射源等）、高压电源、离化装置、放置基片的阴极等部分组成。离子镀的主要优点在于它所制备的薄膜与衬底之间具有良好的附着力，薄膜结构致密。因为在蒸发沉积之前以及沉积的同时采用离子轰击衬底和薄膜表面的方法，可以在薄膜与衬底之间形成粗糙洁净的界面，并且形成均匀致密的薄膜结构和抑制柱状晶生长，其中前者可提高薄膜与衬底之间的附着力，而后者可以提高薄膜的致密性，细化薄膜微观组织。离子镀的另一个优点是它可以提高薄膜对于复杂外形表面的覆盖能力，因为其沉积原子在沉积至衬底表面时具有更高的动能和迁移能力。但离子镀也存在一些缺点，比如薄膜中的缺陷密度较高，薄膜与基片的过渡区较宽，在电子器件应用中受到限制，由于高能粒子轰击使基片温度较高，必须对基片进行冷却，薄膜中含有气体量较高等。离子镀主要应用领域是制备钢及其他金属材料的硬质涂层，如各种工具耐磨涂层中使用的 TiN、CrN 等。这一技术被广泛用来制备氮化物、氧化物以及碳化物等涂层。

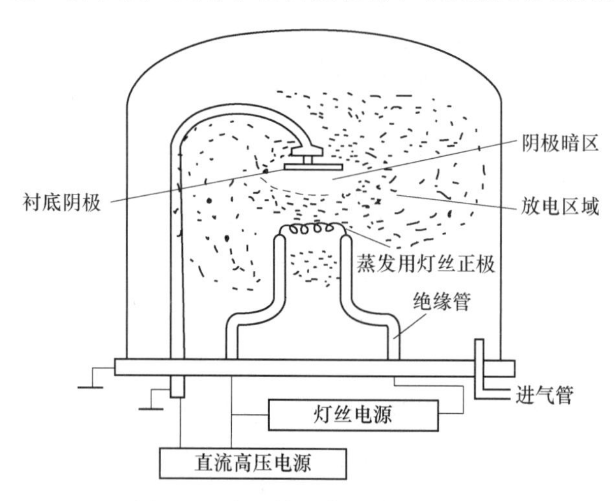

图 3-23 离子镀的典型结构示意图

3.3.3.2 离子束沉积

前面各种溅射方法都是利用辉光放电产生的离子进行溅射，基片置于等离子体中，存在如下问题：基片受电子轰击，温升；薄膜易混入杂质气体分子，纯度差；在溅射条件下，气体压力、放电电流、电压等参数不能独立控制；工艺重复性差。而采用离子束沉积则具有以下优点：高真空下成膜，杂质少，纯度高；沉积在无场区进行，基片不是电路的一部分，不会产生电子轰击引起的基片温升；可以对工艺参数独立地严格控制，重复性好；适合于制备多组分的多层薄膜；可制备几乎所有材料的薄膜，对饱和蒸气压低、熔点高的物质的沉积更为适合。离子束沉积的种类可分为一次离子束沉积和二次离子束沉积。一次离子束沉积中离子束由薄膜材料的离子组成，离子能量较低，到达基片后就沉积成膜。二次离子束沉积中离子束由惰性气体或反应气体的离子组成，离子能量高，它们打到由薄膜材料构成的靶上，引起靶原子溅射，并且在衬底上形成薄膜。在双离子束沉积系统中，如图 3-24 所示，第一个是惰性气体放电离子源，轰击靶材产生溅射；第二个是反应气体放电引起的离子束直接对准基片，对薄膜进行动态照射，通过轰击、反应或嵌入作用来控制和改变薄膜的结构和性能。

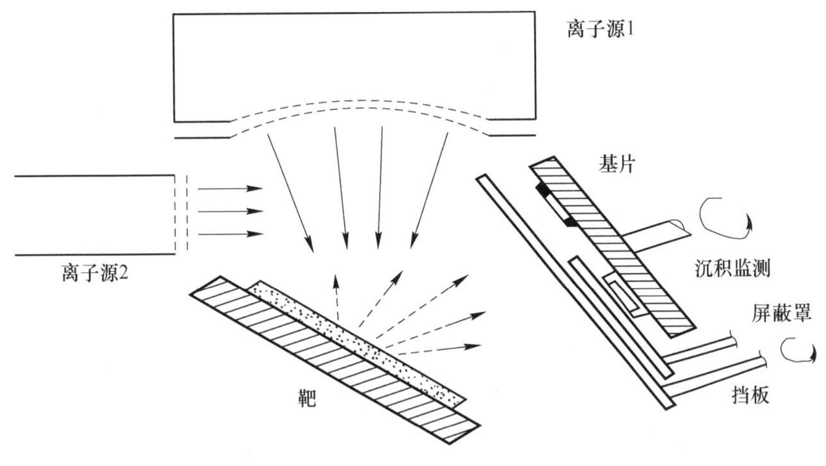

图 3-24 双离子束沉积原理示意图

3.4 薄膜的化学制备方法

薄膜的化学制备方法需要一定的化学反应，这种化学反应可由热效应、等离子体、微波、激光等手段引起，也可由离子的电致分离引起。薄膜的化学制备方法主要分为化学气相沉积（CVD）和溶液镀膜法，化学气相沉积包括热 CVD、等离子体 CVD 及光 CVD 等，溶液镀膜法则包括化学镀膜法、溶胶-凝胶法、阳极氧化技术、电镀技术、LB 技术等。尽管化学方法沉积过程与控制较为复杂，但其使用的设备简单、价格低廉，在现代高新技术如微电子技术中更是得到了广泛的应用。

3.4.1 化学气相沉积

化学气相沉积技术利用气态先驱反应物，通过原子、分子间化学反应的途径生成固态薄膜。CVD 相对于其他薄膜沉积技术具有以下优点：可准确控制薄膜的组分及掺杂水平；可在复杂形状的基片上成膜；由于许多反应可以在常压下进行，所以不需要昂贵的真空设备；CVD 的高沉积温度使晶体的结晶更为完整；可利用材料在熔点附近蒸发时分解的特点制备其他方法无法得到的材料等。其缺点是：推动化学反应需要高温；反应气体会与基片或设备发生反应；CVD 系统比较复杂，需要控制的参数较多。CVD 实际上很早就有应用，用于材料精制、装饰涂层、耐氧化涂层、耐腐蚀涂层等。在电子学方面，CVD 用于制作半导体电极等。CVD 一开始用于硅、锗的精制，随后用于适合外延生长法制作的材料。表面保护膜一开始只限于氧化膜、氮化膜等，之后添加了由Ⅲ、Ⅴ族元素构成的新的氧化膜，近年来还开发了金属膜、硅化物膜等。以上这些薄膜的 CVD 为人们所注意。CVD 制备的多晶硅膜在电子器件上得到广泛应用，这是 CVD 最有效的应用之一。

在 CVD 反应成膜的过程中，可控制的变量有气体流量、气体组分、沉积温度、气压及真空室构型等。用于制备薄膜的化学气相沉积涉及三个基本过程：反应物的输运过程、化学反应过程和去除反应副产物过程。CVD 基本原理包括反应化学、热力学、动力学、输运过程、薄膜成核与生长、反应器工程等学科领域。这里仅对 CVD 技术所涉及的化学反应及化学气相沉积的分类进行简单介绍。

3.4.1.1 化学气相沉积中的化学反应类型

（1）热分解反应。早期制备 Si 薄膜的方法就是在一定温度下使硅烷分解，化学反应为：

$$SiH_4 \longrightarrow Si(s) + 2H_2(g) \tag{3-20}$$

Si—H 键能小，热分解温度低，产物氢气无腐蚀性。许多元素的氢化物、羟基化合物和有机金属化合物可以气态存在，在适当的条件下会发生热分解反应，在衬底上生成薄膜。关键是源物质的选择和确定热分解温度。

（2）还原反应。一个典型的例子就是 H_2 还原卤化物如 $SiCl_4$，还原反应为：

$$SiCl_4(g) + 2H_2(g) \longrightarrow Si(s) + 4HCl(g) \tag{3-21}$$

许多元素的卤化物、羟基化合物、卤氧化物等虽然也可以气态存在，但它们具有相当的热稳定性，因而需要采用适当的还原剂（如 H_2）才能将其置换出来，还有各种难熔金属 W、Mo 等薄膜的制备。

（3）氧化反应。例如，SiO_2 薄膜的制备就是利用 O_2 作为氧化剂对 SiH_4 进行的氧化反应：

$$SiH_4(g) + O_2(g) \longrightarrow SiO_2(s) + 2H_2(g) \tag{3-22}$$

这种沉积方法经常应用于半导体绝缘层和光导纤维原料的沉积。

（4）氮化反应和碳化反应。氮化硅和碳化钛的制备就是两个典型的例子：

$$3SiH_4(g) + 4NH_3(g) \longrightarrow Si_3N_4(s) + 12H_2(g) \tag{3-23}$$

$$TiCl_4(g) + CH_4(g) \longrightarrow TiC(s) + 4HCl(g) \tag{3-24}$$

（5）化合物的制备。由有机金属化合物可以沉积得到Ⅲ-Ⅴ族化合物：

$$Ga(CH_3)_3(g) + AsH_3(g) \longrightarrow GaAs(s) + 3CH_4(g) \tag{3-25}$$

（6）歧化反应。某些元素具有多种气态化合物，其稳定性各不相同，外界条件的变化往往可促使一种化合物转变为稳定性较高的另一种化合物，这就是利用歧化反应实现薄膜的沉积：

$$2GeI_2(g) \longrightarrow Ge(s) + GeI_4(g) \tag{3-26}$$

CVD 技术中除了上述反应之外，还涉及可逆反应、气相输运等其他的化学反应类型，由于化学反应的途径可能是多种多样的，因此制备同一种材料可能有多种不同的 CVD 方法。

3.4.1.2 化学气相沉积装置

CVD 反应体系必须具备以下条件：在沉积温度下，反应物具有足够的蒸气压，并且能以适当的速率被引入反应室；反应产物除了形成固态薄膜物质外，都必须是挥发性的；沉积薄膜和基体材料必须具有足够低的蒸气压。根据薄膜的化学气相沉积涉及三个基本过程，一般 CVD 装置往往包括以下几个基本部分：反应气体和载气的供给和计量装置；必要的加热和冷却系统；反应产物气体的排出装置。CVD 按照激励化学反应的方式可分为热 CVD、等离子体 CVD 和光 CVD 等；按照其他一些分类标准又可分为高温和低温 CVD、开口式和封闭式 CVD、立式和卧式 CVD、冷壁和热壁 CVD、低压和常压 CVD 等。下面介绍几种基本的 CVD 装置。

A 热 CVD

典型的立式和卧式 CVD 装置分别如图 3-25 和图 3-26 所示，包括进气系统、反应室、排气系统、尾气处理系统、加热器等，都是开口式 CVD。通常在常压下开口操作，装、卸料方便。

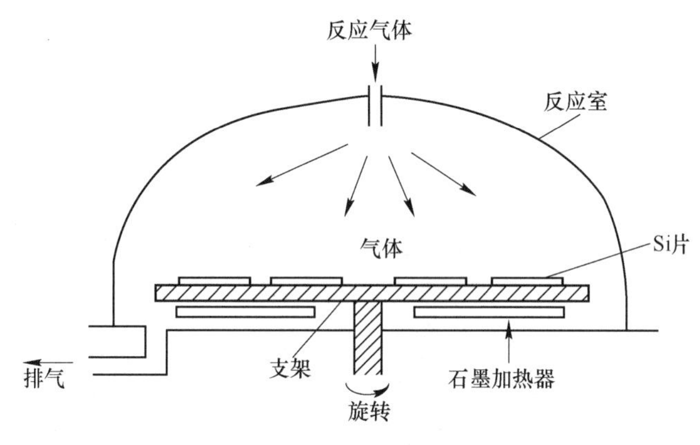

图 3-25 立式 CVD 装置

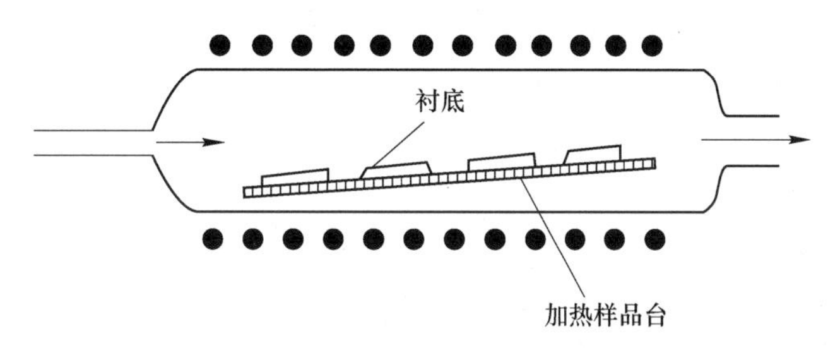

图 3-26 卧式 CVD 装置

冷壁 CVD 是指器壁和原料区都不加热，仅基片被加热，沉积区一般采用感应加热或光辐射加热。缺点是有较大温差，温度均匀性问题需特别设计来克服。适合反应物在室温下是气体或具有较高蒸气压的液体。而热壁 CVD 的器壁和原料区都是加热的，反应器壁加热是为了防止反应物冷凝。管壁有反应物沉积，易剥落造成污染。

下面简单介绍一下封闭式 CVD。图 3-27 为封闭式 CVD 反应器，封闭式 CVD 的优点就是污染的机会少，不必连续抽气保持反应器内的真空，可以沉积蒸气压高的物质。其缺点为材料生长速率慢，不适合大批量生长，一次性反应器，生长成本高，管内压力检测困难，存在爆炸危险等。封闭式 CVD 的关键环节在于把握反应器材料选择、装料压力计算、温度选择和控制等。

早期 CVD 技术以开管系统的常压 CVD（APCVD）为主。近年来 CVD 技术令人注目的新发展是低压 CVD（LPCVD）技术的出现。图 3-28 为 LPCVD 设备。其原理与 APCVD 基本相同，多一套真空系统，主要差别是低压下气体扩散系数增大，使气态反应物和副产物的质量传输速率加快，形成薄膜的反应速率增加。

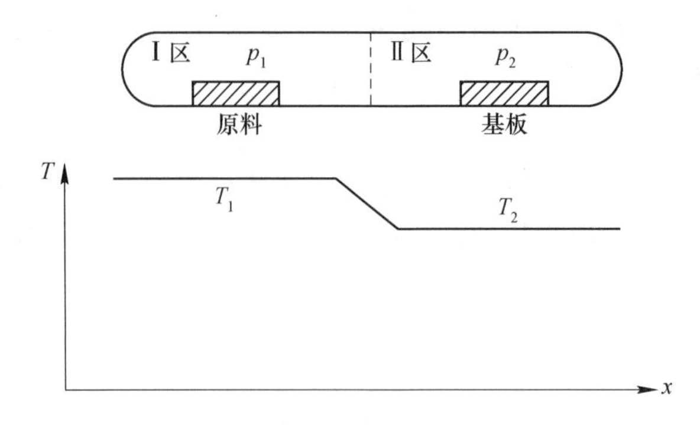

图 3-27 封闭式 CVD 反应器

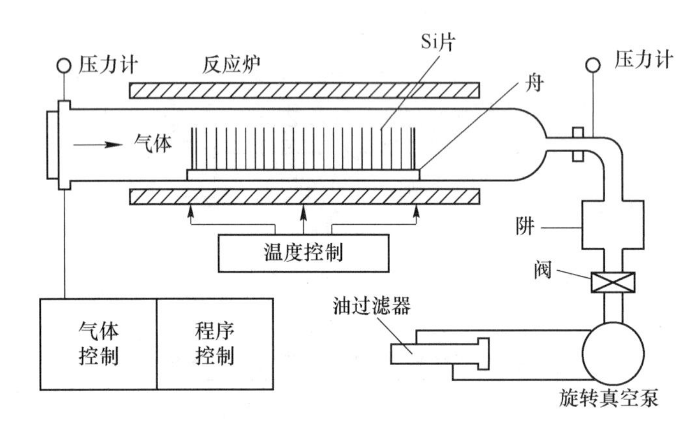

图 3-28 LPCVD 设备

LPCVD 的优点如下：

(1) 低气压下气态分子的平均自由程增大，反应装置内可以快速达到浓度均一，消除了由气相浓度梯度带来的薄膜不均匀性。

(2) 薄膜质量高，薄膜台阶覆盖良好，结构完整性好，针孔较少。

(3) 沉积过程主要由表面反应速率控制，对温度变化极为敏感，所以 LPCVD 技术主要控制温度变量，工艺重复性优于 APCVD。

(4) 反应温度随气体压强的降低而降低，同时卧式 LPCVD 装片密度高，生产成本低。因此，LPCVD 广泛用于沉积单晶硅和多晶硅薄膜，掺杂或不掺杂的氧化硅、氮化硅及其他硅化物等薄膜，Ⅲ-Ⅴ族化合物薄膜，以及钨、钼、钽、钛等难熔金属薄膜等。

B 等离子体 CVD

在普通热 CVD 技术中，产生沉积反应所需要的能量是各种方式加热衬底和反应气体，因此，薄膜沉积温度一般较高（900~1000 ℃）。高温带来的问题是：容易引起基板的形变和组织的变化，会降低基板材料的力学性能；基板材料和膜材在高温下发生相互扩散，在界面处形成某些脆性相，从而削弱两者之间的结合能。如果能在反应室内形成低温等离子体（如辉光放电），则可以利用在等离子体状态下粒子具有的较高能量，使沉积温度降低。由此可见，等离子体放电对电化学反应起了增强作用，所以也称等离子体增强的化学气相沉积（PECVD）。

等离子体在 CVD 中的作用具体表现如下：

（1）将反应物气体分子激活成活性离子，降低反应温度。

（2）加速反应物在表面的扩散，提高成膜速率。

（3）对基片和薄膜具有溅射清洗作用，溅射掉结合不牢的粒子，提高了薄膜和基片的附着力。

（4）由于原子、分子、离子和电子相互碰撞，使形成薄膜的厚度均匀。

因此，PECVD 具有以下优点：低温成膜（300~350 ℃），对基片影响小，避免了高温带来的膜层晶粒粗大及膜层和基片间形成脆性相；低压下形成薄膜，膜厚及成分较均匀，针孔少，膜层致密，内应力小，不易产生裂纹；扩大了 CVD 应用范围，特别是在不同基片上制备金属薄膜、非晶态无机薄膜、有机聚合物薄膜等；薄膜的附着力大于普通 CVD。PECVD 利用辉光放电的物理作用来激活化学气相沉积反应的 CVD 技术，广泛应用于微电子学、光电子学、太阳能利用等领域，用来制备化合物薄膜、非晶薄膜、外延薄膜、超导薄膜等，特别是 IC 技术中的表面钝化和多层布线。按照产生辉光放电等离子体方式的不同，PECVD 可分为许多类型，包括直流辉光放电等离子体化学气相沉积（DC-PCVD）、射频辉光放电等离子体化学气相沉积（RF-PCVD）、微波等离子体化学气相沉积（MW-PCVD）以及电子回旋共振等离子体化学气相沉积（ECR-PCVD）等。

由于 PECVD 方法的主要应用领域是一些绝缘介质薄膜的低温沉积，因而其等离子体的产生方法多采用射频方法。射频电场可以采用两种不同的耦合方式，即电感耦合和电容耦合。图 3-29 是电容耦合的射频 PECVD 装置的典型结构。在装置中，射频电压被加在相对安置的两个平板电极上，在其间通过反应气体并产生相应的等离子体。在等离子体各种活性基团的参与下，在衬底上实现薄膜的沉积。例如，在 Si_3N_4 的 CVD 沉积过程中，反应如式（3-23）所示，在常压 CVD 装置中是在 900 ℃左右，在低压 CVD 装置中要 750 ℃左右，而 PECVD 可以在 300 ℃的低温下实现 Si_3N_4 介质薄膜的大面积均匀沉积。电感耦合的射频 PECVD 装置如图 3-30 所示。高频线圈放置于反应容器之外，它产生的交变磁场在反应室内诱发交变感应电流，从而形成气体的无电极放电，可避免电极放电中电极材料的污染。电子回旋共振方法的 PECVD 装置是使用微波频率的电源激发产生等离子体，如图 3-31 所示，2.45 GHz 频率的微波能量由微波波导耦合进入反应容器，并且使得其中的气体

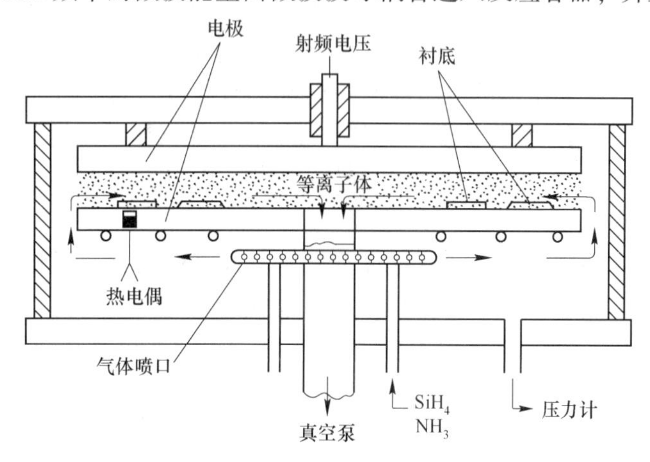

图 3-29　电容耦合的射频 PECVD 装置

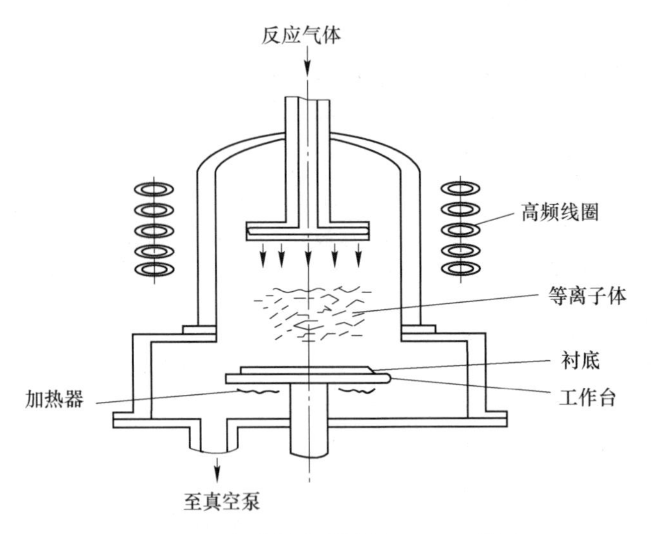

图 3-30 电感耦合的射频 PECVD 装置

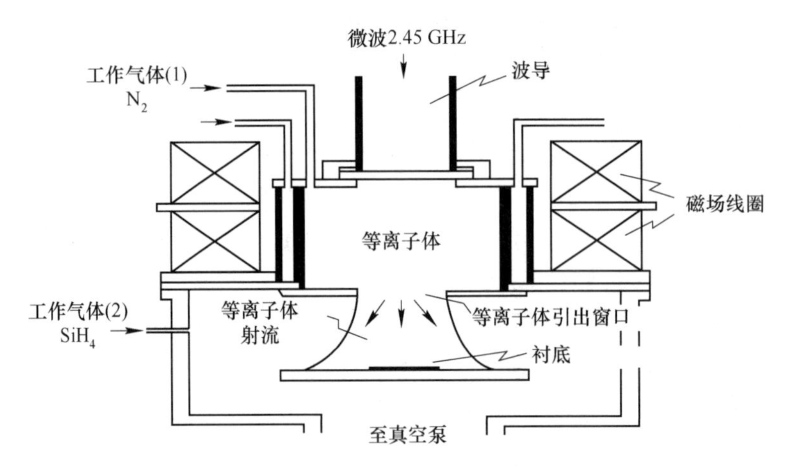

图 3-31 电子回旋共振射频 PECVD 装置

产生等离子体击穿放电。为了促进等离子体中电子从微波场中的能量吸收过程，在装置中还设置了磁场线圈以产生具有一定发散分布的磁场。电子回旋共振方法所使用的真空度较高（10^{-3}~10^{-1} Pa），等离子体的电离度比一般的 PECVD 方法要高出 3 个数量级，可以被认为是一个离子源。同时这种方法还具有其他优点，如低气压低温沉积、沉积速率高、可控性好、无电极污染等，使得电子回旋共振技术被广泛应用于薄膜沉积以及刻蚀方面。

C 光 CVD 及有机金属 CVD

光 CVD 就是利用高能量的光波使气体分解，增加气体的化学活性，促进化学反应进行的一种化学气相沉积技术。经常使用的光源有激光、紫外光源等。高能量的激光具有热作用和光作用双重效果，激光能量不仅能加热衬底，促进化学反应进行，而且高能量光子可直接促进反应物气体分子的分解。例如，$Al(CH_3)_3$、$Ni(CO_4)$ 在光照下室温即可生成铝膜和镍膜。

有机金属化学气相沉积（MOCVD）是一类重要的Ⅲ-Ⅴ和Ⅱ-Ⅵ化合物半导体薄膜材料

气相生长技术。MOCVD 利用有机金属化合物的热分解反应进行气相外延生长薄膜，有机金属化合物（如三甲基镓、三甲基铟等）在较低的温度下呈气态存在，因而避免了 Ga、In 等液体金属蒸发的复杂过程，同时整个过程仅涉及有机金属化合物的裂解反应：

$$Ga(CH_3)_3(g) + AsH_3(g) \longrightarrow GaAs(s) + 3CH_4(g) \tag{3-27}$$

因此，沉积过程对温度变化的敏感性较低，重复性较好。一般原料化合物应满足的条件包括：常温下较稳定且容易处理；反应的副产物不应妨碍晶体生长，不污染生长层；为适合气相生长，在室温附近应有适当的蒸气压（133.322 Pa 以上）。通常选用金属的烷基或芳基衍生物、烃基衍生物、乙酰丙酮基化合物、羰基化合物等为原材料。MOCVD 的优点是：沉积温度低，如沉积 ZnSe 薄膜在 350 ℃左右，SiC 薄膜低于 300 ℃，因而减小了自污染，提高了薄膜的纯度；由于不采用卤化物原理，沉积过程中不存在刻蚀反应，通过稀释载气控制沉积速率，用来制备超晶格材料和外延生长各种异质结结构；适用范围广，几乎可以生长所有化合物和合金半导体；生长温度较宽，生长易于控制，适宜于大批量生产。但 MOCVD 也存在以下缺点：有机金属化合物蒸气有毒和易燃，不便于制备、储存、运输和使用；由于反应温度低，可在气相中反应，生成固态微粒成为杂质颗粒，破坏了膜的完整性等。若在 MOCVD 中用光能代替热能，则可解决沉积温度过高的问题，这就是所谓的光 MOCVD。

3.4.2 溶液镀膜法

溶液镀膜是指在溶液中利用化学反应或电化学反应等化学方法在基片表面沉积薄膜的技术。溶液镀膜技术不需要真空条件，仪器设备简单，可在各种基体表面成膜，原料易得，在电子元器件、表面涂覆和装饰等方面得到广泛应用。溶液镀膜法主要包括电镀技术、化学镀膜法、溶胶-凝胶法、阳极氧化技术、LB 技术等。下面将逐一进行简单介绍。

3.4.2.1 电镀技术

电镀是指电流通过在电解液中的流动而产生化学反应，最终在阴极上沉积金属薄膜的过程。一般是在含有被镀金属离子的水溶液中通入直流电流，使正离子在阴极表面沉积。电镀系统的一般构成如下：电解池的正极，即阳极，一般情况下是由钛构成的，钛的上面有一层铂，以达到更好的导电效果，有时也用待镀金属作为阳极，而准备电镀的部件（基片）为负极，即阴极。这里关键的因素是电解质及电解液，它的组成会影响相关的化学反应和电镀效果，常见的电解质均为各种盐或络合物。电镀方法只适用于在导电的基片上沉积金属和合金。电镀中在阴极放电的离子数以及沉积物的质量遵从法拉第定律：

$$\frac{m}{A} = \frac{jtMa}{nF} \tag{3-28}$$

式中 m/A——单位面积上沉积物的质量；
j——电流密度；
t——沉积时间；
M——沉积物的分子量；
a——电流效率；
n——价数；
F——法拉第常数。

电镀法制备薄膜的原理是离子被电场加速奔向与其极性相反的阴极，在阴极处离子形成双层，屏蔽了电场对电解液的大部分作用。在大约 30 nm 厚的双层区，由于电压降导致此区具有相当强的电场（10^7 V/cm）。在水溶液中，离子被溶入薄膜以前经历以下一系列过程：去氢、放电、表面扩散、成核和结晶。电镀有如下特点：生长速率较快，可以通过沉积的电流控制；膜层易产生孔隙、裂纹、杂质污染、凹坑等缺陷，这些缺陷可以由电镀工艺条件控制；基片可以是任意形状，这是其他方法所无法比拟的，同时限制电镀应用的最重要因素之一是拐角处镀层的形成，拐角或边缘电镀层厚度大约是中心厚度的 2 倍，但多数被镀件是圆形，可降低上述效应的影响。在 70 多种金属元素中，有 33 种可以通过电镀法制备薄膜，最常使用电镀法制备薄膜的金属有 14 种，即 Al、As、Au、Cd、Co、Cu、Cr、Fe、Ni、Pb、Pt、Rh、Sn、Zn。目前电镀法已开始用于制备半导体薄膜，这些半导体薄膜在光电子领域具有很大的应用潜力。例如，应用于薄膜太阳能电池的 $CuInSe_2$、$CuInS_2$、CdTe、CdS 等都可以通过电镀法沉积制备。

3.4.2.2 化学镀膜法

不加任何电场而直接通过化学反应实现薄膜沉积的方法称为化学镀膜法。化学镀膜一般是在还原剂的作用下，把金属盐中的金属离子还原成原子，在基片表面沉积的镀膜技术。化学反应可以在有催化剂存在和没有催化剂存在时发生，使用活性催化剂的催化反应也可视为化学镀膜。镀银是典型的无催化反应的例子，通过在硝酸银溶液中使用甲醛还原剂将银镀在玻璃上。另外，也存在还原反应只发生在催化表面的过程，化学镀镍即为典型的例子。化学镀镍，又称无电解镀镍，是利用镍盐（硫酸镍或氯化镍）溶液和钴盐（硫酸钴）溶液，在强还原剂次磷酸盐（次磷酸钠、次磷酸钾等）的作用下，使镍离子和钴离子还原成镍金属和钴金属，同时次磷酸盐分解出磷，在具有催化表面的基板上，获得非晶态 Ni-P 或 Ni-Co-P 等合金的沉积薄膜。催化剂是指能提供或激活化学反应，而本身又不发生化学变化的物质。自催化是指反应物或生成物之一具有催化作用的反应过程。化学镀膜一般采用自催化化学镀膜机制，靠被镀金属本身的自催化作用完成镀膜过程，目前应用较多的化学镀膜均是指自催化化学镀膜。自催化化学镀膜具有以下很多优点：可以在复杂形状的镀件表面形成薄膜；薄膜的孔隙率较低；可直接在塑料、陶瓷、玻璃等非导体表面制备薄膜；薄膜具有特殊的物理、化学性能；不需要电源，没有导电电极等，广泛用于制备 Ni、Co、Fe、Cu、Pt、Pd、Ag、Au 等金属或合金薄膜。除了金属薄膜的制备，化学镀膜也被用于制备氧化物薄膜，其基本原理是：首先控制金属的氢氧化物的均匀析出，然后通过退火工艺得到氧化物薄膜。例如，用这一技术制备了 PbO_2、TiO_3、In_2O_3、SnO_2 及 ZnO 薄膜等。由于化学镀膜技术废液排放少、对环境污染小以及成本较低，在许多领域已逐步取代电镀，成为一种环保型的表面处理工艺。目前，化学镀膜技术已在电子器件、阀门制造、机械、石油化工、汽车、航空航天等工业中得到广泛的应用。

3.4.2.3 溶胶-凝胶法

溶胶-凝胶法是指采用金属醇盐或其他金属有机化合物作为原料，通常溶解在醇、醚等有机溶剂中形成均匀溶液（solution），该溶液经过水解和缩聚反应形成溶胶（sol），进一步聚合反应实现溶胶-凝胶转变形成凝胶（gel），再经过热处理脱除溶剂和水，最后形成薄膜。一般来说，易水解的金属化合物如氯化物、硝酸盐、金属醇盐等都适用于溶胶-凝胶工艺。溶胶-凝胶技术制备薄膜的主要步骤如下：首先是复合醇盐的制备，将金属醇盐或其他化合物溶于有机溶剂中，之后加入其他组分制成均质溶液；然后是成膜，采用浸渍和离心甩胶等方法将溶液涂覆于基板表面；下一步就是水解和聚合，发生水解作用而形成胶体薄膜；最后是干燥和焙烧。溶胶-凝胶技术具有很多优点，如高度均匀性，高纯度，可降低烧结温度，可制备非晶态薄膜，可制备特殊材料（如薄膜、纤维、粉体、多孔材料等）。但同时也存在不少问题，如原料价格高，收缩率高，容易开裂，存在残余微气孔，存在残余的羟基、碳等，有机溶剂有毒，工艺周期较长等。溶胶-凝胶工艺已广泛用于制备玻璃、陶瓷和超微结构复合材料。

3.4.2.4 阳极氧化技术

前面讨论的电镀主要依赖的是阴极反应，而阳极氧化技术则相反，主要关注于阳极反应。金属或合金在适当的电解液中作为阳极，并且施加一定的直流电压，由于电化学反应在阳极表面形成氧化薄膜的方法，称为阳极氧化技术。在薄膜形成初期，同时存在金属氧化和金属溶解反应。溶解反应产生水合金属离子，生成由氢氧化物或氧化物组成的胶态状沉淀氧化物。氧化薄膜镀覆后，金属活化溶解停止，持续氧化反应使金属离子和电子穿过绝缘性氧化层在膜表面形成氧化物。为维持离子的移动而保证氧化薄膜的生长，需要一定强度的电场，此电场大约是 7×10^6 V/cm。在阳极氧化技术中，这种金属氧化物只局限于少量的金属氧化，如 Al、Nb、Ta、Cr、Ti 等，其中 Al 的氧化薄膜为迄今最重要的钝化薄膜，经常作为纳米材料及器件领域应用的模板。采用阳极氧化法生成的氧化薄膜的结构、性质、色调随电解液种类、电解条件的不同而变化。用阳极氧化法得到的氧化薄膜大多是无定形结构。由于多孔性使得比表面积特别大，所以显示明显的活性，既可吸附染料，也可吸附气体。而化学性质稳定的超硬薄膜的耐磨损性强，用封孔处理法可将孔隙塞住，使薄膜具有更好的耐蚀性和绝缘性。阳极氧化技术应用于电子学领域，Ⅲ-Ⅴ族化合物半导体材料受到广泛重视，这是因为它具有硅材料所不具备的性能，并且可制取特殊功能器件，使器件表面沉积钝化薄膜、氧化薄膜、绝缘薄膜等。

3.4.2.5 LB 技术

Langmuir-Blodgett 技术（LB 技术）是指把液体表面的有机单分子膜转移到固体基底表面上的一种成膜技术，得到的有机薄膜称为 LB 薄膜。如果要形成起始的单层或多层，待沉积的分子一定要小心平衡其亲水性和不亲水性，即亲水基，如羧基（—COOH）、羟基（—OH）等，疏水基，如烷烃基、烯烃基、芳香烃基等。在 Langmuir 原始方法中，清洁亲水基片在待沉积单层扩散前浸入水中，然后单层扩散并保持在一定表面压力状态下，基片沿水表面缓慢抽出，则在基片上形成单层膜。LB 技术具有以下很多优点：LB 薄膜中分子有序定向排列，这是一个重要特点；很多材料都可以用 LB 技术成膜，LB 薄膜由单分子层组成，它的厚度取决于分子大小和分子的层数；通过严格控制条件，可以得到均匀、致密和缺陷密度很低的 LB 薄膜，而且设备简单，操作方便。但 LB 技术也存在以下一些缺点：LB 技术成膜效率低，LB 薄膜均为有机薄膜，具有了有机材料的弱点；LB 薄膜厚度很薄，在薄膜表征手段方面难度较大。LB 技术可以把一些具有特定功能的有机分子或生物分子有序定向排列，使之形成某一特殊功能的超薄膜，如有机绝缘薄膜、非线性光学薄膜、光电薄膜、有机导电薄膜等。它们有可能在微电子学、集成光学、分子电子学、微刻蚀技术以及生物技术中得到广泛应用。LB 薄膜电子束敏感抗蚀层有可能成为超高分辨率微细加工技术的一个发展方向。有机非线性光学材料具有非线性极化效率高、不易被激光损伤、制备方便等特点，LB 技术为有机非线性材料应用提供了重要途径。

3.5 薄膜的表征

薄膜的表征主要包括薄膜厚度的测量、薄膜形貌和结构的表征以及薄膜成分的分析等方面。下面将进行简单介绍。

3.5.1 薄膜厚度的测量

薄膜厚度是薄膜最重要的参数之一，它影响着薄膜的各种性质及其应用，薄膜的生长条件、电学及光学特性等均与薄膜的厚度密切相关。膜厚的测量方法可分为光学法、机械法和电学法等，而其中部分属于有损测量，有的属于无损测量。

3.5.1.1 光学法

薄膜厚度的测量广泛用到了各种光学法。光学法不仅可用于透明薄膜的测量，而且可用于某些不透明薄膜的测量；同时光学法使用方便，精确度高；还能同时给出薄膜的折射率、厚度均匀性等参数。光学法包括光吸收法、光干涉法、椭圆偏振法、比色法等，这里仅对前二者进行简单的介绍。

A 光吸收法

光吸收法主要是通过测量薄膜透射光强度进而确定薄膜的厚度。一束强度为 I_0 的光透过吸收系数为 α、厚度为 d 的薄膜后，其光强为：

$$I = I_0(1 - R)^2\exp(-\alpha d) \tag{3-29}$$

式中 R——光在薄膜与空气界面上的反射率。

这种方法非常简单，常在蒸镀金属薄膜时使用，沉积速率一定时，在半对数坐标图上，透射光强与时间的关系是线性的，所以这种方法适合于薄膜沉积过程的在线控制，也可用于薄膜厚度均匀性的检测，适用于连续薄膜厚度的测量。

B 光干涉法

光干涉法测量薄膜厚度的基本原理就是利用不同薄膜厚度所造成的光程差引起的光的干涉现象。首先我们研究一层厚度为 d、折射率为 n 的薄膜在波长为 λ 的单色光源照射下形成干涉的条件。如图 3-32 所示，薄膜对于单色光的干涉极大条件是直接反射回来的光束与折射后又反射回来的光束之间的光程差为光波长的整数倍，即：

$$n(AB + BC) - AF = 2nd\cos\theta = N\lambda \tag{3-30}$$

式中 N——任意正整数；

θ——薄膜内的折射角；

n——折射率，空气的折射率为 1。

而观察到干涉极小条件是光程差等于 $(N + 1/2)\lambda$ 。但在实际应用时还要考虑光在不同物质界面上反射时的相位移动。即在正入射和掠入射的情况下，光在反射回光疏物质中时，光的相位移动相当于光程要移动半个波长，光在反射回光密物质中时，其相位不变，而透射光在两种情况下均不发生相位变化。

如果被研究的薄膜是不透明的，而且在沉积薄膜时或在沉积之后能够制备出待测薄膜

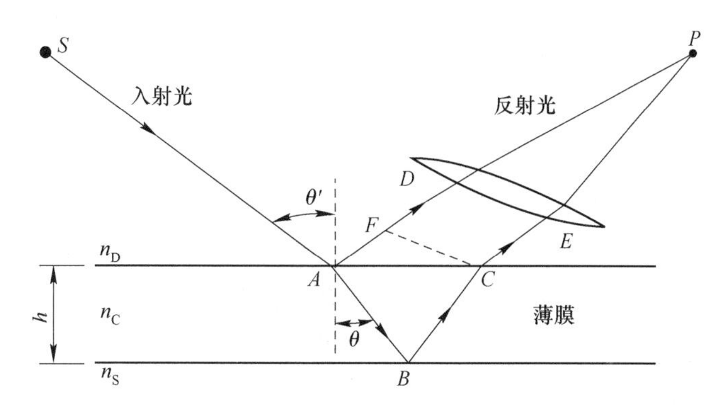

图 3-32 薄膜对于单色光的干涉条件

的一个台阶的话，可用等厚干涉条纹（FET）或等色干涉条纹（FECO）的方法方便地测出台阶的高度。

a 等厚干涉条纹法

等厚干涉条纹的测量装置如图 3-33（a）所示。在薄膜的台阶上下均匀地沉积上一层高反射率的金属层，再在薄膜上覆盖上一块半反半透的平面镜。由于在反射镜与薄膜表面之间一般不是完全平行的，因而在单色光的照射下，反射镜和薄膜之间光的多次反射将导致等厚干涉条纹的产生。反射镜与薄膜之间倾斜造成的间距变化以及薄膜上的台阶都会引起光程差的不同，因而会使得从显微镜中观察到的光的干涉条纹发生移动，如图 3-33（b）所示。条纹移动所对应的台阶高度应为：

$$d = \frac{\Delta\lambda}{2\Delta_0} \tag{3-31}$$

因此，用光学显微镜测量出 Δ 和 Δ_0，即测出了薄膜的厚度。当使用 564 nm 单色光测量的时候，薄膜厚度的精度可提高到 1~3 nm 的水平。

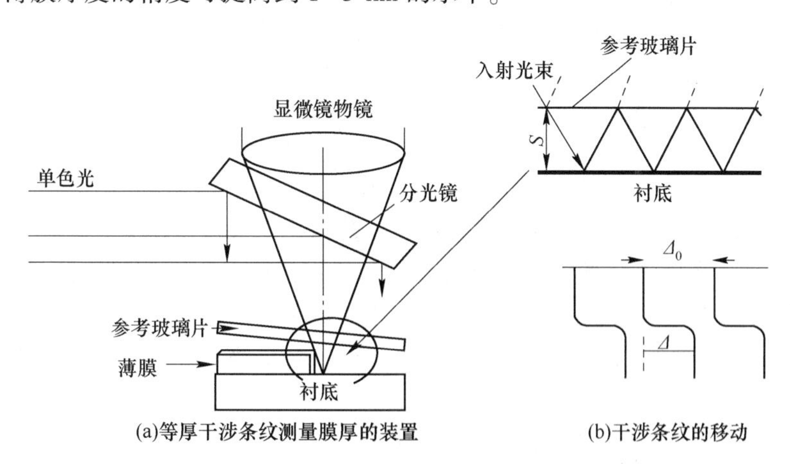

图 3-33 等厚干涉条纹测量膜厚的装置及干涉条纹的移动

b 等色干涉条纹法

等色干涉条纹法与上一方法稍有不同。这一方法需要将反射镜与薄膜平行放置，另外要使用非单色光源照射薄膜表面，并且采用光谱仪分析干涉极大出现的条件，这时不再出现反射镜倾斜所引起的等厚干涉条纹，而采用光谱仪测量干涉极大波长的变化，由此推算薄膜台阶的高度。等色干涉条纹法的厚度分辨率高于等厚干涉条纹法，可低于 1 nm 的水平。

对于透明薄膜来说，其厚度也可以用上述的等厚干涉条纹法进行测量，而透明薄膜的上下表面本身就可以引起光的干涉，因此，可以直接用于薄膜的厚度测量，而不必预先制备台阶。但由于透明薄膜的上下界面属于不同材料之间的界面，因而在光程差计算中需要分别考虑不同界面造成的相位移动。在薄膜与衬底均是透明时，它们的折射率分别为 n_1 和 n_2，薄膜对垂直入射的单色光的反射率随着薄膜的光学厚度 n_1d 的变化而发生振荡，如图 3-34 中针对 n_1 不同而 $n_2=1.5$ 时的情况那样。对于 $n_1>n_2$ 的情况，反射极大的位置出现在：

$$d=\frac{2(m+1)\lambda}{4n_1} \tag{3-32}$$

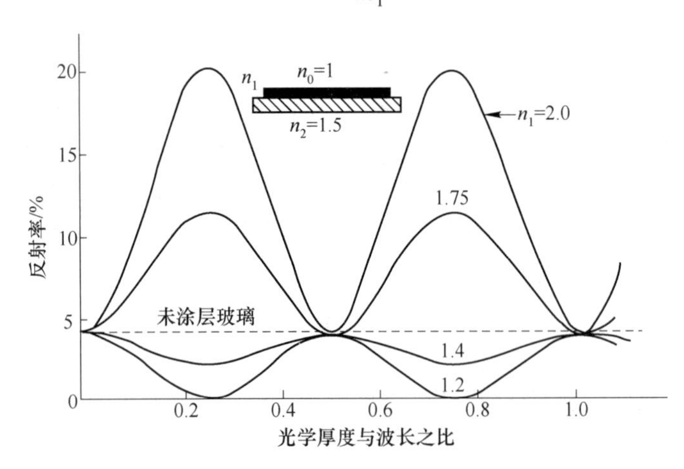

图 3-34　薄膜的反射率随光学厚度的变化

在两个干涉极大之间是相应的干涉极小。对于 $n_1<n_2$ 的情况，反射极大条件变为：

$$d=\frac{(m+1)\lambda}{2n_1} \tag{3-33}$$

为了能够利用上述关系实现对于薄膜厚度的测量，需要设计出光强振荡关系的具体测量方法。第一种是利用单色光入射，但通过改变入射角度的办法来满足干涉条件的方法，被称为变角度干涉法（VAMFO），第二种是使用非单色光入射薄膜表面，在固定光的入射角度的情况下，用光谱仪分析光的干涉波长，这一方法被称为等角反射干涉法（CARIS）。

3.5.1.2　机械法

A　表面粗糙度仪法

用直径很小的金刚石触针滑过被测薄膜的表面，同时记录下触针在垂直方向的移动情况并画出薄膜表面轮廓的方法，被称为表面粗糙度仪法。这种方法不仅可以被用来测量表面粗糙度，也可以被用来测量薄膜台阶的高度。这种方法虽然简单，但容易划伤薄膜，同时测量误差较大。

B　称重法

称重法又称微量天平法，就是采用微量天平直接测量基片上的薄膜质量，得到质量膜厚。使用高灵敏度微量天平可检测的膜厚质量为 1×10^{-7} kg/m²，这一膜厚质量相当于单原子层普通薄膜物质的 1/20 至几分之一。从可以检测基片上微量附着量的意义上说，微量天平法是膜厚测量中最敏感的方法。这种方法是直接测量，其测量值是可靠的。可以在蒸镀过程中进行膜厚测量，有效用于膜厚监控。该法可用于薄膜制作初期膜厚测量和石英晶体振动的校正，也可用于基片上吸附气体量的测量。称重法的优点包括：灵敏度高，能测量沉积质量的绝对值；能在比较广的范围内选择基片材料；能在沉积过程中跟踪质量的变化。但也存在以下一些问题：不能在一个基片上测量厚度分布；由于薄膜的密度与块体材料不同，实测的薄膜厚度稍小于实际厚度。

C　石英晶体振荡器法

石英晶体振荡器法的原理是基于石英晶体片的固有振动频率随其质量的变化而变化的物理现象。在石英晶体片上沉积薄膜，会改变其质量，也就改变了它的固有频率，通过测量其固有频率的变化就可求出质量的变化，进而求出薄膜厚度。测量的灵敏度将随着石英片厚度的减小或晶体片的固有频率的提高而提高。当选择固有频率为 6 MHz，而频率的测量准确度达到 1 Hz 时，相当于可以测量出 1.2×10^{-8} g 左右的质量变化，若取晶体片的有效沉积面积为 1 cm²，而设沉积的物质为 Al 的话，这相当于厚度的探测灵敏度在 0.05 nm 左右。图 3-35 为石英晶体振荡器的结构。石英晶体振荡器法是目前应用最为广泛的薄膜厚度监测方法。利用与电子技术的结合，不仅可以实现沉积速率、厚度的监测，还可以用来控制物质蒸发或溅射的速率，从而实现对薄膜沉积过程的自动控制。

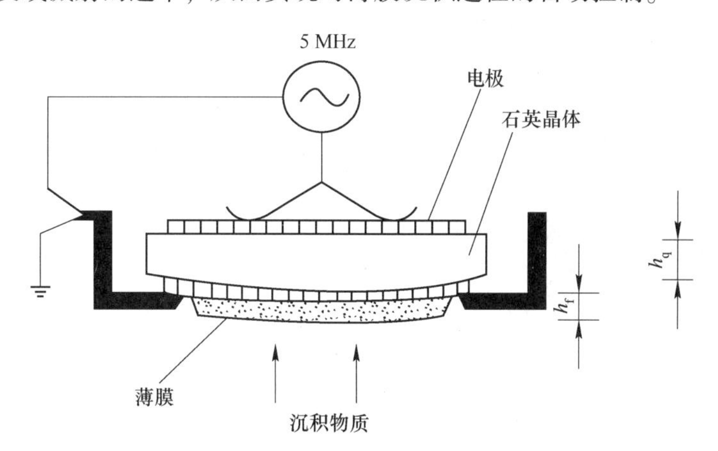

图 3-35　石英晶体振荡器的结构示意图

3.5.1.3　电学法

A　电阻法

由于金属导电薄膜的阻值随膜厚的增加而下降，所以可用电阻法对薄膜厚度进行监测，电阻法是测量金属薄膜厚度最简单的一种方法。长度为 L、宽度为 W、厚度为 d 的薄膜的电阻可表示为：

$$R=\rho\frac{L}{S}=\frac{\rho}{d}\times\frac{L}{W} \tag{3-34}$$

当 $L=W$ 时，可得到电阻为：

$$R_s = \frac{\rho}{d} \tag{3-35}$$

R_s 为正方形薄膜的电阻值，与正方形边长无关，又称方块电阻，单位为 Ω/m，L/W 为薄膜的方块数，简称方数。假如能测量出薄膜的方块电阻，并且已知薄膜的电阻率值，就可以计算出膜厚。实际工作中，事先测出某种材料薄膜的 R_s-d 曲线，然后测定方块电阻，进而求出薄膜电阻值。用电阻法测量膜厚还取决于如何确切地规定电阻率与厚度之间的关系，实际上电阻法测量金属薄膜的厚度的精度很少优于5%。

B　电容法

电介质薄膜的厚度可以通过测量其电容量来确定，在两块金属夹一层介质薄膜的电容系统中，电容量与介质薄膜的厚度相关。电容法主要有平板叉指电容法和平板电容法两种。平板叉指电容法测量膜厚的原理如图3-36所示。当未沉积薄膜介质时，叉指电极间的物质是基片，因而电容量主要由基片的介电常数决定。当沉积了电介质薄膜之后，其电容值由叉指电极的间距以及沉积薄膜的厚度和介电常数决定。如果已知其介电常数值，则只要用电容电桥测出该电容值，便可确定沉积的介质薄膜的厚度。平板电容法是在绝缘基片上先形成下电极，然后沉积一层介质薄膜，再制作上电极，形成一个平板电容器。根据平板电容器公式，在测出电容值后，便可计算出介质薄膜的厚度。显然电容法只能用于沉积薄膜后的厚度测量，而不能用于沉积过程的实时监测。

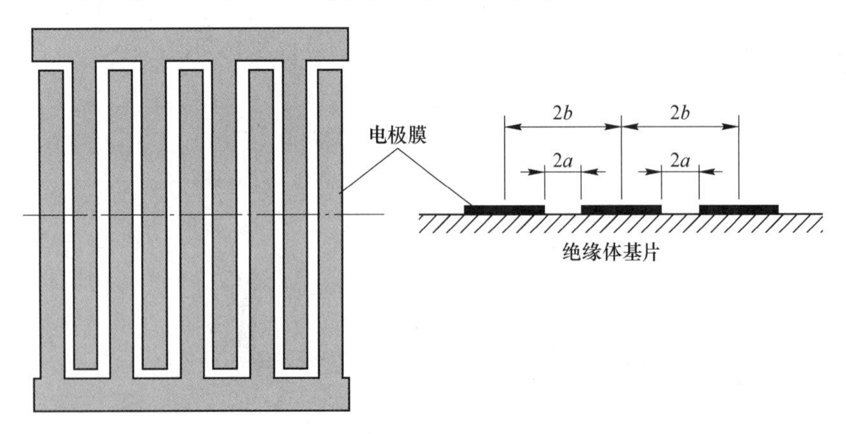

图3-36　平板叉指电容法测量膜厚的原理

3.5.2　薄膜的其他表征方法

薄膜的性能取决于薄膜的结构和成分，薄膜的结构和成分也是薄膜材料参数研究中的重要组成部分。薄膜的结构表征方法主要有X射线衍射、扫描电子显微镜、透射电子显微镜、低能电子衍射和反射式高能电子衍射等方法；薄膜的成分分析方法主要有X射线能量色散谱、俄歇电子能谱、X射线光电子能谱、X射线荧光光谱分析、卢瑟福背散射技术、二次离子质谱等。薄膜的表征手段很多，还涉及原子化学键合表征、薄膜应力表征等方面。随着电子技术的发展，根据各种微观物理现象不断研发出各种新型表征手段，这些都为对薄膜材料的深入分析提供了现实可能性。

3.6　薄膜材料的应用与展望

人们在惊叹细胞膜奇妙功能的同时，也在试图模仿它，仿生一直以来就是材料设计的重要手段，这就是薄膜材料。它的一个很重要的应用就是海水的淡化。虽然地球上70%的面积被水覆盖着，但是人们赖以生存的淡水只占总水量的2.5%~3%，随着人口增长和工业发展，当今世界几乎处于水荒之中。因此，将浩瀚的海水转为可以饮用的淡水迫在眉睫。淡化海水的技术主要有反渗透法和蒸馏法，反渗透法用到的是具有选择性的高分子渗透膜，在膜的一边给海水施加高压，使水分子透过渗透膜，达到膜的另一边，而把各种盐类离子留下来，就得到了淡水。反渗透法的关键就是渗透膜的性能，目前常用有醋酸纤维素类、聚酰胺类、聚苯砜对苯二甲酰胺类等膜材料。这种淡化过程比起蒸发法，是一种清洁高效的绿色方法。利用膜两边的浓度差不仅可以淡化海水，还可以提取多种有机物质。工业生产中，可用膜法过滤含酚、苯胺、有机磺酸盐等工业废水，膜法过滤大大节约了成本，有利于我们的生存环境。膜的应用还体现在表面化学上面。在日常生活中，我们会发现在树叶表面，水滴总是呈圆形，是因为水不能在叶面铺展。喷洒农药时，如果在农药中加入少量的润湿剂（一种表面活性剂），农药就能够在叶面铺展，提高杀虫效果，降低农药用量。

迄今为止，人们已经设计和开发出了多种不同结构和不同功能的薄膜材料，这些材料在化学分离、化学传感器、人工细胞、人工脏器、水处理等许多领域具有重要的潜在应用价值，被认为将是21世纪膜科学与技术领域的重要发展方向之一。

习　　题

1. 薄膜的形成一般分为几个过程？
2. 薄膜形成于生长的三种模式是什么？
3. 解释一下气体分子平均自由程。
4. 真空的概念是什么，怎样表示真空程度，为什么说真空是薄膜制备的基础？
5. 工作气体压力对溅射镀膜过程的影响有什么？
6. 简述化学气相沉积的特点？

4 纳米材料制备技术

【本章提要与学习重点】

本章着重讲述了纳米颗粒、纳米管材、纳米薄膜和纳米块体材料的制备技术与工艺。通过对本章的学习，学生能够全面了解纳米材料的制备技术；重点掌握纳米颗粒的制备方法及其特点；了解纳米材料的工业应用和发展前景。

4.1 纳米材料概述

纳米科学技术是20世纪80年代末诞生并正在崛起的新技术，它的基本含义是在纳米尺寸（$10^{-9}\sim10^{-7}$ m）范围内认识及改造自然，通过直接操作及安排原子、分子来创造新的物质。纳米科技是研究由尺寸在0.1~100 nm之间的物质组成的体系的运动规律和相互作用以及可能的实际应用中的技术问题的科学技术。

随着新的研究方法与新仪器的问世以及学科间的渗透，人们对纳米科技、纳米材料的研究与应用越来越深入。纳米晶体材料的特点是晶粒极其细小，缺陷密度高，界面所占体积百分数很大。纳米晶体材料结构上的特殊性使其具有诸多传统粗晶、非晶材料无可比拟的优异性能。如光、热、电、磁等物理性能与常规材料不同，电阻随尺寸下降增大，电阻温度系数下降甚至变为负数；绝缘体的氧化物达到纳米级时，电阻下降；纳米氧化物对红外、微波有良好的吸收；纳米氧化物、氮化物在低频下，介电常数增加几倍，能极大地增强效应；纳米氧化铝、钛、硅等有光致发光现象；由于比表面积显著增加，键态严重失配，化学性质与化学平衡体系出现很大的差异，可用于化工中催化效应、不相溶材料的合成、复合材料的开发、改善物理及力学性能等。因此，纳米结构的出现不仅为人们研究晶体缺陷提供了模型材料，而且为材料的技术应用开创了广阔的前景。

纳米材料是指在三维空间中至少有一维处于纳米尺度范围或由它们作为基本单元构成的材料。1993年，Siegel首先将纳米晶体材料分为四类。

（1）零维是指其三维空间尺度均在纳米尺度，如纳米尺度颗粒、原子团簇、人造超原子、纳米尺度的孔洞等。纳米粉末又称为超微粉或超细粉，一般指粒度在100 nm以下的粉末或颗粒，是一种介于原子、分子与宏观物体之间处于中间物态的固体颗粒材料，可用于高密度磁记录材料、吸波隐身材料、磁流体材料、防辐射材料等。

（2）一维是指在空间有两维处于纳米尺度，如纳米丝、纳米棒、纳米管等。纳米纤维指直径为纳米尺度而长度较大的线状材料，可用于微导线、微光纤材料、新型激光或发光二极管材料等，纳米膜分为颗粒膜和致密膜。

（3）二维是指在三维空间中有一维在纳米尺度，如超薄膜、多层膜、超晶格等。颗粒膜是纳米颗粒粘在一起，中间有极为细小间隙的薄膜；致密膜指膜层致密但晶粒尺寸为纳米级的薄膜。可用于气体催化剂材料、过滤器材料、高密度磁记录材料、光敏材料、平面显示器材料、超导材料。

（4）三维是纳米相（纳米块体材料）。纳米块体是将纳米粉末高压成形或控制金属液体结晶而得到的纳米晶粒材料，主要用途为超高强材料、智能金属材料等。

纳米材料的制备方法有的相同，有的完全不同，有的原理上相同但在技术上有明显的差异，不同的制备技术制备相同的材料，材料性能也有较大的差别。下面将分别叙述前四种纳米材料（纳米颗粒、纳米纤维、纳米膜和纳米块体）的制备技术，并简要介绍纳米材料制备技术的一些新进展。

4.2 纳米颗粒的气相、液相、固相法制备

纳米颗粒的制备方法，目前尚无确切的科学分类标准。按照物质的原始状态分类，相应的制备方法可分为气相法、液相法、固相法；按研究纳米粒子的科学分类，可将其分为物理方法、化学方法和物理化学方法；按制备技术分类，又可分为机械粉碎法、气体蒸发法、溶液法、激光合成法、等离子体合成法、射线辐照合成法、溶胶-凝胶法等。本节依照原始状态的分类标准，分别介绍气相法、液相法、固相法的一些常用制备技术。

4.2.1 气相法制备纳米微粒

气相法是直接利用气体或者通过各种手段将物质变成气体，使之在气体状态下发生物理变化或化学反应，最后在冷却过程中凝聚长大形成纳米微粒的方法。气相又大致可分为：惰性气体冷凝法、等离子体气相化学反应法、化学气相凝聚法和溅射法等。

4.2.1.1 惰性气体冷凝法

作为纳米颗粒的制备方法，惰性气体冷凝技术是最先发展起来的。1963 年 Ryozi Uyeda 及合作者率先发展了该技术，通过在纯净的惰性气体中的蒸发和冷凝过程获得较干净的纳米微粒。20 世纪 70 年代该方法得到很大发展，并成为制备纳米颗粒的主要手段。1984 年 Gleiter 等人首先提出将气体冷凝法制得的纳米微粒在超高真空条件下紧压致密得到多晶体（纳米微晶）成功制备了 Pd、Cu 和 Fe 等纳米晶体，从而标志着纳米结构材料的诞生。

这种技术是通过适当的热源使可凝聚性物质在高温下蒸发变为气态原子、分子，由于惰性气体的对流，气态原子、分子向上移动，并接近充有液氮的骤冷器（77 K）。在蒸发过程中，蒸发产生的气态原子、分子由于与惰性气体原子发生碰撞，能量迅速损失而冷却。这种有效的冷却过程在气态原子、分子中造成很高的局域饱和，从而导致均匀的成核过程。成核后先形成原子簇或簇化合物。原子簇或簇化合物碰撞或长大形成单一纳米微粒。在接近冷却器表面时，由于单个纳米微粒的聚合而长大。最后在冷却器表面上积累，用聚四氧乙烯刮刀刮下并收集起来获得纳米粉体。由于粒子是在很高的温度梯度下形成的，因此，得到的粒子粒径很小，而且粒子的团聚、凝聚等形态特征可以得到良好的控制。

4.2.1.2 等离子体气相化学反应法

等离子体气相化学反应法（PCVD）的基本原理是在惰性气氛或反应性气氛下通过直

流放电使气体电离产生高温等离子体，从而使原料熔化和蒸发，遇到周围的气体就会冷却或发生反应形成纳米微粒。在惰性气氛下，由于等离子体温度高，采用此方法几乎可以制取任何金属的纳米复合微粒。等离子气相合成法（PCVD）又可分为直流电等离子体法（DC法）、高频等离子体法（RF法）和混合等离子体法，这里主要介绍一下混合等离子体法。

混合等离子体法是采用RF等离子与DC等离子组合的混合方式来获得超微粒子。感应线圈产生高频磁场将气体电离产生R等离子体，由载气携带的原料经等离子体加热、反应生成超微粒子并附着在冷却壁上。由于气体或原料进入RF等离子体的空间会使RF等离子弧焰被搅乱，这时通入DC等离子电弧来防止RF等离子受干扰，使粒子生成更容易。该方法的主要优点是不会有电极物质（熔化或蒸发）混入等离子体中，产品纯度高；反应物质在等离子空间停留时间长，可以充分加热和反应；可以使用惰性气体产品多样化。

4.2.1.3　化学气相凝聚法

1994年W. Chang提出一种新的纳米微粒合成技术——化学气相凝聚法（简称CVC法），成功地合成了SiC、ZrO和TiO等多种纳米微粒。化学气相凝聚法是利用气相原料通过化学反应形成基本粒子，并进行冷凝，聚合成纳米微粒的方法。该方主要是通过金属有机前驱物分子热解获得纳米粉体。利用高纯惰性气体作为载气，携带金属有机前驱物，例如，六甲基二硅烷等进入钼丝炉，如图4-1所示，炉温为1100~1400 ℃。气体的压力保持在100~1000 Pa的低压状态，在此环境下原料热解成团簇，进而凝聚成纳米粒子。最后附着在内部充满液氮的转动衬底上，经刮刀刮下进入纳米粉收集器。利用这种方可以合成粒径小、分布窄、无团聚的多种纳米颗粒。

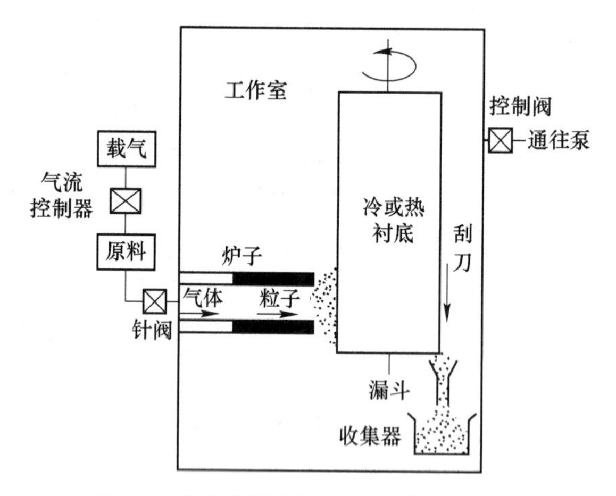

图4-1　化学蒸发凝聚(CVC)装置示意图

4.2.1.4　溅射法

溅射法的原理是在惰性气氛或活性气氛下，在阳极或和阴极蒸发材料间加上几百伏的直流电压，使之产生辉光放电，放电中的离子撞击阴极的蒸发材料靶上，靶材的原子就会由其表面蒸发出来，蒸发原子被惰性气体冷却而凝结或与活性气体反应而形成纳米微粒。其原理如图4-2所示，用两块金属板分别作为阳极和阴极，阴极为蒸发用材料，电极板形状为5 cm×5 cm的板状，在两极间充入氩气（40~250 Pa），两极间施加的电压范围为0.3~1.5 kV。

在这种成膜过程中，蒸发材料（靶）在形成膜的时候并没有熔融。它不像其他方法那样，诸如真空沉积，要在蒸发材料被加热和熔融之后，其原子才由表面放射出去，它与这种所谓的蒸发现象是不同的。用溅射法制备纳米微粒的优点是：（1）不需要坩埚；（2）蒸发材料（靶）放在任何地方都可以（向上、向下都行）；（3）高熔点金属也可制成纳米微粒；（4）可以具有很大的蒸发面；（5）使用反应性气体的反应性溅射可以制备化合物纳米微粒；（6）可形成纳米颗粒薄膜等。

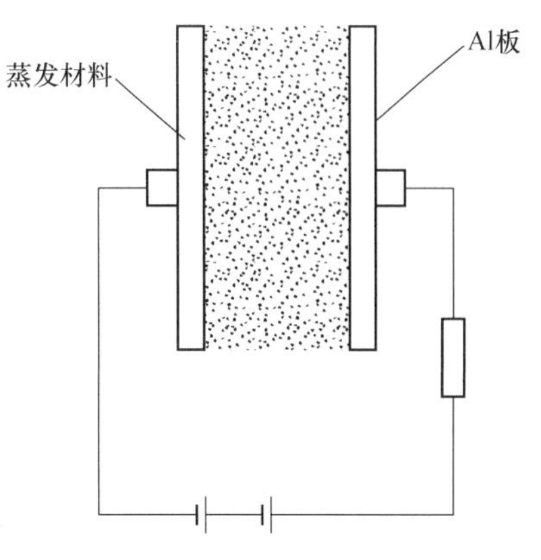

图 4-2　用溅射法制备纳米颗粒的原理

4.2.2　液相法制备纳米微粒

液相制备纳米微粒的共同特点是该法均以均相的溶液为出发点，通过各种途径使溶质与溶剂分离，溶质形成一定形状和大小的颗粒，得到所需粉末的前驱体，热解后得到纳米微粒，主要的制备方法有下述几种。

4.2.2.1　化学沉淀法

化学沉淀法是将沉淀剂加入到包含一种或多种离子的可溶性盐溶液中，使溶液发生水解反应，形成不溶性的氢氧化物，水合氧化物或盐类从溶液中析出；然后，将溶剂和溶液中原有的阴离子洗去，并经过热分解或脱水处理，就可以得到纳米尺度的粉体材料。如果在含多种阳离子的溶液中加入沉淀剂后，所有离子完全沉淀，则称为共沉淀法。一般沉淀过程是不平衡的，如果控制溶液中的沉淀剂浓度，使之缓慢地增加，则使溶液中的沉淀处于平衡状态，且沉淀能在整个溶液中均匀地出现，这种方法被称为均相沉淀法。除上述两种方法外，化学沉淀法还包括沉淀转化法、直接转化法和多元醇沉淀法等。化学沉淀法的优点是工艺比较简单，缺点是纯度较低，粒径较大。早在 1969 年就有人利用共沉淀法制备过 $BaTiO_2$ 粉料。后来，人们用均相沉淀法实现了多种盐的均匀沉淀，如锆盐颗粒和球形 $Al(OH)_3$ 粒子。

4.2.2.2　溶胶-凝胶法

溶胶-凝胶法的基本原理是金属醇盐或无机盐经过水解后形成溶胶，然后溶胶聚合凝胶化，再经凝胶干燥、焙烧等低温热处理除去所含有机成分，最终得到纳米尺度的无机材料超微颗粒。溶胶-凝胶法的特点是合成温度高、产物纯度高、超微颗粒均匀、制备过程容易控制。用溶胶-凝胶法制备 SnO_2 纳米微粒的工艺过程是将 20 g $SnCl_2$ 溶解在 250 mL 乙醇中，搅拌 0.5 h，经 1 h 回流，2 h 老化，在室温放置 5 天，然后在 60 ℃的水浴锅中干燥 2 天，再在 100 ℃烘干，便可得到 SnO_2 纳米微粒。用溶胶-凝胶法制备 SnO_2 薄膜的基本步骤是先利用金属无机盐或有机金属化合物在低温下液相合成为溶胶，再采用提拉法或旋涂法，使溶液吸附在衬底上，然后经过胶化过程成为凝胶，最后经一定温度处理后，便可得到纳米晶薄膜。例如，将 1.0 mol/L 的 NaOH 溶液在强烈搅拌下以每分钟 20 滴的速度滴入 0.13 mol/L 的 $SnCl_2$ 溶液中，得到的沉淀经离心分离、洗涤后，再用 2.0 mol/L 的 HCl 溶液 60 ℃水浴中进行胶溶，得到 SnO_2 水溶胶。再采取水平或垂直等方式将其吸附转移在一定的衬底上，干燥后便得到 SnO_2 薄膜。

Jin 等人利用溶胶-凝胶技术制备了粒径为7~15 nm、孔径为1.6~9 nm 的多孔 SnO_2 薄膜，并对其表面形貌以及对一氧化碳的敏感性进行了研究，研究结果认为该薄膜对一氧化碳的响应快、恢复时间短。

由于溶胶-凝胶技术在控制产品的成分及均匀性方面具有独特的优越性，近年来已用该技术制成 $LiTaO_2$、$LiNbO_2$、Pb-TiO_3、$Pb(ZrTi)_3$、$BaTiO_3$ 等各种电子陶瓷材料，特别是制备出形状各异的超导薄膜和高温超导纤维等。该方法在光学、热学、化学材料方面也具有广泛的应用。

4.2.2.3 喷雾法

喷雾法是将溶液通过各种物理手段雾化，再经物理、化学途径而转变为超细微粒子的方法。它的基本过程是溶液的制备、喷雾、干燥、收集和热处理。其特点是颗粒分布比较均匀，但颗粒尺寸为亚微米到 10 μm，具体的尺寸范围取决于制备工艺和喷雾的方法。喷雾法可根据雾化和凝聚过程分为下述三种：(1) 将液滴进行干燥并随即捕集，捕集后直接或者经过热处理之后作为产物化合物颗粒，这种方法是喷雾干燥法；(2) 将液滴在气相中进行水解是喷雾水解法；(3) 使液滴在游离于气相中的状态下进行热处理，这种方法是喷雾焙烧法。

A 喷雾干燥法

喷雾干燥法是将金属盐溶液送入雾化器，由喷嘴高速喷入干燥室获得金属盐的微粒，收集后焙烧成超微粒子。如铁氧体的超微粒子可采用此种方法制备或还原所得的金属盐微粒可制得金属超细粒子。如图 4-3 所示，是用于合成软铁氧体超微颗粒的装置模型，用这个装置将溶液化的金属盐送到喷雾器进行雾化，喷雾、干燥后的盐用旋风收尘器收集，用炉子进行焙烧就成为微粉。以镍、锌、铁的硫酸盐一起作为初始原料制成混合溶液，进行喷雾就可制得粒径为 10~20 μm、由混合硫酸盐组成的球状颗粒。将这种球状颗粒在 800~1000 ℃进行焙烧就能获得镍、锌铁氧体。这种经焙烧所得到的粉末是 200 nm 左右的一次颗粒的凝集物，经涡轮搅拌机处理，很容易成为亚微米级的微粉。以高功率为特点的特殊微波技术在其应用中，为了激起自旋波必须要有高临界磁场，所以要求铁氧体的粒径小。但提高临界磁场，又常产生材料介电特性的劣化。众所周知，这种劣化主要是由材料的不均匀性所引起的。用这种装置，以同样的方法得到的 Mg-Mn 铁氧体能实现材料的高临界磁场。另外，材料的介电损耗也小。从这点来看，用这种方法所制备的超微颗粒不仅粒径小，而且组成极为均匀。

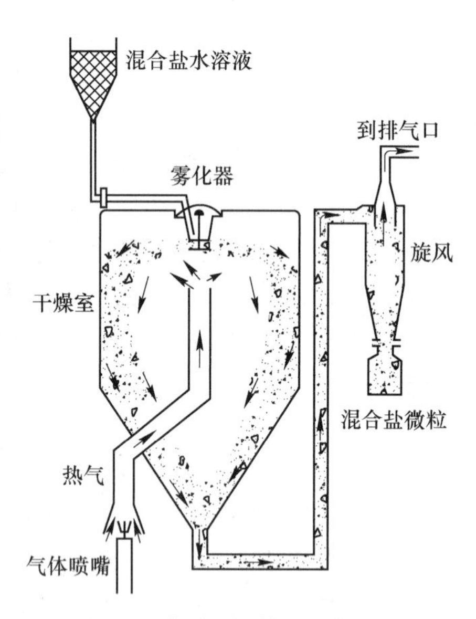

图 4-3 喷雾干燥装置的模型图

B 喷雾热解法

金属盐溶液经压缩空气由喷嘴喷出而雾化、喷雾后生成的液滴大小随着喷嘴而改变，液滴受热分解生成超微粒子。例如将 $Mg(NO_3)_3$-$Al(NO_3)_3$ 水溶液与甲醇混合喷雾热解 (T=800 ℃) 合成铝尖晶石，产物粒径为几十纳米。

等离子喷雾热解工艺是将相应溶液喷成雾状送入等离子体尾焰中，热解生成超细粉末。等离子体喷雾热解法制得的二氧化超细粉末分为两级，平均尺寸为 20~50 nm 的颗粒及平均尺寸为 1 mm 的球状颗粒。

C 喷雾焙烧法

如图 4-4 所示的是典型的喷雾焙烧装置。呈溶液态的原料用压缩空气供往喷嘴，在喷嘴部位与压缩空气混合并雾化。喷雾后生成的液滴大小随喷嘴而改变。液滴载于向下流动的气流上，在通过外部加热式石英管的同时被热解而成为微粒。硝酸和硝酸铝的混合溶液经此法可合成镁、铝尖晶石，溶剂是水与甲醇的混合溶液，粒径大小取决于盐的浓度和溶剂浓度，溶液中盐浓度越低，溶剂中甲醇浓度越高，其粒径就变得越大。用此法制备的粉末，粒径为亚微米级，它们由几十纳米的一次颗粒构成。

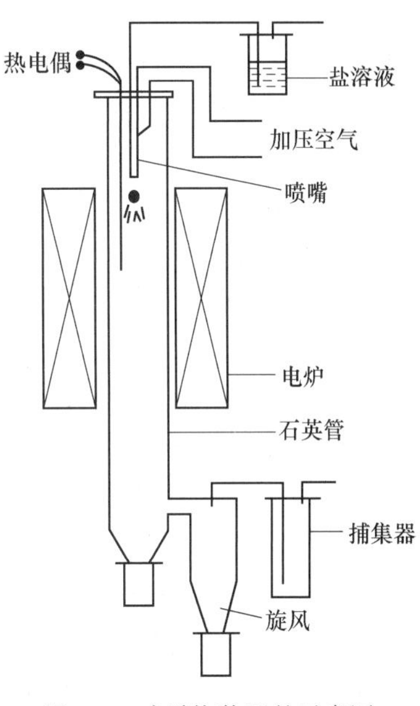

图 4-4 喷雾烧装置的示意图

4.2.2.4 水热法

水热法是在高压釜里的高温、高压反应环境中，采用水作为反应介质使得通常难溶或不溶的物质溶解，还可进行重结晶。水热技术具有两个特点：一是其相对低的温度，二是在封闭容器中进行。近年来还发展出电化学水热以及微波水热合成法，前者将水热法与电场相结合，而后者用微波加热水热反应体系。与一般湿化学法相比较，水热可直接得到分散且结晶良好的粉体，不需作高温灼烧处理，避免了可能形成的粉体硬团聚。如以 $ZrOCl_2 \cdot 8H_2O$ 和 YCl_3 作为反应前驱物制备 6 nm ZrO_2 粒子；用金属 Sn 粉溶于 HNO_3 形成 α-H_2SnO_3溶胶，水热处理制得分散均匀的 5 nm 四方相 SnO_2；以 $SnCl_4 \cdot 5H_2O$ 为前驱物可水热合成出 2~6 nm SnO_2 粒子。

水热过程中通过实验条件的调节控制纳米颗粒的晶体结构、结晶形态与晶粒纯度。利用金属 Ti 粉能溶解于 H_2O_2 的碱性溶液生成 Ti 的过氧化物溶剂（TiO_4^{2-}）的性质，在不同的介质中进行水热处理，制备出不同晶型、九种形状的 TiO_2 纳米粉。

以 $FeCl_3$ 为原料，加入适量金属粉，进行水热还原，分别用尿素和氨水作沉淀剂，水热制备出 80~160 nm 棒状 Fe_3O_4 和 80 nm 板状 Fe_3O_4，通过类似的反应制备出 30 nm 球状 $NiFe_2O_4$ 及 30 nm $ZnFe_2O_4$ 纳米粉末。在水中稳定的化合物和金属也能用此技术制备，用水热法制备 6 nm ZnS，水热晶化不仅能提高产物的晶化程度，而且能有效地防止纳米硫化物的氧化。

4.2.2.5 微乳液法

微乳液通常是由表面活性剂、助表面活性剂、油和水所组成的透明的各相同性的热力学稳定体系（W/O）。微乳液中，微小的“水池”被表面活性剂和助表面活性剂所组成的单分子层界面所包围而形成微乳颗粒，其大小可控制在纳米级范围，以此空间（微反应器）可以合成纳米粒子。通常将两种反应物分别溶于组成完全相同的两份微乳液中，在一定条件下混合，由于微反应器中的物质可以通过界面进入另一个微反应器中，两种物质发生“相遇”进行反应。由于反应是在微反应器中进行的，油水乳液中的反应产物（沉物）处于高度分散状态，表面活性剂在表层形成了保护膜，助表面活性剂又增强了膜的弹性与韧性，使沉淀颗粒很难聚集，从而控制了晶粒生长。利用盐酸与聚乙烯醇/十二酰二乙醇胺/二甲苯/水微乳液的（NH_4WO_4）反应制备了纳米 WO_3 粉末，粒径平均为 15 nm；将 $Zn(NO_3)_2$ 加入环已烷、正丁醇、ABS 中，制得透明微乳液，用氨水作沉淀剂，最后得到均匀的球形纳米 ZnO 颗粒，平均颗粒尺寸为 20 nm。

在微乳液法制备纳米颗粒的过程中，影响粒径大小及质量的主要因素有 4 种。

（1）微乳液组成的影响。纳米颗粒的尺寸受水核大小控制，水核半径 R 是由 $\omega=[H_2O]/[\text{表面活性剂}]$ 决定的，微乳液的组成变化将导致水核半径的增大或减小。

（2）界面醇含量及醇的碳氢链长的影响。醇类在反应中主要是作为助表面性剂起作用的，它决定着纳米颗粒的界面强度。如果界面强度比较松散，则粒子之间物质的交换速度过大，产物的大小分布不均匀。醇的碳氢链长越短，界面空隙越大，界面强度越小，结构越松散。一般来说，醇的含量增加，界面强度下降，但存在一个极大值，超过该值界面强度又上升。

（3）反应物浓度的影响。适当调节反应物浓度，可控制制备粒子的尺寸。这是因为当反应物之一过剩时，反应物离子碰撞概率增大，成核过程比反应物等量反应时要快，生成的纳米粒子粒径则变小。

（4）表面活性剂的影响。选择合适的表面活性剂，使纳米颗粒一旦形成就吸附在微乳液界面膜表面，对生成的粒子起稳定和保护作用，否则难以得到粒径细小而均匀的纳米颗粒。

4.2.2.6　电沉积技术

电沉积技术长期以来一直被用于制备电镀材料。根据法拉第电解定律，通过控制电子转移数目可以确定被沉积材料的质量，即电流所形成的沉积产物的物质的量与所提供的电子数目成正比，以可控方式通过电沉积法可在物体表面镀上单层或多层纳米镀层。假定镀层原子的直径为 10 nm 并呈立方形式排列（即位于正方形的四顶角），在面积为 1 cm^2、覆盖率为 50%的表面形成单层镀层时，需要 0.5×10^{12} 个原子。如果镀层原子由二价阳离子还原而形成，则需 1×10^{12} 个原子或 0.166×10^{-10} mol 电子，或者是每秒需要 160.16 mA 的电流。必须严格控制电流和时间，同时也要考虑一些其他因素，例如，杂质可能会消耗部分电流，因此，要求材料极为纯净。

具有纳米结构的铂膜也可以通过电沉积方法由液态结晶合物中沉积形成，所制成的铂膜非常牢固、平和均匀，并且表面非常光亮。铂膜的表面积与从传统电镀槽中沉积形成铂的表面积相当。但与铂黑相比，铂膜具有不同、但更为优越的电性能。采用液态结晶混合物进行电镀的方法也可以制备 Pd、Ni、Au 等金属、有机聚合物（如聚苯胺）、氧化物和半导体材料。由液态结晶混合物中通过电沉积形成的纳米结构薄膜由于其独特性能，应用范围被大大拓宽，具有广阔的应用前景。如应用于电池、燃料电池、太阳能电池、电致变色玻璃窗、传感器、场发射器和光电子器件等。

构成电致变色器件的材料是利用外加电场或通入电流使材料具有一定光吸收带或改变材料本身具有的光吸收带。纳米材料如氧化凝胶，被用于制造大型的电致变色显示器件。控制电致色反应是由离子（或质子、H^+）和电子组成的双股射流引起的，它们与钨酸纳米晶作用形成钨青铜，主要用于传达信息的公众告示牌和售票显示牌。电致变色器件与用于计算器和手表的液晶显示器类似，但电致变色器件是通过施加电压使颜色发生变化来显示信息的，当反接时颜色消退。电致变色器件的分辨率、亮度和对比度与氧化凝胶的晶粒尺寸关系非常密切，目前正努力研究用于电致变色的新型纳米材料。

预先在基片上形成纳米孔洞，采用电沉积方来填充孔洞可以制备弥散分布的纳米材料。首先是聚合物薄片遭受由回旋加速器产生的高能离子流轰击，重离子穿透薄片形成微小裂痕。然后通过化学蚀刻将这些微小裂痕变成直径为10~100 nm的纳米孔洞。在这些纳米孔穴填入各种金属粒子则形成具有不同用途的纳米复合材料。例如，向部分纳米孔洞中填入导电金属，然后充电使其带上电荷，这对将要穿过未被填充孔洞的离子性质产生影响。如果有一个对电荷起响应的装置放置在薄片的另一侧，则这个装置就变成一个离子探测器。此方法还可以制备一些具有特定光学、电学、磁学和化学性质的纳米复合材料，用于可以屏蔽热、光和辐射的材料，例如，厨房器具和炉子以及汽车音箱里的热衬材料。如采用一些特殊化合物，可以制备活性传感智能材料，用于人工鼻或生物传感器。电沉积方法最重要的应用之一是制备可以快速检测大量物体并能作出有效判断的多功能集成电路板。微乳液法是近年发展起来的、用于制备纳米材料的一种方法，已受到广泛的重视。

4.2.3 固相法制备纳米微粒

气相法和液相法制备的微粉大多数情况下都必须再进一步处理，大部分的处理是把盐转变成氧化物等，使其更容易烧结，这属于固相法范围。再者，像复合氧化物那样含有两种以上金属元素的材料，当用液相或气相法的步骤难以制备时，必须用通过高温固相反应合成化合物的步骤，这也属固相法。

固相法是通过从固相到固相的变化来制造粉体，其特征是不像气相法和液相法伴随有气相-固相、液相-固相那样的状态（相）变化。对于气相或液相，分子（原子）具有大的易动度，所以集合状态是均匀的，对外界条件的反应很敏感。另外，对于固相，分子（原子）的扩散很迟缓，集合状态是多样的。固相其原料本身是固体，这较之于液体和气体有很大的差异。固相制备纳米粉体是利用研磨、流体或超声的方式将原料进行机械破碎，得到较小粒径的颗粒。高能球磨法是固相法制备纳米粉体的代表性方法，主要是利用球磨机的转动、振动使磨球对原料进行强烈的撞击、研磨和搅拌，将其粉碎为纳米颗粒。物质的微粉化机理大致可分为两类：一类是将大块物质极细地分割（尺寸降低过程）的方法；另一类是将最小单位（分子或原子）组合（构筑过程）的方法。

4.2.3.1 高能球磨法

在矿物加工、陶瓷工艺和粉末冶金工业中所使用的基本方法是材料的球磨。球磨工艺的主要作用为减小粒子尺寸、固态合金化、混合或融合以及改变粒子的形状。

球磨技术是一种重要的、用于提高固体原材料分散度及减小度的实验方法，如图4-5所示。简单球磨法可用来制备纳米材料，即利用球磨机的转动或振动使硬球对密封在球磨罐内的原料进行撞击，把材料结构转变成纳米晶。将球磨技术用于合成具有特殊性能的新材料始于20世纪60年代，60年代后期，美国INCO公司的Beniamin利用球磨技术制备了用于高温条件下的氧化物弥散强化合金，并将这一制备具有可控微结构金属基或陶瓷基复合粉体的技术称为机械合金化。到20世纪80年代，美国橡树岭国立实验室的Koch等通过对单质 Ni 和 Nb 混合体系机械金化制备出了非晶合金，从而使机械合金化的研究进入了一个新天地，并引发了众多国家有关科研人员从事这一领域的研究工作。1988 年日本京都大学的 Shingu 等首先报道以 Al 和 Fe 粉体为原料，通过高能球磨制备 Al-Fe 纳米晶材料，从而为制备纳米材料找到了一种全新而又实用的方法。目前，这一方法已在纳米材料制备研究中出了丰硕成果。文献中机械合金化一般专指对混合（单质或合金）粉体的高能球磨过程，而对于单一组分材料的高能球磨过程一般称为机械研磨。

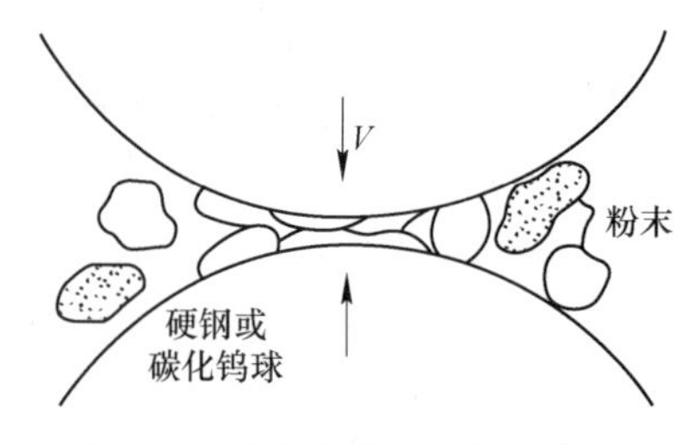

图 4-5 球磨法典型工艺示意图

高能球磨方法之所以引起了材料科学工作者的极大兴趣，一是因为这一方法具有其独特的优越之处，由于在高能球磨过程中引入了大量应变、缺陷以及纳米量级的微结构，使得球磨过程的热力学与动力学明显不同于普通固态反应过程，因而可以制备许多在常规条件下难以合成的新型材料，其中主要包括非晶、准晶及纳米晶材料。二是该方法所需的设备、工艺简单，制备出的样品大（可达吨数量级），易于实现工业化生产。球磨法还可以制备包括纳米碳管在内的各种新型碳结构材料，也可以用来制备其他类型的纳米管（如 BN 纳米管）、各种元素粉末和氧化物粉末。例如，球磨法可以制备晶粒度在 10～30 nm 的 Fe、铝镍基 Ni_xAl_{100-x}（$47<x<61$）金属间化合物，在氨气气氛下制备氨化铁晶体。

球磨法还是制备金属氧化物的主要方法之一，球磨法制备的金属氧化物用途很广，包括颜料、电容器、涂料和墨水等许多领域，所有这些领域的应用都是由于金属氧化物比表面积的提高，从而使其化学性质发生了变化的缘故。

该方法的优点在于合金基体成分不受限制、成本低、产量大、工艺简单，特别是在难熔金属的合金化、非平衡相的生成、开发特殊用途合金等方面显示出较强的活力，它在国外已经进入实用化阶段。但该方法的主要缺点是其晶粒尺寸分布不均匀、容易引入杂质、使其容易受到污染，也容易发生氧化和形成应力，因此就很难得到洁净的纳米晶体界面和无微孔隙的块体纳米晶材料，从而对一些基础性研究工作不利。

4.2.3.2 固相反应法

由固相热分解可获得单一的金属氧化物，但氧化物以外的物质如碳化物、硅化物、氮化物等以及含两种金属元素以上的氧化物制成的化合物，仅仅用热分解则很难制备，通常是按最终合成所需组成的原料混合，再用高温使其反应的方法，其一般工序如图 4-6 所示。

首先按规定的组成称量，通常用水等作为分散剂，在玛瑙球的球磨机内混合，然后通过压机脱水后再用电炉焙烧，通常焙烧温度比烧成温度低。对于电子材料所用的原料，大部分在 100 ℃左右焙烧，将烧后的原料粉碎到 1～2 μm。粉碎后的原料再次充分混合而制成烧结用粉体，当反应不完全时往往需再次煅烧。

固相反应是陶瓷材料科学的基本手段，粉体间的反应相当复杂，反应虽从固体间的接触部分通过离子扩散来进行，但接触状态和各种原料颗粒的分布情况显著地受各颗粒的性质（粒径、颗粒形状和表面状态等）和粉体处理方法（团聚状态和填充状态等）的影响。

另外，当加热上述粉体时，固相反应以外的现象也同时进行。一是烧结，二是颗粒生长，这两种现象均在同种原料间和反应生成物间出现。烧结和颗粒生长是完全不同于固相

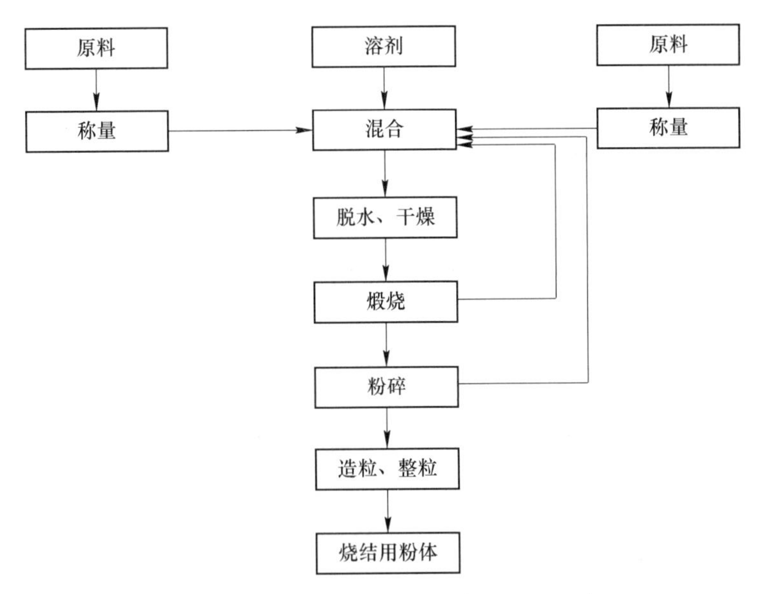

图 4-6 固相反应法制备粉体工艺流程图

反应的现象，烧结是粉体在低于其熔点的温度以下的颗粒。在固相反应法制备粉体工艺流程中会产生结合、烧结成牢固结合的现象。

颗粒生长着眼于各个颗粒，各个颗粒通过粒界与其他颗粒结合，也可单独存在，因为在这里仅仅考虑颗粒大小如何变化。而烧结是颗粒互相接触，所以颗粒边缘的粒界决定了颗粒的大小，粒界移动即为颗粒生长（颗粒数减少）。实际上，烧结体的相对密度超过90%以后，颗粒生长比烧结更显著。

对于由固相反应合成的化合物，原料的烧结和颗粒的生长均使原料的反应性降低，并且导致扩散距离增加和接触点密度的减少，所以应尽量抑制烧结和颗粒生长。组分原料间紧密接触对进行反应有利，因此，应降低原料粒径并充分混合。此时出现的问题是颗粒团聚，由于团聚，即使一次颗粒的粒径小也变得不均匀。特别是颗粒小的情况下，由于表面状态往往粉碎也难以分离，此时采用恰当的溶剂使之分散开来的方法是至关重要的。

4.2.3.3 溶出法

化学处理或溶出法就是制造 Raney Ni 催化剂的方法。例如，W-2 Raney Ni 的制备：在通风橱内，将 380 g 的氢氧化钠浴于 1.6 L 的蒸馏水，置于一个 4 L 的烧杯中，装上搅拌器，在冰浴中冷至 10 ℃。在搅拌下分小批加入镍合金共 300 g，加入的速度应不使溶液温度超过 25 ℃（烧杯仍留在水浴中）。当全部完毕后，（约需 2 h）停止搅拌，从水浴中取出烧杯，使溶液温度升至室温。当氢气发生缓慢时在沸腾水浴上逐渐加热（防止温度上升太快，避免气泡过多而溢出），直至气泡发生再度缓慢时为止（需 8～12 h，在这一过程中，时时用蒸馏水添补被蒸发的水分）。然后静置让镍粉沉下，倾去上层液体，加入蒸馏水至原来体积，并予以搅拌使镍粉悬浮，再次静置，并倾去上层液体。将镍在蒸馏水的冲洗下，转移至一个 2 L 的烧杯中，倾去上层的水，加入含有 50 g 氢氧化钠的 500 mL 水溶液，搅拌使镍粉浮起，然后再让其沉下。倾去碱液，然后不断以蒸馏水用倾泻法洗至对石蕊试纸呈中性后，再洗 10 次以上，使碱性完全除去（需 20～40 次洗涤）。用 200 mL 95%

的乙醇洗涤3次，再用绝对乙醇洗3次，然后储藏于充满绝对乙醇的玻璃瓶中，并塞紧，质量约150 g。这种催化剂在空气中很易着火，因此，在任何时候都要保存在液体中。

4.3　一维纳米材料的制备

随着纳米科学技术的迅猛发展，对一些介观尺度的物理现象，如纳米尺度的结构、光吸收、发光以及与低维相关的量子尺寸效应等的研究也越来越深入，对新型功能材料和对组成器件微小型化提出了更高的要求。因此，在零维材料取得很大进展的同时，对一维纳米材料的制备与研究也得到了长足的进步。自从1991年日本NEC公司饭岛（Iijima）等发现纳米碳管以来，很快引起了许多科学家的极大关注。因为准一维纳米材料在介观领域和纳米器件研制方面有着重要的应用前景，它可用作扫描隧道显微镜（STM）的针尖、纳米器件和超大集成电路（ULSIC）中的连线、光导纤维、微电子学方面的微型钻头以及复合材料的增强剂等。因此，目前关于准一维纳米材料的制备研究已有大量报道，下面主要介绍纳米碳管、纳米棒、纳米丝和纳米线的制备。

4.3.1　纳米碳管的制备

纳米碳管自1991年被Iijima在高分透射电镜下发现以来，以它特有的力学、电学和化学性质以及独特的准一维管状分子结构和在未来高科技领域中所具有的许多潜在的应用价值，迅速成为化学、物理及材料科学等领域的研究热点。目前纳米碳管在理论计算、制备和纯化、生长机理、光谱表征、物理化学性质等方面已取得重大突破，在力学、电学、化学和材料学等领域的应用研究也正在向纵深发展。据报道，中国科学院沈阳金属研究所科研人员在纳米碳管储氢研究方向已达到世界领先水平，该成果被中国科学院评为中国1999年度十大科技成果之一。纳米碳管的发现，开辟了碳家族的又一同素异构体和纳米材料研究的新领域。

纳米碳管即管状的纳米级石墨晶体，是单层或多层石墨片围绕中心轴按一定的螺旋角卷曲而成的无缝纳米级管，如图4-7所示。每层纳米管是一个由碳原子通过sp2杂化与周围3个碳原子完全键合后所构成的六边形平面组成的圆柱面。其平面六角晶胞边长为0.246 nm，最短的碳—碳键长0.142 nm。根据制备方法和条件的不同，纳米碳管存在多壁纳米碳管和单壁纳米碳管两种形式。与多壁纳米碳管相比，单壁纳米碳管是由单层圆柱形石墨层构成的，其直径大小的分布范围小，缺陷少，具有更高的均匀一致性。无论是多壁纳米碳管还是单壁纳米碳管都具有很高的长径比，一般为100~1000，最高可达1000~10000，完全可以认为是一维分子。

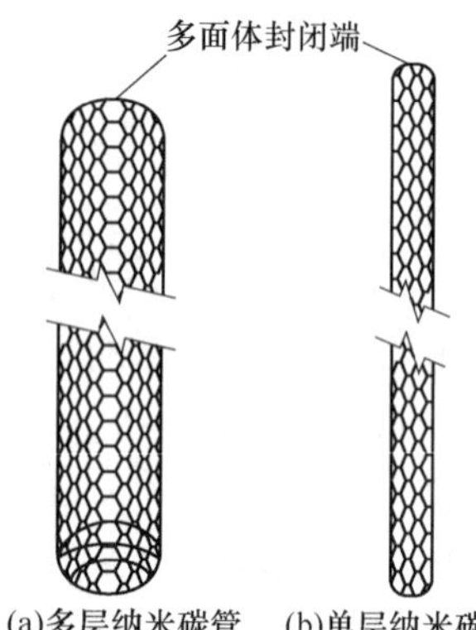

图4-7　纳米碳管结构示意图

4.3.2　纳米棒的制备

4.3.2.1　物理蒸发法

按照常规的纳米粉体的制备方法，向已抽至较高真空度的蒸发室内通入惰性气体，加热金属或氧化物，形成蒸气并雾化为原子雾，与惰性原子发生碰撞，凝聚形成纳米尺寸的团簇，最后在液氮冷阱上聚集，得到纳米颗粒。可以在制备过程中通过对惰性气体类型的选择以及对蒸发速率、气体流量和压力的调控，来改变产物颗粒的粒径分布和形貌特征，从而得到纳米棒。

用无催化剂的高温热蒸发方法可以获得具有良好晶体结构、规则外形、直径约几十纳米的ZnO纳米棒。将0.3 g Zn粉（分析纯）与1.0 g ZnO粉（分析纯）在石英舟中混合均匀，以此作为蒸发的物料源，石英舟被置于快速升温的管式电炉里的氧化铝管的中部。在离蒸发源20 cm左右的地方，也是氧化铝管的下风处，放上干的Si片作为承载纳米棒的衬底材料。采用机械泵对系统抽真空，然后启动加热电源，在40 min内升温到1300 ℃，保温1 h后自然冷却。

在加热蒸发反应过程中通入氩气，氩气流量为40 mL/min，并保持反应生长腔室内一定的压强。冷却后可以看到在Si片上沉积了一层六方纤锌矿结构的ZnO棒。Zn粉的熔点为420 ℃，而使Zn粉氧化为ZnO需要更高的温度。实验中发现，在温度低于900 ℃时，没有ZnO的生成，当温度高于1200 ℃时，生成了零维ZnO颗粒，所以用简单的直接物理蒸发制备形状各异的纳米ZnO晶体的适宜温度范围为90~1200 ℃，随着保温时间的延长，纳米颗粒和纳米线连接在一起，生长成为纳米棒四锥体结构。

4.3.2.2 微乳液法

用微乳液法制备纳米棒，微乳液体是由H_2O/表面活性剂组成，这样的微乳体系具有一定的自限制反应与自组装性，选择合适的条件就可以利用这种微反应器合成一维纳米材料。微乳体系中所合成的纳米材料的大小和形状与体系中的水核直径紧密相关，而该水核直径由H_2O/表面活剂的摩尔比值来决定。这个比值的变化同时也会影响微乳液中界面膜的强度，以致最终会影响反应物碰撞、聚结及晶化过程。尽管如此，目标产物并不一定与水核直径完全成正比，对于不同的产物可能会有不同的影响。另外，适当调整反应物的浓度也可控制产物的形态和粒径分布。

赵鹤云等采用微乳液法成功地制备了具有金红石结构的SnO_2纳米棒。先将$SnCl_4$、$NaBH_4$和KCl-NaCl组成的三种微乳液进行混合，让其发生反应形成SnO_2前驱物。然后将SnO_2前驱物放在熔盐环境中进行焙烧。根据焙烧温度、焙烧时间和熔盐对SnO_2纳米棒的影响，焙烧的温度范围应在710~900 ℃，焙烧的时间应为15 min~3 h。

4.3.2.3 水热法

用水热法制备铜纳米棒，以$CuSO_4 \cdot 5H_2O$和NaOH作原料，保持Cu^{2+}和OH^-浓度比为1∶4，加入与Cu^{2+}等量的山梨醇作还原剂，在180 ℃水热条件下反应20 h后得到产物铜纳米棒。经XRD分析确定该产物为金属铜，扫描电镜照片显示产物大部分为球形颗粒组成的正六角体，此外产物中还有少量纳米棒和纳米线。纳米棒的直径为100~500 nm，长径比在50以上，而纳米线比纳米棒更细，扫描电镜照片显示其蜿蜒曲折，柔韧性较好。

用水热制备TiO_2纳米棒，将NaOH溶液和具有锐钛矿构的TiO_2粉体按一定的比例经搅拌混合后得到白色悬浊液。然后将此悬液加入高压釜中，对高压釜加热按6~8 ℃/min速率升温至130 ℃，恒温50~100 h，进行水热反应。水热反应完毕后，在室温下将白色沉淀物用去离子水反复洗至中性，然后烘干。烘干后的粉体被放入扩散炉中烧结1 h，烧结温度为 500 ℃，随炉自然冷却后即可得到 TiO_2 纳米棒样品。

4.3.2.4 模板法

用模板法制备金属氧化物纳米棒时，采用的模板主要有孔型氧化铝模板（AAM）、聚碳酸模板（PC）、纳米碳管（CNTs）模板等。在用 AAM 或 PC 中生长组装纳米棒较多采用溶胶-凝胶的方法。

溶胶-凝胶制备氧化物纳米棒，其实质是溶胶的直接填充，也即目标氧化物溶胶在基板孔中的渗滤。用 AAM 作模板合成 MnO_2 纳米棒，具体是先制得目标氧化物溶胶，然后将 AAM 模板于溶胶中；经过一段时间后，将模板取出并进行一定的后处理。溶胶-凝胶模板制备氧化物纳米棒的优点是装置简单，反应条件要求不高，制备过程简单。但困难的是溶胶是通过毛细作用渗入模板的孔内，所以模孔有时会出现填充度很低的现象，直接影响所得纳米棒的质量。赵启涛等人采用溶胶作为模板，制备出 Au 纳米棒。他们还将以硝酸锡与硫代乙酰胺（TAA）为原料，在比较温和的条件下将溶胶-凝胶与水热相结合，用乙酰丙酮控制钛酸丁醋水解，以水解的方式形成溶胶中的网络孔道，并以此作为软性模板，合成出 CdS 纳米棒。

Satishkumar 等用 CNTs 作模板制备了 V_2O_3、WO_3、MoO_3、Sb_2O_5、MoO_2、RuO_2、IrO_2 等多种氧化物的纳米棒，且大多数纳米棒为单晶。以 CNTs 为模板制备氧化物纳米棒有两种可能的机制：一种是氧化物包覆的 CNTs 在加热时，有 CO/CO_2 产生，氧原子来源于金属氧化物，余留的金属或亚氧化物可能被再氧化，并经历重结晶过程，晶粒聚集成棒状；另一种可能是在加热 CNTs 时，氧化物前驱物原位分解产生晶体，前驱物分解过程中产生 H_2、O_2 或 CO_2 气体。在气体的传输带动下，晶粒聚集生长成纳米棒。以 WO_3 为例，基本制备过程是先将 H_2WO_3 与适量的、经过酸处理的 CNTs 用磁力搅拌 48 h，得到的样品经过过滤和洗涤，在 100 ℃干燥，再以 700 ℃的温度在空气气氛中灼烧除去 CNTs，随即得到了 WO_3 纳米棒。

4.3.3 纳米丝（线）的制备

4.3.3.1 激光烧蚀法

1998 年 1 月美国哈佛大学的 Moraes 和 Lieber 等报道了利用激光烧蚀法与气-液-固（VLS）生长机制相结合制备 Si 和 Ge 单晶纳米线的技术。在该法中，激光烧蚀的作用在于克服平衡状态下团簇的尺寸的限制，可形成比平衡状态下团簇最小尺寸还要小的直径为纳米级的液相催化剂团簇，而该液相催化剂团簇的尺寸大小限定了后续按 VLS 机理生长的线状产物的直径。如图 4-8 所示为 Iieber 等提出的用纳米团簇催化制备纳米线的生长示意图。液态催化剂纳米团簇限制了纳米线的直径，并通过不断吸附反应物使之在催化-纳米线界面上生长，纳米线一直生长，直到液态催化剂变成固态。这种方案的一个重要之处在于它蕴含了一种具有预见性的选择催化剂和制备的手段。首先，可以根据相图选择一种能与纳米线材料形成液态合金的催化剂，然后再根据相图选定液态合金及固态纳米线材料共存的配比制备温度。

Lieber 等分别以 $Si_{0.9}Fe_{0.1}$、$Si_{0.9}Ni_{0.1}$ 和 $Si_{0.99}Au_{0.01}$ 为靶材，用该制备了直径为 6~20 nm、长度为 1~30 μm 的单晶 Si 纳米线。同时也以 $Ge_{0.9}Fe_{0.1}$ 为靶材，用该合成了直径为 3~9 nm、长度为 1~30 μm 的单晶 Ge 纳米线。这种制备纳米线的技术具有一定的普适

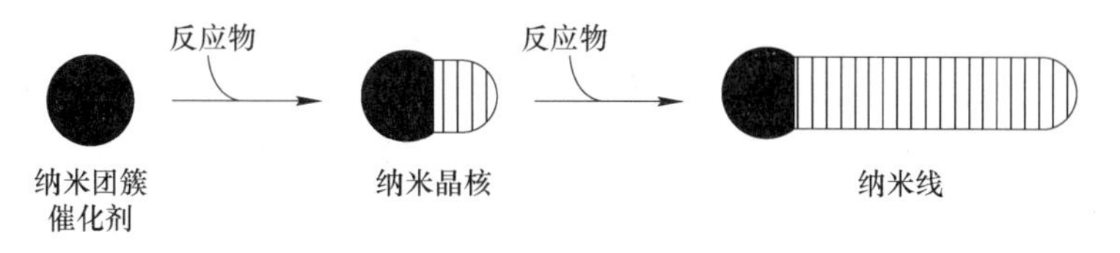

图 4-8 纳米团簇催化制备纳米线的生长示意图

性，只要欲制备的材料能与其他组分形成共晶合金，则可根据相图配置作为靶材的合金，然后按相图中的共晶温度调整激光辐照能量密度和控制材料的凝聚条件，就可获得欲制备材料的纳米线，他们预言，用该方法还可制备 SiC、GaAs、Bi_2Te_3 及 BN 纳米线，甚至有可能制备金刚石的纳米线。如图 4-9 所示为用 $Si_{0.9}Fe_{0.1}$ 作靶材、Fe 作催化剂制备 Si 纳米线的生长示意图。

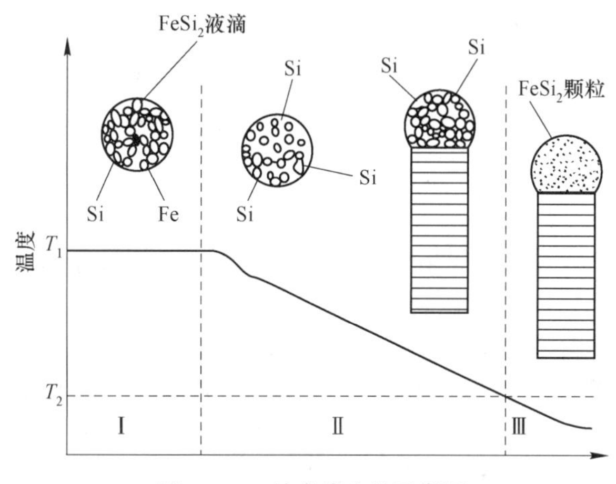

图 4-9 Si 纳米线生长示意图

T_1—恒温区温度；T_2—$FeSi_2$ 液滴的凝固温度

Si 纳米线的生长可分为两个阶段：$FeSi_2$ 液滴的成核和长大以及基于 VLS 机制的 Si 纳米线的生长。在激光烧蚀作用下，靶中的 Si 和 Fe 原子被蒸发出来，它们因与载体中的原子碰撞而损失热运动能量，使 Fe、Si 蒸气迅速冷却成为过冷气体，促使液滴（FeSi）自发成核。当载气将在区域Ⅰ中形成的 $FeSi_2$ 液滴带入区域Ⅱ时（区域Ⅱ中的温度不小于 $FeSi_2$ 液滴的凝固温度 T_2），由于区域Ⅱ中的 Si 原子浓度相对较高，$FeSi_2$ 液滴吸收过量 Si 原子（过饱和状态）将从液滴中析出形成纳米线。在区域Ⅱ中 $FeSi_2$ 保持态，上述过程不断发生维持 Si 纳米线不断生长。当载气将 Si 纳米线和与之相连的 $FeSi_2$ 液滴带出区域Ⅱ后，由于区域Ⅲ的温度低于 T_2，液滴将凝固成 $FeSi_2$ 颗粒，于是 Si 纳米线停止生长。现在利用该技术已成功地制备出了 GaAs、SiO_2 等多种物质的纳米线。

4.3.3.2 *蒸发冷凝法*

1998 年，北京大学俞大鹏等采用简单物理蒸发法成功地制备了硅纳米线。其具体方法：将经过 8 h 热压的靶（95%Si，5%Fe）置于石英管内，石英臂的一端通入氨气作为载气，另一端以恒定速抽气，整个系统在 200 ℃保温 20 h 后，在收集头附近管壁上可收集到直径为 3~15 nm、长度从几十微米到上百微米的 Si 纳米线。进一步研究表明：(1) 石英管内气压对纳米线的直径有很大影响，随着气压升高纳米线的直径有明显的增大；(2) 催化剂是 Si 纳米线生长必不可少的条件，在有催化剂的条件下 Si 纳米线的生长分为两个阶段，即低共熔液滴的形成和基于气-液-固（VLS）机制的 Si 纳米线生长。

4.3.3.3 气-固生长（VS）法

1997 年美国哈佛大学 Yang 等用改进的晶体气-固生长法制备了定向排列的 MgO 纳米丝。首先用按 1∶3（质量比）混合的 MgO 粉（74 μm）与炭粉（48 μm）作为原材料，放入管式炉中部的石墨舟内，在高纯流动气氛保护下将混合粉末加热到约 1200 ℃，则生成的 Mg 蒸气被流动氩气传输到远离混合粉末的纳米丝“生长区”，在生长区放置了提供纳米丝生长的 MgO（001）衬底材料，该 MgO（001）衬底材料预先用 0.5 mol/L 的 $NiCl_2$ 溶液处理 1~30 min，在其表面上形成了许多纳米尺度的凹坑或蚀丘，Mg 蒸气被输运到这里后，首先在纳米级凹坑或蚀丘上形核，再按晶体的气-固生长机制在衬底上垂直于表面生长，形成了直径为 7~40 nm、高度达 1~3 μm 的 MgO 纳米丝。这里需要指出的是，凹坑或蚀丘为纳米丝提供了形核位置，并且它的尺寸限定了 MgO 纳米丝的临界形核直径，从而使 MgO 生长成直径为纳米级的丝。

4.4 二维、三维纳米材料的制备

二维、三维纳米材料是指由尺寸为 1~100 nm 的粒子为主体形成的块体和薄膜材料，又称纳米固体。纳米固体中的纳米微粒有三种形式：长程有序的晶态、短程有序的非晶态和只有取向有序的准晶态。以纳米颗粒为单元沿着一维方向排列形成纳米丝，在二维空间排列形成纳米薄膜，在三维空间可以堆积成纳米块体，经人工的控制和加工，纳米微粒在一维、二维和三维空间有序排列，可以形成不同维数的阵列体系。纳米薄膜有颗粒膜、膜厚为纳米级的多层膜、纳米晶态薄膜和纳米非晶态薄膜。纳米固体按照小颗粒构状态可分为纳米晶体材料、纳米非晶材料和纳米准晶材料。按照小颗粒键的形式又可以把纳米材料划分为纳米金属材料、纳米离子晶体材料（如 CaF_2 等）、纳米半导体材料以及纳米陶瓷材料。纳米材料是由单相微粒构成的固体称为纳米相材料；每个纳米微粒本身由两相构成（一种相弥散于另一种相中），则相应的纳米材料称为纳米复相材料。

4.4.1 纳米薄膜的制备

纳米薄膜分两类：一类是由纳米粒子组成的（或堆砌而成的）薄膜；另一类薄膜是在纳米粒子间有较多的孔隙或无序原子或另一种材料，即纳米复合薄膜，其是指由特征维度尺寸为纳米数量级（1~100 nm）的组元镶嵌于不同的基体里所形成的复合薄膜材料，有时也把不同组元构成的多层膜（如超晶格）也称为纳米复合薄膜。纳米复合薄膜是一类具有广泛应用前景的纳米材料，按用途可分为两大类，即纳米复合功能薄膜和纳米复合结构薄膜。前者主要利用纳米粒子所具有的光、电、磁方面的特异性能，通过复合赋予基体所不具备的性能，从而获得传统薄膜所有的功能；而后者主要通过纳米粒子复合提高机械方面的性能。薄膜的制备大致可分为物理方法和化学方法两大类，也有人将其简称为“干”

法和“湿”法。物理方主要包括蒸发、直流、高频或射频溅射、离子束溅射、分子束外延等，如图4-10所示。化学方法则包括各种化学气相沉积、溶胶-凝胶法等，如图4-11所示。

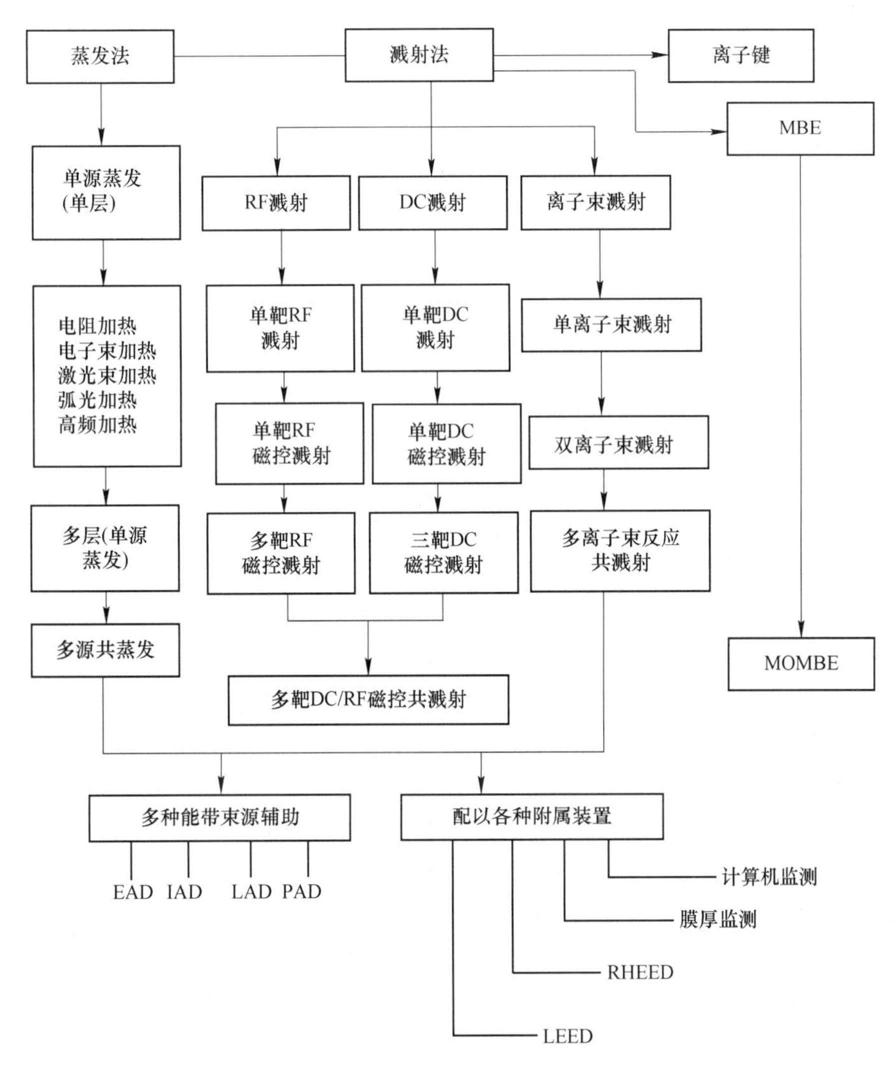

图4-10　薄膜制备的物理方法

4.4.1.1　溶胶-凝胶法

溶胶-凝胶法是从金属的有机或无机化合物的溶液出发，在溶液中通过化合物的加水分解、聚合，把溶液制成溶有金属氧化物微粒的溶胶液，进一步反应发生凝胶化，再把凝胶加热干燥形成各类薄膜。目前，此法是制备纳米薄膜最常用的方法之一。

用溶胶-凝胶法制备薄膜时，通常是利用金属醇盐或其他盐类溶解在醇、醚等有机溶剂中形成均匀的溶液，溶液通过水解和缩聚反应形成溶胶，进一步的缩聚反应经过溶胶-凝胶转变形成凝胶。再经过热处理，除去凝胶中的剩余有机物和水分，最后形成所需要的薄膜。与其他制备薄膜的方法相比，这种技术有以下几个特点：（1）制备薄膜的装置简单，不需要任何真空条件或其他昂贵的设备，耗用的材料省，制备成本低，便于应用推

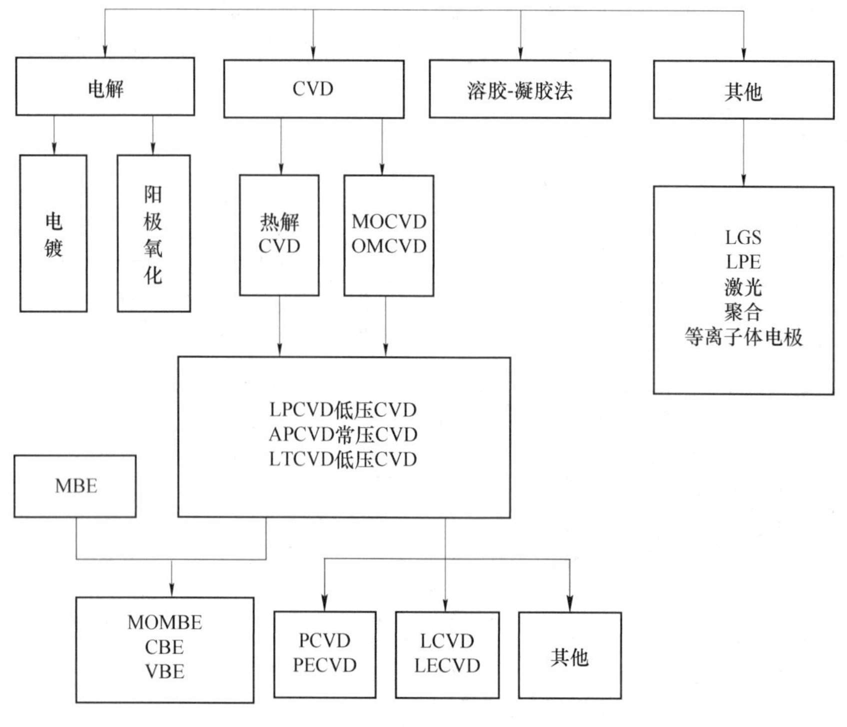

图 4-11 薄膜制备的化学方法

广；(2) 各种反应物以溶液的形式进行混合，很容易实现定量掺杂，获得所需要的多组分均匀相体系，易于有效控制薄膜的成分及结构；(3) 能在较低温度和其他温度条件下制备出多种功能的薄膜材料，这对于获得那些含有易挥发组分或高温下易发生相分离的多元体系薄膜非常有利；(4) 可以在各种不同形状（平板状、圆棒状、圆管内壁、球状及纤维状等)、不同材料（如金属、玻璃、陶瓷、高分子材料等）的基底上制备大面积薄膜，甚至可以在粉体材料表面制备一层包覆薄膜；(5) 溶胶-凝胶技术制备薄膜从纳米单元开始，在纳米尺度上进行反应，最终能够获得具有纳米结构特征的薄膜。

利用溶胶-凝胶技术制备薄膜的方法主要有三种：浸渍法、旋涂法、层流法。这三种方法各有特点，可根据衬底材料的尺寸与形状以及对所制薄膜的要求选择不同的方法，其中浸渍法和旋涂法目前较为常用。采用这几种方法制备纳米薄膜时，凝胶膜都是由于溶剂的快速蒸发形成的，根据需要加热处理凝胶膜即可得到所要求的薄膜材料。

溶胶-凝胶法制备薄膜所需要的溶胶按照其形成的方法或存在的状态可以分为有机途径和无机途径。有机途径是通过有机金属醇盐的水解与缩聚形成溶胶。该途径因涉及水和有机物，在制备薄膜的干燥过程中由于大量溶剂（水、有机物等）蒸发而产生的残余应力容易引起龟裂，这在很大程度上限制了制备有一定厚度的薄膜的可能。无机途径是将通过合适的方法制得的氧化物微粒，让其稳定地悬浮在相应的有机或无机溶剂中形成溶胶。通过无机途径制膜，有时只需在室温进行干燥即可，因此容易制得 10 层以上无龟裂的、较厚的氧化物或金属薄膜。但这种用无机法制得的薄膜与基底的附着力较差，而且很难找到合适的、能同时溶解多种氧化物的溶剂。因此，目前采用溶胶-凝胶制备氧化物薄膜仍以有机途径为主，溶胶-凝胶方法制备薄膜可分为下列几个步骤：

（1）复合醇盐的制备把各组分的醇盐或其他金属有机物按照所需材料的化学计量比，在一种共同的溶剂中进行反应，使之成为一种复合醇盐或者是均匀的混合溶液。

（2）成膜采用旋涂技术或提拉工艺在基片上成膜。旋涂技术所用的基片通常是硅片，它被放入到一个 1000 r/min 的转盘上，溶液被滴到转盘的中心处，在高速旋转基片的离心力作用下将溶液均匀地甩涂到整个基片形成薄膜，这种膜的厚度可以达到 50~500 nm。提拉工艺是把基片浸入配制好的溶液中，按一定的速度把基片从溶液中拉出时，基片上形成一层连续的膜。根据经验和计算可以得到一个合适的膜厚与拉出速率、膜厚与氧化物含量之间的关系式。用这种方获得 50~500 nm 的薄膜是容易的，可以通过反复和提拉获得厚膜，但这种膜干燥时易发生脱皮和开裂。

（3）水解反应与聚合反应有时为了控制成膜质量，可在溶液中加入少量水或催化剂，使复合醇盐水解，同时进行聚合反应。在反应的初级阶段，溶液随反应的进行逐渐成为溶胶，反应进一步进行溶胶转变成为凝胶。

（4）干燥刚刚形成的膜中含有大量的有机溶剂和有机基团称为湿膜。随着溶剂的挥发和反应的进一步进行，湿膜逐渐收缩变干。这种大量有机溶剂的快速蒸发将引起薄膜的剧烈收缩，结果常会使薄膜出现龟裂，这是该工艺的一大缺点。但人们发现当薄膜厚度小于一定值时、薄膜在干燥过程中就不会龟裂，这可解释为当薄膜小于一定厚度时，由于基底的表面应力作用，在干燥过程中薄膜的横向（平行于基片）收缩完全被限制，仅能发生沿基片平面线方向的纵向收缩，避免薄膜的龟裂。

（5）焙烧通过聚合反应得到的凝胶可能是晶态的，但也可能含有 H_2O、R—OH 剩余物以及—OR、—OH 等基团。充分干燥的凝胶经热处理去掉这些剩余物及有机基团即可得到所需要的、具有较完整晶型的薄膜。

近年来，许多人利用该技术制备纳米薄膜。基本步骤是先用金属无机盐或有机金属化合物在低温下液相合成为溶胶，然后采用提拉法或旋涂法，使溶液吸附在衬底上，经胶化过程成为凝胶，凝胶经一定温度处理后即可得到纳米晶薄膜。

4.4.1.2 电沉积法

电沉积法是在含有被镀物质离子的水溶液（或非水溶液、熔盐等）中通直流电，使正离子在阴极表面放电得到相应的纳米薄膜。电沉积是电化学范畴中的一种氧化还原或电解方法镀膜的过程。应用电沉积的方法可以制备纳米金属化合物半导体薄膜、纳米高温超导氧化物薄膜、纳米电致变色氧化物薄膜及其他纳米单层或多层膜。

电沉积法作为一种十分经济而又简单的传统工艺手段，可用于合成具有纳米结构的纯金属、合金、金属-陶瓷复合涂层以及块状材料。包括直流电镀、脉冲电镀、无极电镀、共沉积等技术。其纳米结构的获得，关键在于制备过程中晶体成核与生长的控制。电化学法制备的纳米材料在抗蚀、抗磨损、磁性、催化、磁记录等方面均具有良好的应用前景。

电沉积法制备纳米薄膜具有五大特点：（1）沉积温度低，可在常温下进行，形成的薄膜中较少存在残余热应力问题，这对于增强基片与薄膜之间的结合力有好处；（2）可以在各种形状复杂和表面多孔的基底上制备均匀的薄膜材料；（3）可以进行大面积的镀覆，适用于批量制备；（4）通过控制电流、电压、溶液的组分、温度和浓度等实验参数，能方便地精确控制薄膜的厚度、化学组分、结构及孔隙率等；（5）设备简单，投资少，原材料利用率高，制作成本低。

电沉积法虽然工艺简单，但影响因素相当复杂，薄膜性能除决定于电流、电压、温度、溶剂、溶液的 pH 值及其浓度等因素外，还受到溶液的离子强度、电极的表面状态等因素影响。

4.4.1.3 磁控溅射

磁控溅射是 20 世纪 70 年代迅速发展起来的一种高速溅射技术。在磁控溅射中引入了正交电磁场，使气体的离化率提高了 5%~6%，其结果是提高了薄膜的沉积速率。对许多材料，利用磁控溅射的方式，溅射速率达到了电子束蒸发的水平。

磁控溅射的原理如图 4-12 所示。溅射产生的二次电子在阴极位降区内被加速成为高能电子，但由于可控的磁场的作用，它们不能直接飞向阳极，而是在电场和磁场的联合作用下进行近似摆线的运动。在运动中高能电子不断地与气体分子发生碰撞，并向后者转移能量，使其电离，而本身成为低能电子。这些低能电子沿磁力线漂移到阴极附近的辅助阳极而被吸收，从而避免了高能电子对工件的强烈轰击。同时，电子要经过大约上百米的飞行才能到达阳极，碰撞频率大约为 $10^7\ s^{-1}$，因此，磁控溅射的电离效率高。

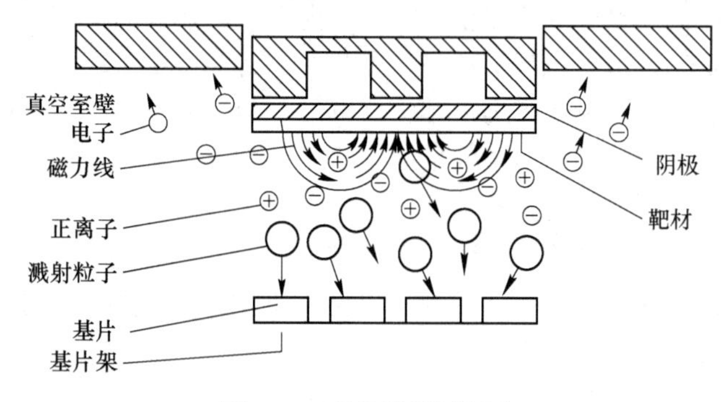

图 4-12 磁控溅射原理图

美国的 Potter 和德国慕尼黑工业大学的 Koch 研究组都采用这种方法制备纳米晶半导体镶嵌在介质膜内的纳米复合薄膜。Baru 等利用 Si 和 SiO_2 组合靶进行射频磁控溅射获得 Si/SiO_2 纳米镶嵌复合薄膜发光材料。溅射镀制薄膜理论上可溅射任何物质，可以方便地制备各种纳米发光材料，是应用较广的物理沉积纳米复合薄膜的方法。美国 IBM 公司实验室采用丙烷 C_2H_5-Ar 混合气体的辉光放电等离子体溅射 Au、Co、Ni 等靶，获得不同含量纳米金属粒子与碳的复合膜。当 $C_2H_5/Ar=10^{-2}$时，可获得不同金属颗粒含量的膜，这些超微粒子仍保持标准晶体结构。纳米粒子的粒径随金属粒子在膜中的体积分数的变化如表 4-1 所示。

表 4-1 金属颗粒的有机复合膜中粒径与金属的体积分数表

金属种类	金属体积分数/%	金属粒子的平均粒径/nm	金属种类	金属体积分数/%	金属粒子的平均粒径/nm
Au	10	3.5 fcc	Co	10	<1.0 hcp
	20	6.0		20	1.0
	30	8.5		30	1.7
	40	>15		40	4.0

磁控溅射法也可用来制备铜-高聚物纳米镶嵌膜，这种镶嵌膜是把金属纳米粒子镶嵌

在高聚物的基体中，其装置如图 4-13 所示。图 4-13 中有两个相位差为 900 的磁控溅射靶：一个是铜靶用直流驱动，在 Ar^+的溅射下可产生铜的纳米粒子；另一个是聚四氟乙烯（PTFE）靶，由射频电源驱动（13～56 MHz），靶直径为 55 mm，在 Ar^+溅射下可在普通光学玻璃上形成聚四氟乙烯薄膜。基片（光学玻璃）作为一个可以旋转的不锈钢圆筒，在整个溅射过程中它一直在旋转以避免样品表面的温升过高。当制备 Cu 高聚物（PTFE）纳米镶嵌膜时，交替地驱动 PTFE 靶和铜靶，控制各个靶的溅射时间来调控铜粒子的密度与分布。

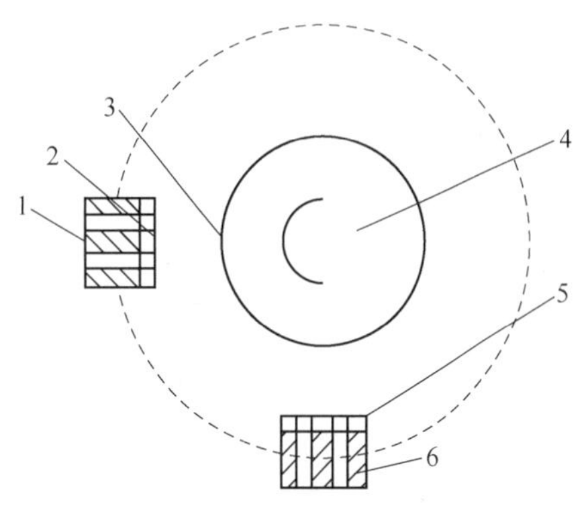

图 4-13 镶嵌膜的实验装置
1—直流（DC）功率；2—Cu 靶；3—基片；4—基片座；5—聚四氟乙烯（PTFE）靶；6—射频（RF）功率

就薄膜的组成而言，单质膜、合金膜、化合物膜均可制作；就薄膜材料的结构而言，可制作多晶膜、单晶膜、非晶膜；若从材料物性来看，可用于研制光、电、声、磁或优良力学性能的各类功能材料膜。

4.4.1.4 化学气相沉积法

化学气相沉积法（CVD）主要是利用含有薄膜元素的一种或几种气相化合物或单质在衬底表面上进行化学反应生成薄膜的方法。其薄膜形成的基本过程包括气体扩散、反应气体在衬底表面的吸附、表面反应、成核和生长以及气体解吸、扩散挥发等步骤。CVD 内的输运性质（包括热、质量及动量输运）、气流的性质（包括运动速度、压力分布、气体加热、激活方式等）、基板种类、表面状态、温度分布状态等都影响薄膜的组成、结构、形态与性能。按照发生化学反应的参数和方法可以将 CVD 分类为：常压 CVD 法、低压 CVD 法、热 CVD 法、等离子 CVD 法、间隙 CVD 法、激光 CVD 法、超声 CVD 法等。如图 4-14 所示为常压化学气相沉积（APCVD）设备的示意，该反应装置的特点是反应气体通过匀速移动的喷头直接喷到基板上，可以通过精确控制反应温度和反应时间来控制晶粒的大小，

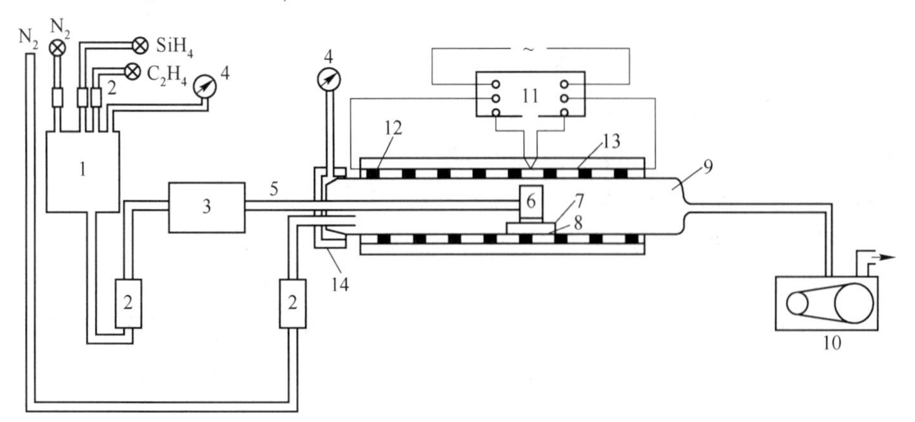

图 4-14 常压化学气相沉积设备的示意
1—混气室；2—转子流量计；3—步进电机控制仪；4—真空压力表；5—不锈钢管喷杆；6—喷头；7—基板；8—石墨基座；9—石英管反应室；10—机械泵；11—WZK 温控仪；12—电阻丝加热源；13—保温层陶瓷管；14—密封铜套

从而获得纳米复合薄膜材料。

CVD 特点：(1) 在中温或高温下，通过气态的初始化合物之间的气相化学反应而沉积固体；(2) 可以在大气压（常压）或者低于大气压下（低压）进行沉积，一般来说低压效果要好些；(3) 采用等离子和激光辅助技术可以显著地促进化学反应，使沉积可在较低的温度下进行；(4) 沉积层的化学成分可以改变，从而获得梯度沉积物或者得到混合沉积层；(5) 可以控制沉积层的密度和纯度；(6) 绕镀性好，可在复杂形状的基体上及颗粒材料上沉积；(7) 气流条件通常是层流的，在基体表面形成厚的边界层；(8) 沉积层通常具有柱状晶结构，不耐弯曲，但通过各种技术对化学反应进行气相扰动，可以得到细晶粒的等轴沉积层；(9) 可以形成多种金属、合金、陶瓷和化合物沉积层。

CVD 法是纳米薄膜材料制备中使用最多的一种工艺，用它可以制备几乎所有的金属、氧化物、氮化物、碳化物、酮化物、复合氧化物等膜材料，广泛应用于各种结构材料和功能材料的制备。

除了普通的化学气相沉积外还有一种称为等离子体化学气相沉积技术（PCVD）。等离子体化学气相沉积技术是一种借助等离子体使含有薄膜组成原子的气态物质发生化学反应，而在基板上沉积薄膜的一种方法，特别适合于半导体薄膜和化合物薄膜的合成，被视为第二代薄膜技术。被广泛用于纳米镶嵌复合膜和多层复合膜的制备，尤其是硅系纳米复合薄膜的制备。

PCVD 技术是通过反应气体放电来制备薄膜的，这就从根本上改变了反应体系的能量供给方式，能够有效地利用非平衡等离子体的反应特征。当反应气体压力为 10^{-2}~10^{-1} Pa 时，电子温度比气体温度高 1~2 个数量级，这种热力学非平衡状态为低温制备纳米薄膜提供了条件。由于等离子体中的电子温度高达 10^4 K，有足够的能量通过碰撞过程使气体分子激发、分解和电离，从而大大提高了反应活性，在较低的温度下即获得纳米级的晶粒，且晶粒尺寸也易于控制。

PCVD 装置虽然多种多样，但基本结构单元往往大同小异。按等离子体发生方法划分，有直流辉光放电、射频放电、微波放电等几种。目前广泛使用的是射频辉光放电 PCVD 装置，其中又有电感耦合和电容耦合之分。如图 4-15 所示为钟罩形电容耦合辉光放电 PCVD 装置示意图，射频频率为 13~586 MHz，电极间距为 2.5 cm。电容耦合辉光放电装置的最大优点是可以获得大面积均匀的电场分布，适于大面积纳米复合薄膜的制备。微波放电的 ECR 法由于能够产生长寿命自由基和高密度等离子体已引起了人们的广泛兴趣，但尚处于积极研究阶段。因此，可以说射频放电的电感耦合和平行板电容耦合是目前最常用的 PCVD 装置。

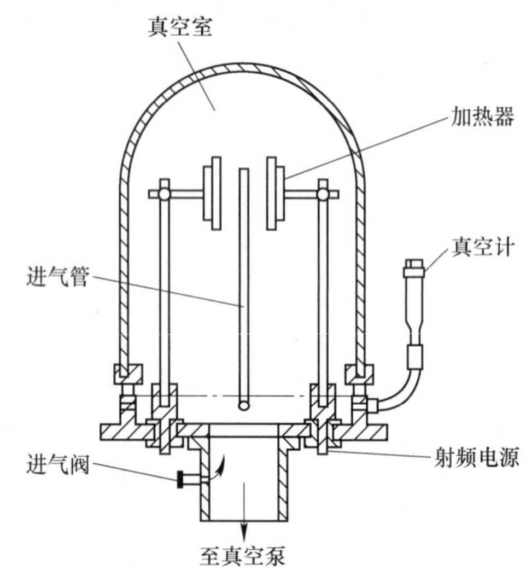

图 4-15　钟罩型电容耦合辉光放电 PCVD 装置示意图

4.4.2 纳米块体材料的制备

4.4.2.1 惰性气体蒸发冷凝原位加压法

如图 4-16 所示为由蒸发源、液氮冷却的纳米微粉收集系统、刮落输运系统及原位加压成（烧结）系统组成的工作原理图。其制备过程是在超高真空室内进行的，首先通过分子涡轮泵使其达到 0.1 Pa 以上的真空度，然后充入惰性气体（He 或 Ar）。把欲蒸发的金属置于坩埚中，通过钨电阻加热器或石墨加热器等加热蒸发，产生金属蒸气。由于惰性气体的对流，使金属蒸气向上移动，在充液氮的冷却棒表面沉积下来。用聚四氟乙烯刮刀刮下，经漏斗直接落入低压压实装置。纳米粉末经轻度压实后，由机械手送至高压原位加压装，压制成块体。压力为 1~5 GPa，温度为 300~800 K。由于惰性气体蒸发冷凝形成的金属和合金纳米微粒几乎无硬团聚，因此，即使在室温下压制，也能获得相对密度高于 90%的块体，最高相对密度可达 97%。采用该法已成功地制得 Pd、Cu、Fe、Ag、Mg、Sb、Ni_3Al、TiAl 等金属、合金和非晶的纳米金属块体材料。

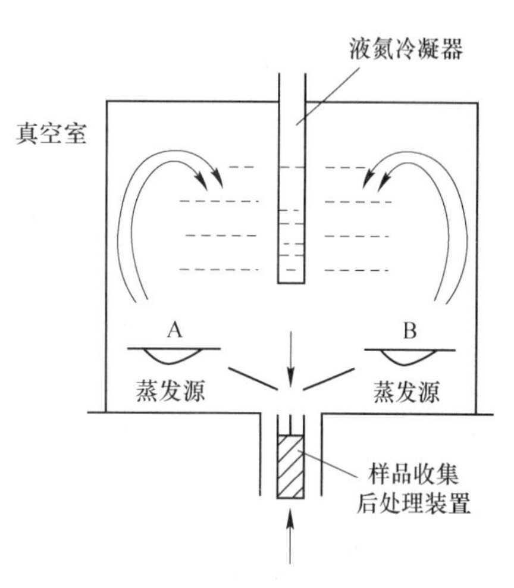

图 4-16 惰性气体蒸发原位加压装置

该法的特点是适用范围广，微粉表面洁净，有助于纳米材料的理论研究。但工艺设备复杂，产量极低，存在大量的微孔隙，致密度仅达金属体积密度的 75%~90%。

4.4.2.2 高能球磨法

高能球磨法是指利用球磨机内部硬球的转动或振动来对原材料进行强烈的撞击、研磨和搅拌，把金属或合金粉末粉碎成纳米微粒，再经过压制（冷压或热压）成形，获得块体纳米晶材料。如果把两种或两种以上的金属或者合金粉末同时放入球磨机的球磨罐中进行高能球磨，粉末颗粒再经压延、压合、又碾碎、再压合的反复过程，最后即可获得组织和成分分布均匀的合金粉末。因为该方法是利用机械能达到合金化，因此，把利用高能球磨法制备合金粉末的方称为机械合金化。

采用高能球磨法制备纳米晶材料，必须正确选用硬球的材质（如不锈钢球、玛瑙球、硬质合金球等）；控制好球磨的温度和球磨的时间；原材料一般采用微米级的粉体或小尺寸条带碎片。而且在球磨过程中，要求对不同球磨时间的颗粒的尺寸、成分和结构的变化进行 X 射线衍射和电镜观察与监视。

该方法可以很容易制备具有 bcc 结构（Cr、No、W、Fe 等）和 hcp 结构（Zr、Hf、Ru 等）的金属纳米晶材料；而对于 fcc 结构（Cu）的金属则不容易形成纳米晶；还可以将相图上几乎互不相溶的几种元素制成纳米固溶体（Fe-Cu、Ag-Au、Al-Fe、Cu-Ta 和 Cu-W 合金等），这是常规熔炼方法根本无法实现的。从这个意义上说，用机械合金化法制备新型纳米合金为发展新材料开辟了新的途径。该方法也可用来制备纳米金属间化合物Fe-B、Ti-Si、Ti-B、Ti-Al、Ni-Si、V-C、W-C、Si-C、Pd-Si、Ni-Mo、Nb-Al、Ni-Zr 等和金属-陶瓷粉纳米复合材料。把纳米 Y20 粉体复合到 Co-Ni-Zr 合金中，使该复合材料的矫顽力提高约两个数量级。把纳米 CaO 或 MgO 复合到金属 Cu 中，虽该复合材料的电导率与金属 Cu 的基本一样，但是其强度却大大提高。另外，用该方法还可以用来制备非晶、准晶、超导材料、稀土永磁合金、超塑性合金、轻金属、高强比合金等。

该方法的优点是合金基体成分不受限制、成本低、产量大、工艺简单，特别是在难熔金属的合金化、非平衡相的生成、开发特殊用途合金等方面显示出较强的活力，该方法在国外已经进入实用化阶段。但该方法也存在一些缺点，如其晶粒尺寸分布不均匀，容易引入杂质，使其容易受到污染，容易发生氧化和形成应力。因此，用这种方法很难得到洁净的、无微孔隙的块体纳米晶材料。

4.4.2.3 深过冷直接晶化法

快速凝固对晶粒细化有显著效果的事实已为人所知，急冷和深过冷是实现熔体快速凝固行之有效的两种途径。急冷快速凝固技术因受传热过程限制只能生产出诸如薄带、细丝或粉体等低维材料，而在应用上受到较大的限制。深过冷快速凝固技术，通过避免或清除异质晶核而实现大的热力学过冷度下的快速凝固，其熔体生长不受外界散热条件控制，其晶粒细化由熔体本身特殊的物理机制所支配，已成为实现三维大体积液态金属快速凝固制备微晶、非晶和准晶材料的一条有效途径。由于深过冷熔体的凝固组织与急冷快速凝固组织具有很好的相似性，并且国外已在 Fe-Ni-Al、Pd-Cu-Si 等合金中利用急冷快速凝固获得纳米组织。近年来，我国在 Ni-Si-B 合金中利用深过冷方法已制备出晶粒尺寸约为200 nm 的大块合金，并已探讨出多种合金系有效的熔体净化方法。从目前的实验结果来看，深过冷晶粒细化的程度与合金的化学成分、相变类型、熔体净化所获得热力学过冷度的大小及凝固过程中的组织粗化密切相关。为进一步提高细化效果，除精心设计合金的化学成分之外，发展更有效的净化技术是关键。另外，探索深过冷技术与急冷、塑性变形及高压技术等相结合的复合细化技术，有望进一步拓宽深过冷直接晶化法制备纳米晶的成分范围。

4.5 纳米材料制备的新进展

4.5.1 微波化学合成法

微波合成法实际上是在水热合成的基础上发展起来的一种新型的纳米材料合成方法。在微波条件下水热合成纳米管是将纳米管的合成体系置于微波辐射范围内，利用微波对水的介电作用进行合成，是一种新型的合成方法。

将微波技术用于纳米材料的制备，越来越引起研究人员的关注，如将一定量 TiO_2 粉末放入装有 NaOH 溶液的聚四氟乙烯反应釜中，超声 10 min 分散颗粒，然后将反应釜置于带有回流装置的微波炉内，在微波作用下回流加热 90 min 取出反应釜，分离出固体产物，用去离子水洗涤至 pH = 7，过滤后真空干燥得到 TiO_2 纳米管。微波化学合成法一般可分为微波水热法、微波等离子体热解和微波烧结法等几种。微波水热法是在普通水热的基础上采用微波场作为热源，由于它能在较短的时间内，为金属离子的水解提供足够的能量，并促使水解试剂在瞬间分解，从而造成“爆炸”式瞬间成核。因此，与常规水热法相比，其反应速率极快，且不发生重结晶现象，可获得粒度分布均匀、晶粒很小的纳米粉体。微波等离子体热解法较之于电弧等离子体热解技术，具有无电极污染的优点；与直流或射频离子体技术相比，由于微波等离子体温度较低，在热解过程中不引起致密化或晶粒过大，对于制备用作催化剂或敏感器件材料等的超细粉体，有其独特的优点。微波烧结法与传统方法相比较，具有内部加热、快速加热、快速烧结、细化材料组织、改进材料性能以及高效节能等优点，可烧结制得各种纳米氧化物粉体和各种纳米硬质合金等。

4.5.2 脉冲激光沉积薄膜

脉冲激光沉淀是将脉冲激光器产生的高功率脉冲激光束聚焦于靶材料表面，使其产生高温熔蚀，继而产生金属等离子体，同时这种等离子体定向局域发射沉积在衬底上而形成薄膜，其原理如图 4-17 所示。整个物理过程分：等离子体产生、定向局域膨胀发射、衬底上凝结。由于高能粒子的作用，薄膜倾向于二维生长，这样有利于连续纳米薄膜的形成。随着科技的发展，超快脉冲激光、脉冲激光真空弧、双光束脉冲激光等最新的激光发生器用于激光沉淀纳米粒子膜制备技术。脉冲激光沉积能在较低的温度下进行，形成复杂多层膜，过程易于控制，但并不利于沉积大面积的均匀薄膜。通过控制其参数可制备不同的纳米粒子膜，其主要参数包括激光波长、激光能量强度、脉冲重复频率、衬底温度、气压大小、离子束辅助电压电流、靶基距离等的优化配置。合理改善参数是加速脉冲激光沉淀技术的商业化使用进程的最有效的途径，是制备理想薄膜的前提。另外，靶材和基片晶格是否匹配以及基片表面抛光、清洁度均影响到膜-基结合力的强弱和薄膜表面的光滑度。

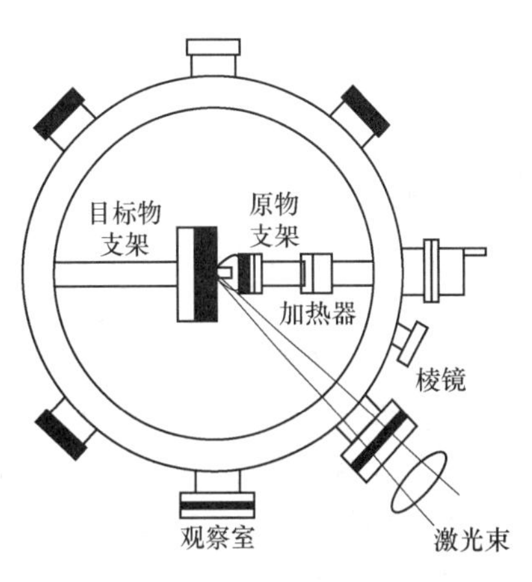

图 4-17 脉冲激光沉淀原理图

4.5.3 分子自组装法

根据原理不同，分子自组装法大致可分为自组装模板法、直接自组装法和静电吸引自组装法等。自组装模板法是一种很好的制备纳米粒子膜的化学方法，特别是在制备各种不同一维纳米结构方面，是控制并改进纳米粒子的排列、改善纳米薄膜性能的有效手段，使纳米材料的性能得到提高，具有良好的可控制性，可利用空间限制和模板剂的调试对生成膜的大小、形貌、结构和排布等进行控制。模板法通常是用孔径为纳米级到微米级的多孔材料作为模板，结合电化学法、沉淀法、气相沉淀法等技术使物质原子或离子沉淀在模板的孔壁上，形成所需的纳米结构体。模板印刷制备金属纳米膜具有下膜容易制备、合成方法简单等优点，由于膜孔孔径大小一致，制备的材料同样具有孔径相同、单分散的结构。其过程可分为模板的制备、溶胶制备、沉淀成膜。其中，模板可分为硬模板和软模板，常见的模板有多孔氧化铝膜和多孔氧化硅等硬模板，以及某些高聚物软模板。此种方法在电池、光催化、药物合成和生命科学等领域得到了广泛的应用。目前对于合成模板的影响因素、模板的结构以及纳米材料的详细生长机理等问题还有待进一步研究。用自组装模板法制备纳米有序阵列的研究与应用仍处于起步阶段，纳米阵列体系新颖的物理化学性能及其应用前景的研究和开发，将成为今后纳米技术的重点。

直接自组装是先采用一定方法（如微乳法）制备纳米粒子，然后与聚合物机体通过适当作用力组装成膜，一般称为胶态晶体法。由于胶体具有自组装的特性，而纳米团簇又很容易在溶剂中分散形成胶体溶液，因此，将纳米团簇“溶解”于适当的有机溶剂中形成胶体溶液，即可进一步组装得到纳米团簇的超晶格。

静电吸引自组装的最大特点是对沉积过程或膜结构的分子级控制；利用连续沉积不同组分的办法，还可实现层间分子对称或非对称的二维甚至三维的超晶格结构，从而实现薄膜的光、电、磁、非线性光学性等的功能化，也可仿真自然生物膜的形成；特别是自组装膜中层与层之间强烈的静电作用力，使膜的稳定性极好，膜的厚度任意控制等。近年来，一些具有特殊结构的共聚物自组装形成有序的结构（如球状、管状、螺旋状、层状、盘状、微孔等）被广泛地研究，这些有序结构的形成主要靠基团的特殊相互作用导致的自组装行为。

随着科学技术和科学研究的进一步发展，人们对金属纳米粒子膜的数量、质量和性能的要求将会越来越高。如何制备高质量、高性能的金属纳米薄膜必将成为科学家关注的技术焦点。上述金属纳米粒子薄膜的制备技术方法也必将得到不断创新和完善，并产生新的突破。同时，也将推动纳米材料的分子自组装发展，即通过分子间特殊的相互作用，组装成有序的纳米结构，实现高性能化和多功能化，其主要原理是分子间力的协同作用和空间互补，如静电吸引、氢键等。分子自组装法不仅可用于有机纳米材料的合成，而且可用于复杂形态无机纳米材料的制备；不仅可合成纳米多孔材料，而且可制备纳米微粒、纳米棒、纳米丝、纳米网、纳米薄膜甚至纳米管等。

4.5.4 原位生成法

原位生成法是通过分子识别由原子、离子、分子原位生成的方法，一般分为干法和湿法。干法包括真空蒸发、溅射和化学蒸发沉积等；湿法包括组装前驱液的制备、基片的制备以及有机薄膜的制备等。湿法相对于干法成本低，可在常温常压下进行。该法常用来通过含离子基团的聚合物分子链或树枝状聚合物分子链与金属离子的相互作用（如络合作用），将金属粒子包围在聚合物胶束或分散在聚合物网络之中，进一步通过原位还原、硫化、氧化制备金属纳米粒子和硫化物、氧化物纳米子分散在聚合物基体中的复合物。

原位生成法很适合于制备过渡金属硫化物、卤化物聚合物复合材料。它的基本原理是将基体与金属离子（M^+）预先混合组成前驱体，金属离子在聚合物网络中均匀稳定地分散，然后暴露在对应组分（如 S^{2-} 和 Se^{2-}）气体或溶液中，就地反应生成粒子。采用原位聚合法制备了纳米聚酯复合涂料，首先将纳米 Al_2O_3 预分散，其次加入相应的聚合物，然后加入分散好的粉体，在一定条件下使其反应，最后将制得的产物按 1∶1 的质量比搅拌溶解于四氢呋喃中，制得聚酯纳米复合涂料。

在纳米材料的制备过程中不是单一地运用上述的某种方法，而常常是同时使用两种或两种以上的制备方法。目前纳米材料的制备还处于开始和探索阶段，仍存在着费用过高、产量低、规模小等不足，阻碍了纳米材料在各领域中的应用。因此，进一步的工作将是深入研究纳米材料制备过程形态结构控制技术，以及过程放大时伴随的工程化问题，结合材料形成机理的不断深化，发展和完善具有工业化价值的制备技术，为实现纳米材料大规模制备和应用打下扎实的基础。

从晶粒尺度的角度来看，纳米晶材料似乎介于非晶态材料与晶体材料之间，但其性能却不是只填补晶态与非晶态之间的空缺。纳米材料的磁性能优于非晶态和晶态材料，纳米晶材料的磁性来源于尺寸效应。纳米材料优良的磁性主要是由于纳米晶粒细小的贡献，而无序界面对磁性的贡献较少，大块纳米晶材料的比表面积大，有可能成为一种新的储氢材料。

4.6 纳米材料的应用展望

4.6.1 纳米材料在机械方面的应用

纳米碳管是目前材料领域最引入关注的一种新型材料，纳米碳管是由碳原子排列成六角网状的石墨薄片卷成具有螺旋周期的多层管状结构，直径 1~30 nm。长度为数微米左右的微小管状结晶。科研人员在研究纳米碳管的过程中发现，纳米碳管具有很高的杨氏模量、强韧性和高强度等力学性能。因此，将其用于金属表面复合镀层可获得超强的耐磨性和自润滑性，其耐磨性要比轴承钢高 100 倍，摩擦系数为 0.06~0.1。此外，纳米碳管材料复合镀层还具有高热稳定性和耐腐蚀性等优异性能。利用纳米碳管的高耐磨性、耐腐蚀性和热稳定性，可用其制造刀具和模具等，不仅能够延长使用寿命，还可提高工件的加工精度，为机械工业带来巨大效益。纳米碳管还具有高效吸收性能，可用其制造保鲜除臭产品。利用纳米碳管吸取氢分子的性质，可将氢分子储存在纳米碳管内，制成十分安全的氢吸留容器，这对于研制氢动力燃料电池汽车具有极大的实用价值。这种氢吸留容器可以储存相当于自重 7%的氢，汽车使用一个可乐瓶大小的氢吸留容器，就可以行驶 500 km。

4.6.2 纳米材料在电子方面的应用

随着纳米技术研究的不断发展，人们已考虑运用纳米技术制造电子器件，以使电子产品体积进一步缩小，而其性能更加出类拔萃。利用纳米碳管可自由变化的电器性质及“量子效应”现象，可将目前集成电路的元器件缩小 100 倍，研制出高速、微小、节能的新一代计算机。目前的电视机和计算机显示器采用的电子显像管，是在真空中释放电子撞击荧光体后发光，由于发射电子的电子枪与光屏之间必须保持一定距离，显示器体积较大。此外，加热电子枪要消耗大量电能。而利用纳米碳管取向排列制成的场发射电子源具有较大的发射强度，可在低电压下释放电子，在荧光屏上激发出图像，为制造纯屏、超薄、节能的大型显示器提供了新选择，且其性能大大优于液晶显示器。运用复合纳米碳管材料制成光电转换薄膜，应用于太阳能电池，可使现有的太阳能电池的效率提高 3 倍；将纳米碳管应用于锂离子电池的负极材料，有望大大提高其储锂量。以色列科学家在硅片上覆盖惰性材料单分子膜，使用原子显微镜和电子针的“分子刻痕”技术激活膜层分子，通过电子化学反应控制分子级信息载体，存储文本、图像、音乐等数据信息。这些信息可在原子显微镜下被复读，利用电子计算机解码还原，这项术可用于开发更大储存量的纳米超级存储器。

4.6.3 纳米材料在医学方面的应用

对付癌症的“纳米生物导弹”，专家们采用一种非常细小的磁性纳米微粒，把它运用到一种液体中，然后让病人喝下去，通过操纵可使纳米微粒定向“射”向癌细胞，将其

“全歼”，并且不会破坏其他正常细胞。治疗血管疾病的“纳米机器人”，用特制超细纳米材料制成，可注入人体血管内，进行健康检查，疏通脑血管中的血栓，爆破肾结石，清除心脏动脉脂肪积淀物，完成医生不能完成的血修补等“细活”。运用纳米技术，还能对传统的名贵中草药进行超细开发，同样服用一剂药，经过纳米技术处理的中药，病人可极大地吸收药效。

4.6.4 纳米材料在军事方面的应用

“麻雀”卫星：这种卫星比麻雀略大，质量不足 10 kg，具有可重组性和再生性，成本低、质量好、可靠性强。“蚊子”导弹：利用纳米技术制造的形如蚊子的微型导弹，可以起到神奇的战斗效能。纳米导弹直接受电波遥控，可以神不知鬼不觉地潜入目标内部，其威力足以炸毁敌方火炮、坦克、飞机、指挥部和弹药库。“苍蝇”飞机：这是一种如同苍蝇大小的袖珍飞行器，可携带各种探测设备，具有信息处理、导航和通信能力。其主要功能是秘密部署到敌方信息系统和武器系统的内部或附近，监视敌方情况。这些纳米飞机可以悬停、飞行，敌方雷达根本发现不了它们。“蚂蚁士兵”：这是一种通过声波控制的微型机器人，这些机器人比蚂蚁还要小，但具有惊人的破坏力。它们可以通过各种途径钻进敌方武器装备中，长期潜伏下来。一旦启用，这些“蚂蚁士兵”就会各显神通：有的专门破坏敌方电子设备，使其短路、毁坏；有的充当爆破手，用特种炸药引爆目标；有的释放各种化学制剂，使敌方金属变脆、油料凝结或使敌方人员神经麻痹、失去战斗力。

此外，还有被人称为“间谍草”或“沙粒坐探”的形形色色的微型战场传感器等纳米武器装备。所有这些纳米武器组配起来，就建成了一支独具一格的“微型军”。纳米武器的出现和使用，将大大改变人们对战争力量对比的看法。纳米技术还具有很高的电磁波吸收系数，将纳米材料加入飞机、坦克中，用以吸收雷达波，于是隐形飞机、隐形坦克问世了。隐形武器在战场上神出鬼没，出现于战场的不同角落。

4.6.5 纳米材料在环保方面的应用

随着纳米技术的悄然崛起，纳米环保也会迅速来临，拓展人类利用资源和保护环境的能力。当物质被“粉碎”到纳米级细粒并制成“纳米材料”，不仅光、电、热、磁发生变化，而且具有辐射、吸收、催化、吸附等许多特性。新型的纳米级净水剂具有大的比表面积，因而吸附能力非常强，可将水中的悬浮物和铁锈、异味等污染物除去。通过纳米孔径的过滤装置，还能把水中的细菌、病毒去除。经过纳米净化后的水体清澈，没有异味，可以成为高质量的纯净水，完全可以饮用。并且纳米材料具有非常强的紫外光吸收能力，因而具有非常强的光催化能力，可快速将吸附在其表面的有机物分解掉。一方面纳米材料的高催化效率，可以帮助煤充分燃烧，提高能源的利用率，防止有害气体的产生；另一方面，高质量的碳纳米材料能储存和凝聚大量的氢气。而氢能是取之不尽、用之不竭的清洁能源，只是因为储存等方面的问题制约着氢能的开发利用。利用碳纳米材料的高储氢能力，可以利用其做成燃料电池驱动汽车，有效避免因机动车尾气排放所造成的大气污染。当机器设备等被纳米技术微型化后，所需资源将大大减少，可实现资源利用的持续化。并且微型化机械互相撞击、摩擦产生的交变机械作用力将大为减少，声污染便可得到有效控制。

4.6.6　纳米材料在纺织物方面的应用

根据纳米粒子的微观结构和光谱特性，将其应用于纺织物中，可制造出各种功能性纺织物。经分散处理或抗氧化处理的纳米粒子与黏胶纤维相混合后，在一定条件下可以喷成功能性黏胶纤维，该功能性黏胶纤维再与棉纱等混纺，可织成各种功能性纺织物，如抗紫外线、抗可见光、抗电磁波以及通过红外吸收原理可以改善人体微循环等功能性纺织物。我国利用纳米技术已制成不沾水和油污的纺织物。

习　题

1. 纳米晶体材料分为几类，它们分别用于何种材料？
2. 常用的制备纳米颗粒的方法有哪些？
3. 简述气相法制备纳米颗粒的基本原理。
4. 试述固体反应法制备纳米粉体的工艺流程。
5. 简述利用溶胶-凝胶合成法制备来薄膜的工艺过程及特点。
6. 纳米材料制备新技术有哪些，各自有什么特点？

5 复合材料制备技术

【本章提要与学习重点】

本章着重讲述了复合材料的基本概念、复合原理，以及不同基体复合材料的材料体系组成、制备工艺及性能，同时介绍了复合材料新的设计、制备方法和复合技术，并对复合材料的应用进行了展望。通过本章学习，使学生了解复合材料的基本概念及性能，掌握不同类型复合材料制备方法，熟悉复合材料应用现状。

5.1 复合材料概述

材料的复合化是材料发展的必然趋势之一。古代就出现了原始型的复合材料，如用草茎和泥土作建筑材料；砂石和水泥基体复合的混凝土也有很长的历史。19 世纪末，复合材料开始进入工业化生产。20 世纪 60 年代，由于高技术的发展，对材料性能的要求日益提高，单质材料很难满足性能的综合要求和高指标要求。复合材料因具有可设计性的特点受到各发达国家的重视，因而发展很快，开发出了许多性能优良的先进复合材料，这些材料成为航空、航天工业的首要关键材料，各种基础性研究也得到发展，使复合材料与金属、陶瓷、高聚物等材料并列为重要材料。有人预言，21 世纪将是复合材料的时代。

复合材料是由两种或两种以上物理和化学性质不同的物质组合而成的一种多相固体材料。复合材料的组分材料虽然保持其相对独立性，但复合材料的性能却不是组分材料性能的简单加和，而是有着重要的改进。在复合材料中，通常有一相为连续相，称为基体；另一相为分散相，称为增强相（增强体）。分散相是以独立的形态分布在整个连续相中的，两相之间存在着相界面。分散相可以是增强纤维，也可以是颗粒状或弥散的填料。

从上述的定义中可以看出，复合材料可以是一个连续物理相与一个连续分散相的复合，也可以是两个或者多个连续相与一个或多个分散相在连续相中的复合，复合后的产物为固体时才称为复合材料，若复合产物为液体或气体时，就不能称为复合材料。复合材料既可以保持原材料的某些特点，又能发挥组合后的新特征，它可以根据需要进行设计，从而最合理地达到使用所要求的性能。

复合材料在世界各国还没有统一的名称和命名方法，比较共同的趋势是根据增强体和基体的名称来命名，一般有以下三种情况：

（1）强调基体时，以基体材料的名称为主。如树脂基复合材料、金属基复合材料、陶瓷基复合材料等。

（2）强调增强体时，以增强体材料的名称为主。如玻璃纤维增强复合材料、碳纤维增强复合材料、陶瓷颗粒增强复合材料。

（3）基体材料名称与增强体材料名称并用。这种命名方法常用来表示某一种具体的复合材料，习惯上将增强体材料的名称放在前面，基体材料的名称放在后边，如“玻璃纤维增强环氧树脂复合材料”，或简称为“玻璃纤维/环氧树脂复合材料或玻璃纤维/环氧”。而我国则常将这类复合材料通称为“玻璃钢”。

国外还常用英文编号来表示，如MMC（metal matrix composite）表示金属基复合材料，FRP（fiber reinforced plastics）表示纤维增强塑料，而玻璃纤维/环氧则表示为“GF/Epoxy”或“G/Ep（G-Ep）”。

5.1.1 复合材料的分类

随着材料品种不断增加，人们为了更好地研究和使用材料，需要对材料进行分类。材料的分类方法较多，如按材料的化学性质分类，有金属材料、非金属材料之分；如按物理性质分类，有绝缘材料、磁性材料、透光材料、半导体材料、导电材料等；按用途分类，有航空材料、电工材料、建筑材料、包装材料等。

复合材料的分类方法也很多，常见的有以下几种。

5.1.1.1 按基体材料类型分类

（1）聚合物基复合材料。以有机聚合物（主要为热固性树脂、热塑性树脂及橡胶）为基体制成的复合材料。

（2）金属基复合材料。以金属为基体制成的复合材料，如铝基复合材料、钛基复合材料等。

（3）无机非金属基复合材料。以陶瓷材料（也包括玻璃和水泥）为基体制成的复合材料。

5.1.1.2 按增强材料种类分类

（1）玻璃纤维复合材料。

（2）碳纤维复合材料。

（3）有机纤维（芳香族聚酰胺纤维、芳香族聚酯纤维、高强度聚烯烃纤维等）复合材料。

（4）金属纤维（如钨丝、不锈钢丝等）复合材料。

（5）陶瓷纤维（如氧化铝纤维、碳化硅纤维、硼纤维等）复合材料。

此外，如果用两种或两种以上的纤维增强同一基体制成的复合材料称为“混杂复合材料”。“混杂复合材料”可以看成是两种或多种单一纤维复合材料的相互复合，即复合材料的“复合材料”。

5.1.1.3 按增强材料形态分类

（1）连续纤维复合材料。作为分散相的纤维，每根纤维的两个端点都位于复合材料的边界处。

（2）短纤维复合材料。短纤维无规则地分散在基体材料中制成的复合材料。

（3）粒状填料复合材料。微小颗粒状增强材料分散在基体中制成的复合材料。

（4）编织复合材料。以平面二维或立体三维纤维编织物为增强材料与基体复合而成的复合材料。

5.1.1.4 按用途分类

复合材料按用途可分为结构复合材料和功能复合材料。目前结构复合材料占绝大多数，而功能复合材料有广阔的发展前途。21世纪将会出现结构复合材料与功能复合材料并重的局面，而且功能复合材料更具有与其他功能材料竞争的优势。

结构复合材料主要用作承力和次承力结构，要求它质量轻、强度和刚度高，且能耐受一定温度，在某种情况下还要求有膨胀系数小、绝热性能好或耐介质腐蚀等其他性能。结构复合材料按不同基体分类和按不同增强体形式分类如图5-1、图5-2所示。

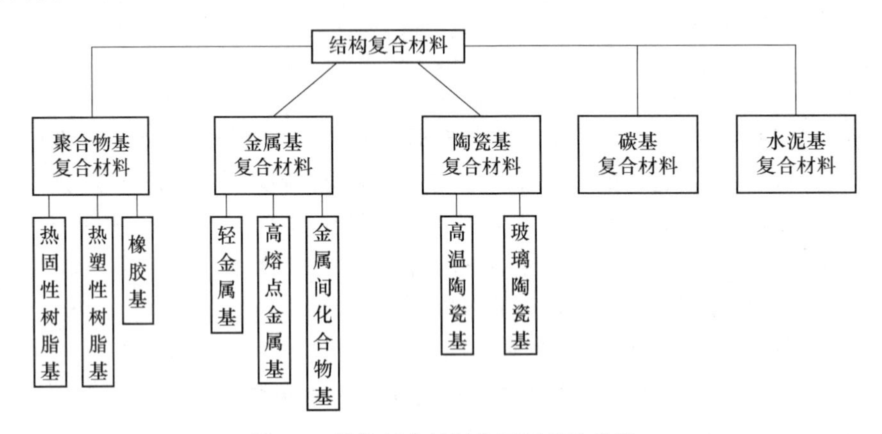

图5-1　结构复合材料按不同基体分类

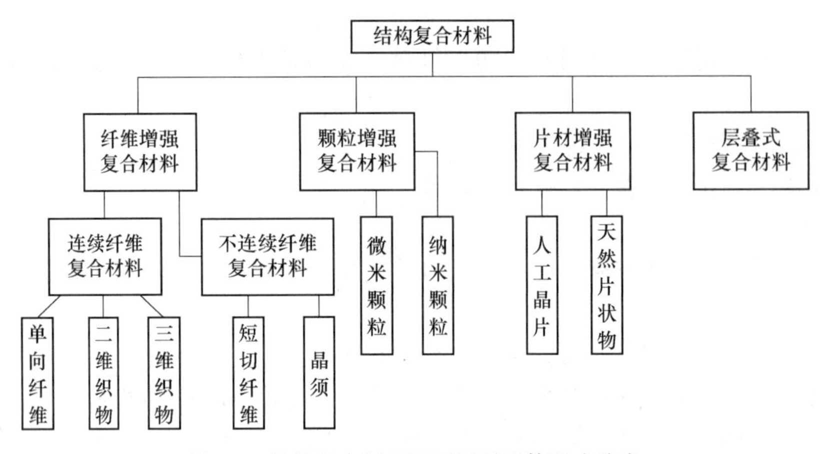

图5-2　结构复合材料按不同增强体形式分类

功能复合材料指具有除力学性能以外其他物理性能的复合材料，即具有各种电学性能、磁学性能、光学性能、声学性能、摩擦性能、阻尼性能以及化学分离性能等的复合材料。

5.1.2　复合材料的组成

结构复合材料是由基体、增强体和两者之间的界面组成，复合材料的性能则取决于增强体与基体的比例以及三个组成部分的性能。

5.1.2.1　复合材料的基体

复合材料的基体是复合材料中的连续相，起到将增强体黏结成整体，并赋予复合材料一定形状、传递外界作用力、保护增强体免受外界环境侵蚀的作用。复合材料所用基体主要有聚合物、金属、陶瓷、水泥等。

A 金属基体

基体材料是金属基复合材料的重要组成部分，是增强体的载体，在金属基复合材料中占有很大的体积含量，起非常重要的作用，金属基体的力学性能和物理性能将直接影响复合材料的力学性能和物理性能。在选择基体材料时，应根据合金的特点和复合材料的用途选择基体材料。例如，对于航天与航空领域的飞机、卫星、火箭等壳体和内部结构，要求材料的质量小、比强度和比模量高、尺寸稳定性好，可以选用镁合金、铝合金等轻金属合金作基体；对于高性能发动机，要求材料具有高比强度、高比模量、优良的耐高温性能，同时能在高温、氧化性环境中正常工作，可以选择钛基合金、镍基合金以及金属间化合物作为基体材料；对于汽车发动机，要求零件耐热、耐磨、导热、具有一定的高温强度、成本低廉、适合于批量生产等，可以选用铝合金作基体材料；对于电子集成电路，要求高导热、低热膨胀的材料作为散热元件和基板，以高热导率的银、铜、铝等金属为基体，以高导热性和低热膨胀的超模量碳纤维、金刚石纤维、碳化硅颗粒为增强体的金属基复合材料可以满足要求。

在选择基体材料时，还要考虑复合材料的类型。对于连续纤维增强金属基复合材料，纤维的模量和强度远高于基体，是主要承载物体，因此，在连续纤维增强金属基复合材料中，基体的主要作用应该充分发挥增强纤维的性能，基体本身应与纤维有良好的相容性和塑性，而并不要求基体本身有很高的强度。对于非连续增强（颗粒、晶须、短纤维）金属基复合材料，基体强度对非连续增强金属基复合材料具有决定的影响，应选用高强度的合金作为基体。

在选择基体时，还应考虑基体材料与增强体的相容性。在金属基复合材料制备过程中，基体与增强体在高温复合的过程中会发生不同程度的界面反应。

目前用作金属基复合材料基体的金属主要有铝及铝合金、镁合金、钛合金、镍合金、铜与铜合金、锌合金、铅、银、钛铝金属间化合物、镍铝金属间化合物等。

结构复合材料的基体可分为轻金属基体和耐热合金基体两大类。轻金属基体主要包括铝基和镁基复合材料，使用温度在450 ℃左右。钛合金及其钛铝金属间化合物作基体的复合材料，具有良好的高温强度和室温断裂性能，同时具有良好的抗氧化、抗蠕变、耐疲劳和良好的高温力学性能，适合作为航空航天发动机中的热结构材料，工作温度在650 ℃左右，而镍、钴基复合材料可在1200 ℃使用。

a 用于450 ℃以下的金属基体

目前研究发展最成熟、应用最广泛的金属基复合材料是铝基和镁基复合材料，用于航天飞机、人造卫星、空间站、汽车发动机零件等，并已形成工业规模化生产。连续纤维增强金属基复合材料一般选用纯铝或含合金元素少的单相铝合金，而颗粒、晶须增强金属基复合材料则选用具有高强度的铝合金。常用的铝合金、镁合金的成分和性能如表5-1所示。

表 5-1 铝、镁合金的成分和性能

合金牌号	主要成分/%						密度 /g·cm^{-3}	热膨胀系数/×10^{-6} K^{-1}	热导率 /W·(m·K)$^{-1}$	抗拉强度 /MPa	模量 /GPa
	Al	Mg	Si	Zn	Cu	Mn					
工业纯铝 Al3	99.5		0.8		0.016		2.6	22~25.6	218~226	60~108	70
LF6	余量	5.8~6.8				0.5~0.8	9.64	22.8	117	330~360	66.7
LY12	余量	1.2~1.8			3.8~4.9	0.3~0.9	2.8	22.7	121−193	172~549	68~71
LG4	余量	1.8~2.8		5~7	1.4~2.0	0.2~0.6	2.85	28.1	155	209~618	66~71
LD2	余量	0.45~0.9	0.5~1.2		0.2~0.6		2.7	23.5	155~176	347~679	70
LD10	余量	0.4~0.8	0.6~1.2		3.9~4.8	0.4~1.0	2.3	22.5	159	411~504	71
ZL101	余量	0.2~0.4	6.5~7.5	0.3	0.2	0.5	2.66	23.0	155	165~275	69
ZL104	余量	0.17~0.3	8.0~10.5				2.65	21.7	147	255~275	69
MB2	0.3~0.4	余量		0.2~0.8		0.15~0.5	1.78	26	96	245~264	40
MB15		余量		5.0~6.0			1.83	20.9	121	326~340	44
ZM5	7.5~9.0	余量		0.2~0.8		0.15~0.5	1.81	26.8	78.5	157~254	41
ZM8		余量		5.5~6.0			1.89	26.5	109	310	42

b 用于 450~700 ℃的金属基体

钛合金具有密度小、耐腐蚀、耐氧化、强度高等特点，可以在 450~650 ℃温度下使用，用于制作航空发动机中的零件。采用高性能碳化硅纤维、碳化钛纤维、硼化钛颗粒增强钛合金，可以获得更高的高温性能。美国已成功地试制成碳化硅纤维增强钛基复合材料，用它制成的叶片和传动轴等零件可用于高性能航空发动机。现已用于钛基复合材料。钛合金的成分和性能如表 5-2 所示。

表 5-2 钛合金的成分和性能

合金牌号	主要成分/%						密度 /g·cm^{-3}	热膨胀系数/×10^{-6} K^{-1}	热导率 /W·(m·K)$^{-1}$	抗拉强度 /MPa	模量 /GPa
	Mo	Al	V	Cr	Zr	Ti					
工业纯钛 TA1						余量	4.51	8.0	16.3	345~685	100
TC1		1.0~2.5				余量	4.55	8.0	10.2	411~753	118
TC3		4.5~6.0	3.5~4.5			余量	4.45	8.4	8.4	991	118
TC11	2.8~3.8	5.8~7.0			0.3~2.0	余量	4.48	9.3	6.3	1080~1225	123
TB2	4.8~5.8	2.5~3.5	4.8~5.8	7.5~8.5		余量	4.83	8.5	8.9	912~961	110
ZTC4		5.5~6.8	3.5~4.5			余量	4.40	8.9	8.6	940	114

c 用于 1000 ℃以上的金属基体

用于 1000 ℃以上的高温金属基复合材料的基体材料主要是镍基、铁基耐热合金和金属间化合物，较成熟的是镍基、铁基高温合金。

金属间化合物是长程有序的超点阵结构，具有特殊的物理化学性质和力学性质。金属间化合物的种类很多，Ti-Al、Ni-Al、Fe-Al 等含铝金属间化合物已逐步达到实际应用水平，有望在航天航空、交通运输、化工、兵器机械等工业中应用。

镍基高温合金是广泛使用于各种燃气轮机的重要材料。用钨丝、钍钨丝增强镍基合金可以大幅度提高其高温持久性能和高温蠕变性能，一般可提高 100 h 持久强度 1~3 倍，主要用于高性能航空发动机叶片等重要零件。用作高温金属基复合材料的基体合金的成分和性能如表 5-3 所示。

表 5-3 高温金属基复合材料的基体合金的成分和性能

基体合金及成分	密度 /g·cm^{-3}	持久强度/MPa (1100 ℃，100 h)	高温比强度/m×10^3 (1100 ℃，100 h)
Zh36 Ni-12.5-7W-4.8Mo-5Al-2.5Ti	12.5	138	112.5
EPD-16 Ni-11W-6Al/6Cr-2Mo-1.5Nb	8.3	51	63.5
Nimocast713C Ni-12.5Cr-2.5Fe/2Nb-4Mo-6Al-TI	8.0	48	61.3
Mar-M322E Co-21.5Cr-25W-10Ni-3.5Ta-0.8Ti		48	
Ni-35W-15Cr-2Al-2Ti	9.15	23	25.4

d 功能用金属基复合材料的基体

在许多领域要求材料和器件具有优异的综合物理性能，例如，优良的力学性能、高热导率、低热膨胀率、高电导率、高抗电弧烧蚀性、高摩擦系数和耐磨性等。功能性复合材料可以满足多样的需求。

目前已应用的功能金属基复合材料（不含双金属复合材料）主要用于微电子技术的电子封装和热沉材料，高导热、耐电弧烧蚀的集电材料和触头材料，耐高温摩擦的耐磨材料，耐腐蚀的电池极板材料等。用于电子封装的金属基复合材料有：高碳化硅颗粒含量的铝基（SiC_p/Al）、铜基（SiC_p/Cu）复合材料，高模、超高模碳纤维增强铝基（Gr/Al）、铜基（Gr/Cu）复合材料，金刚石颗粒或多晶金刚石纤维铝、铜复合材料，硼/铝复合材料等，其基体主要是纯铝和纯铜。用于耐磨零部件的金属基复合材料有：碳化硅、氧化铝、碳颗粒、晶须、纤维等增强铝、镁、铜、锌、铅等金属基复合材料。用于集电和电触头的金属基复合材料有：碳（石墨）纤维、金属丝、陶瓷颗粒增强铝、铜、银及合金。

B 聚合物基体

a 聚合物基体的种类、组分和作用

（1）聚合物基体的种类。作为复合材料基体的聚合物的种类很多，经常应用的有不饱和聚酯树脂、环氧树脂、酚醛树脂等热固性树脂。

不饱和聚酯树脂是制造玻璃纤维复合材料的一种重要树脂。在国外，聚酯树脂占玻璃纤维复合材料用树脂总量的80%以上。聚酯树脂的特点是：工艺性良好，它能在室温下固化，常压下成形，工艺装置简单，这也是它与环氧、酚醛树脂相比最突出的优点；固化后的树脂综合性能良好，但力学性能不如酚醛树脂或环氧树脂；它的价格比环氧树脂低得多，只比酚醛树脂略贵一些。不饱和聚酯树脂的缺点是：固化时体积收缩率大、耐热性差等。因此，它很少用于碳纤维复合材料的基体材料，主要用于一般民用工业和生活用品。

环氧树脂的合成始于20世纪30年代，40年代开始工业化生产。由于环氧树脂具有一系列的可贵性能，发展很快，特别是自60年代以来，它广泛用于碳纤维复合材料及其他纤维复合材料。

酚醛树脂是最早实现工业化生产的一种树脂。它的特点是：在加热条件下能固化，无须添加固化剂，酸、碱对固化反应起促进作用，树脂在固化过程中有小分子析出，故树脂固化需要在高压下进行，固化时体积收缩率大，树脂对纤维的黏附性不够好，已固化的树脂有良好的压缩性能，良好的耐水、耐化学介质和耐烧蚀性能，但断裂延伸率低、脆性大。因此，酚醛树脂大量用于粉状压塑料、短纤维增强塑料，少量地用于玻璃纤维复合材料、耐烧蚀材料等，在碳纤维和有机纤维复合材料中很少使用。

（2）聚合物基体的组分。聚合物是聚合物基复合树脂的主要组分。聚合物基体的组分、组分的作用及组分间的关系都是很复杂的。一般来说，基体很少是单一的聚合物，往往除了主要组分——聚合物以外，还包含其他辅助材料。在基体材料中，其他的组分还有固化剂、增韧剂、稀释剂、催化剂等，这些辅助材料是复合材料基体不可缺少的组分。由于这些组分的加入，使复合材料具有各种各样的使用性能，改进了工艺性，降低了成本，扩大了应用范围。

（3）聚合物基体的作用。聚合物复合材料中的基体有三种主要的作用：将纤维粘在一起；分配纤维间的载荷；保护纤维不受环境的影响。

制造基体的理想材料原始状态应该是低黏度的液体，并能迅速变成坚固耐久的固体，足以将增强纤维黏住。尽管纤维增强材料的作用是承受复合材料的载荷，但是基体的力学性能会明显地影响纤维的工作方式和效率。例如，在没有基体的纤维束中，大部分载荷由最直的纤维承受；而在复合材料中，由于基体使得所有纤维经受同样的应变，应力通过剪切过程传递，基体使得应力较均匀地分配给所有纤维，这就要求纤维与基体之间有高的胶接强度，同时要求基体本身也有高的剪切强度和模量。

当载荷主要由纤维承受时，复合材料总的延伸率受到纤维的破坏延伸率的限制，这通常为1%~1.5%。基体的主要性能是在这个应变水平下不应该裂开。与未增强体系相比，先进复合材料树脂体系趋于在低破坏应变和高模量的脆性方式下工作。

在纤维的垂直方向，基体的力学性能和纤维与基体的胶接强度控制着复合材料的物理性能。由于基体比纤维弱得多，而柔性却大得多，所以，在复合材料结构设计中，应尽量避免基体的横向受载。

基体以及基体/纤维的相互作用能明显地影响裂纹在复合材料中的扩展。若基体的剪切强度和模量以及纤维/基体的胶接强度过高，则裂纹可以穿过纤维和基体扩展而不转向，从而使这种复合材料像是脆性材料，并且其破坏的试件将呈现出整齐的断面。若胶接强度过低，则其纤维将表现得像纤维束，并且这种复合材料将很弱。对于中等的胶接强度，横跨树脂或纤维扩展的裂纹会在另面转向，并且沿着纤维方向扩展，这就导致吸收相当多的能量，以这种形式破坏的复合材料是韧性材料。

b 热固性基体

热固性树脂是由某些低分子的合成树脂（固态或液态）在加热、固化剂或紫外光等作用下，发生交联反应并经过凝胶化阶段和固化阶段形成不熔、不溶的固体，因此，必须在原材料凝胶化之前成形，否则就无法加工。这类聚合物耐温性较高，尺寸稳定性也好，但是一旦成形后就无法重复加工。

热固性树脂在初始阶段流动性很好，容易浸透增强体，同时工艺过程比较容易控制，因此，此类复合材料成为当前的主要品种。如前所述，热固性树脂早期有酚醛树脂，随后有不饱和聚酯树脂和环氧树脂，近年来又发展了性能更好的双马树脂和聚酰亚胺树脂。这些树脂几乎适合于各种类型的增强体。它们虽然可以湿法成形（即浸渍后立即加工成形），但通常都先制成预浸料（包括预浸丝、布、带、片状和块状模塑料等），使浸入增强体的树脂处于半凝胶化阶段，在低温保存条件下限制固化反应的发展，并应在一定期间内进行加工。所用的加工工艺有：手工铺设法、模压法、缠绕法、挤拉法、热压罐法、真空袋法，以及才发展的树脂传递模塑法（RTM）和增强式反应注射成形法（RRIM）等。各种热固性树脂的固化反应机理各不相同，根据使用要求的差异，采用的固化条件也有很大差别。具体参见第4章。下面简要介绍几种重要的树脂基体。

（1）环氧树脂。环氧树脂是目前聚合物基复合材料中最普遍使用的树脂基体。环氧的种类很多，适合作为复合材料基体的有双酚A环氧树脂、多官能团环氧树脂和酚醛环氧树脂三种。其中多官能团环氧树脂的玻璃化温度较高，因而耐高温性能好；酚醛环氧固化后的交联密度大，因而力学性能较好。环氧树脂与增强体的黏结力强，固化时收缩小，基本上不放出低分子挥发物，因而尺寸稳定性好。但环氧树脂的耐温性不仅取决于本身结构，而且很大程度上还依赖于使用的固化剂和固化条件。例如，用脂肪族多元胺作为固化剂可在低温固化，但耐温性很差；如果用芳香族多元胺和酸酐作固化剂，并在高温下固化（100~150 ℃）和后固化（150~250 ℃），则最高可耐250 ℃的温度。实际上，环氧树脂基复合材料可在-55~177 ℃温度范围内使用，并有很好的耐化学品腐蚀性和电绝缘性。

（2）热固性聚酰亚胺树脂。聚酰亚胺聚合物有热塑性和热固性两种，均可作为复合材料基体。目前已正式付之应用的、耐温性最好的是热固性聚酰亚胺基体复合材料。热固性聚酰亚胺经固化后与热塑性聚合物一样在主链上带有大量芳杂环结构，此外，由于其分子链端头上带有不饱和链而发生加成反应，变成交联型聚合物，这样就大大提高了其耐温性和热稳定性。聚酰亚胺聚合物是用芳香族四羧酸二酐（或二甲酯）与芳香族二胺通过酰胺化和亚胺化获得的。热固性聚酰亚胺则是在上述合成过程中加入某些不饱和二羧酸酐（或单脂）作为封头的链端基制成的。用N-炔丙基作为端基的树脂（AL-600）制成的复合材料，可在316 ℃时保持76%的弯曲强度。这类树脂基复合材料可供260 ℃以下长期使用。

c 热塑性树脂

热塑性聚合物即通称的塑料，该种聚合物在加热一定温度时可以软化甚至流动，从而在压力和模具的作用下成形，并在冷却后硬化固定。这类聚合物一般软化点较低，容易变形，但可再加工使用。

可以作复合材料的热塑性聚合物品种很多，包括各种通用塑料（如聚丙烯、聚氯乙烯等），工程塑料（如尼龙、聚碳酸酯等）以及特种耐高温的聚合物（如聚醚醚酮、聚醚砜和杂环类聚合物）。

（1）聚醚醚酮。聚醚醚酮是一种半结晶性热塑性树脂，其玻璃化转变温度为143 ℃，熔点334 ℃，结晶度一般为20%~40%，最大结晶度为48%。聚醚醚酮具有优异的力学性能和耐热性，在空气中的热分解温度达650 ℃，加工温度370~420 ℃，以聚醚醚酮为基的复合材料可在250 ℃的高温下长期使用。在室温下，聚醚醚酮的模量与环氧树脂相当，强度优于环氧树脂，而断裂韧性极高（比韧性环氧树脂还高一个数量级以上）。聚醚醚酮耐化学腐蚀可与环氧树脂媲美，而吸湿性比环氧树脂低得多。聚醚醚酮耐绝大多数有机溶剂和酸碱，除液体氢氟酸、浓硫酸等个别强质子酸外，它不为任何溶剂所溶解。此外，聚醚醚酮还具有优异的阻燃性、极低的发烟率和有毒气体的释放率，以及极好的耐辐射性。

碳纤维增强聚醚醚酮单向预浸料的耐疲劳性超过环氧/碳纤维复合材料，耐冲击性好，在室温下，具有良好的抗蠕变性，层间断裂韧性很高（大于或等于1.8 kJ/m^2）。聚醚醚酮基复合材料已经在飞机结构上大量使用。

（2）聚苯硫醚。聚苯硫醚是一种结晶性聚合物，耐化学腐蚀性极好，仅次于氟塑料，在室温下不溶于任何有机溶剂。聚苯硫醚也有良好的力学性能和热稳定性，可长期耐热至240 ℃。聚苯硫醚的熔体黏度低，易于通过预浸料、层压制成复合材料。但是，在高温下长期使用，聚苯硫醚会被空气中的氧气氧化而发生交联反应，结晶度降低，甚至失去热塑性。

（3）聚醚砜。聚醚砜是一种非晶聚合物，其玻璃化转变温度高达225 ℃，可在180 ℃温度下长期使用，在-100~200 ℃温度区间内，模量变化很小，特别是在100 ℃以上时比其他热塑性树脂都好；耐150 ℃蒸气，耐酸碱和油类，但可被浓硝酸、浓硫酸、卤代烃等腐蚀或溶解，在酮类溶剂中开裂。聚醚砜基复合材料通常用溶液预浸或膜层叠技术制造。由于聚醚砜的耐溶剂性差，限制了其在飞机结构等领域的应用，但聚醚砜基复合材料在电子产品、雷达天线罩等方面得到大量应用。

（4）热塑性聚酰亚胺。热塑性聚酰亚胺是一种类似于聚醚砜的热塑性聚合物。长期使用温度180 ℃，具有良好的耐热性、尺寸稳定性、耐腐蚀性、耐水解性和加工工艺性，可溶于卤代烷等溶剂中。多用于电子产品和汽车领域。

C 陶瓷基体

传统的陶瓷是指陶器和瓷器，也包括玻璃、水泥、搪瓷等人造无机非金属材料。随着现代科学技术的发展，出现了许多性能优异的新型陶瓷，如氧化铝陶瓷、碳化硅陶瓷、氮化硅陶瓷等。

陶瓷是金属和非金属元素的固体化合物，其键合为共价键或离子键，与金属不同，它们不含有大量自由电子。一般而言，陶瓷具有比金属更高的熔点和硬度，化学性质非常稳定，耐热性、抗老化性好。虽然陶瓷的许多性能优于金属，但是陶瓷材料脆性大、韧性差，因而大大限制了陶瓷作为承载结构材料的应用。因此，在陶瓷材料中加入第二相颗粒、晶须以及纤维进行增韧处理，以改善陶瓷材料的韧性。用作基体材料的陶瓷一般应具有优异的耐高温性能、与增强相之间有良好的界面相容性以及较好的工艺性能。常用的陶瓷基体主要包括玻璃和玻璃陶瓷、氧化物和非氧化物陶瓷。

a　玻璃和玻璃陶瓷

玻璃是无机材料经高温熔融、冷却硬化而得到的一种非晶态固体。将特定组成（含晶核剂）的玻璃进行晶化热处理，在玻璃内部均匀析出大量微小晶体并进一步长大，形成致密微晶相，玻璃相充填于晶界，得到的像陶瓷一样的多晶固体材料被称为玻璃陶瓷。玻璃陶瓷的主要特征是能够保持先前成形的玻璃器件的形状，晶化通过内部成核和晶体生长有效完成。玻璃陶瓷的性能由热处理时玻璃产生的晶相的物理性能和晶相与残余玻璃相的结构关系控制。

玻璃和玻璃陶瓷作为陶瓷基复合材料的基体有以下特点：

（1）玻璃的化学组成范围广泛，可以通过调整化学成分，使其达到与增强体化学相容；

（2）通过调整玻璃的化学成分来调节其物理性能，使其与增强体的物理性能相匹配；

（3）玻璃类材料弹性模量低，有可能采用高模量的纤维来获得明显的增强效果；

（4）由于玻璃在一定温度下可以发生黏性流动，容易实现复合材料的致密化。

玻璃和玻璃陶瓷主要用作氧化铝纤维、碳化硅纤维、碳纤维以及碳化硅晶须增强复合材料的基体。常用玻璃和玻璃陶瓷基体材料的基本特性如表 5-4 所示。

表 5-4　常用玻璃和玻璃陶瓷基体材料的基本特性

基本类型		主要成分	辅助成分	主要晶相	T_{max}/℃	弹性模量/GPa
玻璃	7740	B_2O_3，SiO_2	Na_2O		600	65
	1723	Al_2O_3，MgO，CaO，SiO_2	B_2O_3，BaO		700	90
	7933	SiO_2	B_2O_3		1150	65
玻璃陶瓷	LAS-Ⅰ	Li_2O，Al_2O_3，MgO，SiO_2	ZnO，ZrO_2，BaO	β-锂辉石	1000	90
	LAS-Ⅱ	Li_2O，Al_2O_3，MgO，SiO_2，Nb_2O_5	ZnO，ZrO_2，BaO	β-锂辉石	1100	90
	LAS-Ⅲ	Li_2O，Al_2O_3，MgO，SiO_2，Nb_2O	ZrO_2	β-锂辉石	1200	90
	MAS	Al_2O_3，MgO，SiO_2	BaO	堇青石	1200	
	BMAS	BaO，Al_2O_3，MgO，SiO_2			1250	105
	CAS	CaO，Al_2O_3，SiO_2		钙长石	1250	90
	MLAS	Li_2O，Al_2O_3，MgO，SiO_2		α-堇青石	1250	

b　氧化物陶瓷

作为基体材料使用的氧化物陶瓷主要有 Al_2O_3、MgO、SiO_2、ZrO_2、莫来石（即富铝红柱石，化学式为 $3Al_2O_3 \cdot 2SiO_2$）等，它们的熔点在 2000 ℃以上。氧化物陶瓷主要为单相多晶结构，除晶相外，可能还有少量的气相（气孔）。微晶氧化物的强度较高，粗晶结构时，晶界面上的残余应力较大，对强度不利，氧化物陶瓷的强度随环境温度升高而降低，但在 1000 ℃以下降低较小。这类氧化物陶瓷基复合材料应避免在高应力和高温环境下使用，这是由于 Al_2O_3 和 ZrO_2 的抗热震性较差，SiO_2 在高温下容易发生蠕变和相变。虽然莫来石具有较好的抗蠕变性能和较低的热膨胀系数，但使用温度不宜超过 1200 ℃。

c 非氧化物陶瓷

非氧化物陶瓷是指不含氧的氮化物、碳化物、硼化物和硅化物。它们的特点是：耐火性能和耐磨性能好、硬度高，但脆性也很大。碳化物和硼化物的抗热氧化温度为900~1000 ℃，氮化物略低一些，硅化物的表面能形成氧化硅膜，所以抗氧化温度达1300~1700 ℃。氮化硼具有类似石墨的六方结构，在1360 ℃和高压作用下可转变成立方结构的β-氮化物，耐热温度高达2000 ℃，硬度极高，可作为金刚石的代用品。

常用耐高温陶瓷基体材料的基本性能如表5-5所示。

表5-5 常用耐高温陶瓷基体材料的基本性能

类型	密度 /g·cm^{-3}	熔点/℃	弹性模量 /GPa	热导率 /W·$(m·K)^{-1}$	热膨胀系数 /10^{-6}℃$^{-1}$	莫氏硬度
氧化铝	3.99	2053	435	5.82	8.8	9
氧化锆	6.10	2677	238	1.67	8~10	7
莫来石	3.17	1860	200	3.83	5.6	6~7
碳化硅	3.21	2545	420	41.0	5.12	9
氮化硅	3.19	1900	385	30.0	3.2	9

D 无机胶凝材料

无机胶凝材料主要包括水泥、石膏、菱苦土和水玻璃等。在无机胶凝材料基增强塑料中，研究和应用最多的是纤维增强水泥增强塑料。它是由水泥净浆、砂浆或混凝土为基体、短纤维或连续纤维为增强材料组成的。用无机胶凝材料作基体制成纤维增强塑料还是处于发展阶段的一种新型结构材料，其长期耐久性还有待进一步提高，成形工艺尚待进一步完善，应用领域有待进一步开发。

与树脂相比，水泥基体有以下特征：

（1）水泥基体为多孔体系，其孔隙尺寸可由十分之几纳米到数十纳米。孔隙的存在不仅会影响基体本身的性能，而且也会影响纤维与基体的界面黏结。

（2）纤维与水泥的弹性模量比不大，因水泥的弹性模量比树脂的高，对于多数有机纤维，与水泥的弹性模量比甚至小于1，这意味着在纤维增强水泥复合材料中应力的传递效应远不如纤维增强树脂。

（3）水泥基体材料的断裂延伸率较低，仅是树脂基体材料的1/10~1/20，故在纤维尚未从水泥基体材料中拔出拉断前，水泥基体材料即行断裂。

（4）水泥基体材料中含有颗粒状的物料，与纤维呈点接触，故纤维的加入量受到很大的限制。树脂基体在未固化前是黏稠液体，可较好的浸透纤维中，故纤维的加入量可高一些。

（5）水泥基体材料呈碱性，对金属纤维可起保护作用，但对大多数纤维是不利的。水泥基复合材料主要分为纤维增强水泥基复合材料和聚合物混凝土复合材料。

5.1.2.2 复合材料的增强体

增强体是高性能结构复合材料的关键组分，在复合材料中起着增加强度和改善性能的作用。增强体按形态分为颗粒状、纤维状、片状、立方编织物等。一般按化学特征来区分，即无机非金属类、有机聚合物类和金属类。图 5-3 给出了一些常用的纤维增强体的强度和模量，由图 5-3 可以看出，高强度碳纤维和高模量碳纤维性能非常突出，碳化硅纤维、硼纤维和有机聚合物的聚芳酰胺、超高分子量聚乙烯纤维也具有很好的力学性能。常用纤维增强体的品种和性能如表 5-6 所示。

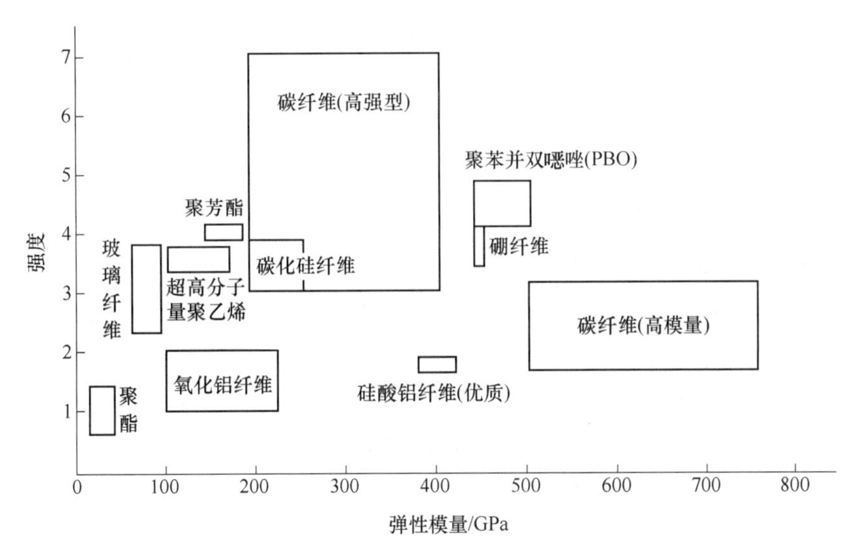

图 5-3 各种纤维增强体的强度和模量

表 5-6 纤维增强体的典型品种和性能

性能指标	高分子系列			碳纤维				无机纤维		
	对位芳酰胺		聚乙烯	聚芳酯	PNA 基碳纤维			碳化硅	氧化铝	玻璃纤维
	Kevlar-49	Kevlar-129	Tekmilon	Vectran	标准级 T300	高强高模 M60J	高强中模 T800H	Hi-Nicalon	Nextel-610	E-glass
密度 /g·cm^{-3}	1.45	1.44	0.96	1.41	1.76	1.91	1.81	2.74	3.75	2.54
强度/GPa	2.80	3.40	3.43	3.27	3.53	3.82	5.49	2.80	3.20	3.43
模量/GPa	109.0	96.9	98.0	74.5	230.0	588.0	294.0	270.0	370.0	72.5
伸长率/%	2.5	3.3	4.0	3.9	1.5	0.7	1.9	1.4	0.5	4.8
比强度 (10 cm)	19.3	2	36.5	24.0	20.0	20.0	30.3	10.0	8.5	12
比模量 (10 cm)	7.7	6.8	10.4	5.4	13.0	31.0	16.2	9.6	9.9	2.9

A 碳纤维

碳纤维是先进复合材料最常用的增强体。一般采用有机先驱体进行稳定化处理，再在 1000 ℃以上高温和惰性保护气氛下碳化，成为具有六元环碳结构的碳纤维。这样的碳纤维强度很高，但还不是完整的石墨结构，即虽然六元环平面基本上平行于纤维轴向，但石墨晶粒较小。碳纤维进一步在保护气氛下经过 2800~3000 ℃处理，就可以提高结构的规整性，晶粒长大为碳纤维，此时纤维的弹性模量进一步提高，但强度却有所下降。商品碳纤维的强度可达 3.5 GPa 以上，模量则在 200 GPa 以上，最高可达 920 GPa。

B　高强有机纤维

高强、高模量有机纤维通过两种途径获得：一种途径是由分子设计并借助相应的合成方法制备具有刚性棒状分子链的聚合物。例如，聚芳酰胺、聚芳酯和芳杂环类聚合物（聚对苯撑苯并双噁唑）经过干湿法、液晶纺丝法制成分子高度取向的纤维。另一种途径是合成超高分子量的柔性链聚合物，例如，聚乙烯。由分子中的 C—C 链伸直，提供强度和模量。这两类有机纤维均有批量产品，其中以芳酰胺产量最大。芳酰胺的性能以 Kevlar-49 为例（杜邦公司生产），强度为 2.8 GPa，模量为 104 GPa。虽然比不上碳纤维，但由于其密度仅为 1.45 g/cm^3，比碳纤维的 1.8~1.9 g/cm^3 低，因此，在比强度和比模量上略有补偿。超高分子聚乙烯纤维也有一定规模的产量，而且力学性能较好，强度为 4.4 GPa，模量为 157 GPa，密度为 0.97 g/cm^3，但其耐温性较差，影响了它在复合材料中的广泛应用。已开发的芳杂环类的聚对苯撑苯并双噁唑（PBO）纤维，其性能具有吸引力，它的强度高达 5.3 GPa，模量为 250 GPa，密度为 1.58 g/cm^3，且耐 600 ℃高温。但是，这类纤维和芳酰胺一样均属液晶态结构，都带有抗压性能差的缺点，有待改善。然而，从发展的角度来看，这种纤维有较大的应用前景。

C　无机纤维

无机纤维的特点是高熔点，特别适合与金属基、陶瓷基或碳基形成复合材料。中期工业化生产的是硼纤维，它借助化学气相沉积（CVD）的方法，形成直径为 50~315 μm 的连续单丝。硼纤维强度为 3.5 GPa，模量为 400 GPa，密度为 2.5 g/cm^3。这种纤维由于价格昂贵而暂时停止发展，取而代之的是碳化硅纤维，也是用 CVD 法生产，但其芯材已由钨丝改为碳丝，形成直径为 100~150 μm 的单丝，强度为 3.4 GPa，模量为 400 GPa，密度为 3.1 g/cm^3。另一种碳化硅纤维是用有机体的先驱纤维烧制成的，该种纤维直径仅为 10~15 μm，强度为 2.5~2.9 GPa，模量为 190 GPa，密度为 2.55 g/cm^3。无机纤维类还有氧化铝纤维、氮化硅纤维等，但产量很小。

5.1.2.3　复合材料的界面

复合材料中增强体与基体接触构成的界面，是一层具有一定厚度（纳米以上）、结构随基体和增强体而异、与基体和增强体有明显差别的新相——界面相（界面层）。它是增强相和基体相连接的“纽带”，也是应力和其他信息传递的“桥梁”。界面是复合材料极为重要的微结构，其结构与性能直接影响复合材料的性能。复合材料中的增强体无论是微纤、晶须、颗粒还是纤维，与基体在成形过程中将会发生程度不同的相互作用和界面反应形成各种结构的界面。

对于界面相，可以是基体与增强体在复合材料制备过程和使用过程中的反应产物层，可以是两者之间扩散结合层，可以是基体与增强体之间的成分过渡层，可以是由于基体与增强体之间的物性参数不同形成的残余应力层，可以是人为引入的用于控制复合材料界面性能的涂层，也可以是基体和增强体之间的间隙。界面是复合材料的特征，可将界面的作用归纳为以下几种效应：

（1）传递效应。界面能传递力，即将外力传递给增强体，起到基体和增强体之间的“桥梁”作用。

（2）阻断效应。结合适当的界面有阻止裂纹扩展、中断材料破坏、减缓应力集中的作用。

（3）不连续效应。在界面上产生物理性能的不连续性和界面摩擦出现的现象，如抗电性、电感应性、磁性、耐热性、尺寸稳定性等。

（4）散射和吸收效应。光波、声波、热弹性波、冲击波等在界面产生散射和吸收，如透光性、隔热性、隔音性、耐机械冲击及耐热冲击性等。

（5）诱导效应。一种物质（通常是增强体）的表面结构使另一种（通常是聚合物基体）与之接触的物质的结构由于诱导作用而发生改变，由此产生一些现象，如强的弹性、低的膨胀性、耐冲击性和耐热性等。

界面上产生的这些效应，是任何一种单体材料所没有的特性，它对复合材料具有重要的作用。例如，在粒子弥散强化金属中，微型粒子阻止晶格位错，从而提高复合材料强度；在纤维增强塑料中，纤维与基体界面阻止裂纹的进一步扩展等。因此，在任何复合材料中，界面和改善界面性能的表面处理方法是关于这种复合材料是否有使用价值和能否推广应用的一个极重要的问题。

界面效应既与界面结合状态、形态和物理-化学性质等有关，也与界面两侧组分材料的浸润性、相容性、扩散性等密切相关。

基体与增强体通过界面结合在一起，构成复合材料整体，界面结合的状态和强度无疑对复合材料的性能有重要影响，因此，对于各种复合材料都要求有合适的界面结合强度。界面的结合强度一般是以分子间力、溶解度指数、表面张力（表面自由能）等表示的，而实际上有许多因素影响着界面结合强度，例如，表面的几何形状、分布状况、纹理结构；表面吸附气体和蒸气程度；表面吸水情况；杂质存在；表面形态（形成与块状物不同的表面层）；在界面的溶解、浸透、扩散和化学反应；表面层的力学特性；润湿速度等。

由于界面尺寸很小且不均匀，化学成分及结构复杂，力学环境复杂，对于界面的结合强度、界面的厚度、界面的应力状态尚无直接的和准确的定量方法。对于界面结合状态、形态、结构以及它对复合材料的影响尚没有适当的试验方法，需要借助拉曼光谱、电子质谱、红外扫描等试验逐步摸索和统一认识。因此，迄今为止，对复合材料界面的认识还是很不充分，更谈不上以一个通用的模型来建立完整的理论。尽管存在很大困难，但由于界面的重要性，依然吸引着大量研究者致力于认识界面的工作，以便掌握其规律。

A　聚合物基复合材料的界面

a　界面的形成

对于聚合物基复合材料，其界面的形成可以分成两个阶段：第一阶段是基体与增强纤维的接触与浸润过程。由于增强纤维对基体分子的各种基团或基体中各组分的吸附能力不同，它总是要吸附那些能降低其表面能的物质，并优先吸附那些能较多降低其表面能的物质。因此，界面聚合层在结构上与聚合物本体是不同的。第二阶段是聚合物的固化阶段。在此过程中聚合物通过物理的或化学的变化而固化，形成固定的界面层。固化阶段受第一阶段影响，同时它直接决定着所形成的界面层的结构。以热固性树脂的固化过程为例，树脂的固化反应可借助固化剂或靠本身官能团反应来实现。在利用固化剂固化的过程中，固化剂所在的位置是固化反应的中心，固化反应从中心以辐射状向四周扩展，最后形成中心密度大、边缘密度小的非均匀固化结构。密度大的部分称为“胶束”或“胶粒”，密度小的称为“胶絮”。

界面层的结构大致包括：界面的结合力、界面的厚度和界面的微观结构等几个方面。界面结合力存在于两相之间，并由此产生复合效果和界面强度。界面结合力又可分为宏观结合力和微观结合力，前者主要指材料的几何因素，如表面的凹凸不平、裂纹、孔隙等所产生的机械铰合力；后者包括化学键和次价键，这两种键的比例取决于组成成分及其表面性质。化学键结合是最强的结合，可以通过界面化学反应而产生，通常进行的增强纤维表面处理就是为了增大界面结合力。

界面及其附近区域的性能、结构都不同于组分本身，因而构成了界面层。或者说，界面层是由纤维与基体之间的界面以及纤维和基体的表面薄层构成的，基体表面层的厚度约为增强纤维的数十倍，它在界面层中所占的比例对复合材料的力学性能影响很大。对于玻璃纤维复合材料，界面层还包括偶联剂生成的偶联化合物。增强纤维与基体表面之间的距离受化学结合力、原子基团大小、界面固化后收缩等方面因素影响。

b 界面作用机理

界面层使纤维与基体形成一个整体，并通过它传递应力，若纤维与基体之间的相容性不好，界面不完整，则应力的传递面仅为纤维总面积的一部分。因此，为了使复合材料内部能够均匀地传递应力，显示其优异性能，要求在复合材料的制造过程中形成一个完整的界面层。

界面对复合材料特别是其力学性能起着极为重要的作用。从复合材料的强度和刚度来考虑，界面结合达到比较牢固和比较完善是有利的，它可以明显提高横向和层间拉伸强度以及剪切强度，也可适当提高横向和层间拉伸模量、剪切模量。碳纤维、玻璃纤维等的韧性差，如果界面很脆及断裂应变很小而强度很大，则纤维的断裂可能引起裂纹沿垂直于纤维方向扩展，诱发相邻纤维相继断裂，所以这种复合材料的断裂韧性很差。在这种情况下，如果界面结合强度较低，则纤维断裂引起的裂纹可以改变方向而沿界面扩展，遇到纤维缺陷或薄弱环节时，裂纹再次跨越纤维，继续沿界面扩展，形成曲折的路径，这样就需要较多的断裂功。因此，如果界面和基体的断裂应变都较低时，从提高断裂韧性的角度出发，适当减弱界面强度和提高纤维延伸率是有利的。

界面作用机理是指界面发挥作用的微观机理。下面简要介绍几种主要的理论：

（1）界面浸润理论。界面浸润理论是由 Zisman 在 1963 年提出，其主要观点是：填充剂被液体树脂良好浸润是极为重要的，因浸润不良会在界面上产生空隙，易使应力集中而使复合材料发生开裂，如果完全浸润，则基体与填充剂间的黏结强度将大于基体的内聚强度。

（2）化学键理论。化学键理论的主要观点是：处理增强体表面的偶联剂，既含有能与增强体起化学作用的官能团，又含有能与树脂基体起化学作用的官能团，由此在界面上形成共价键结合，如果能满足这一要求，则在理论上可获得最强的界面黏结能。

（3）物理吸附理论。物理吸附理论认为，增强纤维和树脂基体之间的结合是属于机械铰合和基于次价键作用的物理吸附。偶联剂的作用主要是促进基体与增强纤维表面完全浸润。一些试验表明，偶联剂未必一定促进树脂对玻璃纤维的浸润，甚至适得其反。这种理论可作为化学键理论的一种补充。

（4）变形层理论。变形层理论是针对释放复合材料成形过程中形成的附加应力而提出的。复合材料基体在固化时会发生体积收缩，以及基体与增强体热膨胀系数不同等因素引起附加应力，这些附加应力在复合材料中会造成局部应力集中，而使复合材料内部形成微裂纹，从而导致复合材料性能的降低。当采用某些处理剂处理增强体之后，复合材料的力学性能便得到改善。有人认为这是由于处理剂在界面上形成了一层塑性层，它能松弛界面的应力，减少界面应力的作用。这种观点即构成了“变形层理论”。还有人提出了“拘束层理论”来解释，但这种理论接受者不多，且缺乏必要的实验根据。

（5）扩散层理论。按照这一理论，偶联剂形成的界面区应该是带有能与树脂相互扩散的聚合链活性硅氧烷层或其他的偶联剂层。它是建立在高分子聚合物材料相互黏结时引起表面扩散层的基础上，但不能解释聚合物基的玻璃纤维或碳纤维增强的复合材料的界面现象。因当时无法解释聚合物分子怎样向玻璃纤维、碳纤维等固体表面进行扩散的过程，后来由于偶联剂的使用及其偶联机理研究的深入，如偶联剂多分子层的存在等，使这一理论在复合材料领域得到了很多学者的认可。近年来提出的相互贯穿网络理论，实际上就是扩散理论和化学键理论在某种程度上的结合。

B 金属基复合材料的界面

金属基复合材料在使用和制造过程中，基体与增强体发生相互作用生成化合物、基体与增强体相互扩散形成扩散层，都使得界面的形状尺寸、成分、结构等变得非常复杂。基体与增强体热膨胀系数的不匹配和弹性模量存在差别，使得金属基复合材料在制造和加工过程中在纤维/基体界面附近区域会产生热残余应力，热残余应力往往超过基体的屈服强度，容易导致界面附近区域的缺陷，使得界面附近基体的微观结构及性能发生明显变化，对复合材料性能影响很大。

a 界面的类型

对于纤维增强金属基复合材料，其界面比聚合物基复合材料复杂得多。表5-7列出了纤维增强金属基复合材料界面的几种类型，其中，Ⅰ类界面是平整的厚度仅为分子层的程度，除原组成成分外，界面上基本不含其他物质；Ⅱ类界面是由原组成成分构成的犬牙交错的溶解扩散型界面；Ⅲ类界面则含有亚微级左右的界面反应物质（界面反应层）。

表5-7 纤维增强金属基复合材料界面的类型

类型	相容性	典型体系	界 面
类型Ⅰ	纤维与基体互不反应也不溶解	钨丝/铜 氧化铝纤维/铜 氧化铝纤维/银 硼纤维（表面涂BN)/铝不锈钢丝/铝 碳化硅纤维/铝 硼纤维/铝 硼纤维/镁	Ⅰ类界面相对而言比较平整，只有分子层厚度，界面除了原组成物质外，基本上不含其他物质
类型Ⅱ	纤维与基体互不反应但相互溶解	镀铬的钨丝/铜 碳纤维/镍 钨丝/镍 合金共晶体丝/同一合金	Ⅱ类界面为原组成物质的犬牙交错的溶解扩散界面，基体的合金元素和杂质可能在界面上富集或贫化

续表 5-7

类型	相容性	典型体系	界　面
类型Ⅲ	纤维与基体反应形成界面反应层	钨丝/铜-钛合金 碳纤维/铝（大于 580 ℃） 氧化铝纤维/钛 硼纤维/钛 硼纤维/铝-钛合金碳化硅纤维/钛 SiO_2 纤维/铝	Ⅲ类界面则含有亚微级左右的界面反应产物层

界面类型还与复合方式有关。纤维增强金属基复合材料的界面结合可以分成以下几种形式：

（1）物理结合。物理结合是指借助材料表面的粗糙形态而产生的机械铰合，以及借助基体收缩应力包紧纤维时产生的摩擦结合。这种结合与化学作用无关，纯属物理作用。结合强度的大小与纤维表面的粗糙程度有很大的关系。例如，用经过表面刻蚀处理的纤维制成的复合材料，其结合强度比具有光滑表面的纤维复合材料约高 2~3 倍。

（2）溶解和浸润结合。溶解和浸润结合与表 5-7 中的Ⅱ类界面对应。纤维与基体的相互作用力是极短程的，只有若干原子间距。由于纤维表面常存在氧化膜，阻碍液态金属的浸润，这时就需要对纤维表面进行处理，如用超声波通过机械摩擦力破坏氧化膜，使纤维与基体的接触角小于 90°，发生浸润或局部互溶，以提高界面结合力。

（3）反应结合。反应结合与表 5-7 中的Ⅲ类界面对应。其特征是在纤维和基体之间形成新的化合物层，即界面反应层。界面反应层往往不是单一的化合物，如硼纤维增强钛铝合金，在界面反应层内有多种反应产物。一般情况下，随反应程度增加，界面结合强度也增大，但由于界面反应产物多为脆性物质，所以，当界面层达到一定厚度时，界面上的残余应力可使界面破坏，反而降低界面结合强度。此外，某些纤维表面吸附空气发生氧化作用也能形成某种形式的反应结合。例如，用硼纤维增强铝时，首先使硼纤维与氧作用生成 BO_2，由于铝的反应性很强，它与 BO_2 接触时可使 BO_2 还原生成 Al_2O_3，形成氧化结合。但有时氧化作用也会降低纤维强度而无益于界面结合，这时就应当避免发生氧化反应。

在实际情况中，界面的结合方式往往不是单纯的一种类型。例如，将硼纤维增强铝材料于 500 ℃进行热处理，可以发现在原来物理结合的界面上出现了 AlB_2，表明热处理过程中界面上发生了化学反应。

b　影响界面稳定性的因素

与聚合物基复合材料相比，耐高温是金属基复合材料的主要特点。因此，金属基复合材料的界面能否在所允许的高温环境下长时间保持稳定是非常重要的。影响界面稳定的因素包括物理和化学两个方面。

物理方面的不稳定因素主要是指在高温条件下增强纤维与基体之间的熔融。例如，用粉末冶金方法制成的钨丝增强镍合金材料，由于成形温度较低，钨丝未熔入合金，故其强度基本不变。但若在 1100 ℃左右使用 50 h，则钨丝直径仅为原来的 60%，强度明显降低，表明钨丝已熔于镍合金基体中。在某些场合，这种互熔现象不一定产生不良的效果。例如，钨铼合金丝增强铌合金时，钨也会熔入铌中，但由于形成很强的钨铌合金，对钨丝的强度损失起到了补偿作用，强度不变，或还有提高。

化学方面的不稳定因素主要与复合材料在加工和使用过程中发生的界面化学作用有关。它包括连续界面反应、交换式界面反应和暂稳态界面变化等几种现象。其中，连续界面反应对复合材料力学性能的影响最大。这种反应有两种可能：发生在增强纤维一侧，或者发生在基体一侧。前者是基体原子通过界面层向纤维扩散，后者则相反。交换式界面反应的不稳定因素主要出现在含有两种以上合金的基体中。增强纤维优先与合金基体中某一元素反应，使含有该因素的化合物在界面层富集，而在界面层附近的基体中则缺少这种元素，导致非界面化合物的其他元素在界面附近富集。同时，化合物中的元素与基体中的元素不断发生交换反应，直至达到平衡。暂稳态界面变化是由于增强纤维表面局部存在氧化层所致，如硼纤维/铝材料，若采用固态扩散法成形工艺，界面上将产生氧化层，但它的稳定性差，在长时间热环境下，氧化层容易发生球化而影响复合材料性能。

界面结合状态对金属基复合材料沿纤维方向的抗拉强度有很大的影响，对剪切强度、疲劳性能等也有不同程度的影响。表 5-8 为碳纤维增强铝材料的界面结合状态与抗拉强度、断口形貌的关系。显然，界面结合强度过高或过低都不利，适当的界面结合强度才能保证复合材料具有最佳的抗拉强度。

表 5-8　碳纤维增强铝的抗拉强度和断口形貌

界面结合状态	抗拉强度/MPa	断 口 形 貌
结合不良	206	纤维大量拔出，长度很长，呈刷子状
结合适中	612	有的纤维拔出，有一定长度，铝基体发生缩颈，可观察到劈裂状
结合稍强	470	出现不规则断面，可观察到很短的拔出纤维
结合过强	224	典型的脆性断裂，平断口

在金属基复合材料结构设计中，除了要考虑化学方面的因素外，还应注意增强纤维与金属基体的物理相容性。物理相容性要求金属基体有足够的韧性和强度，以便能够更好地通过界面将载荷传递给增强纤维；还要求在材料中出现裂纹或位错移动时，基体上产生的局部应力不在增强纤维上形成高应力。物理相容性中最重要的是要求纤维与基体的热膨胀系数匹配。如果基体的韧性较强、热膨胀系数也较大，复合后容易产生拉伸残余应力，而增强纤维多为脆性材料，复合后容易出现压缩残余应力。因此，不能选用模量很低的基体与模量很高的纤维复合，否则纤维容易发生屈曲。

C　陶瓷基复合材料的界面

在陶瓷基复合材料中，增强纤维与基体之间形成的反应层质地比较均匀，对纤维和基体都能很好地结合，但通常它们是脆性的。因增强纤维的横截面多为圆形，故界面反应层常为空心圆筒状，其厚度可以控制。当反应层达到某一厚度时，复合材料的抗拉强度开始降低，此时反应层的厚度可定义为第一临界厚度。如果反应层厚度继续增大，材料强度也随之降低，直至达某一强度时不再降低，这时反应层厚度称为第二临界厚度。例如，用 CAD 技术制造碳纤维/硅材料时，第一临界厚度为 0.05 μm，此时出现 SiC 反应层，复合材料的抗拉强度为 1800 MPa；第二临界厚度为 0.58 μm，抗拉强度降至 600 MPa。

氮化硅具有强度高、硬度大、耐腐蚀、抗氧化和抗热震性能好等特点，但断裂韧性较差，使其特点发挥受到限制。如果在氮化硅中加入纤维或晶须，可有效地改进其断裂韧性。由于氮化硅具有共价键结构，不易烧结，所以在复合材料制造时需添加助烧剂，如6%的 Y_2O 和 2%的 Al_2O_3 等。在氮化硅基碳纤维复合材料的制造过程中，成形工艺对界面结构影响很大。例如，采用无压烧结工艺时，碳与硅之间的反应十分严重，用扫描电子显微镜可观察到非常粗糙的纤维表面，在纤维周围还存在许多空隙；若采用高温等静压工艺，则由于压力较高和温度较低，使得反应 $Si_3N_4+3C \rightarrow 3SiC+2N_2$ 和 $SiO_2+C \rightarrow SiO\uparrow +CO$ 受到抑制，在碳纤维与氮化硅之间的界面上不发生化学反应，无裂纹或空隙是比较理想的物理结合。

5.2 复合材料的基本性能

复合材料是由多相材料复合而成，其共同的特点是：

(1) 可综合发挥各种组成材料的优点，使一种材料具有多种性能，具有天然材料所没有的性能。如玻璃纤维增强环氧基复合材料，既具有类似钢材的强度，又具有塑料的介电性能和耐腐蚀性能。

(2) 可按对材料性能的需要进行材料的设计和制造。例如，可以根据不同方向上对材料刚度和强度的特殊要求，设计复合材料及结构。

(3) 可制成所需形状的产品，可避免金属产品的铸模、切削、磨光等工序。

性能的可设计性是复合材料的最大特点。影响复合材料性能的因素很多，主要取决于增强材料的性能、含量及分布状况，基体材料的性能、含量，以及它们之间的界面结合的情况，同时还受制备工艺和结构设计的影响。

5.2.1 聚合物基复合材料的主要性能特点

5.2.1.1 比强度、比模量大

比强度和比模量是度量材料承载能力的一个指标，比强度越高，同一零件的自重越小；比模量越高，零件的刚性越大。玻璃纤维复合材料有较高的比强度和比模量，碳纤维、硼纤维、有机纤维增强的聚合物复合材料的比强度、比模量如表 5-9 所示，由此可见，它们的比强度相当于钛合金的 3~5 倍，比模量相当于金属的 4 倍。

表 5-9 各种材料的比强度和比模量

材　料	密度/$g \cdot cm^{-3}$	抗拉强度/10^3 MPa	弹性模量/10^5 MPa	比强度/10^7 cm	比模量/10^9 cm
钢	7.8	1.03	2.1	0.13	0.27
铝合金	2.8	0.47	0.75	0.17	0.26
钛合金	4.5	0.96	1.14	0.21	0.25
玻璃纤维复合材料	2.0	1.06	0.4	0.53	0.2
碳纤维Ⅱ/环氧复合材料	1.45	1.50	1.4	1.03	0.97
碳纤维Ⅰ/环氧复合材料	1.6	1.07	2.4	0.67	1.5
有机纤维/环氧复合材料	1.4	1.4	0.8	1.0	0.57
硼纤维/环氧复合材料	2.1	1.38	2.1	0.66	1.0
硼纤维/铝复合材料	2.65	1.0	2.0	0.38	0.57

5.2.1.2 耐疲劳性能好

疲劳破坏是材料在变载荷作用下，由于裂纹的形成和扩展而形成的低应力破坏。聚合物复合材料纤维与基体的界面能阻止裂纹的扩展，因此，其疲劳破坏总是从纤维的薄弱环节开始，逐渐扩展到结合面上，破坏前有明显的预兆。大多数金属材料的疲劳强度极限是其抗拉强度的 20%～50%，而碳纤维/聚酯复合材料的疲劳极限可为其抗拉强度的 70%～80%。

5.2.1.3 减震性好

结构的自振频率除与结构本身形状有关外，还与材料的比模量的平方根成正比。高的自振频率避免了工作状态下共振而引起的早期破坏。复合材料比模量高，故具有高的自振频率。同时，复合材料中纤维和界面具有吸震能力，使材料的振动阻尼很高。根据对形状和尺寸相同的梁进行的实验可知，轻金属合金梁需 9 s 才能停止振动，碳纤维复合材料只需 2.5 s 就静止了。

5.2.1.4 过载时安全性好

纤维复合材料中有大量独立的纤维，当构件过载而有少数纤维断裂时，载荷会迅速重新分配到未破坏的纤维上，使整个构件不至于在极短时间内有整体破坏的危险。

5.2.1.5 减摩、耐磨、自润滑性好

在热塑性塑料中掺入少量短纤维，可大大提高它的耐磨性，其增加的倍数为聚氯乙烯本身的 3.8 倍；聚酰胺本身的 1.2 倍；聚丙烯本身的 2.5 倍。碳纤维增强塑料还可降低塑料的摩擦系数，提高它的 *PV* 值。由于碳纤维增强塑料还具有良好的自润滑性能，因此，可以用于制造无油润滑活塞环、轴承和齿轮。

5.2.1.6 绝缘性好

玻璃纤维增强塑料是一种优良的电气绝缘材料，用于制造仪表、电机与电器中的绝缘零部件，这种材料还不受电磁作用，不反射无线电波，微波透过性能良好，还具有耐烧蚀性和耐辐照性，可用于制造飞机、导弹和地面雷达罩。

5.2.1.7 有很好的加工工艺性

复合材料可采用手糊成形、模压成形、缠绕成形、注射成形和拉挤成形等各种成形方法制成各种形状的产品。但是，聚合物基复合材料还存在着一些缺点，如耐高温性能、耐老化性能及材料强度一致性等有待进一步改善和提高。

5.2.2 金属基复合材料的主要性能特点

金属基复合材料的性能取决于所选用金属或合金基体和增强体的特性、合理、分布等，通过优化组合可以获得既具有金属性又具有高比强度、比模量、耐热、耐磨等的综合性能。

5.2.2.1 高比强度、高比模量

由于在金属基体中加入了适量的高强度、高模量、低密度的纤维、晶须、颗粒等增强体，明显提高了金属基复合材料的比强度、比模量，特别是高性能连续纤维——硼纤维、碳（石墨）纤维、碳化硅纤维等增强体，具有很高的强度和模量。密度只有 1.85 g/cm^3 的碳纤维的最高强度可达 7000 MPa，比铝合金强度高出 10 倍以上，碳纤维的最高模量可达

91 GPa，硼纤维、碳化硅密度为 2.5～3.4 g/cm^3，强度为 3000～4500 MPa，模量为 350～450 GPa。加入 30%～50%高性能纤维作为复合材料的主要承载体，复合材料的比强度、比模量成倍地高于基体合金的比强度和比模量。图 5-4 为复合材料与其他单质材料力学性能的比较。

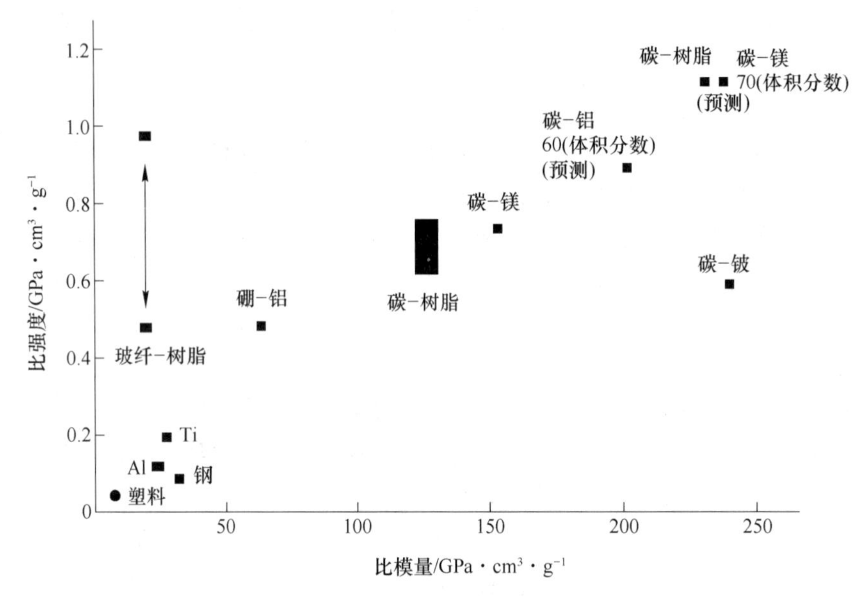

图 5-4 复合材料与其他单质材料力学性能的对比

用高比强度、高比模量复合材料制成的构件质量小、刚性好、强度高，是航天、航空技术领域中理想的结构材料。

5.2.2.2 导热、导电性能

金属基体在金属基复合材料中占有很高的体积百分比，一般在 60%以上，因此，仍保持金属所具有的良好导热和导电性。良好的导热性可以有效地传热，使构件受热后的高温热源很快扩散消失，这对尺寸稳定性要求高的构件和高集成度的电子器件尤为重要。良好的导电性可以防止飞行器构件产生静电聚集的问题。

在金属基复合材料中采用高导热性的增强体，还可以进一步提高金属基复合材料的导热系数，使复合材料的热导率比纯金属基体还高。例如，为了解决高集成度电子器件的散热问题，现已研究成功的超高模量碳纤维、金刚石纤维、金刚石颗粒增强铝基、铜基复合材料的热导率比纯铝、钢还要高，用它们制成的集成电路底板和封装件可有效迅速地将热量散去，提高了集成电路的可靠性。

5.2.2.3 热膨胀系数小、尺寸稳定性好

金属基复合材料中所用的碳纤维、碳化硅纤维、晶须、颗粒、硼纤维等均具有很小的热膨胀系数，又具有很高的模量，特别是高模量、超高模量的碳纤维具有负的热膨胀系数。因此，加入一定量的这些增强体不仅可以大幅度地提高材料地强度和模量，也可以使其热膨胀系数明显下降。如碳纤维含量达到 48%时的碳纤维增强镁基复合材料的热膨胀系数为零，即在温度变化时使用这种复合材料做成的零件不发生热变形，这对人造卫星构件

特别重要。

5.2.2.4 良好的高温性能

由于金属基体的高温性能比聚合物高很多，增强纤维、晶须、颗粒在高温下又具有很高的高温强度和模量，因此，金属基复合材料具有比金属基体更高的高温性能，特别是连续纤维增强金属基复合材料。纤维在复合材料中起主要承载作用，纤维的强度在高温下基本不下降，纤维增强金属基复合材料的高温性能可保持到金属熔点，且比金属基体的高温性能高许多。如钨丝增强耐热合金，其在 1100 ℃、100 h 高温持久强度为 270 MPa，而基体合金的高温持久强度只有 48 MPa；碳纤维增强铝基复合材料在 500 ℃高温下，仍有 600 MPa的高温强度，而铝基体在 300 ℃时，强度已下降到 100 MPa 以下。因此，金属基复合材料制成的零部件比金属材料、聚合物基复合材料制成的零部件能在更高的温度条件下使用。

5.2.2.5 耐磨性好

金属基复合材料，尤其是陶瓷纤维、晶须、颗粒增强金属基复合材料具有很好的耐磨性。陶瓷材料具有硬度高、耐磨、化学性能稳定的优点，用它们的纤维、晶须、颗粒增强金属基复合材料不仅提高了材料的强度和硬度，也提高了复合材料的硬度和耐磨性。SiC/Al 复合材料的高耐磨性在汽车、机械工业中有很广泛的应用前景，可用于汽车发动机、刹车盘、活塞等重要零件，能明显提高零件的性能和寿命。

5.2.2.6 良好的疲劳性能和断裂韧性

金属基复合材料的疲劳性能和断裂韧性取决于纤维等增强体与金属基体的界面结合状态，增强体在金属基体中的分布以及金属、增强体本身的特性，特别是界面结合状态，最佳的界面结合状态既可有效的传递载荷，又能阻止裂纹的扩展，提高材料的断裂韧性。

5.2.2.7 不吸潮、不老化、气密性好

与聚合物相比，金属基复合材料性质稳定、组织致密，不老化、分解、吸潮，也不发生性能的自然退化。

综上所述，金属基复合材料具有高比强度、高比模量、良好的导热和导电性、耐磨性、高温性能、低的膨胀系数、高的尺寸稳定性等优异的综合性能。

5.2.3 陶瓷基复合材料的主要性能特点

陶瓷材料强度高、硬度大、耐高温、抗氧化，高温下抗磨损性好、耐化学腐蚀性优良，热膨胀系数和相对密度小，这些优异的性能是一般金属材料、高分子材料及其复合材料所不具备的。但陶瓷材料抗弯强度不高，断裂韧性低，限制了其作为结构材料使用。当用高强度、高模量的纤维或晶须增强后，其高温强度和韧性可大幅度提高。如用 Nicalon 碳化硅纤维单向增强碳化硅基体的复合材料，强度为 1000 MPa，断裂韧性高达 10～30 $MPa \cdot m^{1/2}$，且在 1500 ℃时尚有一定强度，可作为高温热交换器、燃气轮机的燃烧室材料和航天器的防热材料等。

陶瓷基复合材料与其他复合材料相比发展仍较缓慢，主要原因为：一方面是制备工艺复杂，另一方面是缺少耐高温的纤维。

5.3 复合材料的复合原理

复合材料的增强体按其几何形状和尺寸主要有三种形式：颗粒、纤维和晶须。与之相对应的增强机理可分颗粒增强原理、纤维增强原理、短纤维增强原理和颗粒与纤维混杂增强原理。晶须对陶瓷基复合材料的增强和增韧作用非常重要。

5.3.1 颗粒增强原理

颗粒增强原理根据增强粒子尺寸大小分为两类：弥散增强原理和颗粒增强原理。

5.3.1.1 弥散增强原理

弥散增强复合材料是由弥散颗粒与基体复合而成。其增强机理与金属材料析出强化机理相似，可用位错绕过理论解释。如图 5-5 所示，载荷主要由基体承担，弥散微粒阻碍基体的位错运动。微粒阻碍基体位错运动能力越大，增强效果越大。在剪应力 τ_i 的作用下，位错的曲率半径为：

$$R = \frac{G_m \boldsymbol{b}}{2\tau_i} \tag{5-1}$$

式中 G_m ——基体的剪切模量；

$\boldsymbol{b}$ ——柏氏矢量。

若微粒之间的距离为 D_f，当剪切应力大到使位错的曲率半径 $R = D_f/2$ 时，基体发生位错运动，复合材料产生塑性：

$$\tau_c = \frac{G_m \boldsymbol{b}}{D_f} \tag{5-2}$$

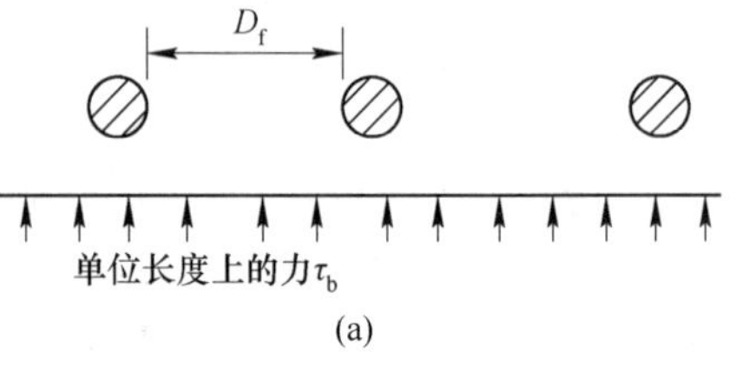

(a)

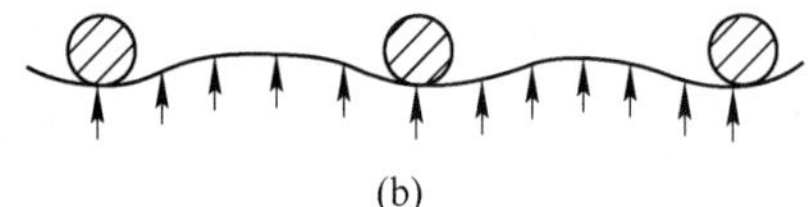
(b)

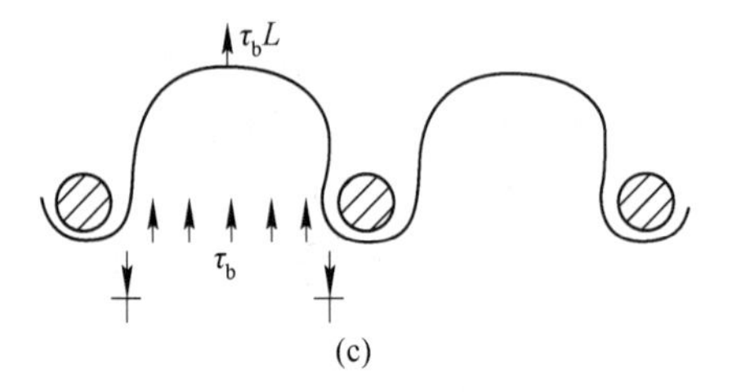

(c)

图 5-5 弥散增强原理

假设基体的理论断裂应力为 $G_m/30$，基体的屈服强度为 $G_m/100$，它们分别为发生位错运动所需剪应力的上下限。代入上面公式得到微粒间距的上下限分别为 0.3 μm 和 0.01 μm。当微粒间距在 0.01~0.3 μm 之间时，微粒具有增强作用。若微粒直径为 d_p，体积分数为 V_p，微粒弥散且均匀分布。根据体视学，有如下关系：

$$D_f = \sqrt{\frac{2d_p^2}{3V_p}}(1 - V_p) \tag{5-3}$$

$$\tau_c = \frac{G_m}{\sqrt{\frac{2d_p^2}{3V_p}}(1 - V_p)} \tag{5-4}$$

显然，微粒尺寸越小，体积分数越高，强化效果越好。一般 V_p 为 0.01~0.15，d_p 为 0.001~0.1 μm。

5.3.1.2　颗粒增强原理

颗粒增强复合材料是由尺寸较大（粒径大于 1 μm）的坚硬颗粒与基体复合而成，其增强原理与弥散增强原理有区别。在颗粒增强原理复合材料中，虽然载荷主要由基体承担，但颗粒也承受载荷并约束基体的变形，颗粒阻止基体位错运动的能力越大，增强效果越好。在外载荷的作用下，基体内位错滑移在基体与颗粒界面上受到阻滞，并在颗粒上产生应力集中，其值为：

$$\sigma_{\mathrm{i}} = n\sigma \tag{5-5}$$

根据位错理论，应力集中因子为：

$$n = \frac{\sigma D_{\mathrm{f}}}{G_{\mathrm{m}}\boldsymbol{b}} \tag{5-6}$$

代入上式得：

$$\sigma_{\mathrm{i}} = \frac{\sigma^2 D_{\mathrm{f}}}{G_{\mathrm{m}}\boldsymbol{b}} \tag{5-7}$$

如果 $\sigma_{\mathrm{p}} = \sigma_{\mathrm{i}}$ 时，颗粒开始破坏产生裂纹，引起复合材料变形，$\sigma_{\mathrm{p}} = \frac{G_{\mathrm{p}}}{c}$，则有：

$$\sigma_{\mathrm{i}} = \frac{G_{\mathrm{p}}}{c} = \frac{\sigma^2 D_{\mathrm{f}}}{G_{\mathrm{m}}\boldsymbol{b}} \tag{5-8}$$

式中　σ_{p}——颗粒强度；

　　c——常数。

由此得出颗粒增强复合材料的屈服强度为：

$$\sigma_{\mathrm{y}} = \sqrt{\frac{G_{\mathrm{m}}G_{\mathrm{p}}\boldsymbol{b}}{D_{\mathrm{f}}c}} \tag{5-9}$$

将体视学关系式代入得：

$$\sigma_{\mathrm{y}} = \sqrt{\frac{\sqrt{3}G_{\mathrm{m}}G_{\mathrm{p}}\boldsymbol{b}\sqrt{V_{\mathrm{p}}}}{\sqrt{2}d(1 - V_{\mathrm{p}})c}} \tag{5-10}$$

显然，颗粒尺寸越小，体积分数越高，颗粒对复合材料的增强效果越好。一般在颗粒增强复合材料中，颗粒直径为 1～50 μm，颗粒间距为 1～25 μm，颗粒体积分数为 5%～50%。

5.3.2　单向排列连续纤维增强复合材料

在对高性能纤维复合材料结构进行设计时，使用最多的是层板理论。在层板理论中，纤维复合材料被认为是单向层片按照一定的顺序叠放起来，保证了层板具有所要求的性能。已知层片中主应力方向的弹性和强度参数，就可以预测层板的相应行为。

复合材料性能与组分性能、组分分布以及组分间的物理、化学作用有关。复合材料性能可以通过实验测量确定，实验测量的方法比较简单直接。理论和实验的方法可以用于预测复合材料中系统变量的影响，但是，这种方法对零件设计并不十分可靠，同时也存在许多问题，特别在单向复合材料的横向性能方面更为明显。然而，数学模型在研究某些单向复合材料纵向性能方面却是相当精确的。

单向纤维复合材料中的单层板如图 5-6 所示。平行于纤维方向称为“纵向”，垂直于纤维方向称为“横向”。

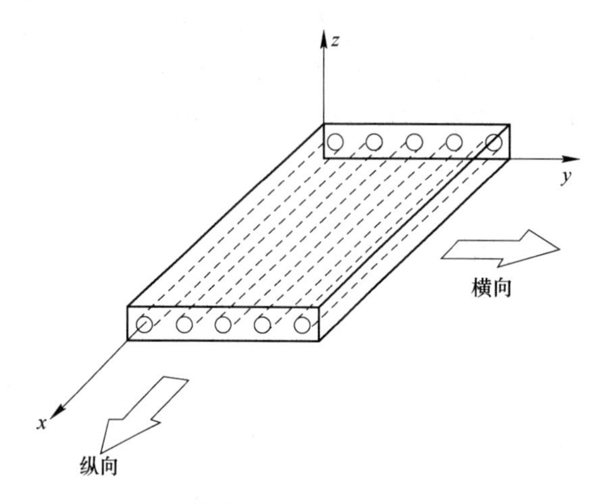

图 5-6 单向纤维复合材料中的单层板

5.3.2.1 纵向强度和刚度

A 复合材料应力-应变曲线的初始阶段

连续纤维增强复合材料层板受纤维方向的拉伸应力作用，假设纤维性能和直径是均匀的、连续的并全部相互平行，纤维与基体之间的结合是良好的，在界面无相对滑动发生；忽略纤维基体之间的热膨胀系数、泊松比以及弹性变形差所引起的附加应力，整个材料的纵向应变可以认为是相同的，即复合材料、纤维和基体具有相同的应变。

$$\varepsilon_c = \varepsilon_f = \varepsilon_m \tag{5-11}$$

考虑到在沿纤维方向的外加载荷由纤维和基体共同承担，应有：

$$\sigma_c A_c = \sigma_f A_f + \sigma_m A_m \tag{5-12}$$

式中 A ——复合材料中相应组分的横截面积。

上式可转化为：

$$\sigma_c = \sigma_f A_f / A_c + \sigma_m A_m / A_c \tag{5-13}$$

对于平行纤维的复合材料，体积分数等于面积分数，即：

$$\sigma_c = \sigma_f V_f + \sigma_m V_m \tag{5-14}$$

复合材料、纤维、基体的应变相同，对应变求导数，得：

$$\frac{d\sigma_c}{d\varepsilon} = \frac{d\sigma_f}{d\varepsilon} V_f + \frac{d\sigma_m}{d\varepsilon} V_m \tag{5-15}$$

式中 $d\sigma/d\varepsilon$ ——在给定应变时相应应力-应变曲线的斜率。

如果材料的应力-应变曲线是线性的，则斜率是常数，可以用相应的弹性模量代入，得：

$$E_c = E_f V_f + E_m V_m \tag{5-16}$$

上述三个公式表明纤维、基体对复合材料平均性能的贡献正比于它们各自的体积分数，这种关系称为混合法则，也可以推广到多组分复合材料体系。在纤维与基体都是线弹性情况下，纤维与基体承担应力与载荷的情况推导如下：

$$\frac{\sigma_c}{E_c}=\frac{\sigma_f}{E_f}+\frac{\sigma_m}{E_m} \tag{5-17}$$

因此有：

$$\frac{\sigma_c}{\sigma_m}=\frac{E_f}{E_m} \qquad \frac{\sigma_f}{\sigma_c}=\frac{E_f}{E_c} \tag{5-18}$$

可以看出，复合材料中各组分承载的应力比等于相应弹性模量比，为了有效地利用纤维的高强度，应使纤维有比基体高得多的弹性模量。复合材料中组分承载比可以表达为：

$$\frac{P_f}{P_m}=\frac{\sigma_f A_f}{\sigma_m A_m}+\frac{V_m E_f}{V_m E_m} \tag{5-19}$$

$$\frac{P_f}{P_c}=\frac{\sigma_f A_f}{\sigma_f A_f+\sigma_m A_m}=\frac{\dfrac{E_f}{E_m}}{\dfrac{E_f}{E_m}+\dfrac{E_m}{E_f}} \tag{5-20}$$

图 5-7 所示为纤维复合材料承载比与纤维体积分数的关系。可以看出，纤维与基体弹性模量比值越大，纤维体积含量越高，则纤维承载越大。因此，对于给定的纤维/基体复合材料系统，应尽可能提高纤维的体积分数。当然，在提高体积分数时，由于基体对纤维润湿、浸渍程度的下降，造成纤维与基体界面结合强度降低，气孔率增加，复合材料性能变坏。

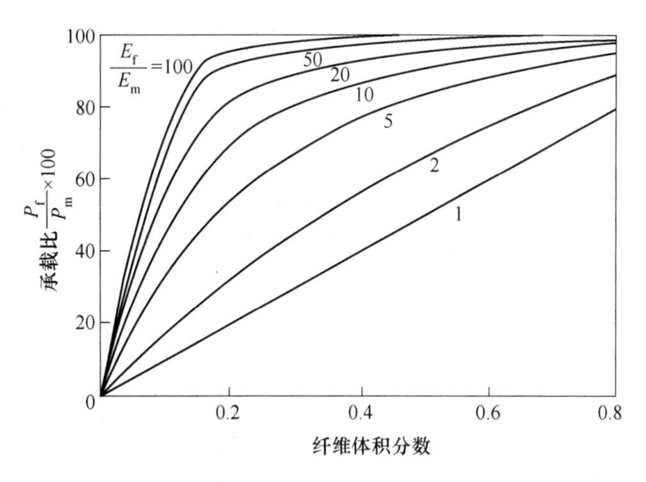

图 5-7　纤维复合材料承载比与纤维体积分数的关系

B　复合材料初始变形后的行为

一般复合材料的变形有 4 个阶段：（1）纤维和基体均为线弹性变形；（2）纤维继续线弹性变形，基体非线性变形；（3）纤维和基体都是非线性变形；（4）随纤维断裂，复合材料断裂。对于金属基复合材料，由于基体的塑性变形，第二阶段可能占复合材料应力-应变曲线的相当部分，这时复合材料的弹性模量应当由下式给出：

$$E_c=E_f V_f+\frac{d\sigma_m}{d\varepsilon}\varepsilon_c V_m \tag{5-21}$$

式中　$d\sigma_m/d\varepsilon$ ——相应复合材料应变为点 ε_c 基体应力-应变曲线的斜率。

对脆性纤维复合材料，未观察到第三阶段。

C　断裂强度

对于纵向受载的单向纤维材料，当纤维达到其断裂应变值时，复合材料开始断裂。

当基体断裂应变大于纤维断裂应变时，在理论计算中，一般假设所有的纤维在同一应变值断裂。如果纤维的断裂应变值比基体的小，在纤维体积分数足够大时，基体不能承担纤维断裂后转移的全部载荷，则复合材料断裂。在这种条件下，复合材料纵向断裂强度可以认为与纤维断裂应变值对应的复合材料应力相等，根据混合法则，得到复合材料纵向断裂强度，即：

$$\sigma_{cu} = \sigma_{fu} V_f + (\sigma_m)\varepsilon_f(1 - V_f) \tag{5-22}$$

式中　σ_{fu} ——纤维的强度；

$(\sigma_m)\varepsilon_f$ ——对应纤维断裂应变值的基体应力。

在纤维体积分数很小时，基体能够承担纤维断裂后所转移的全部载荷，随基体应变值增加，基体进一步承载，并假设在复合材料应变高于纤维断裂应变时纤维完全不能承载，这时复合材料的断裂强度为：

$$\sigma_{cu} = \sigma_{mu}(1 - V_f) \tag{5-23}$$

式中　σ_{mu} ——基体强度。

联立以上二式，得到纤维控制复合材料断裂所需的最小体积分数，即：

$$V_{min} = \frac{\sigma_{mu} - (\sigma_m)\varepsilon_f}{\sigma_{fu} - (\sigma_m)\varepsilon_f} \tag{5-24}$$

当基体断裂应变小于纤维断裂应变时，纤维断裂应变值比基体大的情况与纤维增强陶瓷基复合材料的情况一致。在纤维体积分数较小时，纤维不能承担基体断裂后所转移的载荷，则在基体断裂的同时复合材料断裂，由混合法则得到复合材料纵向断裂强度，即

$$\sigma_{cu} = \sigma_f^* V_f + \sigma_{mu}(1 - V_f) \tag{5-25}$$

式中　σ_{mu} ——基体强度；

σ_f^* ——对应基体断裂应变时纤维承受的应力。

在纤维体积分数较大时，纤维能够承担基体断裂后所转移的全部载荷，假如基体能够继续传递载荷，则复合材料可以进一步承载，直至纤维断裂，这时复合材料的断裂强度为：

$$\sigma_{cu} = \sigma_{fu} V_f \tag{5-26}$$

同样的方法，可以得到控制复合材料断裂所需的最小纤维体积分数为：

$$V_{min} = \frac{\sigma_{mu}}{\sigma_{fu} + \sigma_{mu} - \sigma_f^*} \tag{5-27}$$

5.3.2.2　横向刚度和强度

A　Halpin-Tsia 公式

Halpin 和 Tsia 提出了一个简单的并具有一般意义的公式，用来近似地表达纤维增强复合材料横向弹性模量严格的微观力学分析结果。公式简单并实用，所预测的值在纤维体积分数不接近 1 时是十分严格的。Halpin-Tsia 复合材料横向弹性模量 E_T 的公式为：

$$E_T = \frac{(1+\xi\eta V_f)}{(1-\eta V_f)} \tag{5-28}$$

其中

$$\eta = \frac{\dfrac{E_f}{E_m} - 1}{\dfrac{E_f}{E_m} + \xi}$$

式中，ξ 是与纤维几何、堆积几何及载荷条件有关的参数，可以通过公式与严格的数学解对比得到。Halpin-Tsia 提出纤维面为圆形和正方形时，$\xi = 2$，矩形纤维为 $2a/b$，a/b 是矩形截面尺寸比，a 处于加载方向。图 5-8 所示为根据上面公式所作出的横向弹性模量与纤维体积分数的关系曲线。

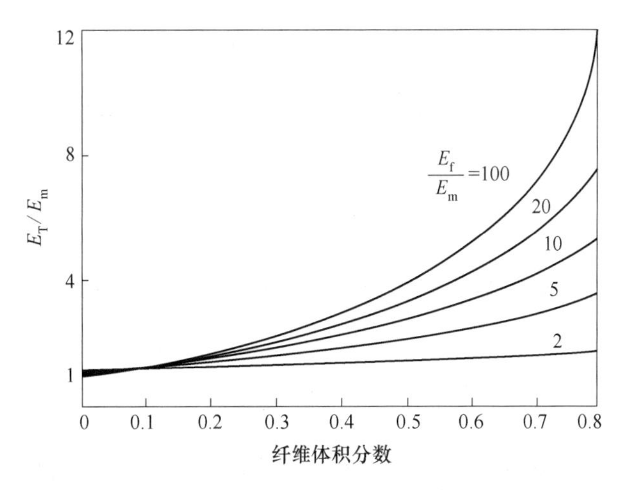

图 5-8 Halpin-Tsia 横向弹性模量与纤维体积分数的关系

Halpin-Tsia 公式非常适于预测实际复合材料的横向弹性模量，由于复合材料工艺过程的不同会引起材料弹性模量的波动，因此，不可能做到对复合材料弹性模量的严格预测。

B 横向强度

与纵向强度不同的是，纤维对横向强度不仅没有增强作用，反而有相反作用。纤维在与其相邻的基体中所引起的应力和应变将对基体形成约束，使得复合材料的断裂应变比未增强基体低得多。

假设复合材料横向强度 σ_{tu} 受基体强度 σ_{mu} 控制，同时可以用一个强度衰减因子 S 来表示复合材料强度的降低，则这个因子与纤维、基体性能及纤维体积分数有关，即：

$$\sigma_{tu} = \sigma_{mu}/S \tag{5-29}$$

按传统材料强度方法，可以认为因子 S 就是应力集中系数 S_{CF} 或应变集中系数 S_{MF}。如果忽略泊松效应，S_{CF} 和 S_{MF} 分别为：

$$S_{CF} = \frac{1 - V_f\left(1 - \dfrac{E_m}{E_f}\right)}{1 - \left(1 - \dfrac{E_m}{E_f}\right)\sqrt{\dfrac{4V_f}{\pi}}} \tag{5-30}$$

$$S_{MF} = \frac{1}{1 - \sqrt{\frac{4V_f}{\pi}}\left(1 - \frac{E_m}{E_f}\right)} \tag{5-31}$$

因此，一旦已知 S_{CF} 和 S_{MF} ，用应力或应变表示的横向强度就容易计算了。

使用现代方法，通过对复合材料应力或应变状态的了解，可以计算得到 S 。可以用一个适当的断裂判据来确定基体的断裂，一般使用最大形变能判据，即当任何一点的形变能达到临界值时，材料发生断裂。按照这个判据，S 可以表达为：

$$S = \frac{\sqrt{U_{max}}}{\sigma_c} \tag{5-32}$$

其中，U_{max} 是基体中任何一点的最大归一化形变能，外是外加应力。对于给定的 σ_c ，U_{max} 是纤维体积分数、纤维堆积方式、纤维与基体界面条件、组分性质的函数。这种方法比较精确、严格和可靠。

仿照颗粒增强复合材料的经验公式，可以得到复合材料横向断裂应变 ε_{cb} 的表达式，即：

$$\varepsilon_{cb} = \varepsilon_{mb}(1 - \sqrt[3]{V_f}) \tag{5-33}$$

式中　ε_{mb} ——基体的断裂应变。

如果基体和复合材料有线弹性应力-应变关系，还可以得到复合材料横向断裂应力，即：

$$\sigma_{cb} = \frac{\sigma_{mb}E_T(1 - \sqrt[3]{V_f})}{E_m} \tag{5-34}$$

以上公式的推导都假设纤维和基体之间有完全的结合，因此，断裂发生在基体或界面附近。

5.3.3　短纤维增强原理

5.3.3.1　短纤维增强复合材料应力传递理论

作用于复合材料的载荷并不直接作用于纤维，而是作用于基体材料并通过纤维端部与端部附近的纤维表面将载荷传递给纤维。当纤维长度超过应力传递所发生的长度时，端头效应可以忽略，纤维可以被认为是连续的，但对于短纤维复合材料，端头效应不可忽略，同时复合材料性能是纤维长度的函数。

A　应力传递分析

经常引用的应力传递理论是剪切滞后分析。沿纤维长度应力的分布可以通过纤维的微元平衡方式加以考虑，如图 5-9 所示。纤维长度微元的 dz 在平衡时，要求：

$$\pi r^2\sigma_f + 2\pi r\mathrm{d}z\tau = \pi r^2(\sigma_f + \mathrm{d}\sigma_f) \tag{5-35}$$

即

$$\frac{\mathrm{d}\sigma_f}{\mathrm{d}z} = \frac{2\tau}{r}$$

式中　σ_f ——纤维轴向应力，是作用于柱状纤维与基体界面的剪应力；

　　　τ ——纤维半径。

从公式可以看出，对于半径为 τ 的纤维，纤维应力的增加率正比于界面剪切应力。积分得到距端部处横截面上的应力为：

$$\sigma_f = \sigma_{f0} + \frac{2}{r}\int_0^r \tau \mathrm{d}z \tag{5-36}$$

式中　σ_{f0}——纤维端部应力。

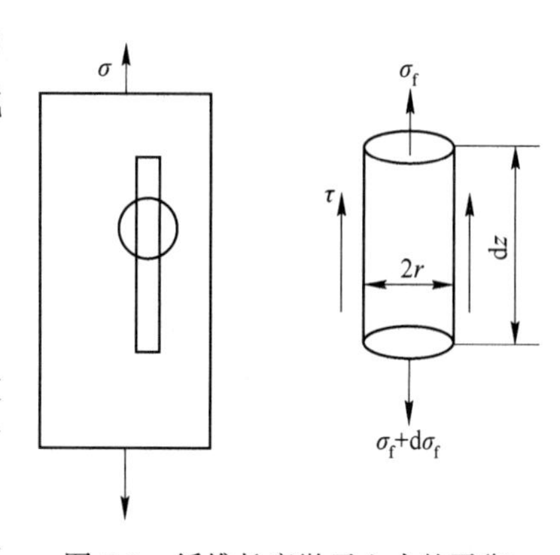

图 5-9　纤维长度微元上力的平衡

由于高应力集中的结果，与纤维端部相邻的基体发生屈服或纤维端部与基体分离，因此，在许多分析中可以忽略这个量。只要已知剪切应力沿纤维长度的变化，就可以求出右边的积分值。但实际上剪切应力事先是不知道的，并且剪切应力是完全解的一部分。

因此，为了得到解析解，就必须对纤维相邻材料的变形和纤维端部情况作一些假设。例如，可以假设纤维中部的界面剪切应力和纤维端部的正应力为零，经常假设纤维周围的基本材料是完全塑性的，有如图 5-10 所示的应力-应变关系。这样，沿纤维长度的界面剪切应力可以认为是常数，并等于基体剪切屈服应力 σ_y 。忽略 σ_{f0} ，积分得：

$$\sigma_f = \frac{2\tau_y z}{r} \tag{5-37}$$

对于短纤维，最大应力发生在纤维中部（ $z = 1/2$），则有：

$$(\sigma_f)_{max} = \frac{\tau_y}{l} \tag{5-38}$$

式中　l——纤维长度。

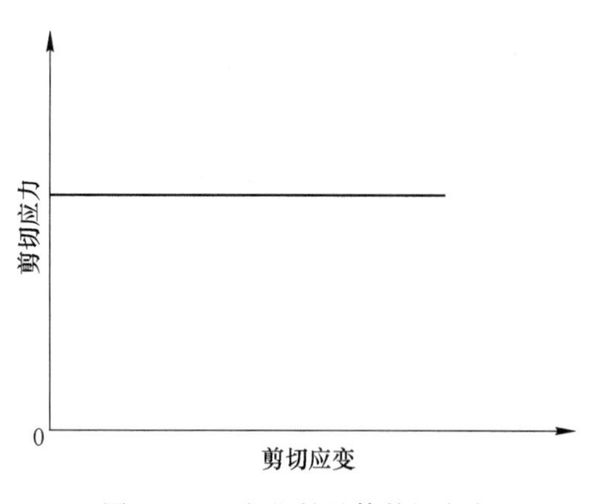

图 5-10　理想塑性基体剪切应力

纤维承载能力存在一极限值，虽然上式无法确定，这个极限值就是相应应力作用于连续纤维复合材料时连续纤维的应力。

$$(\sigma_f)_{max} = \sigma_c \frac{E_f}{E_c} \tag{5-39}$$

式中　σ_c——作用于复合材料的外加应力。

E_c 可以通过混合法则求出。将能够达到最大纤维应力 $(\sigma_f)_{max}$ 的最短纤维长度定义为载荷传递长度 l_f。载荷从基体向纤维的传递就发生在纤维的 l_f 长度上。由下式定义为：

$$\frac{l_f}{d}=\frac{(\sigma_f)_{max}}{2\tau_y}=\frac{\tau_c E_f}{2E_c\tau_y} \tag{5-40}$$

式中　d——纤维直径。

可以看出，载荷传递长度 l_f 是外加应力的函数。l_f 被定义为与外加应力无关的临界纤维长度，即可以达到纤维允许应力（纤维强度）σ_{fu}。血的最小纤维长度为：

$$\frac{l_c}{d}=\frac{\sigma_{fu}}{2\tau_y} \tag{5-41}$$

其中，l_c 是载荷传递长度的最大值，也称为"临界纤维长度"，它是一个重要的参量，将影响复合材料的性能。

有时也将载荷传递长度与临界纤维长度称为"无效长度"，即在这个长度上纤维承载应力小于最大纤维强度。图 5-11（a）为给定复合材料应力时不同纤维长度上纤维应力和界面剪切应力的分布，图 5-11（b）显示纤维应力在大于临界长度时随复合材料应力增加发生的变化。可以看出，在距纤维端部的一定距离，纤维承载的应力小于最大纤维应力，这将影响复合材料的强度和弹性模量；在纤维长度大于载荷传递长度时，复合材料的行为接近连续纤维复合材料。

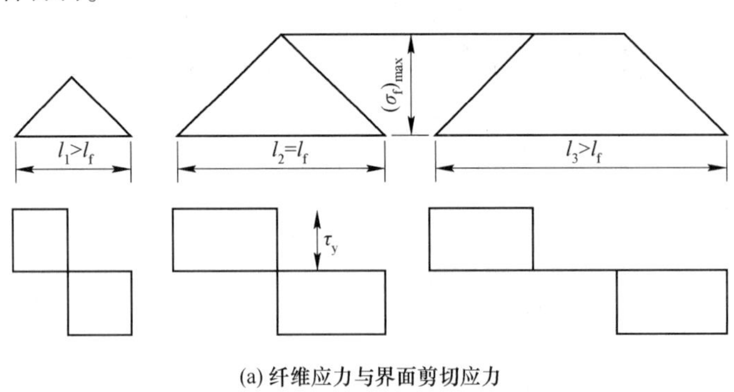

(a) 纤维应力与界面剪切应力

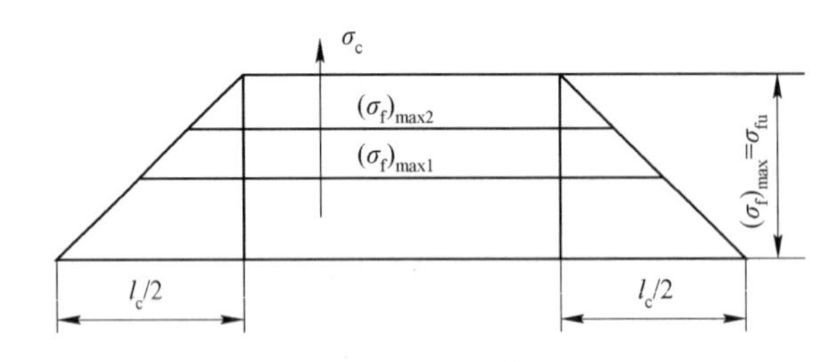

(b) 大于临界长度时应力的变化

图 5-11　纤维应力沿纤维长度分布

B　应力分布的有限元分析

通过假设基体材料是完全塑性的所得到的以上结论只是一种近似。实际上，绝大多数基体材料是弹塑性的，只有在弹塑性基体条件下，才可能得到严格的应力分布。但弹塑性理论分析存在许多困难，数值解的方法是比较方便的，只需做少量简化假设，就可以得到精确解。图 5-12（a）为假设基体是完全弹性时，有限元分析得到的应力分布情况。由于假设纤维端头完全粘着，并仅仅进行了弹性变形，因此，在纤维端头存在明显的应力传递，但在纤维应力达到最大值时界面剪切应力为零。图 5-12（b）为基体应力分布（轴向和径向），可以看到，在纤维端部附近存在应力集中。可以证明图 5-12（a）中最大纤维应力与图 5-12（b）中最大基体应力的比等于它们弹性模量的比。注意到基体径向应力具有压缩值，说明即使纤维/基体界面的结合被破坏，在二者界面之间摩擦力的作用下，仍然存在载荷传递。如果纤维垂直于载荷方向或者纤维之间距离变得非常小，上述假设则有可能不成立。

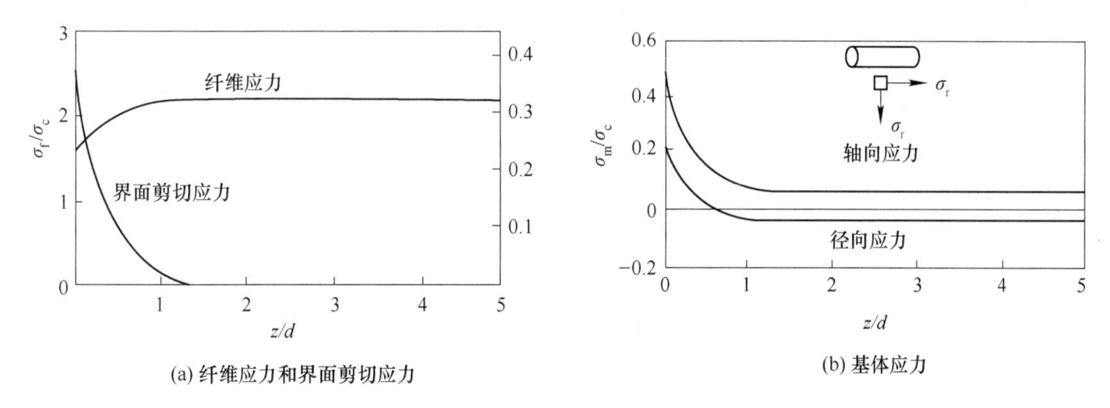

图 5-12　纤维应力沿纤维长度分布的结果有限元弹性分析

图 5-13 为弹塑性有限元分析所得到的结果，表明纤维端部没有明显的传递应力，最大纤维应力与式（5-39）的结果一致，界面剪切应力在纤维端部附近不是常数，但与式（5-36）的结果一致。

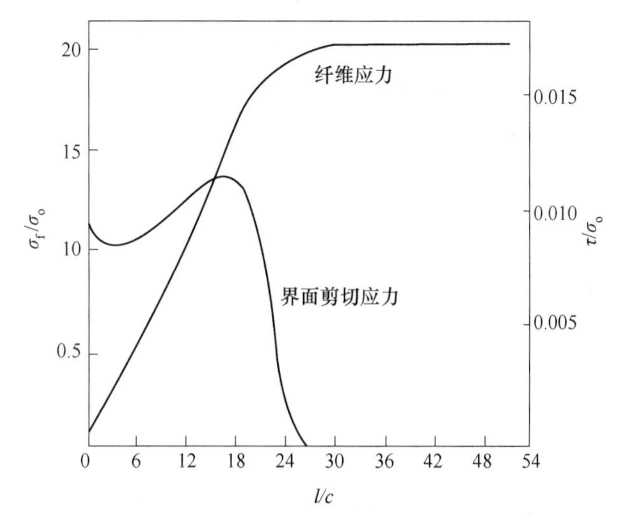

图 5-13　纤维应力沿纤维长度分布的结果有限元塑性分析

C　平均纤维应力

纤维端部的存在使短纤维复合材料的弹性模量与强度降低。在考虑弹性模量与强度时，平均纤维应力是非常有用的，平均应力 $\bar{\sigma}_f$ 可以表达为：

$$\bar{\sigma}_f = \frac{1}{l}\int_0^l \sigma_f \mathrm{d}z \tag{5-42}$$

积分可以用应力-纤维长度曲线下的面积表示，使用图 5-13 的应力分布，则平均应力为：

$$\bar{\sigma}_f = \frac{(\sigma_f)_{max}}{2} = \frac{\tau_y l}{d} \qquad (l < l_f) \tag{5-43}$$

$$\bar{\sigma}_f = (\sigma_f)_{max}\left(1 - \frac{l_f}{2l}\right) \qquad (l > l_f) \tag{5-44}$$

根据公式作出了不同纤维长度时的最大应力比，如表 5-10 所示。可以看出，当纤维长度是载荷传递长度的 50 倍时，平均纤维应力已达到最大应力的 99%，这时复合材料的行为近似与相同纤维取向的连续纤维复合材料一样。

表 5-10 平均应力-最大应力比

l/l_f	1	2	5	10	50	100
σ_f/σ_{max}	0.50	0.75	0.90	0.95	0.99	0.995

5.3.3.2 短纤维增强复合材料的弹性模量与强度

应用有限元法得到的应力分布可以用于计算短纤维复合材料的弹性模量与强度，所得到的结果可以表达为系统变量的曲线形式，这些变量包括纤维长径比、体积分数、组分性质，一旦系统发生变化，就可以得到一套新的结果。但是，这种方法在实际使用中有许多局限性，人们希望有简单并快速的方法估计复合材料的性能，即便这种结果只是一种近似的。

A 短纤维增强复合材料的弹性模量

Halpin-Tsia 公式对单向短纤维复合材料纵向与横向弹性模量的计算也是非常有用的。复合材料纵向与横向弹性模量的 Halpin-Tsia 公式为：

$$\frac{E_L}{E_m} = \frac{1 + 2\eta_L V_f \dfrac{l}{d}}{1 - \eta_L V_f} \tag{5-45}$$

$$\frac{E_T}{E_m} = \frac{1 + 2V_f\eta_T}{1 - \eta_T V_f} \tag{5-46}$$

其中

$$\eta_L = \frac{\dfrac{E_f}{E_m} - 1}{\dfrac{E_f}{E_m} + 2\dfrac{l}{d}}, \quad \eta_T = \frac{\dfrac{E_f}{E_m} - 1}{\dfrac{E_f}{E_m} + 2}$$

上式表明单向短纤维复合材料横向弹性模量与纤维长径比无关，与连续纤维复合材料的值是一样的。

图 5-14 是根据公式所作出模量比分别为 20 和 100 时，纵向弹性模量与纤维长径比的关系曲线。这些曲线与玻璃纤维/环氧树脂和碳纤维/环氧树脂系统的结果近似。

对于平面内随机取向的短纤维复合材料，弹性模量可以用下面的经验公式进行计算：

$$E_{random}=\frac{3}{8}E_L+\frac{5}{8}E_T \tag{5-47}$$

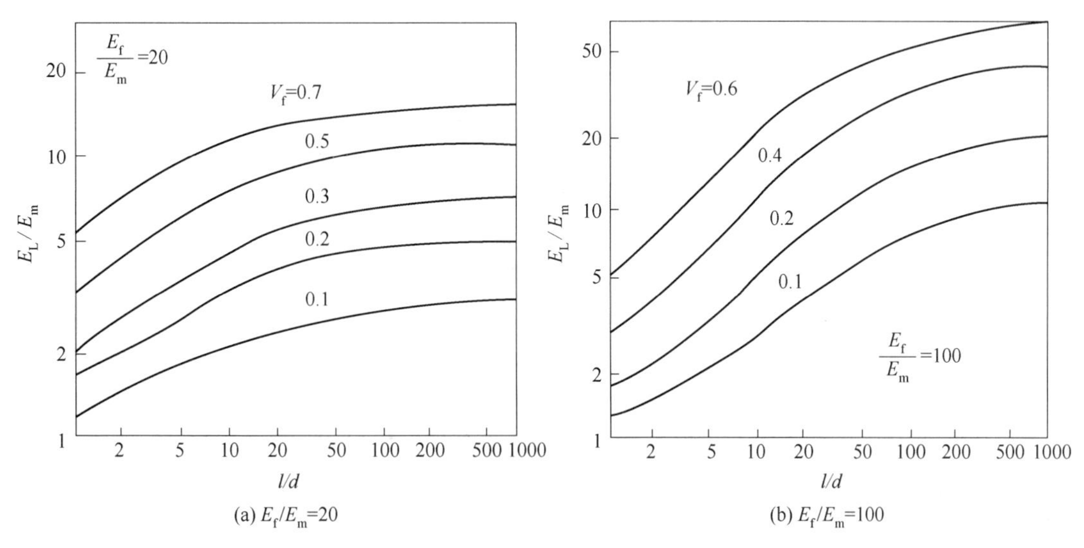

图 5-14 纵向弹性模量与纤维长径比的关系

B 短纤维增强复合材料的强度

可以用混合法则来表达单向短纤维复合材料的纵向应力，即：

$$\sigma_c=\bar{\sigma}_f V_f+\sigma_m V_m \tag{5-48}$$

式中 $\bar{\sigma}_f$——纤维平均应力。

知道纤维平均应力，纤维复合材料的平均应力为：

$$\sigma_c=\frac{1}{2}(\sigma_f)_{max}V_f+\sigma_m V_m \qquad (l<l_f) \tag{5-49}$$

$$\sigma_c=\frac{1}{2}(\sigma_f)_{max}\left(1-\frac{1}{2}\frac{l_f}{l}\right)+\sigma_m V_m \qquad (l>l_f) \tag{5-50}$$

如果纤维长度比载荷传递长度大得多，则 $1-l/l_f$，接近 1，上式可以改为：

$$\sigma_c=(\sigma_f)_{max}V_f+\sigma_m V_m \tag{5-51}$$

以上三式可用于复合材料强度的计算。

当纤维长度短于临界长度时，最大纤维应力小于纤维平均断裂强度，无论外加应力有多大，纤维都不会断裂。这时复合材料断裂发生在基体或界面，复合材料的强度近似为：

$$\sigma_c=\frac{\tau_y l V_\xi}{d}+\sigma_m V_m \tag{5-52}$$

当纤维长度大于临界长度时，纤维应力可以达到平均强度，这时，可以认为当纤维应力等于其强度时，纤维将发生断裂，复合材料的强度为：

$$\sigma_{cu}=\frac{1}{2}\sigma_{fu}\left(1-\frac{1}{2}\frac{l_f}{l}\right)V_f+(\sigma_m)_{\varepsilon f^*}V_m \qquad (l>l_f) \tag{5-53}$$

$$\sigma_{cu}=\sigma_{fu}V_f+(\sigma_m)_{\varepsilon f^*}V_m \qquad (l>l_f) \tag{5-54}$$

其中，$(\sigma_m)_{\varepsilon f^*}$ 是纤维断裂应变为 ε_f^* 时所对应的基体应力，用基体强度 σ_{cm} 值代表是合理

的近似。

以上所讨论的都是纤维复合材料体积分数高于临界值，基体不能承担纤维断裂后所转移的全部载荷，纤维断裂时复合材料立刻断裂的情况。与处理连续纤维复合材料类似，可以得出最小体积分数和临界体积分数，即：

$$V_{min} = \frac{\sigma_{mu} - (\sigma_m)_{\varepsilon f^*}}{\bar{\sigma}_f + \sigma_{mu} - (\sigma_m)_{\varepsilon f^*}} \tag{5-55}$$

$$V_{crit} = \frac{\sigma_{mu} - (\sigma_m)_{\varepsilon f^*}}{\sigma_f - (\sigma_m)_{\varepsilon f^*}} \tag{5-56}$$

与连续纤维复合材料相比，短纤维复合材料具有更高的 V_{min} 和 V_{crit}。原因很明显，即短纤维不能全部发挥增强作用。但是，在纤维长度比载荷传递长度大得多时，平均纤维应力接近纤维断裂强度，短纤维复合材料就与连续纤维复合材料的行为类似。

如果纤维体积分数小于 V_{min}，当所有纤维断裂时复合材料也不会发生断裂，这是因为纤维断裂后残留的基体横截面承担全部载荷。只有在基体断裂后，才会发生复合材料的断裂，这时复合材料的断裂强度为：

$$\sigma_{cu} = \sigma_{mu}(1 - V_f) \quad (V_f > V_{min}) \tag{5-57}$$

造成短纤维复合材料断裂的另一个重要因素是纤维端部造成相邻基体中严重的应力集中，这种集中会进一步降低复合材料的强度。

5.4　金属基复合材料

金属基复合材料是一门相对较新的材料学科，它涉及材料表面、界面、相变、凝固、塑性形变和断裂力学等。金属基复合材料大规模的研究与开发工作起步于 20 世纪 80 年代，它的发展与现代科学技术和高技术产业的发展密切相关，特别是航空、航天、电子、汽车以及先进武器系统的迅速发展，同时这些领域的发展也对金属基复合材料特殊性能提出了更高的要求。金属基复合材料的制备工艺过程涉及高温、增强材料的表面处理、复合成形等复杂工艺，而金属基复合材料的性能、应用、成本等在很大程度上取决于其制造技术。因此，研究和开发新的制造技术，在提高金属基复合材料性能的同时降低成本，使其得到更广泛的应用，是金属基复合材料能否得到长远发展的关键所在。

5.4.1　金属基复合材料概论

最初关于金属基复合材料的研究主要集中在航空航天领域，因而人们一开始的注意力就放在铝合金、钛合金和镁合金等比强度、比刚度及其延展性等综合性能较好的轻合金上。但是，由于这类合金自身的成本较高，因而应用范围受到了很大的制约。随着研究的不断深入和应用领域的迅速发展，如航天技术和先进武器系统的迅速发展，对轻质高强度结构材料的需求十分强烈；大规模集成电路迅速发展，对热膨胀系数小、导热系数高的电子封装材料的急切需要等，使人们也不再将眼光局限于铝、镁等合金，而是根据不同的设计和使用性能要求，相继研究和开发了铜基、镍基、铝基、银基、锡基、铅基、锌基、铁基和钢基的多种金属基复合材料。以铁和钢为基体的金属基复合材料的研究与发展，长期以来一直没有引起人们的重视，主要是因为钢铁材料熔点高、密度大、制造工艺困难等。

然而现代工业的发展又迫切需要能够在高温、高速和高磨损条件下工作的结构件，如高速线材轧机的辊环和导向轮等，这也就使得铁基和钢基复合材料的研究变得十分必要。目前在航空航天、汽车等领域中，应用相对较成熟的基体材料有铝基、镁基、镍基、钛基和铜基等多种类型。

5.4.1.1　金属基复合材料的分类

金属基复合材料（MMC）是一类以金属或合金为基体，以金属或非金属线、丝、纤维、晶须或颗粒状组分为增强相的非均质混合物，其共同点是具有连续的金属基体。由于其基体是金属，因此，金属基复合材料具有与金属性能相似的一系列优点，如高强度、高弹性模量、高韧性、热冲击敏感性低、表面缺陷敏感性低、导电导热性好等。通常增强相是具有高强度、高模量的非金属材料，如碳纤维、硼纤维和陶瓷材料等。增强相的加入主要是为了弥补基体材料的某些不足的性能，如提高刚度、耐磨性、高温性能和热物理性能等。

经多年研究，金属基复合材料已发展成为一个庞大的家族体系，性能千差万别，成分各个不同，金属基体有铝、镁、钛、超耐热合金、难熔合金和金属间化合物等多种金属材料，增强相有线、丝、颗粒、晶须和短纤维等多种类型。按复合材料的定义，金属基复合材料可分为宏观组合型和微观强化型。宏观组合型是指金属基复合材料的组成成分可用肉眼识别出来的兼备两种组分性能的材料，有包覆材料、涂镀材料、双金属及压层金属复合材料等。对微观强化型金属基复合材料组分只有用显微镜才能分辨出来，它是以提高材料的强度为主要目的。

金属基复合材料也可以按照基体分为铝基、镁基、镍基、钛基和金属间化合物基的复合材料。按增强体分类，可分为纤维增强型、颗粒增强型等。纤维增强金属基复合材料是利用纤维或金属细丝的极高强度来增强金属性能，根据增强相纤维长度不同有长纤维、短纤维和晶须，纤维直径为3~150 μm（晶须直径小于1 μm），长度与直径比在100以上。有纤维增强金属基复合材料均表现出明显的各向异性特征。基体的性能对复合材料横向性能和剪切性能的影响比对纵向性能更大。当韧性金属基体用高强度脆性纤维增强时，基体的屈服和塑性流动是复合材料性能的主要特征，但是，纤维对复合材料弹性模量的增强具有相当大的作用。

颗粒增强金属基复合材料是指弥散的硬质增强相的体积分数超过20%的复合材料，而不包括那种弥散质点体积比很低的弥散强化金属。此外，这种复合材料的颗粒直径和颗粒间距很大，一般在1 μm以上，最大体积分数可以达90%。在这种金属基复合材料中，增强相是主要的承载荷相，而基体金属的作用则在于传递载荷和便于加工。增强相造成的对基体的束缚作用能阻止基体屈服。颗粒增强金属基复合材料的强度通常是取决于颗粒的直径、间距和体积比，同时，基体的性能也很重要。除此以外，这种材料的性能对界面性能及其颗粒排列的几何状态十分敏感。

5.4.1.2　金属基复合材料的基体材料选择

目前所研究的各种增强材料与基体组成的金属基复合材料，其研究主要集中在应用较广泛的结构材料，如铝、镁等轻金属及其合金，铜、铅基复合材料作为功能材料也有部分研究，但是主要的研究方向在于对以钛、镍以及金属间化合物为基的高温金属基复合材料。基体材料是金属基复合材料的主要组成部分，起着固结增强相、传递和承受各种载荷

(力、热、电）的作用。在选择基体金属时，应考虑以下几个方面。

A 金属基复合材料的使用要求

金属基复合材料的构（零）件的使用性能要求是选择金属基体的最重要的依据。航空航天、电子、先进武器、汽车等领域对复合材料构件的性能要求有很大的差别。在航空航天领域，对复合材料性能最重要的要求是其有高比强度、高比模量及尺寸稳定性。作为航天飞行器和卫星的构件宜选用密度较小的轻金属合金，镁合金、铝合金作为基体，与其高强度、高模量的碳纤维、硼纤维等组成连续纤维复合材料。

在汽车发动机中，要求零件耐热、耐磨，热膨胀系数小，具有一定高温强度，同时又要求成本低廉、适合于批量生产，则选用铝合金与陶瓷颗粒、短纤维组成复合材料，如碳化硅/铝、碳/铝氧化铝/铝等用来制造发动机活塞、缸套、连杆等。在高性能发动机领域(如喷气发动机增压叶片)，要求高比强度、高比模量、优良的耐高温持久性能，能在高温氧化性气氛中长期工作，通常选用钛基合金或镍基合金及其金属间化合物，增强体选用碳化硅纤维（增强钛基合金）、钨丝（增强镍基超合金）等。在电子工业领域（如集成电路散热元件和基板等）对基体技术的性能要求有高导电、高导热、低热膨胀系数，基体选用银、铜和铝等，增强体用高模量石磨纤维等。

B 金属基复合材料组成特点

复合材料的比强度、比刚度、耐高温、耐介质、导电、导热等则是更与金属基体密切相关，其中有些主要由基体决定。基体在复合材料中所占的体积比很大，在连续纤维增强金属基复合材料中，基体占50%~70%；在颗粒增强金属基复合材料中，其根据不同的性能要求，基体含量多数为80%~90%；在短纤维、晶须增强金属基复合材料中，基体含量在70%以上，一般为80%~90%。

在连续纤维增强金属基复合材料中，纤维是主要的承载体，它们本身具有很高强度和模量，如高强度碳纤维的最高强度已达7 GPa，超高模量碳纤维的弹性模量也已高达900 GPa。因此，基体的作用是保证纤维性能的充分发挥，并不需要基体有高强度和高模量，也不需要基体金属具有热处理强化等性质，但要求基体有好的塑性和纤维良好的相容性。研究发现，在碳纤维增强铝基复合材料中，用自身强度较低且热处理强化效果差的纯铝或低合金防锈铝合金作基体，要比用高强度铝合金作基体所制成的金属基复合材料的性能更佳。且在碳/铝复合材料基体合金优化过程研究中发现，铝合金的强度越高，复合材料的性能越低，这与基体本身的塑性、脆性相的存在及基体与纤维的界面状态等因素有密切关系。而对于非连续增强的金属基复合材料，金属基体是主要的承载体，它的强度是影响材料的决定性因素。若要获得高性能的复合材料，必须选用高强度的、能热处理强化的合金作为基体。

C 基体与增强体之间的兼容性

复合材料的兼容性是指在加工与使用过程中，复合材料中的各组分之间相互配合的程度。复合材料的兼容性包括两方面：物理兼容性和化学兼容性。在金属基复合材料的制备过程中，大部分增强相与基体材料本身并不是兼容的，在制造复合材料时，如果不能对界面进行一定的修整，它将很难使这些材料相得到很好地复合而制得复合材料。在某些金属基复合材料中，增强相与基体金属之间结合是很差的，必须予以加强。而对于那些由活性本身很强的成分制成的金属基复合材料，其关键是避免界面上过度的化学反应，因为这将降低材料的性能。这个问题通常是通过表面处理或涂覆增强剂或改变基体合金成分的方法解决。对蠕变强度低的基体，采用高压低温工艺也可获得良好的固结和黏合。如硼/镁或钨/铜等复合材料，因两相之间不发生反应，不相互溶，因而可以采用熔液渗透法制造。

化学兼容性主要是与复合材料加工制造过程中的界面结合、界面化学反应以及环境的化学反应等因素有关。在高温复合过程中，金属基体与增强材料会发生不同程度的界面反应，生成脆性相。基体金属中含有的不同类型的合金元素也会与增强材料发生不同程度的反应，生成各类反应产物，这些产物往往对复合材料的性能有一定的危害，也就是常说的基体与增强体之间的化学兼容性不好。如在碳纤维增强纯铝基复合材料中添加少量的钛、锆等元素，既能明显改善复合材料的界面结构和性质，也能大大提高复合材料的性能。铁、镍等是能促进碳纤维石墨化的元素，在高温时可以促进碳纤维石墨化，从而破坏碳纤维结构，使其丧失原有的强度，因此，在选择铁、镍基体的增强材料时，不宜选碳纤维作为增强材料。

物理兼容性问题是指基体应有足够的韧性和强度，从而能够将外部结构载荷均匀地传递到增强物上，不会有明显的不连续现象。此外，由于裂纹或位错移动，在基体上产生的局部应力不应该在纤维上形成高的局部应力。对很多应用来说，要求基体的机械性能应包括高的延展性和屈服性。基体与增强体之间的一个非常重要物理兼容性问题就是热相容，它是指基体与增强体在热膨胀方面相互配合的程度。因此，通常所用的基体材料是韧性较好的材料，而且也最好是有较高的热膨胀系数。这是因为对热膨胀系数较高的材料而言，从较高的加工温度冷却时将受到张应力。对于脆性材料的增强体，一般多是抗压强度大于抗拉强度，处于压缩状态比较有利。而如钛这类高屈服强度的基体，一般却要求避免高的残余热应力，因而其热膨胀系数不应相差过大。

5.4.2 金属基复合材料的制造方法

制备技术不仅很大程度上影响着金属基复合材料的性能，同时也是它进一步应用发展的重要影响因素。随着人们对金属基复合材料研究的深入，近年来，金属基复合材料的制备技术得到了迅速地发展。尽管金属基复合材料可以二次加工最终成形，但是，改进工艺的重点主要在于能够降低加工成本、工艺简单、操作方便的净成形工艺，因为这将是金属基复合材料商业化成功的关键。

5.4.2.1 金属基复合材料的制造方法概述

金属基复合材料的加工方法分为初加工制造和精加工两大类。初加工制造就是指从原材料合成复合材料的制造工艺，包括将适量的增强相引到基体的适当位置上，并在各种成分之间形成合适的结合。精加工就是指将粗加工的复合材料进行进一步的辅助加工，使其在尺寸和结构等方面满足实际工程等需要，得到最终所需零件。由于金属基体与增强体的组合不同，因此，在制造工艺过程中所注意的事项也不同，所得到的复合材料的性能也就不同。

A 连续纤维增强金属基复合材料的特点

连续纤维增强的金属基复合材料的制造工艺相比颗粒、晶体和短纤维增强的金属基复合材料，其工艺相对比较复杂。为了能够顺利地进行最终成形，制造出满足实际需求的高质量的连续纤维金属基体复合材料制品，其重要的是事先要将制造成为预制带、预浸线和预成形体，然后在通过不同的工艺制备技术将其制成所需制品。预制带和预制丝是用固相扩散结合法和液相浸渗法制造复合材料的中间制品，它们可以直接使用，也可以先将其做成预成形体后，再用于复合材料的成形。纤维增强金属基复合材料制造过程如图 5-15 所示。

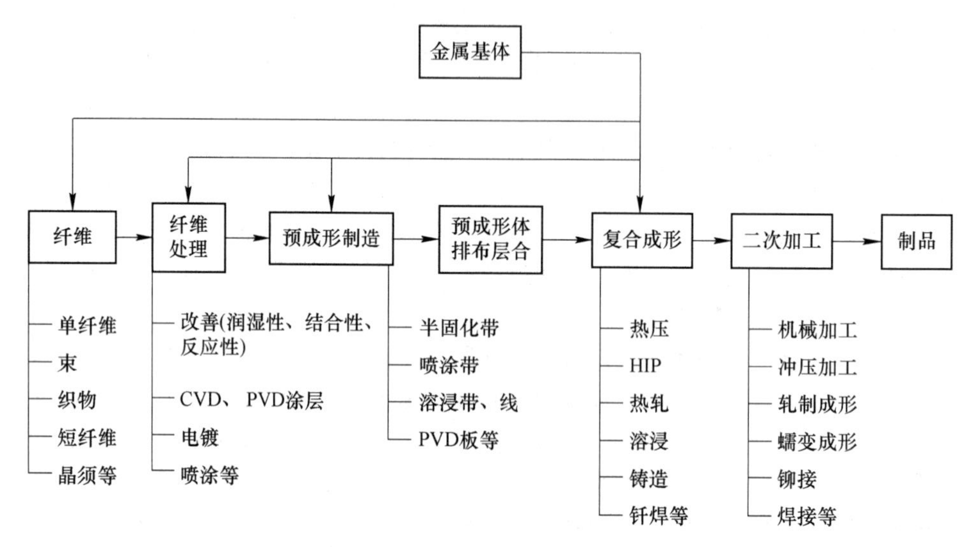

图 5-15 纤维增强的金属基复合材料的制造过程

纤维的表面处理一般是指对纤维表面涂覆适当的薄涂层，其目的是：防止或抑制界面反应，以获得合适的界面结构和结合强度，改善增强体与基体间在复合过程中的润湿与结合；有助于纤维的规则排列；减少纤维与基体之间的应力集中。纤维表面处理技术包括梯度涂层（即覆以双层或多重涂层）、物理气相沉积、溶胶-凝胶处理、电镀和化学镀等。

预制带包括半固化带、喷涂带、PVD 带和单层带等。图 5-16 所示为不同类型的预制带。

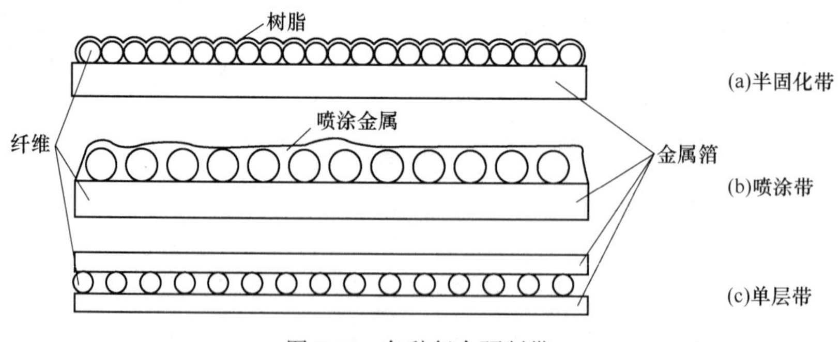

图 5-16 各种复合预制带

半固化带是用于较粗的纤维增强复合材料（如对 B/Al 复合材料），在制造时将硼纤维丝以一定间隔单向排列在铝箔上，再用树脂将其固定。喷涂带是将金属液喷涂在已排布好的纤维，使得纤维固定在金属箔上，对于粗纤维和细纤维都可行。单层带是先在金属箔上开槽，然后将纤维下到槽里，再在上面放同样的金属箔，它是一种有纤维夹层的金属箔带。

预制线的制造有连续挤拉法、电镀法和真空沉积法等。用连续挤拉法制备预制带时，先将纤维束通过金属液，使金属液渗到纤维之间，然后在将纤维间多余的金属液挤出，并同时对其固化，从而制得预制线。

预成形体是根据所需纤维的排列方向和分布状态，将预制带或预制丝按纤维的取向和规定的厚度进行层合、加温和加压成形，进而制成预成形体。预成形体的制造有物理方法、化学方法及机械方法，可以用单一的方法制造，也可以采用几种方法的组合制造。

B 非连续增强金属基复合材料的特点

连续纤维增强金属基复合材料成本高、制备过程复杂，加之制造的局限性使得它很难得到广泛的应用。这也就使得人们较普遍地专注非连续纤维增强金属基复合材料，进而使其研究发展较为迅速，特别是短纤维和陶瓷颗粒增强金属基复合材料，尤其碳化硅颗粒增强的金属基复合材料，因其制造成本低，可用传统的金属加工工艺进行加工，如铸造、挤压、轧制、焊接等，成为金属基复合材料发展的一个主要方向之一。

颗粒增强金属基复合材料（particulate reinforced metal matrix composites，PRMMC）是将陶瓷颗粒增强相外加或自生成进入金属基体中得到兼备有金属的优点（塑性与韧性）和增强颗粒优点（高硬度与高模量）的复合材料。因此，对于颗粒增强金属基复合材料，它具有良好的力学性能、高耐磨性、低热膨胀率、良好的高温性能等特点，以及可以根据设计需求，通过选择增强相的种类、尺寸和体积含量调整材料的性能。与纤维增强、晶须增强金属基复合材料相比，颗粒增强金属基复合材料具有增强体成本低、微观结构均匀和材料各向同性，它可采用传统的成形加工方法，如铸造、锻造、挤压、轧制或切削加工等方法成形，因而降低了零件成形费用，较易实现批量生产。但从另一方面看，由于在颗粒增强金属基复合材料中，具有相当数量（10%~20%，体积分数）的增强相，复合材料各种成形加工方法具有自己的特点，在工艺制度上不能完全采用基体铝合金相同的工艺过程和参数。

金属基复合材料用的颗粒增强体大都是陶瓷颗粒材料，主要有氧化铝（Al_2O_3）、碳化硅（SiC）、氮化硅（Si_3N）、碳化钛（TiC）、硼化钛（TiB_2）、碳化硼（B_4C）及氧化钇（Y_2O_3）等，上述陶瓷颗粒材料具有高强度、高弹性模量、高硬度、耐热等优点。陶瓷颗粒呈细粉状，尺寸小于 50 μm，一般在 10 μm 以下。常用陶瓷颗粒增强体的物理性能如表 5-11 所示。

表 5-11 常见陶瓷颗粒增强体性能

名 称	体积质量 /g · cm^{-3}	熔点/℃	HV	弯曲强度/MPa	弹性模量/GPa	热膨胀系数 /$10^{-6}K^{-1}$
碳化硅	3.21	2700	2700	400~500		4.00
碳化硼	3.52	2450	3000	300~500	360~460	5.73
碳化钛	4.92	3300	2600	500		7.40
氮化硅	3.2	2100		900	330	2.5~3.2
氧化铝	3.9	2050				9.00
硼化钛	4.5	2980				

颗粒增强金属基复合材料按增强颗粒的加入方式，其制备技术可分为原位生成和强制加入两种。原位生成金属基复合材料的增强颗粒不是外加的，而是通过内部相的析出或化学反应生成的。原位反应复合制备的复合材料其成本低，增强体分布均匀，基本上无界面反应，而且可以使用传统的金属熔融铸造设备，制品性能优良。但是，其工艺过程要求严格，比较难掌握，且增强相的成分和体积分数不易控制。强制加入复合材料其增强相与原位反应法是正好相反，其增强相是外加入的，这也因此使其制备技术中有很多影响因素。目前发展的强制加入复合材料的制备技术包括有粉末冶金技术、共喷射沉积技术、搅拌混合技术、挤压制造技术和电渣重熔技术等。

C 片层状增强相增强金属基复合材料特点

这类金属基复合材料是指在韧性和成形性较好的金属基体材料中含有重复排列的高强度、高模量片层状增强物的复合材料。片层的间距是微观的，在正常的比例下，材料按其结构组元看，可以认为是各向异性和均匀的。这类金属基复合材料属于结构复合材料，因此不包括包覆材料。对层状增强金属基复合材料的强度与大尺寸增强物的性能比较接近，而与晶须或纤维类小尺寸增强物的性能差别较大。因为增强薄片在二维方向上的尺寸相当于结构件的大小，所以增强物中的缺陷也就可以成为长度和构件相同的裂纹的核心。此外，由于薄片增强的强度不如纤维增强相的高，因此，层状金属基复合材料的强度受到了限制。但是，在增强平面的各个方向上，薄片增强物对强度和模量都有增强效果，这与纤维单向增强的复合材料相比，具有明显的优越性。

金属层状复合材料的加工方法有许多，包括爆炸复合、压力加工复合、电磁复合等力学复合方法；钎焊、铸造、自蔓延高温合成（SHS）、喷射沉积、粉末冶金等冶金方法，以及胶粘、表面涂层等化学方法。但是，对于金属层状复合材料的加工生产，主要是采用力学复合方法为主。

综合目前的各种加工制造方法，将其主要分为以下三个大类：固态法、液态法、其他制造方法。金属基复合材料的主要制造方法及适用范围如表 5-12 所示。

表 5-12 金属基复合材料的主要制造方法及适用范围

制造方法		适用体系		典型的复合材料及产品
		增强材料	金属基体	
固态法	粉末冶金法	SiC_p、Al_2O_3、SiC_w、B_4C_p 等	Al、Cu、Ti	SiC_p/Al、SiC_p/Al、TiB_2/Ti、A_2O_3/Al 等复合材料
	热压固结法	B、SiC、C、W	Al、Cu、Ti、耐热合金	SiC/Ti、C/Al 等零件，管、板等
	热轧法、热拉法	C、Al_2O_3	Al	C/Al、Al_2O_3/Al 棒、管
液态法	挤压铸造法	SiC_p、Al_2O_3、C 等纤维、短纤维、晶须	Al、Cu、Zn、Mg 等	SiC_p/Al、SiC/Al、C/Al、C/Mg 等零件、板、锭
	真空压力浸渍法	各种纤维、短纤维、晶须	Al、Cu、Mg、Ni 合金	C/Al、C/Mg、C/Cu、SiC/Al、SiC_p/Al、SiC_w+SiC_p/Al 等零件板、锭、坯
	搅拌铸造法	SiC_p、Al_2O_3、短纤维	Al、Zn、Mg	铸件、锭、坯
	共喷沉积法	SiC_p、Al_2O_3、B_4C_p、TiC 等颗粒	Al、Ni、Fe 等金属	SiC_p/Al、Al_2O_3/Al 等板坯、锭坯、管坯零件

续表 5-12

制造方法		适用体系		典型的复合材料及产品
		增强材料	金属基体	
其他制造方法	反应自生成法	—	Al、Ti	铸件
	电镀及化学镀法	SiC_p、B_4C、Al_2O_3颗粒、C 纤维	Ni、Cu 等	表面复合层
	热喷镀法	颗粒增强材、SiC_p、TiC	Ni、Fe	管、棒等

随着人们研究的深入，到目前为止，已有很多种金属基复合材料的制造方法。但是，对各种制造方法而言，并不是说对任何类型的增强相都是可行的。就连续纤维增强金属基复合材料而言，其具体的工艺也是不同，如液态模锻法，无论是从自身优势还是从使用角度考虑，都被认为是一种较佳的成形金属基复合材料制品的方法。它不仅适用于各种长纤维，对短纤维、晶须及颗粒等增强型复合材料的成形也都可行。有些纤维或颗粒，可以直接与金属复合成形。有的则需要改善两者之间的润湿性和结合性，控制界面反应，因此，这也就要求对纤维或颗粒进行表面涂覆或对金属液进行处理。短纤维增强金属基复合材料通常采用液体金属渗透（LMI）或挤压铸造技术。对于局部或全部增强的构件，如汽车发动机活塞、连杆等，强烈推荐使用近净成形技术。下面就分别进行论述。

5.4.2.2 固态制造技术

固态法是指在金属基复合材料中基体处于固态下制造金属基复合材料的方法，它是先将金属粉末或金属箔与增强体（纤维、晶须、颗粒等）以一定的含量、分布、方向混合排列在一起，再经过加热、加压，将金属基体与增强体复合黏结在一起。在其整个制造工艺过程中，金属基体与增强体均处于固体状态，其温度控制在基体合金的液相线与固相线之间。在某些方法中（如热压法），为了使金属基体与增强体之间复合得更好，有时也希望有少量的液相存在。其特点是：加工温度较低，不发生严重的界面反应，能较好地控制界面的热力学和动力学。在整个反应过程中，为了避免金属基体和增强体之间的界面反应，其尽量将温度控制在较低范围内。固态法包括粉末冶金法、热压法、热等静压法、轧制法、挤压法、拉拔法和爆炸焊接法等。

A 粉末冶金法

粉末冶金法是用于制备与成形非连续增强型金属基复合材料的一种传统的固态工艺法。它是利用粉末冶金原理，将基体金属粉末和增强材料（晶须、短纤维、颗粒等）按设计要求的比例在适当的条件下均匀混合，然后再压坯、烧结或挤压成形，或直接用混合粉料进行热压、热轧制、热挤压成形，也可将混合料压坯后加热到基体金属的固-液相温度区内进行半固态成形，从而获得复合材料或其制件。

粉末冶金成形主要包括混合、固化、压制三个过程。粉末冶金工艺是：首先采用超声波或球磨等方法，将金属粉末与增强体混匀，然后冷压预成形，得到复合坯件，最后通过热压烧结致密化获得复合材料成品，该工艺流程如图 5-17 所示。

基体合金粉末和颗粒（晶须）的混合均匀程度及基体粉末防止氧化的问题是整个工艺的关键。该方法的主要优点是：增强体与基体合金粉末有较宽的选择范围，颗粒的体积分数可以任意调整，并可不受到颗粒的尺寸与形状限制，可以实现制件的少无切削或近净成形。不足之处是：制造工序繁多，工艺复杂，制造成本较高，内部组织不均匀，存在明显

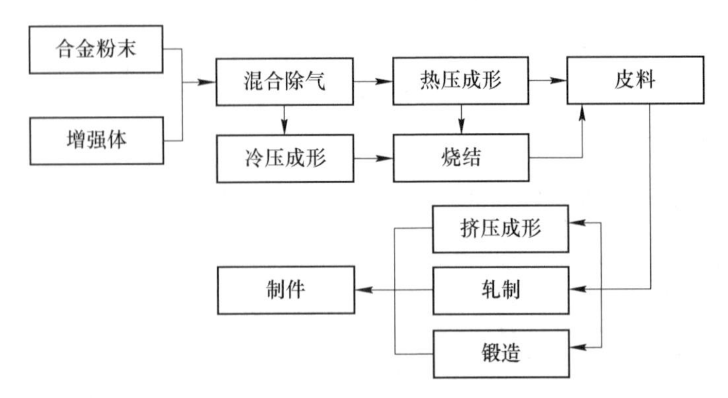

图 5-17　粉末冶金法制备颗粒增强型金属基复合材料

的增强相富集区和贫乏区，不易制备形状复杂、尺寸大的制件。目前，美国 Lockheed（洛克希德公司）、G. E（通用动力）、Northrop（诺斯罗普公司）、DEA 公司和英国的 BP 公司及前苏联的军工厂等已能批量的生产 SiC 和 Al_2O_3 颗粒增强的铝基复合材料。

B　固态扩散结合法

固态扩散法是将固态的纤维与金属适当地组合，在加压、加热条件下，使它们相互扩散结合成为复合材料的方法。固态扩散结合法可以一次制成预制品、型材和零件等，但一般主要是应用于预制品的进一步加工制造。固态扩散结合法制造连续纤维增强金属基复合材料主要有两步：第一步，先将纤维或经过预浸处理的表面涂覆有基体合金的复合丝与基体合金的箔片有规则地排列和堆叠起来；第二步，通过加热、加压使它们紧密地扩散结合成整体。固态扩散结合法制备金属基复合材料主要有扩散黏结法、变形法等。

a　扩散黏结法

扩散黏结法也称“扩散焊接”或“固态热压法”。它是在较长时间高温及其塑性变形不大的作用下，利用金属粉末之间和金属粉末与增强体之间接触部位的原子在高温下相互扩散，进而使纤维与基体金属结合到一起的复合方法。扩散黏结过程可分为三个阶段：第一阶段，黏结表面的最初接触，由于加热和加压，使表面发生变形、移动、表面膜（通常是氧化膜）破坏；第二阶段，随着时间的进行，发生界面扩散和体扩散，使接触面紧密黏结；第三阶段，由于热扩散结合界面最终消失，黏结过程完成。

影响扩散黏结过程的主要参数有温度、压力和一定温度及压力下维持的时间，其中温度是最为重要，气氛对产品质量也有一定影响。对于扩散黏结法，由于基体的变形受到刚性纤维的限制，为了使基体材料充分填满纤维的所有间隙，因此，要求基体必须是具有较高的软化程度，即要求有较高的黏结温度。对于合金，一般温度要求要稍高于固相线，有少量的液相为好。但是，为了防止纤维的软化或与基体金属的相互作用，其温度又不能过高。扩散黏结法一般常用的方法有热压扩散法和热等静压法。

（1）热压扩散法。热压扩散法是制备和成形连续纤维增强金属基复合材料及其制件的典型方法之一。其工艺过程一般为：先将经过预处理的连续纤维按设计要求在某方向堆垛排列好，用金属箔基体夹紧、固定，然后将预成形层合体在真空或惰性气体中加热至基体金属熔点以下，进行热加压，通过扩散焊接的方式实现材料的复合化和成形，其制造过程如图 5-18 所示。

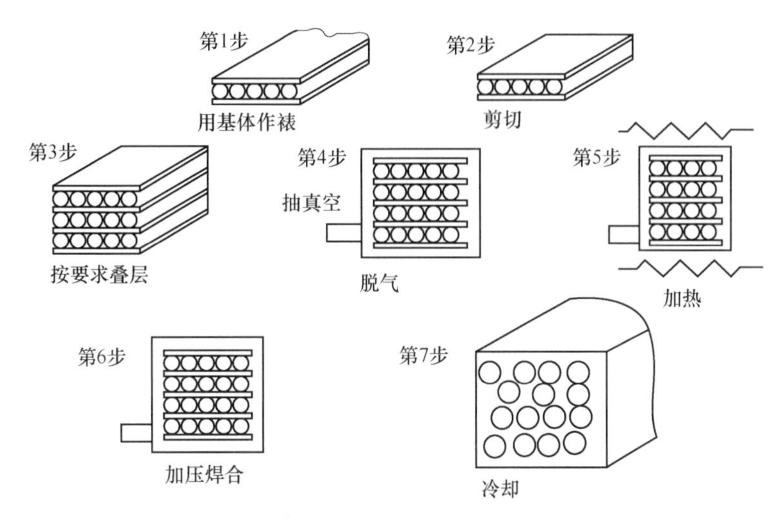

图 5-18 热压扩散法制备金属基复合材料工艺过程

热压扩散法的特点是：利用静压力使金属基体产生塑性变形、扩散而焊合，并将增强纤维固结在其中而成为一体。复合材料的热压温度比扩散焊接高，但是也不能过高，以免纤维与基体之间发生反应，影响材料的性能，一般控制在稍低于基体合金的固相线以下。有时也为了能更好地使材料复合，将纤维用易挥发黏结剂贴在金属箔上制得的预制片，希望有少量的液相存在，温度控制在固相线与液相线之间。对于压力的选择，可以在较大范围内变化，但是过高也容易损伤纤维，一般控制在 10 MPa 以下。压力的选择与温度有关，温度高，则压力可适当降低，时间在 10~20 min 即可。但是，为了得到性能良好的金属基复合材料，同时要防止界面反应，就要控制上限温度。例如，钨芯的硼纤维上限温度为 803 K，SiC 或 B_4C 涂覆的钨芯硼纤维上限温度为 873 K。而 SiC 纤维在 973 K 也不与 Al 反应而影响复合材料的强度，热稳定性好。

对于热压法制造纤维增强金属基复合材料的条件，因所用材料的种类、部件的形状等不同而有所不同。对于其热稳定性好的纤维，可以将基体金属加热到固相线以上半固态成形，这样可以不用高压和不用大型压力机，因而设备规模也就小了，制造成本将有所降低。如用涂层为 B_4C 的硼纤维增强的 6061Al 合金复合材料，在加热温度为 883 K，其温度是在 6061Al 合金的固相线以上 15 K，用 1.4~2.7 MPa 的低压就能够成形。此外，对热压稳定性好的表面涂覆的硼和 SiC 纤维可用于增强钛合金，用纯 Ti 和 Ti/6Al/4V 等箔材制造半固化带，在 1170 K，其用压力为 10 MPa 就能成形。

热压扩散法通常先将连续纤维与金属基体制成复合丝（半成品），再将复合丝按一定顺序排列后热压成形的。复合材料预制片（带）的制造方法有：等离子喷涂法、液态金属浸渍法、合理自涂覆法等。热压法适用于用较粗直径的纤维（如 CVD 法制成的硼纤维、SiC 纤维）与纤维束丝的预制丝增强铝基及钛基复合材料的制造，或应用于钨丝/超合金、钨丝/铜等复合材料的制造。

(2) 热等静压法。热等静压法（HIP）也是热压的一种，但是所用的压力是等静压，工件的各个方向上都受到均匀压力作用。热等静压工艺过程为：在高压容器内装置加热器。将金属基体（粉末或箔）与增强材料（纤维、晶须、颗粒）按一定的比例混合排列

(或用预制片叠层) 放入金属包套中，抽气密封后装入热等静压装置中加热、加压，得到金属基复合材料。热等静压装置如图 5-19 所示。

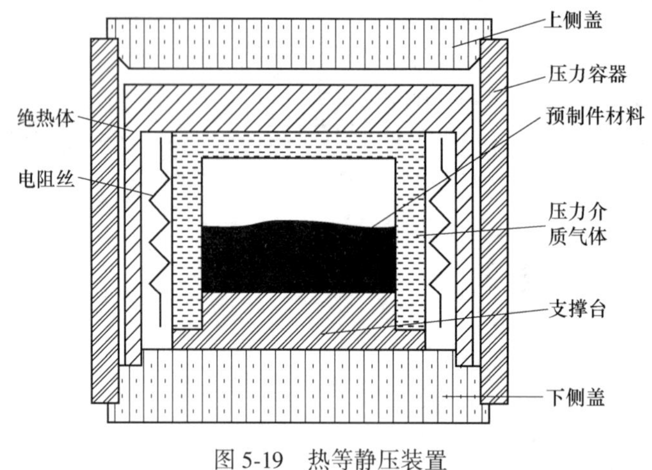

图 5-19　热等静压装置

热等静压工艺有三种：一是先升压后升温，其特点是无须将工件压力升到最终所要求的最高压力，随着温度的升高，气体膨胀，压力不断升高达到所需压力，这种工艺适合于用金属包套工件的制造；二是先升温后升压，此工艺对于用玻璃包套制造复合材料比较适合，因为玻璃在一定温度下软化，加压时不会发生破裂，又可有效传递压力；三是同时升温升压，这种工艺适合于低压成形、装入量大、保温时间长的工件制造。

在用热等静压法制造金属基复合材料过程中，主要工艺参数有温度、压力、保温保压时间。温度是保证工件质量的关键因素，一般选择的温度低于热压温度，以防止严重的界面反应。热等静压装置的温度可在数百到 2000 ℃范围内选择。压力是根据基体金属在高温下变形的难易程度而定，一般高于扩散黏结压力，工作压力为 100~200 MPa。对于易变形的金属，相应的压力选择低一些；对于难变形的金属，则选择较高的压力。保温保压时间主要根据工件的大小确定，工件越大，保温时间越长，一般为 30 min 到数小时。

因所用压力是等静压，所以用较简单的模具和夹具就能压制出复杂形状的部件。与热压法相比，它可以进行大型部件的复合成形，但是其设备费用高。热等静压适用于多种复合材料的管、筒、柱及形状复杂零件的制造，特别适用于钛、金属间化合物、超合金基复合材料。热等静压法的优点是：产品的组织均匀致密，无缩孔、气孔等缺陷，形状、尺寸精确，性能均匀。其主要缺点是：设备投资大，工艺周期长，成本高。

b　变形压力加工

变形法就是利用金属具有塑性成形的工艺特点，通过热轧、热拉、热挤压等加工手段，使复合好的颗粒、晶须、短纤维增强金属基复合材料进一步加工成形。此工艺由于是在固态下进行加工，速度快，纤维与基体作用时间短，纤维的损伤小，但是不一定能保证纤维与基体的良好结合，而且在加工过程中产生的高应力容易造成脆性纤维的破坏。

(1) 热轧法。热轧法主要用来将已用粉末冶金或热压工艺复合的颗粒、晶须、短纤维增强金属基复合材料锭坯进一步加工成板材，或直接将纤维与金属箔材热轧成复合材料，也可以将半固化带、喷涂带夹在金属箔材之间热轧。由于增强纤维塑性变形困难，在轧制方向上不能伸长，因此，轧制过程主要是完成将纤维与基体的黏结过程。为了提高黏结强度，常对纤维进行涂层处理，如 Ag、Cu、Ni 等涂层。

在用热轧制造 C/Al 复合材料时，是将铝箔和涂银纤维交替铺层，然后将其在基体的固相点附近轧制。也可以用等离子喷涂法做成预制带，叠层后热轧。对于 Be/Al 复合材料的制造，是先将被丝缠绕在钛箔上，用等离子喷涂 9091Al 合金或用黏结剂固定，然后叠层热轧制。与金属材料的轧制相比，长纤维-金属箔轧制时每次的变形量小，轧制道次多。对于颗粒或晶须增强的金属基复合材料，先经粉末冶金或热压成坯，再经轧制成复合材料板材，如 SiC_p/Al、SiC_w/Cu、Al_2O_{3w}/Al、Al_2O_{3w}/Cu 等。

（2）热拉和热挤压。热拉和热挤压主要用于颗粒、晶须、短纤维增强金属基复合材料的进一步加工制成各种形状的管材、型材、棒材等。其工艺要点大致是在金属基体材料上钻孔，将金属丝（或颗粒、晶须）插入其中，然后封闭，再挤压或拉拔成复合材料。经过挤压、拉拔，使复合材料的组织变得更均匀，减少或消除缺陷，性能明显提高；如果增强体是短纤维或晶须，则它们还会在挤压或拉拔过程中沿着材料流动方向择优取向，从而提高复合材料在该方向上的模量和强度。

此外，热拉拔法还与后面的熔浸法组合。将用熔浸法制成的预浸线封入真空不锈钢型中，通过加热到一定的温度，再经拉模拉拔，就可制造出复合棒或管。其拉拔温度应取在基体金属的固相线下或上，由于此时金属基体的塑性变形阻力极小，可以将纤维的机械损伤控制在最小的限度内，同时减少拉拔力。对于用熔浸法制备的预浸线束，热拔不是为了材料的断面积减小，而是为了消除预成形体内的空隙，使其致密化。热拉拔金属基复合材料工艺如图 5-20 所示。

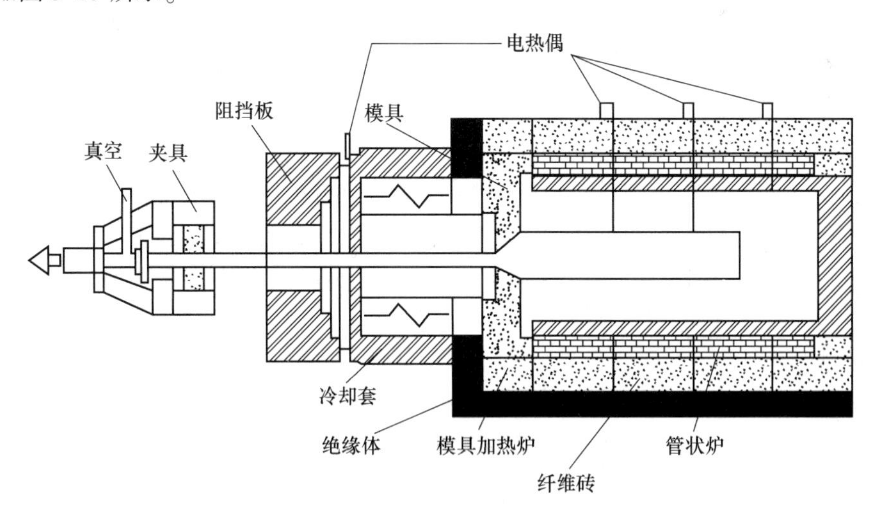

图 5-20　热拉拔金属基础复合材料工艺

在利用变形压力加工制造复合材料时，若加大基体金属的塑性变形，纤维与基体将在界面处产生很大的应力，容易造成界面的削离，纤维表面损伤甚至破断，而且在复合材料中将产生大量的残余应力，影响复合材料的性能。对于热拔法，与其他形变压力加工相比，该方法可以将全部基体金属的塑性变形控制在比较小的程度，此外，由于在拉拔加工过程中，纤维主要是受到拉的作用，几乎没有弯曲应力，这将避免纤维的断裂和界面的削离。

C 爆炸焊接法

爆炸焊接法（又称为“爆炸复合法”）是以炸药的爆炸为能源，由于炸药的高速引爆和冲击作用（7~8 km/s），在微秒级时间内使两块金属板在碰撞点附近产生高达 10^4~10^7 s^{-1}的应变速率和 10^4 MPa 的高压，使材料发生塑性变形，在基体中和基体与增强体的接触处产生焊接从而成形复合材料。爆炸焊接前，应将金属丝等编织或固定好，基体与金属丝必须除去表面的氧化膜和污物。爆炸焊接用的底座材料的密度和声学性能应尽可能与复合材料的接近，一般是将金属平板放在碎石层等上作为焊接底座。爆炸焊接法适合于制造金属层合板和金属丝增强金属基复合材料，如钢丝/铝、钼丝/钛、钨丝/钛、钨丝/镍等。

爆炸焊接法的工艺特点是；由于加载压力和界面高温持续时间极短，阻碍了基体与增强体之间界面的化合反应，焊合区的厚度常在几十微米以内；复合界面上看不到明显的扩散层，不会生产脆性的金属间化合物，产品性能稳定；可以制造形状复杂的零件和大尺寸的板材，还可以一次作业制得多块复合材料板；采用的是块式法生产，无法连续生产宽度较大的复合坯料，而且爆炸所带来的振动和噪声难以控制。关于爆炸复合法的结合机制，目前也还没有统一的定论，目前主要是集中在对界面的研究。

爆炸焊接工艺方法在复合制备难焊接金属往往不适用，因为此工艺制备的复合材料，其焊接接头强度差异很大，存在大面积断裂现象。焊接材料层间结合强度下降，在某些极端条件下发生分层，都是由于层间界面存在未焊合区、缩孔、带有裂纹和不带裂纹的高硬度熔化区等缺陷的缘故，产生这些缺陷的主要原因是焊接时金属的最大位移量与各接触层的最佳位移量存在偏差。研究表明，为了提高焊接接头的强度和可靠性，必须进行以下操作：热处理，以减少或完全消除高硬度熔化区对接头断裂的影响，使残余应力场重新分布；轧制或锻造，通过塑性变形来消除裂纹和未焊透形式的缺陷。

5.4.2.3 液态制造技术

液态法是指在金属基复合材料制造过程中，金属基体处于熔融状态下与固体增强物复合的方法。为了减少高温下基体与增强材料之间的界面反应，改善液态金属基体与固态增强体的润湿性，通常可以采用加压浸渗、增强材料的表面（涂覆）处理、基体中添加合金元素等措施。液态法包括铸造法、熔铸复合法、熔融金属浸渗法、真空压力浸渍法、喷射沉积法和热喷涂法等。

A 铸造法

在铸造生产中，用大气压力、重力铸造法难以得到致密的铸件时，常采用真空铸造法和加压铸造法。加压铸造法可按加压手段和所加压力的大小分类，如表 5-13 所示。

表 5-13 加压铸造法分类

分 类	方 法	压力/MPa	适用金属
加压 Al_2O_3 法	压铸	50~100	Al、Zn、Cu、Al
	低压铸造	0.3~0.7	
加压凝固法	高压凝固铸造	50~200	Al、Cu
	气体加压	0.5~1	Al、Cu
	离心铸造	相当于 1~2	Al、Fe、Cu

为了使金属液能充分地浸渗到预成形体纤维间隙内，制得致密铸件的加压铸造法有高压凝固铸造法和真空压铸法。

a 高压凝固铸造法

高压凝固铸造法是将纤维与黏结剂制成的预制件放在模具中加热到一定温度后，再将熔融金属液注入模具中，迅速合模加压，使液态金属以一定的速度浸透到预制件中，而其中的黏结剂受热分解除去，经冷却后得到复合材料制品。为了避免气体或杂质等的污染，要求整个工艺过程都在真空条件下进行。由于纤维与熔融的金属基体所处在高温时间较短，因此，纤维与金属基体之间的界面反应层厚度较小，制得的金属基复合材料性能也不会受到大的影响。此外，这种方法可用于加工复杂形状的制品。如果其温度与压力控制适当，可以制备出其致密性好而又不损坏纤维的金属基复合材料。

b 真空吸铸法

真空吸铸法是我国设计出的一种制造碳化硅纤维增强铝基复合材料的新工艺。它是在铸型内形成一定负压条件，使液态金属或颗粒增强金属基复合材料自上而下吸入型腔凝固后形成固件的工艺方法。

以 SiC/Al 复合材料为例，说明真空吸铸法的工艺过程：将化学气相沉积法（CVD）制备的碳化硅纤维（以甲基三氯硅烷为反应气体，利用 CVD 技术在钨丝上沉积碳化硅而制成的纤维）装入钢管中，钢管的一端用铝塞密封，另一端连接真空系统。在真空条件下，将装有纤维的钢管部位预热到高温，然后将带有铝塞的一端插入熔融的铝液中，铝塞将立即熔化，而铝液被吸入钢管中渗透到纤维。冷却后用硝酸腐蚀掉钢管，制成复合材料。该方法不但简单，而且提供了极为有利的润湿条件：纤维是在真空下预热至高温，无空气阻碍铝液的渗透，并可活化纤维的表面；密封塞在铝液深处熔化，吸入铝液后的浸润过程中无氧化膜干扰。例如，以 Al-10%Si 合金为基体时，700～750 ℃的吸铸温度即可使得 CVD 法碳化硅纤维在较短时间内完成浸润，对纤维的损伤很少，所得到的棒材的拉伸强度可达到 1600～1700 MPa。对于纺织成形的碳化硅纤维，由于润湿性较差，单靠真空吸铸的方法不能使纤维很好的浸润，一般需要施加一定压力。

c 搅拌铸造法

搅拌铸造法是最早用于制备颗粒增强金属基复合材料的一种弥散混合铸造工艺。搅拌法铸造有两种方式：一种是在合金液高于液相线温度以上进行搅拌，称为“液态搅拌”；另一种是当合金液处于固相线与液相线之间时进行搅拌，称为“半固态搅拌铸造法”或“流变铸造”。无论是哪种方式，其基本原理都是在一定条件下，对处于熔化和半熔化状态的金属液，施加以强烈的机械搅拌，使其能形成高速流动的旋涡，并导入增强颗粒，使颗粒随旋涡进入基体金属液中，当在搅拌力作用之下增强颗粒弥散分布后浇铸成形。该工艺受搅拌温度、时间、速度等因素影响较大。同时，还必须要考虑增强颗粒与基体润湿性和反应性，还要防止搅拌过程中基体的氧化和卷入气体。搅拌铸造颗粒增强金属基复合材料工艺过程如图 5-21 所示。

最早采用搅拌法制备金属基础复合材料的是 Surappa 和 Rohtgi。随后，人们对此铸造方法进行了不断的改进。例如，在搅拌方式上开发的有：高能超声法、磁力搅拌法、复合铸造法、底部真空反旋涡搅拌法等。其中，以 Skibo 和 Schuster 开发的 Duralcan 工艺最具有突破，该工艺可用普通的铝合金和未经涂层处理的陶瓷颗粒，通过搅拌引入增强相，颗

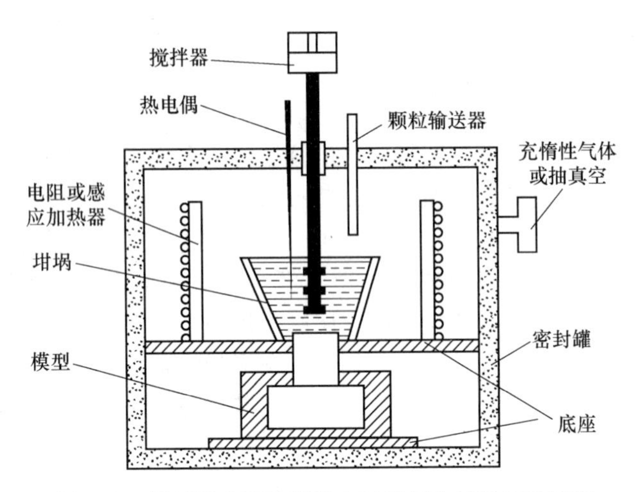

图 5-21 搅拌铸造颗粒增强金属基复合材料工艺过程

粒的尺寸可以小于 10 pm，而体积分数也可达到 25%。

（1）高能超声波法。高能超声波法的原理是利用超声波在铝合金熔体中产生的声空化效应和声流效应所引起的力学效应中的搅拌、分散、除气等来促使颗粒混入铝合金熔体，改善颗粒与熔体间的润湿性，迫使颗粒在熔体中均匀分散。高能超声波法是高效的复合方法，它能在极短的时间内一次同时实现颗粒在基体中的润湿和分散，并能完成除气、除渣的任务，是一种工艺简单、成本低廉的颗粒增强金属基复合材料的制备方法，尤其是在极细颗粒增强铝基复合材料的研制领域，它有着独特的优势。

（2）磁力搅拌法。磁力搅拌法是磁铁搅拌器的高速旋转在空间产生交变的磁场，根据麦克斯韦的电磁场理论，它将会在空间感应出交变的电场，在导电的金属熔体内部产生交变的电流，使熔体产生旋涡，将加入的增强颗粒卷入金属熔体中。用电磁搅拌工艺制备金属基复合材料是一种比较独特新颖的方法，与其他制备金属基复合材料的搅拌法相比，利用电磁力对金属熔体进行搅拌具有不直接接触、对金属熔体无污染等机械搅拌法所无法比拟的优点。

（3）复合铸造法。复合铸造法是将颗粒增强体加入正在搅拌中的含有部分结晶颗粒的基体金属熔体中，半固态金属熔体中有 40%～60%的结晶粒子，介入的颗粒与结晶粒子相互碰撞、摩擦，导致颗粒与液态金属润湿并在金属熔体中均匀分散，然后再升温至浇铸温度进行浇铸，获得金属基复合材料零件或坯件。复合铸造法的特点是：可以用来制造颗粒直径较小、颗粒体积分数高的金属基复合材料；还可以用来制造晶须、短纤维增强金属基复合材料。

（4）搅拌铸造法。搅拌铸造法的优点在于：工艺简单，效率高，成本低、铸锭可重熔进行二次加工，是一种实现商业化规模生产的颗粒增强金属基复合材料的制备技术。但是，由于该方法颗粒与金属液之间密度的偏差，容易造成密度偏析，凝固时形成枝晶偏析，造成颗粒在基体合金中分布不均倾向。另外，颗粒的尺寸和体积分数也受到一定的限制，颗粒尺寸一般大于 10 μm，体积分数小于 25%。

d 压力铸造法

压力铸造法是制备颗粒、晶须或短纤维增强金属基复合材料比较成熟的工艺，包括挤压铸造法、低压铸造法和真空铸造法等。其原理是：在压力作用下，将液态金属浸入增强体预制块中，制成复合材料坯锭，再进行二次加工。对于尺寸较小、形状简单的制件，也可一次实现工件形状的铸造。压力铸造装置如图 5-22 所示。

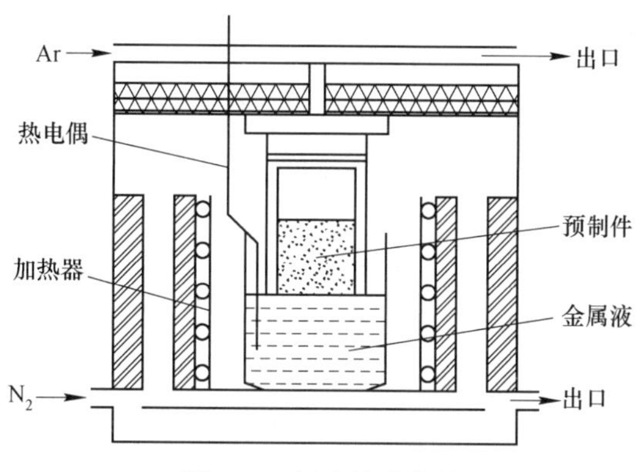

图 5-22 压力铸造装置

对压力铸造法，其主要的影响因素有：压力模具和预制块的预热温度、预制块中颗粒的体积分数、颗粒尺寸、颗粒的表面性质、加压速度和浸渗压等。该工艺的特点是：工艺简单，对设备的要求低，压铸浸渗时间短，通过快速冷却可减轻或消除颗粒与基体的界面反应，同时可降低材料的孔隙率，对形状简单工件可以实现工件形状的成形。其不足是：对模具的要求较高，在压铸浸渗压力作用下预制块容易发生变形，难以制备形状复杂的制件。该工艺方面获得应用的是日本的丰田公司、德国的 Mahle 公司和英国的 Schmidt 公司。该工艺也已成功地制备出 Al_2O_3 短纤维增强的铝基复合材料，用于汽车发动机的活塞。

挤压铸造法是通过压机将液态金属压入增强材料预制件中制造复合材料的一种方法。其工艺过程是，先将增强材料按照设计要求制成一定形状的预制件，经干燥预热后放入同样预热的模具中，在基体金属熔化后，抽出坩埚滑动底板，熔融金属进入模具腔内，然后将压头向下移动，对熔融金属加压，压力为 70~100 MPa，使液态金属在压力之下渗透入放置在模具中的纤维预制件中，并在压力下凝固成形，制成接近最终形状和尺寸的零件，或供用塑性成形法二次加工的锭坯。模具与底座之间有一定间隙，以利于空气逸出。挤压渗透装置如图 5-23 所示。

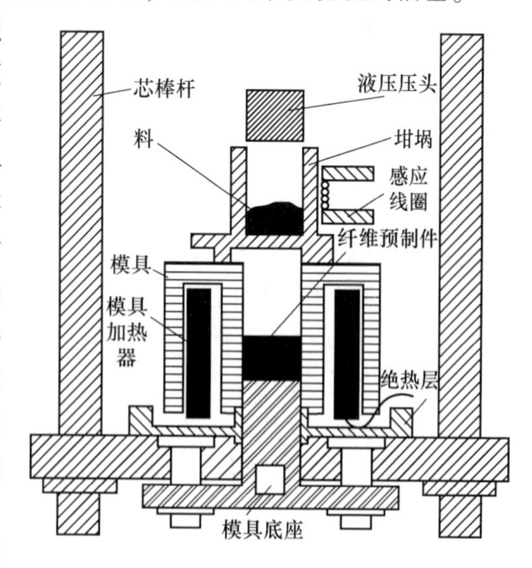

图 5-23 挤压渗透装置

预制件的质量，模具的设计，以及预制件的预热温度、熔体温度、压力等参数的控制是得到高性能复合材料的关键。挤压铸造的压力相比后面介绍的真空浸渍的压力高很多，因此，要求预制件具有很高的机械强度，能够承受高的压力而不变形。在制造纤维增强预制件时加入少量的颗粒，不但能够提高预制件的机械强度，而且还能防止纤维在挤压过程中发生偏聚，最终保证纤维在复合材料中分布的均匀性。

为了能够克服熔融金属通过纤维间通道的黏滞性的阻力，必须有压力梯度。由于熔融金属的黏度低，一般压力梯度为 1 MPa，保证渗透过程快速进行。一般情况下，金属基复合材料中纤维的分布与预制件中的纤维的分布是非常近似的。一些缺陷，如宏观孔洞、显微孔隙、显微断裂或分布不均也都避免。金属基复合材料在凝固中，最后凝固的富集合金元素熔体和高等静压作用下加上有局部的界面反应，会形成很强的界面结合。对于挤压渗透的复合材料，界面层没氧化膜。目前，挤压铸造法主要用于批量制造低成本陶瓷短纤维、晶须、颗粒增强铝和镁基复合材料的零部件。

B　熔铸复合法

熔铸复合法是采用铸造的方法使两种熔点不同的液态金属先后熔铸在一起或一种液态金属与一种固态金属凝铸在一起的方法。早期的熔铸复合是在近平衡凝固条件下进行，常导致界面元素的过分扩散，有害相的生产甚至发生固体过分地溶解，致使复合材料质量不好。现代液-固相复合技术是以液态金属快速非平衡凝固和半凝固态直接塑性成形为特征，因此，可以克服早期焰铸技术的一些弊病。初步研究表明，现代液-固相复合常常存在多种复合机制，包括热反应机制、扩散机制和压合机制。由于液态金属的快速凝固、结晶以及半凝固态塑性变形的作用，可以有效地控制异种材料复杂界面反应（润湿、结晶、扩散、溶解、新相的生成和成长）的方向和限度，从而可以保证复合界面反应良好结合、复合材料的高质量和复合工艺的高效率。

电磁控制双金属层状复合材料连铸造工艺其原理是：将电磁制动技术研究利用在结晶器宽度方向上的水平磁场，通过磁场对流动粒子产生的洛仑兹力对金属液流动施加作用，阻止两种金属液的混合，在连铸过程中形成界面清楚的层状复合坯料。

用水平磁场（level magnetic field，LMF）制造双金属层状复合材料连铸工艺，其原理是：水平磁场安装于结晶器的下半部分，两种不同的钢液同时通过长型和短型浸入式浇道进入结晶器，使结晶器内形成上下两个区域。电磁场对上层流动金属产生足够的洛仑兹力，使之能与金属液体本身中立相均衡，从而阻止上面区域中金属液与下层区域中的金属液的混合。这样，以水平磁场为界形成了上层和下层两个区域，在连铸过程中，上层区域中的金属液形成外层金属，而下层区域中的金属液进入心部成为内层金属。研究显示，利用电磁场作用将结晶器内分为上下两部分，从而解决了两种金属混熔的问题，而且通过控制磁场强度、拉坯速度以及两种金属液浇铸的速度，保证得到稳定的外层金属厚度和均匀的组织性能。电磁控制连铸工艺原理如图 5-24 所示。

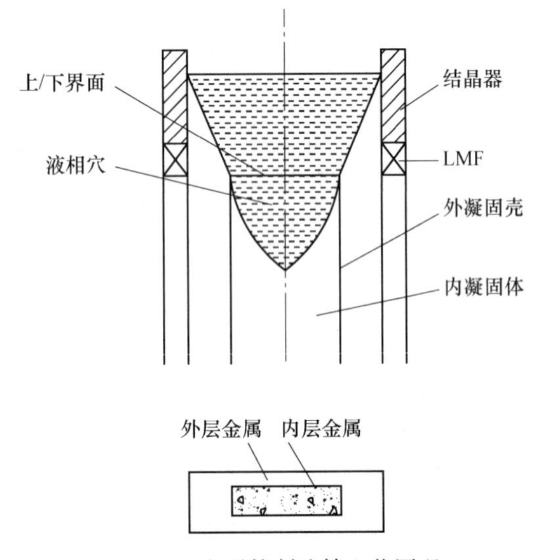

图 5-24　电磁控制连铸工艺原理

C　熔融金属浸渗法

熔融金属浸渗法是通过纤维或纤维预制件浸渍熔融态金属而制成金属基复合材料的方法。其工艺效率较高，成本较低，适用于制成板材、线材和棒材等。加工时，可以抽真空，利用渗透压使得熔融的金属浸透到纤维的间隙中，也可以在熔融的金属一侧用惰性气体或外载荷施加压力的方法实现渗透。纤维束连续熔浸装置和几种不同种类的制品如图 5-25 所示，制造过程中因纤维与熔融的金属直接接触，它们之间容易发生化学反应，影响制品性能，故该方法更宜适用于高温下稳定性好的纤维与基体金属。此外，由于金属液对纤维的润湿性不好，接触角大，金属液不能浸入到纤维的窄缝和交叉纤维的间隙，因此，用此方法制备的铸造复合材料预成形体，其内部 40%~80%的范围内不可避免地存在大量孔洞。即使对纤维进行了表面处理，对金属液也进行一定处理，改善了金属液与纤维的润湿性，也避免不了内部孔洞的生成。

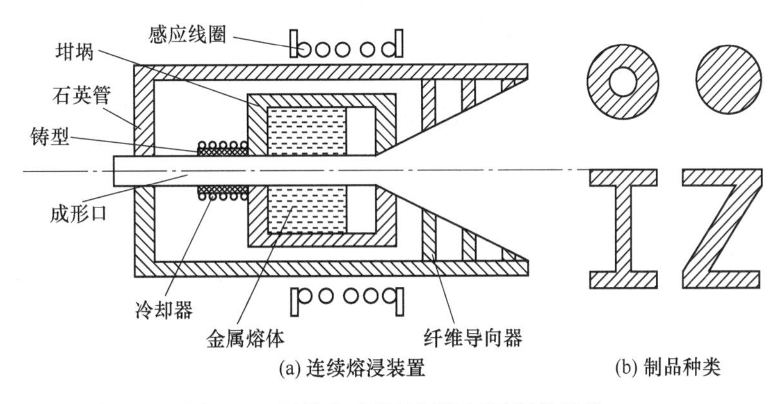

图 5-25 纤维束连续熔浸装置及制品种类

熔浸法是要求其增强纤维的热力学稳定或者经表面处理后稳定，并且与金属液的润湿性要良好。熔浸法有大气压下熔浸、真空熔浸、加压熔浸和组合熔浸几种。一般大气压下连续熔浸用得较多，它是纤维束通过金属液后由出口模成形。此工艺可以通过改变出口模形状，进而制备出不同形状的制品，如棒材、管材、板材以及复杂形状的型材等。

为了能够很好地改善纤维表面活性和润湿性，避免复合材料中出现气孔，并防止其被氧化，一般采用真空熔浸法制备金属基复合材料。真空熔浸法有两种：一种是在上部真空炉中熔化金属后，将其浇铸入下部放有预成形体的型腔中进行熔浸；另一种就是将真空熔化的金属浇入放有预成形体的型腔内后，再用压缩气体或惰性气体加压实现强制熔浸，此方法称“加压熔浸法”。有时为了能够制备出设计要求的复合材料，常采用将两种以上的方法进行组合，如真空熔浸和热压组合，以及熔浸束的轧制等。加压熔浸装置如图 5-26 所示。

D 真空压力浸渍法

真空压力浸渍法是在真空和高压惰性气体的共同条件下，使熔融金属浸渗入预制件中制造金属基复合材料的方法。它是综合了真空吸铸法和压力铸造法的优点，经过不断改进，现在已经发展成为能够控制熔体温度、预制件温度、冷却速率、压力等工艺参数的工业制造方法。真空压力浸渍法主要是在真空压力浸渍炉中进行，根据金属熔体进入预制件的方式，主要分为底部压入式、顶部注入式和顶部压入式。典型的底部压入式真空压力浸渍炉结构如图 5-27 所示。

浸渍炉是由耐高温的壳体、熔化金属的加热炉、预制件预热炉、坩埚升降装置、真空系统、控温系统、气体加压系统和冷却系统组成。金属熔化过程和预制件预热过程是在真

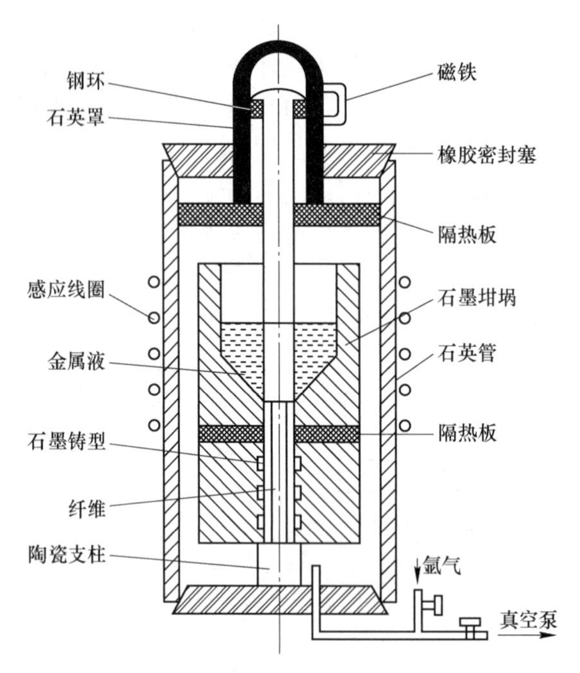

图 5-26 加压熔浸装置

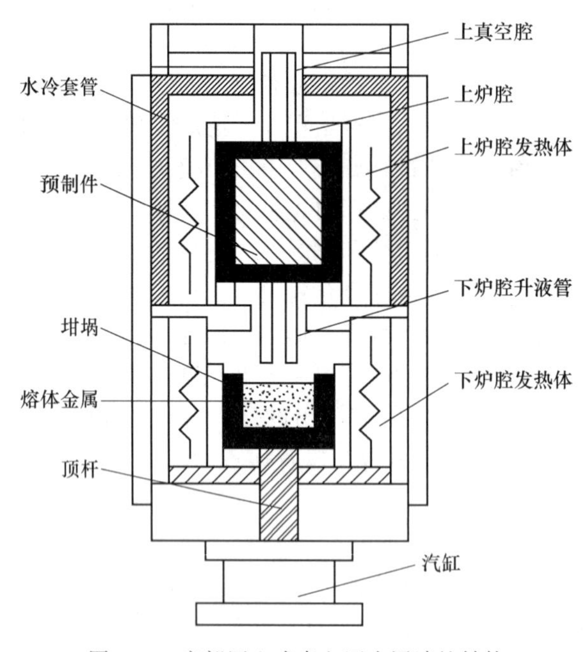

图 5-27 底部压入式真空压力浸渍炉结构

空或保护气氛下进行，以防止金属氧化和增强材料损伤。

真空压力浸渍法制备金属基复合材料的工艺过程是：先将增强材料预制件放入模具，基体金属装入坩埚，然后将装有预制件的模具和装有基体金属的坩埚分别放入浸渍炉和熔化炉内，密封和紧固炉体，将预制件模具和炉腔抽真空；当炉腔内达到预定真空度时，开始通电加热预制件和熔化金属基体；通过控制加热过程使预制件和熔融基体金属达到预定温度，保温一定时间，提升坩埚，使模具升液管插入金属熔体，再通入高压惰性气体，由于在真空和高压惰性气体的共同作用下，液态金属浸入预制件中形成复合材料；降下坩埚，接通冷却系统，待完全凝固，即可从模具中取出复合材料零件或坯料，且凝固在压力条件下进行，无一般的铸造缺陷。

在真空压力浸渍法制备金属基复合材料过程中，预制件制备和工艺参数控制是制得高性能复合材料的关键。预制件应有一定的抗压缩变形能力，防止浸渍时增强材料发生位移，形成增强材料密集区和富金属基体区，使复合材料的性能下降。

真空压力浸渍过程中外压是浸渍的直接驱动力，压力越高，浸渍能力越强。浸渍所需压力与预制件中增强材料的尺寸和体积分数密切相关，增强材料尺寸越小，体积分数越大，则所需外加浸渍压力越大。浸渍压力也与液态金属对增强材料的润湿性及黏度有关，润湿性好。黏度小，则所需浸渍压力也小。因此，必须根据增强材料的种类、尺寸和体积分数，以及基体的种类、过热温度进行综合考虑，选择合适的浸渍压力，浸渍压力过大，可能使得增强材料偏聚变形，造成复合材料内部组织的不均匀性，一般采取短时逐步升压，在 30~60 s 内升到最高压力，使金属熔体平稳地浸渍到增强材料之间的空隙中。加压速度过快，易造成增强材料偏聚变形，影响复合材料组织的均匀性。

该工艺制造方法的优点是：适用面广，可以用于多种金属基复合材料和连续纤维、短纤维、晶须和颗粒增强的复合材料的制备，增强材料的形状、尺寸、含量基本上不受限制；该工艺可以直接制备出复合材料零件，特别是形状复杂的零件，基本上无需进行后续加工；由于浸渍是在真空下进行，压力下凝固，无气孔、疏松、缩孔等铸造缺陷，组织致密；材料性能好；该制备方法工艺简单；参数容易控制，可以根据增强材料和基体金属的物理化学特性，严格控制温度、压力等参数，避免严重的界面反应。但是，此真空压力浸渍法的设备比较复杂，工艺周期长，成本较高，制备大尺寸的零件投资更大。

E 喷射沉积法

喷射沉积法（又称“喷射铸造成形法”）是一种将金属熔体与增强颗粒在惰性气体的推动下，通过快速凝固制备颗粒增强金属基复合材料的方法。其基本原理是：在高速惰性气体流的作用下，将液态合金雾化，分散成极细小的金属液滴，同时通过一个或几个喷嘴向雾化的金属液滴流中喷入增强颗粒，使金属液滴和增强颗粒同时沉积在水冷基板上形成复合材料，该法称为“多相共沉积技术”（variable codeposition of multiphase materials, VCM）。

喷射沉积工艺过程包括基体金属熔化、液态金属雾化、颗粒加入及其与金属雾化流的混合、沉积和凝固等。喷射沉积的主要工艺参数有：熔融金属温度、惰性气体压力、流量和速度、颗粒加入速率、沉积底板温度等。这些参数都将不同程度地影响复合材料的质量，因此，需要根据不同的金属基体和增强相进行调整组合，从而获得最佳工艺参数组合，必须严格地加以控制。

喷射沉积法主要是用于制造颗粒增强的金属基复合材料，在其工艺过程中，其中液态金属雾化是关键工艺过程。因为液态金属雾化液滴的大小及尺寸分布、液滴的冷却速率都将直接影响到复合材料最后的性能。一般雾化后金属液滴的尺寸为 10~30 μm，使到达沉积表面时金属液滴仍保持液态或半固态，从而在沉积表面形成厚度适当的液态金属薄层，便于能够充分填充颗粒之间的孔隙，获得均匀致密的复合材料。

此方法在制备颗粒增强金属基复合材料过程中，金属雾化液滴和颗粒的混合、沉积和凝固是最终复合成形的关键工艺过程之一。沉积是与凝固同步而交替进行，为了使沉积与凝固顺利进行，沉积表面应该始终保持一薄层液态金属膜，直至制备工艺过程结束。因此，为了能够达到这两个过程的动态平衡，主要是通过控制液态金属的雾化工艺参数和稳定衬底温度来实现。喷射沉积工艺过程如图 5-28 所示。

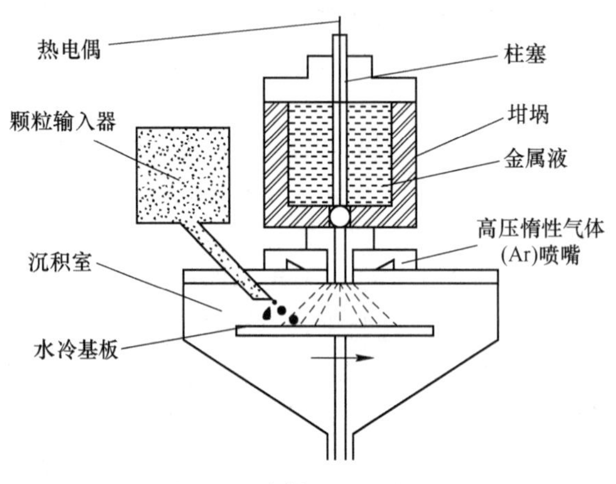

图 5-28 喷射沉积工艺过程

利用喷射沉积技术制备金属基复合材料具有以下优点：制造方法使用面广，可以用于铝、铜、镍、钴、铁、金属间化合物等基体，可加入氧化铝（Al_2O_3）、碳化硅（SiC）、碳化钛（TiC）、石墨等多种颗粒，产品可以是圆棒、圆锭、板带、管材等。所获得的基体组织属于快速凝固范畴，增强颗粒与金属液滴接触时间极短，使界面化学反应得到了有效的抑制，控制工艺气氛可以最大限度地减少氧化，冷却速率可高达 $10^3 \sim 10^6$ ℃/s，这可以使增强颗粒均匀分布，细化组织。此外，该工艺生产工艺简单，效率高。与粉末冶金法相比，不必先制成金属粉末，然后再依次经过与颗粒混合、压制成形、烧结等工序，而是快速一次复合成坯料，雾化速率可达到 25~200 kg/min，沉积凝固迅速。但此方法制备的金属基复合材料存在一定的孔隙率，一般需要进行热等静压（HIP）或挤压等二次加工。其制备成本也高于搅拌铸造法。

5.4.2.4 其他制造方法

随着人们研究的深入和对各方面技术问题不断地解决，同时也适应现实应用与制造技术的发展，研发了更新的制造技术。主要包括原位自生成法、等离子喷涂法、电镀法、物理气相沉积法、化学气相沉法、化学镀和复合镀法等。

A 原位自生成法

金属基复合材料原位反应自生成技术的基本原理是：在一定的条件下，通过元素与化合物之间的化学反应，在金属基体内原位生成一种或几种高硬度、高弹性模量的陶瓷增强相，从而达到强化金属基体的目的。增强材料可以共晶的形式从基体凝固析出，也可由加入的相应元素之间的反应、合成熔体中的某种组分与加入的元素或化合物之间的反应生成。前者得到定向凝固共晶复合材料，后者得到反应自生成复合材料。

与传统的金属基复合材料制备工艺相比，该工艺具有以下特点：增强体是从金属基体中原位形核和长大的，具有稳定的热力学特性，而且增强体表面无污染，避免了与基体相容性不良的问题，可以提高界面的结合强度；通过合理地选择反应元素或化合物的类型、成分及其反应性，可有效地控制原位生成增强体的种类、大小、分布和数量；由于增强相是从液态金属基体中原位生成，因此，可以用铸造方法制备形状复杂、尺寸较大的近净构件；在保证材料具有较好的韧性和高温性能的同时，可较大幅度地提高复合材料的强度和弹性模量。不足之处则是：在大多数的原位反应合成过程中，都伴随有强烈的氧化或放出气体，而当难以逸出的气体滞留在材料中时，将在复合材料中形成微气孔，还可能形成氧化夹杂或生成某些并不需要的金属间化合物及其他相，从而影响复合材料的组织与性能。原位反应合成所产生的增强相主要为氧化物、氮化物、碳化物和硼化物等陶瓷相，常见的几种为 Al_2O_3、MgO、TiC、AlN、TiB_2、ZrC、ZrB_2 等陶瓷颗粒，这些颗粒的主要性能如表 5-14 所示。

表 5-14 陶瓷颗粒相的性能

陶瓷相	密度/$g \cdot cm^{-3}$	热膨胀系数 /$10^{-6}℃^{-1}$	强度/MPa	温度/℃	弹性模量/MPa	温度/℃
Al_2O_3	3.98	7.92	221	1090	379	1090
MgO	3.58	11.61	41	4090	317	1090
AlN	3.26	4.84	2069	24	310	1090
TiC	4.93	7.6	55	1090	269	24
ZrC	6.73	6.66	90	1090	359	24
TiB_2	4.50	8.82	—	—	414	1090
ZrB_2	6.90	8.82	—	—	503	24

由于此方法制备的复合材料一个明显的特点是所制备的复合材料为疏松开裂状态，因此，SHS-致密一体化是该复合材料的一个研究方向。常将反应烧结、热挤压、熔铸和离心铸造等致密化工艺过程与 SHS 技术相配合，其中 SHS-熔铸法和 SHS-热压反应烧结法是目前用 SHS 技术制备致密复合材料的研究热点。原位自生金属基复合材料的制备方法包括定向凝固法和反应自生成法。

a 定向凝固法

定向凝固法是将某种共晶成分的合金原料在真空或惰性气氛中通过感应加热熔化，控制冷却方向（如均匀地以一定速率将感应线圈向一个方向移动），进行定向凝固。在定向凝固反应过程中，析出的共晶相沿着凝固方向整齐排列，其中连续相为基体，条状或片状的分散相为增强体。

定向凝固的速率大小直接影响定向凝固共晶复合材料中增强相的体积分数和形状。在一定的温度梯度下，条状或层片状增强相的间距 λ 与凝固速率 v 之间存在以下关系：

$$\lambda^2 \cdot v = 常数 \tag{5-58}$$

在满足平面凝固生长的条件下，增加定向凝固时的温度梯度，可以加快定向组织的生长速度，同时可以降低条状或层片间距，有利于提高定向凝固共晶复合材料的性能。

定向凝固法的特点是：在定向凝固共晶复合材料中，纤维、基体界面具有最低的能量，即使在高温下也不会发生反应，因此，适于高温结构用材料（如发动机的叶片和涡轮叶片）。如 TaC/Ni（TaC 为增强体）具有良好的力学性能与环境抗力。研究较多的是金属间化合物增强镍基和钴基合金。此外，定向凝固共晶复合材料也可以作为功能复合材料，主要应用于磁、电和热相互作用或叠加效应的压电、电磁和热磁等功能器件，如 InSb/NiSb 定向凝固共晶复合材料可以制作磁阻无接触电开关，以及不接触位置和位移传感器等。存在的主要问题是：定向凝固速率非常低，可选择的共晶材料体系有限，共晶增强材料的体积分数无法调整。

b 反应自生成法

反应自生成法包括 VLS 法、Lanxide 法、放热合成法（XD）等。

（1）VLS 法。这种方法是由 M. J. Koczak 等人发明的，并申请了美国专利。其具体的工艺是：将含有 C 或 N 的气体通入高温合金液中，使气体中的 C 或 N 与合金液中的个别组分发生反应，在合金基体中形成稳定的高硬度、高模量的碳化物或氮化物，经冷却凝固后即可获得这种陶瓷颗粒增强的金属基复合材料。该工艺一般包括如下两个过程：

气体分解，如：

$$CH_4 \longrightarrow C(s) + 2H_2(g) \tag{5-59}$$

$$2NH_3(g) \longrightarrow N_2 + 3H_2(g) \tag{5-60}$$

气体与合金之间的发生化学反应及增强颗粒的形成，如：

$$C(s) + Al\text{-}Ti(l) \longrightarrow Al(s) + TiC(s) \tag{5-61}$$

$$N_2(g) + Al\text{-}Ti(l) \longrightarrow Al(s) + TiC(s) + AlN(s) \tag{5-62}$$

为了保证上述两个反应过程的顺利进行，一般要求较高的合金熔体温度和尽可能大的气-液两相接触面积，并应采用一定措施抑制不利反应的发生，抑制反应中 Al_4Ti 和 Al_3C_3 等有害化合物的产生。为此，有人研究了原位 TiC/Al-Cu 复合材料的气-液反应合成工艺，其工艺操作是将混合气体 CH_4(Ar) 通过一个特制的多孔气泡分散器，导入到含 Ti 的 Al-4.5Cu 合金液中。结果表明，这种工艺能保证上述两个过程充分进行，并认为，CH_4 的分解、C 与 Ti 的反应时间和温度取决于气体的分压、合金的成分，以及所需的 TiC 颗粒的大小、分布和数量。当反应时间为 20~120 min、反应温度为 1200~1300 ℃时，原位形成的 TiC 尺寸为 0.1~3 μm，其体积分数可达到 11%，从而使所得的复合材料具有优良的性能。尽管如此，该工艺仍然存在一些不足：合成处理温度为 1200~1300 ℃，这对于含有易挥发元素的铝合金烧损很大；反应产物中有 Al_3C_3 等有害相，且相组成较难控制；导入过量的气体可能形成凝固组织中的气孔等缺陷。因此，该工艺仍然是处于实验室阶段。

（2）Lanxide 法（即金属定向氧化法）。这种方法是由美国 Lanxide 公司开发的，也是利用了上述气-液反应原理，它由金属直接氧化法（DIMOX）和金属无压浸渗法（PRIMEX）两种方法组合而成。目前，此方法主要用于制造铝基复合材料或陶瓷基复合材料，其制品已在汽车、燃气涡轮机和热交换机内得到一定应用。

DIMOX 法是让高温金属液（如 Al、Ti、Zr 等）暴露于空气中，使其表面首先氧化产生一层氧化膜（如 Al_2O_3、TiO_2、ZrO_2 等），里面金属再通过氧化层逐渐向表面扩散，暴露空气中后又被氧化，如此反复，最终形成金属氧化物复合材料或金属增韧的陶瓷基复合材料。为了保证金属的氧化反应不断地进行下去，在 Al 中加入一定量的 Mg、Si 等合金元素，可破坏表层 Al_2O_3 膜的连续性，并可降低液态 Al 合金的表面能，从而改善生产的 Al_2O_3 与铝液的相容性，这样使得氧化反应能不断地进行下去。目前，关于 DIMOX 的方法研究包括 Al_2O_3 形成的反应动力学、材料的显微组织结构分析等。

在 PRIMEX 工艺中，同时发生的有两个过程：一是液态金属在环境气氛的作用下向陶瓷预制件中的渗透；二是液态金属与周围气体的反应而生产新的增强粒子。例如，将含有质量分数为 3%～10% Mg 的铝锭和 Al_2O_3 陶瓷预制件一起放入 N_2(Ar) 混合气氛炉里，当加热到 900 ℃以上并保温一段时间后，上述两个过程同时发生，冷却后即获得原位自生的 AlN 粒子与预制件中原有 Al_2O_3 粒子复合增强的铝基复合材料。研究发现，原位自生的 AlN 的数量和大小主要取决于 Al 液的浸透速度，而 Al 液的浸透速度又与环境气氛中 N_2 的分压、熔体的温度和成分有关。因此，复合材料的组织与性能容易通过调整熔体的成分、N_2 的分压和处理温度而得到有效的控制。

（3）放热合成法（XD）。这种方法是由美国 Martin Marietta 实验室发明的。该工艺制备的金属基复合材料可以再通过传统金属加工方法，如挤压和轧制进行二次加工，且该工艺可以生成颗粒、晶须单独或共同增强的金属基或金属间化合物基复合材料。XD 法制备复合材料的原理如图 5-29 所示，它是将两个固态的反应元素粉末与金属基体粉末混合均匀，并压实除气，再将压坯迅速加热到金属基体熔点以上温度或自蔓延反应发生的温度。这样，在金属熔体的介质中，两固态反应元素相互扩散、接触，并不断反应析出稳定的微观增强颗粒、晶须和片晶等增强相，然后再将熔体进行铸造、挤压成形。另外，也可以用 XD 方法制备出增强体含量很高的母体复合材料，然后在重熔的同时加入适量的基体金属进行稀释，铸造成形后即得到所需增强体含量的金属基复合材料。

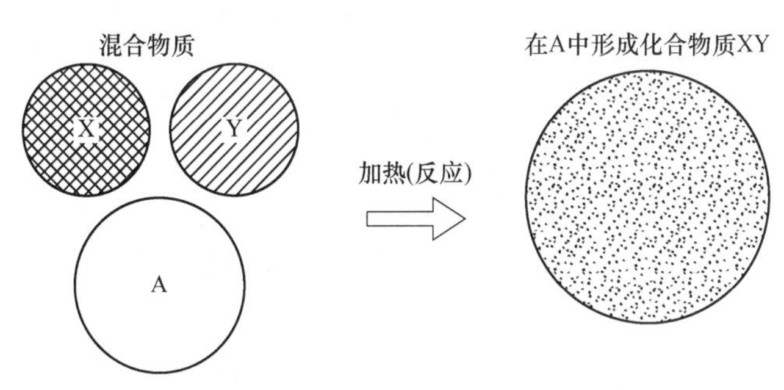

图 5-29　XD 法制备复合材料原理

XD 工艺的特点是：增强相原位生成，具有热稳定性；增强相的类型、形态可以选择和设计；各种金属或金属间化合物均可以作为基体；复合材料可以采用传统金属加工进行二次加工。XD 材料包括 Al、Ti、Fe、Cu、Pb 和 Ni 基复合材料。增强相包括硼化物、氮化物和碳化物等，其形状可以是颗粒、晶须和杆状。目前，已经利用该方法制备出 TiC/Al、TiB_2/Al 和 TiB_2/Al-Ti 等复合材料，具有很高的使用价值。

（4）接触反应法。这种方法是由哈尔滨工业大学铸造教研室开发研制，并申请国家专利的技术。该技术是在综合 SHS 法和 XD 法的优点的基础上发展起来的一种制备原位自生金属基复合材料的方法。其工艺过程是：先将反应元素粉末按一定的比例混合均匀，并压实成预制块，然后用钟罩等工具将预制块压入一定温度的金属液中，在金属液的高温作用下，预制块中的反应元素将发生化学反应，生成所需增强相，搅拌后浇铸成形。

B　等离子喷涂法

等离子喷涂法是利用等离子弧向增强材料喷射金属微粒子，从而制成金属基纤维复合材料的方法。例如，将碳化硅连续纤维缠绕在滚筒上，用等离子喷涂的方法将铝合金喷溅在纤维上，然后将碳化硅/铝合金复合片堆叠起来进行热压，制成铝基复合材料，其抗拉强度和模量分别超过 1500 MPa 和 200 GPa，而密度仅仅为 2.77 g/cm^3。该方法的优点是：熔融金属粒子能够与纤维牢固地结合，金属与纤维的界面比较密实，而且由于金属粒子离开等离子喷枪后，迅速冷却，金属几乎不与纤维发生反应，但纤维上的喷涂体比较疏松，需要进行热固化处理。

C　电镀法

电镀法是利用电解沉积的原理在纤维表面附着一层金属而制成金属基复合材料的方法。其原理是：以金属为阳极，位于电解液中的卷轴为阴极，在金属不断电解的同时，卷轴以一定的速度或电流大小，可以改变纤维表面金属层的附着厚度，将电镀后的纤维按一定方式层叠、热压，可以制成多种制品。例如，利用电镀法在氧化铝纤维表面附着镍金属层，然后将纤维热压固结在一起，制成的复合材料在室温下显示出良好的力学性能。但是，在高温环境中，可能因纤维与基体的热膨胀系数不同，强度不高。又如，在直径为 7 μm 的碳纤维的表面上镀一层厚度为 1.4 μm 的铜，将长度切为 2~3 mm 的短纤维，均匀分散在石墨模具中，先抽真空预制处理，再在 5 MPa 和 700 ℃下处理 1 h，得到碳纤维体积含量为 50%的铜基复合材料。

5.4.3　金属基复合材料的性能与应用

在不同工作环境中，对金属基复合材料的使用性能有着不同的特殊要求。在航空和航天领域，要求其具有高比强度、高比模量及良好的尺寸稳定性。因此，在选择金属基复合材料的基体金属时，要求必须选择体积质量小的金属与合金，如镁合金和铝合金。对于汽车发动机，工作环境温度较高，这就要求所使用的材料必须具有高温强度、抗气体腐蚀、耐磨、导热等性能。因此，为了满足各种多性能等特性材料的需求，人们从各种基体到各种增强相对金属基复合材料进行了大量的开发研究。

在金属基复合材料发展的几十年中，世界各国分别都从不同的角度、不同的方法对金属基复合材料进行了大量深入的研究。据有关资料预计，在不久的将来，这类材料将逐渐取代传统的金属材料而广泛用于航空、航天、汽车、机电、运动机械等领域内一些要求具有质量轻、刚度高、耐热、耐磨等性能的特殊场合，如表 5-15 所示。

表 5-15　金属基复合材料的部分潜在应用

领域	应用举例	使用材料
航天	宇宙飞船、卫星、导弹上的结构件、天线等	B/Al、B/Mg、SiC/Al、C/Mg
航空	直升机的转换机构、起落架、框架、筋板等结构件，喷气发动机的涡轮叶片、扇形板、压缩机叶片、高温发动机零部件等	Al_2O_3/Al、B/Al、SiC/Al、C/Al、C/Mg、Al_2O_3/Mg、W/耐热合金、Ta/耐热合金
汽车	内燃机活塞、连杆、活塞销、刹车片、离合器片、隔板、蓄电池极板等	Al_2O_3/Al、SiC/Al、Al_2O_3/Pb、C/Pb

续表 5-15

领域	应用举例	使用材料
机电	电缆、触电材料、电机刷、轴承、蓄电池极板等	C/Cu、Al_2O_3/Pb、C/Pb
运动机械	高尔夫球棒、网球拍、自行车车架、钓竿、雪橇、滑雪板、摩托车车架等	Al_2O_3/Al、B/Al、SiC/Al、C/Al
其他	医疗用 X 射线台、车椅、手术台、纺织机械零件等	Al_2O_3/Al、B/Al、SiC/Al、C/Al

此外，随着研究的深入，最近对金属基复合材料在功能复合材料方面的研究开始了新的关注。电子、信息、能源等工业用的金属基功能复合材料，要求要有较高的力学性能、高导热、高导电、低热膨胀、高抗电弧烧蚀、良好的摩擦性能。例如，对于 SiC 纤维增强的铝基复合材料，由于 SiC 纤维与铝基体之间存在很大的热电特性和热膨胀的差异，因此，利用此特性研制出 Al/SiC 复合材料的制动器，期待能将其应用于控制元件或微型驱动元件。

5.4.3.1 铝基复合材料

A 铝基复合材料的特点

在众多金属基复合材料中，铝基复合材料发展最快且成为当前该类材料发展和研究的主流，这是因为铝基复合材料具有密度低、基体合金选择范围广、热处理性好、制备工艺灵活等许多优点。另外，铝或铝合金与许多增强相都有较好接触性能，如连续状硼、Al_2O_3、SiC 和碳纤维及其各种粒子短纤维和晶须等。在长纤维硼增强的铝基复合材料、颗粒碳化硅（SiC）增强的铝基复合材料和短纤维 Al_2O_3 增强的铝基复合材料等中，人们普遍重视颗粒增强铝复合材料的开发应用，这是因为这种材料具有比强度高、比模量高、耐磨性好、热膨胀系数可根据需要调整等优异的性能，还可以采用传统的金属成形加工工艺方法，如热压、挤压、轧制、旋压以及精密铸造等。对于连续纤维增强金属基复合材料，这种材料具有制备工艺简单、原材料来源较广、生产率高、成本低等优点。大部分工业金属基复合材料都是集中在铝基复合材料上，且部分铝基复合材料已进入商业化生产阶段，因此，铝基复合材料具有很大的应用潜力。

目前普遍使用的铝合金有变形铝合金、铸造铝合金、焊接铝合金和烧结铝合金等。但是，在铝基复合材料中，对每一类增强体并不是所有的铝合金都是完全地适应。例如，在用铝箔和等离子喷涂预制合金粉制造复合材料时，使用较多的是多种变形铝合金。铝合金的性能如表 5-16 所示。

表 5-16 铝合金的性能

合 金	弹性模量/GPa	屈服强度/MPa	抗拉强度/MPa	断裂应变量/%
1100	63	43	86	20
2024	71	128	240	13
5052	68	135	265	13

对于 1000 和 3000 系列的铝合金，容易购买，其延展性和可焊接性极好，但其抗拉强

度和蠕变强度低。对于7000系列和4000系列的合金，断裂韧性一般低于平均水平。5000系列其断裂韧性较好，用于制造高强度的硼纤维增强的铝基复合材料。6061和2024铝合金因能够进行热处理受到普遍的重视。2024合金Al-4.5Cu-Mg的好处在于：箔材和粉末有现成供应的，时效硬化后强度高，高温蠕变强度好，以及在结构应用上有丰富的经验。6061铝合金是最常用的结构合金之一，可以热处理形成很细的镁硅化合物沉淀，但由于合金含量较低，使得熔点较高，而塑性使得缺口敏感性较低，这在硼纤维系列的金属基复合材料中表现得最为明显。6061合金还具有抗蚀性好和应力腐蚀敏感性低的优点，而且这种材料在低温条件下也表现出较好的韧性，强度较低的合金，如2024和7075合金更容易成形，因而受到了普遍的关注。

用粉末冶金制造的碳化硅（SiC）增强6061铝合金复合材料，与用铸造法生产的未经增强的6061铝合金在288 ℃时最小蠕变速率的比较，如图5-30所示。对碳化硅晶须（SiC_w）和碳化硅颗粒（SiC_p）铝基复合材料其蠕变速率是明显低于6061铝合金的。另外，晶须比颗粒更有效地提高了复合材料的蠕变抗力。

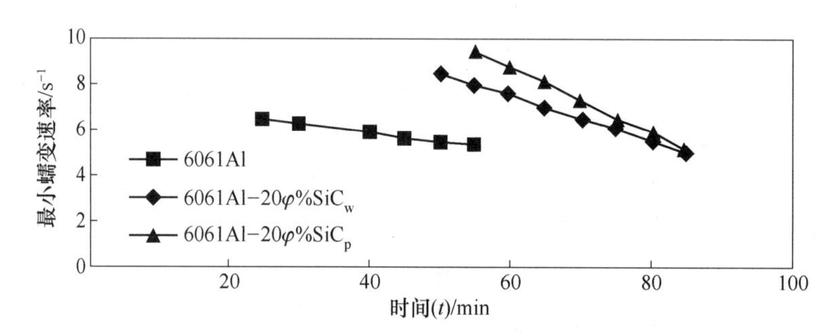

图5-30　增强与未增强的6061铝合金在288 Y时最小蠕变速率的比较

导热性是金属材料的一大特点，为了减轻质量又不影响其导热性能，研究人员制造了一系列金属基复合材料。在铝基体中，单向排列的碳纤维沿纤维方向具有很好的导热性。测试结果显示，在-20～140 ℃的温度范围内，这种复合材料沿纤维方向的导热性优于铜的。以单位质量计的导热性，这种复合材料约为纯铝的4倍，为Al6061的2.6倍。

纯铜和碳纤维/铝复合材料的导热性与温度关系的比较如图5-31所示。在一些要求减轻零件质量方面，金属基复合材料的这一性能就显得相当地突出，代替铜作为导热材料就是一个实例，如卫星、高速航空、航天器等。

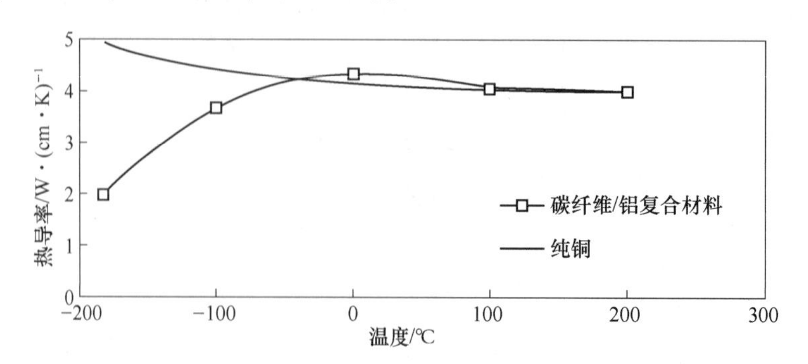

图5-31　纯铜和碳纤维/铝复合材料的导热性与温度关系的比较

在实际的应用中，不仅要求材料有较好的强度、韧性等，而且还必须有很好的耐磨性能。因此，提高材料其他性能的同时也提高耐磨性等，成为研究人员逐渐转移的研究方向。研究表明，在铝基材料中加入7%的硅酸铝短纤维，就可使耐磨性成倍提高。不同体积含量的硅酸铝增强铝基复合材料耐磨性的关系如图5-32所示。

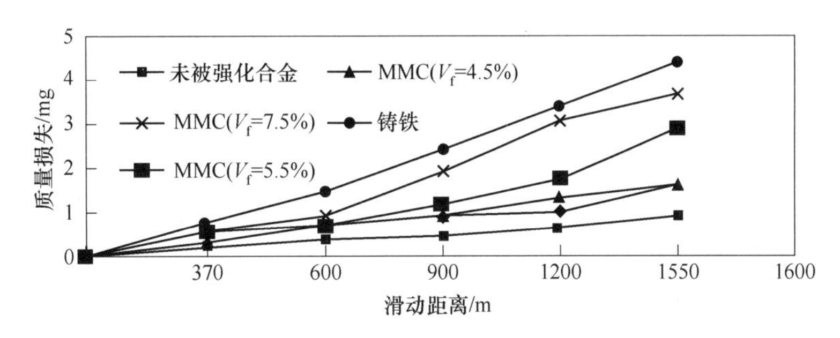

图5-32 $Al_2O_3 \cdot SiO_2/Al$ 复合材料的耐磨性与体积含量的关系

由于铝基复合材料有优良的物理性能和机械性能，制备相对简单而成熟，对它的研究开发也相对较多。目前，应用比较成熟的有航空航天工业中需要大型的、机械性能比较好的、质量相对较轻的结构材料；要求有高耐磨性、热疲劳特性的发动机活塞等。

B 铝基复合材料的制备与应用

铝基复合材料的研究主要集中在两方面：一是采用连续纤维增强的复合材料，二是采用不连续颗粒增强的复合材料。相对而言，采用颗粒增强的复合材料具有制备工艺简单、增强体成本低廉、材料各向同性、应用范围更广、工业化生产潜力更大等优点，因而成为铝基复合材料较为关注的研究对象。

在使用温度为450 ℃以下时，常用的金属是铝、镁及它们的合金。因此，在金属基复合材料的使用温度不是很高的工作环境下，一般大多基体材料都选用铝或铝合金为基体材料，L系列的工业纯铝用作连续纤维复合材料的基体。为了满足不同的使用要求，根据使用性能在纯铝中加入相应的合金元素配制成铝合金，从而改变其组织结构与性能，经常加入的元素有硅、铜、锌、镁、锰及稀土元素，这些合金元素在固态铝中的溶解度一般都很有限。因此，铝合金的组织中除形成铝基固溶体外，还有第二相（金属间化合物）出现。根据合金元素的含量和加工工艺性能特点，铝合金可分为铸造铝合金和变形铝合金。目前国内研究发展的主要轻金属MMC体系如表5-17所示。

表5-17 国内主要的轻金属基复合材料体系

名 称	典型性能
硼纤维/铝（B/Al）	σ_b>1380 MPa，E>220 GPa
碳化硅纤维/铝（SiC_p/Al）	50%V_f SCS-6：σ_b=1600~1700 MPa，E=200~237 GPa 50%V_f SCS-2：σ_b=1190~1560 MPa，E=200~237 GPa
碳（石墨）纤维/镁（C_p/Mg）	M40+SiO_2涂层/ZM6，40%V_f，σ_b=500~520 MPa，E=110~130 GPa M40/ZM5，M40/Mg-2Al，32%~46%V_f，σ_b=500~600 MPa，E=120~180 GPa
碳纤维/铝（C/Al）	强度可达（3~4）×10^2 MPa，模量可达（6~8）×10 GPa

续表 5-17

名　称	典 型 性 能
碳化硅晶须/铝（SiC_w/Al）	SiC_w/Al 7075Al 强度达到 750~800 MPa，弹性模量达到 120 GPa
碳化硅颗粒/铝（SiC_p/Al）	515 进行超塑性拉伸，拉伸率 δ 为 300%~685%
碳化硼/铝（B_4C/Al）	$\sigma_b>70\sim100$ MPa；$\sigma_\tau>56$ MPa；$\delta>0.4\%$；$\lambda>43.2$ W/(m·℃)

a　长纤维增强铝基复合材料

对于长纤维增强铝基复合材料，目前主要用的长纤维有硼纤维、碳纤维、碳化硅和氧化铝等。但是，在制备过程中，为了防止纤维与基体的界面反应，一般要对纤维进行表面处理，例如，对硼纤维常用 SiC、B_4C 和 BN 作为表面涂层。

（1）硼/铝基复合材料。硼纤维是用化学气相沉积法在铝丝上用氢还原三氯化硼制成的。在实际应用制备中，为了防止硼纤维与铝在界面发生反应，改善纤维的抗氧化性能等，通常是对硼纤维表面进行涂覆处理，所用涂层物有 SiC、B_4C 和 BN 等。硼/铝基复合材料的制造方法为：先用等离子喷涂法获得铝-硼预制带，再将其用热压法制成零件，由于固态热压温度较低，界面反应较轻，不过分影响复合材料的性能。

硼/铝复合材料具有很高的抗拉强度，这主要是由于增强纤维的抗拉强度高，其他影响因素（如成分和残余应力）则是相对较小。研究显示，随着硼纤维体积分数增加，铝基复合材料的抗拉强度和弹性模量都有较大的提高。1100Al/B_w 复合材料的纵向抗拉强度及弹性模量与直径为 95 μm 的硼纤维体积分数的关系如图 5-33 所示。

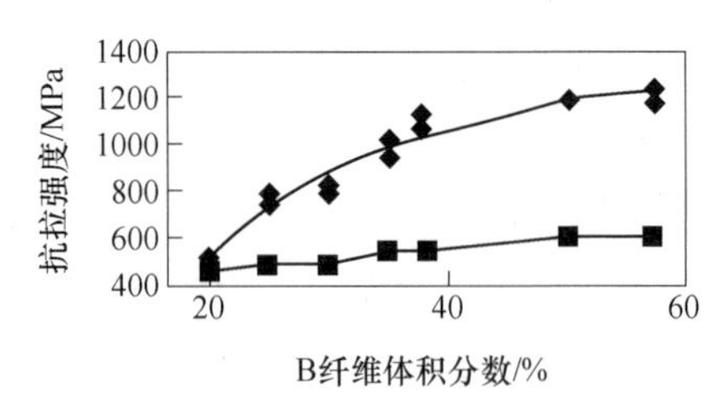

图 5-33　1100Al/B_w 复合材料的纵向抗拉强度和弹性模量与硼纤维体积分数的关系

如果纤维强度的重复性好，那么复合材料的轴向抗拉强度随纤维含量的变化实质上呈现出线性关系。但是，在实际中，由于不同试样之间纤维强度有所变化和其他的测试影响因素，因此，所得图像显示结果与线性有很大的偏离。

不同成分的铝合金与硼纤维复合材料的室温性能如表 5-18 所示。表 5-18 列举了 2024 Al/B_w、2024（T6）Al/B_w、6061Al/B_w 和 6061（T6）Al/B_w 的拉伸性能。硼/铝复合材料有优异的疲劳强度，含硼纤维体积分数为 47%时，10 次循环后室温的疲劳强度约 550 MPa。

表 5-18　铝/硼长纤维复合材料的室温纵向拉伸性能

基　体	硼纤维体积分数/%	抗拉强度/MPa	弹性模量/GPa	纵向断裂应变/%
2024	47	1421	222	0.795
	64	1528	276	0.72
2024（T6）	46	1459	229	0.81
	64	1924	276	0.755
6061	48	1490	217	
	50	1343		
6061（T6）	51	1417	232	0.735

含有高体积比的硼或其他高模量脆性增强相的复合材料，在轴向加载条件下，显示出接近弹性和有限应变能力。这是因为在等应变的条件下，模量较高的纤维承受着大部分载荷，并成为纵向模量的主要因素。对硼纤维增强的铝基复合材料的断裂韧性来说，硼纤维的直径越大，材料的断裂韧性也越高。

硼纤维的直径对铝基复合材料韧性的影响如表 5-19 所示。其基体铝合金的性能对铝复合材料断裂韧性影响也很大，基体的抗拉强度越高，相应断裂韧性越低。

表 5-19 硼纤维直径对铝/硼复合材料韧性的影响

纤维直径/μm	断裂能/J·m^{-2}
100	90
140	150
200	200~300

基体合金对铝/硼复合材料韧性的影响如表 5-20 所示。其纯 Al（1100）的韧性最高，而 2024 铝合金的韧性最低。

表 5-20 铝基体对铝/硼复合材料韧性的影响

基体	夏氏冲击功/kJ·m^{-2}	基体	夏氏冲击功/kJ·m^{-2}
1100	200~300	6061	80
5025	170	2024	40

材料应用于航空航天领域方面，不仅要有高的强度，而且必须要有很好的高温抗蠕变性能和良好的持久强度。硼/铝复合材料在高温条件下长时间暴露的性能比许多单一材料复杂得多，不仅有每种组元单独在冶金上的变化，而且还存在有残余应力的变化以及纤维与基体材料之间的反应等。在 500 ℃以下，单向增强的硼/铝复合材料的轴向蠕变和持久强度超过目前所有的工程合金。这主要是硼纤维具有良好的高温性能和特殊的抗蠕变性能所致。它在 600 ℃时，仍保持 75%强度，其直到 650 ℃的温度下才能测到蠕变，在 815 ℃的蠕变率仍大大低于冷拉钨丝。

（2）铝/碳化硅复合材料。碳化硅纤维具有优异的室温、高温力学性能和耐热性，与铝的界面状态较好。由于有芯碳化硅纤维单丝的性能突出，复合材料的性能较好。对于有芯 SCS-2 碳化硅长纤维增强 6061 铝合金基复合材料，碳化硅体积分数为 34%时，室温抗拉强度为 1034 MPa；对于无芯 Nicalon 碳化硅纤维增强铝基复合材料，在其碳化硅体积分数为 35%时，其无芯 Nicalon 碳化硅纤维增强铝基复合材料室温抗拉强度为 800~900 MPa，拉伸弹性模量为 100~110 GPa，抗弯曲强度为 1000~1100 MPa，在 25~400 ℃之间能保持很高的强度。因此，铝/碳化硅复合材料可用于飞机、导弹结构件以及发动机构件。

（3）铝/氧化铝复合材料。氧化铝长纤维增强铝基复合材料具有高强度和高刚度，并有高蠕变抗力和高疲劳抗力。氧化铝纤维的晶体结构有 α-Al_2O_3 和 γ-Al_2O_3 两种。不同结构的氧化铝纤维增强的铝基复合材料的性能有差别。体积分数都为 50%的 α-Al_2O_3 和 γ-Al_2O_3 两种纤维增强的铝基复合材料的性能特点如表 5-21 所示。

表 5-21 50%不同类型氧化铝纤维增强铝基复合材料性能的比较

纤维种类	体积质量/$g \cdot cm^{-3}$	抗拉强度/MPa	弹性模量/GPa	弯曲模量/GPa	弯曲强度/MPa	抗压强度/MPa
α-Al_2O_3	3.25	585	220	262	1030	2800
γ-Al_2O_3	2.9	860	150	135	1100	1400

含少量锂的铝锂合金可以抑制界面反应和改善对氧化铝的润湿性。氧化铝纤维增强铝基复合材料在室温到 450 ℃范围内仍保持很高的稳定性。例如，体积分数为 50% 的 γ-Al_2O_3 纤维增强的铝基复合材料，在 450 ℃时抗拉强度仍保持 860 MPa，拉伸弹性模量也只从 150 GPa 降低到 140 GPa。

连续纤维增强金属基复合材料的低应力破坏现象，即增强纤维没有受损伤、性能没有下降、纤维与基体复合良好，但是材料的抗拉强度远低于理论计算值，纤维的性能与增强作用没有能充分地发挥。碳-铝基复合材料经加热后纤维和复合材料的强度如图 5-34 所示。

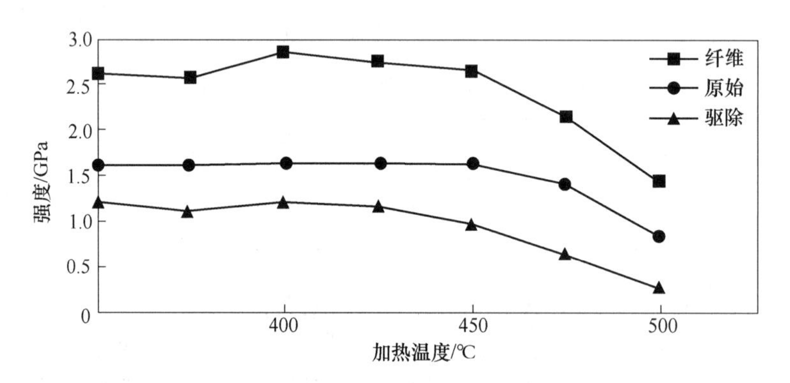

图 5-34 碳-铝基复合材料经加热后纤维和复合材料的强度

由图 5-34 表明，碳-铝复合材料经 500 ℃加热 1 h 后，脱除铝基体的碳纤维强度没有下降（2.6 GPa），而复合材料强度下降了 26%。其主要原因是：处理时发生的界面反应使得纤维与铝基体的界面结合增强，但是界面没能起调节应力分布和阻止裂纹扩展的作用，造成复合材料低应力破坏。可以采用热循环处理等方法改善界面性能，使复合材料性能有所提高。

b 晶须和颗粒增强铝基复合材料

晶须和颗粒增强铝基复合材料由于具有优异的性能，生产制造方法简单，其应用规模越来越大。目前人们主要应用的晶须和颗粒是碳化硅和氧化铝。氧化铝短纤维增强的铝合金复合材料的室温强度并不比基体铝合金的高，但是，在较高温度的范围内，其强度是明显优于基体铝合金的强度。短纤维增强铝基复合材料优点主要表现为：复合材料在室温和高温下的弹性模量有较大的提高，耐磨性改善，有良好的导热性，热膨胀系数有所下降。氧化铝短纤维增强 Al-Si-Cu 合金抗拉强度与温度的关系如图 5-35 所示。温度在 200 ℃以上随机取向的氧化铝短纤维仍具有很好的高温强度。

氧化铝颗粒增强的铝基复合材料同样具有密度低、比刚度高，其韧性也满足要求。以体积分数为 20% Al_2O_3 颗粒增强的 6061 铝合金复合材料来制造汽车驱动轴，主要考虑是

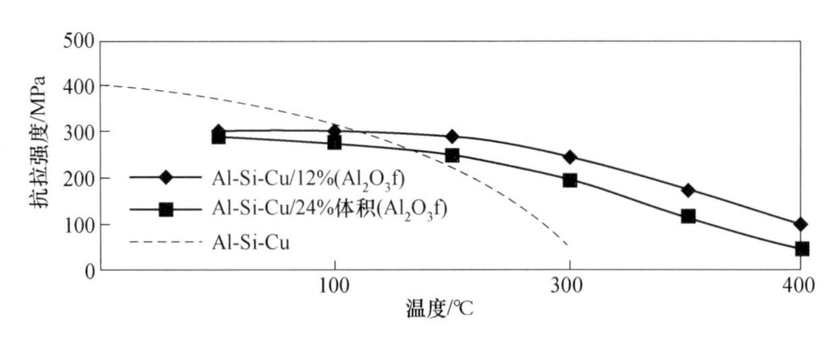

图 5-35 氧化铝短纤维增强 Al-Si-Cu 合金抗拉强度与温度的关系

高刚度和低密度，复合材料的坯料由芯杆穿孔后以无缝挤压成管状轴杆，使轴杆的最高转速提高约 14%。

对铝基复合材料而言，由于其增强体的存在，既影响基体铝合金的形变和再结晶过程，也同时影响其时效析出行为。研究表明，对于可时效强化的铝合金：Al-Mg-Si、Al-Si、Al-Cu-Mg 等时效处理可使 SiC_p/Al 复合材料的强度提高 30%~50%，所获得的强化效果不亚于增强相的作用。因此，SiC_p/Al 复合材料的时效行为的研究受到普遍重视，时效已成为优化基体可时效强化合金复合材料的重要手段。影响可时效强化合金及其复合材料时效析出动力学的因素有：增强相的体积分数、增强相的形状和颗粒尺寸、固溶温度、固溶时间等。在铝合金基体中，Al-Cu 系中的 θ′相和 2124 合金中的 S′相的析出会因为增强体颗粒的含量逐渐增加而逐渐降低 θ′相或 S′相的形成温度，加速时效硬化过程。

SiC 晶须增强 2124 铝合金复合材料经不同热处理后的力学性能如表 5-22 所示。从表 5-22 中可以看出，不同热处理状态对弹性模量影响较小，而对强度和伸长率影响较大。

表 5-22 SiC 晶须增强 2124 铝合金复合材料经不同热处理后的力学性能

热处理状态	体积含量/%	抗拉强度/MPa	屈服强度/MPa	弹性模量/GPa	伸长率/%
再结晶退火（0）	0	214	110	75	19
	8	324	145	90	10
	20	504	221	128	2
固溶处理自然时效（T4）	0	587	—	79	18
	8	669	—	97	9
	20	890	—	130	3
固溶处理人工时效（T6）	0	566	400	69	17
	8	642	393	95	8
	20	800	497	128	2
固溶处理冷却人工时效（T4）	0	587	428	72	23
	8	662	511	94	9
	20	897	718	128	3

铝基复合材料形变后基体的储存能比相同的未增强合金的高，因此它的再结晶温度相应地变低。如用粉末冶金法制备的 SiC_p/Al 复合材料经 60%变形后，其再结晶分数为 50%

的再结晶温度随 SiC 增强体积分数增加而降低，这是由于增强体体积含量增高时，储存能增大，形核数目随 SiC 增强体颗粒直径减小而增加，其效应也越强，因而使再结晶温度降低。

碳化硅晶须（SiC）是目前已合成出晶须中硬度最高、模量最大、抗拉强度最大、耐高温，它有 α-SiC 和 β-SiC 两种类型，其中 β 型的性能优于 α 型的。SiC 晶须增强铝基复合材料，具有高比强度、高阻尼、高比模量、耐磨损、耐高温、耐疲劳、尺寸稳定性好以及热膨胀系数小等优点，因此，它被应用于制造导弹和航天器的构件及发动机部件，汽车的汽缸、活塞、连杆，以及飞机尾翼平衡器等，具有广阔的应用前景。其制备方法大体可采用液相法和固态法。

对于碳化硅颗粒增强的铝基复合材料，其制备方法具体的有浆体铸造法和粉末冶金法，制成坯后再经热挤压，也可将二者机械混合后直接热挤压成复合材料。对于碳化硅颗粒增强的铝基复合材料，复合材料的强度也随着碳化硅颗粒的体积分数增加而升高。

SiC 颗粒增强的 6061 铝合金复合材料的强度和弹性模量与其增强体含量的关系如图 5-36 所示。随着碳化硅颗粒体积分数增加，其复合材料的强度和弹性模量均有不同程度的提高。对碳化硅颗粒增强的铝基复合材料进行强化热处理之后，随着碳化硅颗粒体积分数增高，其复合材料的强度和弹性模量也同样有不同程度的升高。

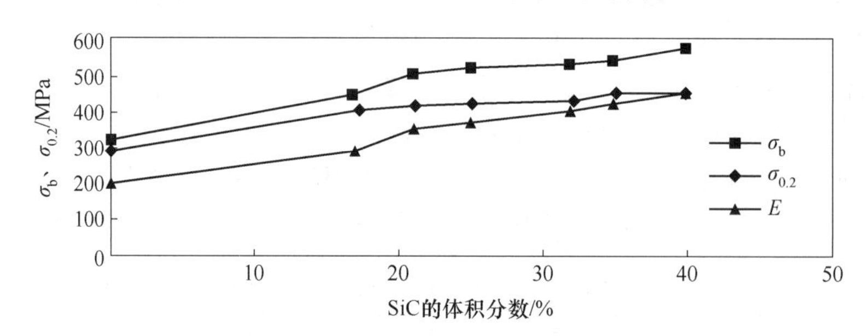

图 5-36　SiC 颗粒增强的 6061 铝合金复合材料的强度和弹性模量与其 SiC 颗粒体积分数的关系

碳化硅颗粒增强的铝基复合材料有优异的耐磨性，远优于稀土铝硅合金、高镍奥氏体铸铁和氧化铝长纤维增强铝基复合材料。研究表明，以 2024 铝合金为基体，含有 20%（体积分数）的 SiC 颗粒复合材料在刚性表面做无润滑滑动时，其磨损率比 2024 铝合金的磨损明显降低，量纲一的磨损系数 B 值从 2.0×10^{-3}，降低到 1.0×10^{-4}。对于从德国新型引进的铝合金 Mahle142，该铝合金是一种新型的活塞用共晶 Al-Si 合金，它具有较好的常温和高温性能，以它为基体的 SiC 颗粒增强复合材料具有更低的线膨胀系数，更好的尺寸稳定性及耐磨性，能更好满足低能耗、长寿命、大功率柴油机活塞对材料性能的要求。该合金 SiC 颗粒增强的复合材料磨损性能与其他材料磨损性能的变化比较如图 5-37 所示。

由图 5-37 可以看出，材料的磨损体积均随载荷的增强呈现增大的趋势，但增大的速率不同。在试验载荷范围内，基体合金的磨损体积增大速率最快。在 245~735 N 之间，增大速率较平稳；在 980 N 时，磨损体积增大速率加剧。复合材料在试验载荷范围内，随着含 SiC_p 体积分数的增大而表现出磨损体积减小的现象，其中尤其以含 SiC_p 体积分数为 15%的复合材料的磨损体积为最小，并且表现出与高镍铸铁相当的优良耐磨性。

由于碳化硅增强铝基复合材料比强度和比刚度很高，因此，可用于制造导弹和航天器

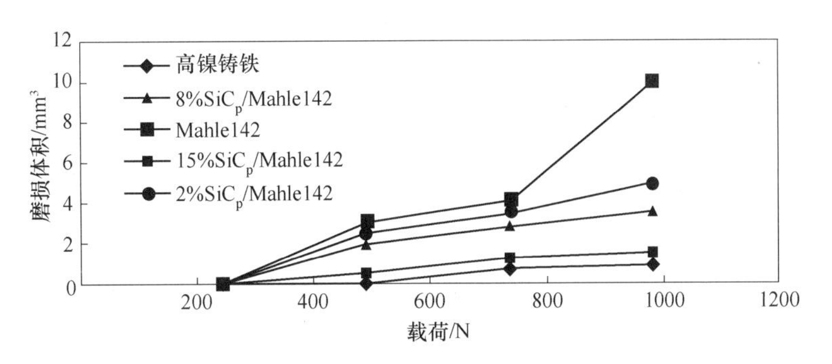

图 5-37 磨损体积与载荷变化的关系

的结构、发动机部件，汽车的汽缸、活塞、连杆，以及飞机尾翼平衡器等。如洛克希德公司用 6061Al-25%SiC_p 复合材料制造飞机上放置电器设备的架子，其刚度比所用的 7075 铝合金高 65%，以防止在飞机转弯和旋转时重力引起的弯曲。由于其耐磨性好、密度低、导热性好，用来制作制动器转盘。也可以用 2124Al/20%（体积分数）SiC 复合材料来制造自行车支架，车架不仅比刚度好，而且疲劳持久良好。另外，微电子器件基座要求机械、热和电稳定性要好，体积分数为 20%~65%SiC_p 颗粒增强的铝基复合材料，由于热膨胀系数匹配、热导率高、密度低、尺寸稳定性好并适合于钎焊，用来制造支撑微电子器件的 Al_2O_3 陶瓷基底的基座，从而能使集成件质量得到很大的减轻。

北美大约有 15 家公司生产铝基复合材料。其中大部分公司是采用其略有不同的浸渍浇铸法制造 SiC 颗粒增强铝基复合材料，阿尔坎（Alcan）工程铸造产品公司采用搅拌铸造法生产 Al_2O_3 颗粒增强铝基复合材料，还有两家北美公司从事纤维增强铝基复合材料生产，一家北美公司从事晶须增强铝基复合材料开发和商品化工作。其用途主要为制造汽车驱动轴、微处理机罩盖、飞机发动机零件和运动手表外壳等零件。

5.4.3.2 镍基复合材料

金属基复合材料在各种应用中，最有前途的应用之一是做燃气涡轮发动机的叶片。由于这类零件在高温和接近现有合金所能承受的最高应力下工作，因此成为复合材料研究开发的一个主要方向。而镍合金作为一种耐高温材料，具有很强的抗氧化、抗腐蚀、抗蠕变等高温特性，因此，被视为一种很有潜力的复合材料的基体材料。

A 镍复合材料的特点

在使用温度高于 1000 ℃以上时，所用高温金属基复合材料的基体材料主要是镍基、铁基耐热合金和金属间化合物，目前相对较成熟的是镍基和铁基高温合金，而金属间化合物和铌基复合材料作为更高温度下使用的金属基复合材料正处于研究阶段。在各种燃气轮机所用的材料中主要是镍基高温合金，且用钨丝等增强后可以大幅度地提高其高温持久性能和高温蠕变性能，一般可提高 100 h 持久强度 1~3 倍，主要用来制造高性能航空发动机叶片和涡轮叶片等重要零件。

镍基高温合金按加工工艺分为变形高温合金和铸造高温合金两类。镍基变形高温合金是以镍为基（含量一般大于 50%）的可塑性变形高温合金，在 650~1000 ℃的温度下具有较高的强度、良好的抗氧化和抗燃气腐蚀的能力。合金中除奥氏体基体外，还添加多种合金元素，因而析出各类强化相。按强化方式镍基变形高温合金分为固溶强化型和沉淀强化型两种。镍基铸造高温合金是以镍为基，用铸造工艺成形的高温合金，能在 600~1000 ℃的温度下氧化和燃气腐蚀气氛中承受复杂应力，并能长期可靠地工作。镍基铸造高温合金在燃气涡轮发动机上得到广泛应用，主要用作各类涡轮转子叶片和导向叶片，也可用作其他在高温条件下工作的零件，是航天、能源、石油化工等方面的重要材料。根据强化方式镍基铸造高温合金分为固溶强化型、沉淀强化型和晶界强化型三种。

B 镍基复合材料的制备与应用

欧洲 THERM 和德国 MARCKO 项目已将电站锅炉的蒸气参数设定为 37.5 MPa 和 700 ℃，在此温度和压力下，奥氏体钢和镍基高温合金不能同时满足长期使用过程中的强度和耐蚀性的要求。而且，目前使用的汽车阀门钢材料，如 $5Cr_8Si_2$、21-2N 及 RS914、Inconel751、Inconel80A 等，也不能同时满足废气温度达 800 ℃以上时的高负荷车辆发动机阀门在强度、耐蚀性和耐磨性上的要求。美国特殊金属公司为此发展一种新的镍基高温合金，以满足 37.5 MPa 及 700 ℃过热器管材和 850 ℃汽车发动机阀门长期使用的需求。

对于在高温条件下使用的零件，由于各种综合的因素，因此，也就使得制造这类金属基复合材料的难度和纤维与基体之间的反应的可能性都增加了。同时，这也要求必须具有能在高温下仍具有足够的强度和稳定性的增强纤维，符合这些要求的纤维有氧化物、碳化物、硼化物和难熔金属。几种镍基复合材料体系的相容性如表 5-23 所示。

表 5-23 镍基复合材料界面相容性

体系	产 物	稳 定 性	备 注
Ni/W	Ni_4W	971 ℃时分解，在常温下稳定；在 1000 ℃以上使用的复合材料，只要使用的温度条件稳定，可以认为 Ni 与 W 在热力学上是相容的	Ni_4W 中 W 的含量范围为 17.6%~20.0%
Ni/Mo	MoNi、$MoNi_3$、$MoNi_4$	Ni 与 Mo 在热力学上是不相容的，生成三种化合物。化合物在常温都稳定，MoNi 在 1364 ℃分解，可以认为 $MoNi_3$ 和 $MoNi_4$，分别在 911 ℃和 876 ℃分解，两者都是固相反应产物	—
Ni/SiC	镍的硅化物，如 Ni_2Si、NiSi 及更复杂的化合物	Ni 和 SiC 不相容，在 500 ℃时两者的作用即发生明显反应，在 1000 ℃两者已完成反应，SiC 作为增强物将消失	—
Ni/TiN		Ni 和 TiN 不发生化学反应，它们在热力学上是相容的	液态镍对 TiN 的润湿性差
Ni/金属碳化物	含 Ti、Cr、Nb、Mo、W 等镍基高温合金中的碳总是与过渡元素结合成碳化物	一定的温度和时间范围内，某些碳化物纤维或碳化物涂层能与裸基体稳定共存	—
Ni/C		Ni 和 C 之间不发生化学反应	Ni 能促进碳纤维再结晶

目前较常用的增强纤维是以单晶氧化铝（α-Al_2O_3 蓝宝石）为主，它的优点是：高弹性模量、低密度、纤维形状的高强度、高熔点、良好的高温强度和抗氧化性。但是，在高

温条件下氧化铝和镍或镍合金将发生反应，而除非这个反应能均匀地消耗材料或纤维表面形成一层均匀的反应产物，否则就会因局部表面变粗糙而降低纤维的强度，因此，这很大程度地影响到制备的复合材料的性能。为了得到最高的纤维强度并在复合材料中充分利用它，就必须要对纤维进行一定的处理，以防止或阻滞纤维同基体之间的不利反应。

目前镍基复合材料制备的主要方法是将纤维夹在金属板之间进行加热，通常称为“扩散结合”。而且用此方法已成功地制备 Al_2O_3/NiCr 复合材料，其最成功的工艺就在于在纤维上先涂一层 Y_2O_3（约 1 μm 厚），随后再涂一层钙（约 0.5 μm 厚）。涂钙的主要目的除了可以进一步加强防护外，还赋予表面导电性，这样便于电镀相当厚的镍镀层。这层镍可以防止在复合材料叠层和加压过程中纤维与纤维的接触和最大限度地减少对涂层可能造成的损伤。

除了热压法制备镍基复合材料外，人们也曾尝试其他各种方法，如电镀、液态渗透法、爆炸成形和粉末冶金等，但是结果均不是很成功。例如，对粉末冶金制得的复合材料进行的研究结果表明，在粉末压制过程中，由于晶须排列不当而大量断裂，测试性能也很差，对体积分数为 25%的晶须增强镍基复合材料，室温强度最高只有 690 MPa。

镍基复合材料主要用于液体火箭发动机中的全流循环发动机。这种发动机的涡轮部件要求材料在一定温度下具有高强度，抗蠕变，抗疲劳，耐腐蚀，与氧相容。这些部件选用镍基高温合金为基体材料。如 Ni_3Al 基金属间化合物是一种高温结构抗磨蚀材料，具有熔点高、密度小、高温强度好、抗氧化和耐磨等特点，已在我国工业生产中获得了应用。研究发现，Ni_3Al 基合金具有非常好的抗气蚀性能，水轮机叶片强气蚀区的模拟气蚀试验也证实了这种性能。

5.4.3.3 钛基复合材料

A 钛基复合材料的特点

自 20 世纪 50 年代航空航天工业飞速发展，钛合金因其突出的比强度等性能，在高温结构材料应用方面得到了迅速的发展。高温钛合金的室温抗拉强度已由当初的 300~400 MPa，提高到今天的 1500 MPa，工作温度也由 300 ℃提高到了 600~650 ℃。但是，随着科学技术发展，工业对多特性材料的追求，使得传统的钛合金已不能再满足其现代科技需要，如涡轮发动机的各个部件对于高温高效性材料的不断的需求等，进而激发人们对钛基复合材料广泛的兴趣。

钛合金密度小、强度高、耐腐蚀，其在 450~650 ℃温度范围内仍具有高强度。但在通过纤维强化和颗粒强化之后，钛基复合材料的使用温度可得到进一步的提高，性能也得到很大的改进。纤维增强钛合金复合材料与钛合金相比，它具有很高的强度和使用温度，其比强度、比模量则分别提高约 50%和 100%，最高使用温度可达 800 ℃以上。例如，在飞机结构件中，钛基复合材料就要比铝基复合材料显示出更大的优越性。纤维增强钛基复合材料强度性能主要受高温复合成形过程中纤维与钛合金基体的反应、纤维组织结构稳定性和内部残余应力等因素的影响。

钛基复合材料可简单地分为两类：连续纤维增强钛基复合材料和非连续纤维增强钛基复合材料。目前的研究重点主要集中在以下几个方面：钛基体与增强体的选择；钛基复合材料的制造方法和加工工艺的研究；增强体与基体界面反应特性和扩散障碍涂层；性能评价和实验方法；应用领域的开拓。

钛基复合材料基体有钛合金与钛铝化合物两种。理论上，α 型、α+β 型和 β 型钛合金均可作为复合材料的基体。但是，对于连续纤维增强复合材料，常需考虑制造工艺的要求和性能、成本等因素，因此，对易加工成箔材、能时效强化的 α+β 型和亚稳定 β 型钛合金更为重视。此外，Ti_3Al 合金不仅强度性能好，而且高温抗氧化能力强，并能轧制成箔材，是一种很有前途的复合材料基体。目前用作复合材料基体的钛合金箔，一般厚度为 0.08~0.38 mm，最好为 0.13 mm 左右。

在钛基复合材料制造过程中，高温成形时钛合金与纤维之间将发生界面反应，且界面层的厚度是随着保温时间的增加而变厚。纤维与钛基体之间的界面如图 5-38 所示。界面的反应是通过钛合金以及纤维涂层 SCS 中的各种合金元素的相互扩散而进行，因此，一般认为界面反应层的生长是遵循一种抛物线规则。为了提高 SiC(SCS-6) 纤维增强钛基复合材料的力学性能，避免界面反应或减少界面不必要的反应，研究人员提出了很多相应的纤维涂层技术，即用一定的涂层技术方法，如化学蒸气沉积、物理蒸气沉积、喷镀和喷射技术等，在纤维表面沉积一定厚度的既不与金属基体也不与纤维发生反应的涂层。由于钛熔点高，因此易于发生化学反应，使得钛合金复合材料制造显得很困难，大多数传统的不连续增强金属基复合材料的增强体中，可供选择的颗粒增强相有：金属陶瓷 BN、SiC、TiC、TiB 和 TiB_2 等；金属间化合物 TiAl、Ti_5Si_3、Ti_3Al、Ti_2Co 等；氧化物 Al_2O_3 短纤维、Zr_2O_3、R_2O_3（R 为稀土元素）等，其共同的特点是熔点、比强度、比刚度高以及化学稳定性好。研究显示，其在钛中是化学不稳定的。在高温处理工艺中，导致增强体的破坏和降低性能。因此，钛合金强化所用纤维主要采用与钛不易反应的 SiC 系或 SiC 包覆硼纤维。SiC(SCS-6) 纤维增强钛基复合材料是目前研究较多的。SiC(SCS-6)/Ti-6Al-4V 和 SiC(SCS-6)/Ti-15-3 复合材料在不同状态条件下的抗拉强度和弹性模量如表 5-24 所示。这两种材料的使用温度可达到 600 ℃左右。

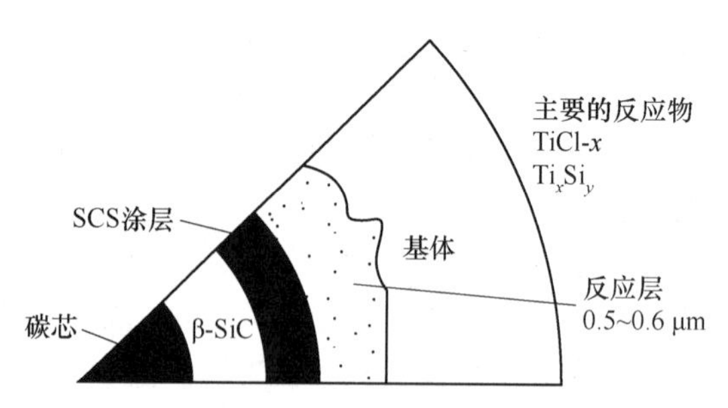

图 5-38 SiC 纤维与钛基体之间的界面

表 5-24 SiC(SCS-6)/钛金属基复合材料的性能

复合材料	状态	抗拉强度/MPa		弹性模量/GPa		断裂应变/%	
		$\bar{x}$	S	$\bar{x}$	S	$\bar{x}$	S
SiC(SCS-6)/Ti-6Al-4V 体积分数 35%	室温	1690	119.3	186.2	7.58	0.96	0.091
	905Y/7 h	1434	108.9	190.3	8.3	0.86	0.087
SiC(SCS-6)/Ti-15-3 体积分数 38%~41%	室温	1572	138	197.9	6.21	—	—
	480T/16 h	1951	96.5	213.0	4.83	—	—

注：$\bar{x}$ 平均值，S 为标准偏差。

SiC(SCS-6)/Ti-15-3 复合材料的蠕变强度以及一些作为比较的超合金的蠕变强度如图 5-39 所示。硼纤维因与钛易反应，一般不用其单体，而是用化学气相沉积（CVD）法包覆 B_4C、SiC 的硼纤维。研究发现，TiC 和 TiB 适合于钛合金，而 TiB_2 适于钛铝化合物，这是由于在基体中它们的热动力性稳定，能与基体完全互容，并且具有较高的模量和强度，此外，与基体界面干净、光滑、无反应物生成。

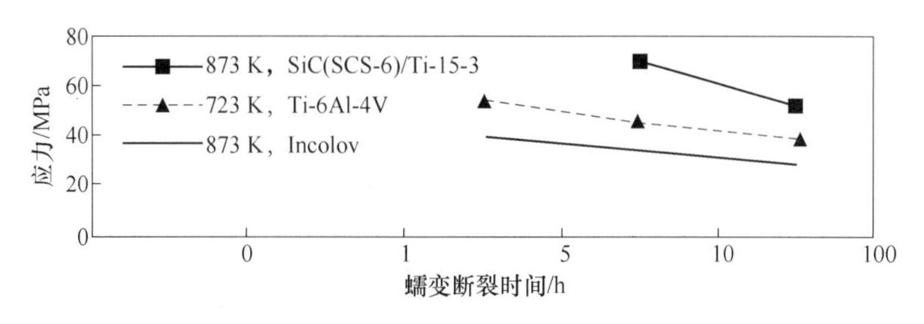

图 5-39　SiC 纤维增强钛基复合材料蠕变强度

由于钛的化学性很强，极易与纤维产生化学反应，因此，在制备时不能用液体浸渍方法生产，只能用固态的方法制备。目前采用的主要制备方法有：钛箔/纤维法、浆料带铸造法、等离子喷涂法及纤维涂层法等。

B　钛基复合材料的制备与应用

钛基复合材料具有高的比强度、比刚度，以及优良的抗高温、耐腐蚀特性，因此，作为一种新型的具有很大潜力的高性能发动机材料，受到国内外材料科学研究者的广泛关注，可用于汽车、航空、航天、军工等领域。钛基复合材料作为一种新型的汽车材料，可用作排气门、排气门座、导向杆等工作环境恶劣、对材料性能要求苛刻的发动机零件的材料。

钛基复合材料中最常用的增强体是硼纤维，这是由于钛与硼的热膨胀系数比较接近。几种基体与纤维的热膨胀系数如表 5-25 所示。

表 5-25　基体与增强体热膨胀系数

基　体	热膨胀系数/10^{-6}℃$^{-1}$	增强体	热膨胀系数/10^{-6}℃$^{-1}$
铝	23.9	硼	6.3
钛	8.4	涂 SiC 硼	6.3
铁	11.7	碳化硅	4.0
镍	13.3	氧化铝	8.3

a　纤维增强钛基复合材料

目前，在国内外都在考虑利用碳化硅（SiC）纤维连续增强的钛合金基体复合材料作为如高性能涡轮发动机和特超音速飞行器这类现代航空航天用途的结构材料。与钛和镍基合金相比，纤维增强的钛合金复合材料在比强度和刚度方面具有优异的特点；而且，通过选择复合材料的适当结构，能够改善与温度有关的各种性能，增加抗裂纹生长能力。

传统的制造 SiC/Ti 复合材料的方法是用 Ti 箔-纤维织物的预制条带折叠经真空热压（VHP）或热等静压（HIP）扩散复合而成，将该工艺称为 FFF 法。近年来，随着研究的不断深入，产生了许多具有创新意义的新 CVD 复合材料的制造方法。主要有：铸造条带法（SPM）、纤维织物/粉末热等静压法、真空等离子喷涂法（VPS）、物理气相沉积法

(PVD) 等。文献表明，采用FFF法制造的SCS-6/Ti-6Al-4V的复合材料抗拉强度为1455 MPa，模量为145 GPa，纤维体积比达到25%；采用粉末料浆法制造的SCS-6/Ti-153复合材料，其抗拉强度为1450~1770 MPa，模量为179.5 GPa，纤维的体积比为34%；而采用PVD法制造的SCSG/Ti-153复合材料的抗拉强度为1951 MPa，模量为213 GPa，纤维体积比可达60%。

美英两国开发了一种新的制备复合材料的工艺称为“MCF”，即采用高速物理气相沉积法将基体钛合金预涂一厚层于SiC纤维上，然后将涂有钛的纤维折叠，热压成最终的复合材料。用此工艺已能制得长1000 m的涂Ti-6Al-4V的SiC纤维，适合于生产纤维体积分数35%的钛基复合材料。而且预料涂钛纤维长度最长将超过5000 m，采用电子束加热蒸涂，Ti-6Al-4V的蒸气压较高，只用一个蒸发源就够了；对于含铌、钴一类低蒸气压的钛合金，则需要多个蒸发源。该工艺制取的钛合金蒸涂纤维，成分均匀。合金涂层为极细的等轴晶粒，与纤维结合牢固，不易开裂与剥离，涂层纤维的最终成形采用真空热压或热等静压，制备的复合材料纤维十分有序，Ti-6Al-4V/SiC复合材料的纤维含量可高达80%(体积分数)，一般在15%~80%之内。

此工艺的特点为：好的纤维分布，无接触聚集，只要纤维之间保留足够的间距（如30 μm以上)，材料就不会因热应力而造成裂纹；成形工艺不像交替叠层法那样要求严格；纤维/基体界面区几乎没有被扰乱；既不需要箔材也不需要粉末材料，原则上几乎任何合金都可作为基体；该方法适合于单丝缠绕制备环、盘、轴和管材，其他方法则很难或其成本很高；纤维的体积含量可高达80%；金属涂层保护了陶瓷纤维在加工处理和成形工艺中的不被破坏；很低的离群性，加工中能保持完整的纤维，这对于环形件成形是十分重要的。

当然，有优点也有局限性，对于那些含有化学稳定性很好的金属元素的合金，特别是含难熔金属元素的成分复杂的合金，很难蒸涂在陶瓷纤维上，不宜用此工艺生产。因此，在选择纤维增强钛合金的制备工艺时，应该对不同工艺的优缺点作出综合评价以后再做决定。

b　颗粒增强钛基复合材料

与纤维增强钛基复合材料（FTMCs）相比，颗粒增强钛基复合材料（PTMCs）由于制造工艺简单、价格较便宜、工程化应用前景看好，成为近年研究热点。颗粒增强钛基复合材料（PTMCs）制备工艺方法很多，如机械合金化法、自蔓延燃烧合成法、放热合成(XD) 法、熔铸法和粉末冶金法。对颗粒增强钛基复合材料的制造方法，如根据增强体的加入或生成方式，又可分为外加入和内部反应生成法两种。其中熔铸法具有工艺简单、成本低，以及可得到近净型铸件等优点，是民用工业上最具有应用潜力的制备方法之一。但此工艺对于外加法来说，制备的主要问题是：由于颗粒相与液态金属之间不易润湿和凝固过程中颗粒被推进的固-液界面排斥，出现所谓的“颗粒推移效应”，难以使颗粒在基体中均匀分布；另外，钛熔点高、活性大，容易与增强体发生对性能不利的界面反应。而粉末冶金法属于固相复合，界面反应程度大大减弱，颗粒易均匀分布，粒度和体积比可在较大范围调整，经过热等静压或烧结后，利用传统的挤、锻、轧加工可使材料进一步致密化和改善性能。因此，对粉末冶金法制备PTMCs是研究较多的。

自生颗粒增强钛基复合材料制备方法很多，上述几种制备方法都可用。由于增强体是在系统中自生的，因此，它很好地克服了在外加法制备工艺中出现的界面反应、结合不好等问题。

要开发一种优良的颗粒增强钛基复合材料，除了选择适当的增强体之外，还要设计适当成分的基体合金。从混合法则看，体积比大的基体对性能的作用更大。从实用性能要求，要开发的多元合金化合金基体，同时应考虑到耐腐蚀性能和强度硬度等要求。

将钛基复合材料应用在高温环境下，应首先要考虑其高温端变特性。在过去多年的研究中，由于钛基复合材料的蠕变研究还仍处于起步阶段，因此，研究成果多建立在较窄的蠕变速率范围内，通常为2~3个数量级，而且多数钛基复合材料的蠕变研究都在848 K以上，这对分析钛基复合材料的蠕变行为带来了很大不便。

5.4.3.4 碳纤维增强金属基复合材料

碳纤维密度小且具有非常优异的力学性能（强度、模量高），被广泛应用于宇航工业、交通运输、运动器材、土木建筑、医疗器材等方面。而采用碳纤维与多种金属基体复合，则能够制成高性能的金属基复合材料。如用碳/铝制造的卫星天线、反射镜及卫星用波导管等，具有良好的刚性和极低的热膨胀系数，质量比碳/环氧的还轻30%；用Al-Si合金/12% Al_2O_3 短纤维+9%碳短纤维制造的发动机缸体，具有耐磨性好、抗疲劳性好、密度低、高温稳定性好、强度高、减震性强等优点。近年来，随着高性能的碳纤维新品种（如高模量型的碳纤维可达900 GPa，高强型的强度可高达700 MPa）以及新的复合工艺的出现，为碳/金属基复合材料的发展提供了新的基础。

碳纤维与许多金属缺乏化学相容性，同时在制备时还存在一些问题，这些因素妨碍了碳纤维增强金属基复合材料的发展。目前，与碳纤维的相容性比较好的有铝、镁、镍等，而由于钛容易形成碳化物，所以不能与碳纤维进行直接复合制备复合材料。因此，研究人员就其相应的问题进行了大量的研究，如在碳纤维表面的处理等，使表面能形成一层隔离层，阻挡纤维与基体的直接接触，以避免发生反应。碳纤维几乎不与Mg发生界面反应。C/Mg及C/Mg合金复合材料的性能均优于基材的，如图5-40所示。对于碳短纤维增强金属基复合材料的制备，一般都采用液态金属渗透短纤维预制件的工艺。此工艺的关键在于制备出合格的碳纤维预制件。在碳短纤维预制件制备工艺中，碳纤维长径比是质量控制的关键因素。当长径比过大时，预制件成形过程中纤维与纤维之间不易黏结，表层会出现纤维团聚，预制件在烘干过程中出现膨胀、分层现象。同时，过长纤维的存在，不但使纤维不易分散，而且会对基体的连续性产生破坏作用，最终影响复合材料性能；当长径比过小时，纤维只能起着颗粒增强的作用，所得复合材料的性能不能满足要求。要获得合适的长径比，就必须对碳纤维进行预处理。

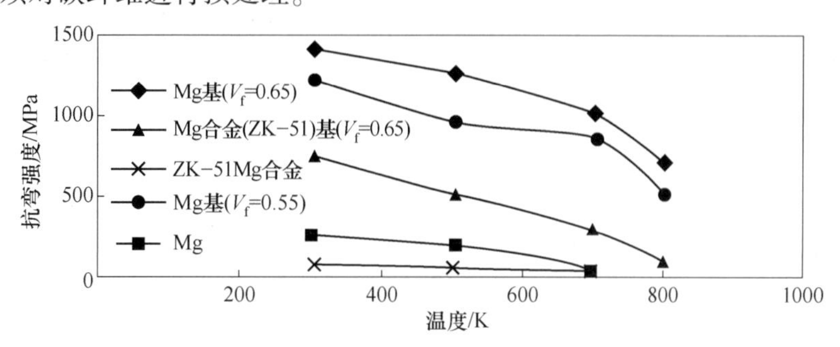

图5-40 C/Mg合金复合材料的性能

此外碳纤维模压预制件强度较低，不足以抵抗流转与压力渗流过程中由于外力的作用导致的变形甚至破坏，模压后必须对预制件进行烧结，使其具有一定的强度。但碳纤维在高温下易氧化烧损，会导致复合材料中纤维在基体上分布不均匀，并可能伴有孔隙存在，从而降低复合材料力学性能，所以必须对预制件的烧结气氛进行控制。

碳纤维增强的金属基复合材料，除了作结构件材料用，也有很多其他优异的性能。碳/铝复合材料与巴氏合金摩擦系数相当，而质量可减少一半，因此，能作为轴承材料应用。碳具有很好的润滑性，所以在作为润滑材料方面有较好的应用前景。

以碳作为润滑剂时，其体积分数与复合材料摩擦系数的关系如图 5-41 所示。从图可以看出，无论 Fe、Al、Cu 基复合材料，其摩擦系数都随着碳含量的增加而降低。但是，当碳含量高于 25%以后，各种材料的摩擦系数达到一个稳定的数值，而不再随碳添加量而改变。一些研究表明，此时在相对滑动的表面上形成了一层较为稳定的润滑膜，而金属基体对于这种摩擦磨损性能的影响甚微。对于金属基自润滑材料的磨损主要取决于：润滑膜的结构、厚度和分布状态；润滑膜与基体的结合方式和强度；基体金属的特性；实验参数（滑动速度、接触压力等）以及环境因素（温度、湿度等）。

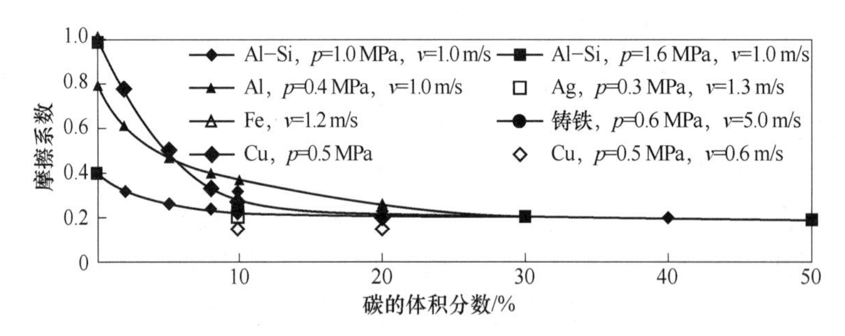

图 5-41　金属基自润滑复合材料的摩擦系数随碳的体积分数变化的曲线

碳（石墨）纤维具有密度小、强度和模量高的特点。铝与碳纤维发生明显的作用，界面生产 Al_4C_3。T300 碳纤维与铝反应生产 Al_4C_3 的温度高于 400 ℃，而碳纤维反应的温度高于 500 ℃。因而在制成复合材料中，界面不可避免的产生 Al_4C_3，影响材料的性能。为了减少界面反应，采用在碳纤维上涂层，从而起到阻碍纤维与基体之间发生反应的作用。

研究发现，碳纤维经碳化处理之后得到的碳纤维增强铝基复合材料，界面反应生产的 Al_4C_3 含量较少，可使得复合材料的抗拉强度与理论值比较接近，可达到 78%~94%；而碳纤维制得的复合材料因 Al_4C_3 的含量很高，使复合材料的抗拉强度仅为理论强度的 28%。因此，碳纤维在作为铝基复合材料的增强体时，必须对其表面进行一定的涂层处理等。目前，对可采用化学气相沉积法在碳（石墨）纤维上生成涂层，一般 SiC 涂层的效果最好，TiN 涂层的次之。为了改善与熔融铝之间的润湿性，往往在 SiC 涂层外再生成一层铬。

由于使用了不同类型的碳（石墨）纤维和基体铝合金，不同的制造工艺方法，加上碳（石墨）纤维性能的离散，所得到的碳（石墨）纤维增强铝基复合材料的性能值比较分散。人造丝基 Thomel50 碳纤维增强的不同铝基复合材料的力学性能如表 5-26 所示。铝合金有 Al3（纯铝）、6061（LD2）。

表 5-26 碳纤维增强铝基复合材料的力学性能

基体合金	纤维组织（体积）含量/%	热压温度/℃	延伸率/%	拉伸模量/GPa	抗拉强度/MPa	弯曲模量/GPa	弯曲强度/MPa
A13	36. 8	645	1. 20	179	686	160	682
	36. 9		0. 68	155	488	169	750
	37. 1		1. 03	163	537	166	886
	42. 8		0. 73	189	543	162	670
6061（LD2）	26. 7	675	1. 03	142	447	—	—
	30. 0	685	0. 93	154	525	157	574
	42. 5	670	0. 83	215	641	169	760

连续碳纤维增强镁基复合材料的弹性模量较低，一般在 70~92 GPa。而对于碳纤维增强的镁基复合材料的性能却有很大的提高，其石墨增强镁基复合材料的比模量是 EK60A 镁基复合材料的 4 倍。不同碳纤维和铸锭形状对镁基复合材料性能的影响变化如表 5-27 所示。

表 5-27 碳纤维增强镁基复合材料的性能

纤 维	体积含量/%	铸锭形状	纵 向		横 向	
			抗拉强度/MPa	弹性模量/GPa	抗拉强度/MPa	弹性模量/GPa
P55（缠绕预成形）	40	棒	720	172	—	—
P55（预浸处理）	40	板	480	20	159	21
P100（缠绕预成形）	35	棒	720	248	—	—

由于碳纤维增强镁基复合材料具有很高的比强度和比模量，极好的抗热变形阻力，因此，用于卫星的 10 m 直径抛物面天线和支架。此外，由于其热膨胀系数很小，使环境温差引起的结构变形很小，进而可使天线能够在高频带上工作，其效率也是碳纤维增强铝基复合材料的 5 倍，因此，也应用于航空和航天系统的构件中。

随着人们意识的转变和复合材料的不断地发展，对碳纤维增强镁基复合材料的发展，人们提出新的研究方向，将用高强度镁合金作为基体材料进而来改变碳纤维增强镁基复合材料的性能。预测将可研制出其强度超过 700 MPa 的碳/镁基复合材料，根据现有的经验，预期这种碳/镁基复合材料在 600 ℃以下将会有极好的机械性能。

由于高级碳纤维的发展，进而推动了碳/铜基复合材料的发展。铜具有很好的热传导性，但是其密度较大，同时高温机械性能也不是很好。随着人们对螺旋基碳纤维的开发成功，其在室温时的轴向热传导率比铜的还要好。将这种纤维加入铜中可减少密度，增加刚度，提高工作温度，并可调整热膨胀系数。这种材料其通常所用的制造方法是粉末冶金法。

用碳纤维增强铅及其合金，既可发挥铅所具有的良好的消声性、减摩性及很高的抗腐蚀性能，又可克服铅及其合金低强度的弱点。对于碳纤维增强铅基复合材料的制备，研究不是很多，曾经采用液态渗透法和点沉积技术成功地制备出过。且发现用热压法能够得到其致密的材料，其强度可达到 490 MPa，为混合定则预测值的 80%，拉伸模量可达到 120 GPa。由此可以看出，用复合材料的工艺能生产出强度和模量都很高的铅基复合材料。这种材料可能将应用于化学加工装置中的结构构件、铅-酸蓄电池的极板、隔音强板和承受高负荷的自润滑轴承等。

目前对碳纤维增强金属基复合材料的研究，除了上述各种金属基体之外，人们也研究了锌、铍等基体的复合材料，而且多数碳纤维增强金属基复合材料的研究均处于实验室研究阶段。

5.5 碳/碳复合材料

5.5.1 碳/碳复合材料概述

碳/碳复合材料是由碳纤维（或石墨纤维）为增强体，以碳（或石墨）为基体的复合材料，是具有特殊性能的新型工程材料，也称为“碳纤维增强碳复合材料”。碳/碳复合材料完全是由碳元素组成，能够承受极高的温度和极大的加热速率。它具有高的烧蚀热和低的烧蚀率，抗热冲击和在超热环境下具有高强度，被认为是超热环境中高性能的烧蚀材料。在机械加载时，碳/碳复合材料的变形与延伸都呈现出假塑性性质，最后以非脆性方式断裂。它的主要优点是：抗热冲击和抗热诱导能力极强，具有一定的化学惰性，高温形状稳定，升华温度高，烧蚀凹陷低，在高温条件下的强度和刚度可保持不变，抗辐射，易加工和制造，质量轻。碳/碳复合材料的缺点是非轴向力学性能差，破坏应变低，空洞含量高，纤维与基体结合差，抗氧化性能差，制造加工周期长，设计方法复杂，缺乏破坏准则。

1958 年，科学工作者在偶然的实验中发现了碳/碳复合材料，立刻引起了材料科学与工程研究人员的普遍重视。尽管碳/碳复合材料具有许多别的复合材料不具备的优异性能，但作为工程材料，在最初的 10 年间的发展却比较缓慢，这主要是由于碳/碳的性能在很大程度上取决于碳纤维的性能和碳基体的致密化程度。当时，各种类型的高性能碳纤维正处于研究与开发阶段，碳/碳制备工艺也处于实验研究阶段，同时其高温氧化防护技术也未得到很好的解决。

在 20 世纪 60 年代中期到 70 年代末期，由于现代空间技术的发展，对空间运载火箭发动机喷管及喉衬材料的高温强度提出了更高要求，以及载人宇宙飞船开发等都对碳/碳复合材料技术的发展起到了有力的推动作用。那时，高强和高模量碳纤维已开始应用于碳/碳复合材料，克服碳/碳各向异性的编织技术也得到了发展，更为主要的是碳/碳的制备工艺也由浸渍树脂、沥青碳化工艺发展到多种 CVD 沉积碳基体工艺技术。这是碳/碳复合材料研究开发迅速发展的阶段，并且开始了工程应用。由于 20 世纪 70 年代碳/碳复合材料研究开发工作的迅速发展，从而带动了 80 年代中期碳/碳复合材料在制备工艺、复合材料的结构设计，以及力学性能、热性能和抗氧化性能等方面基础理论及方法的研究，进一步促进和扩大了碳/碳复合材料在航空航天、军事以及民用领域的推广应用。尤其是预成形体的结构设计和多向编织加工技术日趋发展，复合材料的高温抗氧化性能已达 1700 ℃，复合材料的致密化工艺逐渐完善，并在快速致密化工艺方面取得了显著进展，为进一步提高复合材料的性能、降低成本和扩大应用领域奠定了基础。

目前人们正在设法更有效地利用碳和石墨的特性，因为无论在低温或很高的温度下，它们都有良好的物理和化学性能。碳/碳复合材料的发展主要是受宇航工业发展的影响，它具有高的烧蚀热，低的烧蚀率，在抗热冲击和超热环境下具有高强度等一系列优点，被认为是超热环境中高性能的烧蚀材料。例如，碳/碳复合材料制作导弹的鼻锥时，烧蚀率低且烧蚀均匀，从而可提高导弹的突防能力和命中率。碳/碳复合材料具有一系列优异性能，使它们在宇宙飞船、人造卫星、航天飞机、导弹、原子能、航空以及一般工业部门中都得到了日益广泛的应用。它们作为宇宙飞行器部件的结构材料和热防护材料，不仅可满足苛刻环境的要求，而且还可以大大减轻部件的质量，提高有效载荷、航程和射程。碳/碳复合材料还具有优异的耐摩擦性能和高的热导率，使其在飞机、汽车刹车片和轴承等方面得到了应用。

碳与生物体之间的相容性极好，再加上碳/碳复合材料的优异力学性能，使之适宜制成生物构件插入到活的生物机体内作整形材料，如人造骨骼、心脏瓣膜等。

今后，随着生产技术的革新，产量进一步扩大，廉价沥青基碳纤维的开发及复合工艺的改进，使碳/碳复合材料将会有更大的发展。

5.5.2　碳/碳复合材料的制造工艺

最早的碳/碳复合材料是由碳纤维织物二向增强的，基体由碳收率高的热固性树脂（如酚醛树脂）热解获得。采用增强塑料的模压技术，将二向织物与树脂制成层压体，然后将层压体进行热处理，使树脂转变成碳或石墨。这种碳/碳复合材料在织物平面内的强度较高，在其他方向上的性能很差，但因其抗热应力性能和韧性有所改善，并且可以制造尺寸大、形状复杂的零部件，因此，仍有一定用途。

为了克服二向增强的碳/碳复合材料的缺点，研究开发了多向增强的碳/碳复合材料。这种复合材料可以根据需要进行材料设计，以满足某一方向上对性能的最终要求。控制纤维的方向、某一方向上的体积含量、纤维间距和基体密度，选择不同类型的纤维、基体和工艺参数，可以得到具有需要的力学、物理及热性能的碳/碳复合材料。

多向增强的碳/碳复合材料的制造分为两大步：首先是制备碳纤维预制件，然后将预制件与基体复合，即在预制件中渗入碳基体。碳/碳复合材料制备过程包括增强体碳纤维及其织物的选择、基体碳先驱体的选择、碳/碳预成形体的成形工艺、碳基体的致密化工艺，以及最终产品的加工、检测等环节。

5.5.2.1　碳纤维的选择

碳纤维纱束的选择和纤维织物结构的设计是制造碳/碳复合材料的基础。可以根据材料的用途、使用的环境以及为得到易于渗碳的预制件来选择碳纤维。通过合理选择纤维种类和织物的编织参数（如纱束的排列取向、纱束间距、纱束体积含量等），可以改变碳/碳复合材料的力学性能和热物理性能，满足产品性能方向设计的要求。通常使用加捻、有涂层的连续碳纤维纱。在碳纤维纱上涂覆薄涂层的目的是编织方便，改善纤维与基体的相容性。用作结构材料时，选择高强度和高模量的纤维，纤维的模量越高，复合材料的导热性越好；密度越大，膨胀系数越低。要求导热系数低时，则选择低模量的碳纤维。一束纤维中通常含有1000~10000根单丝，纱的粗细决定着基体结构的精细性。有时为了满足某种编织结构的需要，可将不同类型的纱合在一起。另外，还应从价格、纺织形态、性能及制造过程中的稳定性等多方面的因素来选用碳纤维。

可供选用的碳纤维种类有粘胶基碳纤维、聚丙烯腈（PAN）基碳纤维和沥青基碳纤维。

目前，最常用的PAN基高强度碳纤维（如T300）具有所需的强度、模量和适中的价格。如果要求碳/碳复合材料产品的强度与模量高及热稳定性好，则应选用高模量、高强度的碳纤维；如果要求热传导率低，则选用低模量碳纤维（如粘胶基碳纤维）。在选用高强碳纤维时，要注意碳纤维的表面活化处理和上胶问题。采用表面处理后活性过高的碳纤维，使纤维和基体的界面结合过好，反而使碳/碳呈现脆性断裂，导致强度降低。因此，要注意选择合适的上胶胶料和纤维织物的预处理制度，以保证碳纤维表面具有合适的活性。

5.5.2.2　碳纤维预制体的制备

预制体是指按照产品的形状和性能要求，先将碳纤维成形为所需结构形状的毛坯，以便进一步进行碳/碳致密化工艺。

按增强方式可分为单向纤维增强、双向织物和多向织物增强，或分为短纤维增强和连续纤维增强。短纤维增强的预制体常采用压滤法、浇铸法、喷涂法、热压法。对于连续长丝增强的预制体，有两种成形方法：一种是采用传统的增强塑料的方法，如预浸布、层压、铺层、缠绕等方法做成层压板、回旋体和异形薄壁结构；另一种是近年得到迅速发展的纺织技术——多向编织技术，如三向编织、四向编织、五向编织、六向编织以至十一向编织、极向编织等。单向增强可在一个方向上得到最高拉伸强度的碳/碳。双向织物常常采用正交平纹碳布和8枚缎纹碳布。平纹结构性能再现性好，缎纹结构拉伸强度高，斜纹结构比平纹容易成形。由于双向织物生产成本较低，双向碳/碳在平行于布层的方向拉伸强度比多晶石墨高，并且提高了抗热应力性能和断裂韧性，容易制造大尺寸形状复杂的部件，使得双向碳/碳继续得到发展。双向碳/碳的主要缺点是：垂直布层方向的拉伸强度较低，层间剪切强度较低，因而易产生分层。

多向编织技术能够针对载荷进行设计，保证复合材料中纤维的正确排列方向及每个方向上纤维的含量。最简单的多向结构是三向正交结构。纤维按三维直角坐标轴x、y、z排列，形成直角块状预制件。纱的特性、每一点上纱的数量以及点与点的间距，决定着预制件的密度、纤维的体积含量及分布。在x、y、z三轴的每一点上，各有一束纱的结构的充填效率最高，可达75%，其余25%为孔隙。由于纱不可能充填成理想的正方形以及纱中的纤维间有孔隙，因而实际的纤维体积含量总是低于75%。在复合材料制造过程中，多向预制件中纤维的体积含量及分布不会发生明显变化，在树脂或沥青热解过程中，纤维束和孔隙内的基体将发生收缩，不会明显改变预制件的总体尺寸。三向织物研究的重点在细编织及其工艺、各向纤维的排列对材料的影响等方面。三向织物的细编程度越高，碳/碳复合材料的性能越好，尤其是作为耐烧蚀材料更是如此。

为了形成更高各向同性的结构，在三向纺织的基础上，已经发展了很多种多向编织，可将三向正交设计改型，编织成四、五、七和十一向增强的预制件。五向结构是在三向正交结构的基础上，在x-y平面内补充两个45°的方向。在三向正交结构中，如果按上下面的四条对角线或上下面各边中点的四条连线补充纤维纱，则得七向预制件。在这两种七向预制件中去掉三个正交方向上的纱，便得四向结构。在三向正交结构中的四条对角线上和四条中点连线上同时补充纤维纱，可得非常接近各向同性结构的十一向预制件。将纱按轴向、径向和环向排列，可得圆筒和回转体的预制件。为了保持圆筒形编织结构的均匀性，轴向纱的直径应由里向外逐步增加，或者在正规结构中增加径向纱。在编织截头圆锥形结构时，为了保持纱距不变和密度均匀，轴向纱应是锥形的。根据需要可将圆筒形和截头圆锥形结构变形，编织成带半球形帽的圆筒和尖形穹窿的预制件。

制造多向预制件的方法有：干纱编织、织物缝制、预固化纱编排、纤维缠绕以及上述各种方法的组合。

A 干纱编织

干纱编织是制造碳/碳复合材料最常用的一种方法。按需要的间距先编织好 x 和 y 方向的非交织直线纱，x、y 层中相邻的纱用薄壁铜管隔开，预制件织到需要尺寸时，去掉这些管子，用垂直（z 向）的碳纤维纱代替。预制件的尺寸决定于编织设备的大小。用圆筒形编织机能使纤维按环向、轴向、径向排列，因而能制得回转体预制件。先按设计做好孔板，再将金属杆插入孔板，编织机自动地织好环向和径向纱，最后编织机自动取出金属杆以碳纤维纱代替。

B 织物缝制

如果用二向织物代替三向干纱编织预制件中 x、y 方向上的纱，就得到穿刺织物结构。具体制法是：将二向织物层按设计穿在垂直（z 向）的金属杆上，再用未浸过或浸过树脂的碳纤维纱并经固化的碳纤维——树脂杆换下金属杆即得最终预制件。在 x、y 方向可用不同的织物，在 z 向也可用各种类型的纱。同种石墨纱用不同方法制得的预制件特性差别显著，穿刺织物预制件的纤维总含量和密度都较高，有更大的通用性。

C 预固化纱编排

预固化纱结构与前两种结构不同，不用纺织法制造。这种结构的基本单元体是杆状预固化碳纤维纱，即单向高强碳纤维浸酚醛树脂及固化后得的杆。这种结构的比较有代表性的是四向正规四面体结构，纤维按三向正交结构中的四条对角线排列，它们之间的夹角为 70.5°。预固化杆的直径为 1~1.8 mm，为了得到最大充填密度，杆的截面呈六角形，碳纤维的最大体积含量为 75%，根据预先确定的几何图案很容易将预固化的碳纤维杆组合成四向结构。

用非纺织法也能制造多向圆筒结构。先将预先制得的石墨纱-酚醛预固化杆径向排列好，在它们的空间交替缠绕上涂树脂的环向和轴向纤维纱，缠绕结束后进行固化得到三向石墨纱-酚醛圆筒，再经进一步处理，即成碳/碳复合材料。

5.5.2.3 碳/碳的致密化工艺

碳/碳致密化工艺过程就是基体碳形成的过程，实质是用高质量的碳填满碳纤维周围的空隙，以获得结构、性能优良的碳/碳复合材料。最常用的有两种制备工艺：液相浸渍工艺和化学气相沉积工艺。

A 液相浸渍工艺

液相浸渍工艺是制造碳/碳的一种主要工艺。按形成基体的浸渍剂，可分为树脂浸渍、沥青浸渍及沥青树脂混浸工艺；按浸渍压力，可分为低压、中压和高压浸渍工艺。通常可用作先驱体的有热固性树脂，如酚醛树脂和呋喃树脂以及煤焦油沥青和石油沥青。

a 浸渍用基体的先驱体的选择

在选择基体的先驱体时，应考虑下列特性：黏度、产碳率、焦炭的微观结构和晶体结构。这些特性都与碳/碳复合材料制造过程中的时间-温度-压力关系有关。绝大多数热固性树脂在较低温度（低于 250 ℃）下聚合成高度交联的、不熔的非晶固体。热解时形成玻璃态碳，即使在 3000 ℃时也不能转变成石墨，产碳率为 50%~56%，低于煤焦油沥青。加压碳化并不使碳收率增加，密度也较小（小于 1.5 g/cm^3）。酚醛树脂的收缩率可达 20%，这样大的收缩率将严重影响二向增强的碳/碳复合材料的性能。收缩对多向复合材料性能的影响比二向复合材料小。预加张力及先在 400~600 ℃范围内碳化，然后再石墨化都有助于转变成石墨结构。

沥青是热塑性的，软化点约为 400 ℃，用它作为基体的先驱体可归纳成以下要点：0.1 MPa 下的碳收率约为 50%；在大于或等于 10 MPa 压力下碳化，有些沥青的碳收率可高达 90%；焦炭结构为石墨态，密度约为 2 g/cm^3，碳化时加压将影响焦炭的微观结构。

b 低压过程

预制件的树脂浸渍通常将预制体置于浸渍罐中，在温度为 50 ℃左右的真空下进行浸渍，有时为了保证树脂渗入所有孔隙也施加一定的压力，浸渍压力逐次增加至 3~5 MPa，以保证织物孔隙被浸透。浸渍后，将样品放入固化罐中进行加压固化，以抑制树脂从织物中流出。采用酚醛树脂时固化压力为 1 MPa 左右，升温速度为 5~10 ℃/h，固化温度为 140~170 ℃，保温 2 h；然后，再将样品放入碳化炉中，在氮气或氧气保护下，进行碳化的温度范围为 650~1100 ℃，升温速度控制在 10~30 ℃/h，最终碳化温度为 1000 ℃，保温 1 h。

沥青浸渍工艺常常采用煤沥青或石油沥青作为浸渍剂，先进行真空浸渍，然后加压浸渍。将装有织物预制体的容器放入真空罐中抽真空，同时将沥青放入熔化罐中抽真空并加热到 250 ℃，使沥青融化，黏度变小；然后将熔化沥青从熔化罐中注入盛有预制体的容器中，使沥青浸没预制体，待样品容器冷却后，移入加压浸渍罐中，升温到 250 ℃进行加压浸渍，使沥青进一步浸入预制体的内部孔隙中，随后升温至 600~700 ℃进行加压碳化。为了使碳/碳具有良好的微观结构和性能，在沥青碳化时要严格控制沥青中间相的生长过程，在中间相转变温度（430~460 ℃），控制中间相小球生长、合并和长大。

在碳化过程中树脂热解，形成碳残留物，发生质量损失和尺寸变化，同时在样品中留下空隙。因此，浸渍-热处理需要循环重复多次，直到得到一定密度的复合材料为止。低压过程中制得的碳/碳复合材料的密度为 1.6~1.65 g/cm^3，孔隙率为 8%~10%。

c 高压过程

先用真空-压力浸渍方法对纤维预制体浸渍沥青，在常压下碳化，这时织物被浸埋在沥青碳中，加工以后取出已硬化的制品，把它放入一个薄壁不锈钢容器（称为“包套”）中，周围填充好沥青，并将包套抽真空焊封起来；然后将包套放进热等静压机中慢慢加热，温度可达 650~700 ℃，同时施加 7~100 MPa 的压力。经过高压浸渍碳化之后，将包套解剖，取出制品，进行粗加工，去除表层；最后在 2500~2700 ℃的温度和氧气保护下进行石墨化处理。上述高压浸渍碳化循环需要重复进行 4~5 次，以达到 1.9~2.0 g/cm^3 的密度。高压浸渍碳化工艺形成容易石墨化的沥青碳，这类碳热处理到 2400~2600 ℃时，能形成晶体结构高度完善的石墨片层。高压碳化工艺与常压碳化工艺相比，沥青的产碳率可以从 50%提高到 90%，高产碳率减小了工艺中制品破坏的危险，并减小了致密化循环的次数，提高了生产效率。高压浸渍碳化工艺多用于制造大尺寸的块体、平板或厚壁轴对称形状的多向碳/碳。

B 化学气相沉积工艺

将碳纤维织物预制体放入专用化学气相沉积（CVD）炉中，加热到所要求的温度，通入碳氢气体（如甲烷、丙烷、天然气等），这些气体分解并在织物的碳纤维周围和空隙中沉积碳（称为热解碳）。根据制品的厚度、所要求的致密化程度与热解碳的结构来选择化学气相沉积工艺参数，主要参数有：源气种类、流量、沉积温度、压力和时间。源气最常用的是甲烷，沉积温度通常为 800~1500 ℃，沉积压力在几百帕到十万帕之间。预制件的性质、气源和载气、温度和压力，都对基体的性能、过程的效率及均匀性产生影响。

化学气相沉积法的主要问题是沉积碳的阻塞作用形成很多封闭的小孔隙，随后长成较大的孔隙，使碳/碳复合材料的密度较低，约为 1.5 g/cm^3。将化学气相沉积法与液态浸渍法结合应用，可以基本上解决这个问题。

5.5.2.4 石墨化

根据使用要求常需要对致密化的碳/碳材料进行 2400~2800 ℃的高温热处理，使 N、H、O、K、Na、Ca 等杂质元素逸出，碳发生晶格结构的转变，这一过程称为“石墨化”。经过石墨化处理，碳/碳复合材料的强度和热膨胀系数均降低，热导率、热稳定性、抗氧化性以及纯度都有所提高。石墨化程度的高低（常用晶面间距 d（002）表征）主要取决于石墨化温度。沥青碳容易石墨化，在 2600 ℃进行热处理无定形碳的结构（d（002）为 0.344 nm）就可转化为石墨结构（理想的石墨，其 d（002）为 0.3354 nm）。酚醛树脂碳化以后，往往形成玻璃碳，石墨化困难，要求较高的温度（2800 ℃以上）和极慢的升温速度。沉积碳的石墨化难易程度与其沉积条件和微观结构有关，低压沉积的粗糙层状结构的沉积碳容易石墨化，而光滑层状结构不易石墨化。常用的石墨化炉有工业用电阻炉、真空碳管炉和中频炉。石墨化时，样品或埋在炭粒中与大气隔绝，或将炉内抽真空或通入氩气，以保护样品不被氧化。石墨化处理后的碳/碳制品的表观不应有氧化现象，经 X 射线无损探伤检验，内部不存在裂纹。同时，石墨化处理使碳/碳制品的许多闭气孔变成通孔，开孔孔隙率显著增加，对进一步浸渍致密化十分有利。有时在最终石墨化之后，将碳/碳制品进行再次浸渍或化学气相沉处理，以获得更高的材料密度。对于某些制品，在某一适中的温度（如 1500 ℃）进行处理也许是有利的，这样既能使碳/碳材料净化和改善其抗氧化性能，又不增加其杨氏模量。

5.5.2.5 碳/碳复合材料的机械加工和检测

可以用一般碳材料的机械加工方法，对碳/碳制品进行加工。由于碳/碳成本昂贵和有些以沉积碳为基体碳的碳/碳质地过硬，需要采用金刚石丝锯或金刚石刀具进行下料和加工。为了保证产品质量和降低成本，在碳/碳制造过程中，每道工序都应进行严格的工艺控制。同时，在重要的工序之间，要对织物、预制体、半成品以及成品进行无损探伤检验，检验制品中是否有断丝、纤维纱束折皱、裂纹等缺陷，一旦发现次品，就中止投入下一道工序。无损探伤检验最常用的是 X 射线无损探伤，近年来，开始采用 CT（X 射线计算机层析装置）作为碳/碳火箭喷管的质量检测手段。对随炉试样和从最终产品上取样进行全面的力学及热物理性能的测试也是完全必要的。

在生产碳/碳制品时，工艺路线的选择取决于许多因素，例如，制品的形状、尺寸，所需的性能，使用环境条件，制品的批量，以及昂贵设备的利用率等。无论选用哪种工艺流程，碳/碳材料的生产成本还是较高的。

5.5.2.6 碳/碳复合材料的氧化保护

碳/碳复合材料具有优异的高温性能，当工作温度超过 2000 ℃时，仍能保持其强度，它是理想的耐高温工程结构材料，已在航空航天及军事领域得到广泛应用。但是，在有氧存在的气氛下，碳/碳复合材料在 400 ℃以上就开始氧化。碳/碳复合材料的氧化敏感性限制了它的扩大应用。解决碳/碳复合材料高温抗氧化的途径主要是，采用在碳/碳复合材料表面施加抗氧化涂层，使 C 与 O_2 隔开，保护碳/碳复合材料不被氧化。另一个解决高温抗氧化的途径是，在制备碳/碳复合材料时，在基体中预先包含有氧化抑制剂。

A 抗氧化涂层法

在碳/碳复合材料的表面进行耐高温氧化材料的涂层，阻止与碳/碳复合材料的接触，这是一种十分有效地提高复合材料抗氧化能力的方法。一般而言，只有熔点高、耐氧化的陶瓷材料才能作为碳/碳复合材料的防氧化涂层材料。通常，在碳/碳复合材料表面形成涂层的方法有两种：化学气相沉积法和固态扩散渗透法。防氧化涂层必须具有以下特性：与碳/碳复合材料有适当的黏附性，既不脱粘，又不会过分渗透到复合材料的表面；与碳/碳复合材料有适当的热膨胀匹配，以避免涂覆和使用时因热循环造成的热应力引起涂层的剥落；低的氧扩散渗透率，即具有较高的阻氧能力，在高温氧化环境中，氧延缓通过涂层与碳/碳复合材料接触；与碳/碳复合材料的相容稳定性，既可防止涂层被碳还原而退化，又可防止碳通过涂层向外扩散氧化；具有低的挥发性，避免高温下自行退化和防止在高速气流中很快被侵蚀。

硅基陶瓷具有最佳的热膨胀相容性，在高温时具有最低的氧化速率，比较硬且耐烧蚀。SiC 具有以上优点并且原料易得，当 O_2 分压较高时，其氧化产物固态 SiO_2 在 1650 ℃以下是稳定的，形成的玻璃态 SiO_2 薄膜能防止 O_2 进一步向内层扩散。因此，在碳/碳表面渗上一层 SiC 涂层，能有效地防止碳/碳在高温使用时的氧化。在碳/碳表面形成 SiC 涂层的方法有两种：一种方法是采用固体扩散渗 SiC 工艺，另一种方法是近年来采用的化学气相沉积法。此外，利用硅基陶瓷涂层（SiC、Si_3N_4）对碳/碳进行氧化防护，其使用温度一般在 1700~1800 ℃以下，高于 1800 ℃使用的碳/碳复合材料的氧化防护问题还有待研究解决。

B 抑制剂法

从碳/碳复合材料内部抗氧化措施原理来说，可以采取两种办法，即内部涂层和添加抑制剂。内部涂层是指在碳纤维上或在基体的孔隙内涂覆可起到阻挡氧扩散的阻挡层。但由于单根碳纤维很细（直径约 7 μm），要预先进行涂层很困难，而给碳/碳复合材料基体孔隙内涂层，在工艺上也是相当困难的。因此，内部涂层的办法受到很大限制。而在碳/碳复合材料内部添加抑制剂，在工艺上相对容易得多，而且抑制剂或可以在碳氧化时抑制氧化反应，或可先与氧反应形成氧化物，起到吸氧剂作用。

在碳、石墨以及碳/碳复合材料中，采用抑制剂主要是在较低温度范围内降低碳的氧化。抑制剂是在碳/碳复合材料的碳或石墨基体中，添加容易通过氧化而形成玻璃态的物质。研究表明，比较经济而且有效的抑制剂主要有 B_2O_3、B_4C 和 ZrB_2 等硼及硼化物。硼氧化后形成 B_2O_3，B_2O_3 具有较低的熔点和黏度，因而在碳和石墨氧化的温度下，可以在多孔体系的碳/碳复合材料中很容易流动，并填充到复合材料内连的孔隙中去，起到内部涂层作用，既可阻断氧继续侵入的通道，又可减少容易发生氧化反应的敏感部位的表面积。同样，B_4C、ZrB_2 等也可在碳氧化时生成一部分 CO 后，形成 B_3O_2，如 B_4C 按以下反应形成 B_2O_3，即：

$$B_4C + 6CO \longrightarrow 2B_2O_3 + 7C$$

而 ZrB_2 在 500 ℃时开始氧化，到 1000%时也可形成 $ZrO_2 \rightarrow B_2O_3$ 玻璃，其黏度约为 103 Pa·s。这种黏度的硼酸盐类玻璃足以填充复合材料的孔隙，从而隔开碳与氧的接触和防止氧扩散。研究表明，抑制剂在起到抗氧化保护时，碳/碳复合材料有一部分已经被氧化。硼酸盐类玻璃形成后，具有较高的蒸气压以及较高的氧的扩散渗透率。因此，一般碳/碳复合材料采用内含抑制剂的方法，大都应用在 600 ℃以下的防氧化。

5.5.3 碳/碳复合材料的性能

碳/碳复合材料的性能与纤维的类型、增强方向、制造条件以及基体碳的微观结构等因素密切相关，但其性能可在很宽的范围内变化。由于复合材料的结构复杂和生产工艺的不同，有关文献报道的数据分散性较大，仍可以从中得出一些一般性的结论。

5.5.3.1 碳/碳复合材料的化学和物理性能

碳/碳复合材料的体积密度和气孔率随制造工艺的不同变化较大，密度最高的可达 2.0 g/cm^3，开口气孔率为 2%~3%。树脂碳用作基体的碳/碳复合材料，体积密度约为 1.5 g/cm^3。

碳/碳复合材料除含有少量的氢、氮和微量的金属元素外，99%以上都是由元素碳组成。因此，碳/碳复合材料与石墨一样具有化学稳定性，它与一般的酸、碱、盐溶液不起反应，不溶于有机溶剂，只与浓氧化性酸溶液起反应。碳在石墨态下，只有加热到 4000 ℃，才会熔化（在压力超过 12 GPa 条件下）；只有加热到 2500 ℃以上，才能测出其塑性变形；在常压下加热到 3000 ℃碳才开始升华。碳/碳复合材料具有碳的优良性能，包括耐高温、抗腐蚀、较低的热膨胀系数和较好的抗热冲击性能。

碳/碳复合材料在常温下不与氧作用，开始氧化的温度为 400 ℃（特别是当微量 K、Na、Ca 等金属杂质存在时），温度高于 600 ℃将会发生严重氧化。碳/碳复合材料的最大缺点是耐氧化性能差。

碳/碳复合材料的热物理性能仍然具有碳和石墨材料的特征，主要表现为以下特点：

（1）热导率较高。碳/碳复合材料的热导率随石墨化程度的提高而增加。碳/碳复合材料热导率还与纤维（特别是碳纤维）的方向有关。热导率高的碳/碳复合材料具有较好的抗热应力性能，但却给结构设计带来困难（要求采取绝热措施）。碳/碳复合材料的热导率一般为 2~50 W/(m·K)。

（2）热膨胀系数较小。多晶碳和石墨的热膨胀系数主要取决于晶体的取向度，同时也受到孔隙度和裂纹的影响。因此，碳/碳复合材料的热膨胀系数随着石墨化程度的提高而降低。热膨胀系数小，使得碳/碳复合材料结构在温度变化时尺寸稳定性特别好。由于热膨胀系数小（一般为 $(0.5\sim1.5)\times10^{-6}℃^{-1}$），碳/碳复合材料的抗热应力性能比较好。所有这些性能对于在宇航方面的设计和应用非常重要。

(3) 比热容大。与碳和石墨材料相近，室温至2000 ℃，比热容约为800~2000 J/(kg·K)。

5.5.3.2 碳/碳复合材料的力学性能

碳/碳复合材料的力学性能主要取决于碳纤维的种类、取向、含量和制备工艺等。研究表明，碳/碳复合材料的高强度、高模量特性主要是来自碳纤维，碳纤维强度的利用率一般可达25%~50%。碳/碳复合材料在温度高达1627 ℃时，仍能保持其室温时的强度，甚至还有所提高，这是目前工程材料中唯一能保持这一特性的材料。碳纤维在碳/碳复合材料中的取向明显影响材料的强度，一般情况下，单向增强复合材料强度在沿纤维方向拉伸时的强度最高，但横向性能较差，正交增强可以减少纵、横向强度的差异。一般来说，碳/碳复合材料的弯曲强度介于150~1400 MPa之间，而弹性模量介于50~200 GPa之间。密度低的碳纤维和碳基体组成的碳/碳复合材料与金属基、陶瓷基复合材料相比，其比强度在1000 ℃以上高温时优于其他材料。除高温纵向拉伸强度外，碳/碳复合材料的剪切强度与横向拉伸强度也随温度的升高而提高，这是由于高温下碳/碳复合材料因基体碳与碳纤维之间失配而形成的裂纹可以闭合。

A 与增强纤维的关系

碳/碳复合材料的强度与增强纤维的方向和含量有关，在平行纤维轴向的方向上拉伸强度和模量高，在偏离纤维轴向方向上的拉伸强度和模量低。由于碳/碳复合材料制造工艺复杂并经高温处理，碳纤维在工艺过程中损伤变化较大，使碳纤维在碳/碳复合材料中的强度保持率较低。单向增强碳/碳复合材料的最高拉伸强度为900 MPa，弯曲强度达1350 MPa。由于纤维织构的影响，碳/碳复合材料的力学性能表现出明显的差异。

B 界面结合的影响

碳/碳复合材料的强度受界面结合的影响较大。碳纤维与碳基体的界面结合过强，复合材料发生脆性断裂，拉伸强度偏低，剪切强度较好。界面强度过低，基体不能将载荷传递到纤维，纤维容易拔出，拉伸模量和剪切强度较低。只有界面结合强度适中，才能使碳/碳复合材料具有较高的拉伸强度和断裂应变。碳/碳复合材料的碳基体断裂应变及断裂应力通常要低于碳纤维，甚至在制备过程中热应力也会使碳基体产生显微开裂。显然，碳纤维的类型、基体的预固化以及随后工序的类型等都决定了界面的结合强度。当纤维与碳基体的化学键合与机械结合形成界面强结合而在较低的断裂应变时，基体中形成的裂纹扩展越过纤维与基体界面，引起纤维的断裂，此时碳/碳复合材料属脆性断裂。

C 碳基体的影响

优先定向的石墨化碳基体使碳/碳复合材料的弯曲模量大大提高，这是因为：对于高模量碳纤维，沥青碳基体在碳化时，其碳层面在平行纤维轴向具有较高的定向排列，石墨化时由于高模量碳纤维具有较高的横向膨胀系数，碳基体因而被压缩。基体这种较高的优先定向，使得基体几乎能像纤维一样，对弹性模量作出贡献。基体的这种定向也使得弯曲强度降低。

D 与温度的关系

碳/碳复合材料的室温强度可以保持到2500 ℃，在某些情况下，如果石墨化工艺良好，碳/碳复合材料的高温强度还可提高，这是由于热膨胀使应力释放和裂纹弥合的结果。

当高强碳纤维（经过1600 ℃工艺处理）在加热到2500 ℃时，它被转化成高模型，因而导致强度和应变降低，模量和密度增加，同时断裂功或冲击韧性也降低。密度的增加和体积的收缩，是由于晶体堆叠的改善和孔洞、缺陷的扩散引起的。

5.5.3.3 碳/碳复合材料的一些特殊性能

A 抗热震性能

碳纤维的增强作用以及材料结构中的空隙网络，使得碳/碳复合材料对于热应力并不敏感，不会像陶瓷材料和一般石墨那样产生突然的灾难性损毁。衡量陶瓷材料抗热震性好坏的参数是抗热应力系数，即：

$$R = K \cdot \sigma / (\alpha \cdot E) \tag{5-63}$$

式中 K——热导率；

σ——抗拉强度；

α——热膨胀系数；

E——弹性模量。

这一公式可用作碳/碳复合材料衡量抗热震性的参考，例如，AJT 石墨的 R 为 270，而三维碳/碳复合材料的 R 可达 500~800。

B 抗烧蚀性能

这里“烧蚀”是指导弹和飞行器再入大气层在热流作用下，由热化学和机械过程引起的固体表面的质量迁移（材料消耗）现象。碳/碳复合材料暴露于高温和快速加热的环境中，由于蒸发、升华和可能的热化学氧化，其部分表面可被烧蚀。但是，它的表面的凹陷浅，良好地保留其外形，烧蚀均匀而对称，这是它被广泛用作防热材料的原因之一。由于碳的升华温度高达3000 ℃以上，因此，碳/碳复合材料的表面烧蚀温度高。在现有的材料中，碳/碳复合材料是最好的抗烧蚀材料，具有较高的烧蚀热和较大的辐射系数与较高的表面温度，在材料质量消耗时，吸收的热量大，向周围辐射的热流也大，具有很好的抗烧蚀性能。洲际导弹机动再入大气层，不仅要求材料的烧蚀量小，而且要求保持良好的烧蚀气动外形。

研究表明，碳/碳复合材料的有效烧蚀热比高硅氧/酚醛高1~2倍，比耐纶/酚醛高2~3倍。多向碳/碳复合材料是最好的候选材料。当碳/碳复合材料的密度大于1.95 g/cm^3 而开口气孔率小于5%时，其抗烧蚀-侵蚀性能接近热解石墨。经高温石墨化后，碳/碳复合材料的烧蚀性能更加优异。烧蚀试验还表明，材料几乎是热化学烧蚀，但在过渡层附近，80%左右的材料是机械削蚀而损耗，材料表面越粗糙，机械削蚀越严重。

C 摩擦磨损性能

碳/碳复合材料具有优异的摩擦磨损性能。碳/碳复合材料中的碳纤维的微观组织为乱层石墨结构，摩擦系数比石墨高，因而碳纤维除起增强碳基体作用外，也提高了复合材料的摩擦系数。众所周知，石墨因其层状结构而具有固体润滑能力，可以降低摩擦副的摩擦系数。通过改变基体碳的石墨化程度，就可以获得摩擦系数适中而又有足够强度和刚度的碳/碳复合材料。碳/碳复合材料摩擦制动时吸收的能量大，摩擦副的磨损率仅为金属陶瓷/钢摩擦副的1/10~1/4。特别是碳/碳复合材料的高温性能特点，在高速、高能量条件下的摩擦升温高达1000 ℃以上时，其摩擦性能仍然保持平稳，这是其他摩擦材料所不具有的。因此，碳/碳复合材料作为军用和民用飞机的刹车盘材料已得到越来越广泛的应用。

5.5.4 碳/碳复合材料的应用

碳/碳复合材料的发展是与航空航天技术以及军事技术发展所提出的要求密切相关。碳/碳复合材料具有高比强度、高比模量、耐烧蚀、高热导率、低热膨胀以及对热冲进击不敏感等性能，很快就在航空航天和军事领域得到应用。随着碳/碳复合材料制备技术的进步和成本的降低，其逐渐在许多民用工业领域也得到应用。

5.5.4.1 在军事、航空航天工业方面的应用

碳/碳复合材料在宇航方面主要用作烧蚀材料和热结构材料，其中最重要的用途是用作洲际导弹弹头的端头帽（鼻锥）、固体火箭喷管、航天飞机的鼻锥帽和机翼前缘。

战略弹道导弹的弹头一般为核弹头，是武器系统摧毁杀伤目标的关键，工作条件极其恶劣，系统结构复杂。弹头除要满足再入大气层时为音速10~20倍的高速度和几十兆帕的局部压力外，还要经受几千摄氏度的气动加热。为了提高防备反导弹武器的突然袭击能力，躲避对方拦截，发展了分导式多弹头和机动弹头，弹头鼻锥部分的再入环境极其苛刻。为了提高导弹的命中率，除改善制导系统外，还要求尽量地减少非制导性误差。这就要求防热材料在再入过程中烧蚀量低，烧蚀均匀和对称。同时，还希望它们具有吸波能力、抗核爆辐射性能和能全天候使用的性能。碳/碳复合材料保留了石墨的特性，碳纤维的增强作用使力学性能得到了提高，它具有极佳的低烧蚀率、高烧蚀热、抗热振、高温力学性能优良等特点，被认为是再入环境中有前途的高性能烧蚀材料。导弹鼻锥采用碳/碳复合材料制造，使导弹弹头再入大气层时免遭损毁。碳/碳复合材料制成的截圆锥和鼻锥等部件已能满足不同型号洲际导弹再入防热的要求。三维编织碳/碳复合材料在石墨化后的热导性足以满足弹头再入时由-160 ℃至气动加热1700 ℃时的热冲击要求，可以预防弹头鼻锥的热应力过大而引起的整体破坏。碳/碳复合材料的低密度可以提高导弹弹头射程，因为弹头每减轻自重1 kg，可增程约20 km。采用三维碳/碳制成的整体性能好的弹头鼻锥，已在很多战略导弹弹头上应用。碳/碳复合材料制成的鼻锥，在烧蚀-侵蚀耦合作用下，外形保持稳定对称变化的特点，有效地提高了导弹弹头的命中率和命中精度。

碳/碳复合材料在军事领域的另一重要应用是做固体火箭发动机喷管材料。固体火箭发动机是导弹和宇航领域大量应用的动力装置，具有结构简单、可靠性高、机动灵活、可长期待命和即刻启动发射的特点。喷管是固体火箭发动机的能量转换器，由喷管喷出数千摄氏度的高温高压气体，将推进剂燃烧产生的热能转换为推进动能。喷管通常由收敛段、喉衬、扩散段及外壳体等几部分组成。固体发动机的喷管是非冷却式的，工作环境极其恶劣；喷管喉部是烧蚀最严重的部位，要求要承受高温、高压和高速二向流燃气的机械冲刷、化学侵蚀和热冲击（热震），因此，喷管材料是固体推进技术的重大关键。喉衬采用多维碳/碳复合材料制造，已广泛应用于固体火箭发动机。

固体火箭发动机的喷口采用的是高密度碳/碳复合材料，为了提高抗氧化和抗磨损能力，往往要用陶瓷（如SiC）涂覆。因为喷口的气流温度可达2000 ℃以上，流速达几倍音速，气流中还常含有未燃烧完的燃料以及水，这对未涂层的碳/碳复合材料会造成极大破坏，影响喷口的尺寸稳定性，造成火箭的失控。

碳/碳复合材料的质量轻、耐高温、摩擦磨损性能优异以及制动吸收能量大等特点，表明其是一种理想的摩擦材料，已用于军用和民用飞机的刹车盘。飞机使用碳/碳复合材料刹车片后，其刹车系统比常规钢刹车装置减轻质量 680 kg。碳/碳复合材料刹车片不仅轻，而且特别耐磨，操作平稳，当起飞遇到紧急情况需要及时刹车时，碳/碳复合材料刹车片能够经受住摩擦产生的高温，而到 600 ℃钢刹车片制动效果就急剧下降。碳/碳复合材料刹车片还用于一级方程式赛车和摩托车的刹车系统。

碳/碳复合材料的高温性能及低密度等特性，有可能成为工作温度达 1500~1700 ℃的航空发动机理想轻质材料。在航空发动机上，已经采用碳/碳复合材料制作航空发动机燃烧室、导向器、内锥体、尾喷鱼鳞片和密封片及声挡板等。

5.5.4.2　在民用工业上的应用

汽车质量越轻，耗费每公斤汽油行驶的里程越远。随着碳/碳复合材料的工艺革新、产量的扩大和成本降低，它将在汽车工业中大量使用。例如，可用碳/碳复合材料制成以下的汽车零部件：发动机系统中的推杆、连杆、摇杆、油盘和水泵叶轮等；传动系统的传动轴、万能箍、变速器、加速装置及其罩等；底盘系统的底盘和悬置件、弹簧片、框架、横梁和散热器等。除此以外，还可用于车体的车顶内外衬、地板和侧门等。

在化学工业中，碳/碳复合材料主要用于耐腐蚀化工管道和容器衬里、高温密封件和轴承等。

碳/碳复合材料是优良的导电材料，可用它制成电吸尘装置的电极板，电池的电极、电子管的栅极等。例如，在制造碳电极时，加入少量碳纤维，可使其力学性能和电性能都得到提高。用碳纤维增强酚醛树脂的成形物在 1100 ℃氮气中碳化 2 h 后，可得到碳/碳复合材料。用它做送话器的固定电极时，其敏感度特性比碳块制品要好得多，与镀金电极的特性接近。

许多在氧化气氛下工作的 1000~3000 ℃ 的高温炉装配有石墨发热体，它的强度较低、性脆，加工、运输困难。碳/碳复合材料的机械强度高，不易破损，电阻大，能提供更高的功率，用碳/碳复合材料制成大型薄壁发热元件，可以更有效地利用炉膛的容积。例如，高温热等静压机中采用长 2 m 的碳/碳复合材料发热元件，其壁厚只有几毫米，这种发热体可工作到 2500 ℃的高温。在 700 ℃以上，金属紧固件强度很低，而用碳/碳复合材料制成的螺钉、螺母、螺栓和垫片，在高温下呈现优异承载能力。

碳/碳复合材料新开发的一个应用领域是代替钢和石墨来制造热压模具和超塑性加工模具。在陶瓷和粉末冶金生产中，采用碳/碳复合材料制作热压模具，可减小模具厚度，缩短加热周期，节约能源和提高产量。用碳/碳复合材料制造复杂形状的钛合金超塑性成形空气进气道模具，具有质量轻、成形周期短、减少成形时钛合金的折叠缺陷，以及产品质量好等优点。碳/碳复合材料热压模具已被试验用于钴基粉末冶金中，比石墨模具使用次数多且寿命长。

5.5.4.3　在生物医学方面的应用

碳与人体骨骼、血液和软组织的生物相容性是已知材料中最佳的材料。例如，采用各向同性热解碳制成的人造心脏瓣膜已广泛应用于心脏外科手术，拯救了许多心脏病患者的生命。碳/碳复合材料因为是由碳组成的材料，继承了碳的这种生物相容性，可以作为人体骨骼的替代材料。例如，作为人工髋关节和膝关节植入人体，还可以作为牙根植入体。

人在行走时，作用在大腿骨上的最大压缩应力或拉伸应力为48～55 MPa，髋关节每年大约超过10^6次循环。关节在行走时受力试验表明，应力是不同方向的，且取决于走步的形态。因此，碳/碳复合材料人造髋关节应根据其受力特征进行设计。例如，靠近髋关节骨颈、骨杆处需要采用承受最大弯曲应力的单向增强碳/碳复合材料，而受层间剪切力的固位螺旋采用三维碳/碳复合材料，而与骨颈、骨杆连接的骨柄处承受横向和纵向应力，采用二维碳/碳复合材料。

不锈钢或钛合金人工关节的使用寿命一般为7～10年，失效后则需要进行第二次手术更换，这既给患者带来痛苦，花费也很大。碳/碳复合材料疲劳寿命长，可以提供各方向上所需的强度和刚度，更为主要的是具有比不锈钢和钛合金假肢更好地与骨骼的适应性，采用硅化碳/碳复合材料人工关节球与臼窝的磨损更小，大大延长人工关节的寿命。

5.6 纳米复合材料

5.6.1 概述

纳米材料是指尺度为1～100 nm的超微粒经压制、烧结或溅射而成的凝聚态固体，它具有断裂强度高、韧性好、耐高温等特性。纳米复合材料是指分散相尺度至少有一维小于100 nm的复合材料，分散相可以是无机化合物，也可以是有机化合物，无机化合物通常是指陶瓷、金属等；有机化合物通常是指聚合物。当纳米材料为分散相、有机聚合物为连续相时，就是聚合物基纳米复合材料。根据Hall-Petch方程，材料的屈服强度与晶粒尺寸平方根成反比，即随晶粒的细化，材料强度将显著增加。此外，大体积的界面区将提供足够的晶界滑移机会，导致形变增加。纳米晶陶瓷因巨大的表面能，可大幅降低烧结温度。例如，用纳米ZrO_2细粉制备陶瓷比用常规微米级粉制备时烧结温度降低400 ℃左右，即从1600 ℃降低至1200 ℃左右就可烧结致密化。由于纳米分散相有大的表面积和强的界面相互作用，纳米复合材料表现出不同于一般宏观复合材料的力学、热学、电学、磁学和光学性能，还可能具有原组分不具备的特殊性能和功能，为设计制备高性能、多功能新材料提供了新的机遇。

在纳米材料科学的研究中，纳米复合材料的研究值得高度重视，因为它是纳米材料工程的重要组成部分，以实际应用为目标的纳米复合材料的研究将有很强的生命力，研制纳米复合材料涉及材料、化学（有机、无机）、物理、生理和生物等多学科的知识，在发展纳米复合材料上对学科交叉的需求，比以往任何时候都更迫切。缩短实验室研究和产品转化的周期也是当今材料研究的特点，组成跨学科的研究队伍，发展纳米复合材料的研究，是刻不容缓的重要任务。开展纳米复合人工超结构的研究是另一个值得高度重视的问题，根据纳米结构的特点将异质、异相、不同有序度的材料，在纳米尺度下进行合成、组合和剪裁，设计新型的元件，发现新现象，开展基础和应用基础研究，在继续开展简单纳米材料研究的同时，注意对纳米复杂体系的探索也是当前纳米材料发展的新动向。

高科技在21世纪飞速发展，对高性能材料的要求越来越迫切，纳米尺寸合成为发展高性能新材料和改善现有材料的性能提供了一个新途径。为了加快纳米材料转化为高技术企业的进程，缩短基础研究、应用研究和开发研究的周期，材料科学工作者提出了“纳米材料工程”的新概念，这是当今材料研究的重要特点，谁在这方面下功夫，谁就可能占领21世纪新材料研究的制高点，就可能在新材料的研究中处于优势地位。纳米材料（包括纳米复合材料）已成为当前材料科学和凝聚态物理领域中的研究热点，被视为“21世纪最有前途的材料”。

5.6.2 纳米复合材料的分类

纳米复合材料涉及的范围广泛，按照基体的特性和成分，可把它分为四大类：聚合物基纳米复合材料（聚合物/玻璃、聚合物/陶瓷、聚合物/非氧化物及聚合物/金属）、陶瓷基纳米复合材料（氧化物/氧化物、氧化物/非氧化物、非氧化物/非氧化物、陶瓷/金属）、金属基纳米复合材料（金属/金属、金属/陶瓷、金属/金属间化合物及金属/玻璃）、纳米半导体复合材料等。

5.6.3 聚合物基纳米复合材料及其制备技术

5.6.3.1 聚合物基纳米复合材料

至少有一维尺寸为纳米级的微粒子分散于聚合物基体中，构成聚合物基纳米复合材料。构成聚合物基纳米复合材料的要素为聚合物和分散相，不同的化学组成形成多种多样的纳米复合材料。纳米复合结构的形成影响到聚合物结晶状态的变化，并进一步影响到材料的性能。纳米复合材料的形成，使聚合物的结晶变小，增加了结晶度和结晶速度。

对于聚合物基纳米复合材料，除了基本性能有明显改善外，还发现了一些特殊的性能。有机-无机纳米复合材料，同时具有有机与无机的优异性能，在聚合物材料科学中脱颖而出。一个标准的聚合物/无机填充纳米复合材料，是商业上使用的含有二氧化硅填充的橡胶或其他聚合物。在这种材料中，一维尺寸是纳米级的无机层状物的充填，这些层状物包括黏土矿、碱硅酸盐及结晶硅酸盐。由于作为原料的黏土材料容易得到，它们的夹层间的化学性质已经研究了很长时间。基于纳米颗粒的分散，这些纳米复合材料表现了优异的特性：有效地增强而不损失延性、冲击韧性、热稳定性、燃烧阻力、阻气性、抗磨性，以及收缩和残余应力的减小、电气及光学性能的改善等。

聚合物基纳米复合材料设计原理如下：

聚合物基纳米复合材料具备纳米材料和聚合物材料两者的优势，它是新材料设计的首选对象。在设计聚合物基纳米材料时，主要考虑功能设计、合成设计和这种特殊复合体系的稳定性设计，力求解决复合材料组分的选择、复合时的混合与分散、复合工艺、复合材料的界面作用及复合材料物理稳定性等问题，最终获得高性能、多功能的聚合物基纳米复合材料。利用纳米粒子的特性与聚合物进行复合，可以得到具有特殊性能的聚合物基复合材料，或使它的性能更加优异，既拓宽了聚合物的应用范围，又丰富了复合理论。

功能设计就是赋予聚合物基纳米复合材料以一定功能特性的科学方法。一是纳米材料的选择设计，依据设计意图，选用合适的纳米材料，如赋予复合材料超顺磁性，可以选择铁或铁系氧化物等单一或复合型纳米材料；赋予复合材料发光特性，可以选择含稀有金属铕的钛系氧化物等纳米材料。二是基体聚合物材料的选择设计，依据纳米复合材料的适用环境，选择合适的有机聚合物基体，如高温环境，必须选择聚酰亚胺等耐高温有机聚合物。纳米复合材料的界面设计，如何选择复合材料的复合方法，是原位聚合、原位插层，还是原位溶胶-凝胶技术成形等，以提高纳米材料与聚合物基体的强界面作用，充分发挥不同属性的两种组分的协同效应。纳米复合材料的功能设计主要是纳米材料的选择设计和复合材料的界面设计，前者对复合材料起着决定性的作用，后者是如何更有效地发挥这种作用。

聚合物基纳米复合材料的合成设计就是以最简单、最便捷的手段获得纳米级均匀分散的复合材料的科学方法。在功能设计完成后，合成设计中主要关注的就是纳米材料的粒度与分散程度，以目前纳米复合材料的合成发展状况看，主要有4种方法，即溶胶-凝胶法、插层法、共混法和填充法。溶胶-凝胶法具有纳米微粒较小的粒度和较均匀的分散程度，但合成步骤复杂，纳米材料与有机聚合物材料的选择空间不大。插层法能够获得单一分散的纳米片层的复合材料，容易工业化生产，但是，可供选择的纳米材料不多，目前主要限于黏土中的蒙脱土。共混法是纳米粉体和聚合物粉体混合的最简单、方便的操作方法，但难以保证纳米材料能够得到纳米级的分散粒度和分散程度，如果利用诸如蒙脱土插层聚合物改性的纳米复合母料，利用共混法是比较好的，既经济又能得到纳米级分散的效果。填充法目前仍处于发展初期，它的优点是纳米材料和基体聚合物材料的选择空间很大，纳米材料可以任意组合，可任意分散或是聚合物的粉体、液态、熔融态，或是聚合物的前驱体小分子溶液，成形的方法也比较多，也能够达到纳米材料纳米级分散的效果。

为了获得稳定性能良好的复合材料，必须使纳米粒子牢牢地固定在聚合物基材中，防止纳米粒子集聚而产生相分离。为保障纳米粒子能够均匀地分布在聚合物基体中，可以利用聚合物的长链阻隔作用，或利用聚合物链上的特有基团与纳米粒子产生的化学作用。因此，在纳米复合材料的稳定化设计中，要特别注意聚合物的化学结构，以带有极性并可与纳米粒子形成共价键、离子键或配位键结合的基团为优选结构。

（1）形成共价键。利用聚合物链上的官能团与纳米粒子的极性基团产生化学反应，形成共价键。例如，聚合物链上的羟基、卤素、磺酸基等与纳米粒子上的羟基等，在一定条件下能够形成稳定结合的共价键。也可通过含有双键的硅氧烷参与聚合物前驱体的聚合，形成硅氧烷为支链的聚合物，硅氧烷的部分水解或与正硅酸的共水解形成与聚合物主链存在共价键结合的 SiO_2 纳米粒子，无机纳米相与聚合物基体之间存在共价键而提高复合材料的稳定性。

（2）形成离子键。离子键是通过正负电荷的静电引力作用而形成的化学键。如果在聚合物链中和纳米离子上彼此带有异性电荷，就可以通过形成离子键而稳定的复合材料体系。例如，在酸性条件下，苯胺更容易插层到钠基蒙脱土中，经苯胺聚合形成 PAn/MMT 复合材料，其中的聚苯胺（emerldine salt）以某种盐的形式与蒙脱土的硅酸盐片层上的反粒子以离子键的方式存在于片层间。聚苯胺受到层间的空间约束，一般以伸展的单分子链形式存在。

（3）形成配位键。有机基体与纳米粒子以电子对和空电子轨道相互配位的形式产生化学作用，构成纳米复合材料。例如，以溶液法和熔融法制备的聚氧化乙烯（PEO）/蒙脱土纳米复合材料，嵌入的 PEO 分子同蒙脱土晶层中的 Na^+就以配位键的形式生成 PEO^- Na^+络合物，使 PEO 分子以单层螺旋构象排列于蒙脱土的晶层中。

（4）纳米作用能的亲和作用。在大多数的情况下，纳米复合材料中并不具有明显的化学作用力，分子间相互作用力则是普遍的，利用聚合物结构中特别的基团与纳米粒子的作用，可产生稳定的分子间作用力。纳米粒子因其特殊的表面结构具有很强的亲和力，这种力称为“纳米作用能”，借助纳米粒子强劲的纳米作用能，与很多聚合物材料可以说是无选择的聚合物材料产生很强的相互作用，形成稳定的复合体系。以纳米作用能复合的关键，就是保证纳米粒子能够以纳米尺寸的粒度分散在聚合物基体中。

5.6.3.2 聚合物基纳米复合材料制备技术

纳米复合材料制备科学在当前纳米材料科学研究中占有极重要的地位，新的制备技术研究与纳米材料的结构和性能之间存在着密切关系。纳米复合材料的合成与制备技术包括：作为原材料的粉体及纳米薄膜材料的制备，以及纳米复合材料的成形方法。制备聚合物基纳米复合材料主要是溶胶-凝胶法、插层法、共混法和填充法。

溶胶-凝胶法以金属有机化合物（主要是金属醇盐）和部分无机盐为先驱体，首先将先驱体溶于溶剂（水或有机溶剂）形成均匀的溶液，接着溶质在溶液中发生水解（或醇解），水解产物缩合聚集成粒径为1 nm左右的溶胶粒子（sol），溶胶粒子进一步聚集生长形成凝胶（gel）。溶胶-凝胶法的基本原理可以分为以下的三个阶段来：单体（即先驱体）经水解、缩合生成溶胶粒子（初生粒子，粒径为2 nm左右）；溶胶粒子聚集生长（次生粒子，粒径为6 nm左右）；长大的粒子（次生粒子）相互连接成链，进而在整个液体介质中扩展成三维网络结构，形成凝胶。溶胶-凝胶法的工艺过程是：先驱体经水解、缩合生成溶胶，溶胶转化成凝胶，凝胶经陈化、干燥、热处理（烧结）等不同工艺处理，就得到不同形式的材料。

制备聚合物/层状硅酸盐纳米复合材料的插层法可以细分为以下几种：

（1）渗入-吸收法。使用能溶解聚合物的溶剂，使层状硅酸盐剥离成单层。由于堆垛层的弱作用力，这种层状硅酸盐很容易在适当的溶剂中分散。聚合物被吸附到分离层片上，当溶剂被挥发或混合物析出时，这些层片重新组合到一起，将聚合物夹在中间，形成了一个有序的多层结构。

（2）原位夹层聚合法。在这项技术里，层状硅酸盐在液态单聚合物或单聚合物溶液中膨胀，使得多聚合物能在层片间形成。聚合能够通过加热或辐射或由适当引发剂的扩散而引起，也可通过有机引发剂或在膨胀之前层片内通过正离子交换固定的触媒来引起。

（3）层间插入。将层状硅酸盐与高聚合物或单聚合物基体混合。如果层片表面与所选择的高聚合物或单聚合物充分相容，高聚合物或单聚合物能慢慢进入层片之间，形成插入型或剥离型纳米复合材料。这种技术不需要溶剂，也是最常用的。层间插入法可分为单聚合物插入聚合法和高聚合物插入法。单聚合物插入聚合法首先将单聚合物插入层间并使其聚合，使高聚合物的形成和多层构造的单层剥离同时发生。高聚合物插入法是将高聚合物与黏土的混合物用溶剂分散或融熔混炼，使高聚合物直接插入层间，使多层构造不断形成单层剥离。使用单聚合物插入聚合法，单聚合物自身有时可以作为有机化剂，单聚合物的扩散速度快，比较容易插入层间而较容易形成剥离型纳米复合材料。缺点是需要聚合设备，还需要去除残余的单聚合物和进一步精制的工序。使用高聚合物插入法，特别是融熔混炼法，可利用强力二轴挤出机比较容易地形成纳米复合材料。

（4）模板合成法。利用这个技术在包含高聚合物凝胶和硅酸盐预制件的含水溶液中，由水热结晶原位形成层状黏土，高分子起形成层状物的模板作用。它特别适合于水溶性高分子，被广泛用来合成双层氢氧化物纳米复合材料。基于自结合力，高聚合物有助于无机主晶体的生长并封闭在层间。

5.6.4 陶瓷基纳米复合材料及制备技术

5.6.4.1 陶瓷基纳米复合材料

陶瓷材料可分为功能陶瓷材料和结构陶瓷材料。功能陶瓷材料的开发由电子陶瓷开始，包括 PTC 热变电阻、压电滤波器、层状电容器等使用的铁氧体，以及 $BaTiO_3$、PZT 等性能优异的材料。结构陶瓷材料到 1980 年为止，已开发出氮化硅、氧化铝及氧化锆等高强度、高韧性、高硬度的材料，并在工业界得到广泛应用。这些材料的新发展需要有新的材料设计概念。纳米复合材料的出现，使陶瓷材料由以往的单一机能型向多机能型的转化，得到高度机能调和型材料。以下介绍种陶瓷基纳米复合材料开发的实例。

A 增韧纳米复相陶瓷

纳米尺度合成可能使陶瓷增韧。材料科学工作者采用粒径小于 20 nm 的 SiC 粉体作为基体材料，再混入 10%或 20%的粒径为 10 μm 的 α-SiC 粗粉，充分混合后在低于 1700 ℃、350 MPa 的热等静压下成功地合成了纳米结构的 SiC 块体材料，在强度等综合力学性能没有降低的情况下，这种纳米材料的断裂韧性为 5~6 $MPa \cdot m^{1/2}$，比没有加粗粉的纳米 SiC 块体材料的断裂韧性提高了 10%~25%。有人用多相溶胶-凝胶方法制备了堇青石（$2MgO \cdot 2Al_2O_3 \cdot 5SiO_2$）与 ZrO_2 复合材料，具体方法是将勃姆石与 SiO_2 的溶胶混合后加入 SiO_2 溶胶，充分搅拌后再加入 $Mg(NO_3)_2$ 溶液形成湿凝胶，经 100 ℃干燥和 700 ℃焙烧 6 h 后，再经球磨干燥制成粉体，经 200 MPa 的冷等静压和 1320 ℃烧结 2 h 获得了高致密的堇青石/ZrO_2 纳米复合材料，断裂韧性为 4.3 $MPa \cdot m^{1/2}$，它比堇青石的断裂韧性提高了将近 1 倍。还有人成功地制备了 Si_3N_4/SiC 纳米复合材料。这种材料具有高强度、高韧性和优良的热稳定性及化学稳定性。其具体方法是：将聚甲基硅氮烷在 1000 ℃惰性气体下热解成非晶态碳氮化硅，然后在 1500 ℃氮气氛下热处理相变成晶态 Si_3N_4/SiC 复合粉体，在室温下压制成块体，经 1400~1500 ℃无热处理获得高力学性能。利用平均粒径为 27 nm 的 α-Al_2O_3 粉体与粒径为 5 nm 的 ZrO_2 粉体复合，在 1450 ℃热压成片状或圆状的块体材料，室温下进行拉伸试验获得了韧性断口。

B 超塑性

材料科学工作者在加 Y_2O_3 稳定化剂的四方二氧化锆中（粒径小于 300 nm）观察到了超塑性，在此材料基础上又加入了 20% Al_2O_3，制成的陶瓷材料平均粒径约为 500 nm，超塑性达 200%~500%。值得一提的是，在四方二氧化锆加 Y_2O_3 的陶瓷材料中，观察到超塑性竟达到 800%。1600 ℃下的 Si_3N_4+20%SiC 细晶粒复合陶瓷，延伸率达 150%。

（1）Al_2O_3/SiC、MgO/SiC 纳米复合材料。Al_2O_3 和 MgO 陶瓷具有高硬度、高耐磨及化学稳定性，是最广泛应用的陶瓷材料。它们的强度低、断裂韧性及抗热震性和高温蠕变性差，应用受到了很大限制。将纳米 SiC 颗粒加入其中，大幅度改善了力学性能和高温性能，扩大了实际应用。

（2）Si_3N_4/SiC 纳米复合材料。Si_3N_4 陶瓷材料具有优良的韧性及高温性能，是非常有前途的一种材料。SiC 纳米颗粒的介入，使得材料在低温及高温下都具有高硬度、高强度和韧性，还可以赋予这种材料光学机能。Si_3N_4 和 SiC 的纳米/纳米复合，成功地实现了在低应力下的超塑性变形机能。这种材料已成功实现无压烧结，在超精密特殊材料中具有广泛的用途。

（3）Si_3N_4/TiN 纳米复合材料。该体系可以用高能球磨法制备复合纳米粉体。原料粉末为高纯 Si_3N_4 粉、Y_2O_3 粉、Al_2O_3 粉和 Ti 粉，按所设计的组成进行配比，再用高能行星式球磨机球磨比为 20∶17 在室温下球磨，得到复合粉体（在石墨模中用 SPS 系统进行烧结）。分别用 SEM、XRD 和 TEM 对粉体和烧结体进行表征。烧结条件是 1300~1600 ℃氮气气氛下以 30 MPa 压力保持 1~5 min。为了在 1450 ℃以下得到完全致密的烧结体，用含 33%（质量分数）的 Ti 粉在 1400 ℃下进行烧结，Si_3N_4 的晶粒尺寸是 20~30 nm，而弥散粒子 TiN 为 50~100 nm，得到纳米复合材料。TiN 作用机制还不十分清楚，可能是起钉扎作用，阻止了 Si_3N_4 晶粒的生长。对此，复合材料可采用压缩负荷方法来观察其超塑性变形，并用晶粒尺寸为 1 μm 的常规 Si_3N_4 材料作比较（实验是在 1300 ℃、1.01 kPa 气氛下进行）。研究表明，纳米晶复合材料的标称应变（相对值）达到 0.4，而常规方法得到的 Si_3N_4 几乎未发现任何标称应变（相对值）。

（4）Al_2O_3/ZrO_2 纳米复合材料。采用自动引燃技术合成 Al_2O_3/ZrO_2 纳米复合材料，又称为“燃烧合成法”。由于氧化剂和燃料分解产物之间发生反应放热而产生高温，特别适合于氧化物生产。燃烧合成法的特点是：在反应过程中产生大量气体，体系快速冷却导致晶体成核，但无晶粒生长，得到的产物是非常细的粒子及易粉碎的团聚体。该法不仅可以生产单相固溶体复合材料，还用于制备均匀复杂的氧化物复合材料，特别是能制备纳米/纳米复合材料。具体过程举例如下：采用硝酸铝和硝酸锆作为氧化剂，尿素作为燃料，按 Al_2O_3-10%（体积分数）ZrO_2 配料，用水将它们混合成浆料，置于 450~600 ℃的炉中，浆料熔化后点燃，在数分钟内完成整个燃烧过程，将所得到的泡沫状物质粉碎为粉末，再经 1200 ℃、1300 ℃、1500 ℃保温 2 h 的热处理粉体。在热处理时，要经常观察晶粒生长的情况并加以控制。复合材料的成形是先将粉体用 200 MPa 干压，再经 495 MPa 冷等静压，制成素坯，1200 ℃预烧结，保温 2 h，然后喷涂 BN，再用 Pyrex 玻璃包封，进行热等静压，1200 ℃烧结，保温 1 h，压力为 247 MPa 的氧气压。材料经 XRD 分析证实，主要是 α-Al_2O_3 和 t-ZrO_2 二相共存；TEM 观察到 ZrO_2 粒子均匀分布于 Al_2O_3 基体中，Al_2O_3 的晶粒尺寸平均为 35 nm，ZrO_2 为 30 nm。力学性能测定表明，纳米/纳米复合材料的平均硬度为 4.45 GPa，约为普通工艺得到的微米材料的 1/4。这种相对低的硬度表明，在压痕测试负荷下，细晶粒可能发生晶界滑移。这种低硬度可以使材料的韧性增加，其平均断裂韧性为 8.38 $MPa \cdot m^{1/2}$（压痕法测定的负荷为 20 kg），表明了该材料抵抗断裂的能力。用常规工艺制备同样组分的材料，断裂韧性值为 6.73 $MPa \cdot m^{1/2}$。

（5）长纤维强化 Sialon/SiC 纳米复合材料。将 Sialon/SiC 纳米复合材料进一步用微米纤维进行强化，通过微米/纳米的复合强化，开发出了能与超硬材料匹敌的超韧性、1 GPa 以上的超强度及优良的高温性能的调和材料。用这种材料制作的高效汽轮机部件可耐 1500 ℃的高温，具有良好耐高温强度和优良的耐熔融金属的腐蚀性。

（6）Al_2O_3/Ni、MgO/Fe、ZrO_2/Ni 系纳米复合材料。具有强磁性的 Ni、Fe、Co 等金属纳米颗粒分散到氧化物陶瓷中，可以提高现有的氧化物陶瓷的性能。还赋予陶瓷材料优异的强磁性。用原位（In-Situ）析出法制备：以 Al_2O_3 为例，将 Al_2O_3 粉末和第二相的金属氧化物粉末或 Al_2O_3 粉末与金属粉末经混合及在空气中预烧后的粉末，用球磨机充分混

合得到的 Al_2O_3/氧化物混合粉末，在还原气氛中烧结，只有所需的金属氧化物在 Al_2O_3 中原位还原成金属，从而得到纳米氧化物/金属复合材料。研究表明，这种新材料还具有可检测外部应力的特性。

（7）Pb(Zr,Ti)O_3(PZT)/金属系纳米复合材料。Pb(Zr,Ti)O_3(PZT)/金属系纳米复合材料广泛应用的 PZT 是最典型的压电陶瓷，它的缺点是力学性能很差，为了提高器件的可靠性，必须提高其力学性能。由于添加纤维、晶须及细化晶粒都损害其压电特性，用纳米复合来调和其机能性和机械特性就备受重视。将少量的银或白金通过化学方法导入 PTZ 中，可获得优异的力学性能及更高的压电特性。

一些由分子水平的构造控制而产生的新机能材料，代表了新一代的材料设计方向。从纳米到分子水平的材料设计的实例如下：

（8）界面成分梯度化纳米复合材料。在复合材料中，要尽可能避免第二相与母相之间的化学反应，由此而限制了第二相的选择。一些研究者尝试着选择互相反应的系统，有意识地控制其界面构造。比如在 Al_2O_3/Si_3N_4 系统中，成功地制备了界面构造及组成具有梯度变化的纳米复合材料。通过反应、固溶及析出的过程，使用300 nm 的 Si_3N_4 粉末最终分散颗粒控制到了 30 nm。由于界面的梯度化而导致界面强度的改善，以及均匀的纳米颗粒的分散，造成了强度及高温抗蠕变性的大幅度提高。

（9）原子团簇（cluster）复合材料/分子复合材料。结合纳米复合材料的研究成果，可以设计和创制原子团簇复合材料和分子复合材料，由微量的 Cr_2O_3 固溶于 Al_2O_3 中得到的原子团簇复合材料，添加体积分数为0.4%的 Cr_2O_3，可使强度提高1倍以上。由控制超晶格的构造、单位晶格内各种绝缘相和介电体相排列的分子复合材料的设计开发正在积极地进行。介电体相中排列有亚纳米级厚度的绝缘相，将来有希望用于超高密度器件材料。由 Al_2O_3/NiO/SiC 混合粉末的烧结创造了 Al_2O_3 纳米 Ni/纳米 Ni_3Si 的富勒烯复合材料，可以预想这种材料具有卓越的触媒特性。

5.6.4.2　陶瓷基纳米复合材料的制备

陶瓷基纳米复合粉末及材料的主要制备方法如下。

A　等离子相合成

等离子相合成需要等离子或气体高离子化（物质的第四态）的存在。离子化的气体有助于电导，从而增强反应动力。用于热等离子的反应器包括直流、交流或高频反应器。这些反应器都可以高效地进行粉末合成。冷等离子反应器结合了高频或微波反应器。因为粉末出产率低，它们更适合于用作烧结或制作表面薄膜，优点是污染少，可以控制工艺参数。在纳米复合材料领域，用微波冷等离子反应器合成了 La-CeO_{2-x}/Cu-CeO_{2-x}复合材料。用冷等离子反应器制备了 Al_2O_3 覆盖的 ZrO_2 颗粒及 Al_2O_3/ZrO_2 纳米复合材料。

B　化学气相沉积

采用这个化学气相沉积法在大气压和 1223 K 的温度下，用 TiC_{14}-SiH_2-C_4H_{10}-H_2 气体系统，在碳素材料上沉积出了 SiC/TiC/C、SiC/TiC 和 SiC/$TiSi_2$ 纳米复合材料。最大优点是容易控制沉积材料的成分和组织，缺点是过程慢及原材料贵，存在碳氢物的污染。

C　离子溅射

离子溅射是将纯金属、合金及化合物用冷蒸发技术一层或几层地沉积到合适的物质上。反应溅射可以产生原位反应的离子溅射，例如，氧气、氮气及惰性气体的导入，可产生氧化物或氮化物的薄膜。这些薄膜有时是一些陶瓷或金属的纳米复合材料，具有一些不寻常的光学、电学及磁学特性。由镍铝化物在氮气等离子体中的反应溅射，制作出 Ni_3N 及 AlN 纳米复合材料薄膜。

D　溶胶-凝胶

溶胶-凝胶工艺用于制备聚合物基纳米复合材料，也用于制备陶瓷基纳米复合材料，是纳米复合材料最常用的液相工艺。均匀溶液通过控制干燥而转变成一个分子结构不可逆的相。凝胶是一种弹性固体充填，与溶液体积相同。在进一步干燥时，凝胶收缩并已转变成期望的相。通过控制凝胶体的参数和其后的热处理，能够控制组织形成。利用此工艺，用不同的烃氧化物合成出了 TiO_2/Al_2O_3 纳米复合材料。用溶胶-凝胶工艺也合成出了莫来石/ZrO_2、莫来石/TiO_2 及 ZrO_2/Al_2O_3。非氧化物基纳米复合材料也可以用溶胶-凝胶工艺来合成，比如在氮气或氨气中合成了 AlN/BN 复合材料。溶胶-凝胶工艺的最大优点是，在低温就可将高熔点材料加入到非结晶的干凝胶体中；其缺点是原材料特别是有机金属比较贵。

E　有机金属热分解

有机金属热分解这项技术是将有机金属前驱体热分解来得到陶瓷材料，适合于制作陶瓷纤维、涂层或反应性无定形粉末。通过这种方法合成的纳米复合材料有 TiC/Al_2O_3、TiN/Al_2O_3 和 AlN/TiN，反应物为丁氧醇钛、糠醛树脂和丁氧醇铝。

F　燃烧合成

燃烧合成是一个用前驱体来合成纳米晶体陶瓷的方法。期望的晶体相由离子的重排列而直接从非晶态固体中形成。这个方法适用于各种纳米级单相、多相及复合材料的合成，产物纯度高并含有松散的团聚。

G　固态方法

机械合金化是一种在高能量球磨中使元素或合金粉末不断反复结合、断裂、再结合的固态合金化方法。这种方法大部分使用振动球磨，其主要问题是污染，污染主要来源于容器、球或空气，并导致产品力学性能的降低。例如，用铁和氧化铝粉或氧化铁和铝的混合物球磨，可制备 $Fe\text{-}\alpha\text{-}Al_2O_3$ 纳米复合材料。

由于纳米材料在晶界含有大量的分子，这样大量晶界提供了一个短的回路，因此，它们与传统材料相比具有高扩散率，与粗晶材料相比，烧结可以在一个较低的温度进行。纳米材料及纳米复合材料的制备需要注意以下几个方面：(1) 粉末的坯体压制时，特别是对于非氧化物，要注意防止氧化。(2) 由于细小尺寸，纳米材料具有大的内部摩擦，反过来影响了材料的流动和填充，以及粉料与模具内壁的摩擦，因此，可应用高压及使用黏结剂，使用润滑剂也很有帮助。(3) 致密化时常常伴随着晶粒生长，导致失去了纳米材料的目的，可以用两个方法来达到致密化而保留纳米晶粒尺寸：一种方法是采用一些活化烧结；另一种方法是采用一些添加相或加入到别的基体中，形成纳米复合材料。但由于纳米相的阻碍作用，纳米复合材料有时反而更难于烧结。通常的陶瓷材料烧结方法，都可以用于制备陶瓷基纳米复合材料，致密化手段有以下几种：

1) 无压烧结。无压烧结不受模具的限制，装炉量大，产量高，很适合工业化生产。

无压烧结的一个典型实例是氧化物/非氧化物系统的 Al_2O_3/SiC。SiC 颗粒强烈阻碍 Al_2O_3 的晶粒生长，但阻止其致密化。通过调节添加剂的加入及无压烧结工艺，制备 Si_3N_4/SiC 纳米复合材料。

2）反应烧结。用反应烧结制备 Si_3N_4-莫来石-Al_2O_3 纳米复合材料的过程是：在 Si_3N_4 表面先进行部分氧化来产生 SiO_2，最后表面氧化物与 Al_2O_3 反应产生莫来石。反应烧结的优点是：可以减少杂质相，反应烧结时的体积增加而使收缩变小，在低温下进行致密化。

3）热压烧结。在烧结中使用压力，可以阻止纳米陶瓷在致密化之前发生的晶粒生长。施加的压力增强了致密化过程的动力和活力。通过热压烧结已制备了致密的 Si_3N_4/SiC 纳米复合材料。用高纯度的 Si_3N_4 和 SiC 粉末，在不同温度及时间下热等静压，制备了 Si_3N_4-25%（体积分数）SiC 纳米复合材料。无压烧结和热等静压的组合使用可结合两者的优点，使材料可以完全致密化，可以省去使用玻璃包套来提高生产效率。这种方法要求在无压烧结时使气孔都变为闭气孔，这些闭气孔在热等静压时可被完全挤出。

4）等离子放电烧结。这种方法是利用加直流脉冲电流时的放电和自发热作用，在低温及短时间内完成烧结。与热压烧结及热等静压烧结相比，不仅装置简单，设备费用低，而且能制备用别的方法不可能制作的材料，是能用于很多方面的独特技术。

5.6.5 金属基纳米复合材料及成形技术

5.6.5.1 金属基纳米复合材料

随着原位反应、机械合金化、喷射沉积等制备技术的发展，使铁基、镍基、高温合金和金属间化合物基复合材料，以及功能复合材料、纳米复合材料、仿生复合材料的研究开发得到相应发展。金属基纳米复合材料的种类如表 5-28 所示。金属材料的构成相有结晶相、准结晶相及非晶相。金属基纳米复合材料由这些相的混相构成。与一般的材料比较，金属基纳米复合材料具有高强度、高韧性、高比强度、高比刚度、耐高温、高耐磨及高的热稳定性，在功能方面具有高比电阻、高透磁率及高磁性阻力。金属基纳米复合材料的实例是高强度合金：用非晶晶化法制备高强、高延展性的纳米复合合金材料，其中包括纳米铝-过渡族金属-钢化物合金，纳米 Al-Ce-过渡族金属合金复合材料，这类合金具有比常规同类材料好得多的延展性和高的强度（1340~1560 MPa）。在结构上的特点是：在非晶基体上分布纳米粒子，例如，Al-过渡族金属-金属镧化物合金中在非晶基体上弥散分布着 3~10 nm 铝粒子，而对于 Al-Mn-金属镧化物和 Al-Ce-过渡族金属合金中是在非晶基体中分布着 30~50 nm 粒径的 20 面体粒子，粒子外部包有 10 nm 厚的晶态铝。这种复杂的纳米结构合金是导致高强、高延展性的主要原因。有的高能球磨方法得到的 Cu-纳米 MgO 或 Cu-纳米 CaO 复合材料，这些氧化物纳米微粒均匀分散在铜基体中。这种新型复合材料电导率与 Cu 基本一样，强度却大大提高。

表 5-28 金属基纳米复合材料种类

金属基纳米复合材料种类	实 例	性 能 特 点
金属/金属间化合物	$Al+Al_3Ni+Al_{11}Ce_2$、$Al+AlZr_3+Al_3Ni$	高强度、高耐热强度、高韧性、高耐磨、硬磁性

续表 5-28

金属基纳米复合材料种类	实　例	性能特点
金属/陶瓷	$Al+Nd_2Fe_{14}B$、$Nd_2Fe_{14}B+Fe_3B$、α-Fe+ HfO、$Co+Al_2O_3$	高比电阻、高周波透磁率、大磁性阻抗
金属/金属	α-Fe+Ag、Co+Cu、Co+Ag、α-Ti +β-Ti	大磁性阻抗、高密度磁记录性、高强度、高延性
结晶/准结晶	Al-Mn-Ce-Co、Al-Cr-Fe-Ti、Al-V-Fe、Al-Mn-Cu-Co	高强度、高延性、高耐热强度、高耐磨
结晶/非晶态	Al-Ni-Co-Ce、Al-Ni-Fe-Ce、Fe-Si-B-Nb-Cu、Fe-Zr-Nb-B	高强度、软磁性、硬质磁性
准结晶/非晶态	Zr-Nb-Ni-Cu-M（M=Ag、Pd、Au、Pt、Ti、Nb、Ta）	高强度、高延性
非晶态/陶瓷	Zr-Al-Ni-Cu + ZrC	高强度、高延性、高刚性

5.6.5.2　金属基纳米复合材料制备技术

金属材料具有良好塑性、延展性和多种相变特性。利用这些特性可以制备出各式各样的金属基纳米复合材料，主要制备技术如下。

A　挤出法

高强度铝合金可用挤出法来制作。以 Al-Ni-Mn 合金为例，其代表组成为$Al_{88}Ni_8Mn_3Zr_1$。利用氩气喷雾法可以制作粒径 72 μm 以下的球状粉末。将这些粉末填入管中，真空脱气后封管，在400 ℃左右的温度下挤出（挤出比为10），制成直径为20~100 mm 的材料。挤出材的组织为 30~50 nm 的 Al_3Ni 及直径 10 nm 的 $Al_{11}Mn_2$ 均匀分散于 Al 的母相中的纳米复合相，这些化合物的体积分数为30%~40%。

B　非晶态合金纳米结晶化法

非晶态合金纳米结晶化法分为三类：对能够得到非晶态相的合金组成的液相，在控制急冷时的冷却速度的冷却速度控制法；调整合金的成分，使 C 曲线左移，以降低非晶态相的形成能力的成分控制法；将快冷得到的含有非晶态相的合金再进行热处理的热处理控制法。热处理控制法是比较常用的方法，先将合金各组分混合熔融，由单辊法等超急冷法得到非晶态的金属薄带，在结晶温度以上进行热处理。上述方法可以组合使用，由非晶态合金的结晶化处理得到晶体-非晶态纳米组织。用非晶态合金纳米结晶化法，可以制备用别的方法不能实现的高强度材料。

C　机械合金研磨结合加压成块法

机械合金研磨结合加压成块法使用高能量的机械研磨机（比如振动球磨机），通过钢球或陶瓷球之间的相对碰撞，将组成颗粒不断反复地冷焊接和断裂，使颗粒不断细化而达到目的。有时在保护气氛下进行上述球磨工艺。使用这种方法可以制备高度亚稳定的材料，比如非晶态合金及纳米结构材料。在较低的温度下，使用热压、热等静压、热挤压等技术将纳米粉末压制成纳米复合材料，除了研磨和团聚外，高能球磨还能导致化学反应，这些化学反应可以影响到球磨过程及产品的质量。利用这个现象，通过机械诱发金属氧化物与一个更活泼金属之间的置换反应，可以制备磁性氧化物/金属纳米复合材料。这种方法的优点是工艺简单，成本低，但粉料易被污染。陶瓷纳米材料的制备中也使用这种方法。

D 循环塑性变形细化晶粒法

变形-再结晶是金属成形的常用方法。由于大量晶界及亚晶界的产生，为再结晶提供了大量形核位置，使得成核数量增多，晶粒细小。可以想象，如此循环多次的塑性变形，可以得到纳米级的组织。

E 烧结法

对于陶瓷颗粒分散的金属基纳米复合材料，少量的无机颗粒可大幅度降低材料的塑性，适合用烧结法制备。先将金属与陶瓷的混合粉末在低温下球磨细化，研究表明，利用低温球磨（液氮温度）可使铝和氧化铝的颗粒尺寸降低至30~40 nm。将制备好的混合粉末在较大的压力下进行热压烧结，可制备出高密度的纳米复合材料。烧结温度应尽可能低，以避免晶粒过分生长。

5.6.6 纳米复合材料的应用

5.6.6.1 聚合物基纳米复合材料的应用

聚合物基纳米复合材料兼有纳米粒子自身的小尺寸效应、表面效应、粒子的协同效应，以及聚合物本身柔软、稳定、易加工等基本特点，因而具有其他材料所不具有的特别性质。

纳米材料增强的聚合物基纳米复合材料有更高的强度、模量，同时还有高韧性，拉伸强度与冲击韧性有一致的变化率。在加入与普通粉体相同质量分数的情况下，强度和韧性一般要高出1~2倍，在加入相同质量分数的情况下，一般要高出10倍以上。采用纳米粒子增强聚合物基体，复合材料既可以增加强度，又可以增加韧性。蒙脱土的结晶构造为由二氧化硅四面体/二氧化铝八面体/二氧化硅四面体的基本层组成的层状材料。这个基本层非常细小，厚度为1 nm，边长为100 nm，其基体有尼龙系、聚烯烃类、聚丙乙烯、环氧树脂、聚乙酰胺等。例如，添加量为4.2%（质量分数）的蒙脱土，蒙脱土的层片在尼龙6基体中均匀分散，通过插层-聚合得到纳米复合材料。与尼龙6基体相比，拉伸强度提高1.5倍，弹性模量提高2倍，冲击韧性基本上没有变化。层片与尼龙6的结合为比较强的离子键结合，层片又以分子状态分散，使应力集中源减少，提高了疲劳寿命。

通常的尼龙6的结晶构造为α型（熔点220 ℃），结晶率为6%~30%。而组成纳米复合材料时，结晶构造为γ型（熔点214 ℃），结晶率超过40%。尼龙6基体的热变形温度为80 ℃，纳米复合材料的热变形温度为152 ℃。如果使用一般的无机物来达到这种性能，需要添加30%（质量分数）以上，还会引起冲击韧性的降低。纳米尺寸的硝酸盐层片具有很高的耐热性和弹性率，使得纳米复合材料在超过玻璃化温度时也可维持高的弹性率。

一般地，高分子中即使分散有不燃的无机物，在燃烧中高分子熔融分解后的挥发性液体也会在无机物表面扩散，反而增大了燃烧性。但是，当无机物的形态为纳米级时，即使少量的添加，也能使高分子燃烧时维持其状态。研究表明，尼龙单独加热时，400 ℃开始着火，其后急速达到1100 kW/m^2 的最大燃烧值。而添加质量分数为5%的蒙脱土的纳米复合材料的燃烧值不到500 kW/m^2。燃烧时形状能否保持，对防止延烧极其重要。细小分散的无机颗粒熔融产生架桥效应，使高分子黏结在一起，这个特性只有在颗粒小到10 nm

以下时才具有。这些难燃材料可用于家庭、旅馆、火车和汽车等。

与单纯高聚合物相比，添加层状黏土的纳米复合材料具有高的气密性。这是由于层片的阻碍，气体透过材料时的路径相对延长和透过困难而造成的。用于食品包装时，可以防止氧气的透过。用于汽车的燃料管和燃料箱时，可以防止油料的泄漏。

聚合物在自然界中很难分解，极易给自然界造成污染。比如采用颗粒和粉末的 Bionelle 及蒙脱土的纳米复合材料，表现出了高的生物降解性。

尼龙 6 与蒙脱土复合的纳米复合材料已经比较成熟，已实现工业化生产。可用它制作汽车部件，潜在应用包括飞机内部材料、燃油箱、电工或电子元件、制动器和轮胎等，在汽车上使用聚丙烯作为保险杠和指示表盘等比较多。质量分数为 4.8% 的蒙脱土加入聚丙烯，通过溶化剂形成纳米复合材料，使弹性率为基体的 1.3~1.6 倍，这种弹性率的提高可增强部件的刚性。聚对苯二甲酸乙二脂（PET）纳米复合材料也具有广泛的用途，在航空业：飞机上的开关、熔断器、继电器、插接件、仪表盘等；在通信业：集成块、接线板、配电盘、电容器壳体等；在其他方面：变压器骨架、温控开关、散热器部件等。纳米复合橡胶可用于防水建材、体育场地材料等。

5.6.6.2 陶瓷基纳米复合材料的应用

对多种纳米陶瓷或金属颗粒增强的纳米复合材料的研究表明，所有添加的纳米尺寸的第二相颗粒体积分数都是 5%~20% 时，断裂强度与单相材料相比有大幅度的提高。除了一部分外，断裂韧性大致为单相的 1.5~1.7 倍。少量的纳米尺寸颗粒可造成裂纹尖端有效的架桥作用，而进一步导致在极短的裂纹扩展范围内破坏阻力的增加。在金属分散的材料中，断裂韧性的改善依赖于金属的塑性变形，使得添加的金属颗粒越多，韧性的提高越明显。构成纳米复合材料的组织特征的相组成的多样化，使得有些材料也具有与力学性能相关联的机能性。例如，由纳米/纳米复合构成的材料，比如 Si_3N_4/SiC、ZrO_2/Al_2O_3 等纳米复合材料，在高温下可进行超塑性变形。陶瓷材料的晶粒细化后，高温下晶界原子活动激化，颗粒间的晶界滑移可以导致巨大的超塑性变形。用有机化合物先驱体及溶液化学法调制的粉末得到的纳米复合材料，在保持母相陶瓷特性的同时，也得到了与金属一样的可加工性。这是由于软的纳米尺寸的分散相的存在，赋予了材料准塑性变形能，同时有效抑制了导致宏观破坏的微观裂纹的生成和传播。

锆钛酸铅（PZT）压电陶瓷材料，强度和韧性很低，而通过添加纤维和晶须及细化晶粒等方法来强化，对材料的压电特性有很大损害。通过纳米复合，可使 PZT 材料具有综合性的电气机能和力学性能。用体积分数为 0~10% 的 Ag 或 Pt 纳米颗粒分散 PZT 基体，这两种金属颗粒在大气中烧结时不会氧化，并且与基体的 PZT 基本不反应，在大气中常压烧结，可得到纳米金属分散的强介电纳米复合材料。与单相的 PZT 材料相比，纳米复合材料具有烧结温度低、高强度、高韧性及高介电特性。一般单相 PZT 材料的断裂韧性为 0.7 $MPa \cdot m^{1/2}$，强度为 50~100 MPa，而添加 Ag 的纳米复合材料的断裂韧性为 1.1 $MPa \cdot m^{1/2}$，强度为 170 MPa，比单相材料高出很多。室温比介电率、最大介电率温度及居里温度的比介电率，都随 Ag 的添加量的增加而上升。

纳米复合化使结构陶瓷材料具有压电特性，分散颗粒若具有强介电、压电性，与结构陶瓷复合得到的纳米复合材料也可具有压电性，这种结构与功能的复合将具有广泛的应用。例如，用平均粒径 300 nm 的 $BaTiO_3$ 和 PZT 粉，与 MgO 原料粉湿法球磨混合、干燥。

$BaTiO_3$ 分散的粉末在氮气气氛下热压烧结后，在大气中退火。退火可使烧结过程中半导体化的 $BaTiO_3$ 相再度氧化。PZT 分散的粉末 CIP 成形后，在大气中常压烧结，得到的 MgO/$BaTiO_3$ 和 MgO/PZT 纳米复合材料都含有强介电相。在电场中进行处理后，使材料具有压电性，力学性能随纳米介电性颗粒的添加而提高。

在结构陶瓷材料中添加纳米级磁性金属颗粒而得到的纳米复合材料，提高了力学性能，并具有良好的磁性能。金属和合金磁性材料具有电阻率低、损耗大的特性，尤其在高频下更是如此。磁性陶瓷材料基纳米复合材料有电阻率高、损耗低、磁性范围广泛等特性，在材料制备时，通过对成分的严格控制，可以制造出软磁材料、硬磁材料和矩磁材料。

在无机玻璃、陶瓷薄膜等宽的波长范围内，透明的基体内分散有纳米金属、半导体、磁性体、荧光体等的结晶时，纳米级的结晶可抑制入射光的散乱，使材料保持透明。再加上量子尺寸效应及结晶表面特异的电子状态和格子振动等纳米结晶的特征，使陶瓷基纳米复合材料具有特殊光特性。10 nm 的 $ZnGa_2O_4$：Cr^{3+}结晶分散的硅酸盐玻璃，在室温可明显地观察到 R 线。稀土类离子的导入，使氧化物玻璃中析出氟化物晶体，改善了转换荧光特性的同时也改善了材料的耐水性。

5.6.6.3　金属基纳米复合材料的应用

主成分为 Al-Ni-Mn 系铝合金经过挤出成形，形成金属基纳米复合材料。挤出材的性能与挤出条件关系很大。密度 2.9~3.2 g/cm^3，弹性模量 85~94 GPa，2%屈服应力 600~850 MPa，塑性伸长率 1.5%~10%，夏氏 V 形缺口冲击韧性 5~8 J/cm^3，耐热强度 200 ℃时 500 MPa，300 ℃时 250 MPa，在室温时经历 10^7 次循环后的疲劳强度为 270 MPa，150 ℃时为 220 MPa。耐腐蚀性为在 3%的 NaCl 中 10 mm/年以下。这种纳米结晶的铝合金的比强度和比刚性超过商用的铝合金、不锈钢甚至钛合金。利用这些特性，可以制作高速运动的机械部件、机器人部件、体育用品及模具，其使用量和生产量也在逐年增加。

由于纳米复合而导致的磁性能的改善，有软磁性材料的金属-非金属纳米颗粒软磁材料，硬磁性材料的纳米复合材料磁石。软磁材料要求有高饱和磁力、高磁导率和透磁率、低保磁力和无磁致伸缩。一般软磁材料为硅钢片、铁镍合金、铁硅铝合金等金属材料及铁氧体等氧化物材料。由非晶化、纳米结晶化、金属-非金属颗粒化可以提高其性能。金属-非金属颗粒化软磁纳米复合材料，是由 Fe、Co 等强磁性金属相与 SiO_2、Al_2O_3 等绝缘相在纳米尺寸微细混合而构成的磁性材料，同时具有由强磁性金属相导致的软磁性和由绝缘相的绝缘效果导致的高电阻特性。

烧结 Nd 磁石在 MRI 诊断装置、电动机、通信、音响等被广泛使用。为了制作强磁铁，需要有高的自磁化和保磁力。对于 $Nd_2Fe_{14}B$，其理论最大磁能积 BH_{max}大约为 64 kJ/m^3，而纳米复合的理论最大磁能积 BH_{max} 可达 100 kJ/m^3。由硬磁相和软磁相构成的纳米复合材料新型永磁体，是基于利用硬磁相的高结晶磁各向异性和软磁相的高饱和磁化构成的显微组织，通过两相相互作用而得到高的磁特性。硬质相为 $Nd_2Fe_{14}B$，软质相为 α-Fe 或 Fe_3B。为了提高居里点，添加 Co；为了提高保磁力，添加微量的 Nb、V、Mo。纳米复合永久磁石的制备：首先做成预定成分的合金铸锭，然后在惰性气氛中，从金属辊压得到带状的急冷薄板。为提高保磁力，进一步将得到的薄板进行适当的热处理。制成粉末后，如果这些粉末与树脂一起炼，再压缩可得到黏结磁铁。$Sm_2Fe_{17}N_3$ 化合物，具有比

$Nd_2Fe_{14}B$ 化合物更高的居里点和磁各向异性。Sm-Fe-N 系化合物也可与软磁相的 Fe 构成纳米复合材料。复合磁石的制造工艺：将 Sm、Fe、Zr、Co 等原料金属混合粉在高温用单辊和急冷，得到微细的 $SmFe_7$ 微合金组织。粉碎后在 600~800 ℃热处理，使 α-Fe 相析出，再在400~500 ℃氮化处理形成磁石粉。通过与树脂混炼、成形得到纳米复合磁石。

5.7 复合材料的应用与展望

5.7.1 分子自组装技术

分子自组装技术是通过有机物或聚合物分子以一定的结合方式在特定的基片上自行组装而得到具有特殊性能材料的材料制备技术。有机物分子或聚合物分子与基片之间以及这些分子之间的作用力，可以是化学键、氢键或静电引力。巧妙地利用这种作用力在一定条件下能得到单层、双层或多层自组装薄膜材料。

20 世纪 80 年代开始了分子自组装薄膜材料的研究。近几年来，靠静电引力结合的多层自组装材料引起了人们极大的关注。美国 Claus 等人以单晶硅、石英、光学玻璃等为基片，用合适的交联剂使基片的一个面带正电荷，然后将基片交替置于带不同电价的聚合物水溶液中，通过静电引力使聚合物分子逐层组装起来。若将无机纳米粒子分散在一种聚合物中，就可获得均匀分散的有机–无机自组装材料。制备过程如图 5-42 所示。

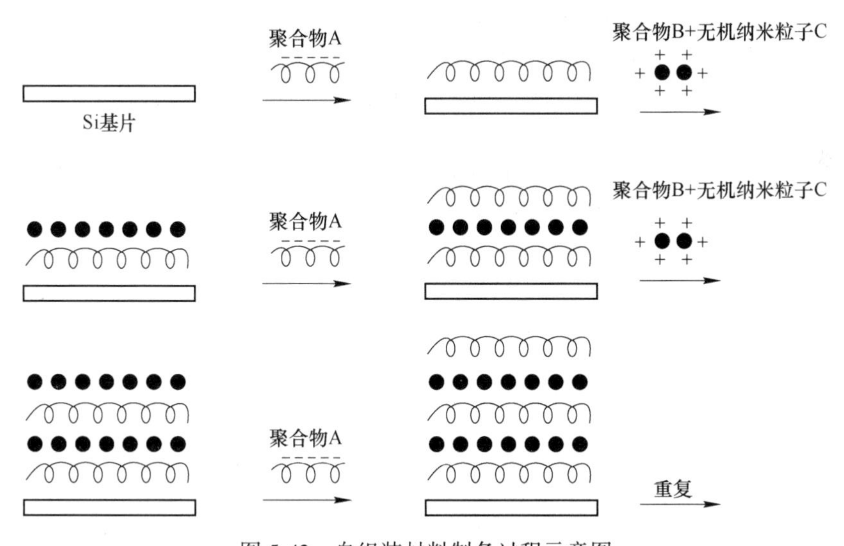

图 5-42　自组装材料制备过程示意图

该技术的优点是：

(1) 由于材料是以分子尺寸逐层组装而成，因此，材料的厚度可精确控制到分子尺寸，这是其他任何方法都无法实现的。

(2) 无机纳米粒子在材料中可以呈高密度的均匀分散状态。

(3) 静电吸引过程是一个非常快的过程，若选择合适的条件，每组装一层所需的时间不超过 10 s。

(4) 组装材料与基体结合非常牢固，甚至超过基体材料自身。

(5) 设备简单，操作方便，成本低。

5.7.2 超分子复合技术

超分子主要由有机物分子构成，或由有机物分子与无机物分子（原子或离子）共同构成。其形成的主要作用是靠氢键、芳香族化合物的 π 电子共轭，甚至共价键。由于分子识别并进行有序的堆积而形成超分子，从而引起材料的电性能、光性能和其他许多性能的显著变化。

超分子材料的制备原理与自组装方法类似，关键在选择合适的超分子构筑作用对和介质。例如，酞菁或冠醚酞菁可于极性有机溶剂介质中在其轴向与含有孤对电子的氧原子或 O^{2-} 形成轴向配位键，从而形成沿轴向排列的超分子结构。

由于这种结构的形成，改变了超分子化合物的导电性能，并使其电导在室温下随环境气体的浓度变化而发生有规律的变化，因而可以作为传感器中的敏感材料。

1. 什么是复合材料，复合材料具有什么特点？
2. 常见复合材料的种类有哪些？
3. 何为弥散强化复合材料，它的增强机理是什么？
4. 有一铝制蜂窝结构材料，芯材为六角形，每边长为 5 mm，壁厚 0.08 mm；面材为 1.5 mm 厚的两铝板，相距 20 mm，试计算：(1) 该材料的密度。(2) 面积为 1.2 m×2.4 m 时该材料的质量，并与 1.2 m×2.4 m×25 mm 的铝板进行比较。
5. 与传统的金属材料相比，金属基复合材料的性能有什么优点？
6. 在金属基复合材料中，常用的基体材料有哪些？

6 新能源材料制备技术

【本章提要与学习重点】

本章主要针对锂离子电池材料、太阳能电池材料、燃料电池材料及超级电容器材料等四种新能源材料的概述、原理、应用及展望进行论述。通过本章学习，学生了解目前新能源材料发展方向及研究现状，并熟悉新能源材料的应用背景及发展潜力，促进学生对新能源材料研究的兴趣。

6.1 新能源材料概述

广义地说，凡是能源工业及能源技术所需的材料都可称为能源材料。但在新材料领域，能源材料往往指那些正在发展的、可能支持建立新能源系统以满足各种新能源及节能技术的特殊要求的材料。

能源材料可以按材料种类来分，也可以按使用用途来分。大体上可分为燃料（包括常规燃料、核燃料、合成燃料、炸药及推进剂等）、能源结构材料、能源功能材料等几大类。按其使用目的又可以把能源材料分成能源工业材料、新能源材料、节能材料、储能材料等大类。为叙述方便也经常使用混合的分类方法。

目前比较重要的新能源材料有锂离子电池材料、太阳能电池材料、燃料电池材料和超级电容器材料等。

6.1.1 锂离子电池材料

锂离子电池的发展方向为：发展电动汽车用大容量电池；提高小型电池的性能；加速聚合物电池的开发以实现电池的薄型化。这些都与所用材料的发展密切相关，特别是与正极材料、负极材料和电解质材料的发展有关。

（1）负极材料。最早使用金属锂作为负极，但由于此种电池在使用中曾突发短路使用户烧伤，因此被迫停产并收回出售的电池，这是由于金属锂在充放电过程中形成树枝状沉积而造成的。现在实用化的电池是用碳负极材料，靠锂离子的嵌入和脱嵌实现充放电的，从而避免了上述不安全问题。通过对不同碳素材料在电池中的行为进行研究，使碳负极材料得到优化。随着研究的深入，目前负极材料已经发展为合金类、氧化物类等负极材料。

（2）正极材料。目前使用的正极材料有 $LiCoO_2$。此化合物的晶体结构、化学组成、粉末粒度以及粒度分布等因素对电池性能均有影响。为了降低成本，提高电池的性能，还研究了一些金属取代金属钴。目前研究较多的正极材料是 $LiMn_2O_4$、$LiFePO_4$ 和双离子传递型聚合物。

（3）电解质材料。研究集中在非水溶剂电解质方面，这样可以得到高的电池电压。重点是针对稳定的正负极材料调整电解质溶液的组成，以优化电池的综合性能。还发展了在电解液中添加 SO_2 和 CO_2 等方法以改善碳材料的初始充放电效率。三元或多元混合溶剂的电解质可以提高锂离子电池的低温性能。

6.1.2 太阳能电池材料

太阳能是人类最主要的可再生能源。但是这一巨大的能量却分散到整个地球表面，单位面积接受的能量强度不高。制约太阳能电池发展的因素有：接受面积的问题；能量按照时间分布不均匀的问题；电池材料的资源问题；成本问题。综合上述因素，太阳能电池材料的发展主要围绕着提高转换效率、节约材料成本等问题进行研究。主要有以下进展：

（1）发展新工艺、提高转换效率。材料工艺包括材料提纯工艺、晶体生长工艺、晶片表面处理工艺、薄膜制备工艺、异质结生长工艺、量子阱制备工艺等。通过以上的研究进展，使得太阳能电池的转换效率不断提高。单晶硅电池转换效率已经达到23.7%，多晶硅电池转换效率已达18.6%。

（2）发展薄膜电池、节约材料消耗。目前大量应用的是晶体硅电池。此种材料属于间接禁带结构，需较大的厚度才能充分地吸收太阳能。而薄膜电池如砷化镓电池、碲化镉电池、非晶硅电池，则只需 1~2 μm 的有源层厚度。而多晶硅薄膜电池的有源层厚度为 50 μm，同时使用衬底剥离技术，使衬底可以多次使用。

（3）材料大规模的加工技术。提高太阳能电池成本竞争力的途径之一是扩大生产规模，其中材料制备与加工技术是关键的因素。为此研究开发大规模生产的工艺与设备。目前生产的太阳能电池的70%~80%是晶体硅太阳能电池，它们使用的原料为生产半导体器件用晶体的头尾料。

（4）与建筑相结合。解决太阳能电池占地面积问题的方向之一是与建筑相结合。除了建筑物的屋顶可架设太阳能电池板之外，将太阳能电池嵌在建筑材料上是值得重视的。

6.1.3 燃料电池材料

研究开发燃料电池的目的是使其成为汽车、航天器、潜艇的动力源或组成区域供电。现针对上述不同用途开发的燃料电池有碱性燃料电池（AFC）、磷酸型燃料电池（PAFC）、质子交换模型燃料电池（PEMFC）、熔融碳酸盐燃料电池（MCFC）和固体氧化物燃料电池（SOFC）。燃料电池材料的发展主要围绕提高燃料发电的效率、延长电池的工作寿命、降低发电成本等方面。

（1）SOFC 材料。固体氧化物燃料电池材料的优点是电解质为固体，无电解液流失问题，而且燃料的适用范围广、燃料的综合利用率高。对于平板型的 SOFC，由于工作温度高造成选择材料困难，通过发展氧化钇稳定氧化锆（YSZ）薄膜技术以及探索新兴的中温电解质，有可能使中温 SOFC 走向实用化。对于管式 SOFC，目前正在探索廉价的 YSZ 膜制备工艺，以降低电池成本。

（2）PEMFC 材料。PEMFC 开始用于宇航，由于其结构材料昂贵及高的铂用量而阻碍了民用发展。最近 PEMFC 材料已获得了突破性进展，有望取代汽车现有动力源。现在 PEMFC 均使用 Pt/C 或 Ru/C 作电催化剂，以提高 Pt 分散度，并且向电催化层中浸 Nafion 树脂，实现电极的立体化以提高铂的利用率，使铂用量降至原来的 1/20~1/10。另一项发展是试图用金属双极板取代目前使用的无孔石墨板，这要靠金属板表面改性技术来实现。

（3）MCFC 材料。熔融碳酸盐燃料电池的工作温度约为 650 ℃，余热利用价值高，电催化剂以镍为主，不使用贵金属。现在的问题是成本高，降低成本的重要途径是延长电池的使用寿命。在材料方面主要是解决在电池使用过程中阴极材料发生溶解、阳极材料发生蠕变、双极板材料发生腐蚀等问题。目前正在探索新的阳极材料，如金属间化合物。

6.1.4　超级电容器材料

超级电容器又称电化学电容器，是一种介于传统电容器与电池之间、具有特殊性能的新型储能装置，其主要依靠双电层和氧化还原赝电容电荷储存电能。它具有充电时间短、使用寿命长、温度特性好、节约能源和绿色环保等优点，具有广泛的应用前景。

超级电容器作为一种新型的储能元件，具有以下特点。

（1）高能量密度。超级电容器的能量密度比传统电容器大 10~100 倍，达到了 1~10 W · h/kg。

（2）高功率密度。超级电容器具有 2 kW/kg 左右的功率密度，达到电池的 10 倍以上，可以在短时间内放出几百安培到几千安培的电流，特别适合用于需要短时间内提供高功率输出的场合。

（3）使用寿命长。超级电容器在充放电过程中所发生的是具有良好可逆性的电化学反应，因而其理论循环使用寿命为无穷，实际为 10 万次以上，比电池寿命高 10~100 倍。

（4）使用温度范围宽。其使用温度范围一般为 -40 ~ 70 ℃，而一般传统电池仅为 -20~60 ℃。

（5）充电速度快。超级电容器具有大电流充电的特性，能在几十秒内完成充电过程。而电池则需要数小时才能完成充电，即使采用快速充电方式也需要几十分钟。

（6）放置时间长。由于自放电的存在，超级电容器的电压会随着放置时间延长而逐渐降低，但能够通过充电重新回到原来的状态，即使几年不用也可以保持原来的性能指标。

6.2　锂离子电池材料

6.2.1　概述

6.2.1.1　锂离子电池的工作原理及发展

锂离子电池是指分别用两个能可逆地嵌入与脱嵌锂离子的化合物作为正负极构成的二次电池。锂离子电池的充放电工作机理十分独特，是靠锂离子在正负极之间的转移来完成的，人们将其形象地称为“摇椅式电池”，俗称“锂电”。

锂离子电池的工作原理如图 6-1 所示，以 $LiCoO_2$ 为例：

（1）充电：

$$LiCoO_2 \longrightarrow xLi^+ + Li_{1-x}CoO_2 + xe^- \tag{6-1}$$

$$xLi^+ + xe^- + 6C \longrightarrow Li_xC_6 \tag{6-2}$$

（2）放电：

$$xLi^+ + Li_{1-x}CoO_2 + xe^- \longrightarrow LiCoO_2 \tag{6-3}$$

$$Li_xC_6 \longrightarrow xLi^+ + xe^- + 6C \tag{6-4}$$

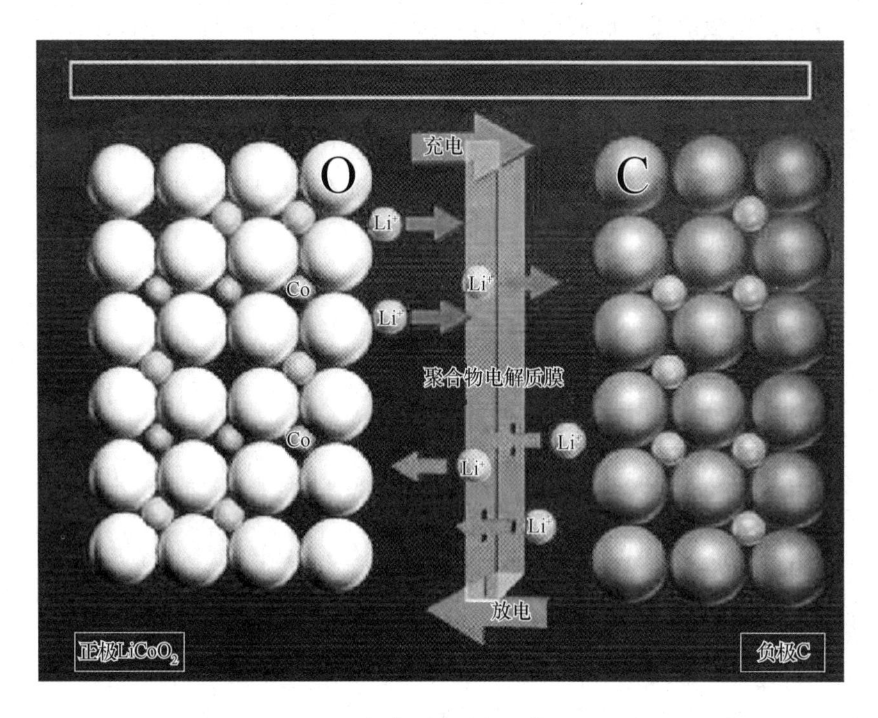

图 6-1 锂离子电池的工作原理

锂离子电池的工作原理就是指其充放电原理。当对电池进行充电时，电池的正极上有锂离子生成，生成的锂离子经过电解液运动到负极。而作为负极的碳呈层状结构，它有很多微孔，到达负极的锂离子就嵌入碳层的微孔中，嵌入锂离子电池的锂离子越多，充电容量越高。表 6-1 为锂离子电池的发展历程。

表 6-1 锂离子电池的发展历程

年份	电池组成的发展			体 系
	负 极	正 极	电解质	
1970 年	金属锂、锂合金	过渡金属硫化物、过渡金属氧化物	液体有机电解质、固体无机电解质、(Li_3N)	Li/LE/TiS_2、Li/SO_2
1980 年	Li 的嵌入物（$LiWO_2$）、Li 的碳化物（LiC_{12}，焦炭）	聚合物正极、FeS_2 正极、$LiCoO_2$、$LiNiO_2$、$LiMn_2O_4$	聚合物电解质	Li/聚合物二次电池、Li/LE/$LiCoO_2$、Li/PE/V_2O_5，V_6O_{13}、Li/LE/MnO_2
1990 年	Li 的碳化物（LiC_6，石墨）	尖晶石氧化锰锂（$LiMn_2O_4$）	聚合物电解质	C/LE/$LiCoO_2$、C/LE/$LiMnO_4$
1994~1995 年	无定形碳	氧化镍锂	PVDF 凝胶电解质	凝胶锂离子电池
1997 年至今	锡的氧化物、新型合金	$LiFePO_4$	PVDF 凝胶电解质	

6.2.1.2 锂离子电池的分类

锂离子电池的分类方法很多。根据温度可分为高温锂离子电池和常温锂离子电池；根据所用电解质的状态可分为液体锂离子电池、凝胶锂离子电池和全固态锂离子电池；根据正极材料的不同可分为锂离子电池、锂/聚合物离子电池和 Li/FeS_2 离子电池；依据使用方向的不同可分为便携式电子设备提供电源的小型锂离子电池和为交通工具提供动力的动力锂离子电池；按形状分为圆柱形锂离子电池、方形锂离子电池和扣式锂离子电池。当然还有别的分类方法，同时在这些分类的基础上，也可以再进行细分。

6.2.1.3 锂离子电池的优缺点

锂离子电池与其他电池相比，其性能比较如表 6-2 所示。

表 6-2 几种二次电池的性能比较

技术参数	镍镉电池（Ni/Cd）	镍氢电池（Ni/MH）	锂离子电池（LiB）
工作电压/V	1.2	1.2	3.6
质量比能量/W·h·kg^{-1}	40~50	80	100~160
体积比能量/W·h·L^{-1}	150	200	270~300
能量效率/%	75	70	>95
充放电寿命/次	500	500	1000
自放电率/%·$月^{-1}$	25~30	15~20	6~8
充电速率	1C	1C	1C
记忆效率	有	少许	无
相对价格（以镍镉电池为 1）	1	1.2	2
形状	圆形或方形	圆形或方形	圆形或方形
毒性	有	无	无

（1）优点。锂离子电池具有许多显著特点，它的优点表现如下：

1）工作电压高。锂离子电池的工作电压为3.6 V，是镍镉电池和镍氢电池工作电压的3 倍。在许多小型电子产品上，1 节电池即可满足使用要求。

2）比能量高。锂离子电池比能量目前已达 150 W·h/kg，是镍镉电池的 3 倍，是镍氢电池的 1.5 倍。

3）循环寿命长。目前锂离子电池循环寿命已达 1000 次以上，在低放电深度下可达几万次，超过了其他几种二次电池。

4）自放电率小。锂离子电池月自放电率仅为 6%~8%，远低于镍镉电池（25%~30%）及镍氢电池（15%~20%）。

5）无记忆效应。

6）对环境无污染。锂离子电池中不存在有害物质，是名副其实的“绿色电池”。

（2）缺点。锂离子电池也有一些不足之处，主要表现如下：

1）成本高，主要是正极材料 $LiCoO_2$ 的价格高。

2）必须有特殊的保护电路，以防止过充电。

3）与普通电池的相容性差，因为一般要在用 3 节普通电池的情况下才能用锂离子电池替代。

6.2.2 负极材料

6.2.2.1 锂离子电池材料的发展

锂离子电池的负极材料主要是作为储锂的主体，在充放电过程中实现锂离子的嵌入和脱嵌。从锂离子电池的发展来看，负极材料的研究对锂离子电池的出现起着决定作用，正是由于碳材料的出现解决了金属锂电极的安全问题，从而直接影响了锂离子电池的应用。已经产业化的锂离子电池的负极材料主要是各种碳材料，包括石墨化碳材料、无定形碳材料和其他的一些非碳材料。纳米尺度的材料由于具有特殊的性能，也在负极材料的研究中受到广泛关注，而负极材料的薄膜化是高性能负极和近年来微电子工业发展对化学电源特别是锂离子二次电池的要求。各种锂离子电池负极材料如表 6-3 所示。

表 6-3 各种锂离子电池负极材料

材 料	种 类	特 点
金属锂及其合金负极材料	Li_xSi、Li_xCd、SnSb、AgSi、Ge_2Fe 等	锂具有最负的电极电位和最高的质量比容量，锂作为负极会形成枝晶，锂具有大的反应活性，合金化是能使充放电寿命改善的关键
氧化物负极材料（不包括和金属锂形成的合金）	氧化锡、氧化亚锡等	循环寿命较高，可逆容量较好，比容量较低，掺杂改性性能有较大的提高
碳负极材料	石墨、焦炭、碳纤维、MCMB 等	广泛使用，充放电过程中不会形成锂枝晶，避免了电池内部短路，但易形成 SEI 膜（固体电介质层），产生较大的不可逆容量损失
其他负极材料	钛酸盐、硼酸盐、氟化物、硫化物、氮化物等	此类负极材料能提高锂离子电池的使用寿命和充放电比容量，但制备成本高，离实际应用尚有距离

作为锂离子电池的负极材料，首先是金属锂，然后才是合金，但是锂离子电池商品化以后主要是其他负极材料。

作为锂离子电池的负极材料，所必须具备的条件如下：

（1）低的电化当量。

（2）锂离子的脱嵌容易且高度可逆。

（3）锂离子的扩散系数大。

（4）有较好的电子电导率。

（5）热稳定性及其电解质相容性较好，容易制成适用电极。

6.2.2.2 金属锂及其合金

人们最早研究的锂离子二次电池的负极材料是金属锂，这是因为锂具有最负的电极电位（-3.045 V）和最高的质量比容量（3860 mA·h/g）。但是，以锂为负极时，充电过程中金属锂在电极表面不均匀沉积，导致锂在一些部位沉积过快，产生树枝状的结晶。当枝晶发展到一定程度时，一方面会发生折断，产生死锂，造成不可逆的锂；另一方面，更为严重的是枝晶刺破隔膜，引起电池内部短路和电池爆炸。除此之外，锂有极大的反应活性，可能与电解液反应，也可能消耗活性锂和带来安全问题。为了解决上述问题，目前研究者主要在以下三个方面展开研究：

（1）寻找替代金属锂的负极材料。

（2）采用聚合物电解质来避免金属锂与有机溶剂的反应。

（3）改进有机电解液的配方，使金属锂在充放电循环中保持光滑而均一的表面。

前两个方面已经取得重大进展。已有的工作表明，金属锂在以二甲基四氢呋喃为溶剂、$LiAsF_6$ 为盐的电解质溶液中有较好的循环性。金属锂与 $LiAsF_6$ 反应生成的 Li_3As 使锂的表面均一而光滑。有机添加剂如苯、氟化表面活性添加剂、聚乙烯醇二甲醚均可以改善金属锂的循环性。研究发现，添加 CO_2 使金属锂在 PVDF-HFP 凝胶电解质中的充放电效率达 95%。进一步的研究有望使金属锂作为负极的锂离子二次电池在 21 世纪初开发成功。

6.2.2.3 合金类负极材料

为了克服锂负极高活泼性引起的安全性差和循环性差的缺点，人们研究了各种锂合金作为新的负极材料。相对于金属锂，锂合金负极避免了枝晶的生长，提高了安全性。然而，在反复循环的过程中，锂合金将经历较大的体积变化，电极材料逐渐粉化失效，合金结构遭到破坏。目前的锂合金主要有 LiAlFe、LiPb、LiAl、LiSn、LiIn、LiZn、LiSi 等。为了解决维度不稳定问题，采用了多种复合体系。

（1）采用混合导体全固态复合体系，即将活性物质均匀分散在非活性的锂合金中，其中活性物质与锂反应，非活性物质提供反应通道。

（2）将锂合金与相应金属的金属间化合物混合，如将 Li_xSi 与 Al_3Ni 混合。

（3）将锂合金分散在导电聚合物中，如将 Li_xAl、Li_xPb 分散在聚乙炔或聚并苯中，其中导电聚合物提供了一个弹性、多孔、有较高电子和离子电导率的支撑体。

（4）将小颗粒的锂合金嵌入一个比较稳定的网络体系中。

这些措施在一定程度上提高了锂合金的维度稳定性，但是仍达不到实用化的程度。已经出现的锂离子电池，锂源是正极材料 $LiMO_2$（M 代表 Co、Ni、Mn），负极材料可以不含金属锂。因此，合金类材料在制备上有了更多的选择。

而纳米尺寸的金属氧化物材料也是一种较好的锂离子电池的负极材料。2001 年，Naichao Li 等用纳米结构的 SnO 作负极材料，结果发现，这种材料具有很高的容量（在 8 ℃时，一般大于 700 mA · h/g），而且经过 800 次循环后仍然具有充分的电性能。

6.2.2.4 碳负极材料

性能优良的碳材料具有充放电可逆性好、容量大和放电电位平台低等优点。近年来研究的碳材料包括石墨、碳纤维、石油焦、无序碳和有机裂解碳。目前，对所使用哪种碳材料作锂离子电池负极的看法并不完全一致。如日本索尼公司使用的硬碳、三洋公司使用的天然石墨、松下公司使用的中间相碳微球等。

（1）石墨材料。石墨作为锂离子电池负极时，锂发生嵌入反应，形成不同阶数的化合物 Li_xCo_6。石墨材料导电性好，结晶度较高，有良好的层状结构，适合锂的嵌入和脱嵌，形成锂与石墨层间化合物 Li-GIC（graphite intercalated compound，GIC），充放电比容量可达 300 mA · h/g 以上，充放电效率在 90%以上，不可逆容量低于 50 mA · h/g。锂在石墨中脱嵌反应发生在 0~0.25 V（vs. Li^+/Li），具有良好的充放电电位平台，可与提供锂源的正极材料 $LiCoO_2$、$LiNiO_2$、$LiMn_2O_4$ 等匹配，组成的电池平均输出电压高，是目前锂离子电池应用最多的负极材料。石墨包括人工石墨和天然石墨两大类。人工石墨是将石墨化碳

（如沥青焦炭）在氮气气氛中于1900~2800 ℃经高温石墨化处理制得。石墨结构如图6-2所示。

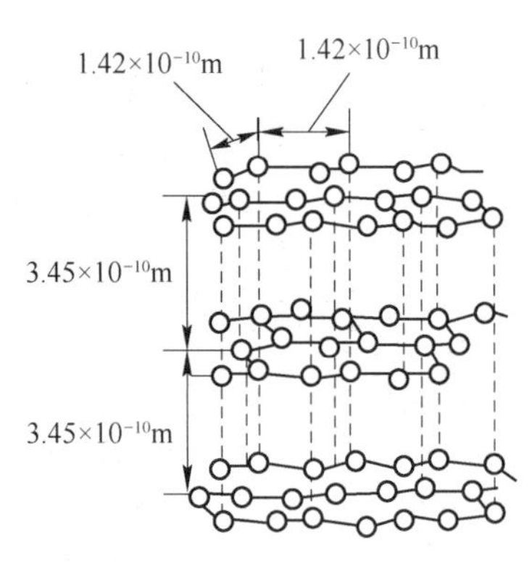

图6-2 石墨结构示意图

常见人工石墨有中间相碳微球（MCMB）和碳（石墨）纤维。天然石墨有无定形石墨和鳞片石墨两种。无定形石墨纯度低，石墨晶面间距（d_{002}）为0.336 nm。主要为2H晶面排序结构，即按ABAB…顺序排列，可逆比容量仅260 mA·h/g，不可逆比容量在100 mA·h/g以上。鳞片石墨晶面间距（d_{002}）为0.335nm，主要为2H+3R晶面排序结构，即石墨层按ABAB…及ABCABC…两种顺序排列。含碳99%以上的鳞片石墨，可逆容量可达300~350 mA·h/g。

（2）MCMB系负极材料。20世纪70年代，日本的Yamada首次将沥青聚合过程的中间相转化期间所形成的中间相小球体分离出来并命名为中间相碳微球（MCMB或MFC），随即引起材料工作者极大的兴趣并进行了较深入的研究。

由于MCMB具有独特的分子层片平行堆砌结构，又兼具微球形特点和自烧结性能，已成为锂离子电池的负极材料、高密度各向同性碳石墨材料、高比表面积活性炭微球及高效液相色谱柱填充材料的首选原料。MCMB由于具有层片分子平行堆砌的结构，又兼有球形的特点，球径小而分布均匀，已经成为很多新型碳材料的首选基础材料，如锂离子二次电池的电极材料、高比表面积活性炭微球、高密度各向同性碳石墨材料、高效液相色谱柱的填充材料等。

（3）SEI膜的形成机理。SEI膜是指在电池首次充放电时，电解液在电极表面发生氧化还原反应而形成的一层钝化膜。SEI膜的形成一方面消耗有限的Li^+，减小了电池的可逆容量；另一方面，增加了电极、电解液的界面电阻，影响电池的大电流放电性能。对于SET膜的形成有下面两种物理模型：

1）Besenhard认为：溶剂能共嵌入石墨中，形成三元石墨层间化合物（GIC），它的分解产物决定上述反应对石墨电极性能的影响；EC的还原产物能够形成稳定的SEI膜，即使在石墨结构中；PC的分解产物在石墨电极结构中施加一个层间应力，导致石墨结构的破坏，简称层离。

2）Aurbach在Peled的基础上，是基于对电解液组分分解产物光谱分析的基础上发展起来的。他提出下面的观点：初始的SEI膜的形成，控制了进一步反应，宏观水平上的石墨电极的层离，是初始形成的SEI膜钝化性能较差及气体分解产物造成的。

6.2.2.5 氧化物负极材料

在摇椅式电池刚提出时，可充放锂离子电池负极材料首先考虑的是一些可作为锂源的含锂氧化物，如$LiWO_2$、$Li_6Fe_2O_3$、$LiNb_2O_5$等。当碳负极材料逐渐发展成为主流方向时，仍有部分人员进行研究。其他氧化物负极材料还包括具有金红石结构的MnO_2、TiO_2、MoO_2、IrO_2、RuO_2等材料。

锂钛复合氧化物$Li_4Ti_5O_{12}$是研究的重点。由于锂钛氧结构稳定，其结构为尖晶石型，在充放电过程中几乎不发生任何变化，因此，具有非常好的循环性能，同时钛资源丰富、清洁环保。但是$Li_4Ti_5O_{12}$的嵌锂电位偏高（1.55 V），若直接以$LiCoO_2$作正极组装电池，势必会降低电池的输出电压。$Li_4Ti_5O_{12}$作为电池的负极材料，有着较好的高温性能，这是因为 $Li_4Ti_5O_{12}$的导电性不好，提高电池的使用温度，可以提高材料的本征导电性，从而使材料有更好的倍率性能。通常改善 $Li_4Ti_5O_{12}$电导率的方法是进行掺杂改性，对材料进行金属离子的体相掺杂，形成固溶体，或者是引入导电剂以提高导电性。研究人员通过用 Mg 取代 Li 可得到固溶体 $Li_{4-x}Mg_xTi_5O_{12}$（$0.1\leqslant x\leqslant 1.0$），由于镁是二价金属，而锂为一价，这样部分的钛由四价转变为三价，混合价态的出现提高了材料的电子导电能力。当 $x=1.0$ 时，材料的电导率可提高到 10^{-2} S/cm。三价铬离子取代锂同样有相同的作用。当 $Li_4Ti_5O_{12}$与 4 V 的正极材料（$LiMn_2O_4$、$LiCoO_2$）组成电池时，工作电压接近 2.5 V，是镍氢电池的 2 倍。与 $LiFePO_4$ 可以组成性能优异的动力锂离子电池。在 25 ℃下，$Li_4Ti_5O_{12}$的化学扩散系数为 2×10^{-8} m^2/s，比碳负极材料中的扩散系数大 1 个数量级。高的扩散系数使得 $Li_4Ti_5O_{12}$可以在快速、多次循环脉冲电流的设备中得以应用。$Li_4Ti_5O_{12}$作为电池负极材料，相对于石墨等碳材料来说，具有安全性好、可靠性高和使用寿命长等优点，因此在电动汽车、储能电池等方面得以应用。

6.2.2.6 其他负极材料

过渡金属氮化物是另一类引起广泛关注的负极材料。A. Takeshi 等在 1984 年就报道了 $Li_{3-x}Cu_xN$ 的制备和离子电导性质，通过 Li_3N 中的部分阳离子替代得到 $Li_{3-x}CuN$。铜原子和氮原子之间存在部分共价键，导致活化能降低为 0.13 eV。另外，由于替代导致锂空位减小，从而锂离子电导降低。含锂负极在目前的锂离子电池体系中并不适用，由于其他因素如制备成本以及对空气敏感等，目前其离实际应用还有一段距离，但它提供了电极材料的另一种选择。它与别的电极材料复合补偿首次不可逆容量损失，也不失为一种很好的尝试。

6.2.3 正极材料

6.2.3.1 正极材料概述

正极材料是锂离子电池的重要组成部分，在锂离子充放电过程中，不仅要提供正负极嵌锂化合物往复嵌入和脱嵌所需要的锂，而且还要负担负极材料表面形成 SEI 膜所需的锂。表 6-4 所列为基本的正极材料的类型。

表 6-4 基本的正极材料的类型

材料	理论比容量 /mA·h·g^{-1}	实际比容量 /mA·h·g^{-1}	电位平台/V	特 点
$LiCoO_2$	275	130~140	4	性能稳定，高比容量，放电平台平稳
$LiNiO_2$	274	170~180	4	高比容量，价格较低，热稳定性较差
$LiMn_2O_4$	148	100~120	4	低成本，高温循环和存放性能较差

此外，正极材料在锂离子电池中占有较大比例（正、负极材料的质量比为 3∶1~4∶1），故正极材料的性能在很大程度上影响着电池的性能，并且直接决定着电池的成本。大多数可作为锂离子电池的活性正极材料是含锂的过渡金属化合物，而且以氧化物为主。目前已用于锂离子电池规模生产的正极材料为 $LiCoO_2$。

6.2.3.2 $LiCoO_2$ 正极材料

A $LiCoO_2$ 基本性质

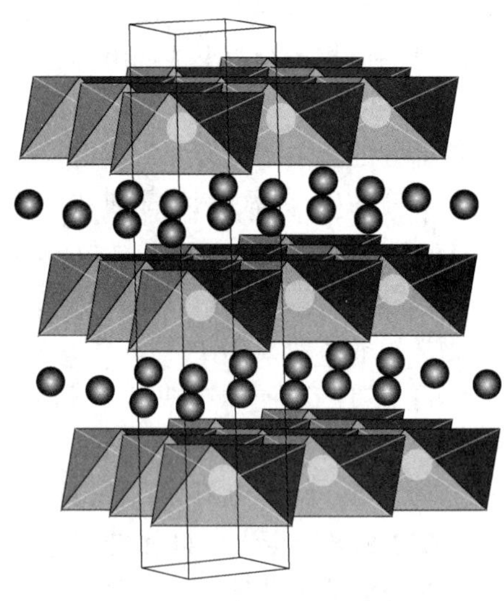

图 6-3 $LiCoO_2$ 结构示意图

层状结构 $LiCoO_2$ 是锂离子电池中一种较好的正极材料，具有工作电压高、放电平稳、比能量高、循环性能好等优点，适合大电流放电和锂离子的嵌入和脱出，在锂离子电池中得到率先使用。此外，由于它较易制备而成为已实用于生产的锂离子电池正极材料。$LiCoO_2$ 的实际容量约为 140 mA · h/g，只有理论容量（275 mA · h/g）的约 50%，且在反复的充放电过程中，因锂离子的反复嵌入和脱出，使活性物质的结构在多次收缩和膨胀后发生改变，导致 $LiCoO_2$ 内阻增大，容量减小。$LiCoO_2$ 结构如图 6-3 所示。高温制备的 $LiCoO_2$ 具有理想层状的 α-$NaFeO_2$ 型结构，属于六方晶系，空间群为 R3m，晶格参数 $a = 0.282$ nm，$c = 1.406$ nm。氧原子以 ABCABC 方式立方密堆积排列，Li^+ 和 Co^{2+} 交替占据层间的八面体位置。Li^+ 在 $LiCoO_2$ 中的室温扩散系数在 $10^{-12} \sim 10^{-11}$ m^2/s。Li^+ 的扩散活化能与 $Li_{1-x}CoO_2$ 中的 x 密切相关。在不同的充放电态下，其扩散系数可以变化几个数量级。层状的 CoO_2 框架为锂原子的迁移提供了二维隧道。电池在充放电时，活性材料中的 Li^+ 的迁移过程可用式（6-1）和式（6-3）表示。

B $LiCoO_2$ 的制备方法

a 高温固相合成法

传统的高温固相反应以锂、钴的碳酸盐、硝酸盐、乙酸盐、氧化物或氢氧化物等作为锂源和钴源，混合压片后在空气中加热到 600~900 ℃甚至更高的温度，保温一定时间。为了获得纯相且颗粒均匀的产物，需将焙烧和球磨技术结合进行长时间或多阶段加热。高温固相合成法工艺简单，利于工业化生产。但它存在着以下缺点：反应物难以混合均匀，能耗巨大；产物粒径较大且粒径范围宽，颗粒形貌不规则，调节产品的形貌特征比较困难。导致材料的电化学性能不易控制。

b 低温固相合成法

为克服高温固相合成法的缺陷，近年来发展了多种低温合成技术。如将钴、锂的碳酸盐按照化学计量比充分混合，在已烷中研磨，升温速率控制在 50 ℃/h 左右，在空气中加热到 400 ℃，保温 1 周，形成单相产物。结构分析表明，约有 6%的钴存在于锂层中，具有理想层状和尖晶石结构的中间结构。

6.2.3.3 $LiNiO_2$ 正极材料

与 $LiCoO_2$ 相比，$LiNiO_2$ 因价格便宜且具有高的可逆容量，被认为最有希望成为第二代商品锂离子电池材料。按 $LiCoO_2$ 制备工艺合成 $LiNiO_2$ 所得到材料的电化学性能极差，原因在于 $LiCoO_2$ 属于 R3m 群，其晶格参数 $a_h = 0.29$ nm，$c_h = 1.42$ nm，$c_h/a_h = 4.9$，属于六方晶系，且和立方晶系相应值接近，说明镍离子的互换位置与 $LiCoO_2$ 相比，对晶体结构影响很小，如图 6-4 所示。而 3a、3b 位置原子的互换，严重影响材料的电化学活性。应用中的主要问题是脱锂后的产物分解温度低，分解产生大量的热量和氧气，造成锂离子电池过充电时容易发生爆炸、燃烧，因此限制了大规模的应用。$LiNiO_2$ 属于三方晶系，Li 与 Ni 隔层分布占据于氧密堆积所形成的八面体空隙中，因此具有二维层状结构，充放电过程中该结构稳定性的好坏决定其化学性能的优劣。层状化合物的稳定性与其晶格能的大小有关。理论比容量为 274 mA · h/g，实际可达到 180 mA · h/g 以上，远高于 $LiCoO_2$，具有价廉、无毒等优点，不存在过充电现象。

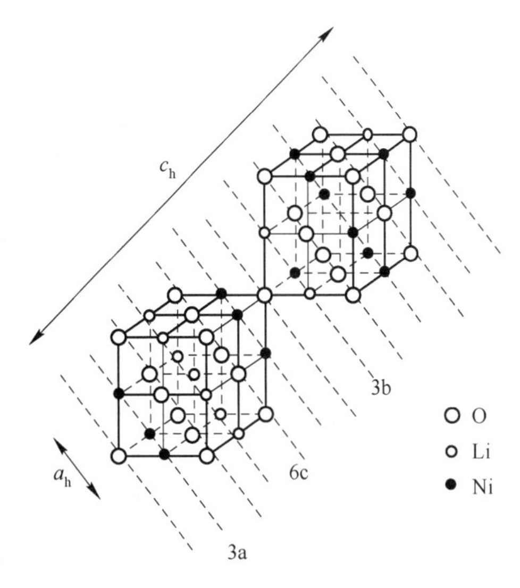

图 6-4 $LiNiO_2$ 结构示意图

合成 $LiNiO_2$ 比 $LiCoO_2$ 要困难得多，合成条件的微小变化会导致非化学计量的 Li_xNiO_2 生成，其结构中锂离子和镍离子呈无序分布。这种氧离子交换位置的现象使电化学性能恶化，比容量显著下降。用改进的 Rietveld 精细 XRD 分析可以评估锂和镍离子位置的错乱程度。结构和分析结果表明，化学计量的 $LiNiO_2$ 阳离子交换位置较少。

$LiNiO_2$ 首次的不可逆容量较大，与生成 NiO_2 非活性区有关。这种非活性区的形成及性质与 $LiNiO_2$ 颗粒的表面形貌、颗粒尺寸以及 $LiNiO_2$ 与导电剂之间的界面接触有关。研究表明，如果非活性区随机分布，整个正极将成为非活性区。为了改善正极的利用率，应减少非活性区。非活性区主要在高压区产生，因此应限制充电上限。

6.2.3.4 $LiMn_2O_4$ 正极材料

A $LiMn_2O_4$ 的结构

$LiMn_2O_4$ 具有尖晶石结构，属于 Fd3m 空间群，氧原子呈立方密堆积排列，位于晶胞的 32e 位置，锰占据一半八面体空隙 16d 位置，而锂占据 1/8 四面体 8a 位置。锂离子在尖晶石中的化学扩散系数在 10^{-14} ~ 10^{-12} m^2/s，Li^+ 占据四面体位置，Mn^{3+}/Mn^{4+} 占据八面体位置，如图 6-5 所示。空位形成的三维网络，成为 Li^+ 的输运通道，利于 Li^+ 脱嵌。$LiMn_2O_4$ 在 Li^+ 完全脱去时能够保持结构稳定，具有 4 V 的电压平台，理论比容量为 148 mA · h/g，实际可达到 120 mA · h/g 左右，略低于 $LiCoO_2$。

B $LiMn_2O_4$ 制备方法

$LiMn_2O_4$ 制备主要采用高温固相反应法。固相反应合成方法是以锂盐和锰盐或锰的氧化物为原料，充分混合后在空气中焙烧，制备出正尖晶石 $LiMn_2O_4$ 化合物，再经过适当球磨、筛分以便控制粒度大小及其分布，工艺流程可简单表述为：原料→混料→焙烧→研磨→筛分→产物。

一般选择高温下能够分解的原料。常用的锂盐有 LiOH、Li_2CO_3 等。使用 MnO_2 作为锰源。在反应过程中，释放 CO_2 和氮的氧化物气体，消除碳和氮元素的影响。原料中锂、锰元素的摩尔比一般选取 1 : 2。通常是将两者按一定的比例混合研磨，加入少量环己烷、

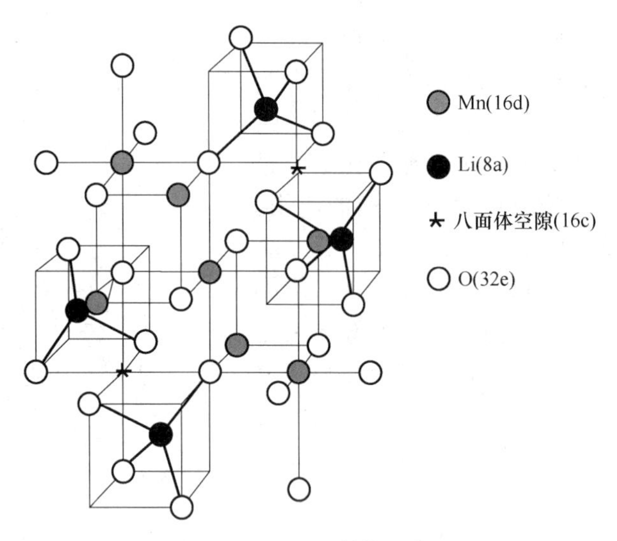

图 6-5 $LiMn_2O_4$ 结构示意图

乙醇或水作分散剂，以达到混料均匀的目的。焙烧过程是固相反应的关键步骤，一般选择的合成温度范围是 600~800 ℃。

6.2.3.5 $LiFePO_4$ 正极材料

A $LiFePO_4$ 的结构

$LiFePO_4$ 晶体是有序的橄榄石形结构，属于正交晶系，空间群为 Pnma，晶胞参数 $a=1.0329$ nm，$b=0.60072$ nm，$c=0.46905$ nm。在 $LiFePO_4$ 晶体中氧原子呈微变形的六方密堆积，磷原子占据的是四面体空隙，锂原子和铁原子占据的是八面体空隙。$LiFePO_4$ 具有 3.5 V 的电压平台，理论容量为 170 mA · h/g。图 6-6 为 $LiFePO_4$ 结构。

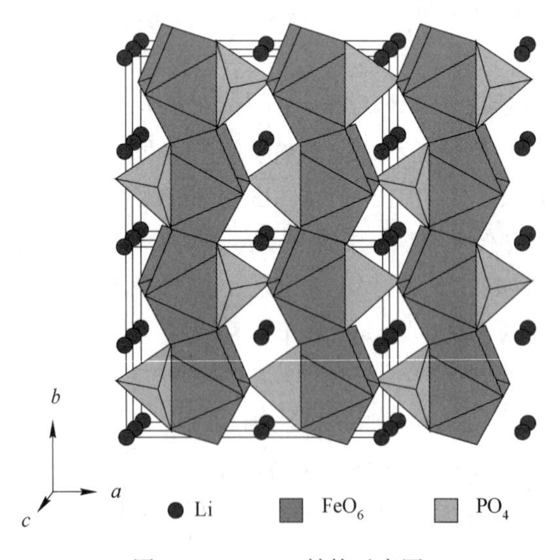

图 6-6 $LiFePO_4$ 结构示意图

$LiFePO_4$ 中强的 P—O 共价键形成离域的三维立体化学键，使得 $LiFePO_4$ 具有很强的热力学和动力学稳定性，密度也较大（3.6 g/cm^3）。由于 O 原子与 P 原子形成较强的共价键，削弱了与 Fe 的共价键，稳定了 Fe^{3+}/Fe^{2+}的氧化还原能级，使 Fe^{3+}/Fe^{2+}电位变为 3.4 V (vs. Li^{+}/Li)。此电压较为理想，因为它不至于高到分解电解质，又不至于低到牺牲能量密度。

$LiFePO_4$ 具有较高的理论比容量和工作电压。充放电过程中，$LiFePO_4$ 的体积变化比较小，而且这种变化刚好与碳负极充放电过程中发生的体积变化相抵消。

因此，$LiFePO_4$ 正极锂离子电池具有很好的循环可逆性，特别是高温循环可逆性，而且提高使用温度还可以改善它的高倍率放电性能。

B $LiFePO_4$ 的合成方法

a 固相合成法

固相合成法是制备电极材料最为常用的一种方法。锂源采用碳酸锂、氢氧化锂或磷酸锂；铁源采用乙酸亚铁、乙二酸亚铁、磷酸亚铁；磷源采用磷酸二氢铵或磷酸氢二铵，经球磨混合均匀后按化学比例进行配料，在惰性气氛（如 Ar、N_2）的保护下经预烧研磨后高温焙烧反应制备 $LiFePO_4$。

b 水热法

水热法也是制备 $LiFePO_4$ 较为常见的方法。它是将前驱体溶成水溶液，在一定温度和压强下加热合成的。以 $FeSO_4$、H_3PO_4 和 LiOH 为原料用水热法合成 $LiFePO_4$。其过程是先把 H_3PO_4 和 $FeSO_4$。溶液混合，再加入 LiOH 搅拌 1 min，然后把这种混合溶液在 120 ℃保温 5 h、过滤后，生成 $LiFePO_4$。

6.2.3.6 钒系正极材料

锂钒化合物系列已引起了人们的关注。钒为典型的多价（V^{2+}、V^{3+}、V^{4+}、V^{5+}）过渡金属元素，有着非常活泼的化学性质，钒氧化物既能形成层状嵌锂化合物 VO_2、V_2O_5、V_3O_7、V_4O_9、V_6O_{13}、$LiVO_2$ 及 LiV_3O_8，又能形成尖晶石型 LiV_2O_4 及反尖晶石型 $LiNiVO_4$ 等嵌锂化合物。与已经商品化的钴酸锂材料相比，上述锂钒系列材料具有更高的比容量，且具有无毒、价廉等优点，因此成为了新一代绿色、高能锂离子蓄电池的备选正极材料。

6.2.4 电解质材料

6.2.4.1 有机电解质材料

人们对无机锂盐水溶液的性质和作用机理比较了解，它们在锂离子二次电池中虽有过应用，但平均电压较低。如 $LiMnO_4/LiNO_3/VO_2$ 锂离子二次扣式电池，其平均电压只有 1.5 V。若以锂盐为溶质溶于有机溶剂制成非水有机电解质，电池的电压大大提高。常用溶剂的主要物理性质如表 6-5 所示。

表 6-5 锂离子二次电池用的有机溶剂及其在 25 ℃时的物理性质

溶　剂	熔点/℃	沸点/℃	介电常数	黏度 $/\times10^{-4}$ Pa·s	密度 $/g\cdot m^{-3}$	偶极矩 /C·m	施主数	受主数	闪点/℃
碳酸乙烯酯（EC）	40	248	89.6	18.5	1.38	4.8	16.4	—	160
碳酸丙烯酯（PC）	-49	241	64.4	25.3	1.19	5.21	15.1	18.3	132
二甲亚砜（DMSO）	18.6	189	46.5	19.9	1.10	3.96	29.8	19.3	—

续表 6-5

溶　剂	熔点/℃	沸点/℃	介电常数	黏度 /×10^{-4} Pa·s	密度 /g·m^{-3}	偶极矩 /C·m	施主数	受主数	闪点/℃
二甲基碳酸酯（DMC）	3	90	3.12	6.0	1.07	—	16	—	—
二乙基碳酸酯（DEC）	-43	127	2.82	7.5	0.97	—	14.6	—	—
甲乙基碳酸酯（EMC）	-55	—	2.4	0.65	1.007	—	—	—	—
二甲氧基乙烷（DME）	-58	83	7.2	0.455	0.866	1.07	20.0	—	-9
乙酸乙酯（EA）	-84	71.1	6.02	0.426	0.894	—	17.0	—	—
丙腈（AN）	-45	82	36.0	3.4	0.78	3.94	14.1	18.9	5

电解质的一个重要指标是电导率。理论上，锂盐在电解质中离解成自由离子的数目越多，离子迁移越快，电导率就越高。溶剂的介电常数越大，锂离子与阴离子之间的静电作用力越小，锂盐就越容易离解，自由离子的数目就越多。但介电常数大的溶剂其黏度也高，致使离子的迁移速率减慢。对溶质而言，随着锂盐浓度的增高，电导率增大，但电解质的黏度也相应增大。锂盐的阴离子半径越大，由于晶格能变小，锂盐越容易离解，但黏度也有增大的趋势。

6.2.4.2　聚合物电解质材料

聚合物电解质按其形态可分为凝胶聚合物电解质（GPE）和固体聚合物电解质（SPE），其主要区别在于前者含有液体增塑剂而后者没有。用于锂离子二次电池中的聚合物电解质必须满足化学与电化学稳定性好、室温电导率高、高温稳定性好、不易燃烧、价格合理等特性。聚合物电解质的基体类型主要有同种单体的聚合物、不同单体的共聚物、不同聚合物的共混物及其他对聚合物改性的聚合物等，常见的聚合物基体有 PEO、PPO、PAN、PVC、PVDC 等。基体的结构、分子量、玻璃化转变温度（T_k）、结晶度等都会影响聚合物电解质离子电导率、电化学稳定性、力学性能等。如 T_k 较低、结晶度不高的聚合物电解质会有较高的离子电导率，而增加基体的 T_k 或分子量、聚合物共混可提高聚合物电解质的力学性能。

6.2.4.3　增塑剂

增塑剂是聚合物电解质中重要一环。一般是将增塑剂混溶于聚合物溶液中，成膜后将它除去，留下微孔用于吸附电解液。要求增塑剂与高聚物混溶性好，增塑效率高，物理化学性能稳定，挥发性小且无毒，不与电池材料发生反应。一般应选择沸点高、黏度低的低分子溶剂或能与高聚物混合的低聚体。凝胶聚合物电解质的增塑剂类似液体电解质体系的溶剂。

6.3　太阳能电池材料

6.3.1　概述

太阳能电池是通过光电效应或者光化学效应直接把光能转化成电能的装置。太阳光照在半导体 p-n 结上，形成新的电子−空穴对，在 p-n 结电场的作用下，空穴由 n 区流向 p 区，电子由 p 区流向 n 区，接通电路后就形成电流。图 6-7 为太阳能电池构型图。

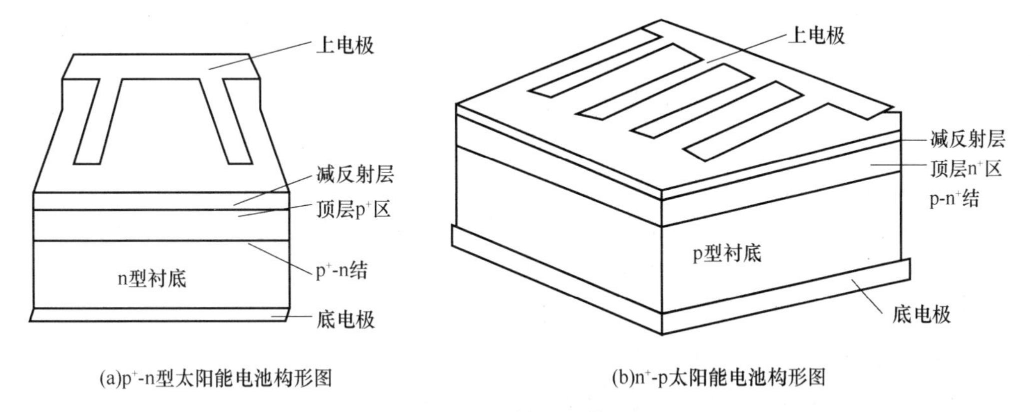

图 6-7　太阳能电池构型图

太阳能利用涉及的技术问题很多，但根据太阳能的特点，具有共性的技术主要有四项，即太阳能采集、太阳能转换、太阳能储存和太阳能传输，将这些技术与其他相关技术结合在一起，便能进行太阳能的实际利用——光热利用、光电利用和光化学利用。作为地面电源，太阳能电池的最主要制约因素是成本。解决这一问题主要靠材料科学与技术的进步。因为在太阳能电池成本中，材料费用是最大的支出，同时材料特别是半导体材料的选择、制备工艺与质量直接影响太阳能电池的转换效率和成品率。

6.3.1.1　太阳能电池的分类

太阳能电池可分为硅系太阳能电池（单晶硅太阳能电池、多晶硅薄膜太阳能电池、非晶硅薄膜太阳能电池）、多元化合物薄膜太阳能电池（砷化镓、硫化镉、铜铟硒）、聚合物多层修饰电极型电池、纳米晶化学太阳能电池。

6.3.1.2　太阳能电池发电的优缺点

A　优点

（1）属于可再生能源，不必担心能源枯竭。

（2）太阳能本身并不会给地球增加热负荷。

（3）运行过程中低污染、平稳无噪声。

（4）发电装置需要极少的维护，寿命可达 20 年。

（5）所产生的电力既可供家庭单独使用，也可并入电网，用途广泛。

B　缺点

（1）受地域及天气影响较大。

（2）由于太阳能分散、密度低，发电装置会占去较大的面积。

（3）光电转化效率低，致使发电成本较传统方式偏高。

6.3.2　晶体硅太阳能电池材料

硅系列太阳能电池中，单晶硅太阳能电池转换效率最高，技术也最为成熟。高性能单晶硅电池是建立在高质量单晶硅材料和相关成熟的加工处理工艺基础上的。在电池制作中，一般都采用表面织构化、发射区钝化、分区掺杂等技术，开发的电池主要有平面单晶硅电池和刻槽埋栅电极单晶硅电池。提高转化效率主要是靠单晶硅表面微观结构处理和分区掺杂工艺。通常的晶体硅太阳能电池是在厚度350~450 μm的高质量硅片上制成的，这种硅片从提拉或浇铸的硅锭上锯割而成。目前制备多晶硅薄膜电池多采用化学气相沉积法，包括低压化学气相沉积（LPCVD）法和等离子体增强化学气相沉积（PECVD）法。此外，液相外延法（LPPE）和溅射沉积法也可用来制备多晶硅薄膜电池。研究发现，在非硅衬底上很难形成较大的晶粒，并且容易在晶粒间形成空隙。解决这一问题的办法是先用LPCVD在衬底上沉积一层较薄的非晶硅层，再将这层非晶硅层退火，得到较大的晶粒，然后再在这层籽晶上沉积厚的多晶硅薄膜。因此，再结晶技术无疑是很重要的一个环节，目前采用的技术主要有固相结晶法和区熔再结晶法。

6.3.2.1 单晶硅太阳能电池材料

单晶硅太阳能电池是当前开发得最快的一种太阳能电池，产品已广泛用于空间和地面。以高纯的单晶硅棒为原料，纯度要求在99.999%以上，其结构和生产工艺已经定型，单晶硅太阳能电池转换效率最高，但对硅的纯度要求高，而且复杂工艺和材料价格等因素致使成本较高。单晶硅材料制造要经过如下过程：石英砂→冶金级硅→提纯和精炼→沉积多晶硅锭→单晶硅→硅片切割。

生长单晶硅的两种最常用的方法为丘克拉斯法以及区熔法。

丘克拉斯法又称直拉法，是将硅料在石英坩埚中加热熔化，籽晶与硅液面进行接触然后开始向上提升以长出棒状的单晶硅。直拉法的研究发展方向是设法增大硅棒的直径。目前直拉法的直径达到100~500 nm。坩埚的加料量一般已经达到60 kg。研究改进方向主要是控制晶体中的杂质含量和碳含量、减少晶体硅的缺陷，同时也要考虑其生长速率。

区熔法主要用于材料提纯，也用于生长单晶。区熔法生长单晶硅的成本较高，但得到单晶硅的质量却最佳。

6.3.2.2 多晶硅太阳能电池材料

随着电池制备和封装工艺的不断改进，在硅太阳能电池总成本中，硅材料所占比重已由原先的1/3上升到1/2。因此，生产厂家迫切希望在不降低光电转换效率的前提下，找到替代单晶硅的材料。目前，比较适用的材料就是多晶硅。因为熔铸多晶硅锭法比提拉单晶硅锭法的工艺简单，设备易做，操作方便，耗能较少，辅助材料消耗也不多，尤其是可以制备任意形状的多晶硅锭，便于大量生产大面积的硅片。同时，多晶硅太阳能电池的生产成本却低于单晶硅太阳能电池。多晶硅太阳能电池的出现主要是为了降低成本，其优点是能直接制备出适于规模化生产的大尺寸方形硅锭，设备比较简单，制造过程简单、省电、节约硅材料，对材质要求也较低。

根据生长方法的不同，多晶硅可分为等轴晶、柱状晶。通常在加热过冷及自由凝固的情况下会形成等轴晶，其特点是晶粒细，物理机械性能各向同性。如果在凝固过程中控制液固界面的温度梯度，形成单方向热流，实行可控的定向凝固，则可形成物理机械性能各向异性的多晶柱状晶，太阳能电池多晶硅锭就是采用这种定向凝固的方法生产的。在实际生产中，太阳能电池多晶硅锭的定向凝固生长方法主要有浇铸法、热交换法、布里曼法、电磁铸锭法，其中热交换法与布里曼法通常结合在一起。

浇铸法将熔炼及凝固分开，熔炼在一个石英粉砂炉衬的感应炉中进行，熔融的硅液浇入一个石墨模型中，石墨模型置于一个升降台上，周围用电阻加热，然后以 1 mm/min 的速度下降（图 6-8）。浇铸法的特点是熔化和结晶在两个不同的坩埚中进行，从图 6-8 中可以看出，这种生产方法可以实现半连续化生产，其熔化、结晶、冷却分别位于不同的地方，可以降低能源消耗。缺点是因为熔融和结晶使用不同的坩埚，会导致二次污染，此外因为有坩埚翻转机构及引锭机构，使得其结构相对较复杂。

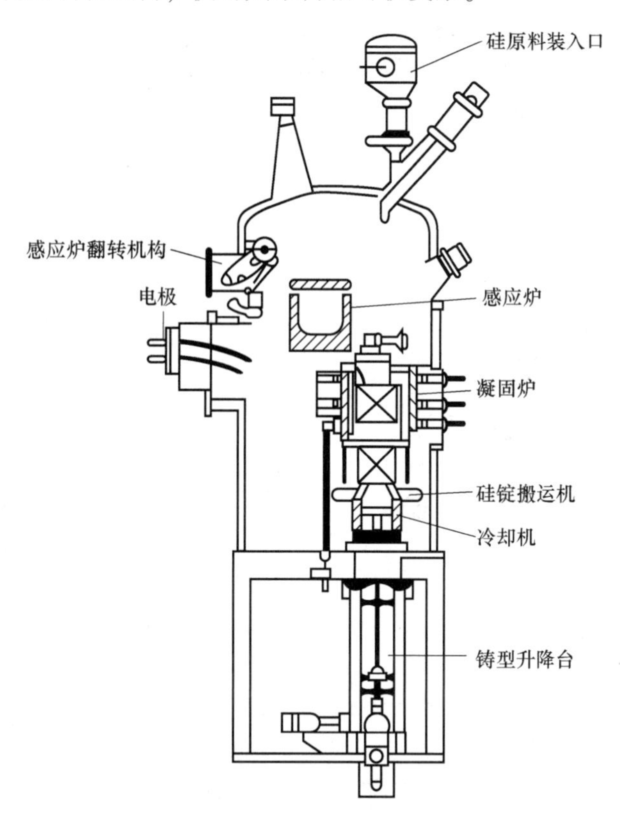

图 6-8　浇铸法示意图

热交换法及布里曼法都是把熔化及凝固置于同一坩埚中（避免了二次污染），其中热交换法是将硅料在坩埚中熔化后，在坩埚底部通冷却水或冷气体，在底部进行热量交换，形成温度梯度，促使晶体定向生长。图 6-9 为布里曼法结晶炉。该炉型采用顶底加热，在熔化过程中，底部用一个可移动的热开关绝热，结晶时则将它移开以便将坩埚底部的热量通过冷却台带走，从而形成温度梯度。布里曼法则是在硅料熔化后，将坩埚或加热元件移动使结晶好的晶体离开加热区，而液态硅仍然处于加热区，这样在结晶过程中液固界面形成比较稳定的温度梯度，有利于晶体的生长。其特点是液相温度梯度 $\mathrm{d}T/\mathrm{d}X$ 接近常数，生长速率受工作台下移速度及冷却水流量控制趋近于常数，生长速率可以调节。实际生产所用结晶炉大都是采用热交换法与布里曼法相结合的技术。

图 6-10 为热交换法与布里曼法相结合的结晶炉。图 6-10 中，工作台通冷却水，上置一个热开关，坩埚则位于热开关上。硅料熔融时，热开关关闭，结晶时打开，将坩埚底部的热量通过工作台内的冷却水带走，形成温度梯度。同时坩埚工作台缓慢下降，使凝固好的硅锭离开加热区，维持液固界面有一个比较稳定的温度梯度。

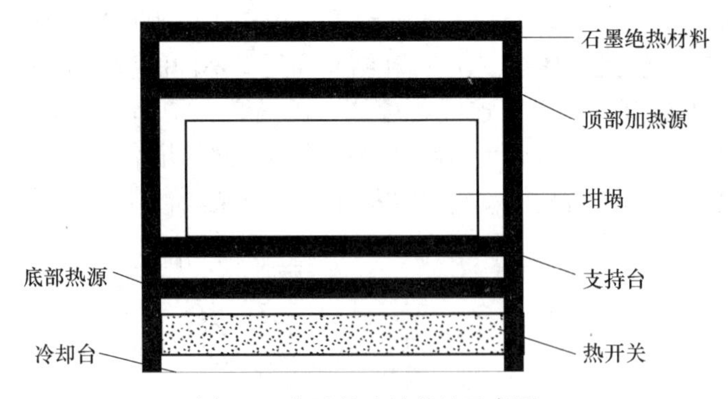

图 6-9 布里曼法结晶炉示意图

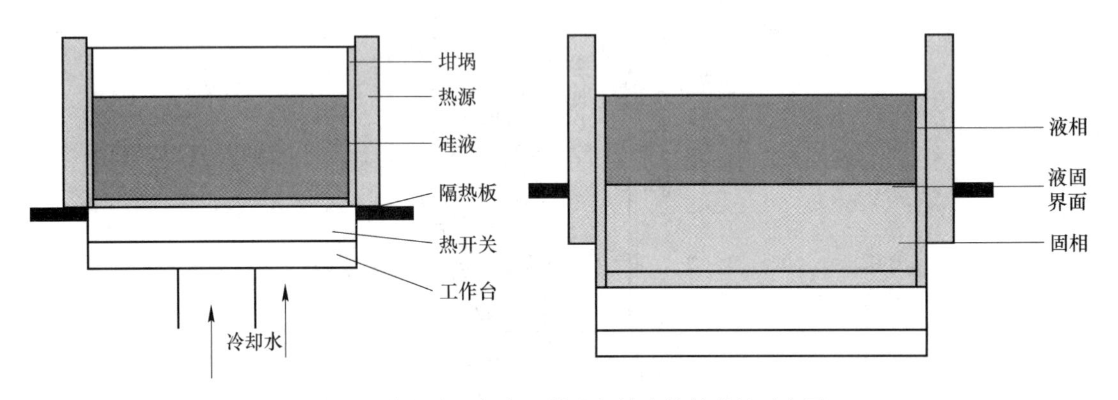

图 6-10 热交换法与布里曼法相结合的结晶炉示意图

晶体硅电池效率不断提高，技术不断改进，加上晶体硅稳定、无毒、材料资源丰富，人们开始考虑开发多晶硅薄膜电池。一方面，多晶硅薄膜电池既具有晶体硅电池的高效、稳定、无毒和资源丰富的优势，又具有薄膜电池工艺简单、节省材料、大幅度降低成本的优点，因此，多晶硅薄膜电池的研究开发成为近几年的热点。另一方面，采用薄片硅技术，避开拉制单晶硅或浇铸多晶硅、切片的昂贵工艺和材料浪费的缺点，达到降低成本的目的。

6.3.2.3 多晶硅薄膜电池

各种 CVD（PECVD、RTCVD 等）技术被用来生长多晶硅薄膜，在实验室内有些技术获得了重要的结果。德国 Fraunhofer 太阳能研究所使用 SiO_2 和 SiN 包覆陶瓷或 SiC 包覆石墨为衬底，用快速热化学气相沉积（RTCVD）技术沉积多晶硅薄膜，硅膜经过区熔再结晶（ZMR）后制备太阳能电池，两种衬底的电池效率分别达到 9.3%和 11%。

在多晶硅材料作为衬底的条件下，PECVD 也可用于多晶硅薄膜材料的制备。但由于 PECVD 设备的沉积温度一般都不能超过 600 ℃，因此，利用 PECVD 法直接沉积的多微晶硅薄膜的晶粒尺寸都比较小，通常小于 300 nm。尽管晶粒较小，但由于属于原位生长，该方法所制得的多晶硅薄膜的晶界得到了很好的钝化。多晶硅薄膜材料的制备方法可分为两大类：一类是高温工艺，即制备过程中温度高于 600 ℃，衬底只能用昂贵的石英，但是制备工艺简单；另一类是低温工艺，整个加工工艺温度低于 600 ℃，采用低温工艺可用廉价的玻璃作衬底，因此可大面积制作，但是制备工艺相对较复杂。目前制备多晶硅薄膜的方法主要有以下几种。

（1）低压化学气相沉积（LPCVD）法。低压化学气相沉积法是一种能够直接生成多晶硅的方法。该方法生长速率快，成膜质量好。多晶硅薄膜可采用硅烷气体通过 LPCVD 法直接沉积在衬底上。典型的沉积参数是：硅烷压力 p 为 13.3~26.6Pa；沉积温度 T_d 为 580~630 ℃；生长速率 v 为 5~10 nm/min。由于沉积温度较高，不能采用廉价的玻璃作衬底材料，而必须使用昂贵的石英衬底。LPCVD 法生长的多晶硅薄膜，晶粒具有择优<110>趋向，其形貌呈现V字形，内含高密度的微孪晶。此外，减小硅烷压力有助于增大晶粒尺寸，但这往往伴随着表面粗糙度的增加，而粗糙度的增加对载流子的迁移率与器件的电学稳定性会产生不利影响。

（2）催化化学气相沉积（CCVD）法。催化化学气相沉积法在低于 410 ℃ 的温度下直接沉积多晶硅薄膜，晶粒大小在 100 nm 左右，霍尔迁移率为 8~100 $cm^2/(V \cdot s)$，电阻率为 $10^3 \sim 10^6\ \Omega \cdot cm$。催化方法就是在基片下方 4 cm 处放置一个直径 0.35 mm 的钨丝盘，盘的面积为 16 cm^2。钨丝盘的表面温度为 1300~1390 ℃，加热功率为 300~1000 W，沉积气体在流向基片的途中受到钨丝盘的高温催化作用而发生分解反应，衬底的实际温度低于 410 ℃，这样就可以在常规的玻璃基片上直接沉积出多晶硅薄膜。

（3）固相晶化（SPC）法。固相晶化法是一种间接生成多晶硅薄膜的方法。即先用 LPCVD 等方法在 600 ℃下由硅烷分解沉积非晶硅，然后在 530~600 ℃之间经 10~100 h 热退火获得多晶硅。固相晶化过程包括成核与长大，一旦晶核超过临界尺寸就可进一步长大。采用非晶硅固相晶化方法可以获得比直接化学气相沉积更好的膜质量，因此，可制备出性能更好的多晶硅薄膜器件。对于 SPC 法来说，一个明显的缺点就是热退火时间太长，这对于实现批量生产是极为不利的。

（4）准分子激光晶化法。准分子激光晶化法是所有退火方式中最理想的。其主要优点为短脉冲宽度（15~50 nm），浅光学吸收深度（在 308 nm 波长下为几十纳米），短光波长和高能量，使硅烷熔化时间短（50~150 ns），衬底发热小。常用的激光器有 ArF、KrF、XeCl 三种，相应的波长为 193 nm、248 nm、308 nm，由于激光晶化时初始材料部分熔化，结构大致分为上晶化层和下晶化层两层。能量密度增大，晶粒增大，薄膜的迁移率相应增大。太大的能量密度反而使迁移率下降，激光波长对晶化效果影响较大，波长越长，激光能量注入硅膜越深，晶化效果越好。

玻璃衬底多晶硅薄膜的制备，以玻璃基片为衬底的无定形硅太阳能电池为例，其制造工序是：洁净玻璃衬底→生长 TCO 膜→激光切割 TCO 膜→依次生长非晶薄膜→激光切割 α-Si 膜→蒸发或溅射 Al 电极→激光切割或掩膜蒸发 Al 电极。TCO 膜的种类有铟锡氧化物（ITO）、二氧化锡（SnO）和氧化锌（ZnO）。

通常，人们将玻璃作为薄膜太阳能电池的理想衬底，其原因包括几个方面：玻璃具有优良的透射特性；玻璃可以耐一定的温度；玻璃具有一定的强度；玻璃的成本低廉。因此，人们将玻璃衬底作为主攻方向，并视其为薄膜电池商业化的最具潜力的选项。但是，利用玻璃作为衬底时，其最大缺点是由于其软化温度的限制，薄膜的沉积温度以及相关的后续处理温度都不能太高。多晶硅薄膜材料的质量（或缺陷密度）与沉积温度以及相关的后续处理温度有极大的关系。一般来说，温度越高，所制得的薄膜材料的质量越好（或缺陷密度越低）。

6.3.3 薄膜太阳能电池材料

6.3.3.1 非晶硅太阳能电池

非晶硅太阳能电池又称无定形硅太阳能电池，简称α-Si太阳能电池。它是太阳能电池发展中的后起之秀，也是最理想的一种廉价太阳能电池。作为一种弱光微型电源使用，如小型计算器、电子手表等。非晶硅科技已转化为一个大规模的产业，世界上总组件生产能力每年在50 MW以上，组件及相关产品销售额在10亿美元以上。应用范围小到手表、计算器电源，大到10 MW级的独立电站，涉及诸多品种的电子消费品、照明和家用电源、农牧业抽水、广播通信台站电源及中小型联网电站等。α-Si太阳能电池成了光伏能源中的一支生力军，对整个洁净可再生能源发展起了巨大的推动作用。非晶硅太阳能电池的最大特点是薄，不同于单晶硅或多晶硅太阳能电池需要以硅片为底衬，而是在玻璃或不锈钢带等材料的表面镀上一层薄薄的硅膜，其厚度只有单晶硅片的1/300。因此，可以大量节省硅材料。加之可连续化大面积生产，能耗也低，成本自然也低。由于电池本身是薄膜型的，太阳的光可以穿透，所以还可做成叠层式的电池，以提高电池的电压。通常单晶硅太阳能电池每个单体只有0.5 V左右的电压，必须几个单体串联起来，才能获得一定的电压。非晶硅太阳能电池一个就能做到几伏电压，使用比较方便。

6.3.3.2 CIGS薄膜太阳能电池

CIGS薄膜太阳能电池光电转化效率比较高，其中柔性衬底CIGS薄膜太阳电池的转化效率高达20.4%，而且此项数值不断被刷新，具有非常广阔的应用前景。CIGS薄膜太阳电池不但可以在太阳光直射的前提下具有较高的转化效率，而且其所具有的弱光特性，也是其他太阳能电池难以比拟的。研究表明，在太阳辐射强度较弱地区，其光电转化率也远远高于其他太阳能电池。当太阳辐射强度为0.1 mW/cm^2时，光电转化效率为3.12%；当太阳辐射强度提高到1.0 mW/cm^2时，光电转化效率为7.25%；当太阳辐射强度提高到10.1 mW/cm^2和100 mW/cm^2时，光电转化效率分别为11.26%和14.24%，从这几组数据中可以看出，太阳辐射强度无论在何种情况下，CIGS薄膜太阳电池光电转化效率都比较高，这一点也是实现CIGS薄膜太阳电池产业化和商业化发展的主要优势之一。

6.3.3.3 染料敏化太阳能电池

染料敏化太阳能电池（DSSC）是由二氧化钛多孔膜、光敏化剂（染料）、电解质（含氧化还原电对）、镀铂对电极及导电基板组成的夹层结构。目前，通常使用的钌吡啶染料虽然可以获得较高的量子效率，但是它的吸收带边约在700 hm，不能有效利用太阳光谱中近红外区的能量。此外稀有金属钌价格较高。因此，研究高效、宽光谱响应、低价的纯有机敏化剂是重要研究方向。而且由于单一染料不可能在整个可见光区都有强吸收，所以，今后可以利用几种染料的共敏化作用，设计合成全光谱吸收的“黑染料”，这可以使电池充分利用太阳光，提高总的效率。

6.3.3.4 有机太阳能电池

目前有机太阳能电池在能量转化效率和器件稳定性方面与传统的硅基太阳能电池还存在着一定的差距，还不能满足大规模太阳能发电站的需求。对于有机太阳能电池未来的发展方向，科学家们一直致力于将其应用在移动电子设备、建筑物一体化等领域以填补硅太阳能电池在这一领域的空白。此外，有机太阳能电池柔性、轻质的特点大大拓宽了太阳能电池的应用范围和环境兼容性，可将太阳能电池的安装和使用方式逐渐由固定平面安装模式向更灵活的曲面安装模式拓展，有利于实现便携式应用。

6.3.3.5 钙钛矿薄膜太阳能电池

在第三代太阳能电池中，要数钙钛矿薄膜太阳能电池最为耀眼，能量转换效率也是最高的。钙钛矿太阳能电池主要由平面结构和介孔结构两种结构组成，平面结构又根据电子传输层以及空穴传输层上下位置不同精细的分为 n-i-p 结构和 p-i-n 结构。根据先来后到的顺序，由于最初的钙钛矿太阳能电池制备过程中都是使用 n-i-p 型，再后面当出现 p-i-n 型的电池时，也称最初的 n-i-p 型叫正型太阳能电池，对应的晚来的 p-i-n 型称为反型太阳能电池。自 2009 年，Akihiro Kojima 等人首次报道了钙钛矿太阳能电池的光伏转换效率 3.81%，经过短短的十几年发展，现在单结的 PSCs 的认证效率已经达到 25.7%，基本上接近第一代晶硅太阳能电池的能量转换效率。同时其可以与晶硅太阳能电池结合，形成晶硅/钙钛矿太阳能串联电池，相应认证的光伏效率达到了 29.8%。虽然基于钙钛矿为吸光层的太阳能电池，是第三代太阳能电池效率最高，但是满足商业化要求依然存在许多挑战，如器件的长时间运行的稳定性、制备成本、钙钛矿薄膜质量的一致性等问题，需要进一步去攻关，让其尽早实现商业化。

6.4 燃料电池材料

6.4.1 概述

6.4.1.1 燃料电池基础

燃料电池（fuel cell）是一个电池本体与燃料箱组合而成的动力装置。燃料电池具有高能效、低排放等特点，近年来受到了普遍重视，在很多领域展示了广阔的应用前景。20 世纪 60~70 年代期间，美国的“Gemini”与“Apollo”宇宙飞船均采用了燃料电池作为动力源，证明了其高效与可行性。燃料的选择性非常高，包括纯氢气、甲醇、乙醇、天然气，甚至现在运用最广泛的汽油，都可以作为燃料电池的燃料。这是目前其他所有动力来源无法做到的。以氢气为燃料、环境空气为氧化剂的质子交换膜燃料电池（PEMFC）系统近年来在汽车上成功地进行了示范，被认为是后石油时代人类解决交通运输用动力源的可选途径之一。再生质子交换膜燃料电池（RFC）具有高的比能量，也得到航空航天领域的广泛关注。直接甲醇燃料电池（DMFC）在电子器件电源如笔记本电脑、手机等上得到了演示，以固体氧化物燃料电池（SOFC）为代表的高温燃料电池技术也取得了很大的进展。但是，燃料电池技术还处于不断发展进程中，燃料电池的可靠性与寿命、成本与氢源是未来燃料电池商业化面临的主要技术挑战，这些也是燃料电池领域研究的焦点问题。

6.4.1.2 燃料电池工作原理

燃料电池通过氧与氢结合成水的简单电化学反应而发电。燃料电池的基本组成有电极、电解质、燃料和催化剂、两个电极被一个位于它们之间的携带有充电电荷的固态或液态电解质分开。在电极上，催化剂如铂常用来加速电化学反应。图 6-11 为燃料电池工作原理。反应式如下：

阳极反应： $$2H_2 + 4OH \longrightarrow 4H_2O + 4e^- \tag{6-5}$$
阴极反应： $$4e + O_2 + 2H_2O \longrightarrow 4OH^- \tag{6-6}$$
总反应： $$2H_2 + O_2 \longrightarrow 2H_2O \tag{6-7}$$

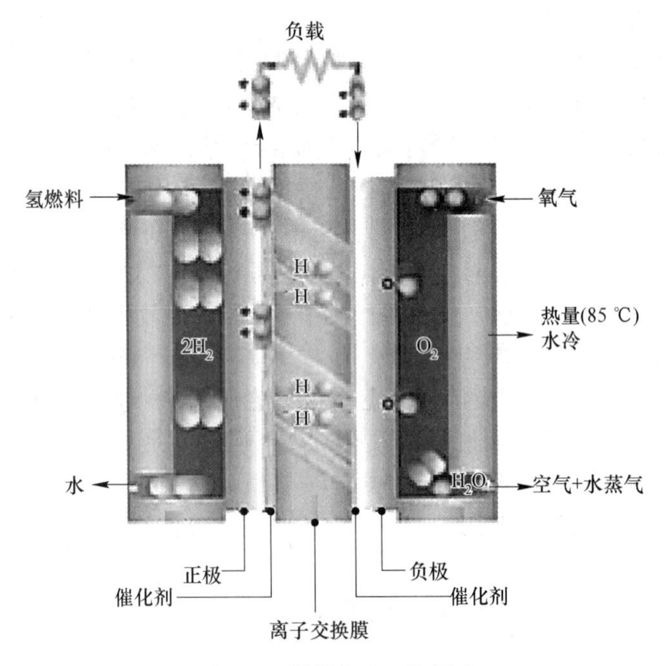

图 6-11　燃料电池工作原理

6.4.1.3　燃料电池的分类

燃料电池包括碱性燃料电池（AFC）、质子交换膜燃料电池（PEMFC）、磷酸燃料电池（PAFC）、熔融碳酸燃料电池（MCFC）、固态氧燃料电池（SOFC）。

6.4.2　质子交换膜燃料电池材料

质子交换膜燃料电池（PEMFC）以磺酸型质子交换膜为固体电解质，无电解质腐蚀问题，能量转换效率高，无污染，可室温快速启动。质子交换膜燃料电池在固定电站、电动车、军用特种电源、可移动电源等方面都有广阔的应用前景，尤其是电动车的最佳驱动电源，它已成功地用于载人的公共汽车和轿车上。图 6-12 为质子交换膜燃料电池原理。

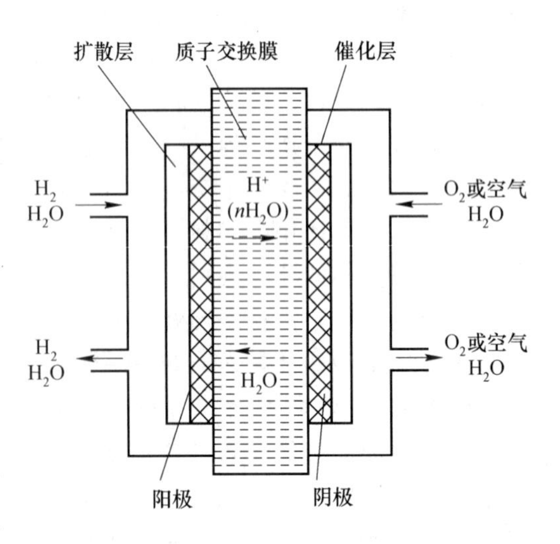

图 6-12　质子交换膜燃料电池原理

6.4.2.1　电催化剂

A　电催化

电催化是使电极与电解质界面上的电荷转移反应得以加速的催化作用。电催化反应速率不仅由电催化剂的活性决定，而且与双电层内电场及电解质溶液的本性有关。

B 电催化剂的制备

目前，PEMFC 所用电催化剂均以 Pt 为主催化剂组分。为提高 Pt 利用率，Pt 均以纳米级高分散地担载到导电、抗腐蚀的碳担体上。所选碳担体以炭黑或乙炔黑为主，有时它们还要经高温处理，以增加石墨特性。最常用的担体为 Vulcan XC-72R，其平均粒径约 30 nm，比表面积约 250 m^2/g。

采用化学方法制备 Pt/C 电催化剂的原料一般采用铂氯酸。制备路线分为两大类：

（1）先将铂氯酸转化为铂的络合物，再由络合物制备高分散 Pt/C 电催化剂。

（2）直接从铂氯酸出发，用特定的方法制备 Pt 高分散的 Pt/C 电催化剂。

为提高电催化剂的活性与稳定性，有时还添加一定的过渡金属，支撑合金型的电催化剂。

C 多孔气体扩散电极及其制备方法

（1）多孔气体电极燃料电池一般以氢气为燃料，以氧气为氧化剂。气体在电解质溶液中的溶解度很低，因此，在反应点的反应剂浓度很低。为了提高燃料电池实际工作电流密度，减小极化，需要增加反应的真实表面积。此外，还应尽可能地减小液相传质的边界层厚度。按此种要求研制多孔气体电极，多孔气体扩散电极的比表面积不但比平板电极提高了 3~5 个数量级，而且液相传质层的厚度也从平板电极的 10^{-2} cm 压缩到 10^{-5}~10^{-3} cm，大大提高了电极的极限电流密度，减小了浓差极化。

（2）电极制备工艺。PEMFC 电极是一种多孔气体扩散电极，一般由扩散层和催化层组成。扩散层的作用是支撑催化层、收集电流，并且为电化学反应提供电子通道、气体通道和排水通道；催化层是发生电化学反应的场所，是电极的核心部分。电极扩散层一般由碳纸或碳布制作，厚度为 0.2~0.3 mm。制备方法为：首先将碳纸或碳布多次浸入聚四氟乙烯乳液（PTFE）中进行憎水处理，用称量法确定浸入的 PTFE 的量；再将浸好的 PTFE 的碳纸置于 330~340 ℃烘箱内进行热处理，除掉浸渍在碳纸中的 PTFE 所含有的表面活性剂，同时使 PTFE 热熔结，并且均匀分散在碳纸的纤维上，从而达到优良的憎水效果。

D 经典的疏水电极催化层制备工艺

催化层由 Pt/C 催化剂、PTFE 及其导体聚合物（Nafion）组成。制备工艺为：将上述三种混合物按照一定比例分散在 50%的蒸馏水中，搅拌，用超声波混合均匀后涂布在扩散层或质子交换膜上烘干，并且热压处理，得到膜电极三合一组件。催化层的厚度一般在几十微米左右。

在薄层亲水电极催化层中，气体的传输不同于经典疏水电极催化层中在由 PTFE 憎水网络形成的气体通道中传递，而是利用氧气在水或 Nafion 类树脂中扩散溶解。因此这类电极催化层厚度一般控制在 5 μm 左右。

该催化层一般制备工艺如下：

（1）将 5%的 Nafion 溶液与 Pt/C 电催化剂混合均匀，Pt/C 与 Nafion 质量比为 3∶1。

（2）加入水与甘油，控制质量比为 Pt/C∶H_2O∶甘油=1∶5∶20。

（3）超声波混合，使其成为墨水状态。

（4）将上述墨水状态物质分几次涂到已经清洗的 PTFE 膜上，在 135 ℃下烘干。

（5）将带有催化层的 PTFE 膜与经过储锂的质子交换膜热压处理，将催化层转移到质子交换膜上。

6.4.2.2 质子交换膜

根据 PEMFC 的制造和工作过程，PEMFC 对质子交换膜的性能要求如下：具有优良的化学、电化学稳定性，保证电池的可靠性和耐久性；具有高的质子导电性，保证电池的高效率；具有良好的阻气性，以起到阻隔燃料和氧化剂的作用；具有高的机械强度，保证其加工性和操作性；与电极具有较好的亲和性，减小接触电阻；具有较低成本，满足使用要求。

A 全氟磺酸质子交换膜

最早在 PEMFC 中得到实际应用的质子交换膜是美国 Du Pont 公司于 20 世纪 60 年代末开发的全氟磺酸质子交换膜（Nafion 膜），在此之后，又相继出现了其他几种类似的质子交换膜，它们包括美国 Dow 化学公司的 Dow 膜、日本 Asahi Chemical 公司的 Aciplex 膜和 Asahi Glass 公司的 Flemion 膜，这些膜的化学结构与 Nafion 膜一样，都是全氟磺酸结构。在全氟磺酸膜内部存在相分离，磺酸基团并非均匀分布于膜中，而是以离子簇的形式与碳-氟骨架产生微观相分离，离子簇之间通过水分子相互连接形成通道（图 6-13），这些离子簇间的结构对膜的传导特性有直接影响。

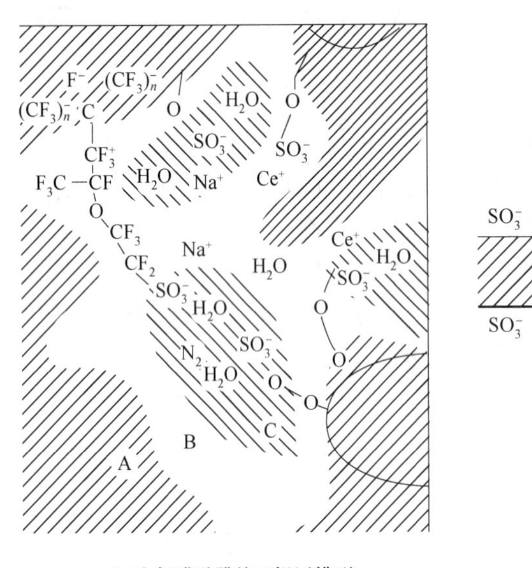

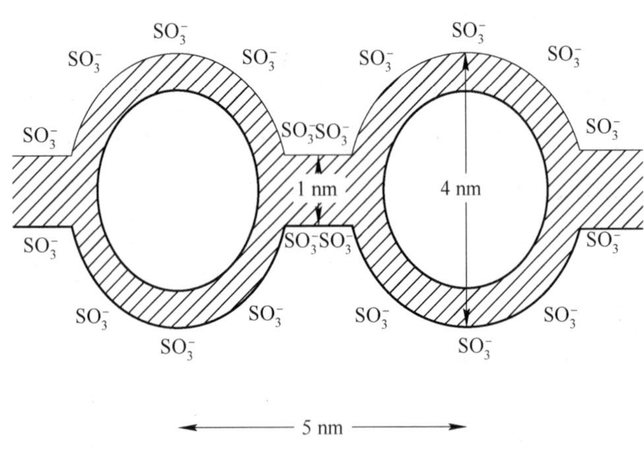

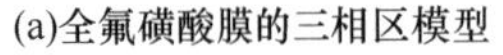
(a)全氟磺酸膜的三相区模型

(b)全氟磺酸膜的离子簇网络结构模型

图 6-13 全氟磺酸膜结构示意图

因为在质子交换膜相内，氢离子是以水合质子 H^+（xH_2O）的形式，从一个固定的磺酸根位跳跃到另一个固定的磺酸根位，当质子交换膜中的水化离子簇彼此连接时，膜才会传导质子。膜离子簇间距与膜的离子交换当量（EW 值）和含水量直接相关，在相同水化条件下，膜的 EW 值增加，离子簇半径增加。对同一个质子交换膜，含水量增加，离子簇的直径和离子簇间距缩短，这些都有利于质子的传导。

B 耐热型质子交换膜

目前 PEMFC 的发电效率在 50%左右，燃料中化学能的 50%是以热能的形式放出，现采用全氟磺酸膜的 PEMFC 由于膜的限制，工作温度一般在 80 ℃左右，由于工作温度与环境温度之间的温差很小，这对冷却系统来说难度很大。一方面，工作温度越高，冷却系统越容易简化，特别是当工作温度高于 100 ℃时，便可以借助于水的蒸发潜热来冷却；另一方面，重整气通常是由水蒸气重整法制得的，如果电催化剂的抗 CO 能力增强，即重整气中 CO 的容许浓度增大，则可降低水蒸气的使用量，提高系统的热效率。

由此可见，质子交换膜工作容许温度区间的提高，给 PEMFC 带来一系列的好处，在电化学方面表现如下：

（1）有利于 CO 在阳极的氧化与脱附，提高抗 CO 能力。

（2）降低阴极的氧化还原过电位。

（3）提高催化剂的活性。

（4）提高膜的质子导电能力。

在系统和热利用方面表现如下：

（1）简化冷却系统。

（2）可有效利用废热。

（3）降低重整系统水蒸气使用量。

随着人们对中温质子交换膜燃料电池认识的加深，开发新型耐热的质子交换膜正在被越来越多的研究工作者所重视。

目前开发的耐热型质子交换膜大致分为中温和高温两种。前者是指工作温度区间在 100~150 ℃的质子交换膜，质子在这种膜中的传导仍然依赖水的存在，它是通过减小膜的脱水速率或者降低膜的水合迁移数使膜在低湿度下仍保持一定质子传导性。后者的工作温度区间则为 150~200 ℃，对于这种体系，质子传导的水合迁移数接近于零，因此，它可以在较高的温度和脱水状态下传导质子，这对简化电池系统非常重要。

开发耐高温质子交换膜的根本途径是降低膜的质子传导水合迁移数，使膜的质子传导不依赖水的存在。在这方面的研究工作中，一方面有人采用高沸点的质子传导体如咪唑或吡唑代替膜中的水，使膜在高温下保持质子导电性能；另一方面引人注目的工作是聚苯并咪唑（PBI）/H_3PO_4 膜，由浸渍方法制成的磷酸 PBI 膜在高温时具有良好的电导率。

C　膜电极三合一组件的制备

膜电极三合一组件（MEA）是由氢阳极、质子交换膜和氧阴极热压而成，是保证电化学反应能高效进行的核心，膜电极三合一组件制备技术不仅直接影响电池性能，而且对降低电池成本、提高电池比功率与比能量均至关重要。

PEMFC 电极为多孔气体扩散电极，为使电化学反应顺利进行，电极内需具备质子、电子、反应气体和水的连续通道。对采用 Pt/C 电催化剂制备的 PEMFC 电极，电子通道由 Pt/C 电催化剂承担；电极内加入的防水黏结剂，如 PTFE 是气体通道的主要提供者；催化剂构成的微孔为水的通道；向电极内加入的全氟磺酸树脂，构成 H_2 通道。MEA 性能不仅依赖于电催化剂活性，还与电极中四种通道的构成即各种组分配比、电极孔分布与孔隙率、电导率等因素密切相关。在 PEMFC 发展进程中，已发展了多种膜电极制备工艺。

其制备工艺主要包括下面几点：

（1）膜的预处理。

（2）将制备好的多孔气体扩散型氢氧电极浸入或喷上全氟磺酸树脂，在 60~80 ℃烘干。

（3）在质子交换膜两面放好氢、氧多孔气体扩散电极，置于两块不锈钢平板中间，放入热压机中。

（4）在温度130~135 ℃、压力6~9 MPa下热压60~90 s，取出后冷却降温。

为了改进MEA的整体性，可采用下述方法：

（1）制备电极时，加入少量10%的聚乙烯醇。

（2）提高热压温度。为此，需将Nafion树脂和Nafion膜用NaCl溶液煮沸，使其转化为钠型，此时热压温度可提高到160~180 ℃。还可将Nation溶液中的树脂转化为季铵盐型（如用四丁基氢氧化铵处理），再与经过钠型化的Nation膜压合，热压温度可提高到195 ℃。

D　质子交换膜燃料电池的特点及研发现状

燃料电池种类较多，PEMFC以其工作温度低、启动快、能量密度高、寿命长、质量轻、无腐蚀性、不受二氧化碳的影响、能量来源比较广泛等优点特别适宜作为便携式电源、机动车电源和中小型发电系统。

由于膜的结构、工艺和生产批量等问题的存在，到目前为止，质子交换膜的成本是非常高的，约为每平方米600美元。其中膜的成本占20%~30%，因此，降低膜的成本迫在眉睫。据报道，第三代质子交换膜BAM3G，价格为每平方米50美元。质子交换膜燃料电池的工作温度约为80 ℃。在这样的低温下，电化学反应能正常地缓慢进行，通常用每个电极上的一层薄的铂进行催化。

质子交换膜燃料电池拥有许多特点，成为汽车和家庭应用的理想能源，它可代替充电电池。它能在较低的温度下工作，因此能在严寒条件下迅速启动。其电力密度较高，因此其体积相对较小。此外，这种电池的工作效率很高，能获得40%~50%的最高理论电压，而且能快速地根据用电的需求而改变其输出。

目前，能产生50kW电力的示范装置业已在使用，能产生高达250kW电力的装置也正在开发。当然，要想使该技术得到广泛应用，仍然还有一系列的问题尚待解决。其中最主要的问题是制造成本，因为膜材料和催化剂均十分昂贵。不过人们的研究成果使成本不断降低，一旦能够大规模生产，经济效益将会充分显示出来。另一个大问题是这种电池需要纯净的氢才能工作，因为它们极易受到一氧化碳和其他杂质的污染。这主要是因为它们在低温条件下工作时，必须使用高敏感的催化剂。

6.4.3　固体氧化物燃料电池材料

6.4.3.1　固体氧化物燃料电池工作原理

固体氧化物燃料电池（solid oxide fuel cell，SOFC）属于第三代燃料电池，是一种在中高温下直接将储存在燃料和氧化剂中的化学能高效、环境友好地转化成电能的全固态化学发电装置，被普遍认为是在未来会与质子交换膜燃料电池（PEMFC）一样得到广泛普及应用的一种燃料电池。固体氧化物燃料电池是一个将化石燃料（煤、石油、天然气以及其他碳氢化合物等）中的化学能转换为电能的发电装置，其工作原理如图6-14所示。能量转换是通过电极上的电化学过程来进行的，阴极和阳极反应分别为：

$$O_2 + 4e^- \longrightarrow 2O^{2-} \tag{6-8}$$

$$2O^{2-} + 2H_2 \longrightarrow 2H_2O + 4e^- \tag{6-9}$$

其中的H来自化石燃料，而O来源于空气。

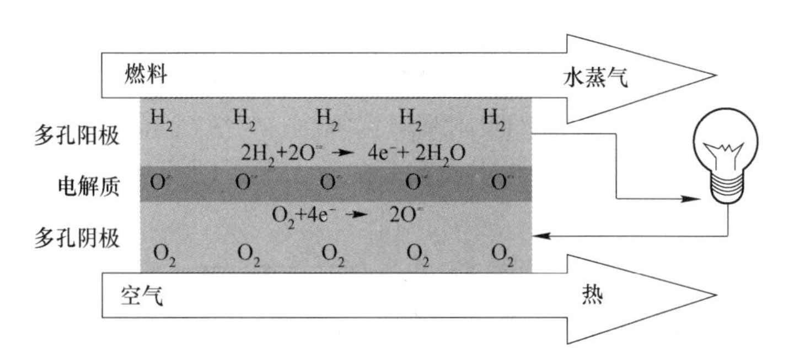

图 6-14 固体氧化物燃料电池工作原理

从理论上讲，固体氧化物燃料电池是最理想的燃料电池类型之一。它不仅具有其他燃料电池高效和环境友好的优点，而且还具备下列优点：

（1）SOFC 是全固态的电池结构，避免了因为使用液态电解质所带来的腐蚀和电解液流失的问题。

（2）电池在高温下（800~1000 ℃）工作时，电极反应过程相当迅速，无须采用贵金属电极，因而电池成本大大降低，同时在高的工作温度下，电池排出的高质量余热可以充分利用，既能用于取暖，也能与蒸汽轮联用进行循环发电。

（3）燃料的适用范围广，不仅用 H_2、CO 等作为燃料，而且可以直接用天然气、煤气、碳氢化合物及其可燃烧物质作为燃料发电。

6.4.3.2 固体氧化物燃料电池材料

A 固体氧化物电解质

固体氧化物电解质通常为萤石结构的氧化物，常用的电解质是 Y_2O_3、CaO 等掺杂的 ZrO_2、CeO_2 或 Bi_2O_3 氧化物形成的固溶体。目前最广泛应用的氧化物电解质为 6%~10%（摩尔分数）Y_2O_3 掺杂的 ZrO_2，常温下 ZrO_2 属于单斜晶系，1150 ℃时不可逆转变为四方结构，到 2370 ℃时转变为立方萤石结构，并且一直保持到熔点（2680 ℃）。8%（摩尔分数）Y_2O_3 稳定的 ZrO_2（YSZ）是 SOFC 中普遍采用的电解质材料，其电导率在 950 ℃下约为 0.1 S/cm。虽然 YSZ 的电导率比其他类型的固体电解质小 1~2 个数量级，但它有突出的优点，即在很宽的氧分压范围内呈纯氧离子导电特性，电子导电和空穴导电只在很低和很高的氧分压下产生。因此，YSZ 是目前少数几种在 SOFC 中具有实用价值的氧化物固体电解质。目前 YSZ 电解质薄膜的制备方法很多，按其成膜原理可以分为陶瓷粉末法、化学法和物理法。

陶瓷粉末法分为流延成形法和浆料涂覆法两种。

a 流延成形法

流延成形法是在陶瓷粉料中添加溶剂、分散剂、黏结剂和增塑剂等，制得分散均匀的稳定浆料，经过筛、除气后，在流延机上制成具有一定厚度的素坯膜，再经过干燥、烧结得到致密薄膜的一种成形方法。流延成形法制备 YSZ 薄膜工艺的关键在于制备性能合适的流延浆料。为了使成膜致密，通常采用细颗粒的球形粉料，但是如果粉料过细，浆料中黏结剂和增塑剂的用量也要相应增加，以保证浆料的黏度，这会给干燥和烧结带来困难，从而影响烧结膜的质量。浆料中溶剂、分散剂、黏结剂和塑性剂等添加剂的种类和含量很重要，并且添加剂的添加次序对流延浆料的黏度及流变性影响很大。一般先在粉料中加入溶剂和分散剂，用球磨或超声波分散的方法混合均匀后，再加入塑性剂和黏结剂，这主要是因为黏结剂和分散剂在粉体颗粒上的吸附具有竞争性，分散剂先吸附在颗粒表面后不易被解吸，可增强粉体的分散效果，有利于提高膜的致密度。图 6-15 为流延成形法制备 YSZ 薄膜的工艺流程。

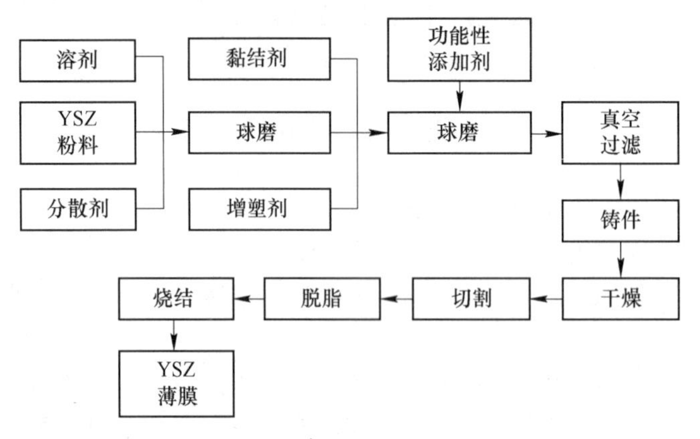

图 6-15　流延成形法制备 YSZ 薄膜的工艺流程

b　浆料涂覆法

浆料涂覆法是将 YSZ 粉末分散在溶剂中，加入助剂配成浆状悬浮液，然后采用不同涂覆方式将 YSZ 浆料涂覆在基片表面，再经干燥、烧结得到电解质薄膜的方法。图 6-16 为浆料涂覆法制备 YSZ 薄膜的工艺流程。浆料涂覆法设备成本低，工艺简单，成膜较薄，但所用的浆料一般是 YSZ 含量 10%（质量分数）左右的稀悬浮液，为了得到气密性良好的电解质膜，浆料的涂覆、干燥、预烧过程一般需要重复 3~10 次，既费时又费力。针对稀浆涂覆法的不足，一般将浆料中 YSZ 含量提高到 40%（质量分数），用刷子将浆料刷到电极上后再用匀胶机甩平，只进行一次涂覆，烧结后得到 8 μm 厚的均匀致密的 YSZ 薄膜。也可以将 NiO-YSZ 片放在布氏漏斗底部，向漏斗中加入 YSZ 纳米粉和异丙醇及乙烯醇缩丁醛混合悬浮液，通过控制溶液的浓度和液面下沉速度，得到 7 μm 厚的致密 YSZ 薄膜。

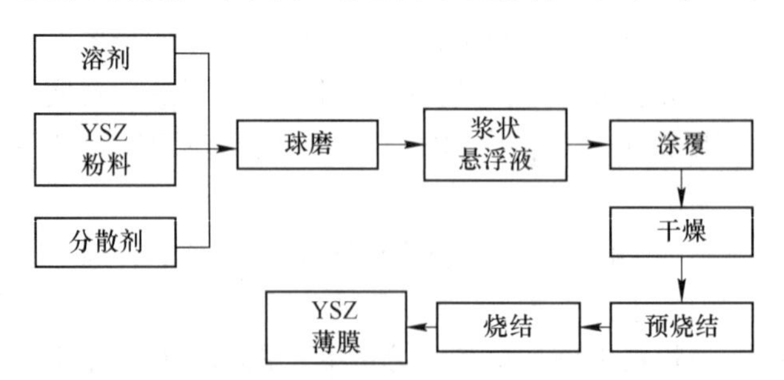

图 6-16　浆料涂覆法制备 YSZ 薄膜的工艺流程

YSZ 作为电解质时，由于电导率较低，必须在 900~1000 ℃的温度下工作才能使 SOFC 获得较高的功率密度，这样给双极板、高温密封胶的选材和电池组装带来一系列的困难。目前国际上 SOFC 的发展趋势是适当降低电池的工作温度至 800 ℃左右。

B 电极材料

a 阴极材料

在高温 SOFC 中，要求电极必须具备下列特点：多孔性、高的电子导电性、与固体电解质有高的化学和热相容性以及相近的热膨胀系数。

SOFC 中的阴极、阳极可以采用 Pt 等贵金属材料，但由于 Pt 价格昂贵，而且高温下易挥发，实际已很少采用。目前发现钙钛矿型复合氧化物 $Ln_{1-x}A_xMO_3$（Ln 为镧系元素，A 为碱土金属，M 为过渡金属）是性能较好的一种阴极材料。不同过渡金属的钙钛矿型的氧化物 $La_{1-x}Sr_xMO_{3-\delta}$（M 为 Mn、Fe、Co，$0 \leqslant x \leqslant 1$）的阴极电化学活性的顺序为：

$$La_{1-x}Sr_xCoO_{3-\delta} > La_{1-x}Sr_xMO_{3-\delta} > La_{1-x}Sr_xFeO_{3-\delta} > La_{1-x}Sr_xCrO_{3-\delta}$$

目前，SOFC 中空气电极广泛采用锶掺杂的亚锰酸镧（LSM）钙钛矿材料。原因是 LSM 具有较高的电子导电性、电化学活性和与 LSM 相近的热膨胀系数等优良综合性能。在 $La_{1-x}Sr_xMnO_3$ 中，随 Sr 掺杂量的变化，导电性连续增大，但热膨胀系数也不断增加，为了保证和 YSZ 膨胀系数相匹配，一般 Sr 掺杂量取 0.1%～0.3%。

b 阳极材料

SOFC 通过阳极提供燃料气体，阳极又称燃料极。从阳极的功能和结构考虑，必须满足以下一系列要求：好的化学稳定性和性能稳定性；有足够的电子电导率，减小欧姆极化，能把产生的电子及时传导到连接板，同时具有一定的离子电导率，以实现电极的立体化；与其相接触的材料的化学兼容性和热膨胀匹配性：适当的气孔率，使燃料气体能够渗透到电极-电解质界面处参与反应，并且将产生的水蒸气和其他的副产物带走，同时又不严重影响阳极的结构强度；良好的催化活性和足够的表面积，以促进燃料电化学反应的进行；良好的催化性能，较高的强度和韧性，易加工性和低成本。

（1）金属电极。阳极曾用过具有电子导电性的材料，如 Pt、Ag 等贵金属，石墨，过渡金属 Fe、Co、Ni 等，都曾作为阳极加以研究。贵金属不仅成本太高，而且在较高的温度下还存在 Ag 的挥发问题，Pt 电极在 SOFC 运行中，反应产生的水蒸气会使阳极和电解质发生分离。过渡金属也有一定的局限性，如 Fe 也可以作为阳极材料，但是 Fe 在高温下容易被氧化而失去活性。后来人们用廉价的 Ni 代替了 Pt、Ag 等贵金属。但 Ni 颗粒的表面活性高，容易烧结团聚，不仅会降低阳极的催化活性，而且由于电极烧结、孔隙率降低，会影响燃料气体向三相界面扩散，增加电池的阻抗。Co 也是一种很好的阳极材料，其电催化性能比 Ni 好，但是 Co 的价格比较贵，限制了它在实际中的应用。因此，纯金属阳极都不能为 SOFC 技术所采用。

（2）Ni-YSZ 金属陶瓷电极。金属陶瓷复合材料是通过将具有催化活性的金属分散在电解质材料中得到的，这样既保持了金属阳极的高电子电导率和催化活性，同时又增加了材料的离子电导率和改善了阳极与电解质热膨胀系数不匹配的问题。复合材料中的陶瓷相主要是起结构方面的作用，即保持金属颗粒的分散性和长期运行时阳极的多孔结构。金属 Ni 因其便宜的价格及较高的稳定性，常与电解质氧化钇稳定的氧化锆（yttria stabilized zirconia，YSZ）混合制成多孔金属陶瓷 Ni-YSZ。它是目前应用最广泛的 SOFC 阳极材料，首先需要制备 NiO-YSZ 复合材料，然后在 SOFC 工作环境中还原，得到 Ni-YSZ 金属陶瓷。

Ni-YSZ 金属陶瓷阳极的电导率与其中的 Ni 含量密切相关。Ni-YSZ 的电导率随 Ni 含量呈 S 形变化（图 6-17），说明了 Ni-YSZ 中导电机理随 Ni 含量不同而发生变化。在 Ni-

YSZ 金属陶瓷中存在两种导电机制：电子导电相 Ni 和离子导电相 YSZ。Ni-YSZ 的电导大小由混合物中二者的比例决定，当 Ni 含量超过 30%（体积分数）时，电导率骤增，高出以前的 3 个数量级，说明此时起作用的主要是 Ni 中的电子电导，其电导率还与电极的微观结构密切相关。Ni 含量越大，欧姆电阻越小，极化电阻随 Ni 的体积含量变化有一个最小值，往往在 50%左右。

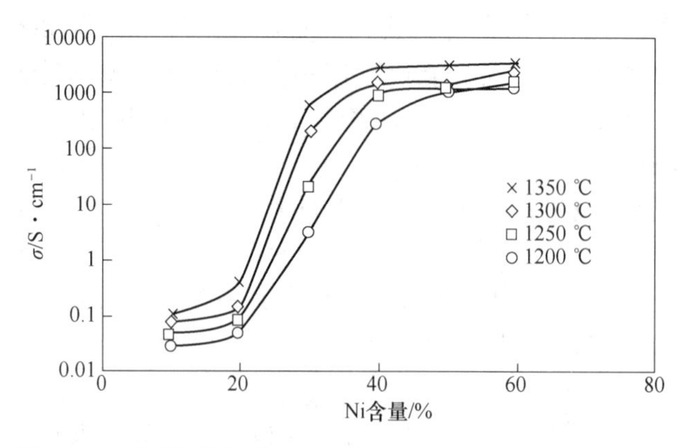

图 6-17 不同的温度时 Ni-YSZ 阳极电导率与 Ni 含量的关系

Ni-YSZ 金属陶瓷阳极的热膨胀系数随组成不同而发生变化。随着 Ni 含量的增加，Ni-YSZ 阳极的热膨胀系数增大。但是当 Ni 含量超过 30%时，Ni-YSZ 金属陶瓷的热膨胀系数将比 YSZ 电解质的高。综合考虑阳极材料的各方面性能，Ni 含量一般取 30%左右。

Ni-YSZ 的粒径比会直接影响到阳极的极化和电导率。对于 Ni 含量和孔隙率都固定的阳极来说，粒径比越大，电导率就越高。粗的 YSZ 颗粒在烧结和还原 NiO 时，更容易收缩，此时产生的应力会造成微裂纹和电池性能的快速衰减。另外，从电催化活性角度考虑，使用粗的 YSZ 颗粒会减小燃料发生氧化反应的三相界面，增加极化电阻。目前，一种新的微观结构被提出，即原始粉料由粗 YSZ、细 YSZ 和 NiO 颗粒构成。这种新型阳极与传统阳极相比，它的优越性主要体现在电池的长期性能上。整个阳极由多层具有不同粒径和 Ni 含量的阳极层构成，由里向外，粒径和 Ni 含量逐渐增大，从而阳极的孔隙率、电导率和热膨胀系数也呈梯度分布。Koide 等的研究表明，采用具有不同 Ni 含量的双层阳极能够有效地降低电池的欧姆和极化电阻。实验结果表明，在 600~800 ℃之间，其电导率高达 103. 3 S/cm。所以，这种材料可以被用作中低温固体氧化物燃料电池的阳极材料。

（3）Cu 基金属陶瓷。人们考虑用一种惰性金属来代替 Ni 形成金属陶瓷阳极。Gorte 等用金属 Cu 代替或取代部分 Ni，Cu-YSZ 阳极在 SOFC 的工作温度和环境下保持稳定，没有碳沉积，但是，并没有获得很好的电池性能，这可能是因为 Cu 没有足够的催化活性，减弱了对甲烷催化生成碳的反应，显著减少了阳极积碳。研究发现，Cu、Ni、CeO_2-YSZ 复合阳极对多种碳氢化合物（如甲烷、乙烷、丁烷、丁烯、甲苯等）的直接电化学催化有良好的催化活性，而且没有积碳现象。有人合成 Cu-CeO_2-YSZ 阳极材料，发现与 Ni-YSZ 相比，其对燃料的适应性更强，还可以得到更加稳定的电池性能。所以这类 Cu 基阳极对碳氢化合物的直接电化学氧化有很好的发展潜力。

（4）CeO_2 基复合材料。目前阳极的材料体系和微观结构设计已是多种多样。在传统的 Ni-YSZ 材料的基础上，发展出了 Ni-DCO 材料。研究表明，采用掺杂 CeO_2 的 Ni-YSZ 阳极，用潮湿的 CH_4 为燃料，工作温度在 850 ℃时工作 3h，阳极没有发现出现碳沉积。在中低温下具有较好的性能，而且 Ni-DCO 阳极对碳氢燃料有更好的催化活性和稳定性。现已被广泛用于中低温 SOFC。

CeO_2 是具有萤石结构的氧化物，空间群为 Fm3m，熔点高，不容易烧结。目前已有实验室开展了以 CeO_2 作燃料电池电催化剂的研究。CeO_2 在许多反应，包括碳氢化合物的氧化和部分氧化中，可以作为催化剂。同时，CeO_2 还具有阻止碳沉积和催化碳的燃烧反应的能力。因此，它被研究用作以合成气、甲醇、甲烷为燃料的 SOFC 阳极材料或复合阳极材料的组成部分。掺杂和不掺杂的 CeO_2 基材料在低氧分压下都能够表现出混合导体的性能，是很有潜力的 SOFC 阳极材料。CeO_2 的电导率也随着掺杂元素的离子大小、价态和掺杂量的变化而变化。在所有三价掺杂元素中，Gd^{3+}、Sm^{3+}、Y^{3+}的半径与 Ce^{4+}最接近，因而这三种元素掺杂的氧化铈的阳空位缔合能最低。纯 CeO_2 的电导率并不高，600 ℃时的离子电导率只有 10^{-5} S/cm。但掺杂碱金属氧化物（如 CaO）或稀土氧化物（如 Y_2O_3、Sm_2O_3、Gd_2O_3）后，其氧离子电导率会大大提高。

为了降低采用阳极支撑结构的 SOFC 的成本，研究了钙掺杂的氧化铈（CDC）。结果表明，掺杂 20%钙的材料的电导率最高，850 ℃时在氢气气氛下的电导率可以达到 1.1 S/cm，远大于在空气气氛下的电导率；同样研究了钆掺杂的氧化铈，掺杂 20%钆的材料在 850 ℃时氢气气氛下的电导率可以达到 0.39 S/cm。分别以 Ni-20CDC 作为阳极、$Sm_{0.5}Sr_{0.5}$Co-SDC作为阴极、SDC 作为电解质的单电池，在 650 ℃时氢气气氛下的最大输出比功率可以达到 623 mW/cm^2。

c　双极连接材料

双极连接板在 SOFC 中起到连接阴、阳电极的作用，特别是在平板式 SOFC 中同时起分隔燃料和氧化剂及构成流场与导电作用，是平板 SOFC 中关键材料之一。双极连接板在高温和氧化、还原气氛下必须具备良好的力学性能、化学稳定性、高的电导率和接近 YSZ 的热膨胀系数，目前 $La_{1-x}CaCrO_3$（简称 LCC）和 Cr-Ni 合金材料能满足平板式 SOFC 连接材料的要求。

6.4.4　熔融碳酸盐燃料电池材料

熔融碳酸盐燃料电池（MCFC）概念的提出最早在 20 世纪 40 年代。目前，MCFC 实验与研究集中在以下方面：应用基础研究主要集中在解决电池材料抗熔盐腐蚀方面，以期望延长电池寿命：实验电厂的建设正在全面展开，主要集中在美国、日本与西欧一些国家，实验电厂的规模已经达到 1~2 MW。MCFC 的工作温度约 650 ℃，余热利用价值高；电催化剂以 Ni 为主，不用贵金属，并且可用脱硫煤气、天然气为燃料；电池隔膜与电极均采用浇铸方法制备，工艺成熟，容易大批量生产。

熔融碳酸盐燃料电池具有能量转换率高、无公害、在 600~700 ℃高温下工作不需价格昂贵的催化剂、一氧化碳、煤气等气体均可作为燃料等优点。

作为第二代燃料电池，目前很多国家如美国、荷兰、意大利、日本等都很重视这项研究工作。美国 IFC 于 1986 年已运转 25 kW 级电池组。熔融碳酸盐燃料电池主要由燃料电极（阳极）、空气电极（阴极）、熔融碳酸盐电解质及隔板等组成，这些材料的好坏直接影响燃料电池的性能。因此，很多国家都很重视这些材料的研究工作。

6.4.4.1 燃料电极

燃料电极经常与燃料气体 H_2 及 CO 等接触，所以对这些气体要求具有稳定性。对燃料电极材料的基本要求如下：

(1) 导电性能好。

(2) 耐高温特性好。

(3) 对电解质（熔融碳酸盐）具有耐腐蚀性。

(4) 在燃料气体等还原性气氛中很稳定。

(5) 在高温下不发生烧结现象和蠕变现象，机械强度高。

目前解决这些问题的主要方法是采用电极特性比较好的 Ni 系材料，进行合金化处理或用氧化物弥散强化的 Ni-Cr、Ni-Co、Ni-$LiAlO_2$ 等。

6.4.4.2 空气电极

空气电极经常与高温的氧化气氛接触，所以需要抗氧化的性能。常用的空气电极材料是掺 1%~2%Li 的 NiO。这种电极用纯 Ni 粉末进行烧结而制成，具有多孔性结构。它组成电池时被氧化成黑色的 NiO。NiO 单体本身是一种绝缘体，但在电解质中的 Li 掺到这里后就形成导电性高的空气电极。目前存在的最大问题是，在电池运转中电极中的 Ni 逐渐被溶解在电解质中，使长期运转时电解质中析出 Ni，因此，燃料电极和空气电极有时发生短路现象。

6.4.4.3 电解质

熔融碳酸盐燃料电池的电解质部分主要由基体材料和熔融碳酸盐电解质两部分组成。电解质部分又按其结构可分为基体型电解质及膏型电解质两种。

基体型电解质主要由偏铝酸锂（$LiAlO_2$）或 MgO 烧结体组成，一般具有 50%~60%的空隙率，其中浸有熔融碳酸盐电解质。在基体型电解质中，对基体材料的要求如下：(1) 绝缘性能好；(2) 机械强度高；(3) 在高温下对熔融碳酸盐稳定；(4) 能浸入及保持电解质。

膏型电解质主要由 $LiAlO_2$ 及 ZrO_2 组成。它是在比熔融碳酸盐熔点低的基础上经过热压法制备的。膏型电解质在机械强度方面不如基体型电解质，但其气密性及内部电阻方面比基体型好。因为气密性好，所以内电阻小。膏型电解质的缺点是：反复操作及热循环时，容易出现裂纹。为了防止这种现象，可在其中加入 Fe-Cr-Al 合金组成补强剂加以避免。

6.4.4.4 燃料电池隔膜

隔膜是 MCFC 的核心部件，要求温度高、耐高温熔盐腐蚀、浸入熔盐电解质后能阻气并具有良好的离子导电性能。早期的 MCFC 隔膜由氧化镁制备，然而氧化镁在熔盐中微弱熔解并容易开裂。研究表明，$LiAlO_2$ 具有很强的抗碳酸熔盐腐蚀的能力，因此目前被广泛采用。

在 MCFC 中，碳酸盐电解质被保持在多孔的偏铝酸锂结构中，通常称为电解质板。$LiAlO_2$ 的结构形态和物理特性（即粒子大小和比表面积等）强烈地影响着电解质板的强度及保持电解质的能力。$LiAlO_2$ 有三种结构形态，如表 6-6 所示。研究表明，γ-$LiAlO_2$ 在

MCFC 工作环境中是最稳定的结构形态，因为 $LiAlO_2$ 在高温下具有良好的化学稳定性、热稳定性和力学稳定性，与其他材料的相容性好，尤其是有极好的辐射行为，并且该材料锂的含量相对较高，所以它引起了学者们广泛的兴趣。$LiAlO_2$ 粉料的合成方法很多，通常有固相合成法、溶胶-凝胶法、共沉淀法等。后两者的制备过程复杂，成本高，且反应周期较长，另外反应后存在副产物。

表 6-6　$LiAlO_2$ 的三种结构形态

晶体类型	晶系	颗粒外形	粒子细度	密度/$g\cdot cm^{-3}$	比表面积	稳定性
α-$LiAlO_2$	六方	球形	高	3.400	大	高压稳定
β-$LiAlO_2$	正交	针状	中	2.610	中	亚稳
γ-$LiAlO_2$	正方	片状、双锥	低	2.615	小	高温稳定

（1）$LiAlO_2$ 粉体的制备。将 Al_2O_3 和 Li_2CO_3 混合（摩尔比 1∶1），以去离子水为介质，长时间充分球磨后经过 600~700 ℃高温焙烧制备出 $LiAlO_2$。其反应式为：

$$Al_2O_3 + Li_2CO_3 \longrightarrow 2LiAlO_2 + CO_2\uparrow \tag{6-10}$$

将粉体与一定量的黏结剂和增塑剂混合，滚压成膜，以滚压制得的 $LiAlO_2$ 膜作电池隔膜，以烧结 Ni 作对电极，组装成了电极面积 28 cm^2 的小型 MCFC，电池性能良好，放电电流密度为 125 mA/cm^2，电池电压为 0.91 V。

（2）$LiAlO_2$ 隔膜的制备。国内外已经开发了多种 $LiAlO_2$ 隔膜的制备方法，有热压法、电沉积法、真空铸造法、冷热滚法和带铸法。带铸法制备的 $LiAlO_2$ 隔膜，不但性能好、重复性好，而且适用于大批量生产。带铸法制备隔膜的过程是：在 γ-$LiAlO_2$ 粗料中掺入 5%的 γ-$LiAlO_2$ 细料，同时加入一定比例的黏结剂、增塑剂和分散剂；用正丁醇和乙醇的混合物作溶剂，经长时间球磨制备出适于带铸的浆料，然后将浆料用带铸机铸膜，在制膜的过程中要控制溶剂的挥发速率，使膜快速干燥；将制得的膜数张叠合，热压成厚度为 0.5~0.6 mm、堆密度为 1.75~1.85 g/cm^3 的电池用隔膜。

国内开发了流铸法制膜技术。用该技术制膜时，浆料的配方与带铸法相似，但是加入的溶剂量大，配成的浆料具有很大的流动性。将制备好的浆料脱气至无气泡，均匀铺摊于一定面积的水平玻璃板上，在饱和溶剂蒸气中控制膜中溶剂挥发速率，让膜快速干燥，然后将数张这种膜叠合，热压成厚度为 0.5~1.0 mm 的电池隔膜。

6.4.4.5　熔融碳酸盐燃料电池需要解决的关键技术

（1）阴极熔解。MCFC 电极为锂化的 NiO。随着电极长期工作运行，阴极在熔盐电解质中将要发生熔解，熔解产生的 Ni^{2+}扩散进入电池隔膜中，被隔膜阳极一侧渗透的 H_2 还原成金属 Ni，而沉积在隔膜中，严重时导致电池短路。

（2）阳极蠕变。MCFC 阳极最早采用烧结 Ni 作电极，由于 MCFC 属于高温燃料电池，在高温下还原气氛中的 Ni 将蠕变，从而影响了电池的密封性能和电池性能。为提高阳极的抗蠕变性能和力学性能，国外采用以下方法：向 Ni 阳极中加入含有 Cr、Al 等元素的物质，形成 Ni-Cr、Ni-Al 合金，以达到弥散强化的目的；向 Ni 阳极中加入非金属氧化物，利用非金属氧化物良好的抗高温蠕变性能对阳极进行强化。

（3）熔盐电解质对电极双极板材料的腐蚀。MCFC 双极板通常用的材料是 SUS310 或

SUS316 等不锈钢，长期工作后，会造成电极双极板材料的腐蚀，为提高双极板的耐腐蚀性能，一般国外采取在双极板表面包覆一层 Ni 或 Ni-Cr-Fe 耐热合金，或者在双极板表面上镀 Al 或 Co，目的是提高耐腐蚀性能。

（4）电解质流失问题。随着 MCFC 运转工作时间的加长，熔盐电解质将按照以下的途径发生部分流失：阴极熔解导致流失；阳极腐蚀导致流失；双极板腐蚀导致流失；熔盐电解质蒸发损失导致流失；电解质迁移导致流失。

为了保证 MCFC 内部有足够的电解质，一般在电池结构上增加补盐设计，如在电极或基板上加工一部分沟槽，用在沟槽中储存电解质的方法补盐，使盐流失的影响降为最低。

6.5　超级电容器材料

6.5.1　概述

超级电容器（supercapacitor 或 ultracapacitor），又称双电层电容器（electrical double-layer capacitor）、电化学电容器（electrochemcial capacitor，EC），通过极化电解质来储能。它是一种电化学元件，但在其储能的过程中并不发生化学反应，这种储能过程是可逆的，也正因为此，超级电容器可以反复充放电数十万次。超级电容器可以被视为悬浮在电解质中的两个无反应活性的多孔电极板，在极板上加电，正极板吸引电解质中的负离子，负极板吸引正离子，实际上形成两个电容性存储层，被分离开的正离子在负极板附近，负离子在正极板附近（图 6-18）。

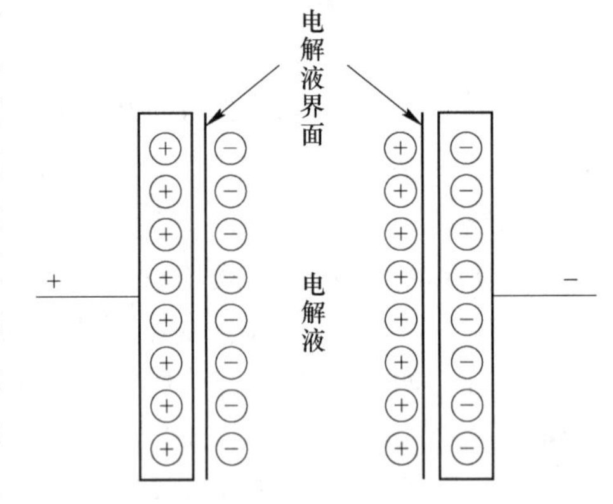

图 6-18　超级电容器的结构

超级电容器是建立在德国物理学家亥姆霍兹提出的界面双电层理论基础上的一种全新的电容器。众所周知，插入电解质溶液中的金属电极表面与液面两侧会出现符号相反的过剩电荷，从而使相间产生电位差。那么，如果在电解液中同时插入两个电极，并在其间施加一个小于电解质溶液分解电压的电压，这时电解液中的正、负离子在电场的作用下会迅速向两极运动，并且分别在两个电极的表面形成紧密的电荷层，即双电层，它所形成的双电层和传统电容器中的电介质在电场作用下产生的极化电荷相似，从而产生电容效应，紧密的双电层近似于平板电容器，但是，由于紧密的电荷层间距比普通电容器电荷层间的距离要小得多，因而具有比普通电容器更大的容量。

双电层电容器与铝电解电容器相比，内阻较大，因此，可在无负载电阻情况下直接充电，如果出现过电压充电的情况，双电层电容器将会开路而不致损坏器件，这一特点与铝电解电容器的过电压击穿不同。同时，双电层电容器与可充电电池相比，可进行不限流充电，且充电次数可达 100 万次以上，因此，双电层电容器不但具有电容的特性，同时也具有电池特性，是一种介于电池和电容之间的新型特殊元器件。

6.5.2 超级电容器的工作原理

超级电容器是利用双电层原理的电容器。当外加电压加到超级电容器的两个极板上时，与普通电容器一样，极板的正电极存储正电荷，负极板存储负电荷，在超级电容器的两极板上电荷产生的电场作用下，在电解液与电极间的界面上形成相反的电荷，以平衡电解液的内电场，这种正电荷与负电荷在两个不同相之间的接触面上，以正负电荷之间极短间隙排列在相反的位置上，这个电荷分布层称为双电层，因此，电容量非常大。

当两极板间电势低于电解液的氧化还原电极电位时，电解液界面上电荷不会脱离电解液，超级电容器为正常工作状态（通常为 3 V 以下）；如电容器两端电压超过电解液的氧化还原电极电位时，电解液将分解，为非正常工作状态。由于随着超级电容器放电，正负极板上的电荷被外电路泄放，电解液界面上的电荷相应减少。由此可以看出，超级电容器的充放电过程始终是物理过程，没有化学反应。因此，性能是稳定的，与利用化学反应的蓄电池是不同的。

超级电容器在分离出的电荷中存储能量，用于存储电荷的面积越大，分离出的电荷越密集，其电容量越大。

传统电容器的面积是导体的平板面积，为了获得较大的容量，导体材料卷制得很长，有时用特殊的组织结构来增加它的表面积。传统电容器是用绝缘材料分离它的两极板，一般为塑料薄膜、纸等，这些材料通常要求尽可能薄。

超级电容器的面积是基于多孔碳材料，该材料的多孔结构允许其比表面积达到 2000 m^2/g，通过一些措施可实现更大的比表面积。超级电容器电荷分离开的距离是由被吸引到带电电极的电解质离子尺寸决定的。该距离（<1 nm）比传统电容器薄膜材料所能实现的距离更小。这种庞大的比表面积再加上非常小的电荷分离距离使得超级电容器较传统电容器而言有非常大的静电容量，这也是其“超级”所在。

6.5.3 超级电容器制备的工艺流程

超级电容器制备的工艺流程为：配料→混浆→制电极→裁片→组装→注液→活化→检测→包装。

超级电容器在结构上与电解电容器非常相似，它们的主要区别在于电极材料。早期的超级电容器的电极采用炭，炭电极材料的比表面积很大，电容的大小取决于比表面积和电极的距离，这种炭电极的大比表面积再加上很小的电极距离，使超级电容器的电容值可以非常大，大多数超级电容器可以做到法拉级，一般情况下电容值范围可达 1~5000 F。

超级电容器通常包含双电极、电解质、集流体、隔离物四个部件。超级电容器是利用活性炭多孔电极和电解质组成的双电层结构获得超大的电容量的。在超级电容器中，采用活性炭材料制作成多孔电极，同时在相对的两个多孔炭电极之间填充电解质溶液，当在两端施加电压时，相对的多孔电极上分别聚集正负电荷，而电解质溶液中的正负离子将由于电场作用分别聚集到与正负极板相对的界面上，从而形成双集电层。

6.5.4 超级电容器的分类

超级电容器的类型比较多，按原理分为双层超级电容器和赝电容型超级电容器。

6.5.4.1 双层超级电容器

（1）活性炭电极材料。采用了高比表面积的活性炭材料经过成形制备电极。

（2）碳纤维电极材料。采用活性炭纤维成形材料，如布、毡等经过增强，喷涂或熔融金属增强其导电性制备电极。

（3）碳气凝胶电极材料。采用前驱材料制备凝胶，经过碳化活化得到电极材料。

（4）碳纳米管电极材料。碳纳米管具有极好的中空性能和导电性能，采用高比表面积的碳纳米管材料，可以制得非常优良的超级电容器电极。

以上电极材料可以制成平板型超级电容器和绕卷型溶剂电容器。平板型超级电容器在扣式体系中多采用平板状和圆片状的电极，另外也有 Econd 公司产品为典型代表的多层叠片串联组合而成的高压超级电容器，可以达到 300 V 以上的工作电压。绕卷型溶剂电容器采用电极材料涂覆在集流体上，经过绕制得到，这类电容器通常具有更大的电容量和更高的功率密度。

6.5.4.2 赝电容型超级电容器

该类超级电容器电极材料为金属氧化物或导电聚合物。金属氧化物材料包括 NiO_x、MnO_2、V_2O_5 等；导电聚合物材料包括 PPY、PTH、PANI、PAS、PFPT 等，经 p 型或 n 型或 p/n 型掺杂制取电极，以此制备超级电容器。这一类型超级电容器具有非常高的能量密度，目前除 NiO_x 型外，其他类型多处于研究阶段，还没有实现产业化生产。

6.6 新能源材料的应用与展望

6.6.1 锂离子电池的应用

通常来说，锂离子电池按照体积和容量的大小可分为小型锂离子电池和锂离子动力电池两类。前者主要用于 3C 电子产品领域，如智能手机、笔记本电脑、平板电脑等；后者主要用于电动工具、电动自行车、电动汽车、智能电网等领域。在此我们主要介绍锂离子电池在电子产品方面的应用和动力电池在新能源汽车方面的应用。

6.6.1.1 在电子产品方面的应用

应用的 3C 电子产品包括通信、便携式计算机和消费电子产品，具体产品有手机、笔记本电脑、平板电脑、数码相机、MP3、MP4 等。目前这些电子产品几乎全部采用锂离子电池作为电源。图 6-19 为 2010 年全球锂离子电池应用各领域市场占比图。从图 6-19 中可以看出，3C 电子产品的总份额占到 87.55%，具有绝对的优势，其中手机和笔记本电脑分别占了 41.28%和 41%。以手机为例，2005 年达到 2.6 亿部，2006 年达到 4.5 亿部，2007 年达到近 5 亿部，2008 年达到 5.6 亿部，2009 年达到 6.19 亿部，2010 年达到了 10 亿部，后来 5 年的增长率依然居高不下。其次是笔记本电脑，也是锂离子电池消费的一大领域。随着电子产品的快速更新换代和向小型化、薄形化发展，需要有体积更小、质量更轻、比能量更高的锂离子电池的出现。

6.6.1.2 在新能源汽车方面的应用

由于全球性的石油资源迅速减少和大气环境污染的不断恶化，各个国家都在致力于寻找高效的节能环保方法和技术来解决能源和环境问题。电动汽车的研究与开发可被认为是

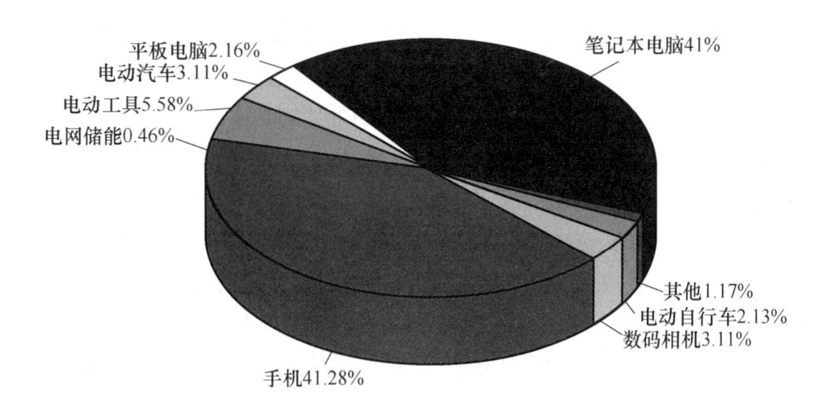

图 6-19 2010 年全球锂离子电池应用各领域市场占比图

目前缓解能源危机和环保问题最现实、有效的途径，电动汽车的推行和普及不仅可以缓解国家进口石油的压力，而且消除或减轻了汽车尾气给环境带来的污染问题。中国国务院于 2012 年 7 月 9 日对外公布由工信部主导制定的《节能与新能源汽车产业发展规划(2012—2020)》，提出的目标是：到 2015 年，EV 和 PHEV 累计产销量超过 50 万辆；到 2020 年，EV 和 PHEV 生产能力达 200 万辆，累计产销量达 500 万辆。

2015 年，我国锂离子电池行业迎来了难得的发展机会，各家动力锂离子电池厂家都出现供不应求的局面。在国家各种支持政策的刺激下，我国新能源汽车产量快速增长。全年新能源汽车销售 331092 辆，同比增长 3.4 倍。其中纯电动汽车销量完成 247482 辆，同比增长 4.5 倍；插电式混合动力汽车销量完成 83610 辆，同比增长 1.8 倍。新能源乘用车中，纯电动乘用车销量完成 146719 辆，同比增长 3 倍；插电式混合动力乘用车销量完成 60663 辆同比增长 2.5 倍。新能源商用车中，纯电动商用车销量完成 100763 辆，同比增长 10.6 倍；插电式混合动力商用车销量完成 22947 辆，同比增长 88.8%。

如果按照纯电动乘用车每辆 20 kW · h、插电式乘用车每辆 15 kW · h、纯电动商用车每辆 100 kW · h、插电式商用车每辆 40 kW · h 电池用量计算，纯电动乘用车电池需求量为 2934 MW · h，插电式乘用车电池需求量为 910 MW · h，纯电动商用车电池需求量为 10076 MW · h，插电式商用车电池需求量为 917 MW · h，2015 年我国新能源汽车对动力电池总需求量为 14837 MW · h。其他欧美国家以及日本、韩国等对此同样是雄心勃勃。而动力锂离子电池作为新能源电动汽车的关键部件受到了极大的关注，动力电池技术也是电动汽车的关键技术之一，全球各大汽车公司都在致力于开发电池新技术。虽然新能源汽车会是将来的大势所趋，但就目前来看还有很长的一段路要走，有许多问题要解决。尤其近来屡次出现纯电动公交车充电时着火事件，让很多消费者望而却步。所以开发安全性好、可靠性高、稳定性强的动力锂离子电池是一项迫在眉睫的重任，中国现阶段应重点发展动力锂离子电池技术。

6.6.2 太阳能电池的应用

6.6.2.1 太阳能电池的应用

近年来，太阳能利用在技术上的不断突破，使太阳能光电池的商业化应用要比人们原先预期的快得多。目前，全世界总共有 23 万座光伏发电设备，以色列、澳大利亚、新西兰居于领先地位。技术上的不断突破使光电池以高速度进入市场。20 世纪 80 年代后期，由于多晶薄膜光电池的出现，使光电池的光电转换效率达 16%，而生产成本降低了 50%，极利于在缺能少电的发展中国家推广。美国拥有世界上最大的光伏发电厂，其功率为 7 MW。日本也建成了发电功率达 1 MW 的光伏发电厂。最初太阳能电池主要是广泛应用于人造卫星和航空航天领域，因为在太空中只有白天，没有黑夜，太阳光强度也不受天气变化和季节更替的影响。如人造卫星、宇宙空间站上的能源都是由太阳能电池提供。目前，太阳能电池已在民用电力、交通以及军用航海、航天等诸多领域发挥着越来越大的作用。大型的可用于电话通信系统、卫星地面接收站、微波中继站等；中型的可用于电车、轮船、卫星、宇宙飞船等；小（微）型的可用于太阳能手表、太阳能计算器、太阳能充电器、太阳能手机等。

太阳能的热利用，是将太阳的辐射能转换为热能，实现这个目的的器件称为集热器，如太阳灶、太阳能热水器、太阳能干燥器等。太阳能热利用是可再生能源技术领域商业化程度最高、推广应用最普遍的技术之一。1998 年，世界太阳能热水器的总保有量约 5400 万平方米。按照人均使用太阳能热水器面积，塞浦路斯和以色列居世界第一位和第二位，分别为 1 m^2/人和 0.7 m^2/人。日本有 20%的家庭使用太阳能热水器，以色列有 80%的家庭使用太阳能热水器。

太阳能的热利用主要有以下方面：

（1）太阳能空调降温。太阳能制冷及空调降温研究工作的重点是寻找高效吸收和蒸发材料，优化系统热特性，建立数学模型和计算机程序，研究新型制冷循环等。

（2）太阳能热发电。太阳能热发电是利用集热器将太阳辐射能转换成热能并通过热力循环过程进行发电，是太阳能热利用的重要方面。

（3）太阳房。太阳房是直接利用太阳辐射能的重要方面。通过建筑设计把高效隔热材料、透光材料、储能材料等有机地集成在一起、使房屋尽可能多地吸收并保存太阳能，达到房屋采暖目的。太阳房可以节约 75%~90%的能耗，并且具有良好的环境效益和经济效益，成为各国太阳能利用技术的重要方面。被动式太阳房平均每平方米建筑面积每年可节约 20~40 kg 标准煤，用于蔬菜和花卉种植的太阳能温室在中国北方地区较多采用。全国太阳能温室面积总计约 700 万亩，具有较好的经济效益。在我国，相关的透光隔热材料、带涂层的控光玻璃、节能窗等没有商业化，使太阳房的发展受到限制。

（4）太阳灶和太阳能干燥。我国目前大约有 15 万台太阳灶在使用中。太阳灶表面可以加涂一层光谱选择性材料，如二氧化硅之类的透明涂料，以改变太阳光的吸收与发射，最普通的反光镜为镀银或镀铝玻璃镜，也有铝抛光镜面和涤纶薄膜镀铝材料等，提高太阳灶的效率，每台太阳灶每年可节约 300 kg 标准煤。

太阳能干燥是热利用的一个方面。目前我国已经安装了 1000 多套太阳能干燥系统，总面积约 2 万平方米，主要用于谷物、木材、蔬菜、中草药干燥等。

6.6.2.2 太阳能电池的展望

对太阳能电池的展望如下：

（1）砷化镓及铜、铟、硒等是由稀有元素所制备，但从材料来源看，这类太阳能电池将来不可能占据主导地位。

（2）从转换效率和材料的来源角度讲，多晶硅和非晶硅薄膜电池将最终取代单晶硅电池，成为市场的主导产品。

（3）今后研究的重点除继续开发新的电池材料外，应集中在如何降低成本上来，近年来国外曾采用某些技术制得硅条带作为多晶硅薄膜太阳能电池的基片，以达到降低成本的目的，效果还是比较理想的。

6.6.3　燃料电池的应用

6.6.3.1　军事上的应用

军事应用应该是燃料电池最主要、也是最适合的市场。高效、多面性、使用时间长以及安静工作，这些特点极适合于军事工作对电力的需要。燃料电池可以多种形态为绝大多数军事装置，如从战场上的移动手提装备到海陆运输提供动力。

在军事上，微型燃料电池要比普通的固体电池具有更大的优越性，其更长的使用时间就意味着在战场上无须麻烦的备品供应。此外，对于燃料电池而言，添加燃料也是轻而易举的事情。

同样，燃料电池的运输效能能极大地减少活动过程中所需的燃料用量，在进行下一次加油之前，车辆可以行驶得更远，或在遥远的地区活动更长的时间。这样，战地所需的支持车辆、人员和装备的数量便可以显著地减少。自 20 世纪 80 年代以来，美国海军就使用燃料电池为其深海探索的船只和无人潜艇提供动力。

6.6.3.2　移动装置上的应用

伴随燃料电池的日益发展，它们正成为不断增加的移动电器的主要能源。微型燃料电池因其具有使用寿命长、质量轻和充电方便等优点，比常规电池具有得天独厚的优势。

如果要使燃料电池能在电脑、移动电话和摄录影机等设备中应用，其工作温度、燃料的可用性以及快速激活性将成为人们考虑的主要参数，目前大多数研究工作均集中在对低温质子交换膜燃料电池和直接甲醇燃料电池的改进。正如其名称所示，这些燃料电池以直接提供的甲醇-水混合物为基础工作，不需要预先重整。

由于使用甲醇作为燃料，直接甲醇燃料电池要比固体电池具有更大的优越性。其充电仅仅涉及重新添加液体燃料，不需要长时间地将电源插头插在外部的供电电源上。当前，这种燃料电池的缺点是用来在低温下生成氢气所需的铂催化剂的价格比较昂贵，其电力密度较低。如果这两个问题能够解决，应该说没有什么问题能阻挡它们的广泛应用了。目前，美国正在实验以直接甲醇燃料电池为动力的移动电话。

6.6.3.3　空间领域的应用

在 20 世纪 50 年代后期和 60 年代初期，美国政府为了替其载人航天飞行寻找安全可靠的能源，对燃料电池的研究给予了极大的关心和资助，使燃料电池取得了长足的进步。质量轻，供电供热可靠，噪声轻，无振动，并且能生产饮用水，所有这些优点均是其他能源不可比拟的。

General Electric 生产的 Grubb-Niedrach 燃料电池是 NASA 用来为其 Gemini 航天项目提供动力的第一个燃料电池，也是第一次商业化使用燃料电池。从 20 世纪 60 年代起，飞机制造商 Pratt&. Whitney 赢得了为阿波罗项目提供燃料电池的合同。Pratt&Whitney 生产的燃料电池是基于对 Bacon 专利的碱性燃料电池的改进，这种低温燃料电池是最有效的燃料电池。在阿波罗飞船中，3组电池可产生1.5 kW或2.2 kW电力，并行工作，可供飞船短期飞行。每组电池重约114 kg，装填有低温液氢和液氧。在18次飞行中，这种电池共工作10000 h，未发生一次飞行故障。

在20世纪80年代航天飞机开始飞行时，Pratt&Whitney的姊妹公司国际燃料电池公司继续为NASA提供航天飞机使用的碱性燃料电池。飞船上所有的电力需求由3组12 kW的燃料电池存储器提供，无须备用电池。国际燃料电池公司技术的进一步发展使每个飞船上使用的燃料电池存储器能提供约等于阿波罗飞船上同体积的燃料电池10倍的电力。以低温液氢和液氧为燃料，这种电池的效率在70%左右，在截至现在的100多次飞行中，这种电池共工作了超过80000 h。

6.6.3.4 运输上的应用

当前，以内燃机提供动力的汽车已成为有害气体排放的主要排放源。在世界各地，国家和地方机构都在立法强迫汽车制造商生产能极大限度地降低排放的车辆，燃料电池可为这种要求带来实质的机遇。加拿大位于阿尔伯塔的Pembina设计研究所指出：当一辆小车使用以氢气为燃料的燃料电池而不用汽油内燃机时，其二氧化碳的排放量可以减少高达72%。然而，如果用燃料电池代替内燃机，燃料电池技术不仅要符合立法对车辆排放的严格要求，还要能为终端用户提供同样方便灵活的运输解决方案。驱动车辆的燃料电池必须能迅速地达到工作温度，具有经济上的优势，并且能提供稳定的性能。

应该说质子交换膜燃料电池最有条件满足这些要求，其工作温度较低，在80 ℃左右，它们能很快地达到所需的温度。由于能迅速地适应各种不同的需求，与内燃机的效率25%左右相比，它们的效率可高达60%。Pembina设计研究所的研究表明，以甲醇为燃料的燃料电池，其燃料利用率是用汽油内燃机提供动力的车辆的1.76倍。在现有的燃料电池中，质子交换膜燃料电池的电力密度最大。当人们在车辆设计中重点考虑空间最大化时，这一因素则至关重要。另外，固态聚合物电解质能有助于减少潜在的腐蚀和安全管理问题。唯一的潜在问题是燃料的质量，为了避免在如此低温下催化剂受到污染，质子交换膜燃料电池必须使用没有污染的氢气燃料。

现在，大多数车辆生产商视质子交换膜燃料电池为内燃机的后继者，General Motors、Ford、Daimler-Chrysler、Toyota、Honda以及其他许多公司都已生产出使用该技术的样机。在这一进程中，运用不同车辆和使用不同地区的实验进展顺利，用质子交换膜燃料电池为公共汽车提供动力的实验已在温哥华和芝加哥取得成功。德国的城市也进行了类似的实验，今后，还有另外十个欧洲城市也将在公共汽车上进行实验，伦敦和加利福尼亚州也将计划在小型车辆上进行实验。

在生产商能够有效地、大规模地生产质子交换膜燃料电池之前，需要解决的主要问题包括生产成本、燃料质量以及电池的体积。但愿技术的进一步发展和扩大生产的共同作用将会运用经济的规模性而降低生产成本。人们也在对直接使用甲醇为燃料和从环境空气中取得氧气的另一解决方案进行研究，它也可以避免燃料的重整过程。

6.6.4 超级电容器的应用

超级电容器因为具有大容量、高能量密度、大电流充放电和长循环寿命等特点，在国防、航空航天、汽车工业、消费电子、通信、电力和铁路等各方面得到了成功的应用，并且其应用的范围还在不断拓展中。根据其电容量大小、放电时间长短和放电量大小，超级电容器主要被用作辅助电源、备用电源、主电源与替换电源。

6.6.4.1 辅助电源

超级电容器在军事方面的应用备受关注。例如，“致密型超高功率脉冲电源”就是通过电池和超级电容器结合组成的，其能够为激光武器与微波武器提供达到兆瓦级的特大运行功率。另外，巨型载重卡车和装甲车在极端恶劣条件下的启动也可以由电池与超级电容器构成的复合电源来保证，也可用于军队与武警部队用武器、通信设备，大大降低了每个士兵的负担。

超级电容器在辅助电源领域的另一个重要应用是与电池的联用，组成电动汽车的电力电源系统。由铅酸、镍镉、镍氢以及锂离子等作为代表的二次电池与燃料电池的功率密度普遍较低（一般不会超过 500 W/kg），在单独使用时无法达到电动汽车对电源功率性能的要求。通过将超级电容器与动力型二次电池相互结合组成的复合电源系统，在纯电动汽车正常行驶时，可以通过动力型二次电池为汽车提供行驶所需要的电能，同时也可以为与其相结合使用的超级电容器进行充电；在汽车需要高的功率比如启动、爬坡和加速时，则由超级电容器为电动汽车提供大功率的脉冲电流；在电动汽车减速刹车时，再由自动充电系统对超级电容器进行快速充电，起到回收能量的效果。

同样，市场上虽然已推出电动助力车、电动自行车、电动摩托车，但都因为其动力电源充电一次所行驶里程较短、充电时间较长、使用寿命较短、成本较高，成为了其致命的缺陷。目前制约着电动车辆发展的瓶颈主要是动力电源的性能无法满足市场的需求，但以超级电容器为辅助电源，与二次电池构成复合电源则可非常好地解决目前电动车辆的实用化问题。

6.6.4.2 备用电源

市场上超级电容器主要是作为消费电子产品的备用电源使用，主要由于超级电容器价格要比二次电池低，循环寿命要比二次电池长得多，充电快，环境适应性强，同时报废时对环境无污染等。在这方面主要是应用在录像机、卫星电视接收器、汽车视屏设备、出租车的计程器和计价器、计算器、家用烤箱、光学或者电子照相机、编程计算器、电子台历以及移动电话等方面。

6.6.4.3 主电源

在这类应用中，主要是由于超级电容器可以提供几毫秒至几秒的脉冲大电流，之后又能够被其他电源小功率充电。如电动玩具，采用超级电容器作为电源，则可以在一两分钟之内完成充电，再重新投入使用，且超级电容器有着极长的循环寿命，相比电池更合算。其他的家用电器，如电子钟、相机、录音机、摄影机等都可采用超级电容器作为电源，甚至手机、笔记本电脑等的电池也能用超级电容器取代，市场应用前景十分广阔。

6.6.4.4 替换电源

超级电容器拥有循环使用寿命长、效率高、使用温度范围广、自放电率低和免维护等优点，因而非常适合与太阳能电池、发光二极管相结合，在太阳能灯、太阳能手表、路标用灯、交通警示灯、公交站时刻表用灯中应用等。

习　题

1. 名词解释：
   二次电池、锂离子电池、薄膜太阳能电池、超级电容器材料、新能源、新能源材料。
2. 锂离子二次电池的特点与应用领域有哪些？
3. 接甲醇燃料电池（DMFC）与质子交换膜燃料电池（PEMFC）相比，催化剂材料有何不同？
4. 太阳能电池组件生产流程即太阳能电池封装线，是太阳能电池生产中的关键步骤，说明太阳能电池组件生产流程是什么？

7 高熵合金制备技术

【本章提要与学习重点】

本章主要针对近年来发展的高熵合金的概述、典型组织特点及分类、优异的服役性能、制备方法及应用与展望进行论述。通过本章学习，学生清楚高熵合金的概念，熟悉常见高熵合金组织特点及优异的性能，了解目前新型高熵合金制备方法，清楚高熵合金的应用领域及发展方向，促进学生对高性能高熵合金设计与研发的兴趣。

7.1 高熵合金概述

7.1.1 高熵合金的发现

从一定程度上来讲，金属材料是人类赖以生存和发展的物质基础，对人类社会的发展具有重要的推动作用。从某种意义上说，人类文明史也是金属材料的发展史，金属材料的每一次重大突破，都会给社会生产力带来鲜明的变革。从工业革命以来，钢铁的发展，在一定程度上促进了科学技术的发展，而科学技术的发展，反过来又促进了钢铁和其他有色金属的发展。随着社会的发展，越来越多的合金体系逐渐被发现，如常见合金：钢铁、硅铁、锰铁、铜合金、焊锡、硬铝、18K 黄金、18K 白金、铝合金、镁合金、硅锰合金等；特种合金：耐蚀合金、耐热合金、钛合金、磁性合金、钾钠合金、镍基高温合金等；新型合金：轻质合金、储氢合金、超耐热合金、形状记忆合金、非晶合金以及近年高速发展的高熵合金等。现如今，传统合金的研究已经趋于成熟，如铁合金、铝合金、镁合金、钛合金、铜合金等，通过向铁基中添加少量非金属或金属元素可提高材料的强度。铝合金是通过添加不同的微量金属元素获得不同性能铝合金；镁合金是添加微量稀土元素以优化其合金的性能。

化学成分、原子排列结构以及内部微观组织是决定金属材料性能的内在基本因素，这三者之间既有区别，又相互关联、相互制约，综合起来决定了材料的性能。传统的合金成分设计策略仅仅只有一种（或很少两种）主要元素，并通过添加特定的少量合金元素来改善其力学性能，但合金元素种类的过多则会导致很多化合物尤其是脆性金属间化合物的出现，同时造成合金材料脆性增大，从而导致合金性能的恶化，降低材料的使用价值，不利于进一步进行机械加工。此外，也给材料的组织和成分分析以及性能调控带来很大困难，因此，在很长一段时间内都一致认为合金元素的种类应越少越好。这种传统合金的设计理念导致合金的晶体结构、物理性能、力学性能皆受主要元素支配，阻碍了合金综合性能的发展与探索。

经过多年的开发，传统合金的性能已经趋于瓶颈，亟需颠覆性的新型合金设计理念，而逐渐开发的新型合金也趋于复杂化，如图 7-1 所示。突破传统合金的设计理念已经成为材料研究者所追求的目标。由此，金属间化合物结构材料和大块非晶金属材料等新型金属结构材料逐渐被开发出来，将基本组成元素推向两种或两种以上。尤其是大块非晶金属材料，根据日本学者井上（Inoue）经验三原则：（1）合金体系至少包括三种以上的主元；（2）主元与主元之间的原子尺寸差比较大，至少超过 12%；（3）主元与主元之间有负的混合焓，已经成功设计出毫米级甚至是厘米级厚度的非晶材料，并投入使用。虽然大块非晶合金具有很高的强度，但是在应用上也存在一定缺陷，研究发现多数大块非晶合金在室温下是脆性的，并且其耐高温性能受到晶化温度或玻璃化转变温度的影响。按照井上教授的观点，形成非晶合金至少需要三种以上的主元。例如，美国加州理工学院发明的合金 VIT1 含有五种主元，锆、钛、铜、镍和铍。因此，有一种观点认为，从混合熵的角度讲，合金主元越多，其在液态混合时的混合熵就越大，在等原子比时，即合金成分位于相图的中心位置，混乱度最高，此时非晶形成能力是否最高？1993 年英国剑桥大学的 Greer 教授提出混乱（confusion principle）原理，即合金主元越多，越混乱，非晶形成能力就越高。

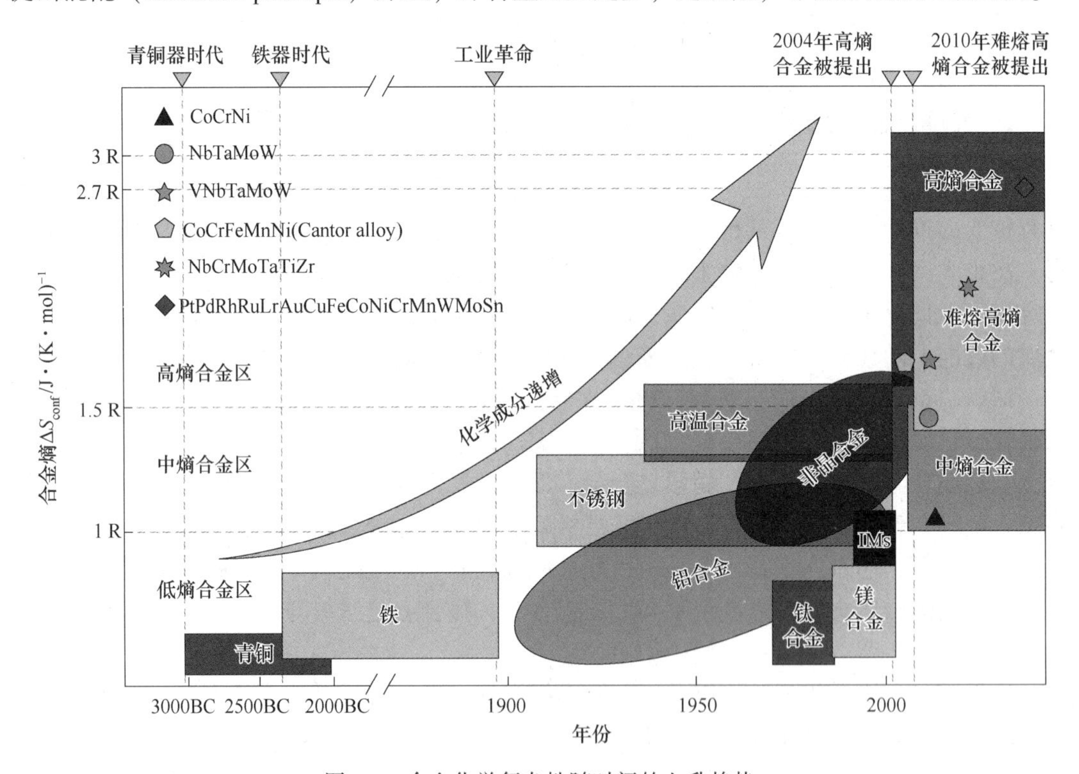

图 7-1　合金化学复杂性随时间的上升趋势

2004 年英国牛津大学的 Cantor 教授等通过实验证伪了混乱原理。按照 Greer 教授的混乱原理，由 20 种或者 16 种元素等摩尔制备的合金，其混合熵必然高，即会形成大尺寸的块体非晶合金，然而实验结果却与预期的相反。Cantor 等进行感应熔炼和熔体旋淬快速凝固实验后发现，由 Mn、Cr、Fe、Co、Ni、Cu、Ag、W、Mo、Nb、Al、Cd、Sn、Bi、Pb、Zn、Ge、Si、Sb 和 Mg 按原子分数为 5%等摩尔比合金化后，其微观结构呈现很脆的多晶相。同样的结果在由 Mn、Cr、Fe、Co、Ni、Cu、Ag、W、Mo、Nb、Al、Cd、Sn、Pb、Zn

和 Mg 按原子分数为 6.25%等摩尔合金化的样品中也有发现。有趣的是，在对上面两种合金的晶体结构进行研究时发现，合金化的样品主要由 FCC 晶体结构组成，尤其是在富集 Cr、Mn、Fe、Co 和 Ni 五种元素的区域。随后 Cantor 等根据这一现象，设计制备了等摩尔的 $Cr_{20}Mn_{20}Fe_{20}Co_{20}Ni_{20}$ 合金，通过研究发现，该合金在铸态下呈单相典型的枝晶组织，晶体结构为单相固溶体结构。同年在叶均蔚教授的研究中才真正提出“高熵合金”这一概念。由此标志着高熵合金的诞生。随后，张勇等研究学者又成功制备出多个体系的等原子比或近等原子比的多基元晶态合金，例如，体心立方结构的 AlCoCrFeNi 等，并统计了大量的高混合熵合金，从原子尺寸差、混合焓与混合熵方面进行系统分析，并利用 Adam-Gibbs 方程进行解释。通常来看，这种简单结构的晶态固溶体是多基元合金的典型形态，高熵合金也正式进入大众视野。

可以看出，正是在探索大块非晶合金的基础上，高熵合金作为一种崭新的无序固溶体合金被开发出来，主要表现为原子在占位上随机无序（化学无序），其设计理念打破传统合金以混合焓为主的设计理念，选择最大化构型熵，为金属材料开辟了一个全新的研究领域。高熵合金的固溶体不同于传统的端际固溶体，有一种元素为溶剂，其他元素则为溶质。对于高熵合金所形成的无序固溶体，很难区分哪种元素是溶剂，哪种元素是溶质，其成分也一般位于相图的中心位置，具有较高的混合熵，通常称之为高熵稳定固溶体。作为一种新颖的多组元合金材料，其固有的高熵效应可抑制金属间第二相的生成，因此，高熵合金往往形成倾向于形成 FCC 或 BCC 简单固溶体相而不是许多复杂的相。独特的晶体结构使得高熵合金呈现出许多优异的性能和特点，如高强度、高室温韧性、高耐腐蚀性、高耐磨性等。同时，也由于高熵合金特殊的结构，能很容易使强度、延展性、热稳定性和抗氧化性能等进行完美结合，极大满足对材料极其苛刻的要求，也正好弥补了大块非晶合金的室温脆性和耐高温性能易受到晶化温度或玻璃化转变温度的影响等缺点，特别是高熵合金的耐高温性，高温相结构更稳定。由于飞机发动机等使用的高温合金和大块非晶材料中合金元素种类越来越多，含量越来越高，高熵合金的研究也有望对这些重要材料的发展提供很好的理论指导，同时也可以很好地弥补块体非晶合金应用中的室温脆性大和无法在高温下使用的缺点，因此，高熵合金的概念一经提出就引起了人们广泛的关注。

高熵合金被认为是最近几十年来合金化理论的三大突破之一（另外两项分别是大块金属玻璃和橡胶金属）。高熵合金独特的组织特征和性能，不仅在理论研究方面具有重大价值，而且在工业生产方面也有巨大的发展潜力。其独特的合金设计理念和显著的高混合熵效应，使得其形成的高熵固溶体合金在很多性能方面具有潜在的应用价值，有望用于耐热和耐磨涂层、模具内衬、磁性材料、硬质合金和高温合金等。关于高熵合金的应用性研究，主要包括集成电路中的铜扩散阻挡层，四模式激光陀螺仪，氮化物、氧化物镀膜涂层，磁性材料和储氢材料等。总之，高熵合金材料性能优异，既能作为结构材料使用也能作为功能使用，未来的应用前景十分广泛。

由于高熵合金具有高强度、高韧性、抗辐照、耐高温、耐腐蚀等特殊的物理、化学及力学特性和广阔的工业应用前景和研究意义，同时蕴含着丰富的科学问题，高熵合金已经成为金属材料研究领域的热点之一。

自 2004 年高熵合金概念提出以来，已开发和大量研究的合金体系大体可以分为两大类：一类是以 Al 及第四周期元素 Fe、Co、Ni、Cr、Cu、Mn、Ti 为主的过渡元素合金系；

一类是以难熔金属元素 Mo、Ti、V、Nb、Hf、Ta、Cr、W 等为主的难熔高熵合金系。此外，还有基于稀土元素的密排六方结构（HCP）高熵合金，以及不断涌现的其他新型高熵合金。目前研究最广泛的高熵合金是 FeCoNiCrMn，其具有单一的面心立方（FCC）单相组织，室温下的抗拉强度为 563 MPa，伸长率达 52%。此外，高熵合金引人注目的是在各种极端条件下能具有独特的性能，譬如高温条件下，常用的 Ni-Al 系高温合金自身熔点约 1400 ℃，这就限制该类合金的最高使用温度为 1100~1150 ℃，而难熔高熵合金系组成元素多为高熔点元素，本身具有较高的熔点，可以在更高的温度下表现出优异的性能。例如 MoNbHfZrTi 合金在 1450 ℃时仍能保持相结构的稳定性，并具有优异的高温强度和抗高温软化能力。

近年来，高熵合金领域开展了大量而全方位的研究，几乎涵盖了材料科学研究所需涉及的每个方面，包括结构、成分设计和制备，相变与相形成规律，计算模拟，高强韧高熵合金及其强韧化机理，极低温与超高温服役性能，抗腐蚀性能，抗辐照应用，动态冲击性能，磁性、超导等物理性能研究及应用等。

与此同时，高熵合金的研究也取得了很多突破性进展。美国橡树岭国家实验室和美国劳伦斯伯克利国家实验室的学者发现，单相 FCC 结构的高熵合金在低至液氮温度时比室温具有更好的塑性和强度，实现了塑性和强度的同时提高。德国马普学会钢铁所的 Raabe 等，发现高熵合金具有极高的强塑积和应变强化能力。美国空军实验室研发出了在极高温度下具有高的强度和塑性的 VNbMoTaW 等摩尔比高熵合金。美国北卡莱罗纳大学的 Khaled 等通过球磨技术从高熵合金中获得比强度最高的金属合金。中国台湾清华大学设计的耐磨性远超 SUJ2 耐磨钢的 $Co_{1.5}CrFeNi_{1.5}Ti$ 和 $Al_{0.2}Co_{1.5}CrFeNi_{1.5}Ti$ 高熵合金。美国能源实验室 Zhang 等使用 CALPHAD 方式成功实现了高熵合金相图的计算，并详细论述了计算的整个过程和细节。吕昭平等研究了氧、氮对难熔高熵合金强度和塑性的影响，发现氧的加入促使难熔高熵合金 TiZrHfNb 中形成了纳米尺寸的有序氧复合体，使得位错的滑移方式由平面滑移转变为交滑移，从而显著提高了合金的强度和塑性。余倩等揭示了高熵合金中晶格调控力学性能的特殊机制，发现高熵合金中独特的浓度波调控，是一种可控和高效的材料强韧化方法。这些研究都为人们高效地寻找到更优秀的合金材料提供了基础。

7.1.2 高熵合金的定义

高熵合金有两种定义，一种是基于成分，另一种是基于熵。所以必然存在两者只满足其一的合金体系，针对这一类合金是否能够称之为高熵合金，便存在着争议。但是发展至今，学者普遍认为没有必要严格遵循高合金的定义，因为更广泛的成分范围有利于发现更多具有优异性能的新型合金。

7.1.2.1 基于成分的定义

叶均蔚等最早将高熵合金定义为“由 5 种或 5 种以上等摩尔比的主要元素组成的合金”。后来，降低了对等摩尔浓度的要求，将定义拓展到“由 5 种或 5 种以上主要元素组成的合金，且每种主要元素的摩尔分数在 5%~35%之间。在有其他次要元素时，每种次要元素的含量需小于 5%”，极大地拓展了高熵合金的成分范围，也能更好地利用添加微量合金元素来调控高熵合金的各种性能，例如高强度、耐磨性、高温抗氧化性、耐蚀性能等。因此，基于成分的高熵合金定义可以表达为：

$$n_{\text{major}} \geqslant 5,\ 5\text{at.}\% \leqslant c_i \leqslant 35\text{at.}\%$$

且

$$n_{\text{minor}} \geqslant 0,\ c_j \leqslant 5\text{at.}\% \tag{7-1}$$

式中　n_{major}——高熵合金中主要元素的种类数量；

n_{minor}——高熵合金中次要元素的种类数量；

c_i——主要元素 i 的摩尔分数；

c_j——次要元素 j 的摩尔分数。

值得注意的是，以上基于组成的定义只描述了对高熵合金成分的要求，而对混合熵的大小或单相固溶体的形成没有要求。

7.1.2.2　基于熵的定义

传统合金的研究认为，合金组元多会形成金属间化合物，从而使合金结构变得复杂。但对高熵合金的研究发现，其高混合熵增强了固溶体的相稳定性，促使合金形成简单固溶体。在统计热力学中，熵是表征系统混乱度的参数。系统的熵值越大，说明系统混乱度越大。根据 Boltzmann 热力学统计原理，体系的混合熵 ΔS_{conf} 可以表示为：

$$\Delta S_{\text{conf}} = k\ln\omega \tag{7-2}$$

其中，k 是 Boltzmann 常数；ω 是热力学概率，代表宏观态中包含的微观态总数。对于多组元合金，n 种元素等原子比混合形成固溶体时，体系的混合熵 ΔS_{conf} 可以表示为：

$$\Delta S_{\text{conf}} = R\ln n \tag{7-3}$$

其中，$R=8.314\ \text{J/(K·mol)}$，为气体常数。由公式可知，当合金的组元数 n 达到 5 种或者 5 种以上时，混合熵已大于 $1.609R$，这就是高熵合金称谓的来源，同时也区分出了中熵合金与低熵合金，如图 7-2 所示。而当组元数超过 13 时，混合熵的增加趋于平缓，所以一般情况下，高熵合金的组元数会控制在 5～13 之间。随着进一步的研究发展，高熵合金的定义又有所拓展，目前一些三元和四元的近等原子比合金也被认为是高熵合金。除了高熵合金这个称谓，此类多组元合金也常被称为成分复杂合金（compositionally complex alloy）、等原子比多组元合金（equiatomic multicomponent alloy）、多主元合金（multi-principal element alloy）等。

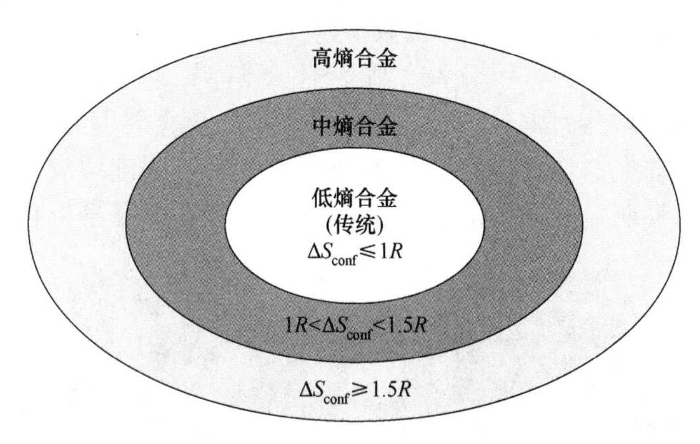

图 7-2　基于构型熵的合金体系

7.1.3　高熵合金的四大核心效应

成分对合金的结构有重要影响。高熵合金这种独特的成分设计，必然会带来与传统的单主元固溶体和金属间化合物不同的结构。总的来说，与传统合金相比较，高熵合金具有四大核心效应：高熵效应、晶格畸变效应、缓慢扩散效应和鸡尾酒效应。高熵效应，在热力学上阻碍了复杂相的形成，保持了合金简单的结构；晶格畸变效应在结构上保障了合金某些方面性能优异；缓慢扩散效应在动力学上降低了相变的速度；而鸡尾酒效应在元素组成上能够带给合金众多领域的优异性能。这四大核心效应，相互耦合，影响了高熵合金的凝固机制和相变过程，促使高熵合金能够形成很多传统合金中不具备的组织结构，也保证了高熵合金能够同时表现强硬、耐磨损、耐腐蚀、抗辐照等多种优异的性能。

7.1.3.1　高熵效应

由上述可知，多主元（$n \geqslant 5$）的特性造成高熵合金的混合熵很高，从而形成高熵效应。高熵效应对于高熵合金是最重要的效应，因为高熵效应可以促使各组成元素自由无序地分布，形成简单的无基元固溶体，而不是结构复杂的物相或化合物。基于传统的冶金规律，由于元素之间存在不同的相互作用，多元素合金容易形成多种化合物和偏析相，形成的结构不仅复杂难以分析，而且很脆。高熵效应是由于合金元素增多，多元素混合使固溶体的混合熵增加，降低了固溶体形成的吉布斯自由能，从而抑制了元素的偏聚和化合，阻碍了多种金属间化合物的形成，使得高熵合金呈现简单的体心立方结构（BCC）或者面心立方结构（FCC）。一般而言，由于面心立方 FCC 结构中有 12 个空隙，而体心立方 BCC 中有 8 个空隙，因而 FCC 相高熵合金的塑性优于 BCC 相高熵合金，而 BCC 相高熵合金的强度高于 FCC 相高熵合金，这也是高熵合金最典型的两种特性。

7.1.3.2　晶格畸变效应

不同于传统固溶体中，基体结构为一种元素，高熵合金中的组织结构均是由多种元素接近平衡的比例构成的。点阵结构中存在多种元素，由于元素的原子尺寸、晶体结构及其之间结合能各不相同，导致形成了不对称的间隙，不对称的键和电子结构围绕一个原子，如图 7-3 所示。因此，相比传统固溶体合金，高熵合金存在很大的应力而使得晶格发生严重的畸变。另外，不同种类原子间的结合能和晶体结构的差异也会导致晶体晶格畸变严重。晶体中的晶格扭曲能够影响材料的机械、热、电、光学、化学性能，例如，这种晶格畸变效应提高了固溶强化作用，导致高熵合金具有高的强度和硬度。FCC 相的 CoCrFeMnNi 合金硬度为 1192 MPa，BCC 相 MoNbTaVW 合金硬度为 5250 MPa。扭曲的晶格能够增大 X 射线的散射，因此，高熵合金的 XRD 衍射峰强度均较低。晶格畸变能够导致合金电子散射，从而明显地降低导电性，这也降低了由电子传导引起的热传导。在扭曲

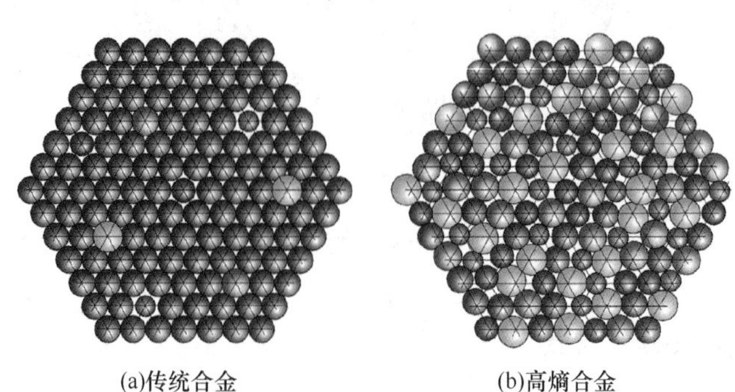

图 7-3　固溶体中原子占位示意图

的晶格中，声子的散射更加严重，降低了合金的导热性。高熵合金几乎所有的性能均对温度不是非常敏感。

7.1.3.3 缓慢扩散效应

在扩散控制的相形成中，高熵合金中新相的形成需要不同元素之间足够的扩散。大部分学者认为高熵合金的结构是完全固溶体。在这种完全固溶体中原子的扩散与在传统单主元合金中的不同。在扩散过程中，基体中的空隙实际上被多个不同的元素包围和竞争，要完成高熵合金中原子扩散的相变，就需要调动比传统合金中更多种类的原子。而多种不同类型的原子扩散会造成晶格势能波动范围加大，使高熵合金具有低的扩散能和高的激活能。从而产生很多可作为“陷阱”的低晶格势能的晶格间隙，这些“陷阱”能在原子扩散过程中起到钉扎作用和阻碍作用，因此，高熵合金中存在缓慢扩散效应。

Tsai 等从接近理想的固溶体体系 Co-Cr-Fe-Mn-Ni 中制备扩散对，分析在基体元素中每一种元素的扩散系数，研究表明相比类似的 FCC 基体如 Fe-Cr-Ni(Si) 和纯金属，Co-Cr-Fe-Mn-Ni 合金体系中每一种元素在 T/T_m 的扩散系数是最低的，熔点活化激活能 Q/T_m，在高熵合金中明显最高。另外，扩散系数的量与合金中元素数量是相关的。高熵合金的 Q/T_m 最高，其次是 Fe-Cr-Ni(Si) 合金，纯金属是最低的，说明元素数量越多，合金的扩散速率越低。在扩散相形成过程中，缓慢扩散效应能够影响相的形核、长大、分布以及新相的形貌，这在组织和性能控制上是有利的。元素的缓慢扩散容易使合金得到过饱和状态和细小的析出相，增大再结晶温度，减慢相长大速率，减小相的粗化率，增大抗蠕变性能，延长合金在高温下的服役时间。

7.1.3.4 鸡尾酒效应（复合效应）

鸡尾酒效应指的是通过多种元素混合制得的合金可以基于主要组元本身特性及其交互作用相结合得到意想不到的特殊性能，表现出一种复合效应。在高熵合金中，复合效应是用来强调多种主元对性能的增强作用。高熵合金在结构上能够形成单相、两相甚至更多相，但高熵合金的性能受所有组成元素的共同影响，即依赖于每个相的尺寸、形状、分布、相界和性能。另外，每个相都是多种元素构成的固溶体，均可以认为是一个原子尺寸的复合物，其性能不仅受每一个组成元素性能的影响，而且受元素间的相互作用和晶格畸变的影响。总而言之，鸡尾酒效应涵盖了原子范围的复合效应和微观多相的复合效应。例如，美国空军实验室制备的耐火高熵合金，其采用的元素的熔点均高于 1650 ℃，形成的 MoNbTaW 合金的熔点高于 2600 ℃，明显高于现在的镍基和钴基高温合金，实验证明此类耐火高熵合金在 1600 ℃下，屈服强度为 400 MPa，在高温环境具有重大的应用潜力。张勇采用铁磁性的 Fe、Co 和 Ni 元素保证形成塑性的 FCC 相，选取适量的与前三种具有轻微的反平衡磁性元素 Al 和 Si 添加，来增大晶格畸变，研究得到的 $CoNiFe(AlSi)_{0.2}$合金具有 1.15 T 的饱和磁化强度，1400 A/m 的矫顽磁性，69.5 μΩ/cm 的电阻系数，342 MPa 的屈服强度和 50%的未断裂塑性。叶均蔚教授等发现随着 Al 元素含量的增大，$Al_xCoCrCuFeNi$ 合金的结构由 FCC 转变为 BCC。

7.1.4 高熵合金的分类

7.1.4.1 按组成元素划分

高熵合金按元素组成可划分为：（1）等原子比高熵合金；（2）非等原子比高熵合金；

(3) 微量添加元素高熵合金。当所有元素的原子质量相同时，称为等原子比高熵合金，如常见的体心立方结构的 AlCoCrFeNi 合金。同理可推，非等原子比高熵合金即为各个元素的原子质量所占的百分比不同的高熵合金，如双相结构的 $AlCo_{0.4}CrFeNi_{2.7}$合金。微量添加元素高熵合金是在考虑某些特殊性能的要求下，在等原子比高熵合金或非等原子比高熵合金两者的基础上添加微量的其他元素，如 $Al_{0.1}CoCrFeMnNi$ 和 $Al_{0.5}CoCrFeNiB_{0.1}C_{0.2}$。

7.1.4.2　按微观结构划分

高熵合金优异的综合性能和结构密不可分，因此，结构是最重要的特点。高熵合金易形成无序固溶体结构，但是特殊情况下也会形成非晶、金属间化合物等相，因此按微观结构，可将高熵合金按照两种分类方式划分，一是按照相的结构类型分类，二是按照相的种类分类。前者，高熵合金可以分为 FCC 型（面心立方结构）、BCC 型（体心立方结构）、HCP 型（密排六方结构）、非晶型及金属间化合物型。后者，高熵合金可以分为单相、双相、非晶、共晶及多相高熵合金等。

7.1.4.3　按合金基体划分

高熵合金还可分为金属类高熵合金和复合类高熵合金，高熵合金在性能方面具有鸡尾酒效应，通过调整所含元素种类、配比，可具有轻质、难熔等优异性能。金属类高熵合金主要有 AlCrFeCoNiCu 体系、VNbMoTaW 体系，以及其他金属体系，所含元素除了金属元素 Al、Ti、Cr、Fe、Co、Ni、Cu 等外，还有类金属元素 Si、B 等。复合类高熵合金通过引入细小硬质颗粒，进一步增强了多主元高熵合金的力学性能，合金主要有陶瓷增强相（TiC、TiB、TiB_2、B_4C）、金属间化合物（TiAl、Ti_3Al、Ti_5Si_3）、氧化物（Al_2O_3、稀土元素氧化物），以及氮化物（AlN、TiN）等。

7.1.4.4　按维度划分

目前，高熵合金按照维度可分为高熵合金薄膜（二维高熵合金）和高熵合金块体材料（三维高熵合金）。对于高熵合金纳米颗粒（零维高熵合金）以及高熵合金纳米线或管（一维高熵合金）研究甚少。高熵合金薄膜材料往往是为了改善合金表面性能，通过热喷涂、激光熔覆、溅射、气相沉积等方法制备得到。合金通过这些方法凝固时，冷却速率非常快，形核速率高，得到的晶粒细小，同时抑制其他相的析出。而高熵合金缓慢的扩散效应使得冷却速率对合金凝固的影响更加明显。也就是说，与传统合金薄膜相比，在相同冷却速率下，高熵合金薄膜材料的晶粒更加细小，其他相的形成会得到明显抑制。此外，高熵合金薄膜材料也容易形成非晶结构。高熵合金块体材料是通过传统铸造工艺、磁悬浮熔炼、真空电弧熔炼、铜模吸铸、定向凝固等技术制备得到的。与薄膜材料相比，其冷却速率缓慢，得到的晶粒较大，相结构更加复杂，存在相分离以及成分偏析。

7.2　高熵合金典型的组织特征

和传统合金类似，高熵合金的结构可分为晶体和非晶体两大类。高熵合金晶体与非晶体的最本质差别在于组成晶体的原子、离子、分子等质点是规则排列的（长程有序），而非晶体中这些质点基本上无规则地堆积在一起（长程无序）。高熵合金在大多数情况下都以晶体形式存在。晶体结构是决定固态金属的物理、化学和力学性能的基本因素之一。高熵合金中常见的晶体结构模型有面心立方结构、体心立方结构以及密排六方结构。与传统固溶体不同的是，高熵合金的无序固溶体中不存在溶剂与溶质的区别，不同原子随机占据晶格位置，晶格中存在严重的晶格畸变。

7.2.1 面心立方结构

高熵合金面心立方结构（FCC）与传统合金相似，只是不同原子倾向于随机占据晶格点阵，其引起的晶格畸变更加严重。当原子在高熵合金中随机排列，则形成无序 FCC 结构（A1 结构）；当合金中原子间作用非常强烈，形成有序结构，如 L12 结构，即大部分面心位置由特定的一种金属原子占据，晶格顶点的位置由其他原子占据。与传统的 L12 结构相比，高熵合金中 L12 结构有序度稍有下降。

7.2.2 体心立方结构

高熵合金体心立方结构（BCC）模型依旧与面心立方结构（FCC）高熵合金相似，由不同原子随机占据体心立方结构（BCC）晶格点阵。当合金形成无序 BCC 固溶体结构时，原子随机分布在晶胞的顶点和体心位置，此结构为 A2 结构；当合金中原子出现有序排列时，如特定的原子占据体心位置，则形成有序 B2 或 DO3 等结构。只是相对于传统的 BCC 有序结构，此类有序结构的长程有序度也明显降低。

7.2.3 密排六方结构

高熵合金中密排六方结构（HCP）相对较少，已有的研究集中于稀土元素基的高熵合金。其中，Ho-Dy-Y-Gd-Tb、CoFeReRu 合金呈现出单相 HCP 结构。与 BCC 和 FCC 金属有明显的固溶强化效应相反，HCP 金属中并未出现明显的固溶强化效果，具体性能还有待验证。

7.2.4 非晶结构

高熵合金非晶结构往往也是由急冷凝固得到，即合金凝固时原子来不及有序排列成结晶，得到的固态合金是长程无序结构，无晶态合金的晶粒、晶界存在。

7.2.5 典型特征

目前研究的高熵合金组织以 FCC 和 BCC 固溶体结构为主，也有学者研究并制备出了以 HCP 相为主的高熵合金。综合来看，BCC 和 FCC 金属有明显的固溶强化效应，FCC 高熵合金通常具有优异的塑性，但强度较低，BCC 高熵合金正好相反，通常具有优异的强度（尤其是高温强度），但室温塑性较低，而 HCP 金属中未出现明显的固溶强化效果，具体性能还有待验证。由于高熵合金组成元素众多，多个主元之间相互作用往往会使合金形成多相组织，而多相组织的合金往往综合性能更为优良，其组织也具有多样性，如树枝晶组织、条幅组织等。

作为研究较多的单相 FCC 固溶体合金 CoCrFeMnNi，其铸态下为等轴晶形貌，由于五种组元成分相似，其组织无明显的成分偏析。Liu 等人研究发现该合金强度和硬度与晶粒尺寸满足霍尔-佩奇关系。Senkov 等设计出多种单相 BCC 结构的耐热合金，如 WNbMoTa 和 WNbMoTaV。研究发现，这两种合金的维氏显微硬度分别高达 4455 MPa 和 5250 MPa，且合金硬度高于任何一种单一组成元素的硬度，说明固溶强化机制在合金中起了作用。大连理工大学卢一平等人通过真空感应熔炼炉制备出了 $AlCoCrFeNi_{2.1}$ 共晶高熵合金，使共晶高熵合金进入大众视野。Gao 等人研究了该合金的组织结构及力学性能，发现该合金由 FCC（L12）和 BCC（B2）构成，其组织结构如图 7-4 所示，且性能兼具高强度和高韧性。Tsau 等人发现在 FeCoNi 中添加 Ti 将形成 HCP 和 FCC 双相结构高熵合金，其中枝晶是 HCP 相和 FCC 相组成的共晶组织，而枝晶间则分布着 HCP 颗粒。

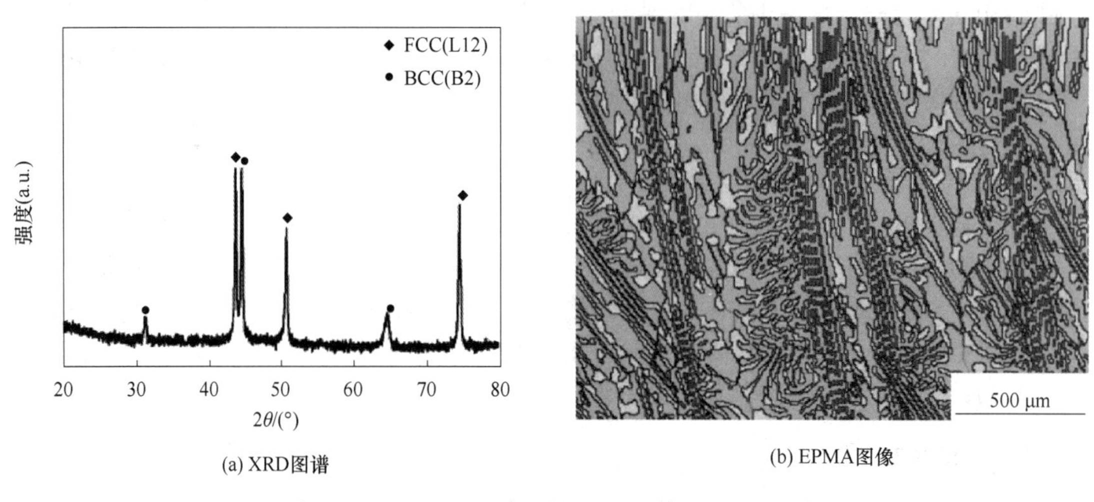

(a) XRD图谱 (b) EPMA图像

图 7-4 $AlCoCrFeNi_{2.1}$ 合金的 XRD 图谱及 EPMA 图像

7.3 高熵合金的性能

多主元高熵合金特殊的组织结构赋予其优良的综合性能。其中，最典型的组织为多主元固溶体，由于固溶体中各主元的含量相当，无明显的溶剂和溶质之分，因此，也被认为是一种超级固溶体，其固溶强化效应异常强烈，会显著提高合金的强度和硬度。而少量有序相的析出和纳米晶及非晶相的出现也会对合金起到进一步强化效果。此外，多主元高熵合金的缓慢扩散效应和多主元的集体效应也能显著影响合金的性能。因此，高熵合金具有一些传统合金无法比拟的优异性能，如高强度、高硬度、高耐磨、耐腐蚀性、高热阻、高电阻率、抗高温氧化、抗高温软化等。

7.3.1 优异的力学性能

7.3.1.1 高硬度及高强度

表 7-1 为多种合金在铸态与完全退火态时的硬度，表 7-2 为报道中部分高熵合金加工条件及其室温屈服应力，图 7-5 为高熵合金与高温合金的强度-温度曲线。通过比较不难发现，高熵合金的强度、硬度比一般的常规合金要高，同时还会表现出良好的抗退火软化的性能。同时，3d 过渡族高熵合金的力学性能随着温度的升高而逐渐降低，且其强度普遍低于难熔高熵合金，随着温度升高，其强度下降趋势也快于难熔高熵合金。较高温度时，部分难熔高熵合金的性能甚至高于常见镍基高温合金。

表 7-1 高熵合金与传统合金退火前后硬度的比较

合 金		硬度（HV）	
		铸态	退火态
高熵合金	CuTiVFeNiZr	590	600
	AlTiVFeNiZr	800	790
	MoTiVFeNiZr	740	760
	CuTiVFeNiZrCo	630	620
	AlTiVFeNiZrCo	790	800
	MoTiVFeNiZrCo	790	790
	CuTiVFeNiZrCoCr	680	680
	AlTiVFeNiZrCoCr	780	890
	MoTiVFeNiZrCoCr	850	850
传统耐热合金	316 不锈钢	189	155
	17-4PH 不锈钢	410	362
	HastelloyC①	236	280
	Stellite6②	413	494
	Ti-6Al-4V	412	341

①Ni-2. 15Cr-2. 5Co-13. 5Mo-4W-5. 5Fe-1Mn-0. 1Si-0. 3V-0. 1C（%，质量分数）；
②Co-29Cr-4. 5W-1. 2C（%，质量分数）。

表 7-2 现有报道中部分高熵合金加工条件及其室温屈服应力

合金体系	加工条件	室温屈服应力 /MPa	合金体系	加工条件	室温屈服应力 /MPa
HfNbTaTiZr	热等静压+退火	929	AlCrMoNbTi	退火	1010
MoNbTaW	热等静压+退火	1058	AlNbTiV	退火	1020
NbTiVZr	热等静压+退火	1105	AlCrMoTi	退火	1100
MoNbTaVW	热等静压+退火	1246	CrNbTiZr	热等静压+退火	1260
$HfMo_{0.5}NbTiV_{0.5}$	铸造	1260	$AlNb_{1.5}Ta_{0.5}Ti_{1.5}Zr_{0.5}$	热等静压+退火	1280
CrNbTiVZr	热等静压+退火	1298	CrNbTiVZr	热等静压+退火	1298
MoNbTaTiW	铸造	1343	$AlCr_{0.5}NbTiV$	退火	1300
HfMoNbTaTiZr	铸造	1512	$AlMo_{0.5}NbTa_{0.5}TiZr_{0.5}$	热等静压+退火	1320
MoNbTaTiVW	铸造	1515	$Al_{0.5}CrNbTi_2V_{0.5}$	退火	1340
HfMoTaTiZr	铸造	1600	$AlNbTa_{0.5}TiZr_{0.5}$	热等静压+退火	1352
HfMoNbTiZr	铸造	1719	$HfNbSi_{0.5}TiV$	铸造	1399
$Al_{0.3}NbTaTi_{1.4}Zr_{1.3}$	热等静压+退火	1965	AlCrNbTiV	退火	1550
$AlMo_{0.5}NbTa_{0.5}TiZr$	热等静压+退火	2000	$CrMo_{0.5}NbTa_{0.5}TiZr$	热等静压+退火	1595
$Al_{0.5}NbTa_{0.8}Ti_{1.5}V_{0.2}Zr$	热等静压+退火	2035	$HfMo_{0.5}NbSi_{0.3}TiV_{0.5}$	铸造	1617
$HfMo_{0.5}NbSi_{0.7}TiV_{0.5}$	铸造	2134	$AlCr_{1.5}NbTiV$	退火	1700

续表 7-2

合金体系	加工条件	室温屈服应力/MPa	合金体系	加工条件	室温屈服应力/MPa
$Al_{0.5}Mo_{0.5}NbTa_{0.5}TiZr$	热等静压+退火	2350	$Al_{0.25}NbTaTiZr$	热等静压+退火	1745
$Al_{0.3}NbTa_{0.8}Ti_{1.4}V_{0.2}Zr_{1.3}$	热等静压+退火	1965	$HfMo_{0.5}NbSi_{0.5}TiV_{0.5}$	铸造	1787
			$Al_{0.4}Hf_{0.6}NbTaTiZr$	热等静压+退火	1841

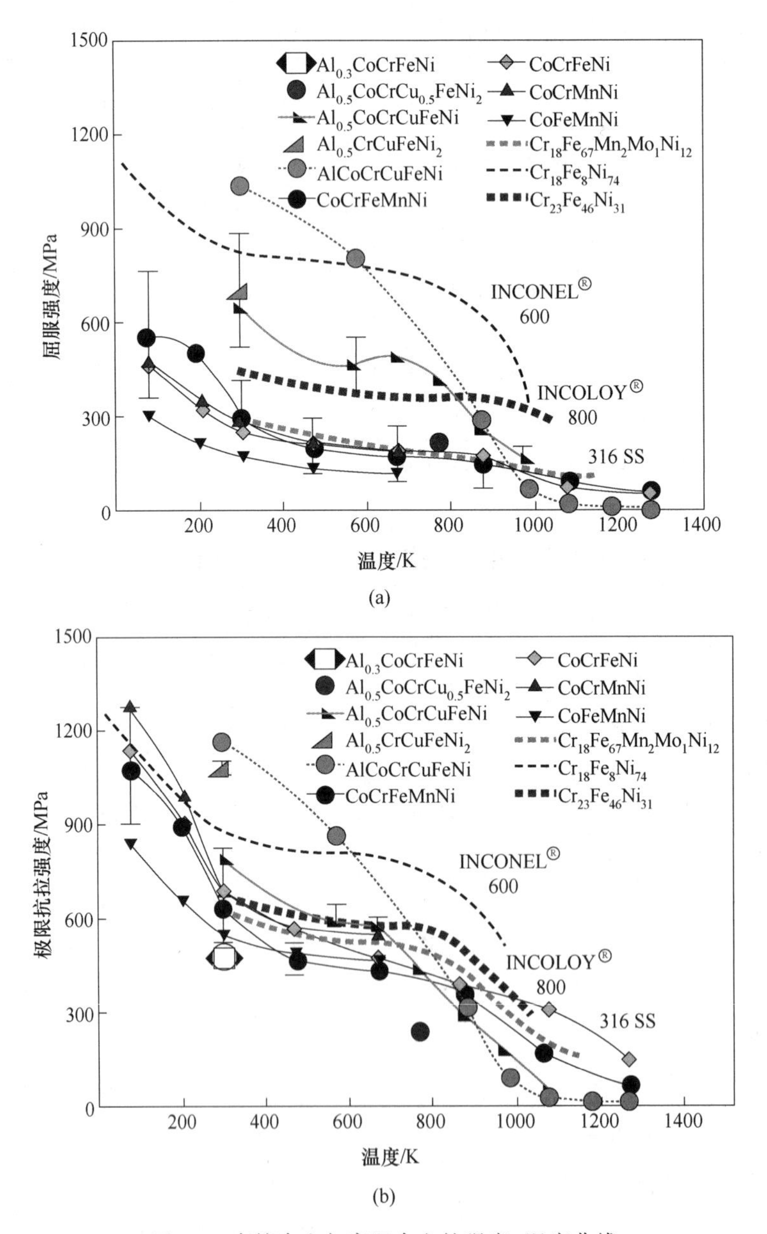

图 7-5 高熵合金与高温合金的强度-温度曲线

原因在于：（1）高熵合金由于其主元数目较多，并且各个主元之间的原子半径存在差异，在凝固过程中熵值非常高，引起晶格畸变，原子的扩散运动变得非常困难，影响了位错的移动，起到固溶强化的作用。(2) 高熵合金内大块第二相的形成非常困难，析出相很难大面积地连续在一起，大部分尺寸非常细小，只有纳米尺寸，纳米相的弥散强化作用使得合金的强度、硬度进一步提高。(3) 高熵合金在生成纳米相的同时，非晶态的组织也易于形成，由于非晶相中没有位错，滑移变形更困难，所以合金的强度、硬度有了更大程度的提高。

7.3.1.2 优异的塑韧性

根据各个相的特点可知，面心立方结构（FCC）相原子密排面为（111）面，该晶面上原子排列较为均匀且原子间距较大，对滑移的阻力较小，并且面心立方结构相中具有4个滑移面，12个滑移系，因此塑性较优。而BCC相的原子密排面为（110）面，该晶面上的原子排列不均匀且间距较小，对滑移的阻力较大，滑移较难进行，呈现出位错强化的作用，因此，具有较高的硬度及强度。具有单一FCC相的多主元高熵合金具有非常优良的塑性，而当合金中具有多相时，合金中的FCC相的体积分数与合金的塑性呈线性关系，FCC相体积分数越大，合金的塑性越好。温丽华等研究$Al_xCoCrCuFeNi$系多主元合金发现，对$Al_{0.5}CoCrCuFeNi$合金进行50%压缩率冷压后，合金中没有出现裂纹等现象，表明该合金具有非常优良的塑性，而对$AlCoCrFeNiTi_{1.5}$合金进行32%压缩率冷压，该合金也展现出非常优良的塑性。通过对该系列多主元合金的研究发现，它们之所以具有如此优良的塑性，是由于合金中的晶界面积较大。晶界面积的增加会使晶界滑动及协调过程更容易进行，而晶界的迁移及晶界的滑移都有利于合金塑性变形过程中的应力松弛，从而提高塑性。

7.3.1.3 耐回火软化及高温稳定性

传统合金在高温环境下容易发生软化和不稳定现象，高温回火时也会出现回火软化的现象。与传统合金相比，高熵合金具有很好的热稳定性。因为高熵合金所含的组元数n较大，体系的混乱度较高。在较高的温度条件下，系统的混乱度会变得更大，也就是说合金体系的混合熵变ΔS会变得较大，根据$\Delta G=\Delta H - T\Delta S$可知，会使合金变得更加稳定，即在较高的温度下固溶强化的效应仍然存在，同时由于原子尺寸差异等因素导致其晶格发生很大畸变，使固溶强化作用进一步加强，因此，会使合金在高温条件下有较好的强度、耐回火软化等明显优于传统合金的优异性能。有研究表明，传统合金如钢铁，在淬火硬化后再回火，会有明显的软化现象，即使耐高温回火的高速钢最高使用温度也不过550 ℃，当使用温度超过550 ℃后，就发生明显软化。而高熵合金在1000 ℃以下进行退火热处理并通过炉冷到室温条件时，高熵合金都没有出现明显的回火软化。

例如，美国空军研究实验室的Senkov等研究了$Nb_{25}Mo_{25}Ta_{25}W_{25}$和$V_{20}Nb_{20}Mo_{20}Ta_{20}W_{20}$两种高熔点高熵合金的微观组织及力学性能。研究表明：两种合金中均只存在简单的体心立方（BCC）结构，且经过1400 ℃退火19 h之后，合金的组织结构依然稳定；而力学性能方面，虽然两种合金的室温压缩塑性有限，但随着温度的增加，合金的塑性流变增加，且超过600 ℃以后合金的屈服强度变化趋于平稳，体现出良好的热稳定性，如图7-6所示。相比于Ni基高温合金，在温度超过800 ℃的区间内，这两种合金具有更好的抗高温软化能力。

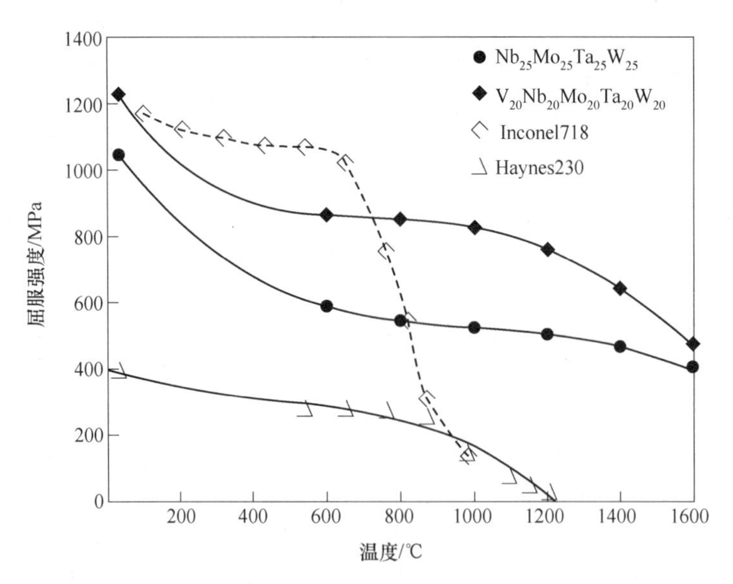

图 7-6 NbMoTaW 和 VNbMoTaW HEAs 及 Inconel718 和 Haynes230 两种高温合金屈服应力的温度依赖性

7.3.2 高耐磨性

材料的硬度越高，往往耐磨性也越好，因此，高熵合金具有较高的耐磨性。这使其在模具、刀具等方面有很好的应用前景。高熵合金的高硬度、表面氧化膜的形成及表面合金元素的加入（细小的碳化物相）等均有助于合金耐磨性的提高。

大部分关于高熵合金耐磨性能的研究均以 AlCoCrCuFeNi 系高熵合金为基础。研究表明，合金的耐磨性与其硬度呈线性关系。但对有些合金系来说，这二者是相互独立的，即低硬度的高熵合金可能具有很好的耐磨性，反之亦然。如 AlCoCrCuFeNi 系高熵合金的耐磨性与 SKD61 钢类似，但其硬度值仅为 223 HV，而 SKD61 钢的硬度达到 567 HV。合金具有良好的耐磨性，主要是由于在摩擦磨损试验中，合金中 FCC 相发生了表面硬化。

在含 Al 和 Ti 的高熵合金中，当 Al 和 Ti 的含量较低时，合金表现为分层磨损；当 Al 和 Ti 的含量增加时，合金表现为氧化磨损，磨损机制的变化和合金的相结构有关，FCC 相发生分层磨损而 BCC 相发生氧化磨损。另有研究发现，当 Fe 含量增加时，合金的硬度和耐磨性就会降低；加入 V 元素的合金的耐磨性增强。

7.3.3 优异的抗氧化性能

对于传统合金而言，Al、Cr 和 Si 由于能够形成致密稳定的氧化层，有利于提高合金的抗氧化性能。同样的，包含此类元素的高熵合金也能够表现出优异的抗氧化性能。研究表明，AlCoCrFeNi 和 AlCoCrFeMoNi 合金在超过 1100 ℃时能够表现出优异的抗氧化性能，而 $AlCrFeMn_xNi$ 合金，当 Mn 含量较高时，合金的抗氧化能力下降。

难熔高熵合金的抗氧化能力一般较差，这是因为虽然 Ti、Zr 和 Hf 元素与氧有较强的结合力，但它们的氧化物黏附性不强；另外，V 的氧化物具有较低的熔点，而 Mo 和 W 的氧化物的沸点较低。Senkov 等人研究了 $CrMo_{0.5}NbTa_{0.5}TiZr$ 合金在 1273 K 温度下、流动空气中 100 h 的等温氧化行为，发现随着氧化的进行，合金的质量持续增长，而且单位面积的质量增长与时间基本呈抛物线关系，时间指数为 0.6，该合金的力学性能和抗氧化性能优于传统的 Nb 合金和早期报道的 NbSiAlTiNbSiMo 合金。Liu 等人研究了四种新型的难熔高熵合金 $Al_{0.5}CrMoNbTi$、$Al_{0.5}CrMoNbV$、$Al_{0.5}CrMoNbTiV$ 和 $Al_{0.5}CrMoNbSi_{0.3}TiV$，这四种难熔高熵合金均表现了简单的 BCC 结构。虽然这四种合金的氧化速率有一定的区别，但在 1300 ℃时它们的氧化动力学均保持线性关系。高熵合金的抗氧化能力随着 Ti 和 Si 含量的增大而增大，随着 V 含量的增大而降低。Huang 等人采用激光涂覆技术在铝合金表面制备了 $AlCoCrFeMo_{0.5}NiSiTi$ 和 $AlCrFeMo_{0.5}NiSiTi$ 的合金涂层，并在高温下进行了抗氧化实验。在 1000~1100 ℃，两种涂层 50 h 后，氧化不再增重，均表现了优异的抗氧化性能；钝化的氧化层在材料表面形成，表面层为钛的氧化物，次表面层为铬的氧化物，复杂的钝化层保证了合金的抗氧化性能。

7.3.4 良好的耐腐蚀性

成分和结构能够影响合金在不同环境中的腐蚀行为。一方面，高熵效应使高熵合金具有单一稳定的相结构，不存在相与相之间的界面，在结构上和能量上都不具备形成原电池的条件，因此，大多数高熵合金在酸性环境和 NaCl 中能够表现出优异的耐腐蚀性能；另一方面，结构强化也可以提高高熵合金的耐腐蚀性能，许多高熵合金组织是枝晶结构，枝晶由简单的体心结构、面心结构组成，大量的无序组织和纳米微粒易于在枝晶间出现，这些组织的出现也会提高高熵合金的耐腐蚀性能。此外，由于形成高熵合金组元的丰富性，高熵合金中还常有 Co、Cr、Cu、Ni 和 Ti 等元素，而这些元素是极易形成氧化膜的元素，而且合金体系中的一些低自由焓结构、微晶、非晶、单晶等结构，都能使高熵合金的耐腐蚀性能得到明显提高，氧化膜和结构的保护使高熵合金在酸性环境中的耐腐蚀性进一步增强，同时，Mo 能够提高高熵合金的耐点蚀能力，而 Al 和 Mn 能降低耐点蚀能力。以上这些效应的作用都会使高熵合金的耐腐蚀性提高，并且明显优于其他合金（如传统 304 不锈钢）。

7.3.5 物理性能

7.3.5.1 优异的抗辐照性能

研究表明，高熵合金所具备的一系列独特的结构特性会在一定程度上抑制辐照所产生的缺陷。该合金中严重的晶格畸变作为其在辐照过程中的核心效应，不仅能提高合金的空位形成能和迁移激活能，抑制辐照缺陷的形成，还可作为吸附合金自身空位以及间隙原子等辐照缺陷的捕获陷阱，减小位错环的尺寸和密度。此外，还会阻碍原子的扩散和迁移，从而阻滞合金中位错环与辐照析出相的形成。此种晶格畸变效应将与高熵效应和迟滞扩散效应一起使得高熵合金表现出优异的抗辐照性能。

近些年，关于高熵合金抗辐照性能的研究大都集中在具有 FCC 结构的镍基高熵合金中。Yan 等在室温下采用 190 keV 的 He^+对 CoCrFeNi 和纯 Ni 进行辐照损伤，发现无论注入剂量的多少，CoCrFeNi 高熵合金中产生的 He 泡均比纯 Ni 的少，表明该合金的抗 He^+辐照性能较强。Jin 等在 500 ℃下采用 3 MeV 的 Ni^{2+}对纯 Ni 以及 NiCoFeCrMn 高熵合金辐照至剂量为 5×10^{16} cm^{-2}后发现此种高熵合金的抗辐照肿胀行为大约为纯 Ni 的 40 倍。Nagase

等的研究表明，FCC 相的 CoCrCuFeNi 高熵合金在 MeV 级的快电子辐照下，在 298~773 K 的温度范围内，即使是当损伤程度达到 40 dpa 时，合金的主要组成相仍然是 FCC 相。Yang 等的研究表明，$Al_{0.1}CoCrFeNi$ 高熵合金在进行离子辐照之后，未出现析出相，合金仍为单相 FCC 结构。

上述研究表明，具有单相 FCC 结构的镍基高熵合金在进行辐照之后展示出了高的抗 He 泡形成能力、高的抗辐照肿胀性能以及高的相稳定性。然而，镍基 FCC 相高熵合金中存在 Ni 等易发生嬗变的元素，制约着 FCC 相高熵合金在反应堆中的应用。因此，研究没有 Ni 元素添加的高熵合金的抗辐照性能，于聚变堆材料而言具有极大应用价值。由于聚变堆 PFMs 还面临着高温、高热负荷等严苛的服役环境，因此，研究者们就将研究重点转移到了既抗辐照又耐高温，还不含易嬗变 Ni 元素的难熔高熵合金（refractory high entropy alloy，RHEA）体系中去。

难熔高熵合金的主元以 V、Hf、Ta、W、Zr、Cr、Mo 等高熔点元素为主，合金大多为 BCC 相结构。研究发现，这些具有 BCC 相结构的难熔高熵合金体系在进行辐照之后均表现出了独特的抗辐照性能以及相稳定性。Lu 等的研究发现，在进行 3 MeV 的 He^+ 辐照之后，$Ti_2ZrHfV_{0.5}Mo_{0.2}$ 合金的纳米压痕硬度几乎没有发生变化。此外，$Ti_2ZrHfV_{0.5}Mo_{0.2}$ 高熵合金在进行 He^+ 辐照之后所产生的 He 泡数目比传统合金少 1 个数量级。这是因为高熵合金内部的空位浓度高于传统合金，使得捕获氦原子的位点增加，从而减少了 He 的聚集。

Sadeghilaridjani 等采用 4.4 MeV 的高能 Ni^{2+} 对 HfTaTiVZr 以及 304 不锈钢进行了辐照测试。结果表明，辐照后 304 不锈钢的硬度和屈服强度均提高了约 50%，而高熵合金仅提高了 20%。EI-Atwani 等采用磁控溅射法沉积了具有单相 BCC 相的 $W_{38}Ta_{36}Cr_{15}V_{11}$ 薄膜并在 800 ℃下对其进行了 1 MeV 的氪离子辐照，损伤至 8 dpa 后发现合金中未生成辐照诱导位错环，且辐照之后合金的硬度变化几乎可以忽略不计。Patel 等采用电弧熔炼法制备了具有单相 BCC 结构的 $V_{2.5}Cr_{1.2}WMoCo_{0.04}$ 高熵合金，在 5 MeV Au^+ 的条件下对其进行了辐照损伤测试。结果表明，当辐照损伤高达 42 dpa 时，该合金中 96% 的单相 BCC 晶体结构均完好保持，仅有 4% 的 BCC 结构相发生了衍射峰的偏移。

因此，高熵合金具备高熔点、高强度以及高的辐照抗力（辐照之后具备良好的相稳定性、高的抗辐照肿胀以及抗辐照硬化能力），且不含有易发生中子活化的 Ni 元素，使其在核聚变堆 PFMs 中具有极大的潜在应用价值。

7.3.5.2 良好的电和磁性能

在高熵合金组成元素中，有的组元本身具有一定的磁性，再与其他元素相互影响，使整个合金体系具有一定的磁性能，已有研究表明，有合金体系已观察到顺磁、铁磁、软磁及硬磁等特性。而且与传统合金相比，高熵合金的电子能带、载流子浓度、导电特性等也会受到组成元素的影响，因此，具有显著的电学特性。高熵合金这种优异的电磁性能，为其推广和应用提供了广阔的前景。

Zhang 等设计了 $FeCoFeNi(AlSi)_x$ 高熵合金，通过调节 Al、Si 合金元素，开发出了具有高电阻率、高室温塑性和高饱和磁感应强度的新型高熵磁性材料。该材料具有低的磁致伸缩系数，从而在交变电流工作时具有很低的噪声，同时采用第一性原理计算机模拟方法可以计算出合金的饱和磁感应强度。对 $CoCrFeNiAl_x$ 系高熵合金磁性能的研究显示，合金系中具有单一的 BCC 结构的合金在低温时有高的磁化强度。当温度为 300 K 时，合金

$CoCrFeNiAl_{0.5}$、$CoCrFeNiAl_{1.25}$ 和 $CoCrFeNiAl_2$ 表现出铁磁性；合金 CoCrFeNi、$CoCrFeNiAl_{0.25}$和 $CoCrFeNiAl_{0.75}$表现出顺磁性。当温度降低时，所有合金都表现出铁磁性。研究还发现，Al 和 AlNi 富集相的存在会使得合金的铁磁性减弱。

7.3.5.3 其他功能特性

目前关于高熵合金的研究主要集中在传统的性能方面，关于高熵合金的一些功能性能如催化性能，超导性能等研究较少。Bi 和 Gromilov 通过电弧熔炼制备出了 $Ni_{20}Fe_{20}Mo_{10}Co_{35}Cr_{15}$和 $Ir_{19}Os_{22}Re_{21}Rh_{20}Ru_{19}$块体高熵合金，分别研究了其析氢反应及室温下甲醇电氧化催化反应，发现块体高熵合金也可具备良好的催化活性。Gou 等人研究了 $(TaNb)_{0.67}(HfZrTi)_{0.33}$高熵合金发现，该合金在常压下的超导转变温度为 7.7 K，当压力从 60 GPa 增加到 190.6 GPa 时，转变温度从 10 K 降到 9 K，这表明在高压条件下，该合金具备作为超导材料的潜力。

综上所述，高熵合金的形成机制是混合焓、混合熵和温度协同影响的，是边际固溶体和金属间化合物之外的另一种冶金平衡。相对高温下的低自由能和相对低温下的低原子扩散速率导致了高熵合金具备高熵效应、缓慢扩散效应、晶格畸变效应和复合效应，独特的特点确定了高熵合金能够表现优异的力学性能、耐磨损、耐腐蚀、抗氧化等性能及催化、抗辐照、超导等功能特性。同时，成分上的变动对高熵合金的结构影响明显，依据结构和性能的关系，有针对性地进行成分调整，能够进一步提高上述性能。

7.4 高熵合金的制备方法

已有的研究表明，高熵合金的制备方法基本上与现有的合金的制备方法类似。按照高熵合金的不同形状需要应用不同的制备方法：熔铸法及粉末冶金法制备高熵合金块体及粉体；磁控溅射、激光熔覆、电化学沉积、热喷涂、双层辉光等离子表面合金化等技术制备高熵合金薄膜/涂层；Taylor-Ulitovsky 法及熔体旋淬法制备高熵合金丝材。

7.4.1 熔铸法

金属材料在实际生产中最常用的制备方法依然以熔炼与铸造为主，制备高熵合金的方法也是如此。目前制备高熵合金效果较好也是使用最多的熔铸法是真空电弧熔炼与铜模铸造结合的工艺来制备合金材料。中国台湾清华大学的叶均蔚团队首先采用这种方法制备出了高熵合金。这种以高纯金属单质为原料，在惰性气体环境中反复熔炼至少五次以上，并浇铸进铜模中冷却后得到合金的方法至今仍被国内外学者广泛使用。相比较于制备非晶合金时将近 1000 K/s 的冷却速率，这种方法的合金熔体冷却速率约为 1~10 K/s，非常接近常规铸造的冷却速率。较高的冷却速率是为了防止合金熔体冷却的过程中产生严重的偏析从而导致合金性能的下降。为确保合金具有足够的冷却速率，快速冷却方法所得到的合金尺寸往往较小，该团队所制备的高熵合金纽扣厚度仅为 20 mm，直径约为 50 mm。

有时，学者们为了获得具有特定晶体取向和特殊性能的高熵合金，也常常会用到定向凝固的这种特殊熔炼方法。国内的张勇等近年来对 $CoCrCuFeNiTi_x$、$AlCoCrFeNiTi_{0.5}$、$Al_x(TiVCrMnFeCoNiCu)_{100-x}$等高熵合金体系的微观组织和性能进行了较为系统深入的研究。研究结果显示：(1) Ti 含量对 $CoCrCuFeNiTi_x$ 高熵合金的晶体结构具有明显影响，随着 Ti 含量从 0 增加到 1 摩尔比，合金由单一的 FCC 相结构逐渐转变为一种混合结构，其中包含了 FCC 相、Laves 相和少量的非晶相。合金的屈服强度增加了 4.5 倍左右，从 230 MPa 提升至 1272 MPa。$AlCoCrFeNiTi_{0.5}$合金经过机械加工强化以后性能可进一步提升到 1650 MPa，同时该合金也具有较好的塑性。具有 FCC 固溶体结构的 CoCrCuFeNiTi 高熵合金与 $CoCrCuFeNiTi_{0.5}$高熵合金表现出典型的顺磁性，当 Ti 含量达到并超过 0.8 摩尔比时，合金的非晶相中逐渐析出纳米颗粒相，使合金表现出优异的超顺磁性。（2） $Al_x(TiVCrMnFeCoNiCu)_{100-x}$ 高熵合金中，不添加 Al 元素时，合金的相结构为 BCC、FCC、非晶相和 σ 相等多相共存。Al 元素含量的升高使合金微观组织变得单一，当 $x=20$ 时，合金为单一的 BCC 相固溶体；而当 Al 含量超过 20 并持续增加到 40 时，合金中逐渐生成 Al_3Ti 等金属间化合物。（3） 在 $Cu_xAlCoCrFeNiTi_{0.5}$高熵合金中，不添加 Cu 元素时，合金的室温压缩性能要超过已报道的大多数大块非晶，随着 Cu 含量升高至 0.5，Cu 偏析至枝晶间位置，使合金的塑性迅速降低，强度减小。

7.4.2 粉末冶金法

粉末冶金法是将金属或合金粉末经过压制成形、烧结等工艺直接成形的方法。粉末在压制过程中会相互作用，产生塑性变形及加工硬化，从而使合金表面活性增大。粉末冶金具有可再生产，易成形等特点，其优点是可以保证合金组织的均匀性以及成分的准确性，抑制合金中成分偏析。缺点是粉体不易压实，导致制品中易存在空隙；当基体粒径与增强体粒径差距较大时，粉体混合困难；粉体流动性较差，产品形状受限等。具体包括制备粉末的机械合金化法和制备块体材料的热压烧结法、放电等离子烧结法和微波烧结法。

7.4.2.1 机械合金化法

机械合金化（mechanical alloying，MA）是常见的粉末冶金方法之一，其原理是利用高能球磨方法，将金属粉末加入到球磨罐中，使用球磨机促使金属粉和球发生猛烈的碰撞，导致金属粉末反复的经历冷焊、断裂和扩散等反应过程。机械合金化技术最早出现在 20 世纪 60 年代末的美国，起初该技术用于制备弥散强化的高温合金材料，后广泛应用于结构材料的制备，然后用于制备纳米材料、非晶等新型材料。目前，MA 技术广泛用于制备多种新型材料，如高强韧材料、磁性材料、热电材料、超导材料及高熵合金材料等。

2009 年，傅正义等人运用机械合金化方法制备了 CoCrFeNiCuAl 系高熵合金。研究表明在温度低于 500 ℃时，采用机械合金化方法制备的 CoCrFeNiCuAl 系高熵合金的热稳定性最好，如果温度过高就会出现相变。同时，在机械合金化中球磨时间也是重要的制备工艺参数，该研究发现衍射峰的宽度和球磨时间成正比，球磨时间的延长使得合金的衍射峰也趋于宽化，表明 CoCrFeNiCuAl 高熵合金的晶粒变得十分细小。金属粉末球磨时间达到 42 h 后合金化反应完成，逐渐形成过饱和的固溶体。球磨时间在 60 h 之后，通过高分辨透射电镜观察到的晶粒尺寸小于 50 nm，此时粉末态的固溶体以 BCC 结构为主，并伴有少量的 FCC 相。图 7-7 为不同球磨时间的 CoCrFeNiCuAl 合金粉末的 XRD 图。

7.4.2.2 热压烧结法

热压烧结技术距今已有八十年的历史，最早应用于一些硬质合金、难熔合金和现代陶瓷的制备。安徽工程大学苗振旺等采用热压烧结法制备了 FeCrNiCoTi 高熵合金，并按照正交实验设计方案研究了 WC 颗粒添加对合金成分和性能的优化。WC 加入后，合金仍然为

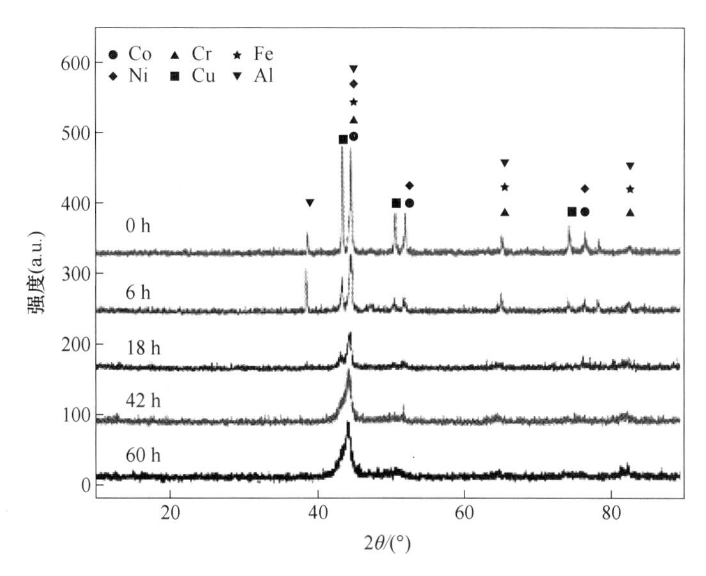

图 7-7 不同球磨时间的 CoCrFeNiCuAl 高熵合金粉末的 XRD 图谱

典型的枝晶和枝晶间结构，具有相位简单的 FCC 与 BCC 结构。随着 WC 含量的增加，合金硬度显著增加，摩擦系数不断减小，耐腐蚀性先增加后减弱。当 WC 含量为 35%时，硬度最大为 779 HV，摩擦系数却降低将近一半；WC 含量为 5%时，耐腐蚀性最好。图 7-8 为不同 WC 含量的 $Fe_{0.7}Cr_{0.7}Ni_{0.4}Co_{1.3}Ti_{1.0}$高熵合金的 XRD 图谱，可以看出 WC 含量为 0 时，合金由 BCC 与 FCC 两种相组成，随着 WC 含量的升高，金属间化合物也逐渐增多，这对合金的塑韧性都是不利的。

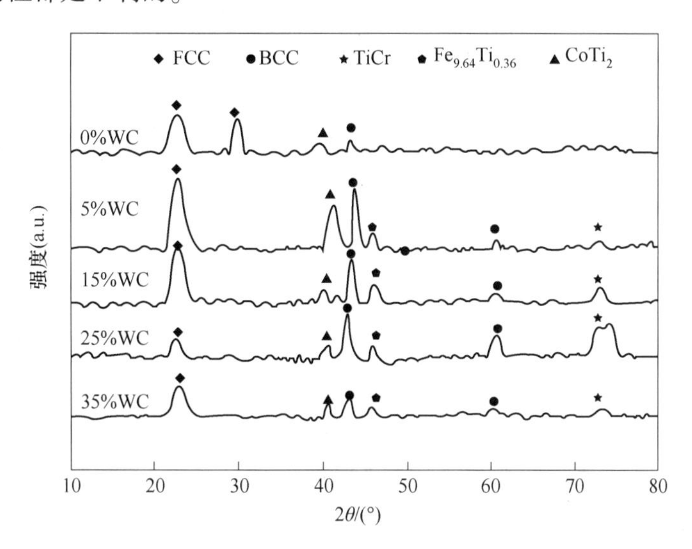

图 7-8 不同 WC 含量的 $Fe_{0.7}Cr_{0.7}Ni_{0.4}Co_{1.3}Ti_{1.0}$高熵合金的 XRD 图谱

7.4.2.3 放电等离子烧结法

放电等离子烧结（spark plasma sintering，SPS）的烧结原理是将研磨均匀的粉体放入石墨容器中，上下端嵌入 SPS 设备中，并通入强大脉冲电流，使其产生等离子体以加热材料，内部每个颗粒在焦耳热的作用下相互连结，最终达到快速致密。由于烧结过程中炉腔内能量高、压强大且烧结时间较短，所以烧结出的块体材料致密度高且晶粒细小。

陈维平等人运用放电等离子烧结技术制备了具有良好性能的 $Al_{0.6}CoNiFeTi_{0.4}$ 高熵合金。对球磨后的合金粉末进行晶体结构测试，结果表明合金以 FCC 相为主。经过放电等离子烧结之后，合金内 FCC 相中逐渐析出 BCC 相，使用 TEM 进行组织观察以及 SEM 拍摄断口图像分析，均发现纳米级颗粒相。此时 $Al_{0.6}CoNiFeTi_{0.4}$ 高熵合金在室温下表现出较高的强度和硬度，其屈服强度高达 2732 MPa，抗压强度为 3172 MPa，维氏硬度为 712 HV。同时合金压缩比为 10.1%，这说明其韧性也比较理想。因此，放电等离子烧结具有很好的应用前景。

7.4.2.4 微波烧结法

微波烧结是指材料以微波辐射作为外加热源，材料因其自身对于微波具有一定的吸收（介质损耗）进而得到能量而使材料致密化的过程。

美国科学家 Von Hippel 在 20 世纪中期对材料介质特性方面的研究使得利用微波加热材料达到烧结固化变成了可能。但直至三十年后这种开创性的想法才真正在科学领域生根发芽，并逐渐发展成一种用于粉末冶金的新型烧结技术。90 年代末，以美国为首的发达国家开始利用这种技术生产产品，虽然产品的种类很少，成本也不低，大多都是陶瓷材料，但这标志着微波烧结已发展到可以产业化的阶段。现阶段粉末冶金中的颗粒尺寸量级不断变小，传统加热方式已不能满足纳米材料的制备要求，而微波烧结技术在这方面则具有巨大的潜力。传统烧结在加热过程中，由于热量传递方式是靠材料本身的导热由外向内传递，这种模式很容易由于内部成分不均匀造成材料整体受热不均，产生温度梯度，容易形成孔洞、偏析等较大缺陷。而微波烧结的加热方式正好相反，利用微波电磁场的穿透能力进入材料内部并与材料发生相互作用，利用内部介质损耗产生热量。热量的产生是体积性的，整体温度均匀，材料内部各处几乎无温差。烧结试样中颗粒在粉末中均匀分布，少有偏析等缺陷，材料性能得到显著改善。除此之外，由于加热方式的不同，微波烧结较之传统烧结还有低温快烧、选择性烧结等特点，而且作为新型节能型烧结技术，在节约能源的同时还能做到安全无污染。

意大利摩德纳大学的 Veronesi 利用 ISM 频率为 2450 MHz 和 5800 MHz 的微波直接加热合金粉末的压坯，制备了 FeCoNiCrAl 系列高熵合金。制备的高熵合金的均匀性都很好，没有电弧熔炼的树枝状偏析。过程研究表明，粉末前驱体发生了直接微波加热，化合物间的放热反应有利于进一步加热成形。本书将微波处理技术与反应烧结技术和机械合金化技术进行了比较，结果表明微波烧结是一种时间最短、能耗最低的高效节能成形路径。南京理工大学的王腾采用微波辅助燃烧合成法制备的 $FeCoNiCuAl_x$（$x=0$、0.5、1、1.5、2）高熵合金，研究表明该合金简单的 BCC 或 BCC+FCC 固溶体结构，BCC 的含量随着 Al 元素含量的增加而升高。同时，Al 元素含量的增加使得合金的树枝晶快速长大，Cu 元素的偏析也趋于严重，针状析出物球化。合金的硬度也随着 Al 含量的增加而不断升高，合金的硬度值最高可达 571 HV，相当于合金钢与普通碳钢经过完全淬化后的硬度，这源于 Al 元素产生的固溶强化效果、晶格结构转变以及 Al 与合金元素生成的金属间化合物产生的第二相强化效果等综合因素。

7.4.3 磁控溅射技术

磁控溅射是一种制备高熵合金薄膜的常见手段，它属于物理气相沉积的一种。磁控溅射的工作原理分为三个部分：首先让惰性气体（常见的为 Ar 气）发生辉光放电现象生成带电荷的离子；其次带电离子会在电场的作用下加速撞击靶材表面，把靶材表面的原子轰击出来，这个过程也会产生二次电子再次撞击气体分子，从而导致带电离子数量上的快速递增；最后被轰击出靶材表面的原子携带能量沉积到基片上。磁控溅射具有沉积速度快、基体升温慢、薄膜厚度可控且致密性良好等优点，是目前用来制备高熵合金薄膜的最有效且应用最广泛的制备方法。但该制备技术仍然存在一定缺陷，一是靶材上的环形磁场处溅射最为严重，出现环形的溅射沟槽，降低靶材的利用率甚至穿透靶材；二是当磁控溅射制备的薄膜较厚时，薄膜的内应力增加从而使得薄膜发生开裂。因此，采用磁控溅射制备薄膜时，厚度在 1 μm 以下为宜。

根据有关报道来看，磁控溅射法常被用来沉积功能涂层和超硬高熵合金氮化层，这种方法制备的涂层具有良好的物理化学性能，实际效果明显优于传统的溅射和电化学方法。兰州理工大学的石彦彦等采用射频磁控溅射法在硅基底和 304 不锈钢基底上制备出了 FeCrCoNiMn 高熵合金薄膜，并详细分析了不同制备工艺参数对该合金薄膜结构与性能的影响。结果表明：一定范围内溅射功率的提高会增加合金薄膜的厚度，过大的功率反而会导致薄膜厚度降低、薄膜颗粒变大且表面变得粗糙。溅射时间的延长与衬底温度的提高也有助于薄膜厚度的增加。将制备的 FeCrCoNiMn 高熵合金薄膜进行不同温度下的耐腐蚀性能试验，结果表明该薄膜的耐腐蚀性明显优于 304 不锈钢。吉林大学的郑作赟也采用这种方法制备出了 FeAlCoCuNiV 以及 FeAlCoCuCrMn 高熵合金薄膜并同样对其进行结构与耐腐蚀性分析，结果表明：随着溅射功率和时间的提高，合金薄膜由非晶态逐渐转变成具有简单相结构的固溶体，这两种合金的耐腐蚀性都要优于 201 不锈钢。图 7-9 为溅射功率 100 W 时 FeAlCoCuCrMn 高熵合金在不同溅射时间下的 XRD 图谱。可以看出随着时间的增加，该合金从典型的非晶结构逐渐转变为单一的 FCC 固溶体。

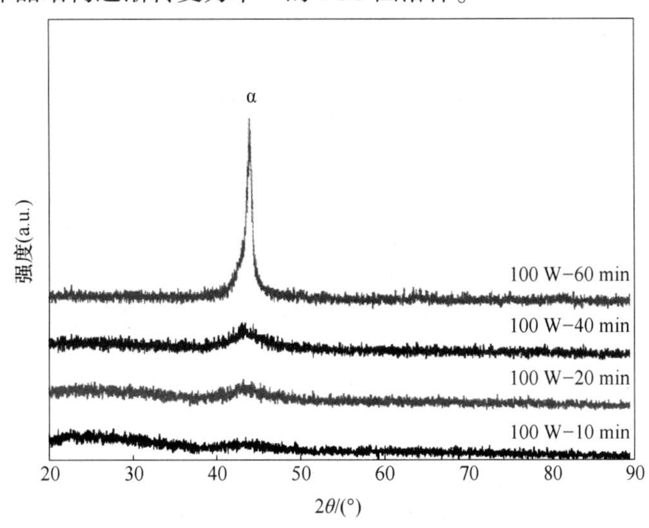

图 7-9 溅射功率为 100 W 时 FeAlCoCuCrMn 高熵合金薄膜的 XRD 图谱

7.4.4 激光熔覆技术

为了获得高强度、高硬度、高电阻同时兼具良好耐磨性与耐蚀性的合金涂层，激光熔覆技术在高熵合金制备过程中的应用也十分广泛。激光熔覆又被称为激光包覆，利用激光的高能量将包覆在基体上的合金粉末与基体表面熔化后快速凝固，得到与基体紧密结合的优质涂层。采用激光熔覆制备的高熵合金涂层会受到熔覆过程中凝固速度以及凝固顺序的影响，凝固速度越快，高熵合金各个元素之间的扩散速率越低，脆性的金属间化合物相越不容易形成，从而确保了高熵合金涂层仍具备简单固溶体相结构。激光熔覆技术的优点在于：熔覆层的晶粒细小且均匀；高能激光照射后欲制备的涂层粉末会与基体材料的表面层一起熔化，从而使得熔覆层与基体之间呈现出良好的冶金结合；此外，采用激光熔覆技术可以制得较厚的涂层（厚度可达毫米级别）也不会发生开裂。该技术的缺点为：熔覆得到的涂层更容易产生缺陷，使得涂层的致密度降低；熔覆过程中存在凸起的熔池，导致涂层的平整度大大降低，受尺寸及设备成本的限制，这种方法并不适用于大面积喷涂。

贵州大学的朱颖以 Q235 为基体制备了 $FeNiCrCoCu_xMo_y$ 高熵合金涂层，重点研究了激光熔覆工艺参数与合金元素 Cu 及 Mo 含量对合金涂层组织和性能的影响，并测试了该涂层在不同温度下的耐腐蚀特性。结果表明，激光熔覆功率、固定光斑直径和激光扫描速度分别为 2.6 kW、6 mm 和 4 mm/s 时能得到较好表面熔覆质量的涂层。Cu 含量的升高对涂层相结构没有明显影响，但会使得涂层硬度下降，随着 Cu 含量从 0 逐渐升高到 1.2%（质量分数），涂层硬度从 459 HV 下降到 303 HV，下降幅度为 34%。Mo 含量增加到 0.4%（质量分数）时，涂层的相结构发生相变，生成了富 Mo 的 σ 相。涂层的硬度随着 Mo 含量的升高而增大，耐磨性也逐渐变好。含有 Cu 与 Mo 元素的合金涂层均具有良好的耐腐蚀性，其中 $FeNiCrCoCu_{0.3}Mo_{0.8}$高熵合金涂层在 40 ℃以下时，在稀硫酸中具有优异的耐腐蚀性能，高于 40 ℃时，耐腐蚀性下降。

7.4.5 电化学沉积技术

电化学沉积是一种化学过程，也是一种氧化还原过程，是指在外加电压的电解液中，金属阳离子在阴极还原成原子，而形成沉积层的过程，主要用于制备各种金属或合金镀层。电化学沉积法制备高熵合金薄膜材料的最大优点是简单快捷。但是，其对于基体表面上晶核生长和长大的速度不能控制，制得的化合物薄膜性能不高。

童叶翔采用电化学沉积法在 Ti 基体上制备了稀土-过渡金属纳米有序非晶高熵合金薄膜，探讨了电化学沉积条件对薄膜形貌的影响。发现在有机溶剂体系中，过渡金属离子对稀土离子具有诱导共沉积作用，在 Ti 基体上可得到纳米有序且分布均匀的颗粒薄膜，所制备的合金材料为无定型结构。姚陈忠等通过电化学沉积在室温下制备了具有纳米结构组织的 Nd-Fe-Co-Ni-Mn 高熵合金磁性薄膜，发现该薄膜是无定形态的，在室温下具有良好的软磁性能。

7.4.6 热喷涂技术

热喷涂技术是通过热源加热喷涂材料至熔融或半熔融态，利用高压气体使熔融态的涂料高速运动最终与基体表面形成机械结合的涂层技术。热喷涂涂层对基体影响小，工艺操作简单，易于控制，成本低，便于工业化规模生产，具有巨大的工业应用潜力。但与激光熔覆和磁控溅射相比，热喷涂涂层致密度低，喷涂过程易产生氧化物等杂质，组织结构不稳定等。鉴于上述原因，科研人员对热喷涂工艺优化展开了研究。2004 年高熵合金面世之初，Huang 等首次采用热喷涂技术制备了高熵合金涂层，拓宽了高熵合金涂层的制备方法。之后，学者们在该领域陆续展开了研究。Ang 等采用等离子喷涂法沉积纳米粉末制备了结构简单的（FCC+BCC）双相固溶体结构的 AlCoCrFeNi 和 MnCoCrFeNi 高熵合金涂层，涂层孔隙少、组织均匀，最高硬度达到 4.42 GPa。Wang 等研究得出 $(CoCrFeNi)_{95}Nb_5$ 涂层的硬度为 321 HV0.5，涂层在耐蚀试验中表现出典型的选择性腐蚀，耐蚀性良好。Chen 等利用火焰喷涂法制备了 $Al_{0.6}TiCrFeCoNi$ 涂层，涂层表面硬度为（789±54）HV，不同温度下的摩擦磨损试验表明涂层以磨粒磨损为主，耐磨性良好。超音速火焰喷涂可以减少氧化、提升涂层致密度，涂层力学性能好，耐蚀性和耐磨性提升，可以用作热障涂层等。

7.4.7 双层辉光等离子表面合金化技术

双层辉光等离子表面合金化技术是基于辉光气体放电、原子溅射和扩散发展出来的一种表面合金化技术，通过该技术制备的涂层可与基体间呈冶金结合，其具体原理图如图 7-10 所示。其工作原理为：在阳极与源极、阳极与工件极之间分别产生了辉光放电现象，将氩气电离成 Ar^+。这些 Ar^+ 不仅可以将源极中的原子轰击出来，在电场作用下沉积扩散到工件表面形成表面合金层；还会使得工件表面产生大量空位，更容易接收由源极溅射出的相关合金元素。此外，Ar^+ 的轰击效应还会加热源极和工件极表面，使得在电场作用下被吸附于工件表面的合金化元素在高温下更容易扩散至工件表面一定深度处，形成具有微米级厚度的表面合金层。采用双辉等离子表面合金化技术制备的涂层具有一系列优势：(1) 表面合金层的成分从表面至涂层界面呈梯度分布，涂层与基体之间呈冶金结合；(2) 合金化处理的整个过程一直在真空下进行，无污染，不存在合金层氧化的问题；(3) 可实现大面积工件的处理，工作效率高；(4) 采用双辉等离子表面合金化技术制备的涂层其厚度和成分可控；(5) 渗入基体的元素种类不受限制，不仅可以进行单元渗、二元渗，也被成功应用于多元共渗中。

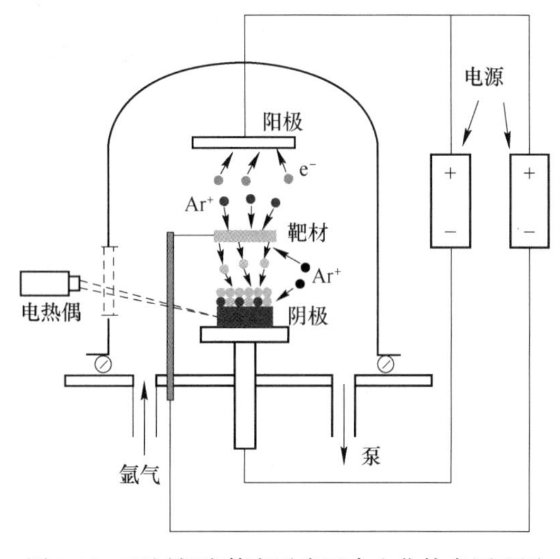

图 7-10 双层辉光等离子表面合金化技术原理图

太原理工大学吴玉程等曾采用双辉等离子表面合金化技术成功在金属 W 上制备了一层 WTaTiVCr 高熵合金涂层，研究表明，采用该技术制备的 WTaTiVCr 涂层具有单相 BCC 结构，且具备优于基体纯 W 的耐蚀性能。随后又在纯 W 表面制备了 HfNbTaTiZr 高熵合金涂层，研究表明，采用该技术制备的 HfNbTaTiZr 涂层的沉积层与扩散层、涂层与基体之间均未发生明显的开裂，涂层厚度均匀一致，并可以有效抵御 He^+ 对纯 W 表面造成的辐照损伤。

7.4.8　Taylor-Ulitovsky 法

Taylor-Ulitovsky 法的特点是制备出一层玻璃包覆的合金丝。图 7-11 为 Taylor-Ulitovsky 法的制备工艺图。该方法的制备过程为：将合金化的金属棒置于玻璃管内，在玻璃管下端用感应线圈加热使金属棒熔化，同时高温使玻璃管软化，通过拉力机构从已软化的玻璃管底部拉出一个玻璃毛细管，合金嵌入其中，在下拉毛细管的过程中使用装有冷却液的喷嘴连续喷出冷却液到毛细管上，使合金熔体快速凝固，即形成玻璃包覆的金属丝材。此方法的工艺要点是合金熔化温度应与玻璃软化温度相一致，并且要求合金与玻璃之间有很好的润湿性；所制备玻璃包覆丝的直径和玻璃层厚度与拉伸速度有关。

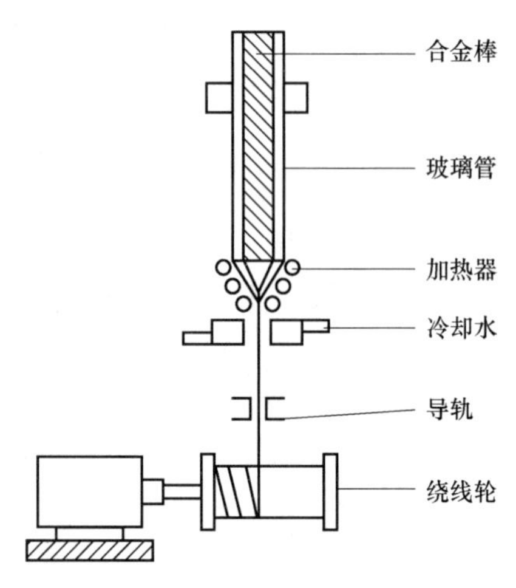

图 7-11　Taylor-Ulitovsky 法示意图

张勇课题组通过 Taylor-Ulitovsky 法制备了 $Al_{0.3}$CoCrFeNi高熵合金丝材，并对其室温和低温下的拉伸性能和延展性进行了测试。研究显示，合金晶粒随丝材直径的减小而减小。通过对丝材的拉伸性能和延展性能测试后发现，直径为 1 mm 的合金丝表现出优异的性能，其在室温下的拉伸强度和延展率分别为 1207 MPa 和 7.8%，而在 77 K 低温时的拉伸强度和延展率则为 1600 MPa 和 17.5%。这是由于在室温时合金的变形机制为滑移，而在 77 K 低温时存在部分纳米孪晶，所以合金的拉伸强度和延伸率都随着温度的降低而升高。高熵合金在低温时的优异性能也为其在一些特殊环境下作为工程结构材料的使用打开了思路。而后通过对比丝材 $Al_{0.3}$CoCrFeNi 高熵合金与铸态 FCC、BCC 以及 HCP 高熵合金的拉伸强度和延伸率可知，高熵合金丝的拉伸强度和延伸率有较好的配合。

7.4.9　熔体旋淬法

熔体旋淬法是一项较为传统的纤维制备技术。近年来，相对于玻璃包覆金属丝而言，熔体旋淬法制备金属丝的研究工作还相对较少，这可能与该方法能够连续获得的丝材长度有限有关。其工艺可以概括为：将合金棒料置于石英玻璃管内，其中棒料下方分别依次由氮化硼棒和石英玻璃棒托举，合金棒料通过感应线圈进行连续加热，熔化连续进给的金属棒料，并由边缘尖锐或有凹槽的铜轮盘精确切削，进而抽拉出金属纤维丝。通过对经熔体旋淬方法制备的 Cu-4Ni-14Al（%，质量分数）纤维丝性能的研究发现，在低温下其拉伸曲线出现明显的锯齿状，且有很好的延展性。

7.4.10 其他制备方法简述

7.4.10.1 高通量实验

高通量实验主要包括高通量制备、高通量表征和服役性能高效评价等实验技术和方法。材料高通量制备是指一次实验，可以制备或加工出一批样品，即几十个或几百个样品，乃至成千上万个样品；材料高通量表征是指一次实验，可以对一批样品进行表征，或者通过一次实验获得样品的成分/结构/性能等多个表征结果；材料服役性能高效评价是指一次实验获得多个服役性能，或者短时间实验获得材料长期服役行为的数据。其核心思想是将传统材料研究中采用的顺序迭代方法改为并行处理，以量变引起材料研究效率的质变。作为“材料基因组技术”三大要素之一，它需要与“材料计算模拟”和“材料信息学/数据库”有机融合、协同发展、互相补充，才可更充分发挥其加速材料研发与应用的效能，最终使材料科学走向“按需设计”的终极目标。目前常用的高通量制备技术有：多靶气相共沉积法、喷涂合成法、连续掩膜法、分立掩膜法（组合材料芯片技术）、扩散多元节技术、蜂巢阵列热等静压烧结技术、多路喷粉 3D 打印技术等。

7.4.10.2 热蒸发沉积法

在真空、高温下，使原料高熵合金的各组成元素呈原子态挥发后，碰撞到冷却基板上并吸附、沉积于基板上。将原料高熵合金加热到高温的方法可以是电阻加热、电磁感应加热、电子束加热、离子束加热、激光加热等。高熵合金主元的挥发条件应相近，需防止在元素挥发、沉积过程中，由于易挥发轻元素被部分抽出而损失，使得到薄膜的化学成分相对于原料发生明显变化及薄膜不是高熵合金；也需要防止制得的薄膜沿厚度方向出现化学成分偏差。高熵合金薄膜的厚度可控制，可以得到微米或纳米晶粒的薄膜。

7.4.10.3 熔液快速浸覆法

将待覆薄膜的低温工件或基板快速浸入高熵合金熔液中，短时间后快速取出，即可在工件或基板表面形成高熵合金薄膜。

7.4.10.4 甩带法

将高熵合金熔液浇于高速运动的铜滚轮表面，快速冷凝固形成带状薄膜。

7.4.10.5 熔液离心覆凝法

将高熵合金熔液倒入高速旋转的待覆薄膜的基板或工件的低温、回转形内腔面的底部，其在离心力作用下沿环形内腔面铺开并快速冷凝成为薄膜。最好将基板或工件的环形内腔抽真空，以防氧化。但控制薄膜厚度及其高度方向的均匀性是一个难题。

7.4.10.6 电弧堆焊

采用电弧焊枪等装置，以高熵合金丝为消耗电极（阴极焊条），以待覆膜零件为阳极，利用高能电弧熔融高熵合金丝。其高熵合金液滴流在电场加速及等离子气电弧的冲击下，飞向待覆膜零件表面并冷凝于表面上，使电弧及高熵合金液滴流快速扫描冲击待覆膜零件表面，即可形成高熵合金覆膜，对其打磨后即为薄膜，在真空下进行此过程可防氧化。

7.4.10.7 激光 3D 打印法

采用激光加热的 3D 打印装置，将高熵合金粉末加热熔融后打印到基板或工件表面成为精确控制平面造型及厚度的薄膜。在真空中进行，更有利于防止氧化及防止氧化物杂质生成，速冷凝固，可得到纳米或微米晶粒的薄膜。

7.4.10.8 原位自生合成反应法

原位自生合成反应制备薄膜是指将高熵合金基本组成元素或原料与反应物料（气体或固体或熔体）混合熔炼或烧结，引发原位自生反应生成增强相分布于基体高熵合金中，制备预定增强相分布于高熵合金基体中的复合材料。

制备过程如下：制备 AlOs-TiC_y（$y=5$，10，15）复合材料，增强相原料是纯度为99.9%的 Ti 粉和纯度为99.0%的活性 C 粉。在 Ti、C 粉中加入一定比例的可提高压制性的 Cu 粉。在行星式球磨机中对混合粉体混磨 10 h（130 r/min），以便充分混合。混合粉冷压制块（Ti-C-Cu 预制块），采用水冷铜坩埚真空电磁感应熔炼，先进行熔化及原位自生反应熔炼，将 Ti-C-Cu 预制块置于基体混合粉体压块之上，缓慢增加设备功率至 30 kW，引发炉料的原位自生反应。通过观察窗观察反应完，再进行混合均匀熔炼，增加功率至 110 kW 熔炼后冷凝，得到 TiC 颗粒增强高熵合金复合材料。FJL-560A 型双室磁控溅射设备实物图和原理示意图如图 7-12 所示。

(a)设备实物图

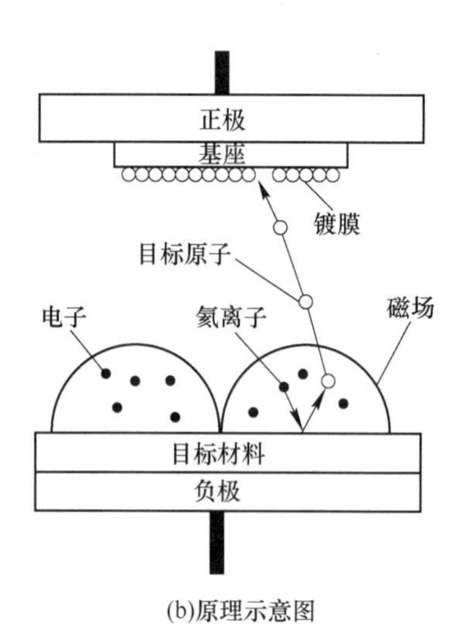

(b)原理示意图

图 7-12 FJL-560A 型双室磁控溅射设备实物图和原理示意图

7.5 高熵合金的应用与展望

高熵合金理论从产生到现在，不仅突破了传统合金结构和性能设计上的枷锁，极大地丰富了合金的种类，为合金设计提供了新的思路，而且其制备方法也具有多样性，最重要的是高熵合金没有形成复杂的金属间化合物，往往形成单一的组织、纳米结构甚至是非晶态结构。由于结构上与传统合金的不同，因此，高熵合金表现出与传统合金不同的特性，通过适当的合金配方设计，可以获得种类繁多的新型合金，这类合金具有高强度、高硬度、耐高温氧化及耐高温软化、耐腐蚀、耐磨、高电阻率、优异的磁电等综合性能。高熵合金优异的性能决定了其广阔的应用空间。其潜在的应用领域包括：模具与刀具、电子元器件、发动机、耐磨涂层、高频交流材料、核结构材料、光传输材料、生物医用材料、热阻隔材料、储氢材料、船舶与海洋工程材料、化工材料、耐腐蚀材料、耐磨材料、热电材料、超导材料和电磁材料等。甚至在一些特殊的应用领域完全可以取代传统合金，发挥其性能的优异性，这将为合金的发展和应用开启一个崭新的时代。

（1）传统的高速钢硬度高，但塑性和韧性较差，作为刀具时容易出现折断现象，而高熵合金能够同时具备多种优异性能，因此，高熵合金可用于制造对材料要求较高的模具和刀具。甚至在高尔夫球头打击面、油压气压杆、钢管及辊压筒的硬面材料应用中占据重要地位。当前，生产塑料模和挤压模的普通模具钢也正逐渐被高熵合金替代。

（2）很好的耐高温性能和较高的抗压强度使得高熵合金可用作涡轮叶片材料、焊接材料、热交换器材料、高温炉的耐火材料、喷镀金属材料的抗扩散膜、微机电材料、超高大楼的耐火骨架材料和航空航天材料等。

（3）高熵合金优异的耐蚀性可使其在易产生腐蚀的环境下工作，如可应用到化学工厂、航海船舶的建设及生产中。

（4）高熵合金不仅具有高硬度和高耐磨性，还具有较低的弹性模量，这使得其非常适合制作高尔夫球头的打击面、油压气压杆、钢管及辊压筒的硬面。

（5）软磁性及高电阻率也是高熵合金的特性之一，因此，高熵合金在高频通信器件方面也具有很大的应用潜力，可以替代其他材料用以制作高频变压器、马达的磁心、磁屏蔽、磁头、磁盘、磁光盘、高频软磁薄膜材料等。

（6）高熵合金优良的高温稳定性能和缓慢扩散效应等特性在抗辐照行为方面表现突出，使其在未来先进核结构材料方面的应用成为可能。

（7）除此之外，在很多其他领域，如电热材料、储氢材料、IC 扩散阻绝层等工业领域，高熵合金也具有广阔的发展前景。

习　　题

1. 未来金属材料的发展方向是什么，如今社会发展对高性能金属材料提出了哪些要求？
2. 现有的材料什么最有发展价值？
3. 高熵合金与传统合金在组成、结构等方面均存在较大差距，我们应该怎样看待在传统合金中已经普适的原理在高熵合金中的应用，采用传统的解释是否合理？
4. 高熵合金体系包含多种元素且含量不相等，拥有广泛的成分空间，传统的大块金属和合金中普遍采用的试错法已不适用，如何快速筛选出目标合金体系，又如何快速制备各体系的合金？
5. 如果“鸡尾酒效应”可以综合所有元素的效能，那么你最想开发一种什么性能的合金，应用场景是什么？
6. 谈谈你对高熵合金未来发展的认识。

8 多孔材料制备技术

【本章提要与学习重点】

本章主要针对多孔材料概述，有序介孔材料、金属有机骨架材料及三维有序大孔材料制备技术进行论述，并说明多孔材料的应用与展望。通过本章学习，使学生了解多孔材料的概念，掌握多孔材料的分类、熟悉不同类型多孔材料的制备方法，了解多孔材料的应用领域与未来发展方向。

8.1 多孔材料概述

根据孔径的大小，多孔材料可以分为三类，即微孔材料（孔径小于 2 nm）、介孔材料（孔径为 2~50 nm）和大孔材料（孔径大于 50 nm），多孔材料典型结构如图 8-1 所示。根据其孔的结构特征，多孔材料又可分为无序孔结构材料和有序介孔结构材料，其中有序介孔材料更为重要，也更受关注。

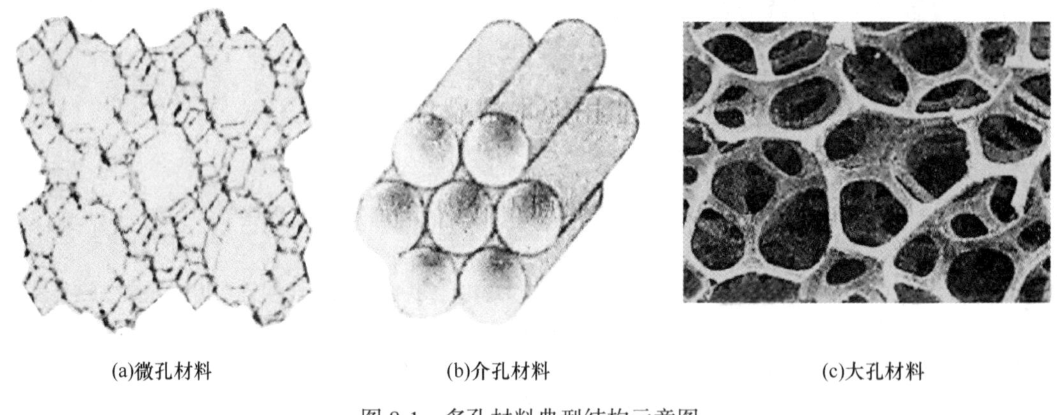

(a)微孔材料　　(b)介孔材料　　(c)大孔材料

图 8-1　多孔材料典型结构示意图

8.2 有序介孔材料制备技术

有序介孔材料是 20 世纪 90 年代迅速兴起的新型纳米结构材料，它一诞生就得到国际物理学、化学与材料学界的高度重视，并迅速成为研究热点。由于有序介孔材料具有孔道大小均匀、排列有序、孔径可在 2~50 nm 范围内连续调节等优点，因而在分离、吸附、生物医药和催化环境能源等领域有着广泛的应用前景。此外，由于有序介孔材料具有较大的比表面积，相对大的孔径及规整的孔道结构，在催化反应中适用于活化较大的分子或基团，显示出优于沸石分子筛的催化性能，有序介孔材料直接作为酸碱催化剂使用时，能够减少固体酸催化剂上的结炭，提高产物的扩散速度。还可在有序介孔材料骨架中引入具有氧化还原能力的金属离子及氧化物来改变材料的性能，以适用于不同类型的催化反应。近年来，在介孔材料中引入各种有机金属配合物制成无机-有机杂化材料也是催化和材料领域比较活跃的研究方向之一。由于有序介孔材料孔径尺寸大，还可应用于高分子合成领域，特别是聚合反应的纳米反应器。有序介孔材料还可作为光催化剂，用于环境污染物的处理。如介孔 TiO_2 比纳米 TiO_2（P25）具有更高的光催化活性，同时在有序介孔材料中进行选择性的掺杂也可改善其光活性，增加可见光催化降解有机废弃物的效率。氧化体介孔材料（如 MCM-41，SBA-15 等），由于具有大的比表面积、规则的孔道结构、孔径连续可调和很好的热稳定性，在催化、吸附、分离、药物运输及缓释等领域显示出重要的应用前景，受到研究者的广泛关注。有序介孔材料的功能化控制（如形貌、孔结构、孔径、介孔孔道方向、主客体组装及表面修饰等）和基于功能化控制基础上的应用探索研究，已经成为介孔材料领域重要的研究方向之一。

按照化学组成，介孔材料一般可以分为硅基介孔材料和非硅基介孔材料两大类。

8.2.1 硅基介孔材料制备

在已报道的介孔材料中，关于介孔氧化硅材料的研究最多，目前已经能够实现对介孔氧化硅材料的设计合成，得到了一系列具有不同空间对称性、孔道结构和表面性质的介孔氧化硅材料。介孔氧化硅材料没有统一的命名，研究者们通常以研究所的名字或者所用的模板剂来命名其合成的介孔材料。1992 年，美国 Mobil 公司的研究者使用长链阳离子表面活性剂作为结构的导向剂，合成了 M41S 系列有序介孔氧化硅（铝）材料，发现了这一系列的新介孔材料具有与表面活性剂液晶相同的结构。

8.2.1.1 MCM 系列介孔材料

MCM（mobil company of maller）系列介孔材料被认为是新一代介孔材料诞生的标志，是用各种不同烷基链长度的烷基三甲基卤化铵表面活性剂做模板合成的，主要包括六方相 MCM-41、立方相 MCM-48 和层状 MCM-50，如图 8-2 所示，其中具有代表性的 MCM-41 氧化硅分子筛，其合成相对简单，条件比较宽松。首先是孔径可调，如可以通过表面活性剂链的长短调节孔径，输水链越长，孔径越大；其次是生成速率比较快，一般几分钟即可形成介孔结构，而且经过水热处理，有序度显著提高；然后就是原料中所用的碱源选择范围广，可以用氢氧化钠、氢氧化钾、氨水、四甲基氢氧化铵等。

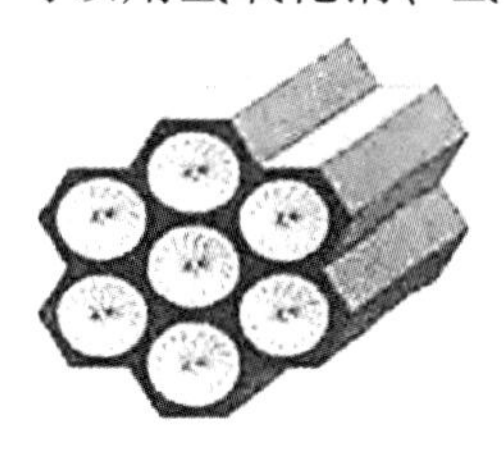

(a) MCM-41
(2D六方，空间群P6 mm)

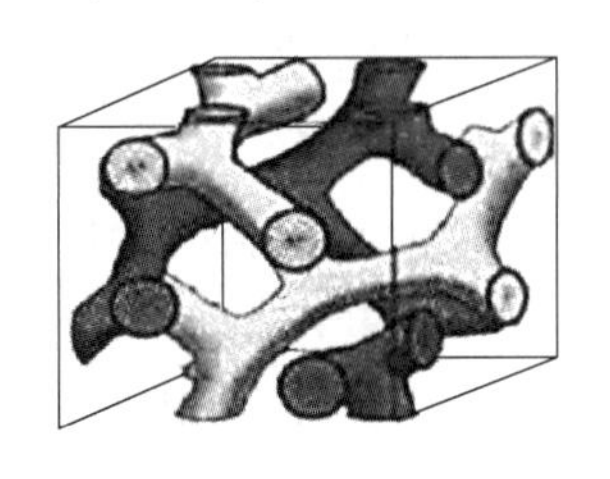

(b) MCM-48
(立方，空间群P3 d)

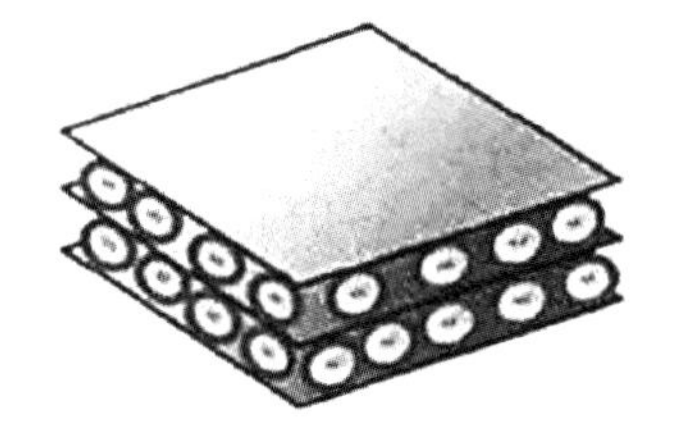

(c) MCM-50
(层状，空间群P2)

图 8-2 MCM 系列介孔材料的结构

例如，Faghihian 等人将 2.4 g 阳离子表面活性剂 CTAB 加入 120 g 去离子水中，室温下混合搅拌均匀后，加 8 mL 水，搅拌 5 min，加入 10 mL 正硅酸乙酯（TEOS），室温搅拌 2 h，将混合溶液转移至聚四氟水热反应釜中，置于烘箱中 100 ℃反应 48 h。样品经过滤、去离子水洗涤和室温干燥，然后在 550 ℃下焙烧 6 h，去除表面活性剂即得 MCM-41 产品。该产品孔径约为 3.8 nm，比表面积约为 900 m^2/g，孔容约为 0.8 cm^3/g，孔壁厚度为 1 nm。

Anbia 等人将 2.4 g CTAB 溶于 120 g 去离子水中直至澄清透明，然后加入 8 mL 氢氧化铵，混合溶液搅拌 5 min。以 1 mL/min 的速度滴加 20 mL TEOS，混合溶液物质的量比是 $n(TEOS):n(NH_4OH):n(CTAB):n(H_2O)=1:1.64:0.15:126$，搅拌、过滤，用去离子水和乙醇分别洗涤、干燥，置于马弗炉空气气氛中 823 ℃下焙烧 5 h，去除模板剂，即可得到白色的 MCM-41 介孔分子筛粉体，其扫描电镜和透射电镜照片如图 8-3 所示。

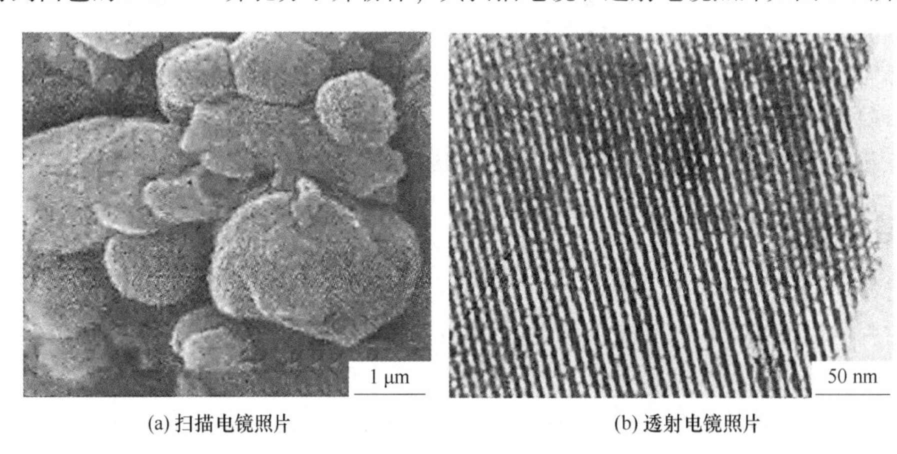

(a) 扫描电镜照片　　(b) 透射电镜照片

图 8-3　MCM-41 的扫描电镜和透射电镜照片

8.2.1.2　SBA 系列介孔材料

SBA（santa barbara airport）系列介孔材料主要包括 SBA-1、SRA-2、SBA-3、SBA-6、SBA-11、SBA-12、SBA-14、SBA-15 和 SBA-16 等。SBA-15 是继 MCM-41 后重要的二维六方相介孔分子筛。

Wang 等人将 1.6 g 三嵌段共聚物 P123 溶于 15 g 去离子水中和 50 mL HCl 中，搅拌成均匀溶液，加热至 40 ℃。然后在搅拌的条件下，滴加 3.66 g TEOS，40 ℃下搅拌 4 h，100 ℃下在烘箱中晶化 2 天。冷却后，样品经过滤、100 ℃干燥，然后置于马弗炉中，在空气气氛下以 1 ℃/min 的速率升温到 550 ℃，焙烧 5 h 脱除表面活性剂，即 SBA-15。该产品孔径约为 8.95 nm，比表面积约为 650 m^2/g，孔容约为 1.16 cm^3/g，孔壁厚度为 2.44 nm。

8.2.1.3　FSM 系列介孔材料

FSM（followed sheets mechanism）系列介孔材料的合成可以追溯到 1990 年 Yanagisawa 等人的工作。他们在用阳离子表面活性剂柱撑 α-Na_2SiO_5 层层状黏土时发现，当碱度较高时，α-Na_2SiO_5 结构被破坏，生成了一种孔径分布狭窄的二维六角结构的氧化硅材料，也就是后来被称为 FSM-16 的介孔氧化硅。其制备工艺的典型过程是：将 30 g α-Na_2SiO_5 溶于 300 g 去离子水中，室温下搅拌 3 h，然后过滤除去悬浮物。将所得 α-Na_2SiO_5 溶胶分散在 480 mL 的十六烷基三甲基氯化铵 $C_{16}TMACl$（0.125 mol/L）水溶液中，70 ℃搅拌 3 h。

随后将悬浮液用 2 mol/L HCl 精确调节至 pH 值为 8.5，在 70 ℃下继续搅拌 3 h，并保持 pH 值为 8~9。样品经过过滤、水洗、干燥，在空气气氛中 550 ℃下焙烧 6 h，除去表面活性剂，最后得到白色粉末状的 FSM-16。Wu 等人将 $NaSiO_3 \cdot 9H_2O$ 在 700 ℃下焙烧 6 h，然后分散在 50 mL 去离子水中，室温搅拌 3 h，过滤，然后分散在 20 mL 0.1 mol/L 模板剂 $C_{16}H_{33}(CH_3)_3N^+Br^-$ 溶液中，70 ℃加热 3 h，之后用 2 mol/L 的 HCl 溶液调节溶液 pH 值为 8~9。继续反应 3 h，冷却至室温，过滤后沉淀，用去离子水洗涤 4~5 次，80 ℃干燥。将样品置于马弗炉中，在空气气氛中 550 ℃下煅烧 6 h 去除有机模板，得到 FSM-16 氧化硅分子筛。

8.2.1.4 FDU 系列介孔材料

FDU（fudan university）系列介孔材料是复旦大学赵东元院士最早报道的介孔硅分子筛，主要包括 FDU-1、FDU-2、FDU-7 和 FDU-12。典型的 FDU-1 合成方法是：将 0.50 g 嵌段高分子 B50-6600 溶于 30 g（2 mol/L）HCl，加入 2.08 g（0.01 mol）TEOS，在室温下搅拌 24 h。反应物中各组分的物质的量比是 $n(TEOS):n(B50\text{-}6600):n(HCl):n(H_2O)=1:0.0074:6:166$。溶液在 100 ℃下静置 24 h，所得固体产物经过滤、洗涤和室温真空干燥，最后在空气气氛中缓慢升温至 550 ℃焙烧 4 天，即得 FDU-1 介孔分子筛。

Sariv 等人将 5.0 g KCl 溶于 120 mL（2 mol/L）HCl 溶液中，2.0 g 聚氧乙烯-聚氧丙烯-聚氧乙烯（F127）溶于上述混合溶液中，38 ℃搅拌 12 h，滴加 5.5 g 3,3,5,5-四甲基联苯胺（TMB），在剧烈搅拌下保温 24 h，滴加 8.2 g TEOS，反应 24 h。将混合液转移至水热反应釜 100 ℃下热处理 72 h，将所得固体过滤、洗涤，以 11.5 ℃/min 速度升温至 550 ℃，保温 6 h，去除有机模板，得到 FDU-12 介孔硅分子筛。

8.2.1.5 AMS 系列介孔材料

AMS（anionic surfactant templated mesoporous silica）系列介孔材料主要包括 AMS-1、AMS-2、AMS-3、AMS-6 和 AMS-8。此系列介孔分子筛具有与 MCM-41 相同的二维六方相结构。采用阴离子表面活性剂为结构导向剂，以含氨基或者季铵端基的有机硅烷作为助结构导向剂，在碱性或酸性条件下制备得到一系列新型介孔材料。

比较有代表性的 AMS-3 合成方法是：将 4.16 g TEOS 和 1.03 g 质量分数为 50%的三甲氧基硅基丙基氯化铵（TMAPS）甲醇溶液分别加入 0.56 g 棕榈酸钠盐 C_{16} AS（$C_{16}H_{33}COONa$）和 56 g 去离子水溶液中，然后将上述混合溶液在 60 ℃下搅拌 24 h。所得固体产品在 100 ℃下老化 1~3 天，然后过滤并在 60 ℃下干燥，即得 AMS-3 介孔分子筛。模板剂可以通过体积分数为 15%的水/乙醇混合溶剂中沸腾温度下萃取除去，这样同时可以使氨基保留，也可以通过在 650 ℃的空气气氛中焙烧 6 h 除去模板剂。

8.2.1.6 HMS 介孔材料

HMS（hexagonal mesoporous silica）介孔材料是利用硅源和表面活性剂之间的氢键作用形成的海绵状介孔分子筛。常见的制备是：将 TEOS 加入经过超声处理的 0.02 mol/L 烷基醇聚氧乙烯（15）醚（Tergitol 15-S-12）的水浮液，使得 TEOS 与表面活性剂的物质的量比为 8∶1，继续超声处理一段时间，使溶液变成乳白色的胶体溶液。熟化 12 h 得到无色透明的溶液，此时还没有介孔结构形成。然后将 0.24 mol/L 的 NaF 溶液在搅拌下不断滴入上述溶液，NaF 与 TEOS 的物质的量比为 0.025。将溶液置于振荡池中，设置温度为 25~65 ℃，保持振荡 48 h。白色固态产物经离心分离，70 ℃下空气干燥，以 5 ℃/min 的速度升温至 200 ℃，继续干燥 6 h，最后在 600 ℃下焙烧 6 h，去除表面活性剂，得到 HMS 介孔材料，其孔径范围在 2~4.5 nm。

8.2.1.7　MSU（michigan state university）介孔材料

以聚氧乙烯醚（PEO）非离子表面活性剂为模板，通过氢键作用合成的孔道为无序排列的介孔材料。MSU-1 常见的制备工艺是：将 5.758 g Brij35（十二烷基聚乙二醇醚）溶于水，在剧烈搅拌情况下，滴加 10 g TEOS，所得透明混合溶液搅拌 30 min，然后加入 0.081 g NaF，使各组分的物质的量比为 $n(SiO_2):n(Brij35):n(NaF):n(H_2O)=1.0:0.1:0.04:100$，溶胶陈化 24 h，所得固体经过滤、水洗、室温干燥，550 ℃下焙烧 5 h 除去表面活性剂，得 MSU-1 分子筛，孔径为 3 nm。

8.2.1.8　KIT 系列介孔材料

KIT（korea advanced institute of science and technology）系列介孔材料是一种结构无序的介孔氧化硅材料。与 MCM-41 材料相比，这种材料具有高的比表面积、均一的孔道结构及三维相互交错的孔道结构。

其典型的制备工艺是：将 5.0 g 嵌段共聚物 P123 溶于 185 mL（0.5 mol/L）HCl 溶液中，保持 35 ℃加入 5.0 g 正丁醇，搅拌 60 min，加入 10.6 g TEOS，将混合液继续搅拌 18 h，保温 35 ℃。将混合液转移水热釜中，98 ℃下处理 48 h。产物经过滤、洗涤后，于 100 ℃干燥，然后在 550 ℃的空气气氛中焙烧 5 h，去除模板剂，得到孔径为 6.1 nm 的 KIT-6 型分子筛。

8.2.2　非硅基介孔材料制备

非硅基介孔材料主要包括碳、过渡金属氧化物、磷酸盐及硫化物。相对于硅基材料，非硅基介孔材料由于热稳定性较差，焙烧后孔道容易坍塌，而且比表面积低，孔体积较小，合成机制还不够完善，因此，目前对非硅基介孔材料的研究尚不如对硅基介孔材料研究活跃。但是由于其组成上的多样性所产生的特性，如电磁、光电及催化等，有固体催化、光催化、分离、光致变色材料、电极材料、信息储存等应用领域存在广阔的前景，因此日益受到人们的关注。

8.2.2.1　金属氧化物介孔材料

早期的研究主要是以硅基介孔材料的合成思路为基础。1994 年 Huo 等人报道了用阳离子或阴离子表面活性剂做模板剂，通过静电作用的电荷匹配模板来合成金属氧化物介孔材料。然而这些材料热稳定性较差，因而得不到完全脱去模板的有序介孔材料。利用改进的溶胶-凝胶工艺，Ying 等人首次合成了具有六方相稳定结构的介孔 TiO_2。此后他们又利用配位体辅助模板机理合成了 Nb_2O_5 和 Ta_2O_5。Ying 等人报道了非水体系下合成一系列金属氧化物的方法，其合成步骤相当简单，一般使用无水金属卤化物（如 $NbCl_5$、$TiCl_4$ 和 $AlCl_3$ 等），将这些无机盐溶于乙醇溶液后，加入嵌段高分子表面活性剂，在 40~50 ℃加热蒸干溶剂、在 400~450 ℃焙烧除去表面活性剂后，即得金属氧化物介孔材料。Tian 等人提出了一种“酸碱对”的合成概念，这是人们首次明确考虑无机-有机物种间的相互作用，通过不同无机源之间“酸碱对”的不同，利用一对有效的“酸碱对”作为合成介孔材料的无机前驱体。如选择 $Ti(OEt)_4$ 作为碱，PCl_3 为酸，得到有序度类似介孔氧化硅材料的介孔 Ti-PO_4。通过这种方式来对无机源进行选择配对，并由此合成了一系列金属氧化物、金属磷酸盐、混合金属氧化物、混合金属磷酸盐和金属硼酸盐介孔材料。这种方法特别适合于多种组分的介孔材料合成，得到的产物分布均匀、热稳定性高、有序性好、孔径分布也较窄。

8.2.2.2 碳介孔材料

碳介孔材料具有高的比表面积、高的孔体积及很好的化学和机械稳定性。在气体及水的净化、气体分离、催化、色谱分离和储能材料等方面有广阔的应用，还可以作为燃料电池的电极材料。介孔碳的合成方法主要包括硬模板和软模板合成法，而主要是利用介孔硅作为硬模板来合成的。Ryoo 等人首先报道了利用 MCM-48 介孔硅合成介孔碳 CMK-1。他们首先将 MCM-48 浸渍在含有硫酸的蔗糖溶液中，使得蔗糖灌注到 MCM-48 的三维孔道内，然后在 100 ℃和 160 ℃下干燥，随后重复浸渍/干燥步骤一次。在 900 ℃的真空中碳化，最后用 NaOH 或 HF 处理除去硅骨架，所得的碳介孔材料具有很好的小角 X 射线衍射峰，说明该材料具有有序的空间排列结构。葡萄糖、木糖、糖醇和酚醛树脂等也可以作为碳前驱体来合成 CMK-1。在随后的研究中又利用立方笼状结构的 SBA-1 为硬模板合成了 CMK-2。而当以 SBA-15 为模板时，可以得到两种不同结构的介孔碳材料：一种是碳前驱体充满了整个管道，形成具有二维六方排列的碳纳米棒阵列，命名为 CMK-3，以 MCM-48 作为模板，利用 CVD 法得到二维六方排列的介孔碳材料，命名为 CMK-4；另外一种只是在孔道壁附着一定厚度的碳，得到具有二维六方排列的碳空心管阵列，命名为 CMK-5。软模板合成法就是用两性分子（如活性剂、块状的聚合物等）作为模板，一般通过自组装方式得到碳介孔材料。Kosonen 等人通过酚醛树脂和聚苯乙烯-4-乙烯基吡啶嵌段共聚物（PS-6-P4VP）自组装和高温分解的方法合成了层次结构分明的介孔碳材料，氢键是自组装过程的驱动力。

8.2.2.3 磷酸盐介孔材料

磷酸盐介孔材料已广泛应用于吸附、催化剂负载、酸催化、氧化催化等领域，但由于其孔径不超过 2 nm，使得其在大分子筛、高效选择性等方面的应用受到限制。自从 M41S 介孔材料问世以来，人们就期望将超分子模板合成的方法应用于介孔磷酸铝分子筛的合成。大多数具有介孔结构的磷酸铝，尤其是具有热稳定性的介孔磷酸铝是以长链季铵盐类阳离子表面活性剂为模板合成的，而且这些合成大部分是在水相下进行的。Feng 等人在室温下成功地合成出六方介孔磷酸铝分子筛，研究了将其转变成层状介孔磷酸铝分子筛的条件，并以 $H_2N(CH_2)_nNH_2$ 为模板剂在碱性非水介质中合成出层状介孔磷酸铝分子。Tian 等人首次以非离子嵌段共聚物为模板在酸性非水体系下合成出介孔磷酸铝。他们在合成中用 $AlCl_3/H_3PO_4$ 分别作为 Al 和 P 的前驱体，产物为高度有序的二维六方结构。

8.3 金属有机骨架材料制备技术

8.3.1 金属有机骨架材料概述

1964 年，Bailar 等人首次报道了有机物配体与无机金属离子配位能够形成有机-无机杂化的配位材料（metal organic frameworks，MOFs），开创了配位化学领域。随着测试手段的发展与完善，人们发现在金属与有机配体配位材料中存在大量孔道。1999 年 Omar Yaghi 等人合成了 MOF-5[Zn_4O(benzene-1,4-dicarboxylate)$_3$]，并首次命名为金属有机骨架

(MOF)。这个结构主要是由 Zn_4O 作为金属离子的供体，与对苯二甲酸进行反应得到无限延伸的标准立方框架。该结构合成方法简单，具有很好的热稳定性。MOF-5 的出现，令科学家们对 MOFs 的兴趣更为浓厚，掀起了 MOFs 的研究热潮。MOFs 是由含氧、氮等的多齿有机配体（大多是芳香多酸和多碱）与过渡金属离子自组装而形成的配合物，具有多孔特性，因此又被称为 MOFs 多孔复合材料。MOFs 材料具有新颖多变的结构和优良性能，尤其是近年来，MOFs 材料因其多孔的性质在存储、分离和催化等方面引起了人们的广泛关注。

8.3.2 MOFs 材料的分类

根据官能团的不同，可以将 MOFs 的配体大致分为三类：含 N 杂环化合物、羧基化合物和含 N 及羧基的化合物；按照在合成 MOFs 材料方面具有突出代表性的研究组进行 MOFs 材料的分类，可分为 IRMOFs、MILs、ZIFs、PCP 和 PCN 等几大系列，下面就这几个系列进行简要介绍。

8.3.2.1 IRMOFs 系列

IRMOFs 系列是以 IRMOF-1（即 MOF-5）为代表的一类 MOFs 材料。Yaghi 课题组自 2002 年开始，利用水热、溶剂热等手段陆续合成出以 $Zn_4O(CO_2)_6$ 为原型的 IRMOF-n（n 为 1~16）系列材料，该系列材料是通过改变配体长度以及含有不同取代基的苯环与金属离子锌络合而成（图 8-4）的。采用相同的合成方法，可以得到具有相同拓扑结构、良好的热稳定性和化学稳定性的骨架，它们的孔径范围为 0.38~2.88 nm，孔隙率从 55.8%扩大到 91.1%，这些特点是很多传统的无机多孔材料所不具备的。

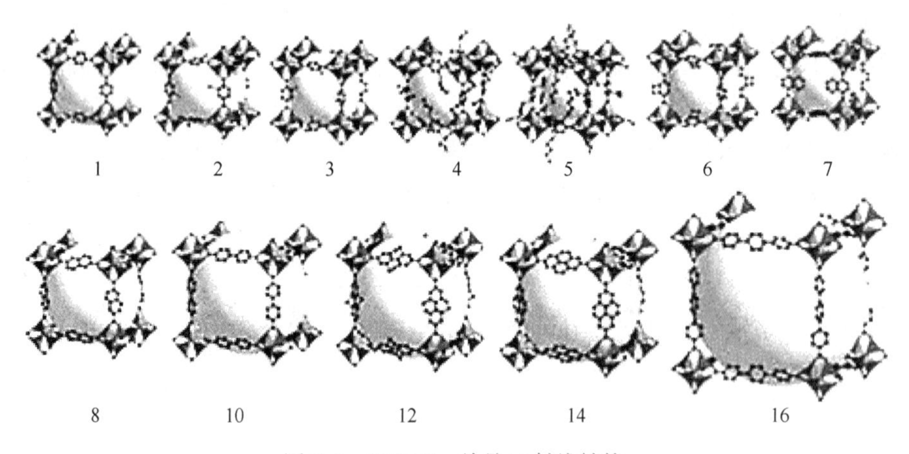

图 8-4 IRMOF-n 单晶 X 射线结构

2014 年，Pham 等人在 IRMOF-n 基础上，又合成了新结构，并利用电子结构计算等方式与之前合成的 IRMOF-n 进行了比较，还对其结构进行了分析。该物质的分子结构如图 8-5 所示。

8.3.2.2 MILs 系列

法国凡尔赛大学 Ferey 教授课题组用三价金属（如铝、铁、钒、铬等）与对苯二甲酸等羧酸配体合成出结构性能优异的 MOFs 材料，其中以 MIL-53、MIL-101 最具代表性，

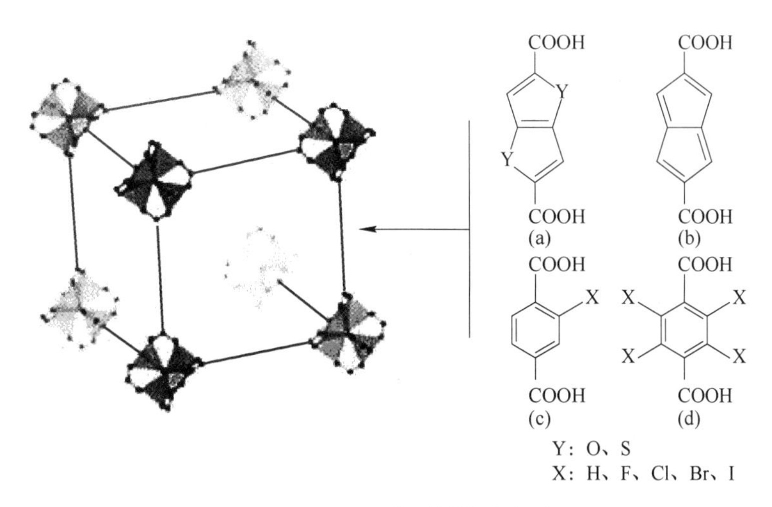

图 8-5 IRMOF 分子结构示意图

MIL-53 是用铬、铝、铁分别和对苯二甲酸在水热条件下合成的，这三种 MOFs 具有相同的最体结构，能可逆地吸附水，出现“呼吸”现象（图 8-6）。

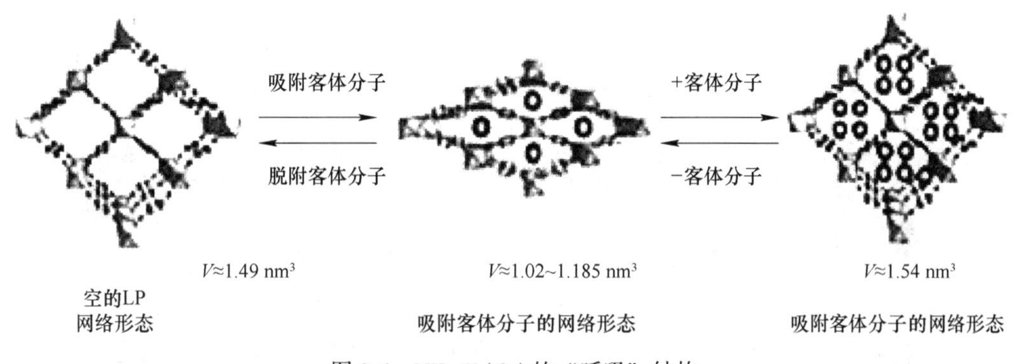

图 8-6 MIL-53(Cr)的“呼吸”结构

8.3.2.3 ZIFs 系列

沸石咪唑酯骨架（zeolitic imidazolate frameworks，ZIFs）系列材料也是由 Yaghi 课题组合成的一系列 MOF 材料，它是由金属离子与咪唑或咪唑衍生物络合成的类分子筛咪唑配位聚合物（图 8-7）。与传统分子筛相比，它具有产率较高、微孔尺寸和形状可调、结构和功能多种多样等优点。

8.3.2.4 PCP 系列

多孔配位聚合物 PCP（porous coordination polymers）系列材料是由日本 Kitagawa 教授合成的一系列 MOF 材料。PCP 系列材料的一个重要特征是：材料在吸附不同客体分子的过程中会可逆地改变其骨架的结构和性质，出现“优先透过窗口（gate-opening）”现象。

8.3.2.5 PCN 系列

多孔配位网络（porous coordination network，PCN）系列材料是由美国迈阿密大学 Zhou 教授研究组合成的。他们 2006 年和 2008 年分别报道了 PCN-9 和 PCN-14 两种新型 MOF 材料的成功合成，其结构如图 8-8 所示。其中 PCN-14 的 Langmuir 比表面积和孔体积

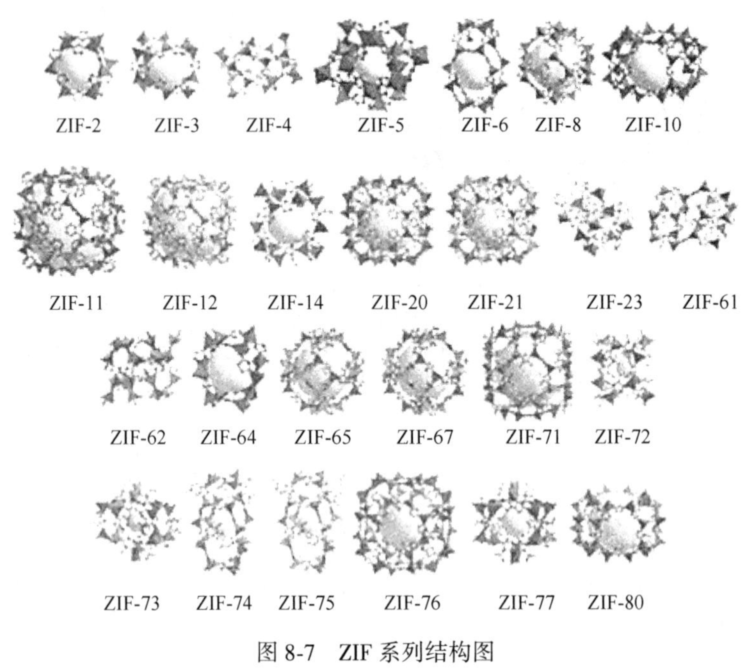

图 8-7 ZIF 系列结构图

分别为 2176 m^2/g 和 0.87 cm^3/g。该材料在 290 K 和 3.5 MPa 下能吸附甲烷的体积分数为 230%，远远超过了美国能源部的标准。

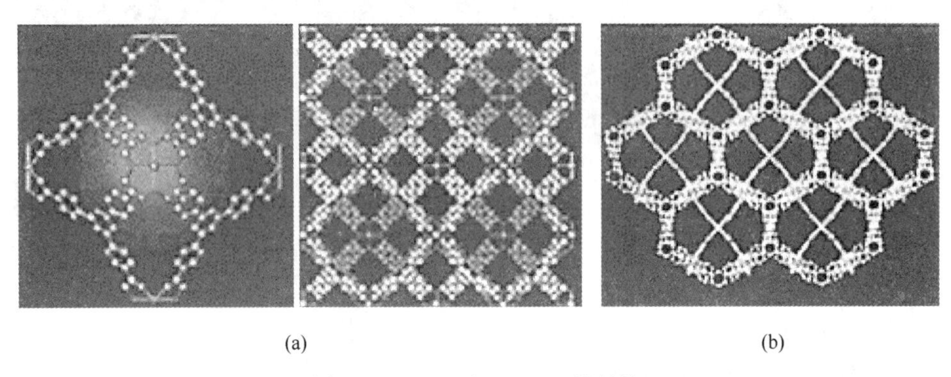

图 8-8 PCN-9 和 PCN-14 的结构

8.3.3 金属有机骨架材料的合成法

MOFs 材料多采用一步法合成，通过金属盐、有机配体和溶剂的选择在中低温下合成所需要的 MOF。主要合成法有常温搅拌法、溶剂热法、液相扩散法、微波法、超声法和机械搅拌法等。

8.3.3.1 常温搅拌法

常温搅拌法是在水或有机溶剂存在下，使用蒸馏烧瓶作为反应容器，将原料按照一定比例混合，反应一定时间后，采用溶剂扩散法或挥发等方法得到高质量单晶的化学合成技术。

2014 年，Gokhan Barin 等人利用苯六羧酸作为配体，得到几个新的立体结构配合物，命名为 NU-138、NU-139 和 NU-140，其晶体结构如图 8-9 所示。他们还对该类 MOFs 气体吸

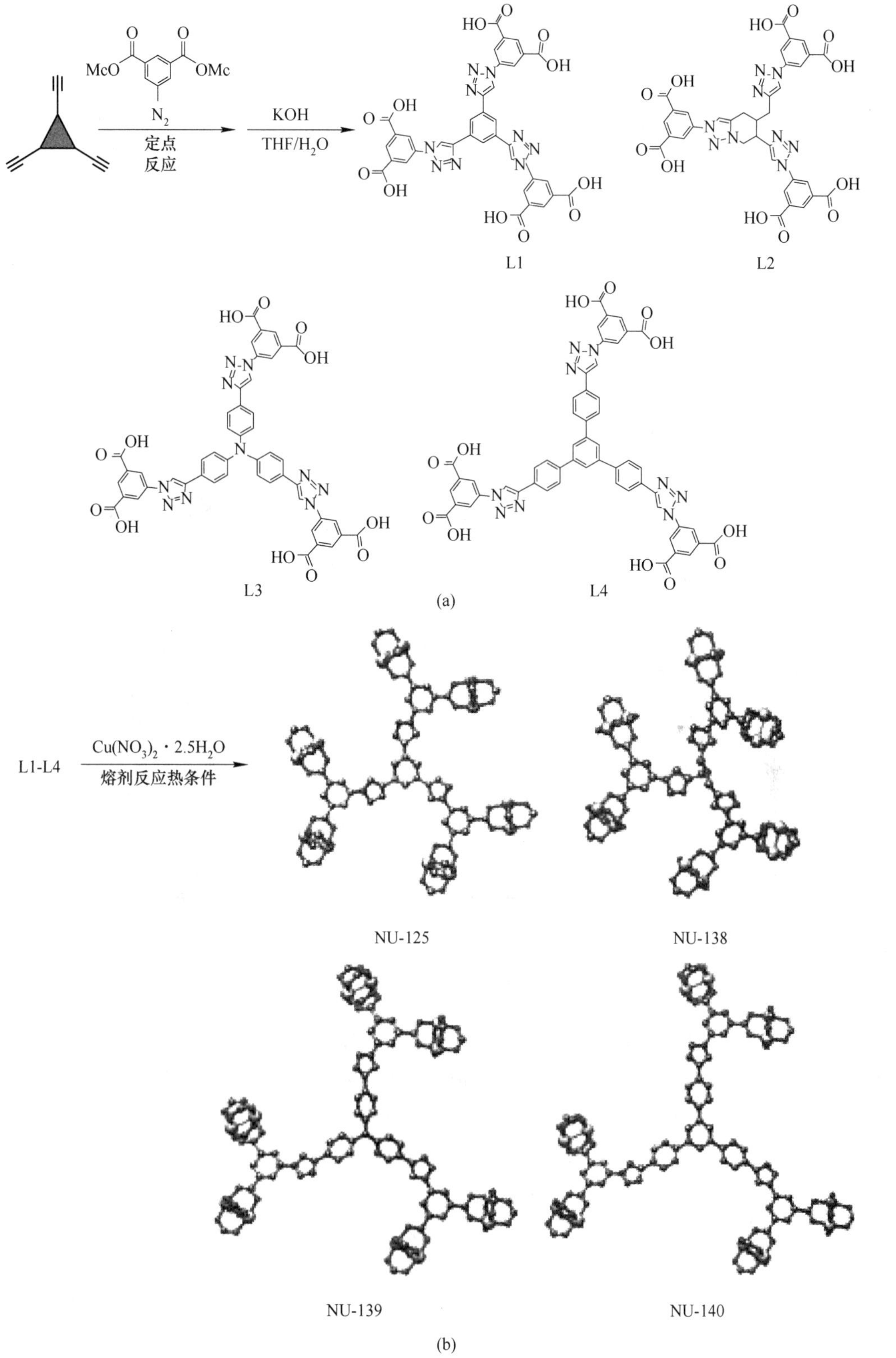

N_2 定点反应

KOH THF/H_2O

L1 L2

L3 L4

(a)

L1-L4 $Cu(NO_3)_2 \cdot 2.5H_2O$ 熔剂反应热条件

NU-125 NU-138

NU-139 NU-140

(b)

图 8-9 配合物的性质

附功能进行了详细研究，发现 NU-140 对甲烷气体的吸附性能优异，此外还可以吸附 CO_2 和 H_2，证明了其良好的气体吸附功能。

Robert D. Kennedy 等人将溴化镁逐滴缓慢加入三甲基乙炔基硅的四氢呋喃溶液中，控制反应温度为−78 ℃，滴加时间超过 5 min。滴加完毕后，缓慢将温度恢复到室温，在室温条件下搅拌 30 min 后，升温至 45 ℃搅拌 3 h，即合成 MOFs 原料。将需要合成 MOFs 的原料按照一定比例加到圆底烧瓶中，65 ℃条件下搅拌 16 h，进行最后的处理，所得 MOF 产物为 NU-150 和 NU-151，其结构如图 8-10 所示。

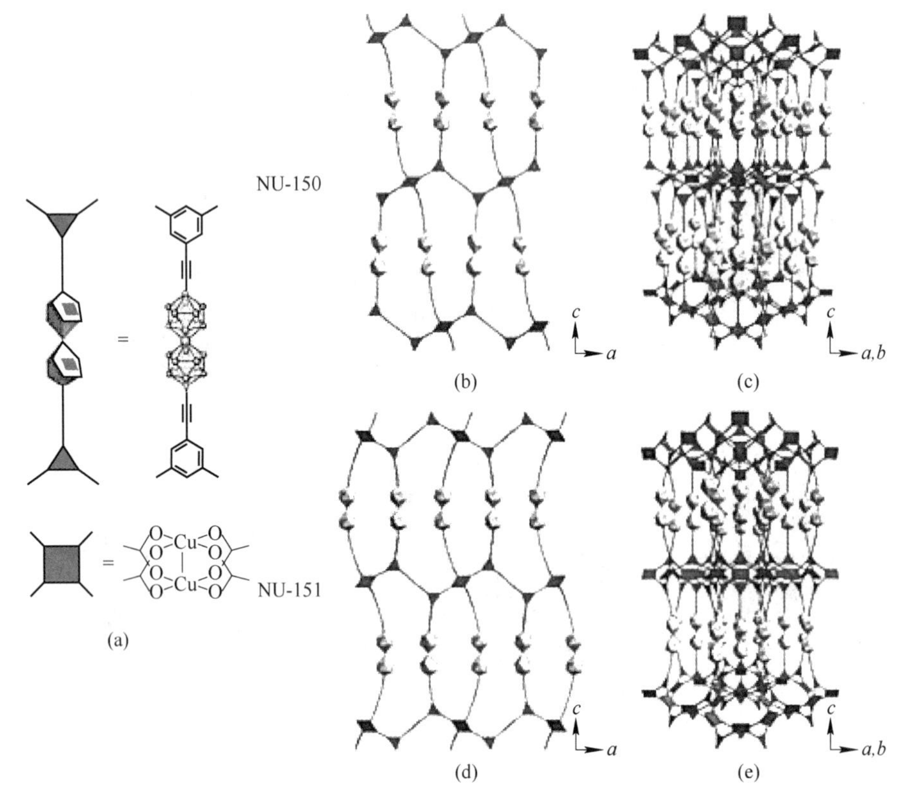

图 8-10 NU-150 和 NU-151 配合物的结构

José Sánchez 等人将合成好的配体 H_2L 与 bpp（图 8-11）共同溶于丙酮中，在搅拌的条件下，逐滴加入 $Fe(ClO_4)_2 \cdot 6H_2O$ 和抗坏血酸的丙酮溶液。室温条件下搅拌 45～60 min。反应结束后过滤，沉淀制为乙醚，得到产物 $[Fe(bpp)(H_2L)](ClO_4)_2 \cdot 1.5C_3H_6O$。

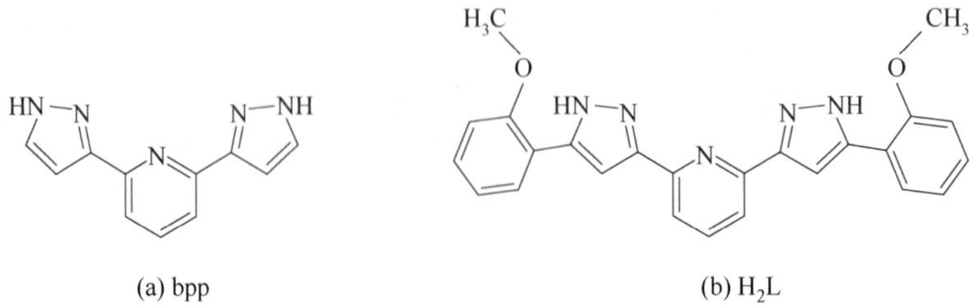

(a) bpp (b) H_2L

图 8-11 bpp 和 H_2L 配体结构

利用相同的方法改变反应条件和反应时间，可得到结构不同的产物［$Fe(bpp)(H_2L)$］$(ClO_4)_2 \cdot C_3H_6O$ 和［$Fe(bpp)(H_2L)$］$(ClO_4)_2 \cdot 1.25CH_4O \cdot 0.5H_2O$。

8.3.3.2 溶剂热法

溶剂热法是在水或者有机溶剂存在下，使用带有聚四氟乙烯内衬的不锈钢高压反应釜或玻璃试管加热原料混合物，使容器里面自生压力，从而得到高质量的单晶。这种方法反应时间较短，解决了在室温下反应物不能溶解的问题。而且在此条件下合成 MOFs 比在室温下合成更能促进生成高维数的 MOFs 结构。

2002 年起 Férey 等人合成了一系列的 MOFs 材料，如 MIL-47、MIL-53 和 MIL-88，其采用的合成方法都为溶剂热法。Seki 等人发现一种二维铜的羧基配合物，他们利用不同的双羧酸根离子，与铜盐进行反应，以三亚乙基二胺作为配体，采用水热合成方法得到形状不同的配合物。这些都是同双核的配合物。该类配合物孔径均匀、孔隙率高、气体吸附能力强。这些优良的性能主要取决于双羧酸根离子，如果改变了双羧酸根离子的位置，配合物的孔径也会发生改变，说明该类配合物的孔径在一定条件下可控，其结构如图 8-12 所示。

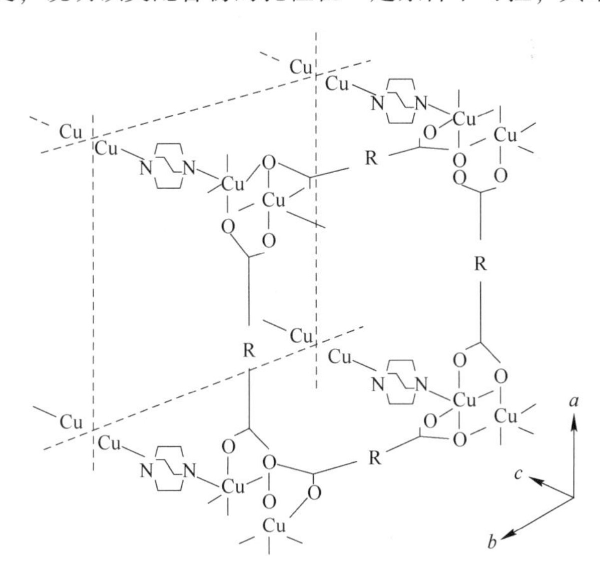

图 8-12 铜羧基配合物的结构

Zhang 等人发表了一篇关于碱基合成金属有机骨架配合物 TMOP-1 的文章。主要的合成方法是，将配体 5-羟甲基-二乙基间苯二酸酯与 1,3,5-三甲基苯甲酸盐和 $NaBH_4$ 在氮气保护下，以 THF 为溶剂，搅拌回流 1 h，经过后续处理之后得到白色粉末状的 TMOP-1。目前，合成出的 TMOP-1 是首个具有晶体结构并表征出来的 MOFs，其晶体结构如图 8-13 所示。

2006 年，Jia 等人利用水热法合成了三种金属有机配合物 MOFs，包括［$Ni_3(OH)(L)_3$］1 和［$Fe_3(O)(L)_3$］2，［LH_2 =pyridine-3,5-bis(phenyl-4-carboxylic acid)］，如图 8-14 所示。这两种 MOFs 是将原料按照一定的比例关系混合溶于溶剂中，置于聚四氟乙烯的高温真空水热釜中，在 130 ℃下反应 2~3 天，最终产物即为所得。

2014 年，Li 等人利用常见的有机物合成出一种新型配体，命名为 H_4CCTA（2,4-bis(4-carboxyphenylamino-6-bis(carboxymethy)amino-1,3,5-triazine)），具体合成过程如图 8-15 所示。

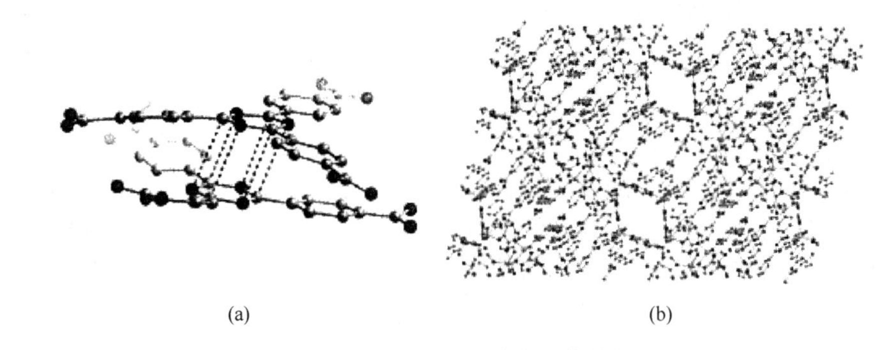

(a) (b)

图 8-13 TMOP-1 配合物晶体结构

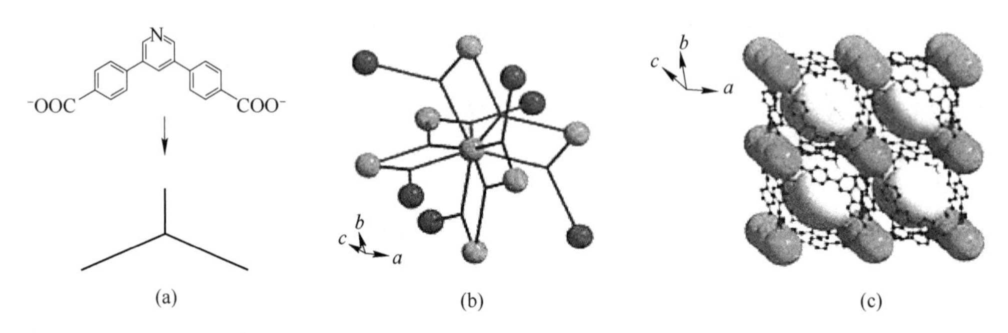

(a) (b) (c)

图 8-14 配体 L 和配合物 I 的结构

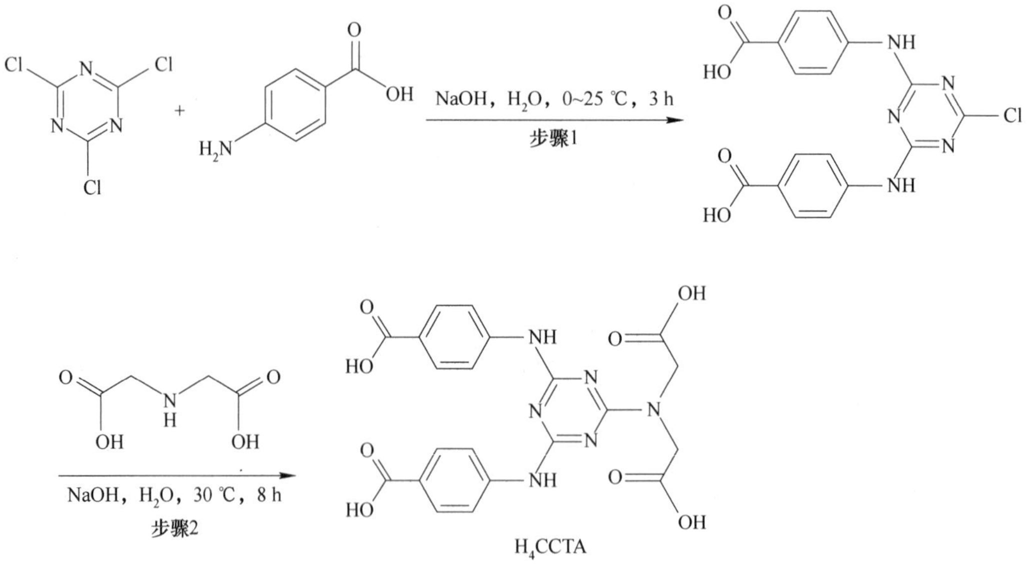

Cl, N, Cl, N, N, Cl + O, OH, H_2N —— NaOH，H_2O，0~25 ℃，3 h 步骤1 → O, HO, NH, N, N, Cl, N, O, HO, NH

O, N H, O, OH, OH —— NaOH，H_2O，30 ℃，8 h 步骤2 → O, HO, NH, N, N, N, N, O, OH, O, HO, NH, O, OH

H_4CCTA

图 8-15 H_4CCTA 配体的合成路线

然后采用溶剂热法将配体 H_4CCTA 与 $Zn(NO_3)_2 \cdot 6H_2O$ 按照一定比例关系，以 DMF/H_2O 作为溶剂混合后，转移至聚四氟乙烯内胆的合成釜内，控制温度为 80 ℃，反应 3 天后缓慢降温至室温，开釜，得到最终产物 $Zn_2(CCTA)(H_2O)_3 \cdot (NMP)_2 \cdot (H_2O)_3$。加热温度不同，得到的产物结构也有所不同。如果改变反应温度为 120 ℃后，可以得到不同的结构，如图 8-16 所示。

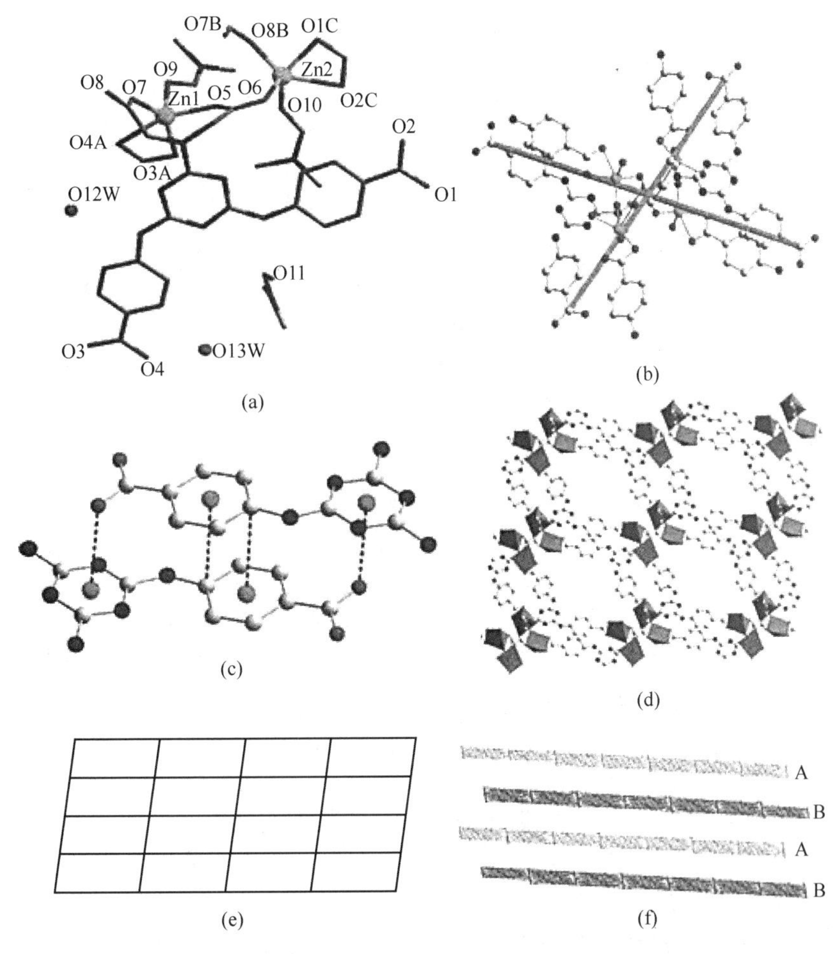

图 8-16 $Zn_2(CCTA)(H_2O)_3 \cdot (NMP)_2 \cdot (H_2O)_3$ 晶体结构和 $Cd_4(CCTA)_2(DMF)_4(H_2O)_6 \cdot (H_2O)_6$ 的晶体结构

2014 年，Ryan Luebke 等人报道了一种新型的 rht-MOF-9 分子结构。这种 MOFs 材料需要预先合成聚杂环的有机配体，三个间苯三酸分子作为该配体的分子构建模块，然后将原料按照一定比例加入聚四氟乙烯内衬的水热合成釜中，温度调节为 230 ℃，恒温反应 24 h，而后得到产物，其结构如图 8-17 所示。这种配位拥有三个共面间苯二甲酸根与金属中心（Fe、Cu、Ni、Co）进行配位反应，铜离子在配位时能得到一种新型的配位环境，使得配合物具有超分子构建模块。这种新的构建方式成为一种拓扑结构，此种 MOF 对 H_2 和 CO_2 的吸附能力更强。

8.3.3.3 混合法

混合法是常温搅拌合成工艺和溶剂热合成工艺混合使用的方法。做法是：首先将合成过程中先需要溶解的部分进行溶解，待反应进行得较为彻底时，转移至带有聚四氟乙烯内衬的不锈钢高压反应釜或玻璃试管中，进行高温高压反应。反应结束即可得到目标产物。

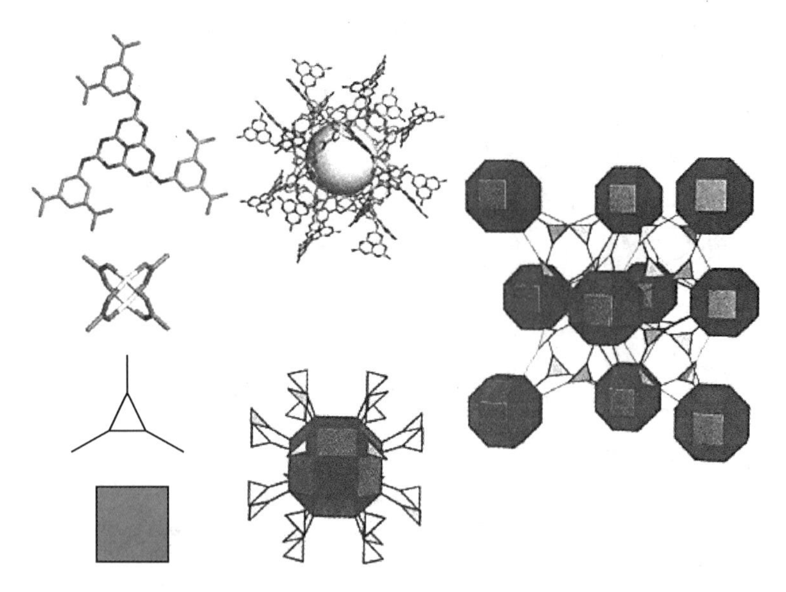

图 8-17　rht-MOF-9 分子结构示意图和拓扑结构图

2002 年，Tian 等人通过实验得到了一个形状类似硅酸盐结构的金属有机配合物骨架，在当时的分子筛化学领域未见报道。主要是采用醋酸钴、咪唑和哌嗪按照一定的配比，以异戊醇作为溶剂，室温条件下搅拌约 12 h，反应得到沉淀后，将该悬浊液转移至聚四氟乙烯内衬的水热合成釜中，140 ℃下反应 24 h 后，即得产物。

2014 年，Flavien L. Morel 等人以 PPh_2-bdc 与对苯二甲酸和硝酸锌按照一定配比混合溶于二甲基甲酰胺（DMF）溶剂中，50 ℃下搅拌 10 min，然后分成约 10 份分别置于聚四氟乙烯的高温水热合成釜内，95 ℃反应 48 h 后，所得到的悬浮在 DMF 上面的晶体冷却 3 天，然后用丙酮清洗 3 次，最后在 150 ℃下烘干 24 h，即得到最终产物 $Zn(PPh_2\text{-bdc})_2$，其合成路线如图 8-18 所示。

2014 年，Ju 等人将配体与硝酸铜和 TPOM 按一定配比溶于水和 DMF 的混合溶液中，然后采用溶剂热法在 120 ℃下反应 3 天，即得到纯净晶体 $Cu(TPOM)_2$，其晶体结构如图 8-19 所示。

2014 年，Mithun Paul 等人合成了一种新型纳米金属有机配合物，并命名为 $[\{Cu_{12}(TMBTA)_8(DMA)_4(H_2O)_8\} \cdot 8H_2O \cdot X]$（在该结构中，X 表示 48 个水分子），简写为 MOP-TO。该结构中包含一个对称的 C3 结构，具体是将 2,4,6-三甲基均苯三酸（TMBTA）与 $Cu(NO_3)_2$ 在二乙基乙酰胺（DMA）和乙醇作为溶剂的条件下，采用溶剂热法得到的，其晶体结构及合成路线如图 8-20 所示。

8.3.3.4　液相扩散法

液相扩散法是将金属盐、有机配体和溶剂按一定比例混合后放入一个小玻璃瓶中，然后将此小瓶置于一个内有去质子化溶剂的大瓶中，封住大瓶瓶口，静置一段时间后即有晶体生成。此法条件比较温和，获得的晶体较纯，且质量较高，但比较耗时，且要求反应物的溶解性较好（在常温下即能溶解）。

8.3.3.5　离子液体热法

除了传统的扩散法和水热（溶剂热）法外，近年来又发展了离子液体热、微波和超声

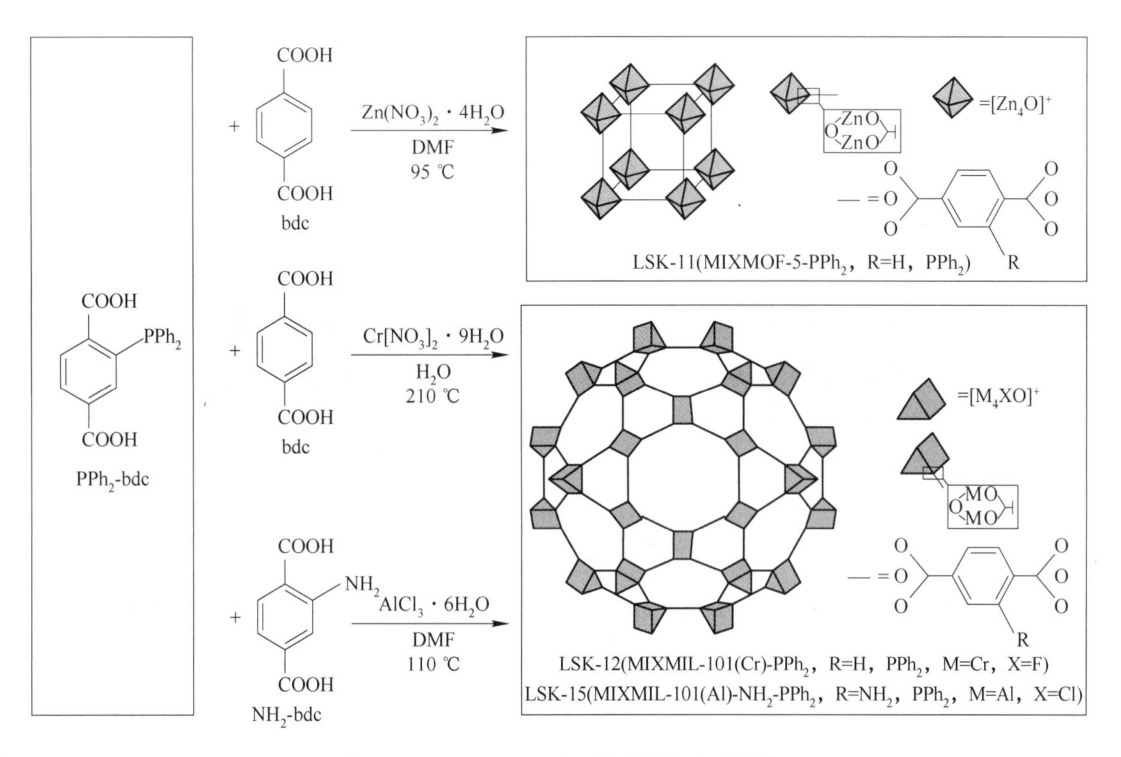

图 8-18 Zn(PPh_2-bdc)$_2$ 配合物的合成路线

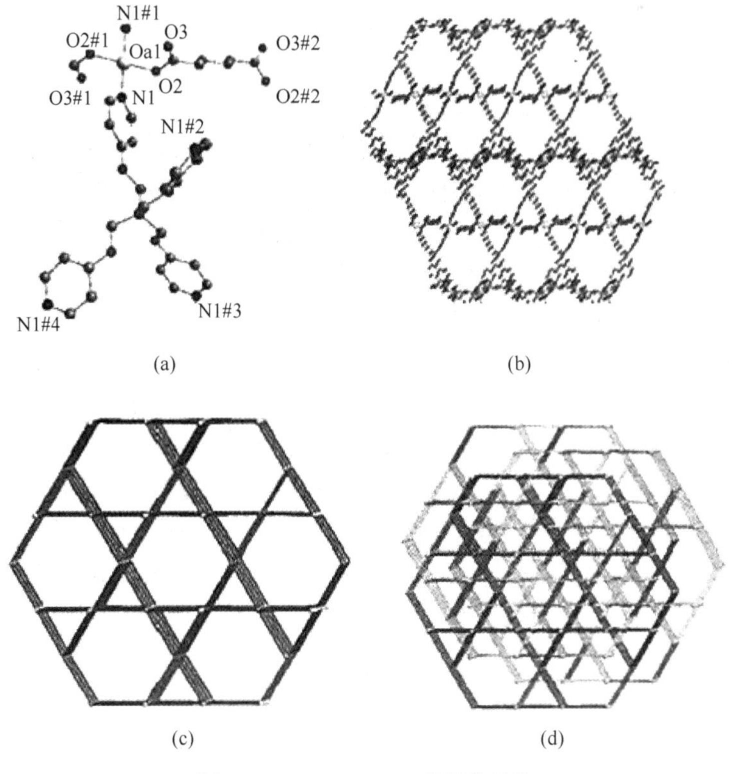

图 8-19 Cu(TPOM)$_2$ 的晶体结构

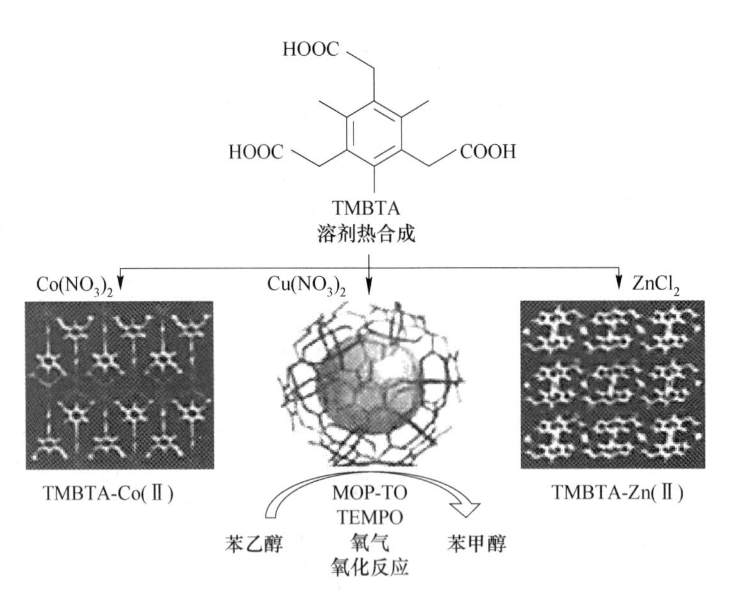

图 8-20 [{$Cu_{12}(TMBTA)_8(DMA)_4(H_2O)_8$}·$8H_2O$·X] 配合物的晶体结构及合成路线

波等方法。利用微波辐射法合成 MOFs 材料可大大节省反应时间。Bux 和 Wiebcke 首次利用微波法合成了 IRMOF-1、IRMOF-2 和 IRMOF-3，反应时间由几天缩短为 25 s，且得到的晶体与溶剂热法合成的晶体形状和性质都相同。

8.4 三维有序大孔材料制备技术

由于大孔材料具有较大的孔径，能够有效地提高物质在其中传质的扩散系数，已经在催化剂载体、色谱载体和分离材料等方面得到广泛应用，但传统制备工艺制得的大孔材料孔径分布宽，且不规则。有序大孔材料比无序大孔材料具有更优良的特性，其中最受关注的是，当孔径在光波范围内（几百纳米）时，材料会有独特的光学性质和其他性质，有可能作为光子带隙材料在信息产业中发挥重要作用。

20 世纪 90 年代末，Vevel 等人用胶体晶体模板法成功地制备出三维有序大孔（three-dimensionally ordered macroporous，3DOM）材料，引起了国内外研究者的广泛兴趣。该种材料不但具有孔径尺寸单一、孔结构在三维空间内有序排列的特点，而且其孔径尺寸都在 50 nm 以上（最大可达几个微米），可用于大分子的催化、过滤和分离，弥补了以往小孔结构分子筛及介孔材料难以让大分子进入空腔的缺点，可广泛应用在催化剂载体、过滤及分离材料、电池和热阻材料等方面。另外，当材料孔径与可见光波长相当时，3DOM 材料还具有光子带隙（photonic band gap，PBG）特性，是光子晶体的潜在材料，在光电子和光通信领域有着十分诱人的应用前景。

8.4.1 三维有序大孔材料制备

迄今为止，在诸多的三维有序大孔材料的合成方法中，胶晶模板法是主要方法之一，此法简便、经济，所制得的大孔材料不仅孔径分布窄，而且孔隙率高。此法的步骤是：首先以聚苯乙烯等高分子微球或二氧化硅微球经自组装得到胶体晶体。胶体晶体一般有约26%的空隙，以其作为模板，通过各种填充方法（如纳米晶填充法、溶胶-凝胶法、电化学沉积法、化学气相沉积法等）将所需材料填充到模板空隙中。然后去除模板得到有序大孔材料。其制备工艺流程示意图如图 8-21 所示。复制后的三维有序大孔材料的形貌示意图如图 8-22 所示。此法理论上只要能合成出单分散的胶体粒子，并且其粒径可以任意调控，就可以制备出孔径可随意调节的大孔材料。下面针对胶体晶体模板的各种填充法进行介绍。

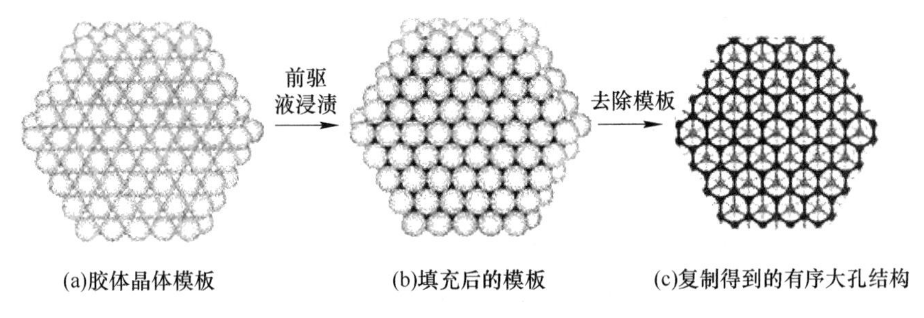

图 8-21 以胶体晶体为模板制备的有序大孔材料的流程示意图

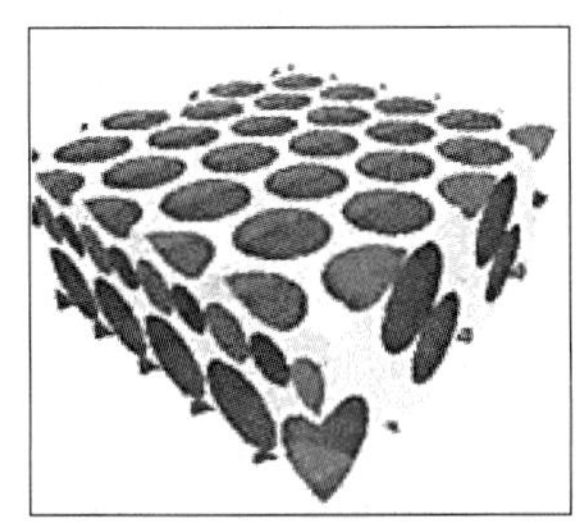
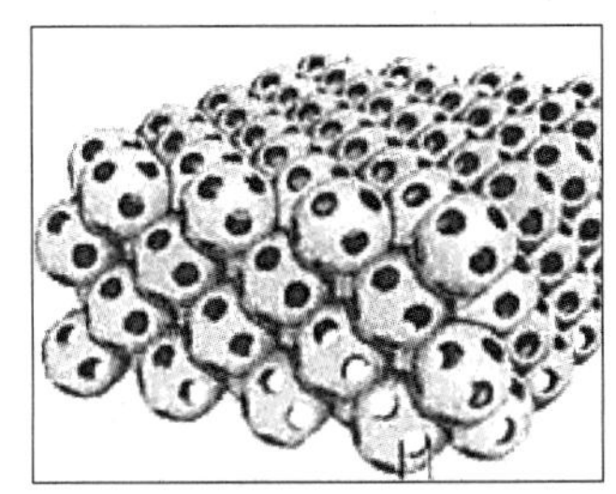

图 8-22 三维有序大孔材料的形貌示意图

由于胶体晶体模板的间隙狭小，其尺寸仅为纳米量级，因此，几乎所有关于填充法的研究都是围绕如何提高填充率来进行的。填充率决定了 3DOM 结构的机械强度和光学等其他性质。填充率的高低在很大程度上是判定填充方法好坏的标准。使材料前驱体填入模板的最基本要求是前驱体必须润湿模板微球，否则前驱体就不能进入模板的空隙中去，这就需对模板进行表面改性。一般欲填充的前驱体还需要进行溶剂稀释，以利于进入模板，而稀释过的前驱体和模板之间的强烈相互作用会在微球周围形成一层膜。为了提高填充率，往往需要多次填充，以下介绍几种有代表性的填充法。

8.4.1.1 模板填充法

A 原位化学转化填充法

原位化学转化填充法是在将前驱体填充于模板空隙的基础上，利用化学反应将前驱体转化成所需要的材料。此法主要包括原位溶胶-凝胶法、盐沉积法、氧化还原法和高温溶液填充法等。此法可用于制备金属氧化物、金属、盐类以及聚合物的 3DOM。

原位溶胶-凝胶法是制备金属氧化物的 3DOM 的一种主要方法。此法以相应的金属醇盐制备前驱体，然后将前驱体在毛细作用下填充到胶体晶体的空隙中，随后将其原位水解、缩合，并经过高温煅烧，醇盐进一步缩合，分解转化为相应的金属氧化物或复合金属氧化物，从而实现模板空隙的填充。此法条件温和、设备简单，所用的醇盐无须预处理。但此法填充率较低，一般仅为40%~60%，通常需要进行多次填充，以提高填充率。后续过程中的热处理会引起醇和大量水蒸发，使得在去除模板的过程中结构急剧收缩，收缩率一般为25%~30%。收缩往往会破坏周期结构和产生大量的微裂纹，会出现一些结构缺陷，如晶化不完整、纳米孔洞等，这不仅限制了大尺寸样品的制备，而且会明显降低3DOM结构的光学等性能。

B 纳米晶填充法

纳米晶填充法包括纳米晶直接填充法和共沉积法。纳米晶直接填充法是将尺寸远小于模板空隙尺寸的纳米晶粒分散于一定的溶剂中，通过蒸发溶剂等方法将其引入模板的空隙中的填充方法。与溶胶-凝胶法相似，在填充阶段模板表层微球之间的孔隙容易先被堵塞，限制了样品的厚度，这种方法的填充率一般难以超过50%。

为了提高填充率，发展了将欲填充纳米晶与构成模板的胶体微球共沉淀法-纳米晶共沉积法。具体是将单分散的胶体微球与纳米晶粒先制成混合悬浮液，再通过缓慢蒸发溶剂来组装成紧密排列的固体，在组装胶粒模板的同时纳米晶粒已存在于模板的空隙中，随后在适当的温度下煅烧，其结构收缩率只有5%。其沉淀在室温下就可进行，无须复杂的化学反应，目前已经用这种方法合成了银和金的3DOM结构。这种方法虽简单，但能提高填充率，且和溶胶-凝胶法相比，收缩率较小，可得到大尺寸（几毫米）的多孔材料。但是得到的大孔材料的有序度并不高，通常是有序和无序区域的混合，且合成的材料范围有限，只限于那些可以获得纳米颗粒的材料。

C 电泳填充法

电泳填充法首先是将胶体晶体模板组装在一个电极表面，然后将欲填充材料的纳米晶粒分散于水介质中，在外加电场的作用下，带电晶粒向异性电极一侧迁移，最终填入电极表面的模板空隙。由于电场对纳米粒子的压紧作用，此法的填充率较高，结构的收缩率仅为3%。

D 电化学沉积法

电化学沉积法是将胶体晶体模板生长于导电基底的表面，然后在恒电压或恒电流的作用下，通过电化学反应在模板空隙中生成所需填充的物质，并沿模板空隙由下至上逐步将其填满。电化学沉积是相对既容易操作又能获得高填充率的方法，因为这种方法不同于传统的溶胶-凝胶法，它不是物质沿空隙的壁局部填充，而是由下向上对模板空隙的一种体相填充，所以空隙填充率高，样品收缩率低。这一方法最初主要用于制备金属材料的多孔结构，现在也广泛应用于合金、半导体和导电聚合物等3DOM材料的制备。例如，Braun等人用此法合成了CdSe半导体大孔材料；Bartlett等人以聚苯乙烯微球为胶体晶体模板，用电化学沉积法制备了3DOM聚吡啶和聚苯胺等导电高分子材料，不但提高了导电聚合物的导电性，而且还克服了在氧化还原反应过程中的离子流动性，从而进一步提高了导电聚合物的应用价值。此外，用电化学沉积法制得的金属大孔材料，结构紧密有序，模板去除后没有收缩，Wijnhoven等人用此法合成了金3DOM材料。

E 化学气相沉积法

化学气相沉积（CVD）法是通过挥发性前驱体的气相反应来填充模板空隙的一种方

法，通常在较高的温度和负压条件下以缓慢的速度进行。此法的突出优点是填充均匀、填充量可控、填充率较高，最高可达 100%，也可用于制备半导体材料。但此法在成本、设备及操作上的要求较高。

8.4.1.2 模板的去除

为了复制一个结构完整和高度有序的 3DOM 结构，去除模板是填充过程之外的又一关键步骤。它要求在复制的结构上，既不能留下任何模板材料的残余，也不能对填充结构产生任何“伤害”。实际上这一要求还决定了为复制某种 3DOM 的最初模板材质的选择。必须选择与 3DOM 材质性质反差大的材料作为模板，才有利于模板最终的去除。模板的去除使用最为普遍的方法是溶剂法和煅烧法，而二氧化硅等无机氧化物胶体晶体模板因为其煅烧去除很困难，通常用 HF 等溶液溶解去除。对聚苯乙烯、聚甲基丙烯酸甲酯等聚合物胶体晶体模板的去除依赖于前驱体固化所得到的固化物的性能。如果固化物在能溶解模板的溶剂中稳定存在，则可用甲苯或四氢呋喃等适当的有机溶剂抽提去除模板。若固化物在适当的高温条件下稳定，则模板可用高温煅烧法去除。除此之外，还可以用光降解法去除聚合物模板。

若选用高温煅烧法去除模板，在去除模板的煅烧过程中，模板空隙中的凝胶将失去大量的水分和有机物，转变为纳米晶，提高了反蛋白石骨架的折射率。但过快的升温速率将导致反蛋白石骨架收缩迅速，由此产生大的热应力将导致样品出现大量裂纹。另外，由于聚苯乙烯的软化温度在 93~108 ℃，较慢的升温速率将导致液相的产生，液体的黏性流动将严重破坏反蛋白石骨架的结构，从而有序性和完整性急剧下降。因此，煅烧过程的温度控制和保温方式的选择是很重要的。

8.4.2 半导体三维有序大孔材料制备

8.4.2.1 3DOM Si 制备

有序大孔硅被认为是非常重要的结构材料，主要是由于其能够在通信波段（1.5 μm）产生完全禁带，因而研究较为广泛。下面介绍近年采用较多的制备有序大孔 Si 的方法。2001 年，Zhao 等人利用脉冲激光沉积（pulselasers deposition，PLD）法制备了有序大孔 Si。采用的激光频率为 10 Hz、波长为 532 nm、脉冲能量为 35 mJ。在聚苯乙烯模板内沉积时得到的直接产物是 SiO_2，此产物在 500 ℃条件下于氮气氛围内处理后转变为 Si，去除模板后得到目标产物。产物厚度约 200 nm，表面有一层连续致密的薄膜。这种模板间隙被部分填充、表面单独成膜的形貌在 PLD 作用于胶体晶体模板的其他研究中也有体现。Zhao 等人认为这是由于 PLD 产生的 SiO_2 团簇会与聚苯乙烯微球快速交联，使得后生成产物无法填充至模板空隙中，因而填充深度较浅。因此，若将二维模板和 PLD 法结合，则可以得到二维有序大孔 Si，此法无法得到三维产物。

2004 年，Asoh 等人利用阳极氧化法来制备 Si 的有序大孔结构。研究者首先在 Si 基底上组装有机物模板，然后采用阳极法氧化刻蚀微球间隙的 Si 基底，得到孔径与微球直径相同、深度为 5 mm 的孔洞。但得到的产物在形貌上并不理想。2009 年，Asoh 等人在此基础上提出了利用金属辅助化学刻蚀法来制备有序大孔 Si。制备过程的示意图如图 8-23 所示。首先在 Si 基底上组装 SiO_2（3 μm）和 PS（200 nm）胶体微球；而后除去 SiO_2 微球，得到组装在 Si 片上的 PS 蜂窝结构，向蜂窝结构内部电沉积一层贵金属（Pt/Pd 或 Au），然后在贵金属的催化作用下刻蚀 Si 基底；除去 PS 即得 Si 有序大孔结构。通过对比两种催化剂，发现使用 Pt/Pd 时的催化速度更快，但孔上部的尺寸较下部大，而使用 Au 催化得到孔的尺寸则不随刻蚀深度变化。2012 年关于这种制备手段的研究更进了一步，研究者把刻蚀得到的大孔浸入四甲基氢氧化铵（TMAH）中，并通过调整浸泡时间和 TMAH 的浓度获得不同形貌的孔结构。经 Asoh 课题组的研究，催化刻蚀法已经成为一个很完整的体系，但此法仅能用于制备二维有序大孔 Si。

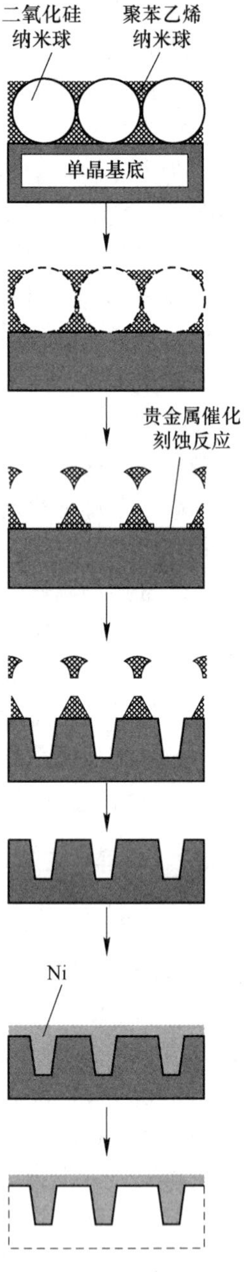

化学气相沉积法是目前最成熟的制备有序大孔 Si 的手段，实验以 Si_2H_6 为前驱体，实验温度从 250 ℃升至 350 ℃，得到的产物在 600 ℃加热以增大晶粒尺寸。除去模板后得到有序大孔 Si，产物填充率为 60%~80%。理论计算显示 870 nm 的反蛋白石 Si 产物产生的完全禁带位于 1.5 μm 处。除乙硅烷外，硅烷也是 CVD 法常用的前驱体。由于气体需要填充至模板间隙然后反应，此法比较适用于三维有序大孔 Si 的构筑。但此法存在着无法完全填充模板的问题。

Esmanski 和 Ozin 研究了 CVD 法制备的有序大孔 Si 做锂离子电池负极材料的情况。最初由于非晶硅的电导率较低且在脱嵌锂的过程中体积变化高达 300%，导致循环次数很不理想。研究人员提出并探讨了三种解决方案：第一种是将产物在惰性气氛中退火，使之转变为纳米晶硅提高电导率（约 10^{-3} S/cm）；第二种方式是在产物中喷 C 提高电导率（这两种方式都解决了导电性差的问题，但由于在脱嵌锂的过程中 Si 的体积变化过大，周期性结构会被破坏，对电池寿命的延长没有帮助）；第三种是以有序大孔 C 为骨架，在上面制备 Si 膜作为负极材料。这个方案不但降低了电导率（约 10^{-3} S/cm），也提高了电极的稳定性。以上的复杂情况可能是由于 CVD 制备的 Si 属于非晶态。在晶态有序大孔 Si 作为负极材料的研究中得到的结果非常理想，当以 0.2 C 放电时，100 次循环后容量可以保持 99%，而当以 1 C 放电时，100 次循环后容量可以保持 90%。这也说明有序大孔 Si 在电极材料领域的应用还有很大的研究空间。

溶胶-凝胶法也是探索较多的一种方法，主要有两种实现方式：第一种是将 Si 溶胶与胶体微球（SiO_2）按照一定比例混合后在高温下共组装，然后除去微球获得大孔材料，但此法得到产物有序度不高；另一种是由 Hatton 等学者发展的 I-SiO_2（有机官能团化的 SiO_2）溶胶、聚合物微球（PMMA）共组装的方式，但这种方法的后处理步骤较为复杂，除去有机物模板后得到 I-SiO_2 的反蛋白石结构需在密封、加热条件下与 Mg 和 Fe 反应，先转化为 Si/MgO，然后再转化为 Si。Hatton 等人还比较了溶胶、微球共组装与组装模板后填充溶胶这两种操作得到的产物形貌，发现共沉积过程制备的产物结构完整性好、尺寸大。两种溶胶-凝胶的操作过程均较为复杂，第一种用到钠萘盐，而第二种涉及 Mg 蒸气等的操作，较为危险。

图 8-23　Si 大孔材料的制备过程示意图

2012 年，哈尔滨工业大学徐洪波课题组以聚苯乙烯为模板，以 $SiCl_4$ 为硅源，依靠离子液体电沉积的方式获得了非晶态的 Si 有序大孔材料。研究者发现，Si 还原电位的选择受到工作电极性质的影响，但得到的 Si 产物性质不随之改变。且由于产物为非晶态，表面会有一定的氧化。XPS 分析显示，随 Ar^+ 刻蚀深度的增加，Si 的价态降低直至单质态。同时有序大孔产物的形貌受组成模板的微球尺寸影响，反蛋白石 Si 的有序度随微球直径的增加有所提高。

8.4.2.2 3DOM Ge 制备

以胶体晶体为模板制备 Ge 有序大孔材料主要有五种方法。

A 前驱体化学还原法

在这个方法中由于包含高温（高于 500 ℃）还原过程，因此，需要使用 SiO_2 做模板。这个方法主要有以下几个步骤：首先将前驱体溶液填充至模板内，而后通过水解将前驱体转化得到 GeO_2，将产物在 550 ℃的高温下还原得到 Ge。此法得到的一次填充物往往填充率不高，可通过多次填充前驱体并反复水解、还原的方式来提高填充的效果。此法的不足之处在于因 GeO_2 和 Ge 微晶的生长可能会对模板的有序性造成破坏。Míguez 等人在 2000 年首次采用此法制备了 Ge 有序大孔产物，得到的产物如图 8-24 所示。实验中采用的锗前驱体溶液为 $Ge(OCH_3)_4$ 和 TMOG 的混合物，这种前驱体对 SiO_2 模板的填充效果较好。同时在水解过程中使用的是 N_2 和 H_2O 的混合气体，以减缓水解反应的速率。研究者发现制备的 Ge 产物呈现非常规的 shell 形貌，并分析了其各个面的形貌，说明 Ge 有序大孔材料很好地复制了原始模板的 FCC 结构。

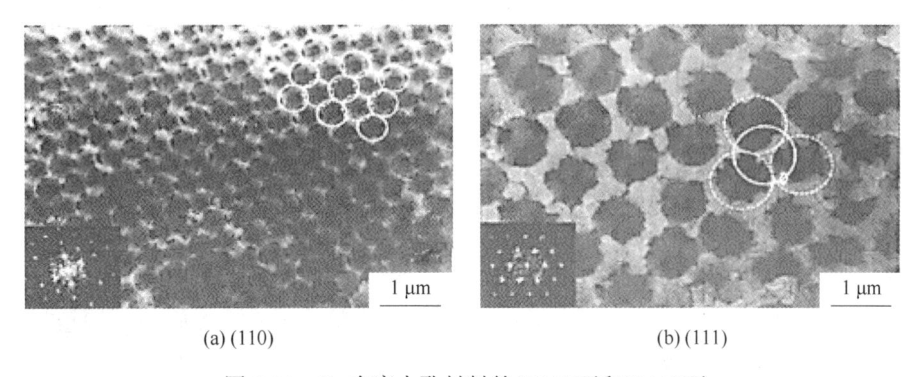

(a) (110)　　(b) (111)

图 8-24 Ge 有序大孔材料的(110)面和(111)面

B CVD 法

Ozin 等人率先以 Ge_2H_6 为前驱体并采用 CVD 法制备了有序大孔结构的锗。制备过程如下：

（1）将胶体晶体模板置于高真空（6.67×10^{-4} Pa）条件下，并引入 Ge_2H_6 气体填充模板间隙。

（2）使用液氨降低样品室的温度，使前驱体在模板内固化，此时反应室内的压力为 $3.99\times10^4 \sim 1.33\times10^5$ Pa，具体情况视 Ge_2H_6 的量而定。

（3）加热反应室至温度高于 373 K 并保温 21 h，直至 Ge_2H_6 全部分解为 Ge 和 H_2，得到的产物为 Ge/Ge_2H_6 复合结构，结果如图 8-25 所示。

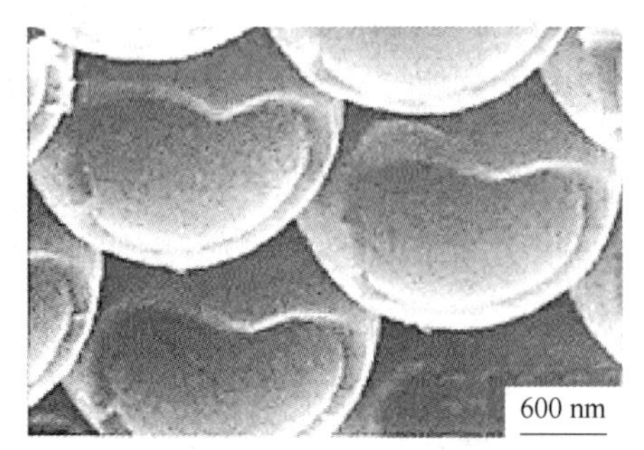

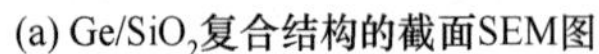
(a) Ge/SiO_2复合结构的截面SEM图

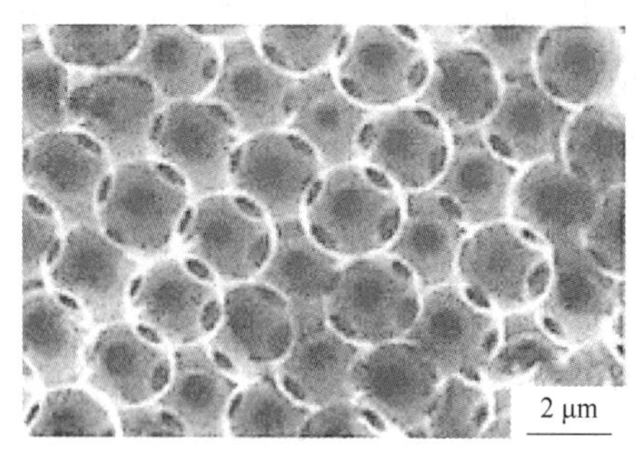

(b) Ge有序大孔结构的SEM图

图 8-25　CVD 法制备有序大孔 Ge 的 SEM 图

（4）使用 HF 刻蚀 SiO_2 微球后得到目标产物。

此法制备的 Ge 是以层状生长方式附着在 SiO_2 微球上的，且 Ge 层的厚度和填充率可通过调节 Ge_2H_6 气体的压力和分解温度来控制，高压得到的 Ge 层厚度较大。CVD 法是目前比较成熟的制备锗有序大孔材料的手段，但无法实现完全填充。在此法中，除乙锗烷外，锗烷也是常用的前驱体。

西班牙科学家研究了利用 CVD 法制备 Si/Ge 多层壳状有序大孔材料。López 等人分别以硅烷（SiH_4）和锗烷（GeH_4）为前驱体，并通过反应时间来控制沉积层厚度。研究发现，当将 Si 填充至模板间隙内时，最大填充率为 53%，而填充 Ge 时则不受此控制。通过不断改变通入的前驱体，最终在 SiO_2 微球表面得到 Si-Ge-Si 壳。把产物放入王水中浸泡除去 Ge 层和 SiO_2 微球，得到中空的两层同心 Si 壳。采用这种除去的方式，可以得到很多同心球壳类产物，如图 8-26（a）所示。

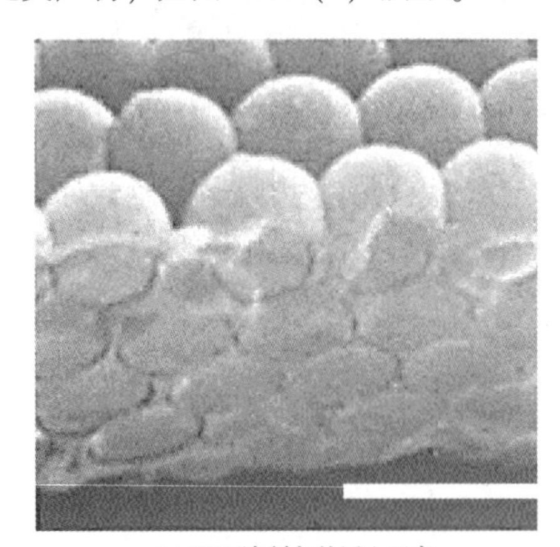
(a) CVD法制备的同心Si壳

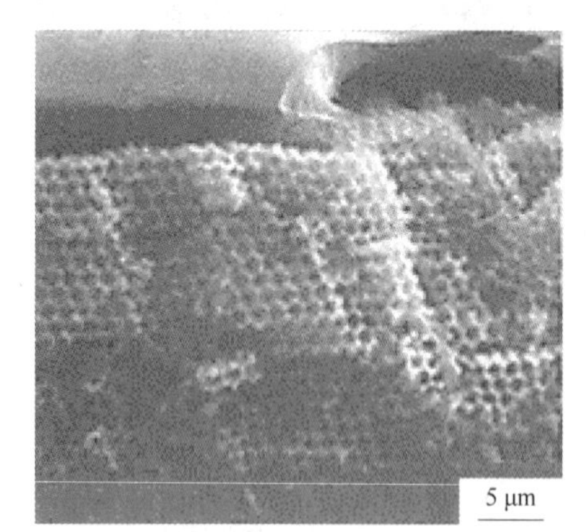

(b) 纳米晶填充制备的Ge有序大孔结构

图 8-26　CVD 制备的同心 Si 壳及纳米晶填充制备的 Ge 有序大孔结构

C　纳米晶填充法

Braun 等人采用此法也成功制得了含 Ge 的有序大孔结构。纳米晶填充是指直接将尺寸非常小的纳米颗粒用溶剂分散，将胶体晶体模板浸入并利用溶剂的蒸发将这些小颗粒带入模板间隙中。此法的填充率一般较低，因而如何提高填充率至关重要。Braun 等人首先采用惰性气体法制备了 Ge 纳米晶，而后对纳米晶填充的设备用石蜡膜进行了半密封处理，以增加反应设备内部溶剂的蒸气压，减缓蒸发，确保模板被更好的填充。但由于纳米晶间的结合力较弱，研究人员加入了黏合剂 NOA-63 增加结合力。实验中改进的填充设备和得到的含 Ge 的有序大孔结构如图 8-26（b）所示。此法的缺点有两点：一是在产物中引入了部分杂质黏合剂，使得到的多孔材料的有效折射率降低；二是填充纳米晶的厚度不易控制，若填充料过多，有可能得到图 8-26（b）所示的顶部非孔结构。

D 室温离子液体电沉积法

哈尔滨工业大学李垚课题组和德国克劳斯塔尔工业大学的 Endres Frank 合作，以离子液体（[HMIm]FAP）和（[EMIm]Tf_2N）以 $GeCl_4$ 为锗源，聚苯乙烯胶体晶体为模板制备了结构高度有序的 3DOMGe，使溶剂电沉积法的应用范围进一步扩大。图 8-27 给出了在[HMIm]FAP 离子液体中沉积 3 h，得到的厚度为 1.5 μm 的 3DOM Ge 薄膜的 SEM 照片（沉积电位为 1.9 V，银作为参比电极），可以看出 3DOM Ge 完全反复制了聚苯乙烯胶体晶体的结构，孔结构高度有序。离子液体 [EMIm]Tf_2N 具有较低的黏度，因此和离子液体[HMIm]FAP 相比，可以在较短的沉积时间内获得相同厚度的 3DOM Ge 的薄膜。但由于制备的物质是纳米晶粒，也存在着表面氧化等问题。轻度刻蚀表面层后对产物进行 XPS 分析，结果表明内部确实由单质态 Ge 组成。

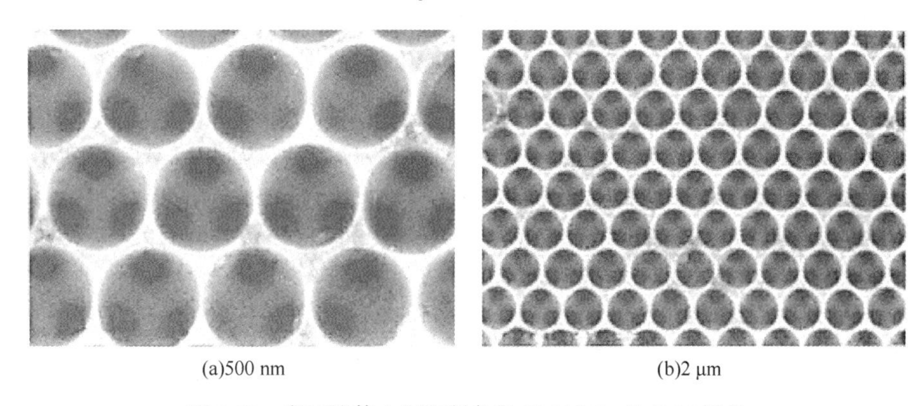

(a)500 nm　　(b)2 μm

图 8-27 离子液体电沉积制备的 3DOM Ge 的 SEM 照片

E 溶胶-凝胶法

Park 等人首先制备了 ethyl-Ge 溶胶，然后将溶胶与 SiO_2 微球混合共组装，并通过调节两者的质量比获得了有序大孔 Ge 材料。实验中使用的 SiO_2 微球直径为 200 nm，其中当 SiO_2 与溶胶的质量比为 7∶3 时，得到的是完全无序产物，而当两者比为 3∶7 时，去除模板后得到的是三维有序 Ge 大孔材料。当两者的质量比向 3∶7 接近的过程中，产物的有序度逐渐增大。

8.5 多孔材料的应用与展望

8.5.1 轻质材料领域的研究

超轻多孔材料是近年来出现的一类新型多功能多孔材料。在结构上，保持材料高孔隙率的前提下，孔径可减小到微米甚至纳米级，且具有良好的可设计性；在性能上，具有承载所需的高比强度和高比刚度的同时，拥有良好的散热、隔热、吸能、降噪等特性功能。目前，已成为多孔材料研究中的热点，代表着多孔材料未来重要的发展方向之一。

8.5.2 吸附剂领域的研究

日本 Taiyo Toyo Sanso 公司通过在无水乙醇溶液中，使三羧酸和乙酸铜在回流条件下进行反应，研制出一种金属络合物型多孔材料，其吸附能力是活性炭的两倍，具有广泛的市场前景。

8.5.3 催化剂领域的研究

TiO_2 被广泛用作光催化剂来处理废水中的有害物质，由于纯 TiO_2 气凝胶网络强度较差，且存在易团聚、难回收、易失性等弊端，限制了其光催化性能的应用。然而，有一种新型轻质纳米多孔材料——SiO_2 气凝胶，其孔洞率高、比表面积大且强度较高。有学者提出，制备 TiO_2-SiO_2 复合气凝胶多孔材料，有望结合 TiO_2 的光催化活性、SiO_2 的高热稳定性和优良的机械性能，以及多孔材料的高吸附性，具有广阔的市场前景和使用价值。另外，可膨胀层状硅酸盐，作为一种典型层状多孔材料，因其离子尺寸较小，比表面积较大及良好的分子嵌入特性，成为一种理想的无机催化剂。

8.5.4 光电子领域的研究

据研究报道，我国学者使用红外辅助协同自组装方法，成功制备一种多尺度有序多孔膜。这种高度有序多孔材料具有独特的光学性质——光子带隙。其可被用于操控光的传播，在光学器件方面有着巨大的应用潜力和发展前景，如制造新型的发光二极管、全光开关、光波导和激光器等。同时，这种多尺度有序多孔膜材料，还可用于催化剂载体、染料敏化太阳能电池光阳极、膜反应器等领域，并在色谱分析、离子交换、传感器等方面同样具有潜在应用价值。

8.5.5 生物医学领域的研究

研究表明，某些特种陶瓷或硅酸钙粉，具有诱导骨羟基磷灰石层沉积的能力，且在人体内具有较好的生物活性，可促进材料的骨传导和骨再生。有学者研究认为，生物机体组织可在某些具有适当孔径、气孔率和空连通性的多孔生物活性材料上附着和生长。这充分说明多孔材料是一种潜在的生物活性材料，在生物医学上具有广阔的应用前景。

近年来，人们对多孔材料的独特性能及应用领域进行了多方尝试，已实现对部分多孔材料孔径及孔道等结构形貌的控制，其理论研究正向系统化方向发展，但仍存在许多急需而有待解决的问题：

（1）多孔材料制备技术研发能力不足，某些新工艺的工业化程度不高，生产效率较低；

（2）某些多孔材料，特别是微孔级多孔材料的制备工艺复杂，设备要求过高，仅限实验室研究；

（3）多孔材料相关理论模型研究滞后，仿真数字模型的建立不够完善；

（4）多孔材料制备过程中，孔径及孔隙度等微观结构的可控与可调仍未完全实现；

（5）多孔材料的损毁机理研究不足，以致在减缓多孔材料损毁技术方面停滞不前；

（6）大多已规模化生产的多孔材料，抗热震及抗腐蚀等性能，难以满足特定环境的应用要求。

习　　题

1. 什么是多孔材料，有什么特点？
2. 多孔材料有哪些制备方法？
3. 多孔材料未来发展方向是什么？
4. 谈谈多孔材料的典型应用。

参考文献

[1] 冯端，师昌绪，刘治国．材料科学导论［M］．北京：化学工业出版社，2002.
[2] 潘金生，仝健民，田民波．材料科学基础（修订版）［M］．北京：清华大学出版社，2011.
[3] 石德珂，王红洁．材料科学基础［M］．北京：机械工业出版社，2022.
[4] 朱世富，赵北君．材料制备科学与技术［M］．北京：高等教育出版社，2006.
[5] 刘漫红，隋凝，孙瑞雪．纳米材料及其制备技术［M］．北京：冶金工业出版社，2014.
[6] 姚连增．晶体生长基础［M］．合肥：中国科学技术大学出版社，1995.
[7] 倪星元，姚兰芳，沈军．纳米材料制备技术［M］．北京：化学工业出版社，2009.
[8] 许春香．材料制备新技术［M］．北京：化学工业出版社，2010.
[9] 陈永主．多孔材料制备与表征［M］．合肥：中国科学技术大学出版社，2010.
[10] 冯小明，张崇才．复合材料［M］．重庆：重庆大学出版社，2007.
[11] 鲁云，朱世杰，马鸣图．先进复合材料［M］．北京：机械工业出版社，2004.
[12] 周祖福．复合材料学［M］．武汉：武汉理工大学出版社，2004.
[13] 朱继平．材料合成与制备技术［M］．北京：化学工业出版社，2018.
[14] 朱和国，王天驰，李建亮．复合材料原理［M］．3 版．北京：清华大学出版社，2021.
[15] 刘培生．多孔材料引论［M］．北京：清华大学出版社，2004.
[16] 张勇．非晶和高熵合金［M］．北京：科学出版社，2010.
[17] 黄可龙，王兆翔，刘素琴．锂离子电池原理与关键技术［M］．北京：化学工业出版社，2007.
[18] 雷永泉，万群，石永康．新能源材料［M］．天津：天津大学出版社，2000.
[19] 李建保，李敬峰．新能源材料及其应用技术［M］．北京：清华大学出版社，2005.
[20] 袁国辉．电化学电容器［M］．北京：化学工业出版社，2006.
[21] 朱继平，罗派峰，徐晨曦．新能源材料技术［M］．北京：化学工业出版社，2015.
[22] 吴宇平．锂离子电池应用与实践［M］．北京：化学工业出版社，2004.
[23] 郑洪河．锂离子电池电解质［M］．北京：化学工业出版社，2008.
[24] 靳瑞敏．太阳电池薄膜技术［M］．北京：化学工业出版社，2013.
[25] 郑伟涛．薄膜材料与薄膜技术［M］．北京：化学工业出版社，2004.
[26] 唐伟忠．薄膜材料制备原理、技术及应用［M］．北京：冶金工业出版社，1998.
[27] 田民波，刘德令．薄膜科学与技术手册［M］．北京：机械工业出版社，1991.
[28] 田民波．薄膜技术与薄膜材料［M］．北京：清华大学出版社，2006.
[29] 宁兆元，江美福，辛煜．固体薄膜材料与制备技术［M］．北京：科学出版社，2008.
[30] 王力衡．薄膜技术［M］．北京：清华大学出版社，1992.
[31] 顾培夫．薄膜技术［M］．杭州：浙江大学出版社，1990.
[32] 金曾孙．薄膜制备技术及其应用［M］．长春：吉林大学出版社，1989.
[33] 赵化桥．离子体化学与工艺［M］．合肥：中国科学技术大学出版社，1992.
[34] 薛增泉．薄膜物理［M］．北京：电子工业出版社，1991.
[35] 陈光华，张阳．金刚石薄膜的制备与应用［M］．北京：化学工业出版社，2004.
[36] 何圣静，高莉如．非晶态材料及其应用［M］．北京：机械工业出版社，1987.
[37] 惠希东，陈国良．块体非晶合金［M］．北京：化学工业出版社，2007.
[38] 张彦华．工程材料与成形技术［M］．北京：北京航空航天大学出版社，2005.
[39] 严彪，唐人剑，王军．金属材料先进制备技术［M］．北京：化学工业出版社，2006.
[40] 谢建新．材料加工新技术与新工艺［M］．北京：冶金工业出版社，2004.
[41] 强亮生．新型功能材料制备技术与分析表征方法［M］．哈尔滨：哈尔滨工业大学出版社，2016.